KÖRPER UND KEIMZELLEN

VON

JÜRGEN W. HARMS
PROFESSOR AN DER UNIVERSITÄT
TÜBINGEN

MIT 309 DARUNTER AUCH FARBIGEN
ABBILDUNGEN

ERSTER TEIL

BERLIN
VERLAG VON JULIUS SPRINGER
1926

ISBN-13:978-3-642-88811-3   e-ISBN-13:978-3-642-90666-4
DOI: 10.1007/978-3-642-90666-4

ALLE RECHTE, INSBESONDERE DAS DER ÜBERSETZUNG
IN FREMDE SPRACHEN, VORBEHALTEN.

COPYRIGHT 1926 BY JULIUS SPRINGER IN BERLIN.
SOFTCOVER REPRINT OF THE HARDCOVER 1ST EDITION 1926

MONOGRAPHIEN AUS DEM GESAMTGEBIET DER PHYSIOLOGIE DER PFLANZEN UND DER TIERE

HERAUSGEGEBEN VON

M. GILDEMEISTER-LEIPZIG · R. GOLDSCHMIDT-BERLIN
C. NEUBERG-BERLIN · J. PARNAS-LEMBERG · W. RUHLAND-LEIPZIG

NEUNTER BAND

KÖRPER UND KEIMZELLEN

VON

JÜRGEN W. HARMS

ZWEI TEILE

BERLIN
VERLAG VON JULIUS SPRINGER
1926

Vorwort.

Wohl kein Gebiet der heutigen Biologie befindet sich so in Fluß wie die Frage der Gesamtbeziehungen zwischen den Keimzellen und dem Körper. Man kann wohl sagen, daß alle ferneren Probleme der Biologie von der Lösung dieser Frage ausgehen müssen. Die wichtigsten Grundpfeiler der Vererbungslehre ruhen hier, namentlich die Vererbung des Geschlechtes, die geschlechtsbegrenzte Vererbung, wie auch die Vererbung erworbener Eigenschaften. Die Probleme der Bestimmung des Geschlechtes und der Geschlechtsumwandlung können von hier in Angriff genommen und der Lösung näher gebracht werden. Wichtige Abschnitte der Incretion kommen hier zur Erörterung: nämlich die Beziehungen der Keimdrüsen zu den sekundären Merkmalen und der Einfluß der Incretion auf die Lebensphasen, besonders auch das Altern der Tiere und Menschen.

Der Gesamtablauf des sterblichen Somas wird so in unlösbare Verknüpfung zu den potentiell unsterblichen Generationszellcyclen gebracht. Alle Probleme betreffen meist in gleicher Weise die Botanik wie die Zoologie, wenn auch die Pflanze als weniger differenziert bezüglich Soma und Generationszellen mehr in den Hintergrund tritt. Jeder Biologe wird verstehen, daß ein einzelner, selbst wenn er nach Kräften forschend in diesen Problemen steht, nicht alle Gebiete gleichmäßig gründlich bearbeiten kann. So mag mir hier und da aus der übergroßen Literatur manches entgangen sein. Das Wesentliche glaube ich jedoch berücksichtigt zu haben. Mein Hauptbestreben war, einmal in großen Zügen das ganze Gebiet so darzustellen, wie es sich mir jetzt als gesichertes Fundament darbietet. Daraus läßt sich dann auch in gewissen Punkten schon erschließen, in welcher Richtung die Forschung wahrscheinlich weitere Klärung bringen wird und kann. Meine Darstellungsweise muß natürlich eine vergleichend-anatomische und -physiologische sein, dabei muß aber stets die Entwicklungsgeschichte mit eingeschlossen und der Gesamtindividualcyclus, so weit heute schon möglich, berücksichtigt werden. Ein großer Teil meines 1914 erschienenen Buches „Experimentelle Untersuchungen über die innere Secretion der Keimdrüsen und deren Beziehung zum Gesamtorganismus" (Fischer: Jena 1914) ist in das vorliegende Buch hineingearbeitet worden, weil es schon einen Teil des hier Abgehandelten zur Darstellung brachte. Es erwies sich jedoch meist eine vollständige Neubearbeitung als nötig. Auch die Anlage und Stoffumgrenzung ist eine ganz andere geworden, worüber schon ein Blick auf das Inhaltsverzeichnis Aufschluß gibt.

Für Beihilfen bei der Niederschrift, Abbildungsanfertigung und bei den Korrekturen danke ich herzlichst vor allem meiner Frau und Mitarbeiterin Frances Harms, ferner Herrn Privatdozenten Dr. Stolte, Dr. Giesbrecht und Fräulein Brunke. Besonders danke ich Herrn Dr. Giesbrecht noch für die sorgfältige Anfertigung des Sachregisters.

Dem Verlag bin ich für gute und gediegene Ausstattung des Buches zu großem Dank verpflichtet.

Tübingen, den 1. März 1926.

Jürgen W. Harms.

Inhaltsverzeichnis.

Erster Teil.

I. **Allgemeine gesetzmäßige Beziehung zwischen Keimzellen und Somacyclus innerhalb der Tierreihe** 1
   a) Die Beziehungen zwischen der Organisationshöhe der Tiere und der Differenzierung der Soma- und Generationszellen 10
   b) Die Keimbahn 13
   c) Individualcyclus mit entwicklungsgehemmten Keimzellen: der somatische Cyclus 46

II. **Die Beziehungen von Soma und Keimzellen während der progressiven Periode der Tiere bis zur Reife der männlichen und weiblichen Keimdrüse** 48
   a) Wirbellose Tiere 48
   b) Chordata 56
   c) Bau der ausdifferenzierten Keimdrüse und die Reifungsvorgänge der Keimzellen 82
      1. Lebensgeschichte der reifen Eizelle 83
      2. Lebensgeschichte des reifen Spermatozoons 90

III. **Entwicklung, Bau und Funktion der somatischen Elemente in den Keimdrüsen** 98
   a) Vorkommen und Bau der Zwischenzellen 98
   b) Entwicklung der Zwischenzellen 107
   c) Die Zwischenzellen des Hodens und ihr Vorkommen innerhalb der Tierwelt 124
      1. Die Zwischenzellen bei Anneliden 125
      2. Die Zwischenzellen bei Cyclostomen und Fischen .. 126
      3. Die Zwischenzellen im Hoden der Amphibien 129
         a) Die Zwischenzellen des Hodens der Urodelen. S. 130.
         b) Die Zwischenzellen der Anurenhoden. S. 138.
      4. Die Zwischenzellen bei Sauropsiden 140
      5. Die Zwischenzellen des Säugerhodens 145
      6. Die Zwischenzellen der periodisch brünstigen Tiere . 157
      7. Die Zwischenzellen außerhalb des Hodens 165
   d) Die Zwischenzellen des Ovariums 166
      1. Die Zwischenzellen im Ovar der Sauropsiden 168
      2. Die Zwischenzellen im Ovar der Säuger 171
   e) Der gelbe Körper, Corpus luteum 179
   f) Das Biddersche Organ 196

Inhaltsverzeichnis.

IV. **Die bisexuelle Veranlagung der Tiere** 213
   a) **Mechanik und Physiologie der normalen Geschlechtsbestimmung** 213
     1. Polyembryonie 236
     2. Vorkommen und mutmaßliche Rolle der Geschlechtschromosomen 242
   b) **Die experimentelle Geschlechtsbestimmung**. . . 253
     1. Die progame Geschlechtsbestimmung 253
     2. Die pro-syngame Bestimmung. 254
     3. Die syngame Bestimmung 254
       a) Die Übergangsform von der progamen zur syngamen Bestimmung (diplo-syngame Bestimmung). S. 254. b) Die arrheno-syngame und thelyo-syngame Bestimmung. S. 255. c) Die eu-syngame Bestimmung. S. 255.
     4. Die epigame Geschlechtsbestimmung 255
       a) Überreifwerdenlassen der Eier. S. 268. b) Kreuzung von Varietäten geographisch weitgetrennter Arten. S. 273.
     5. Die normale und experimentelle Geschlechtsumwandlung 286
       a) Die normale physiologische Geschlechtsumwandlung (Protrandrischer Hermaphroditismus). S. 286. b) Naturexperiment der undifferenzierten Frosch- und Fischrassen. S. 298. c) Die parasitische und durch Krankheit bedingte Geschlechtsumstimmung. S. 306. d) Geschlechtsumstimmung jugendlicher Tiere durch Transplantation heterologer Keimdrüsen nach totaler Kastration. S. 319. e) Die hormonale Geschlechtsumstimmung. S. 324. f) Die experimentell-physiologische Geschlechtsumstimmung. S. 329.

V. **Die mit den Keimdrüsen direkt oder indirekt in Beziehung stehenden somatischen Organe** 343
   a) **Allgemeine Definition und Einteilung der sekundären Merkmale** 343
   b) **Keimdrüsen und Wachstum** 345
   Überblick über die sekundären Geschlechtsmerkmale. 359
   c) **Hermaphroditismus, Gynandromorphismus und Homosexualität** 413
     1. Gynandromorphismus 426
     2. Pathologischer Hermaphroditismus 435
     3. Künstliche Zwitterbildung 447
     4. Homosexualität 452

VI. **Wesen und Wirkungsweise der Incretion** 457
   a) **Phylogenetische Betrachtung über die Incretion** 457
   b) **Die Correlationen des incretorischen Systems zu den Keimdrüsen** 469
     1. Schilddrüse, Nebenschilddrüse und Keimdrüse. . . . 472
     2. Thymus und Keimdrüse 477
     3. Hypophyse und Keimdrüse. 481
     4. Epiphyse und Keimdrüse 494
     5. Nebenniere und Keimdrüse 497
     6. Prostata und Keimdrüse. 511

VII. **Vitamine und Keimdrüsen** 513

Zweiter Teil.

VIII. Beziehungen zwischen Soma und Keimdrüsen während der stationären Phase der Tiere 517
   a) Der Cyclus in der Reifung des Eies und der Samenzellen 517
   b) Die Brunst und ihr Cyclus 530
   c) Begattung, Befruchtung, Parthenogenese 550
   d) Trächtigkeit und Geburt 555
   e) Keimdrüsencyclus und Organe der Brutpflege . 558
   f) Das Keimdrüsenhormon, seine Bildungsstätte und Tiere ohne Keimdrüsenhormon 570

IX. Defekt- und Transplantationsversuche, um die Abhängigkeit der sekundären Merkmale von der Gonade zu beweisen 597
   a) Kastrationsversuche 598
      1. Wirkung der Kastration bei wirbellosen Tieren ... 598
      2. Wirkung der Kastration bei Wirbeltieren 609
         a) Einfluß der Kastration auf die Genitales subsidiariae, externae und internae. S. 609. b) Einfluß der Kastration auf die Extragenitales internae. S. 621. c) Einfluß der Kastration auf die Extragenitales externae. S. 627. d) Einfluß der Kastration auf die Konstitutionsmerkmale. S. 645. e) Einfluß der Kastration auf den Stoffwechsel. S. 648. f) Einfluß der Kastration auf die Milchdrüsen. S. 653. g) Die Keimdrüse in ihrem Verhältnis zu den übrigen Drüsen mit innerer Sekretion. S. 657. h) Partielle Kastration und kompensatorische Hypertrophie S. 666. i) Kryptorchismus und Eunuchoidismus. S. 673.
   b) Substitutions- und Transplantationsversuche zur Bekämpfung der Ausfallserscheinungen nach Kastration oder Unterentwicklung der Keimdrüsen 679
      1. Die Transplantation der Keimdrüsen 687
         a) Die Keimdrüsentransplantation bei wirbellosen Tieren. S. 688. b) Die Keimdrüsentransplantation bei Wirbeltieren. S. 694.
      2. Parabiose nach Kastration 714
      3. Gonadenextraktversuche 717

X. Direkte oder indirekte Beeinflussung der Gonaden in ihrem Bau und Cyclus 727
   a) Direkte Beeinflussung durch die Röntgen-Radiumstrahlen 728
      1. Beeinflussung durch Alkohol 737
      2. Beeinflussung des Hodens durch Kryptorchismus ... 745
      3. Die Wirkung von Toxinen 749
   b) Indirekte Beeinflussung 751
      1. Indirekte Beeinflussung durch Krankheit und Ernährungsstörungen (Vitamine, Krankheit, Mast, Hunger) . 751
      2. Umwelt und Klima 759
      3. Veränderungen am Hoden nach Unterbindung oder Durchschneidung des Vas deferens 765
      4. Gonaden und traumatische Schädigungen des Somas . 775

Inhaltsverzeichnis.

	Seite
XI. Incretion der Gonaden und Reizleitung	781
a) Allgemeines über ältere und neuere Versuche	782
b) Versuche am braunen Landfrosch	784
1. Innere Sekretion und Brunst beim Frosch	787
2. Innere Sekretion und Copulationsorgane beim Frosch	791
3. Eigene Transplantationsversuche der Daumenschwiele	793
4. Transplantation der Daumenschwielen	795

a) Autoplastische Transplantation. S. 796. b) Homoplastische Transplantation der Daumenschwielen. S. 801. c) Heteroplastische Daumenschwielentransplantation. S. 817. d) Homoplastische Transplantation nach Ausgleichung der biochemischen Differenz vermittels Bluteinfuhr. S. 817. e) Autoplastische Transplantation nach Rückbildung der Schwiele vermittels homoplastischer Transplantation. S. 818.

XII. Beziehungen von Soma und Keimzellen während der regressiven Periode der Tiere	821
a) Senile Involution der Gonaden, des Somas und der sekundären Merkmale	822
1. Sekundäre und Konstitutionsmerkmale im Senium	837
2. Hirn und Rückenmark	848
b) Das Altern der Hunde und Pferde	868
c) Die Alterserscheinungen bei Hunden im Vergleich zum Menschen	871
1. Altersveränderungen an regenerationsfähigen Organen	871
2. Muskulatur und Knochen	884
3. Drüsen mit Incretion	885
d) Die Ursache des Alterns und die Versuche zur Bekämpfung der Senilität	888
1. Injektionsversuche	902
2. Versuche zur Altersbekämpfung mittels Vasektomie	907
3. Versuche zur Altersbekämpfung mittels Gonadentransplantation	919
4. Wesen der Verjüngung und Wirkung der sogenannten Verjüngungsversuche	936
XIII. Gonaden, Psyche und Lebensintensität	955
Literaturverzeichnis	969
Sachverzeichnis	1017

I. Allgemeine gesetzmäßige Beziehung zwischen Keimzellen und Somacyclus innerhalb der Tierreihe.

Was wir heute als Individuum oder arttypische Pflanze oder Tier bezeichnen, ist etwas sekundär Gewordenes, ist der stationäre Zustand eines Individualcyclus, der von der befruchteten Eizelle über die progressive Periode zur regressiven Periode hinführt und im Tod seinen Abschluß findet.

Diese cyclische Ausprägung des Einzeltierlebens speziell ist in Anpassung an die vielseitige Umwelteinstellung des Reifetieres in Hinsicht auf seine Fortpflanzung zustande gekommen.

Wir sehen die Parallelreihen sowohl bei den einzellig differenzierten Tieren, den Protozoen, und den mehrzellig differenzierten, den Metazoen, und auch bei den Pflanzen läßt sich Ähnliches verfolgen, nur daß hier die Umwelteinstellung eine weniger feste im allgemeinen ist als bei den höchst differenzierten Tieren. Ursprünglich ist jede Fortpflanzungszelle indifferent und omnipotent, und ihre spätere geschlechtliche Differenzierung ist etwas Sekundäres. Das beweist die bisexuelle Anlage auch der streng differenzierten Tiere. Nach Burgeff und Kniep haben wir bei Mucorineen sogar eine pluripolare Sexualität (z. B. *Aleuro discus polygonius* nach Kniep). Der Begriff der Sexualität ist also nicht auf zwei Geschlechter beschränkt.

Nach der Bütschli (1887/89)-Schaudinnschen (1904) Sexualitätshypothese, der sich 1925 Hartmann anschließt, ist jede Protisten- und Geschlechtszelle, ja jede Zelle überhaupt, bisexuell und besitzt die vollständigen Anlagen des männlichen und weiblichen Geschlechts. Bei multipolarer Sexualität ist es z. B. möglich, daß die Gameten einer Form A in bezug auf die Gameten einer Form B sich als weiblich, einer dritten Form C gegenüber aber als männliche Gameten sich erweisen. Es ist also nur eine relative Sexualität vorhanden, was auch von Hartmann 1925 für eine marine Braunalge *Ectocarpus siliculosus* nachgewiesen wurde.

Schwach weibliche Gameten funktionieren gegenüber stark weiblichen als männlich und die schwach männlichen gegenüber stark männlichen als weibliche. Das ist also direkt ein Beweis für die Bütschli-Schaudinnsche Hypothese, die uns zeigt, daß die tiefste Ursache für die Befruchtung die Sexualität ist. Wir gewinnen hierdurch auch eine gute Grundlage für viele unserer Betrachtungen über die Beziehungen des Somas zu den Keimzellen.

Bei den Protozoen nun, die sich unter günstigen Umständen scheinbar dauernd durch Teilung fortpflanzen können, ist ein eigentlicher stationärer Individualcyclus nicht vorhanden. Es ist nur eine Folge von ständig sich ablösenden Individuen festzustellen, die in ihrer Teilungsreihe nie einen materiellen Verlust des Körpers erleiden, wohl aber an Materie nach jeder Teilung durch Stoffanbau zunehmen (Abb. 1). Wie stark diese Zunahme

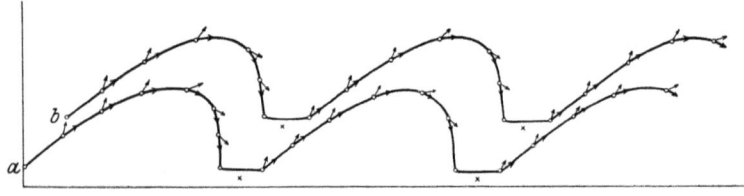

Abb. 1. Kurve (a) eines Paramaeciums mit ansteigender und absteigender Teilungsrate. Die Pfeile zeigen jedesmal zwei neu entstandene Individuen, von denen immer eins in gerader Linie weitergezüchtet wird. Bei b ist die Kurve eines zugehörigen Teilungspartners wiedergegeben. Die abnehmende Teilungsrate endet jedesmal in einem sogenannten Depressionsstadium, in dem sich das Tier nicht teilt, aber eine Umdifferenzierung durch Endomixis durchmacht. (Original.)

ist, das zeigen Berechnungen von Woodruff (1913). Er sagt, „daß das Protoplasma der zuerst (in seiner Kultur) isolierten Zelle mindestens die Potenz hatte, ähnliche Zellen bis zu einer Zahl von 2^{3340} und eine Masse von Protoplasma von mehr als 10^{1000} der Masse des Erdballes zu erzeugen." Woodruff züchtete Paramaecien auf ungeschlechtlichem Wege in $13\frac{1}{2}$ Jahren (bis 1921) bis zu 8400 Generationen. Daraus geht hervor, daß wir eine Tierreihe von 0 bis Unendlich verfolgen können, ohne daß ein materieller Tod eintritt, nur die durch Teilung einander ablösenden Individuen lassen eine individualcyclische Prägung zu.

Diese sehr wertvollen Ergebnisse von Woodruff u. a., die von Hartmann (*Eudorina* 1921) und seinen Schülern weiter ausgebaut worden sind, zeigen, daß geschlechtliche Fortpflanzungsvorgänge dem ursprünglichen Organismus nicht zukommen, wie wir dies ja noch bei den Bakterien sehen.

Bei Tieren haben wir heute, soweit die Beobachtung reicht, immer neben der ungeschlechtlichen Fortpflanzung die geschlechtliche. Bei Protozoen bemerken wir stets auch bei ungeschlechtlich sich fortpflanzenden Linien, die nur in ständig erneuerter Kulturflüssigkeit möglich sind, die Tendenz einer Erneuerung des Kernapparates durch einen Vorgang, den wir Endomixis nennen, und der in gewisser Weise der Parthenogenesis gleicht.

Um diese Vorgänge zu verstehen, müssen wir auf die geschlechtlichen Vorgänge bei Protozoen zunächst eingehen. Während wir bei den Metazoen die Fortpflanzungsgeschäfte eigenen Zellen, den Generationszellen des Körpers, übertragen sehen, die sich streng von den Somazellen abtrennen, ist bei den Protozoen als Volltieren in der einen Zelle zunächst eine geschlechtliche Differenzierung und eine Trennung von Soma und Generationsapparat überhaupt nicht zu erkennen. Bei höher differenzierten Ciliaten ist insofern eine Arbeitsteilung im Hinblick auf die Fortpflanzung eingetreten, als ein eigener Kern, der Geschlechtskern, die geschlechtliche Fortpflanzung regelt. Niemals aber lassen sich, wie bei vielen Metazoen, im Stadium der Reifetiere männliche und weibliche Tiere unterscheiden.

Die Haupttypen der geschlechtlichen Fortpflanzung bei Protozoen sind die Copulation und die Conjugation. Ich möchte die letztere für die ursprünglichere halten, weil bei ihr die Umwelteinstellung des Cyclus der vorwiegend sich ungeschlechtlich fortpflanzenden Reifetiere erhalten bleibt. Das Wesen der Conjugation ist, daß bei ihr nur eine vorübergehende Vereinigung zweier Reifetiere eintritt, die ihren Somakern, den Macronucleus, auflösen und nach der Reifeteilung des Micronucleus die Hälfte ihres Geschlechtschromatins austauschen. Der Macronucleus wird dann mit dem Micronucleus erneuert, worauf die Tiere sich wieder voneinander lösen. Nach der Conjugation beginnt wieder die Teilung, so daß die ursprünglich eingeschlagenen Individualreihen wieder in neuer Form auftreten.

Die Endomixis ist ähnlich in ihrem Ablauf, es löst sich der Macronucleus auf, der Micronucleus teilt sich zweimal, wobei drei der Teilungsprodukte zugrunde gehen. Macronucleus und Micronucleus erneuern sich aber im Reifetier, ohne daß ein Chro-

4 Gesetzmäßige Beziehung zwischen Keimzellen und Somacyclus.

matinaustausch zwischen zwei Individuen eintritt, so daß wir hier mit einem gewissen Recht von Parthenogenesis sprechen können.

Die Copulation vereinigt im Gegensatz zu der Conjugation zwei Cyclen zu einem, und zwar dadurch, daß zwei Volltiere, wie z. B. bei der Isogamie, miteinander verschmelzen. Dadurch beginnt dann mit dem neu aus zwei Tieren entstandenen Individuum ein neuer Individualcyclus. Bei der Copulation wird daher die Durchmischung der Individualreihen viel weitgehender als bei der Conjugation.

Bei der isogametischen und noch mehr der anisogametischen Copulation haben wir einen Vorgang, der der geschlechtlichen Fortpflanzung der Metazoen vergleichbar ist, denn auch hier vereinigen sich zwei Geschlechtszellen, Ei- und Samenzelle, zur be-

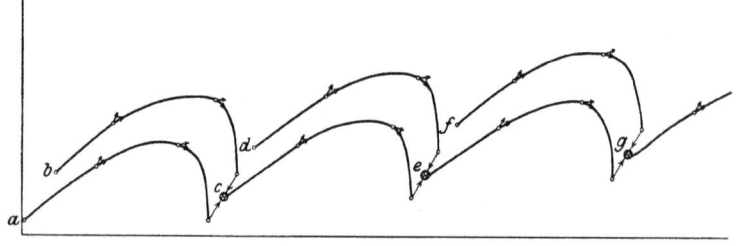

Abb. 2. Kurven (*a—g*), die sich ergeben, wenn die Copulation in den Generationscyclus eingeschoben ist. Die teilungsfähig gewordenen Individuen der Kurven *a* und *b* vereinigen sich (conjugieren) in *c*, das dann eine neue gleichlaufende Kurve ergibt usw. bis *g*. Die Pfeile zeigen die Teilungen an. (Original.)

fruchteten Eizelle, aus der nun aber durch Teilung keine neuen Individualcyclen entstehen. Dadurch, daß die Zellen bei der Furchung im Verband miteinander bleiben, kommt es zu einem vielzelligen Organismus, der nun seinerseits einen abgeschlossenen Cyclus durchmacht (Abb. 2).

Bei vielen Protozoen werden nun, bevor die Copulation eintritt, auch Fortpflanzungszellen gebildet, die den Ei- und Samenzellen in gewisser Weise gleichzusetzen sind, das sind die Macro- und Microgameten, von denen die letzteren durch Geißeln beweglich sind und in die Macrogameten eindringen wie der Samenfaden in die Eizelle eindringt. Diese Copulation wird als Anisogamie bezeichnet. Oft entsteht bei der Microgametenbildung, die durch Teilung erfolgt, ein Restkörper des Protoplasmas der

Mutterzelle, sodaß wir hier zum ersten Male einen materiellen Substanzverlust bei der Teilung bekommen. Während also bei Protozoen für die Vorgänge der Fortpflanzung der Einreihencyclus der Art durch Copulation unterbrochen wird, macht sich gleichzeitig in der einen Zelle, die jedes Protozoon darstellt, die Tendenz bemerkbar, das Individuum selbst zu einer Keimzelle (Macro-Microgameten) zu machen, womit das alte Individuum ein Ende findet. Durch die Copulation wird auch der Reihencyclus unterbrochen, der nur durch dauernde Teilungsvorgänge gewährleistet wird. Die Lebensabläufe der Protozoen bestehen aus Reihencyclen, wo die durch Teilung aufeinander folgenden Phasenindividualitäten nur Soma sind und latent in sich den Geschlechtskeim bergen. Sie treten in dem Momente in einen echten geschlechtlichen Individualcyclus ein, wo sie zu Macro- und Microgameten werden. Diese verschmelzen miteinander zu einem neuen Volltier, das dann wieder in den Reihencyclus eintritt.

Die Metazoen ergeben ganz andere Differenzierungsrichtungen, weil sie mehrzellig differenziert sind und daher nicht mehr mit den Protozoen verglichen werden können. Alle Metazoen gehen aus einer befruchteten Eizelle hervor, wenn sie sich geschlechtlich fortpflanzen; diese entsteht aus einer Verschmelzung von Ei- und Samenzelle. Hier ist ein Vergleich mit einem Protozoenvolltier berechtigt, das aus einer Verschmelzung von Macro- und Microgameten (Amphimixis) entstanden ist. Die Amphimixis ist aber immer eine Folge der Befruchtung, die bedingt ist durch die ursprünglich relative Sexualität.

Die Protisten sind also zu fassen als eine Generationskette von Null bis Unendlich oder quantitativ gesprochene in Pendeln zwischen Masse 1 kurz vor der Teilung und Masse $1/2$ nach der Teilung, wobei die alten Individuen in neuen aufgehen und zu der Masse 1 rekonstruiert werden, ohne daß ein Substanzverlust eintritt. Sie zeigen also eine typische Phasenindividualität. Hier läßt sich in klarer Weise das Gesetz von der Erhaltung der Kraft auch auf die lebende Substanz übertragen. Wir haben so auch ein Gesetz von der Erhaltung des Lebens. Woher die Kraft kommt, woher das Leben kommt, also wie die Urzeugung zustande gekommen ist, wissen wir nicht; wir dürfen aber nicht sagen, wir werden es nie wissen, denn damit leisten wir Verzicht auf das Endziel der Biologie, die ja die Wissenschaft vom Leben ist.

6 Gesetzmäßige Beziehung zwischen Keimzellen und Somacyclus.

Einzellige Tiere müssen mit einer Zelle alle Verrichtungen vollziehen, die bei Mehrzelligen von zu Organen zusammengefügten differenzierten Zellen ausgeführt werden. Hier bekommen wir nun echte Individualcyclen, die zeitlich scharf begrenzt sind und eine mehr oder weniger scharf begrenzte Reifephase zeigen. Zwei Einrichtungen sind es, die bei mehrzelligen Tieren den Cyclus bedingen. Einmal der materielle Tod des Individuums, den wir bei den Protozoen noch nicht kennen, und dann der festgelegte

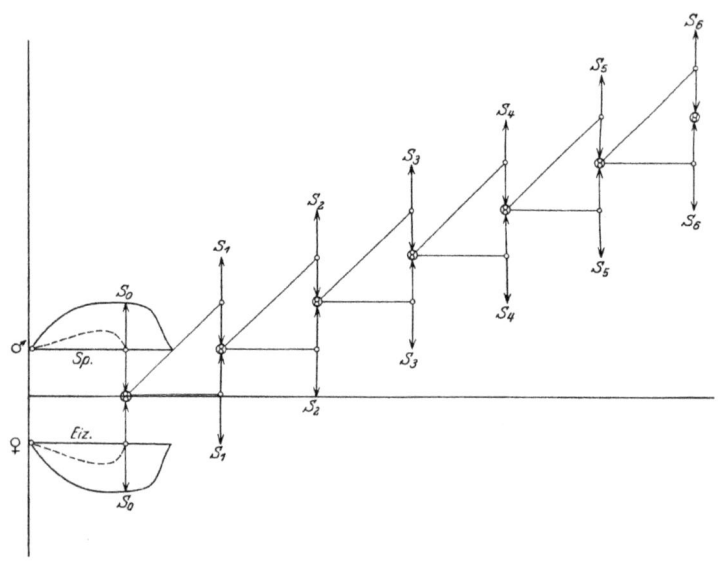

Abb. 3. Individualcyclus eines nicht teilbaren mehrzelligen Tieres — ♂ und ♀ Somakurve, ······ ♂ und ♀ Keimzellkurve. *Sp* Samenzelle, *Eiz* Eizelle, ⊙ befruchtete Eizelle, ♂ oder ♀ sich differenzierend. ♂ *So* männliches Soma, ♀ *So* weibliches Soma. (Original.)

Augenblick der Entstehung eines Individuums durch die Befruchtung, die in der Verschmelzung des Eies und der Samenzelle besteht, also Geschlechtsdimorphismus (♂ und ♀) voraussetzt.

Befruchtung und materieller Tod sind aber auch erst allmählich bei vielzelligen Tieren entstanden, und zwar durch Arbeitsteilung. Bei den Metazoen sondern sich sehr früh die Zellen in Fortpflanzungszellen und Körperzellen. Die Fortpflanzungszellen sind in gewisser Weise noch den Protozoen zu vergleichen, sie sind potentiell unsterblich. Denn bei jeder Befruchtung, also dem Verschmelzen eines Eies mit einer Samenzelle (Abb. 3), geben sie ihr eigenes Dasein zugunsten eines neuen Individuums auf. Sie spalten aber während der Entwicklung der befruchteten Eizelle die Körperzellen von sich ab, die nun das Soma darstellen und den Gesamtverrichtungen in Beziehung zur Außen- und Innenwelt dienen, mit Ausnahme der geschlechtlichen Fortpflanzung, die nur von den Keimzellen vollzogen werden kann. Diese Somazellen altern und sterben, während das neue Individuum sich aus den befruchteten Eizellen mit ihren männlichen und weiblichen Erbanlagen wieder entwickeln muß.

Bei wenig differenzierten Metazoen bleibt neben dieser geschlechtlichen Fortpflanzung noch die ungeschlechtliche der Protozoen erhalten, indem sich auch der Metazoenkörper noch durch

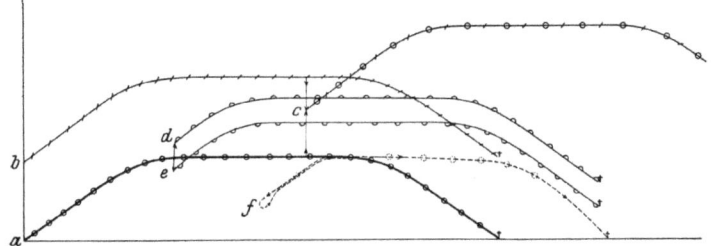

Abb. 4. Die möglichen Individualcyclen eines echten Regulationstieres (Turbellar). *a* und *b* sind gleichlaufende Individualkurven mit progressiver, stationärer und regressiver Phase. Während der stationären Phase ist die Entstehung einer neuen Kurve aus *a* und *b* durch Keimzellen bei *c* angedeutet (= Verjüngung durch Befruchtung). *d* und *e* sind Kurven, die aus der Teilung des Individuums der Kurve *a* hervorgegangen sind (= Verjüngung durch Teilung). In der Kurve *f* ist ein Individualzustand der Kurve *a* zur Rückentwicklung gebracht worden, worauf er eine neue Kurve durchläuft (= Verjüngung durch Rückentwicklung oder Verkleinerung des biologischen Systems). (Original.)

Teilung vermehren kann (Hartmann, *Stenostomum*), wobei denn nur ein gleitender Übergang von einem Individuum in zwei neue sich vollzieht ohne Substanzverlust, also ohne den materiellen Tod (Abb. 4).

Der zeitliche Cyclus eines mehrzelligen Tieres besteht also, wenn wir von der Teilungsfähigkeit wenig differenzierter Formen absehen, aus folgenden Phasen: befruchtete Eizelle — Entwicklung — Reife — Senium und Tod.

In klarster Weise zeigen diesen Cyclus die determinierten Tiere, d. h. zellkonstante Tiere, die nur aus einer gesetzmäßig festgelegten Zahl von Zellen bestehen. Ein Rädertier, *Hydatina senta*, besteht nur aus 959 Zellen. Die Entwicklung ist hier vollendet, wenn die Zahl 959 Zellen erreicht ist. Das Reifestadium dauert so lange, bis die Somazellen Alterserscheinungen zeigen, damit beginnt das Senium. Der Tod tritt dann ein, wenn lebenswichtige Zellen, also Nervenzellen, nicht mehr funktionsfähig sind; das Tier stirbt dann den physiologischen Tod.

Der Lebenscyclus eines zellkonstanten Tieres ist zum erstenmal 1923 von Fr. Spemann verfolgt worden, allerdings stehen hier noch die cytologischen Untersuchungen aus. Er stellte seine Untersuchungen an *Rotifer vulgaris*, einem Rädertier, an. Die Lebensdauer dieser Tiere ist durchschnittlich 30—40 Tage, und zwar vom Ausschlüpfen der Tiere bis zum Tode. Die Entwicklungsperiode selbst dagegen hängt in gewisser Weise von Temperatureinflüssen ab; ein höheres Alter von 40—50 Tagen erreichten nur 20 vH. der dauernd daraufhin beobachteten weiblichen Tiere, ein Überschreiten der Grenze von 50 Tagen ist sehr selten, nur ein einziges Weibchen erreichte ein Alter von 52 Tagen. Da bei den Rotatorien der Körper zellkonstant ist, so ist hier zu erwarten, daß besonders wichtige Aufschlüsse über die Altersveränderungen bestimmter mosaikartig zusammengefügter Zellen gegeben werden können. Wie schon von Harms 1912 bei Hydroides festgestellt wurde, lassen sich physiologisch die Alterserscheinungen immer in einer verminderten Reizgeschwindigkeit nachweisen. Das trifft auch für Rotatorien zu. Spemann stellte fest, daß jüngere Tiere außerordentlich lebhaft sind, ständig umherkriechen und -schwimmen, daß dagegen ältere Tiere, etwa vom 10. Tage vor ihrem Tode an, träge werden, die Bewegungen verlangsamen sich, der Räderapparat wird weniger gebraucht, die Reaktionen auf Berührung oder Erschütterung erfolgen langsam und schließlich gar nicht mehr. Diese Erscheinungen steigern sich, bis das Tier in den letzten Tagen vollkommen regungslos erscheint und sich nur noch selten ganz langsam streckt und zusammenzieht; die letzte noch erkennbare Lebensäußerung ist die Flimmerbewegung im Schlund. Mit diesen physiologischen Erscheinungen gehen auch morphologische einher. Die sonst geschmeidige und leicht biegsame Körperwand wird knittrig, und es treten stärkere Falten auf, die sich besonders beim Zusammenziehen bilden, während kontrahierte jüngere Tiere gleichmäßig rund erscheinen. Der vorher ganz durchsichtige Körper wird allmählich undurchsichtiger und dunkler, später entstehen dann Hohlräume im Innern, sodaß gewisse Stellen heller erscheinen. Der Körper derartig stark gealterter Tiere erscheint stellenweise, manchmal auch in größerer Ausdehnung, wie aufgetrieben, an ihm treten starke Einschnürungen auf, besonders hinter dem Kauapparat und vor dem Ansatz des Fußes. Hier liegen die für die Lebensprozesse hauptsächlich in Betracht kommenden Haupt-Quermuskeln, die offenbar allmählich ihre Elastizität verlieren.

Schon am lebenden Objekt ist festzustellen, daß ein Verfall der inneren Organe eintritt. Da bei diesen zellkonstanten Tieren einmal ausgefallene Zellen nicht mehr ersetzt werden können, so muß das Tier natürlich in dem Augenblick zugrunde gehen, wo lebenswichtige Zellelemente ausfallen.

Das Alter der Rädertiere ist auch von Einfluß auf die Leistungs- und Lebensfähigkeit der Nachkommen. Nach Fr. Spemanns Feststellungen nimmt bei dem sich parthenogenetisch fortpflanzenden Rädertier *Rotifer vulgaris* die Größe der Jungen mit zunehmendem Lebensalter der Mutter ab. Diese kleinen Tiere bringen weniger Nachkommen hervor als die größeren, vorher von dem Muttertier erzeugten Weibchen. Während die Durchschnittszahl der Jungen sonst 5—6 beträgt, werden von den kleineren später geborenen Weibchen im Durchschnitt 4—6 Junge nur von 20 vH., von weiteren 20 vH. 3, von 30 vH. 1—2, von 30 vH. gar keine Jungen hervorgebracht, das deutet also auf eine entschiedene Beeinflussung der Leistungsfähigkeit der Nachkommen durch das Lebensalter der Vorfahren bei diesen zellkonstanten Tieren. Die Lebensdauer allerdings scheint bei den Nachkommen von alternden Tieren nicht verkürzt zu werden.

Alle Rotatorien, wie überhaupt viele zellkonstanten Tiere (Nematoden, Bärtierchen usw.) haben nun weiterhin die Fähigkeit, sich bei günstigen Lebensumständen encystieren zu können, sodaß also dadurch eine Unterbrechung des sonstigen starren Lebenscyclus eintritt, wie wir es in ähnlicher Weise nur bei den Protozoen beobachten. Verdunstet das Wasser, in dem sich Rädertiere befinden, so kontrahieren sich die Tiere, scheiden eine Gallerthülle ab und gehen in ein Dauerstadium über, in dem sie allen Fährlichkeiten zu trotzen vermögen. Die Erdrotatorien sind in diesem Zustand des latenten Lebens nicht nur befähigt, jeder Austrocknung zu widerstehen, sondern sie können auch extremen Temperaturgegensätzen bis nahe zum absoluten Nullpunkt ausgesetzt werden.

Rotatorien sind im encystierten Zustand 15 Jahre gehalten und dann von neuem zum Leben erweckt worden. Es ist das um so verwunderlicher, da normalerweise der Cyclus dieser Tiere ja nur etwa 40 Tage beträgt. Rahm behauptete sogar, daß Rädertiere noch nach 59jährigem Trockenliegen zum Leben erweckt werden können.

Baumann 1919/21 gibt allerdings für *Callidina* eine Grenze von nur $1^1/_2$ Jahren an, aber auch das ist eine beträchtliche Verlängerung der Lebensdauer gegenüber der normalen von 40 Tagen. Man muß allerdings immer wieder bedenken, daß die Encystierung einen anabiotischen Zustand darstellt, wo also von einem eigentlichen Leben kaum gesprochen werden kann. Nach Beobachtungen von Jacobs soll sogar nach einer Ruheperiode bei Rotatorien eine Periode erhöhter Fortpflanzungsfähigkeit folgen, sodaß hier, ähnlich wie bei den Protozoen während der Encystierung, auf eine Erneuerung der Organisation zu schließen wäre.

a) Die Beziehungen zwischen der Organisationshöhe der Tiere und der Differenzierung der Soma- und Generationszellen.

Jeder Metazoenorganismus zeigt zwei verschiedene Zellanteile, die häufig schon von der frühesten Embryonalentwicklung an sich scharf voneinander trennen. Der eine dient der Erhaltung der Art, der andere dagegen den Gesamtverrichtungen des Individuums. Es sind das die Geschlechts- oder Generationszellen und die somatischen Zellen. Während die ersteren in der Metazoenreihe immer einen ganz charakteristischen Typus darstellen, der im großen und ganzen unabhängig ist von der Organisationshöhe des Tieres, sind die somatischen Zellen um so höher differenziert, je vollkommener sich das Tier den Umweltbedingungen angepaßt hat, und je höher es im System steht. Die Differenzierung der somatischen Zellen ist in erster Linie abhängig von der funktionellen Anpassung, sie wird um so stärker, je komplizierter die Verrichtungen der täglichen Lebensbedürfnisse wie Ernährung, Stoffwechsel, Locomotion usw. werden. Die somatischen Zellen haben also die Aufgabe, das Individuum als solches zu erhalten und tragen dadurch indirekt zur Erhaltung der Art bei. Ursprünglich scheinen alle Lebensäußerungen der somatischen Elemente bei den niederen Metazoen auf eine möglichst große Produktion von Nährmaterial zugeschnitten zu sein, um möglichst viele Generationszellen zur sicheren Erhaltung der Art entstehen zu lassen. Ob hier jedoch ein Übergang der somatischen Zellen in Generationszellen erfolgt, ist fraglich, bei den höheren Tieren kann es wohl als ausgeschlossen gelten.

Allerdings haben Regenerationsversuche von Janda und Tirala bei Anneliden, denen die Geschlechtsregion und damit auch die Geschlechtssegmente entfernt wurden, ergeben, daß auch neue Geschlechtssegmente mit Keimdrüsen, Hoden sowohl wie Ovarien, regeneriert werden konnten. Da man jedoch rudimentäre Keimdrüsen bei Anneliden in den außerhalb der Geschlechtsregion gelegenen Segmenten findet, so ist die Möglichkeit vorhanden, daß die neugebildeten Keimzellen aus diesen oder in- differenten Zellen gebildet sein könnten.

Daraus nun aber, daß die Somazellen den Nährboden abgeben für die Generationszellen, und daß vielleicht auch bei wenig differenzierten Organismen während des ganzen individuellen Lebens aus undifferenziertem Material — ob somatischer oder generativer Art ist nicht zu entscheiden — immer noch Keimzellen hervorgehen können, folgt, daß beide Elemente enge Beziehungen zueinander haben. Denn auch die Generationszellen üben einen gewissen Einfluß auf die somatischen Elemente aus, indem diese gewisse Anstöße zu vermehrter Lebenstätigkeit von ihnen empfangen; die zur Regelung des somatischen Anteils an der geschlechtlichen Betätigung zunächst absolute Bedingung sind.

Bei den Keimzellen ist nun schon von den primitiv gebauten Metazoen an ein scharf ausgeprägter Dimorphismus vorhanden, der sich darin zeigt, daß aus männlichen und weiblichen Keimzellen in homologer, jedoch specifisch verschiedener Weise Eier und Spermatozoen ausgebildet werden. Diese sexuelle Differenzierung der Zellen selbst ist auch bei manchen Protozoen schon in den Phasen des Cyclus ausgeprägt, wo Macro- und Microgameten Ei- und Samenzellen entsprechen und durch eine Verschmelzung ein neues Individuum bilden.

In dem Maße nun, wie die Generationszellen sich von den somatischen Zellen bei der Höherentwicklung der Tiere absondern, kommt es zu einer Zusammenlegung der Generationszellen zu einem Organ, der Keimdrüse, die unter Vermittlung von somatischen Elementen zustande kommt, die sie schützen und ernähren. Die Wechselbeziehungen zwischen Keimzellen und Organismus werden nun noch enger, was sich am besten in der jetzt erfolgenden sexuellen Differenzierung der nunmehr auch scharf gesonderten Somazellen erkennen läßt.

Die Anlage der Keimdrüse ist ursprünglich stets eine indifferente, weder männlich noch weiblich differenziert.

Die Keimzellen jedoch sind bei denjenigen Tieren, die einen Geschlechtschromosomenmechanismus haben, schon in der Keimbahn als männlich oder weiblich zu erkennen, sodaß diese also in extremer und starrer Weise als determiniert anzusehen sind. Mit Ausnahme dieser extrem determinierten Tiere kommt erst unter dem Einfluß der sich männlich oder weiblich differenzierenden Keimdrüse die primäre somatische sexuelle Differenzierung zustande. Immer wieder geht deutlich aus diesen Beziehungen hervor, daß die Somaelemente den Bedürfnissen der Geschlechtselemente angepaßt sind. Ja, erstere können sogar soweit reduziert werden, daß nur noch die somatischen Begattungsorgane neben den Keimdrüsen übrig bleiben, wie das bei den sogenannten Zwergmännchen parasitärer Formen vorkommt. Die weitgehende Sonderung der Keimzellen von den somatischen Elementen bei höheren Tieren läßt sich ohne weiteres aus dem Prinzip der Arbeitsteilung erklären.

Wenn nun auch bei den Metazoen die Fähigkeit der ungeschlechtlichen Fortpflanzung durch Teilung und Knospung bei labilen Regulationsformen noch vorhanden ist, so ist doch im allgemeinen die geschlechtliche Fortpflanzung die vorherrschende oder, bei stabilen und partiell oder total zellkonstanten Tieren die einzige Art der Fortpflanzung. Dadurch nun, daß der Körper der mehrzelligen Tiere sich aus somatischen und Keimzellelementen zusammensetzt, kommt ein zweifacher Cyclus zustande, derjenige des Somas und der der Keimzellen. Der somatische Cyclus ist derjenige, den wir als Individualcyclus bezeichnen. Er beginnt mit der befruchteten Eizelle und führt durch die progressive Phase zum Reifestadium und endet über die regressive Phase in dem natürlichen Tod. Die Somazellen erleiden den natürlichen Individualtod, weil sie zur Fortpflanzung nicht herangezogen werden, sich also nicht verjüngen können. Die Keimzellen sind zwar im Cyclus des Somas verankert, haben jedoch wie die Protozoen einen Reihencyclus; sie vermehren sich in der Keimdrüse durch

Teilung, erreichen dann ihr Endstadium in der reifen Eizelle und im Spermatozoon. Damit ist der Reihencyclus beendet, wenn nicht die Endprodukte zweier geschlechtlich differenzierter Reihen, die Ei- und Samenzellen, miteinander zur Verschmelzung kommen. Es entsteht so die befruchtete Eizelle, aus der nun wieder Keimzellengenerationen und das Soma für sich getrennt entwickelt werden. Die Keimzellen setzen nun ihren phasenhaften Reihencyclus in derselben Weise fort, wie wir das schon bei denjenigen Protozoen gesehen haben, die Macro- und Microgameten zu bilden vermögen. Wir können diesen Keimzellencyclus bei den Metazoen als geschlechtlich differenten Reihencyclus mit notwendiger geschlechtlicher Verknüpfung zweier geschlechtsdifferenter Reihen durch den Akt der Befruchtung ansehen.

Für die Keimzellen ist also im Weismannschen Sinne eine Kontinuität des Keimplasmas vorhanden. Dieses ist potentiell unsterblich wie die Protozoen und wie überhaupt die lebende Substanz. Die Somazellen dagegen in ihrer Verknüpfung zu einem vielzelligen Volltier sind auch für sich existenzfähig mit ihren einseitig differenzierten Richtungen, indessen haben sie die Fähigkeit, Reihencyclen zu bilden, d. h. also Keimzellen zu bilden, eingebüßt. Sie haben einen echten Individualcyclus, der aber ohne die Keimzellen nicht wiederholt werden kann. Haben jedoch die Metazoen die Fähigkeit der Teilbarkeit beibehalten, wie viele Coelenteraten, Turbellarien, Anneliden usw., so kann auch der somatische Zellkomplex durch Teilung getrennt werden und in einen einfachen Reihencyclus eintreten, der in gewisser Weise dem einfachen Reihencyclus durch Teilung bei Protozoen gleichzusetzen ist. Immer aber sehen wir, daß dieser Reihencyclus durch eine geschlechtliche Fortpflanzung unterbrochen wird, wie wir das auch schon bei den Protozoen festgestellt hatten. Ist die Fortpflanzung eine parthenogenetische, so bleibt auch bei Metazoen bezüglich der Keimzellen der einfache Reihencyclus erhalten, da keine Verknüpfung mit einem rein männlichen Cyclus eintritt.

b) Die Keimbahn.

Wenn man sich die Aufgabe stellt, die Wechselbeziehungen zwischen Geschlechtszellen und somatischen Elementen näher zu analysieren, so ist ein kurzer Abriß der Differenzierung der Keimzellen sowohl in phylogenetischer wie in ontogenetischer

Beziehung nötig, zumal, wenigstens bei vielen hochdifferenzierten Tieren, die Formgestaltung in gewisser Weise von den Keimdrüsen abhängig ist. Einen Anhaltspunkt dafür, wie überhaupt eine Soma- und Keimzellendifferenzierung sich anbahnen konnte, läßt sich an Volvocineen, jenen koloniebildenden Protophyten, gut verfolgen. Wir kennen hier primitive und höher entwickelte Formen. Eine primitive Gattung ist *Pandorina*, wo jede Kolonie nur aus Zellen besteht, die alle gleichartig sind und in einer gemeinsamen Gallerthülle leben. Jede dieser 16 Zellen hat die Fähigkeit, durch mehrfache Teilung eine neue Kolonie zu erzeugen. Betrachten wir dagegen eine hoch entwickelte Form, z. B. Volvox, so bemerken wir hier sofort einen cellulären Dimorphismus. Die überwiegende Mehrzahl der Zellen ist ziemlich klein und füllt die Wandung der hohlen Gallertkugel aus. Dadurch, daß die Zellen mit Augenfleck, Chlorophyll und Geißel ausgestattet sind, zeigen sie, daß sie die typischen Funktionen somatischer Zellen, die Verrichtung der Lebensbedürfnisse, besitzen. Neben diesen kleinen Zellen sind dann noch eine geringere Zahl anderer vorhanden, die erheblich größer sind und sich auch morphologisch von den kleineren unterscheiden. Diese Zellen sind allein imstande ein neues Individuum durch Zellteilung zu bilden. Sie können sich aber auch zu Ei- und Samenzellen differenzieren, die nun ebenfalls durch Verschmelzung und darauf folgende Teilung eine neue Kolonie bilden. Durch diese interessanten Verhältnisse an verschieden hoch entwickelten Volvocineenkolonien läßt sich direkt die phylogenetische Entstehung von Soma- und Geschlechtszellen verfolgen. Allerdings handelt es sich hier um niedere Pflanzen. In der Tierreihe dagegen kennen wir derartige Übergänge nicht.

Bei den Metazoen lassen sich in bezug auf die Differenzierung der Keimzellen drei große Gruppen unterscheiden. Die niedersten Formen besitzen zeitlebens einen Fond von indifferenten Zellen, von denen, ganz unregelmäßig im Körper verstreut, Keimzellen sowohl wie andere Gewebszellen sich differenzieren können. Zu dieser Gruppe würden nur die Poriferen zu zählen sein.

Die zweite Gruppe (Cnidarier) besitzt ebenfalls noch ein indifferentes Zellmaterial, aus dem, wie bei den Poriferen, männliche und weibliche Geschlechtselemente und somatische Zellen hervorgehen können. Jedoch begeben sich hier die männlichen und weiblichen Keimzellen nach bestimmten scharf umschriebenen Stellen des Körpers hin, wo sie zur definitiven Reife gelangen und auch zur Entleerung kommen.

Die dritte Gruppe endlich umfaßt die große Mehrzahl der Metazoen mit gut entwickelten Keimdrüsen, die schon in der Embryonalentwicklung einen wohlumschriebenen Anlagekomplex darstellen und dann sich zu einer männlichen oder weiblichen Keimdrüse weiter differenzieren. Im allgemeinen ist charakteristisch für die Gruppe, daß nach Entfernung der Drüse die somatischen Zellen nicht imstande sind, neue Keimzellen zu bilden.

Über die erste Gruppe, die Poriferen, können wir kurz hinweggehen. Keimzellen und somatische Zellen sind noch keineswegs stark voneinander unterschieden; die Geschlechtsprodukte entstehen im Bindegewebe, dem sogenannten Mesoderm, aus Zellen, welche ursprünglich von den Bindegewebszellen dieser Schicht nicht zu unterscheiden sind. Die Eizellen sind von keiner cuticularen Hülle oder Dotterhaut umgeben. Sie liegen nackt in einer mesodermalen Höhle des Mutterkörpers, die von Endothel ausgekleidet ist. Sie behalten stets die Fähigkeit bei, sich amöboid fortzubewegen. Wie es scheint, stehen auch hier schon die Urgenitalzellen mit den Bindegewebszellen in genetischer Beziehung. Nach Maas stellen sie primitive larvale Elemente dar, die sich schon früh von den specifischen Gewebselementen unterscheiden lassen und allein zur Bildung von Oo- und Spermatogonien Verwendung finden. Die selteneren männlichen Tiere lassen aus je einer Urgenitalzelle zwei Zellen hervorgehen, deren eine durch fortgesetzte Teilung die Spermien liefert, während die andere follikelartig die aus der ursprünglichen Keimzelle hervorgegangenen Spermatozoen umgibt. Schon bei diesen primitiveren Formen scheint also eine männliche und weibliche Differenzierung ausgeprägt zu sein. Dadurch, daß auch bei diesen Formen die Urkeimzellen sich in die embryonale Periode zurückleiten lassen, bestätigt sich immer wieder die von M. Nußbaum begründete Lehre, die von Weismann als Theorie der Kontinuität des Keimplasmas ausgebaut wurde. Welche Momente hier für die Differenzierung zum männlichen oder weiblichen Typus maßgebend sind, ist nicht zu klären. Die Beziehungen zwischen Soma und Keimzellen sind hier so eng, daß man in gleicher Weise den somatischen Zellen einen Einfluß auf die Differenzierung der Urzellen zuschreiben, als auch eine primär unabhängige Entwicklungsrichtung der männlichen oder weiblichen Keimzelle annehmen kann.

Wie innig die Beziehungen zwischen Keimzellen und somatischen Elementen sind, erhellt aus ihrer Genese, aber auch schon daraus, daß die Keimzellen amöboid sich zwischen den Gewebszellen fortbewegen, ja daß die Oogonien sogar indifferente Gewebszellen in sich aufnehmen (Jörgensen), um sie zu ihrem eigenen Wachstum zu verbrauchen. Ein Stoffaustausch kann hier sowohl auf osmotischem Wege von Zelle zu Zelle stattfinden, als auch unmittelbar, entweder durch die Aufnahme von zugrunde gehenden Keimzellelementen durch die Freßzellen, als auch durch die Aufnahme der Gewebszellen durch die Oogonien.

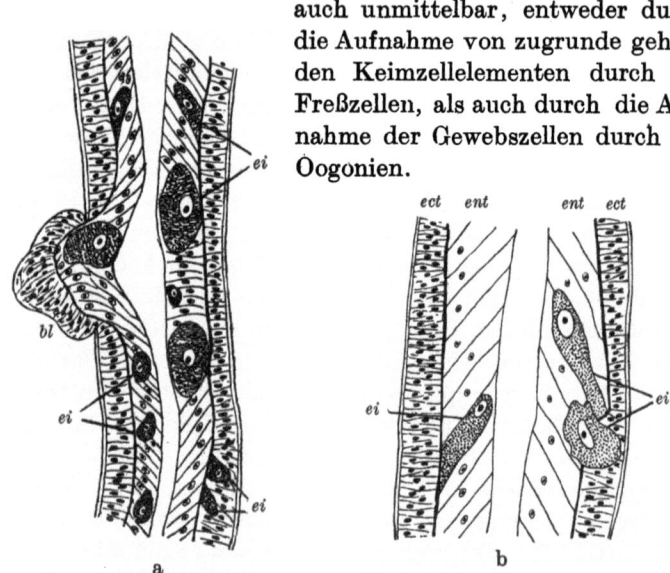

Abb. 5a, b. Längsschnitt durch einen Zweig eines Hydroidpolypen (*Eudendrium racemosum*) mit wandernden Oocyten (*ei*) im Ectoderm (*ect*) und Entoderm (*ent*), sowie Durchbrechen der Stützlamellen zum Durchtritt von einem in das andere Keimblatt, *bl* Blastostylknospe. (Nach A. Weismann.)

Auch bei der zweiten Gruppe, den Cnidariern und Ctenophoren, haben wir im wesentlichen noch ähnliche Zustände wie bei den Poriferen. Im allgemeinen sind hier sogenannte Propagationsherde vorhanden, in denen sich die Urkeimzellen vermehren (Abb. 5a, b). Für diese Herde kann sowohl das Ecto- wie das Entoderm in Betracht kommen. Zum Unterschied von den Poriferen wandern die reifenden Zellen nur an bestimmte Stellen des Körpers, wo sie zur vollständigen Entwicklung gelangen (Abb. 5b). Oft sind auch bestimmte Individuen einer Kolonie zu Geschlechtsindividuen umgewandelt, die dann ausschließlich die Aufgabe haben, die Geschlechtsprodukte zur Reife zu bringen. Die Entwicklung erfolgt dann entweder in den Individuen oder die Geschlechtsprodukte werden, wie bei den Medusen, durch Dehiscens der Körperwand nach außen befördert. Die Eier dieser Tiere sind schon mit einem Dotterhäutchen versehen, sie sind einer amöboiden Bewegung nicht mehr fähig.

Bei allen bilateralen Metazoen sind nun die Keimzellen zu paarigen Organen im Organismus vereinigt und sind so vollständig von den somatischen Zellen abgetrennt; die Drüse selbst ist meist von einer Peritonealhülle umgeben, die somatischer Natur ist und auch sonst noch in enger Beziehung zu den somatischen Zellen steht (Abb. 6a—b). Der scharfe Unterschied indessen zwischen somatischen und Generationszellen its nun schon in der Entwicklung der Metazoen ausgeprägt, so daß schon 1879 und

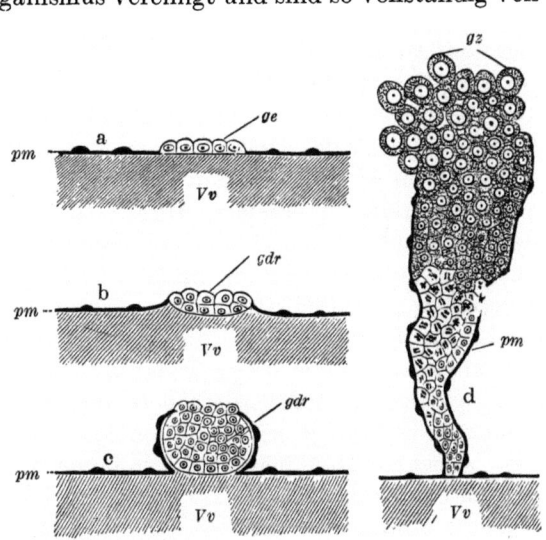

Abb. 6a—d. Entwicklung des Eierstockes eines Ringelwurmes (*Amphitrite rubra*). a—c Keimepithel (*ge*) und Geschlechtsdrüse (*gdr*) als Wucherung des Peritonealepithels (*pm*). d Ovarium mit sich loslösenden Oocyten (*gz*), *Vv* Bauchgefäß. (Nach E. Meyer.)

schärfer formuliert 1880 M. Nußbaum den Satz aufstellen konnte: „Samen und Ei stammen nicht von dem Zellmaterial des elterlichen Organismus ab, sondern sie haben mit ihm gleichen Ursprung."

Durch embryologische Studien, die sich auf verschiedene Tierkreise erstreckten, war Nußbaum zu der Ansicht gelangt, daß schon im gefurchten Ei das Zellmaterial sich in das des Individuums und das für die Erhaltung der Art scheide, und daß beide Zellgruppen und ihre Abkömmlinge sich unabhängig voneinander vermehrten. Jeder Tierkörper wäre dann gewissermaßen ein Doppelwesen, wenn auch, wie das Nußbaum annimmt, beide Zellgruppen denselben äußeren modifizierenden Einflüssen unterworfen sind. Die Vererbung erworbener Eigenschaften schließt diese Theorie also nicht aus.

Weismann dagegen, der diese Theorie der Kontinuität des Keimplasmas weiter ausbaute, zieht den Schluß, daß Keimzellen und Somazellen prinzipiell verschieden sind. Das Keimplasma allein ist für die Vererbung ausschlaggebend, in ihm sind alle Erbfaktoren für die Gewebs- und Organzellen in Form von sogenannten Determinanten vorhanden. Weismann ist es dann auch gewesen, der den Begriff der Keimbahn einführte, worunter wir diejenige Kette von Generationszellen verstehen, welche die ganzen Anlagekomplexe des Organismus von den Furchungsstadien ab mit auf den Weg bekommen hat und schließlich auf die Ei- und Samenzellen überliefert. Diese Generationskette beschränkt sich nicht auf das Individuum, sondern sie verbindet dieses kontinuierlich mit den fernsten Ahnen und ist im Gegensatz zu den Somazellen potentiell unsterblich. Das Postulat für die Weismannsche Theorie ist, daß die Keimzellen sich erbgleich teilen, d. h. ungespaltene Ide auf die Tochterzellen übertragen, im Gegensatz zu den sich differenzierenden somatischen Zellen, wo eine erbungleiche Teilung bei der Differenzierung zu Organzellen eintritt, wobei das Keimplasma sich in immer kleinere Gruppen von Determinanten spaltet.

Diese erbungleiche Teilung bestreitet O. Hertwig, der allen vom Ei abstammenden Zellen die volle Erbmasse zukommen läßt. Durch Einflüsse der Zellen und Zellgruppen aufeinander und durch Einfluß von außen her wird nun ihre Potenz in verschiedener Weise beeinflußt, nur die Keimzellen verbleiben unter derartig günstigen Bedingungen, daß sie die volle Erbmasse im geeigneten Moment voll aktionsfähig aufweisen. Damit wäre also der Unterschied zwischen Somazelle und Keimzelle kein prinzipieller, und wir müßten annehmen, daß eine noch nicht zu weit differenzierte Somazelle, wenn sie unter die geeigneten Einflüsse gerät, zur Generationszelle werden könne. Einige Experimente (Janda, Nußbaum, Oxner, Tirala), sprechen in der Tat für diese Umwandlung. Jedoch ist hier immer der Einwand zu machen, daß die umgewandelten Somazellen latent gebliebene Keimzellen oder Neoblasten waren.

Den Keimplasmabegriff Weismanns hält nun neuerdings Child für unnötig und unmöglich. Nach ihm ist Keimplasma: jedes Protoplasma, welches unter geeigneten Bedingungen fähig ist, Regression, Verjüngung und Aufbau zu einem neuen Individuum zu erleiden. Diese Annahme besagt insofern nichts Neues, als wir wissen, daß sich die Keimzellen erst im Laufe der phylogenetischen Entwicklung herausdifferenziert haben, und daß es auch heute noch wenig specialisierte Metazoen gibt, bei denen scheinbar somatische Zellen noch im Laufe des individuellen Lebens zu Keimzellen werden können. Anderseits haben wir aber bei dem Auftreten der Keimbahnen auch ein wohl abgegrenztes specifisches Keimplasma, welches nun lediglich der Fortpflanzung dient und so uns hinführt zu dem Begriff der Kontinuität des Keimplasmas. Den Begriff „Keimplasma" wieder fallen zu lassen, zugunsten eines sehr wenig scharf definierten Protoplasmaszustandsbegriffes, würde meines Erachtens einen Rückschritt bedeuten.

Am klarsten kommt die Differenzierung der Keimzellen natürlich bei den Tieren zum Ausdruck, die eine Keimbahn aufweisen, wo wir also schon die Keimzelle vom ersten Furchungsstadium an verfolgen können. Eine Keimbahn ist aufgefunden bei Fischen, Tintenfischen, Insekten, Spinnentieren, Krebsen, Rundwürmern und Plattwürmern, während bei den übrigen Metazoen, auch den meisten Vertebraten, eine Keimbahn in dem strengen Sinne bisher nicht nachgewiesen ist. Auch bei den Tieren, die eine Keimbahn aufweisen, ist das Merkmal der Urkeimzelle, das sie zu ihrer Erkennung natürlich aufweisen müssen, kein einheitliches. Bald ist es der Kern, der als Merkmal dient, bald das Protoplasma und bald Einschlüsse in letzterem. In neuerer Zeit sind durch die grundlegenden Untersuchungen von Meves, Duesberg und Rubaschkin Chondriosomen in den Keimzellen nachgewiesen worden, die im Gegensatz zu den stäbchenförmigen der Somazellen körnchenartig sind. Vielleicht ist damit ein Mittel gefunden, auch bei Tieren, bei denen bisher keine Keimbahn bekannt war, eine solche aufzufinden, wie das Rubaschkin 1912 schon beim Meerschweinchen bis zum gewissen Grade gelungen ist.

20 Gesetzmäßige Beziehung zwischen Keimzellen und Somacyclus.

Vorerst beschränken wir uns darauf, kurz die Fälle zu referieren, in denen eine Keimbahn durch irgendein erkennbares Merkmal zweifellos nachgewiesen wurde.

Das bekannteste Beispiel für spezielle Eigenschaften des Kernes in der Keimbahngeneration hat Boveri bei *Ascaris megalo-*

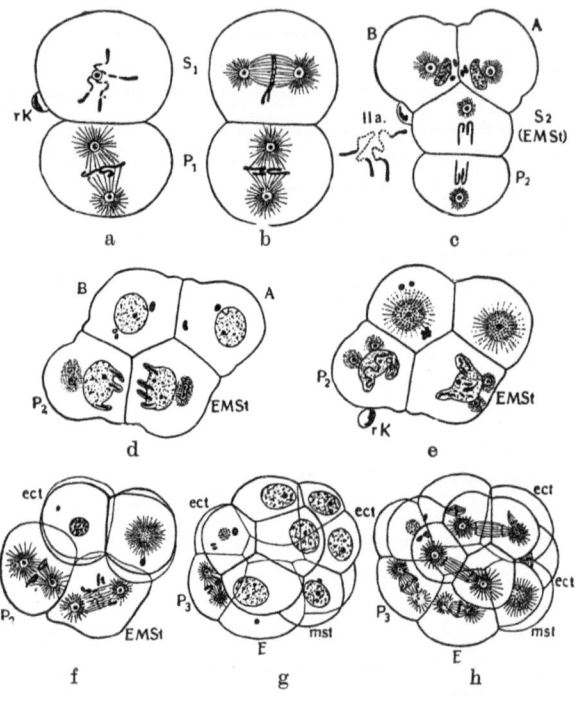

Abb. 7 a—h. Die frühen Furchungsstadien von *Ascaris megalocephala*, welche Chromatindiminution zeigen. (Nach Boveri). a und b zweizelliges Stadium, II a die beiden Chromosomen der Ursomazelle isoliert, c—e vierzelliges Stadium, f sechszelliges Stadium, g vierzehnzelliges Stadium, h achtzehnzelliges Stadium, alle drei von rechts gesehen. A und B die Teilprodukte der 1. Ursomazelle (S_1), $EM\,St$ die 2. Ursomazelle (S_2); P_1, P_2, P_3 die Stammzellen der Urgeschlechtszellen, E Anlage des Ectoderms, ect Ectoderm, mst Anlage des Mesoderms und Stomodaeums, rk Richtungskörper.

cephala erbracht. Boveri konnte die Keimbahnzellen bis zu den ersten Furchungsstadien zurückverfolgen, und zwar auf Grund der Merkmale, die an den Chromosomen auftraten. Bei der ersten Teilung des befruchteten Eies (Stammkeimzelle P_1 und somatische Zelle S_1) treten lange schleifenförmige Chromosomen mit keulenförmig angeschwollenen Enden auf (Abb. 7 a—h). Wenn nun diese beiden ersten Blastomeren in Mitose treten, so weisen ihre Kernapparate schon Unterschiede untereinander auf. In der ersten Stammkeimzelle (P_1) bleibt die ursprüngliche Chromosomenform erhalten, während in der anderen Zelle S_1 oder deren beiden Derivaten A und B, aus denen ein Teil des Ectoderms hervorgeht, eine sogenannte Diminution eintritt. Die Chromosomen dieser Furchungszellen werden so abgeändert, daß der dünne mittlere Abschnitt in eine Reihe von Körnchen zerfällt, während die keulenförmigen Enden ihre Form bewahren. Nur die aus dem Mittelstück der Chromosomen hervorgegangenen Körnchen bilden eine Äquatorialplatte und werden mitotisch gespalten, während die großen keulenförmigen Endabschnitte zunächst im Äquator rudimentäre Durchteilungsversuche machen, um dann im Cytoplasma resorbiert zu werden. Dieselbe Differenzierung wiederholt sich auch bei dem nächsten Teilungsschritt, d. h. die Stammkeimzelle verhält sich wie die befruchtete Eizelle und produziert bei jeder Teilung eine Zelle, deren Chromatin nachher diminuiert wird (zweite Ursomazelle) und eine Zelle, die die volle Chromatinmasse beibehält (zweite Stammzelle). Dieser Vorgang tritt viermal ein, bei der vierten, nach dem sogenannten Modus A entstandenen Zelle, werden endlich nur Tochterzellen produziert, bei denen keine Diminution mehr eintritt, sie ist jetzt die **Urgeschlechtsmutterzelle** (Stammzelle 5. Ordnung), aus der dann schließlich die **Keimdrüse** hervorgeht.

Durch diese Befunde der Diminution des Chromatins in den somatischen Zellen scheint ein gewisser Anhaltspunkt dafür gegeben zu sein, daß im Sinne Weismanns die Somazellen erbungleich geteilt werden, vorausgesetzt, daß das Chromatin Träger der Vererbung ist. Leider ist es nicht geglückt, diesen Vorgang der Chromatindiminution bei allen Tieren nachzuweisen. Außer bei einigen Nemertinen und der Gallmücke *Miastor* ist nur bei *Dytiscus* während der Oogenese ein Vorgang beobachtet worden, der der Chromatindiminution entspricht. Wir haben es also hier scheinbar nicht mit einem allgemeingültigen Prinzip zu tun, sondern mit einer Eigentümlichkeit, die nur wenigen Tieren zukommt.

Erwähnt möge hier noch werden, daß Goodrich 1916 eine sehr klare Diminution bei *Ascaris incurva* beschrieben hat. Die Chromosomengarnitur ist merkwürdigerweise geschlechtlich sehr different, was aus folgender Tabelle hervorgeht:

22 Gesetzmäßige Beziehung zwischen Keimzellen und Somacyclus.

Spermatozoen + Eizellen = Zygote

$(13A + 8X) + (13A + 8X) = 26A + 16X\ \ \ \ \ = 42 =$ Weibchen
$(13A + Y)\ \ \ + (13A + 8X) = 26A + (8X + Y) = 35 =$ Männchen

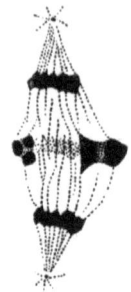

Abb. 8. Teilungsspindel mit Chromatindiminution von *Ascaris incurva*. (Nach Goodrich.)

Die Elimination (Abb. 8) erfolgt wie bei *Ascaris megalocephala* hauptsächlich auf dem vierten Zellstadium.

Ein wesentlich einfacheres und scheinbar weit verbreitetes Merkmal fand Häcker bei den Copepoden. Die Stammzellen, einschließlich des ungeteilten Eies, zeichnen sich gegenüber den anderen Embryonalzellen dadurch aus, daß bei ihrer Teilung im Umkreis des einen Pols der Teilungsfigur färbbare Körnchen auftreten, die Häcker als Außenkörnchen oder Ectosomen bezeichnet. Er hält sie für Nebenprodukte des Stoffwechsels, vielleicht jedoch haben wir es hier mit den Meves schen Chondriosomen zu tun. Nach neueren Untersuchungen (Amma) sollen diese Körnchen während jedes karyokinetischen Cyclus in einem bestimmten Stadium neu auftreten und dann wieder verschwinden. Amma ist der Ansicht, „daß die Ectosomen als Abscheidungen, Endprodukte des Zellkernstoffwechsels aufzufassen sind,

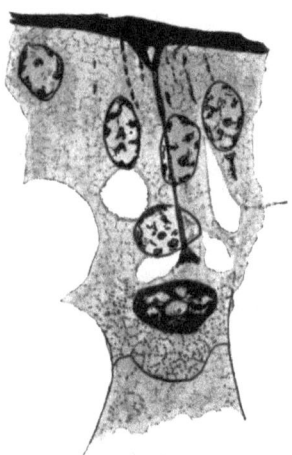
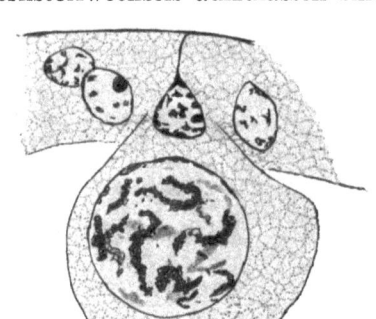

Abb. 9a. Netz und verbindender Strang verwachsen, zwei Epithelzellen in die Tiefe verlagert, vier Vacuolen. (Nach Paul Buchner.)

Abb. 9b. Frühestes Stadium der Einwanderung einer Epithelzelle in die Oocyte. Von dem Kern der ersteren geht ein Faden zu einem dem Epithel aufliegenden Netz. (Nach Paul Buchner.)

welche zu bestimmten Zeiten im Plasma des Kernes zur Abscheidung gelangen und wieder aufgelöst werden".

Die Ectosomen gelangen bei der Teilung in diejenige Schwesterzelle, welche die Stammzelle der folgenden Zellgeneration darstellt. Während sich die letzte Stammzelle, die Urgeschlechtsmutterzelle, teilt (primäre Urgeschlechtszelle), bildet sie die beiden Urgeschlechtszellen. Die Körnchen treten jetzt nicht mehr einseitig

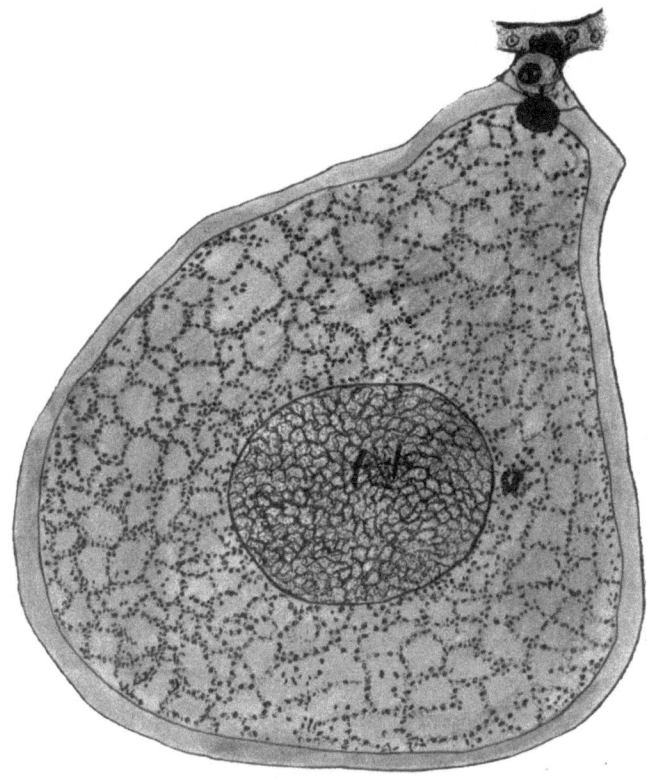

Abb. 9c. Ganzes Ei mit degenerativem Aufhängeapparat vor der Reifeteilung. (Nach Paul Buchner.)

in der Mitose auf, sondern im ganzen Umkreise der Teilungsfigur. Es ist daher berechtigt zu sagen, daß die Körnchenzellen die direkten Etappen der Keimbahn darstellen.

Bei einigen anderen wirbellosen Tieren, *Moina, Daphnia*, nach Weismann und Ischikava (1888/89), sind es degenerierende

Zellen des Keimepithels, die aus der Umgebung des Eies im Keimplasma am vegetativen Pole eingeschlossen werden und nun in der Keimbahn bis zur Urkeimzelle verfolgt werden können (Abb. 9 a—c). Derartige Fälle sind besonders eingehend von Buchner bei *Sagitta* und Kühn bei den Sommereiern von *Polyphemus* untersucht worden. Bei *Sagitta* tritt nach Buchner eine Epithelzelle in das Ei und erliegt hier einer hypoplasmatischen Degeneration (Abb. 9 a—c), woraus ein chromatischer Körper resultiert, der stets nur in eine Tochterzelle gelangt. In späteren Stadien zerfällt er zu Chromidien, wobei sich Beziehungen zur Sphäre finden.

Die Chromidien gelangen nur in das Plasma der Urgeschlechtszellen (Abb. 10), in der Urkeimzelle löst sich die intensiv färbbare chromatische Masse in Chromidien auf und wird durch alle folgenden Keimzellengenerationen bis in die wachsenden Eier mitgeführt, wo sie eine den Nucleolen entsprechende Rolle im Stoffwechsel spielen soll.

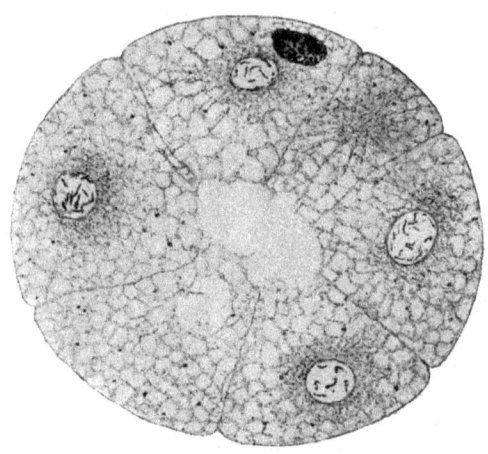

Abb. 10. Schnitt durch ein 16-Zellenstadium von *Sagitta*. Degenerierte Epithelzelle nur in einem Blastomer. (Nach Paul Buchner.)

Bei den Sommereiern von *Polyphemus* lassen sich ähnliche Zustände aufdecken. An einer Stelle im Eiplasma ist eine auffallende Sonderheit zu bemerken. Im vegetativen Pole befindet sich ein eingeschlossener Nährzellkern oder die Reste von allen drei Nährzellkernen, damit ist das Ei von *Polyphemus* polar differenziert. Die erste Furchungsebene stellt sich nun in einem spitzen Winkel zur Hauptachse (Abb. 11) ein, so daß die kleinere Blastomere X^I mehr vom Plasma des vegetativen mitsamt dem Nährzellkern mitbekommt, während $1EM^1$ (siehe Abb. 11) mehr vom animalen Pol erhält. Die beiden ersten Blastomeren haben also schon verschiedenartiges Plasma mitbekommen. Eine gleichartige Schiefstellung der Spindel und Furchungsebene konnte auch bei *Lepas* von Bigelow aufgefunden werden. Auch hier ist am animalen Pol der Richtungskörper vorhanden, am vegetativen liegen zahlreiche Dotterkugeln im Plasma. Bei der zweiten Furchungsteilung bei *Polyphemus*, wo die Achsenverhältnisse des Embryos sichtbar festgelegt werden konnten, bekommt nur eine der vier Zellen, nämlich $Y^{II} = D^{II}$, den Nährzellenrest. Bei der dritten Teilung kommen vier größere animale und vier vegetative Zellen zur Abspaltung, unter denen D^{III} (Abb. 12) die kleinste ist und den Nährzellenrest in sich birgt.

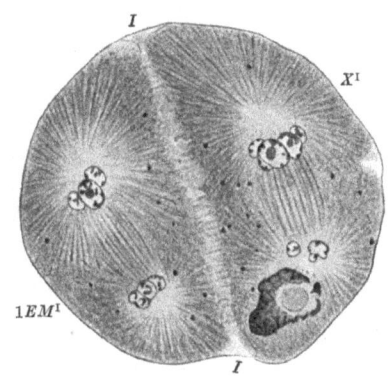

Abb. 11. Ende der II. Furchungsteilung. Caryomerenstadium I—I. *I* Furche von *Polyphemus pediculus*. (Nach Kühn.)

Diese Zelle D^{III} können wir auch als Z bezeichnen. Aus ihr geht schließlich die Keimbahnzelle Z^{III} hervor. Während in den ersten drei Teilungen kaum ein Einfluß des Nährzellkörpers auf die Teilungsvorgänge sich bemerkbar macht, scheint in der vierten Teilung der Keimbahnzelle die Nährzellenkernmasse sich aufzulockern und von direktem Einfluß auf die Ausbildung der Teilungsfigur zu sein. Der Kernrest in der Urkeimzelle fällt dann völlig in kleine Stücken

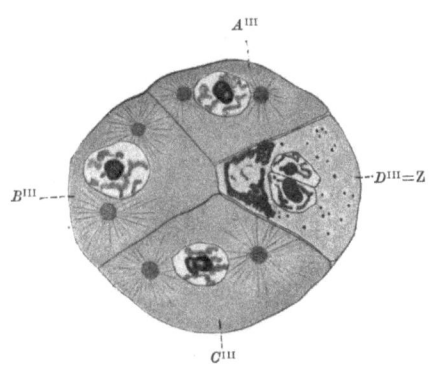

Abb. 12. Horizontalschnitt durch das 8-Zellenstadium von *Polyphemus pediculus*. (Nach Kühn.)

auseinander. Im weiteren Verlauf der Bildung der Oogonien aus den Urkeimzellen werden die aus dem Nährzellenkern stammenden Körner immer weitergegeben und noch mehr aufgespalten.

Wie überhaupt das frühe Auftreten von Urgeschlechtszellen bei den Crustaceen mehrfach beobachtet wurde, so lassen sich auch bei den Insecten viele derartige Beispiele anführen. Im allgemeinen liegt hier an dem einen Pol des Eies eine stark färbbare Masse im Plasma, die als Polkörper bezeichnet wird und die, wie das eine Reihe von Untersuchungen ergeben haben, in die Urgenitalzellen gelangt. Es kommen hier hauptsächlich Cecidomyiden und andere Dipteren in Betracht, an denen schon Balbiani und Metschnikoff wichtige Beiträge zur Keimbahnlehre geliefert haben. Wir wollen uns hier auf die neueren Untersuchungen von Silvestri, Kahle und Hasper beschränken. Zunächst kann als ziemlich sicher gelten, daß bei den meisten Insectenfamilien, so den Phryganiden, Coleopteren, Hymenopteren, Dipteren und Aphanipteren, bei einer Reihe von Species Polzellen festgestellt worden sind, und bei vielen Formen ist auch der Nachweis der sexuellen Natur derselben geführt worden.

Silvestri hat eine Reihe von parasitischen Hymenopteren untersucht. Die Eier dieser Tiere besitzen in der Regel eine birn- oder flaschenförmige Gestalt. Das Chromatin der späteren Richtungsspindel liegt in Form zweier oder dreier Platten um den Hals der Zelle. Am entgegengesetzten Pol liegt ein runder großer Nucleolus, der sich stark färbt. Dieser Nucleolus gelangt nun nach der Befruchtung bei der ersten Furchung nur in eine Zelle, und auch im Vierzellenstadium ist er nur in einer Zelle vorhanden, wo er aber nun in Körnchen zu zerfallen beginnt. Im achtzelligen Stadium tritt die Hemmung der Teilungsenergie auf, die auch sonst bei Keimbahnzellen beobachtet worden ist. Die zwei Zellen, die aus der Zelle mit dem Nucleolus aus dem Viererstadium hervorgegangen sind, haben jetzt beide Anteil an dem zerfallenen Nucleolus erhalten, von nun an bekommen alle Nachkommen aus ihnen dieselben Granula im Plasma. Wenn auch das Schicksal dieser Zellen von Silvestri nicht weiter verfolgt wurde, so ist doch wohl mit Sicherheit anzunehmen, daß sie den Wert von Keimzellen haben. Besonders interessant wäre das Verfolgen der Keimbahn bei diesen Tieren insofern, als sie eine Entwicklung zum Polyembryo durchmachen. Im Keimgewebe tritt während der Entwicklung nach einiger Zeit eine Sonderung derart ein, daß ein großer vorderer Teil große Kerne und dunkles Plasma bekommt, ein hinterer dagegen kleinere helle Zellen. Buchner weist darauf hin, daß die großen Zellen im vorderen Teil wahrscheinlich von den Zellen mit Nucleolarsubstanz und verringertem Teilungstempo abstammen; dafür spricht auch, daß aus der vorderen Partie eine Reihe von Zellnestern entstehen, die den Geschlechtstieren den Ursprung geben. Der hintere Teil liefert dagegen nur eine einzige geschlechtslose Larve, die wahrscheinlich den Zweck erfüllt, den geschlechtlichen Larven den Weg durch das Gewebe zu bahnen.

Bei einer anderen von Silvestri untersuchten Form *Oophthora*, bei der das Ei die für die übrigen Insecten typische ovale Form aufweist, tritt auch zum erstenmal das bei den Insecten häufig beobachtete Verhalten der Urgeschlechtszellen im Blastoderm auf, indem sie sich nicht dem epithelialen Verband einfügen sondern mehr abgerundet sind.

Auch hier ist am vegetativen Pole des Eies ein großer Nucleolus vorhanden, der in die Urgeschlechtszelle eintritt (Abb. 13 a—c), aber schon frühzeitig einem Zerfall in Granula unterliegt.

An *Oophthora* schließt sich nun sehr eng *Chironomus* an, wobei ich mich an die Untersuchungen von Hasper halte.

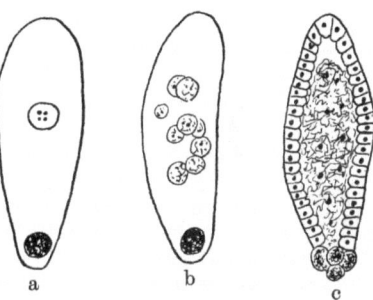

Abb. 13 a—c. Keimbahn von Oophthora. Nach Silvestri.)

Auch hier ist schon im Ovarialei eine stark färbbare rundliche Ansammlung vorhanden, die sich nach Ablage des Eies als wolkige Masse lebhaft tingierbarer Körnchen im vegetativen Pol vorfindet. Hasper nennt diese Partie das Keimbahnplasma (Abb. 14a). Wenn bei der Furchung das Vierzellenstadium erreicht ist, rückt ein Kern mitsamt dem umgebenden Protoplasma auf die erwähnte chromophile Substanz zu, macht nun aber nicht, wie sonst die Blastodermzellen, an der Oberfläche halt, sondern buchtet sich halbkugelartig vor. In der Vorwölbung kommt es dann zu einer Teilung, woraus zwei sich vorwölbende Plasmahügel resultieren, die sich vollständig abschnüren (Abb. 14b). Das weitere Schicksal dieser nunmehr als Polzellen bezeichneten Elemente gestaltet sich so, daß sie sich noch mehrfach teilen, jedoch allmählich in ihrer Aktivität erlahmen. Der Teilungsschritt VIII—XVI kommt gar nicht mehr zur Vollendung, sondern erstreckt sich nur auf die Kerne. Diese lange Ruhepause, die sich bis auf die junge Larve ausdehnt, wird dazu benutzt, um die Polzellen wieder in das Blastoderm (Abb. 15a, b) einzubeziehen. Sie liegen zunächst vorübergehend im Verband des Blastoderms, rücken dann aber bis in das Innere des Eies vor (Abb. 15b). Man kann sie dann weiter bis zur definitiven Keimdrüse verfolgen.

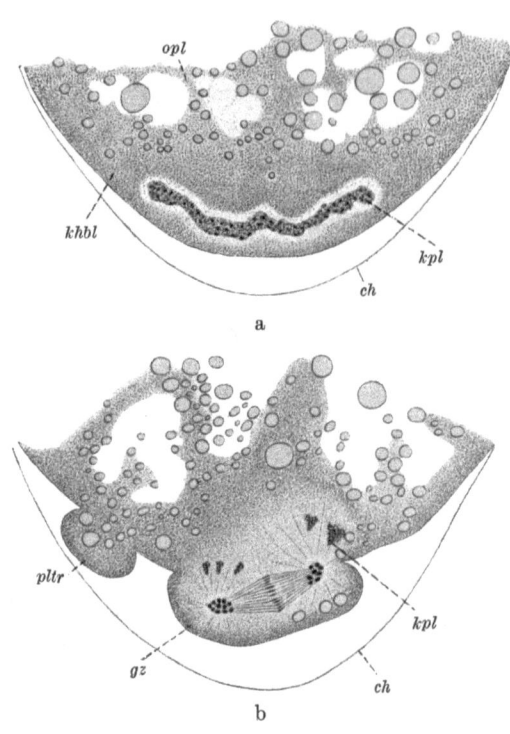

Abb. 14a, b. a Längsschnitt durch das Hinterende eines Eies von *Chironomus* auf dem Zweizellenstadium. b Längsschnitt durch die austretende primäre Polzelle im Teilungsstadium. (Nach Hasper.) *ch* Chorion, *gz* Genitalzelle, *khbl* Keimhautblastem, *kpl* Keimbahnplasma, *opl* Ooplasma, *pltr* Plasmatropfen.

Noch mehr als bei *Chironomus* hat sich bei den Musciden die die Keimbahn begleitende Substanz von der Form des Nucleolus entfernt. Noack, der die Keimbahn bei Musciden genauer verfolgt hat, fand im Moment der Eiablage am hinteren Pol eine Körnchenplatte, die zuerst fadenartig ist, sich später aber immer mehr konzentriert und sich in eine zarte, dunkel granulierte Wolke am Pol umwandelt. In ihrem Bereich nun kommen Blastodermkerne zu liegen (Abb. 16a), die sich anders als die übrigen verhalten. Sie rücken nicht so nahe an die Peripherie wie die übrigen, und jeder umgibt sich peripherwärts halbmondförmig mit dem feinkörnigen Plasma. Aus ihnen entstehen die Polzellen.

Daß wir es bei den Polzellen tatsächlich mit späteren Keimzellen zu tun haben, hat ein schönes Experiment von Hegner 1908, das 1916 von Reagan bestätigt wurde, dargetan, dem es gelang, bei Chrysomeliden den hinteren granulierten Teil des Eies zu entfernen und die Eier trotzdem zur Entwicklung zu bringen. Es resultierten Embryonen ohne die typischen 64 Urgeschlechtszellen, welche normalerweise allein die Granula besitzen. Es ist hier also zur Bildung einer asexuellen Larve gekommen, wie sie vorhin geschildert, normal bei den parasitischen Hymenopteren vorkommt. Dieses Resultat ist insofern auch noch bemerkenswert, als eine sonst als omnipotent angesehene Eizelle nicht imstande ist, die entfernten generativen Anteile zu ersetzen. Bei den Tieren mit Keimbahn scheint also eine Regeneration der Keimbahn selbst

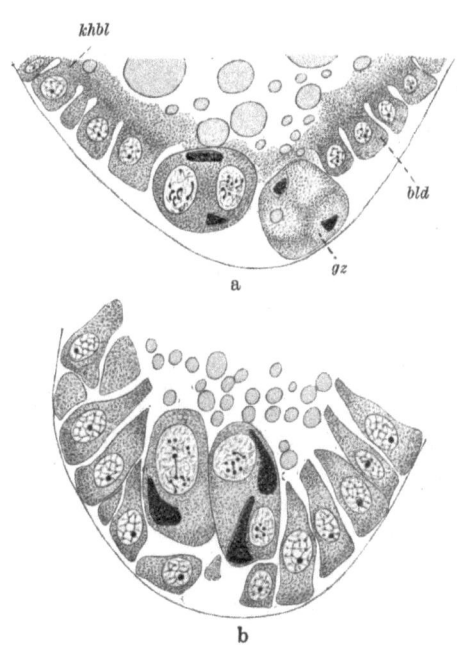

Abb. 15 a, b. a Zweikernige Polzellen im Moment des Wiedereintrittes in das Ei. Aufnahme des sekundären Keimhautblastems durch die Blastodermzellen. (*Chironomus*.) b Frontalschnitt durch ein Ei mit fast vollendetem Durchbruch der Urgeschlechtszellen durch das Blastoderm. *bld* Blastoderm. (Nach Hasper.)
Abbildungserklärung wie 14 a, b.

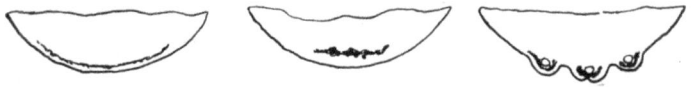

Abb. 16. Polzellen von *Musca*. (Nach Noack.)

in den frühesten Stadien ausgeschlossen zu sein. Die Entwicklung ist so hochgradig determiniert, daß sich daraus auch die Wirkungslosigkeit der Kastration auf die sekundären Merkmale bei den Insecten beispielsweise erklärt, worauf wir noch zurückkommen werden.

Wir müssen nun noch der interessanten Keimbahn der Cecidomyidenlarven unsere Aufmerksamkeit schenken.

Es handelt sich hier um die parthenogenetische Entwicklung einer Gallmücke *Miastor* (Kahle, Hegner). Schon im unbefruchteten Ei sieht man an einem Pol eine besondere Plasmaart, das Polplasma (Abb. 17a, *pPl*). Am entgegengesetzten Pol liegt eine syncytiale Ansammlung von 20 Nährzellen (Korschelt und später Groß). Nach der Ausstoßung der Richtungskörper beginnen die Furchungsteilungen, bei denen unter den Insecten keine Zellgrenzen auftreten. Im Vierkernstadium erleiden drei von ihnen eine Chromatindiminution wie bei *Ascaris*. Der vierte dagegen teilt sich ohne Diminution und eine der Tochterzellen gelangt in das Polplasma, wie es in ähnlicher Weise bei *Chironomus* schon beschrieben wurde (s. Abb. 14a, b u. 15a, b). Dieses Plasma trennt sich dann mit seinem Kern von dem Rest des Eies und ist die Urgeschlechtszelle (Abb. 17). Die übrigen Kerne bilden dann mit dem Plasma des Eies in der für die Insecten typischen Weise Keimblätter und Organe des Embryos, während die Urgeschlechtszelle sich auf vier Zellen vermehrt. Genauer spielt sich die Kernteilung folgendermaßen ab (hierzu Abb. 17): Auf dem Viererstadium wandert, wie auch sonst bei den Insecten, der der Polplasmamasse zugekehrte Tochterkern auf diese zu und verschmilzt mit ihr. Bei der Teilung zum Achtzellenstadium steht die Spindel nun so, daß die centrale Plasmamasse wieder in den Eidotter zurücktritt, während der distale dunkel granulierte Teil die erste Urgeschlechtszelle darstellt. Während nun die sieben somatischen Zellen sich in 14 teilen, bleibt sie im Ruhestadium, und erst wenn 28 Zellen durch Teilung hervorgegangen sind, teilt sie sich in zwei Oogonien. Wenn dann das Blastoderm von 56 Zellen gebildet wird, teilen sich die beiden Oogonien im ungleichen Tempo in acht Uroogonien, die nun wieder in eine langandauernde Teilungsruhe verfallen und sich im jungen Embryo zu einem richtigen Ovarium anordnen. Damit ist der Keimbahncyclus geschlossen, denn aus den Urgeschlechtszellen werden bald die parthenogenetischen Eier der neuen Generation.

Aus diesen Befunden geht hervor, daß eine Keimbahn bei Nematoden, Pfeilwürmern und vielen Arthropoden festgestellt

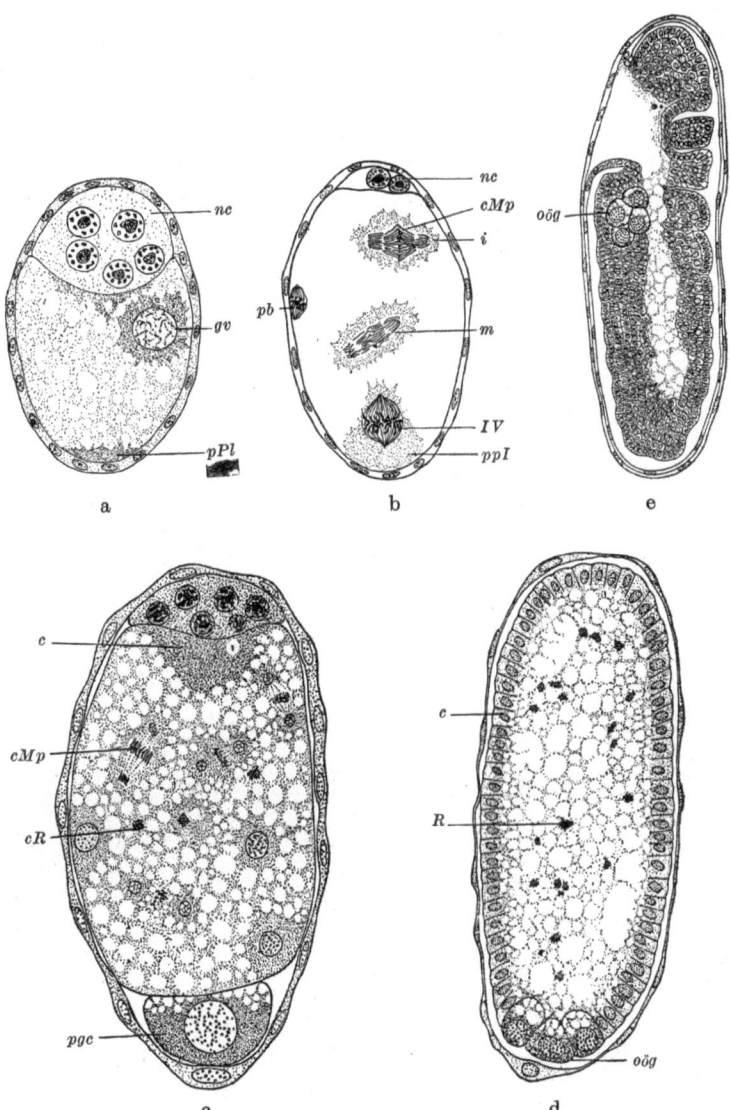

Abb. 17a—d. Die Keimbahn der Gallmücke *Miastor*. a Das Ei mit Nährzellen *nc*, dem Kern *gv* und dem Polplasma *pPl*. b Die ersten Furchungsstadien mit der I., III., IV. Teilungsfigur. *pb* Richtungskörper, *cMp* das zu eliminierende Chromatin. c Späteres Furchungsstadium. *cR* Reste des Eliminationschromatins, *c* Protoplasmaansammlung, *pgc* abgesonderte Urgeschlechtszelle. d Nach der Bildung des Blastoderms *c*. *oög* die Ureier, *R* Chromatinreste. e Nach der Segmentierung des Keimes. (Nach Hegner.)

worden ist. Dagegen sind bei Echinodermen, Anneliden, Tunicaten und den meisten Vertebraten Keimzellbahnen nicht mit Sicherheit beobachtet worden. Hier scheinen die Blastomeren sich äußerlich sichtbar erst in späteren Stadien in somatische und generative Elemente zu spalten. Der Zeitpunkt dieser Spaltung unterliegt scheinbar einer gewissen Variabilität und ist wohl

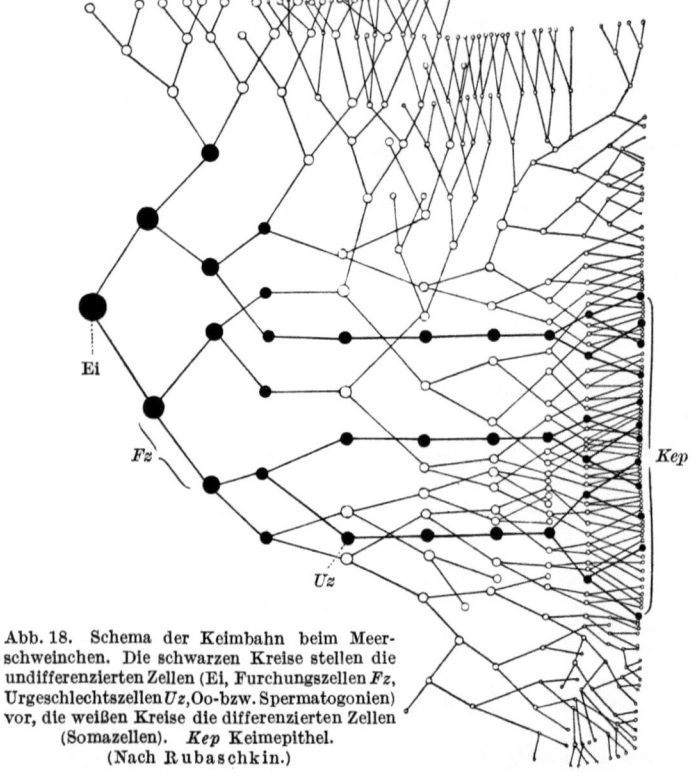

Abb. 18. Schema der Keimbahn beim Meerschweinchen. Die schwarzen Kreise stellen die undifferenzierten Zellen (Ei, Furchungszellen Fz, Urgeschlechtszellen Uz, Oo- bzw. Spermatogonien) vor, die weißen Kreise die differenzierten Zellen (Somazellen). Kep Keimepithel. (Nach Rubaschkin.)

bei Tieren mit nicht determinierter Entwicklung nicht so scharf abgegrenzt wie bei denen mit sogenannten Mosaikeiern. Bei ersteren tritt erst im Laufe der Furchung oder Keimblätterbildung die erkennbare Somatisierung der Blastomeren ein.

Nach Rubaschkin muß die Keimbahnlehre sich bei Säugetieren auf morphologische Besonderheiten des Zellprotoplasmas stützen: es ist das der Chondriosomenapparat. Beim Meerschweinchen hat Rubaschkin diese Verhältnisse eingehend studiert. Während des Furchungsprozesses sind alle Zellen gleich, und haben nicht wie bei *Ascaris* u. a. verschiedene charakteristische Merkmale. Überall finden sich körnige Chondriosomen. Während der Keimblätterbildung nun verlieren immer mehr Zellen diese Eigentümlichkeit, ihre Chondriosomen werden fädig; nur diese Zellen bilden das äußere Keimblatt und später die Mehrzahl der Zellen des mittleren und inneren Keimblattes; andere bleiben undifferenziert. Die Zahl der undifferenzierten Zellen vermindert sich immer mehr, indem diese den Charakter von somatischen Zellen annehmen (siehe Schema Abb. 18). Im Stadium der Mesodermsegmentierung sind undifferenzierte Zellen nur in einem einzigen Abschnitt des Embryos, nämlich im hintersten Teil (hinter dem Primitivstreifenende), vorhanden. Nur wenige den Blastomeren homologe Zellen bleiben also übrig. Diese sind als Urgeschlechtszellen zu bezeichnen. Sie erleben keine weitere Differenzierung, und bleiben eine Zeitlang im Entoderm liegen, wandern dann aus dem letzteren in das Mesenterium aus und gelangen schließlich in das Keimepithel des Wolffschen Körpers, wo sich die Keimdrüse bildet. Nach einer Reihe von Generationen sondern sie sich in Oogonien und Spermatogonien, und zwar direkt. Eine zweite Generation von Keimzellen, die die zugrunde gehenden ersten ersetzen, gibt es nach Rubaschkin nicht, was allerdings von einer Reihe von neueren Autoren (van Beek u. a.) bestritten wird.

Die Ausführungen über die Keimbahn zeigen uns, daß das Material für die neue Generation in den Keimzellen von Anfang an unvermindert beiseitegestellt wird, und daß somatische Zellen auch in früheren Entwicklungsstadien sie nicht zu ersetzen vermögen (Hegner, Reagan).

Die die Keimzellen oft kennzeichnenden Einlagerungen in Form von besonderen Protoplasmasubstanzen, die „Keimbahn bestimmer", oder die volle Erhaltung des Chromatins im Gegensatz zu der Diminution der Somazellen, machen uns die Keimzellen von vornherein in der Entwicklung als etwas Besonderes kenntlich. Diese sind gewissermaßen von Beginn der Existenz in einem Individualcyclus bis zum Ende desselben „von verbrauchender physiologischer Aktivität dispensiert und funktionieren nur insoweit, als der erhaltende, sozusagen egoistische, Stoffwechsel ihnen natürlich eigen ist" (Goldschmidt). Damit kommen wir auf die

Grundbedeutung der Sexualität, die ursprünglich darin ausgedrückt ist, daß, wie wir es bei der Keimbahn sahen, sich hochdifferenzierte Zellen, die dem Tode am Ende des Cyclus verfallen sind, früh von den Keimzellen absondern, die ihrerseits alle individualcyclische Tendenzen bewahren, ohne daß sie jedem natürlichen Tode anheimfallen.

In der Entwicklung der Tiere macht sich nun die Tendenz bemerkbar, das Entwicklungsgeschehen in starrer Richtung verlaufen zu lassen. Die ganze Entwicklung eines Tieres kann so gesetzmäßig und zwangsläufig sich abspielen, daß sie determiniert wird im Gegensatz zu der nicht determinierten oder Regulationsentwicklung.

Unter Determination versteht man die Schicksalsbestimmung der einzelnen Zellen zu bestimmten Zeiten der Embryonalentwicklung. Am weitesten ist die Determination vorgeschritten, wenn schon in der befruchteten Eizelle oder gar schon in der unbefruchteten Eizelle die späteren Hauptregionen des Embryos festgelegt sind. Bei manchen Tieren finden wir in der unbefruchteten Eizelle bestimmte Bezirke, die uns sogar schon die Hauptrichtungen des Embryos erkennen lassen. So fand Schleip (1924) bei einem Weibchen von *Ascaris megalocephala* birnförmige Eier, die den Nachweis ermöglichten, daß bei ihnen die Längsachse der ursprünglich in Kegelform der Rhachis ansitzenden Oocyte zur Polaritätsachse des reifen Eies, der von der Rhachis abgewandte und somit der Eiröhrenwand anliegende stumpfe Oocytenpol zum animalen Pol des reifen Eies wird. Die Polarität ist also schon lange vor der Reifung und Befruchtung im Wachstumsstadium der Oocyte vorhanden. Da jedoch erst durch die Befruchtung die Entwicklung ausgelöst wird, so werden die wirklich später aufzufindenden Symmetrie-Ebenen eines Tieres erst durch diese festgelegt. Ist allerdings eine parthenogenetische Entwicklung möglich, so müssen auch in der unbefruchteten Eizelle schon bei Tieren, die überhaupt eine Determination aufweisen, die Achsenbeziehungen des späteren Embryos nachzuweisen sein. Immerhin läßt sich feststellen, daß eine wirkliche Determinierung des Eies erst erschlossen werden kann, wenn die Furchung einsetzt.

Die Furchungsprozesse bei den Metazoen sind nicht nur bei den einzelnen Tierkreisen verschieden, sondern auch innerhalb der Kreise finden wir weitgehende Verschiedenheiten, abgesehen davon, daß die Furchung an und für sich schon durch den Dottergehalt der Eier verschieden sein muß. Wir unterscheiden Furchungen mit determinativem Charakter und solche mit nichtdeterminativem Charakter. Im ersten Falle finden wir schon im befruchteten, aber noch ungefurchten Ei bestimmte Regionen des Eiplasmas, sogenannte organbildende Keimbezirke (*His*), die durch verschiedenen Inhalt an Nahrungsdottersubstanzen, durch das Vorhandensein oder Fehlen bestimmter Pigmente, durch hellere oder trübkörnige Beschaffenheit des Protoplasmas, durch die Anwesenheit feinster mit bestimmten Färbungsmethoden darstellbarer Granula usw. gekennzeichnet sind.

Die experimentelle Erschließung der Wertigkeit dieser Bezirke in der Eizelle in bezug auf die Entwicklungsfaktoren ist erst in den Anfängen. Wir können wohl heute schon sagen, daß wir es hier mit formativen Stoffen der Entwicklung oder mit enzymähnlichen Körpern zu tun haben, die schon in den allerfrühesten Stadien der Entwicklung gewissermaßen diese selbst präformieren.

Bedeutsam scheint mir, daß van Herwerden bei Seeigeln Fermente in den Eizellen als Oxydone feststellte, die einer Untergruppe der Oxydasen entsprechen. Solche oxydative Fermente konnte H. Voß (1924) auch in Froscheiern feststellen. Bei 60° Hitze, durch Einwirkung von schwachem Alkohol oder durch Trypsin waren die Fermente vernichtet. Die intensivste Oxydasereaktion zeigt im Ovarialei des Frosches der Dotterkern und die von ihm abstammende vitellogene Substanz. In den großen Ovarialeiern kommen außerdem noch gewisse Stellen des Plasmas vor, die als Oxydasecentren bezeichnet werden. Der Eikern selbst gibt nie die Oxydasereaktion. Für das Formbildungsproblem während der Furchung spielen diese Centren sicher eine Rolle.

Versuche mit α-Naphthol + p-Phenylendiamin an Ovarialeiern vom Frosch, von denen ohne jede Fixierung Gefrierschnitte angefertigt wurden, und Beobachtungen in situ an den kleinen Oocyten ergaben, daß bei letzteren die Oxydase auf den Dotterkern beschränkt ist. Bei längerer Wirkung erfolgt schwache diffuse Färbung des Protoplasmas, dagegen keine des Kernes. Bei größeren Eiern tritt völlige Blaufärbung ein, nur der Kern bleibt hell, weil das Ganze mit Dotterkernsubstanz erfüllt ist. Bei noch größeren Eiern (Schnitte) tritt die Reaktion im Eiplasma ein, das zwischen den Dotterplättchen verstreut ist. Kreisförmige Stellen mit intensiv gefärbtem „Oxydationscentrum" lassen sich jetzt nachweisen. Das Ferment gehört zu den „Oxydonen" im

Sinne Battellis (60° Hitze, Alkohol, Trypsin vernichten die Reaktion). Das Hauptergebnis ist also, daß sich intensive oxydierende Vorgänge in der Dotterkernsubstanz abspielen, während der Kern keine oxydierende Wirkung hat.

Beim Frosch ließ sich auf experimentellem Wege sogar feststellen, daß die Determination im Moment der Befruchtung einsetzt, also sicher durch diese bedingt ist: das haben Versuche von Brachet ergeben, der Defektbildungen an der Eizelle $1/4$, $1/2$, $3/4$ bis 2 Stunden nach Zusatz des Samens verursachte und dann die weitere Entwicklung des überlebenden Eiteiles studierte. Es stellte sich dabei heraus, daß bis $3/4$ Stunden nach Zusatz des Samens stets ganze und normale Embryonen aus dem überlebenden Eiteil hervorgingen. Bis dahin ist das Spermatozoon noch gar nicht in die Eihülle eingedrungen, sondern hat erst die Gallerthülle durchsetzt. Eine Stunde nach Zusatz des Samens ist aber die Befruchtung wirklich eingetreten, und die Anstichversuche beginnen jetzt andere Resultate zu liefern. Zu Anfang sind die Embryonen zwar nur leicht asymmetrisch gebildet; sind aber $1 1/2$ bis 2 Stunden nach Zusatz des Samens verstrichen, so erhält man nach Abtötung der einen Eihälfte halbe Embryonen, genau so, wie wenn man eine der beiden ersten Blastomeren ausgeschaltet hätte. Das Froschei kann also selbst, nachdem das Spermatozoon eingedrungen ist, aber noch keine Vereinigung mit dem Eikern stattgefunden hat, seinen defekten Bau umregulieren. Ist dagegen einmal wirklich das Stadium der befruchteten Eizelle erreicht, so ist damit auch der Beginn der Determination gegeben.

Charakteristisch für die determinierte Furchung ist, daß die schon am Ei zu unterscheidenden Substanzen schärfer durch die Furchung voneinander getrennt werden. Man findet sie dann in denjenigen Blastomeren wieder, in denen wir auch die Anlage einzelner Organe schon erkennen können. Bei Ascidien (Abb. 19a, b) und auch nachweisbar bei Amphibien, wahrscheinlich auch bei den übrigen Wirbeltieren, haben wir in der befruchteten Eizelle, also von da an, wenn das Spermatozoon eindringt, bestimmte Cytoplasmadifferenzierungen. Um das Spermatozoon ordnen sich gewisse Stoffe herum, die einen gelben Halbmond bilden. Es sind chondriosomenartige Gebilde, die von Meves entdeckt und beschrieben worden sind. Darüber entwickelt sich nach dem animalen Pol zu eine helle Plasmazone durch das weibliche Ferment, das aus dem

Zusammenbruch des Keimbläschens entsteht. Im zweiten Furchungsstadium entstehen weitere Bezirke, auf die wir später die wichtigen Organsysteme des Organismus zurückführen können. Aus einem bestimmten Teil des vegetativen Pols entsteht das Entoderm, aus dem gelben Halbmond unter Vermittlung von Fermenten das Myoblast und Mesenchym. Aus der hellen Plasmazone geht das ganze spätere Ectoderm, aus einer anderen die Neurochordalplatte hervor.

Wir sehen, daß schon in der befruchteten Eizelle die wichtigsten Stoffe vorhanden sind, die die gesamte Unterlage für die verschiedene Differenzierung tragen. Das sind Stoffe, die sich lediglich im Plasma befinden, und die wie Fermente, Oxydasen oder

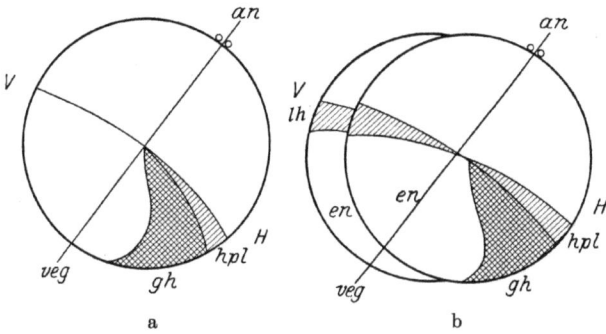

Abb. 19a, b. Ei und 2. Blastomerenstadium von *Cynthia partita*. Schema (verändert nach Conklin), *an* animaler Pol, *veg* vegetativer Pol, *v* vorne, *h* hinten. *gh* gelber Halbmond (späteres Mesenchym und Myoblast), *hpl* helle Plasmazone (später Ectoderm). *lh* lichtgrauer Halbmond (spätere Neurochordalplatte), *en* späteres Entoderm.

Oxydone, wirken. Wir können sogar auf Grund der Befunde Parallelen ziehen zur Entwicklung der Vögel und Säugetiere. Wir haben am Hinterrand der Area embryonalis einen verdickten Knoten, den Hensenschen Knoten, der sich beim Ovalwerden der Area embryonalis auszieht zum Primitivstreifen und aus sich hervorgehen läßt: die Chorda und das Bindeglied zwischen Neuralrohr und Darm, den Canalis neurentericus. Diese ganzen Partien werden, vielleicht auch die Medullarrinne, aktiviert durch den Hensenschen Knoten.

Bei sich entwickelnden Eiern von *Rana fusca* wurden auf dem vorgeschrittenen Blastulastadium Teile der von O. Schultze als grauer Halbmond bezeichneten Zone mit einer erhitzten Nadel

(Brachet 1923) zerstört. 24 Stunden nach dem Stich werden die betreffenden Zellpartien als Extraovat ausgestoßen, während die Entwicklung im übrigen ungestört weitergeht. Die mittlere Partie des Halbmondes entspricht dem späteren Vorderhirn, das je nach der Intensität des Eingriffes vollständig fehlen oder rudimentär entwickelt sein kann. Wird eines der Seitenhörner zerstört, so schließt sich der Blastoporus nicht; es entwickeln sich so Spinae bifidae, deren eine Hälfte jedoch — je nach dem Grade der Zerstörung — ganz fehlen kann oder mangelhaft ausgebildet ist. Die organbildenden Substanzen für Zentralnervensystem und Chorda sind also schon im befruchteten Ei in Gestalt des grauen Halbmondes vorhanden.

Bei Eiern, die dem echten Determinationstypus angehören, fehlt, soviel wir wissen, jegliches Regulationsvermögen, d. h. die Fähigkeit, Störungen oder Verluste durch Umarbeitung des Keimes auszugleichen (Postgeneration nach Roux). Die Blastomeren sind in diesem Falle nicht vertauschbar. Die Entwicklung ist in gewisser Weise Mosaikarbeit, und die Blastomeren sind ihrem Inhalt nach durch bestimmte organbildende Substanzen, die wir vielleicht für Enzyme halten können, für ein bestimmtes Schicksal determiniert. Die Stadien der Embryonalentwicklung werden hier meist sehr rasch durchlaufen, da die ganze Embryonalentwicklung sich gesetzmäßig regelt durch den bei vielen Tieren starr gewordenen Chromosomenmechanismus.

Bei allen Tieren mit extrem determinierter Entwicklung sind die Chromosomengarnituren gewöhnlich scharf individualisiert, und es ist daher die Annahme berechtigt, daß sie in ihrer wechselseitigen Wirkung mit dem Plasma die ganze Entwicklung leiten und formen. Wir haben es also hier mit cellulären formbildenden Reizen zu tun, die nicht mit Hormonen gleichgesetzt werden dürfen, wie wir sie bei Tieren finden, deren Entwicklung durch ein dafür spezialisiertes Organsystem gelenkt wird, nämlich das inkretorische System.

Die Annahme, daß bei der determinierten Furchung Enzyme oder Fermente eine Rolle spielen, ist nicht neu; sie ist schon vermutet worden im Jahre 1894 von Driesch. In seiner „Theorie der organischen Entwicklung" sagt er: „Eine bestimmte Plasmabeschaffenheit wirkt auf den Kern ein und aktiviert aus demselben einen bestimmten Stoff, ein Ferment, das nun wiederum bestimmte Prozesse im Zelleib ins Leben ruft. Das Primäre, welches Differenzierungen auslöst, ist also doch das Zellplasma, obgleich dann die Veränderungen des letzteren vom Zellkern aus bestimmt sind." Diese Ansicht wird in gewisser Weise auch von Boveri vertreten und ist auch in modifizierter Form 1914 von Harms präzisiert worden in seinen Untersuchungen über die Abhängigkeit der secundären Geschlechtsmerkmale von den primären.

Die Geschlechtschromosomen eignen sich besonders gut zur Feststellung des Erbvorganges im Embryo und können uns daher auch besonders klar, eine Vorstellung von der Wirkungsweise der Chromosomen zu geben. Bei Tieren mit determinierter Entwicklung, namentlich bei Insecten, wissen wir, daß das Geschlecht starr durch die Geschlechtschromosomen bestimmt ist; hier sind aber Inkrete, wie sie sonst von Keimdrüsen geliefert werden, sicher nicht vorhanden. Infolgedessen ist die Annahme berechtigt, daß wir die Geschlechtschromosomen wohl als Träger geschlechtsbestimmender Enzymerreger annehmen können. Wir haben in ihnen die Fähigkeit, ähnliche Stoffe zu aktivieren, wie sie sonst bei inkretorisch gelenkten Tieren die ganzen Keimdrüsen liefern.

Auch bei Insecten ist der Organismus, also das Soma, doppelt geschlechtlich angelegt, wie das die Versuche von Goldschmidt an *Lymantria dispar* ergeben haben. Das dominierende Geschlecht kommt nun einfach so zur Differenzierung, daß entweder ein männliches oder ein weibliches Enzym von den entsprechenden Geschlechtschromosomen geliefert wird. Diese Annahme wird geradezu bewiesen durch die Goldschmidtschen Versuche der Erzielung intersexueller Nachkommen durch Kreuzung geographisch weit entfernter Rassen die, noch weiter eingestellt, auch Eingeschlechtlichkeit des Geleges ergeben kann. Da bei diesen Kreuzungen nur ein Geschlechtsenzym voll wirksam wird, das andere zunächst partiell oder schließlich ganz ausfällt, so müssen intersexuelle oder eingeschlechtliche Gelege zustande kommen.

Goldschmidt hat dann auch ebenfalls die Enzymtheorie der Wirkungsweise der Chromosomen in seinen Arbeiten von 1920 bis 1923 vertreten, nur will er die Chromosomenenzyme gleichsetzen mit den Hormonen inkretorischer Drüsen, was natürlich zu einer Begriffsverwirrung führt, da ein einmal festgelegter Name nicht für ganz andere, wenn auch ähnlich verlaufende Prozesse angewandt werden darf. Es ist daher besser, den schon von Driesch vorgeschlagenen Namen ,,aktivierende Stoffe" oder noch besser, wie ich vorschlagen möchte, ,,Harmenzyme" anzuwenden, da wir dann eine dem Begriff ,,Harmozone" der inkretorischen Drüsen entsprechende Bezeichnung hätten.

Die Furchung mit nicht determinativem Charakter ist dadurch gekennzeichnet, daß alle Differenzierungsprozesse, welche zur Bildung der Keimblätter oder bestimmter Organanlagen führen, erst verhältnismäßig spät an einem aus zahlreichen Zellen bestehenden Keim einsetzen. Der Embryo besteht also während der Furchung und der späteren Entwicklung aus einem gleichartigen Zellmaterial. Wir können bei ihm von einem harmonisch-äqui potentiellen System sprechen. Histologische Differenzierungen zwischen den einzelnen Blastomeren sind nicht vorhanden. Dementsprechend ist es auch unmöglich, am ungefurchten Ei bestimmte organbildende Keimbezirke wahrzunehmen. Charakteristisch für alle diese Eier ist ein weitgehendes Regulationsvermögen. Störungen der Entwicklung werden einfach durch Umordnung der Eisubstanzen und durch andersartige Verwendung bestimmter Zellen oder durch Prozesse der Umdifferenzierung ausgeglichen. Der Entwicklungsmechanismus ist also hier nicht starr festgelegt, sondern anpassungsfähig.

In gewisser Beziehung zur determinierten oder nichtdeterminierten Entwicklung steht nun weiterhin die Festlegung der Achsenverhältnisse des Keimes, welche sich aus der wechselseitigen Beziehung der Blastomeren ergeben; denn wir müssen bedenken, daß alle in der Natur vorkommenden extremen Prozesse einmal sich aus einfachen herausdifferenziert haben. So muß man auch von vornherein annehmen, daß die streng determinierte Entwicklung sich aus der nichtdeterminierten allmählich herausdifferenziert hat.

Den ersten Schritt zu einer Determination bedeutet immer die Festlegung der Achsenbeziehungen in der befruchteten Eizelle oder in den ersten Furchungsstadien. Weiterhin sehen wir dann, daß eine Determination in der Richtung eintritt, daß sich bei allen Metazoen mehr oder weniger früh von den somatischen Zellen die Generationszellen absondern, und daß zunächst einmal in der Entwicklung eine Keimbahn festzulegen ist. Das ist der zweite Schritt zur determinierten Entwicklung.

Eine weitere wichtige Frage ist nun die nach der Bedeutung von Kern und Cytoplasma bei der Entwicklung, oder letzten Endes die Rolle beider während der Vererbung. Die Chromosomen haben in den letzten 10 Jahren durch die Untersuchungen von Boveri, Morgan und seiner Schule eine geradezu dominierende Bedeutung bekommen. Sie werden oft als die Genträger bezeichnet. Bei den Geschlechtschromosomen wird darüber noch weiteres zu sagen sein. Tatsache scheint mir zu sein, daß sie uns oft einen überraschend klaren Einblick in die Mechanik der Vererbung geben, trotzdem sind sie nur der physiologisch-chemische Niederschlag für das Gesamtgeschehen in der Zelle. Das zeigt uns schon die Kernplasmarelation (K/P) von R. Hertwig und Heidenhain. Nach Rückert (1892) und Goldschmidt (1904) spielen die Kernsubstanzen, speziell das Chromatin, während der Wachstumsperiode der Eier eine große Rolle. Sie beeinflussen alle Vorgänge im Cytoplasma.

Die Wachstumsperiode zeigt die physiologisch intensivste Tätigkeit. Sie gibt sich morphologisch in der proteusartigen Veränderung von Kern und Plasma kund (siehe Abb. 20). Es werden jetzt die Dottersubstanzen und die organbildenden Substanzen oder Harmenzyme abgelagert. Von diesen physiologisch aktiven Substanzen trennt sich aber das Material der Chromosomen, die dann gewissermaßen gereinigt oder frei von Stoffwechselprodukten in das befruchtete Ei eingehen. Der Kern ist vor den Reifeteilungen riesengroß. Während der Reifeteilungen dagegen geht er bis auf die winzigen Chromosomen zugrunde. Wenn dann der Kern nochmals in ein Ruhestadium eintritt, wie bei den Seeigeln, so ist der Kern viel kleiner als der unreife.

Wenn wir uns die cytologischen Vorgänge in den Keimzellen vergegenwärtigen, besonders im Hinblick auf die organbildende Substanz, so hat R. Hertwig bis zu einem gewissen Grade recht, wenn er sagt, die Ausführung liegt im Cytoplasma, die Leitung im Kern und weiterhin in den Chromosomen, worauf die von Boveri entdeckten Qualitätsunterschiede und die Chromosomendiminution der Somazellen hindeuten.

Nun scheinen aber auch im Cytoplasma Gebilde von Bedeutung zu liegen, die bisher stark vernachlässigt sind: es sind das die von L. R. Zoja, Meves und Held in ihrer Rolle bei der Befruchtung untersuchten Plastosomen (Abb. 21). Held stellt diese Vorgänge nach dem Stande unseres heutigen Wissens 1922 in einer Rektoratsrede dar.

Die Wirkung der Harmenzyme als Stoffwechselregulatoren während der Entwicklung zeigt uns nun, daß die erste Entwicklungsperiode eine Leistung des Protoplasmas allein ist. Das Plasma enthält also Entwicklungsfaktoren erster Größe, somit können wir mit Held sagen, daß auch der Stoffwechsel als solcher vererbt wird (Rassengeruch, Blutart usw.). Die Definition der Erblichkeit muß daher folgendermaßen erweitert werden: sie ist die Übertragung einer bestimmten Organisation, in welcher alle Bestandteile der Zelle, ihres Kernes sowohl wie ihres Protoplasmas, zusammenwirken, um die Organisation der Zelle in verjüngter Gestalt fortzusetzen. Baur sagt daher schon mit Recht: ,,Nicht Merkmale werden vererbt, sondern die Reaktionscharaktere machen das Vererbungsproblem im Innersten aus." Befruchtung sowohl wie Vererbung sind also als ein chemisches oder ein Substanzproblem aufzufassen. Diese Ansicht vertritt auch Fick 1924. Daß es sich hier um Eiweißstoffe in der Hauptsache handelt, das machen schon die alten Miescherschen Untersuchungen an Spermatozoenköpfen wahrscheinlich, in denen er 95 vH. nucleinsaures Protamin fand; dafür spricht weiter der Boverische Befund vom Qualitätsunterschied der Chromosomen wie auch die Untersuchungen von Zoja, Meves und Held, die den An-

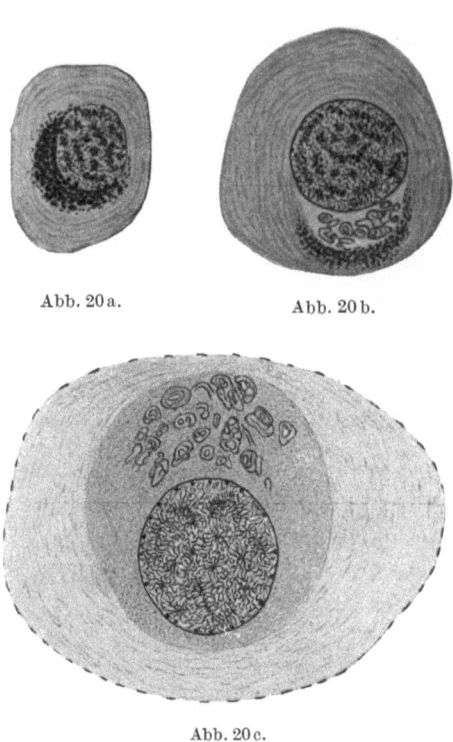

Abb. 20a. Abb. 20b.

Abb. 20c.

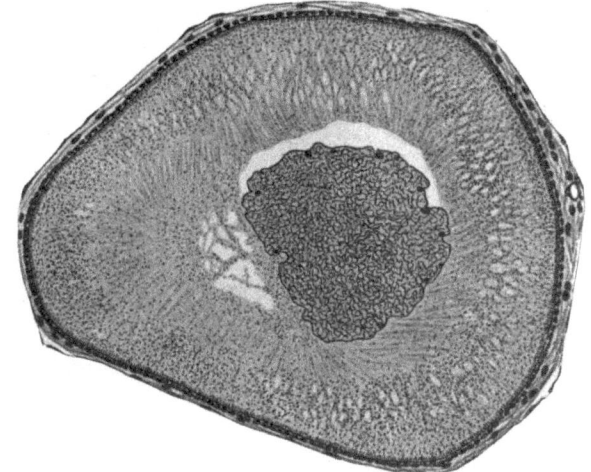

Abb. 20d.

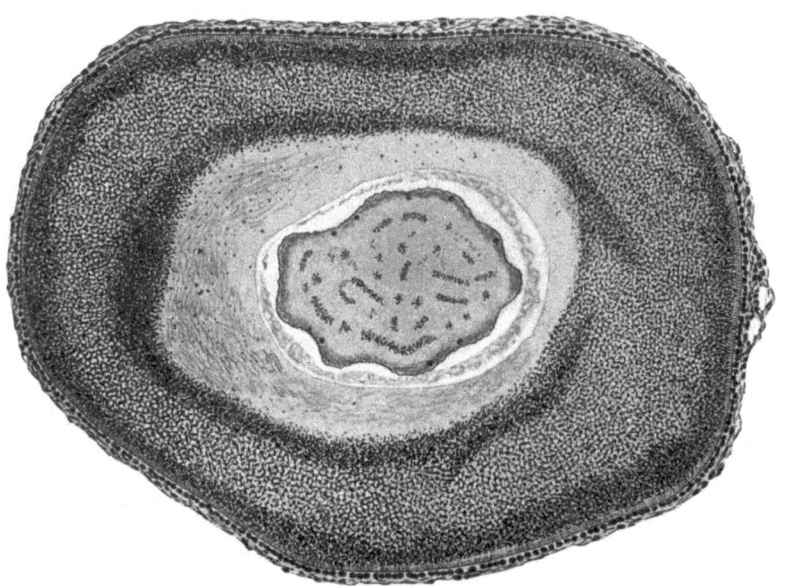

Abb. 20e.

Abb. 20a—e. Fünf Stadien der Oogenese von Proteus zur Demonstration der Umwandlungen in Plasma und Kern. d und e schwächer vergrößert als a—c. (Nach Jörgensen.)

44 Gesetzmäßige Beziehung zwischen Keimzellen und Somacyclus.

teil der Plastosomen bei der Befruchtung feststellten (Abb. 21). Ist die Samenzelle eingedrungen, so vermehren sich zuerst die Eiplasmosomen, das ist das erste Signal, daß die mütterliche Zelle dem Einfluß des Spermatozoons erlegen ist. Das Spermato-

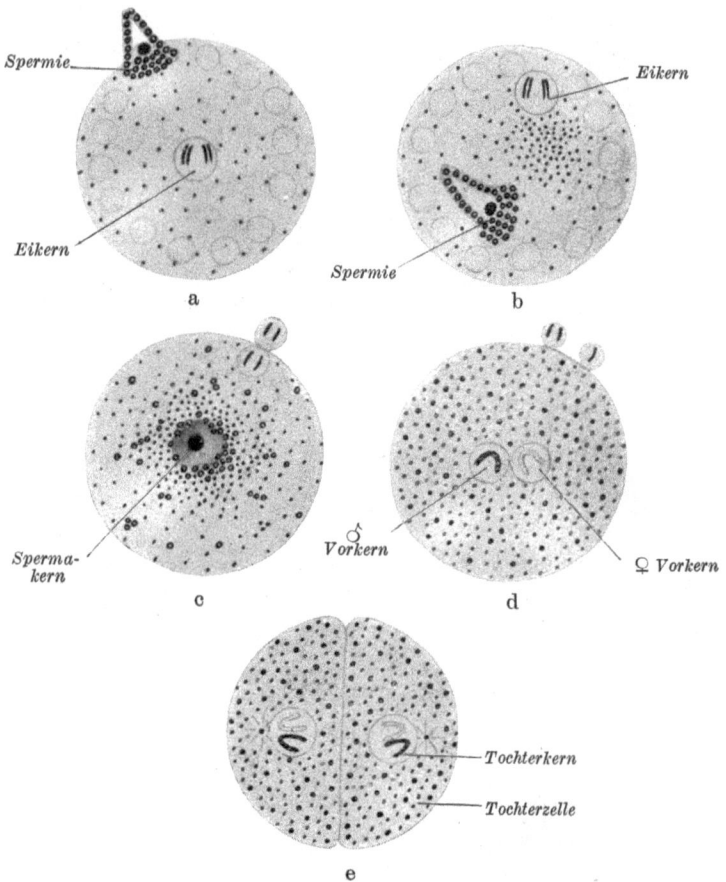

Abb. 21 a—e. Befruchtung des Pferdespulwurms. Anteil des Protoplasmas. (Nach H. Held.)

zoon dringt nun bis zur Eimitte vor und streut seinen Plasmosomenvorrat aus, wobei die einzelnen Plasmosomen sich rasch teilen und vermehren. Es entsteht so nach Held auch neues Plasma, nämlich das Plasma der befruchteten Eizelle. Durch Zusammenlagerung der weiblichen und männlichen Genome wird ebenso ein neuer Kern gebildet. Dem geht voraus die Bildung der halben oder Vorkerne mit ihren Chromosomen. Der neue Protoplasmaleib ist also für den Befruchtungskern schon vor seiner Bildung bereit gestellt. Nach einem kühnen Schema von C. Rabl sollen auch die Plasmosomen genau wie die Chromosomen reduziert werden bei der Keimzellenbildung.

Das Wesen der Befruchtung ist also nicht in einem Verschmelzungsprozeß zu suchen, sondern in einem Ersatz einer bestimmten Menge weiblicher (mütterlicher) Zellbestandteile durch männliche (väterliche). Die Chromosomen sind also nicht allein die Träger der Erbsubstanz; dafür sprechen auch die neuen Untersuchungen von Kniep und Burgeff an Mucorineen. Das zeigen weiter Versuche von Kestner, der die Spermien vom Frosch kurze Zeit mit salpetersaurem Silber behandelte. Nach Befruchtung normaler Eizellen mit diesen Samenfäden traten Störungen in der Entwicklung ein, wie wir sie nach Behandlung mit Methylenblau, Radium usw. beobachten. Die Chromosomen, die sich aus den so behandelten Spermien gebildet hatten, erwiesen sich als durchaus normal, nur das Plasma war durch das salpetersaure Silber zerstört worden und damit auch die Plasmosomen.

Nach Wolff und Oswald ist das Wesen der Befruchtung in einer Wirkung von Fermenten zu suchen. Bei Amphibien sind tatsächlich zwei Fermente nachgewiesen worden, eine Peroxydase und eine Katalase, worauf auch die neuen Untersuchungen von Voss hindeuten. Es hat sich dabei ergeben, daß die Samenzellen dreimal so viel Fermentsubstanz enthalten als die Eizellen, wodurch sie sich als aktivierendes Agens ausweisen. Es kommt also eine sehr konzentrierte Lösung dieser Oxydasen und Katalasen bei der Befruchtung in die Eizelle hinein im Vergleich zu der Menge dieser Substanz im Ei; dadurch werden die Oxydationsprozesse wesentlich beschleunigt, und die Entwicklung beginnt. Nach den Untersuchungen von Herwerden (1913) haben wir außerdem noch Oxydone im Protoplasma. Voss konnte nachweisen, daß auch bei den Samenzellen des Menschen Oxydasen in der Plasmahülle vorhanden sind.

Bemerkenswert ist, daß Yoyet-Lavergne (1925) bei geschlechtlich äußerlich so gut wie gar nicht differenzierten Gregarinen (*Nina gracilis, Gregarina polymorpha, cuneata, Steinina ovalis* usw.) ein Chondriom feststellte im Cytoplasma, das im männlichen Gamonten selbst bei isogamen Formen aus zahlreicheren und gedrungener gebauten Elementen als im weiblichen bestand. Das männliche Chondriom ist außerdem basophil, reicher an Phosphor, es bindet energischer Eisen, Osmium und Fuchsin als das weibliche, das schwach oxyphil ist. Im weiblichen Gamonten finden sich auch Vitelloide.

Nach Oswald kann nun eine einzige Zelle mehr als ein Dutzend verschiedener Fermente enthalten, und es können sich ebenso viele chemische Prozesse gleichzeitig nebeneinander abspielen infolge der Spumoidnatur des Protoplasmas. Namentlich ist das Cytoplasma im Gegensatz zum Caryoplasma ein ausgesprochenes kolloidales Gebilde mit zahllosen inneren Spannungsflächen.

Im Gegensatz zu der herrschenden Chromosomenlehre spricht Fick 1924 geradezu aus, daß die Chromosomen nicht die Vererbungsträger sind, sondern die Fermente sind die Erbeinheiten.

c) Individualcyclus mit entwicklungsgehemmten Keimzellen: der somatische Cyclus.

In den Beziehungen zwischen Keimzelle und Soma lassen sich zwei dominierende Gipfelpunkte in der Tierreihe erkennen. Bei manchen Tieren wird als Anpassungserscheinung der Somacyclus immer mehr unterdrückt, so daß die Tiere fast nur eine isolierte Keimdrüse darstellen. Wir beobachten das bei den parasitären Plattwürmern, wo schließlich der Bandwurm im Reifestadium nur noch eine zwitterige Keimdrüse darstellt. Wir sehen das auch bei Nematoden, wo z. B. die *Sphaerularia bombi* nur noch als winziges Tierchen dem mächtigen Uterus anhängt.

Hierher gehören auch die zahlreichen Fälle von Zwergmännchen, wie wir sie bei den Cirripedien, bei *Bonellia* usw. haben.

Das andere Extrem ist, daß geweblich oder psychisch verknüpfte Individualcyclen Formen herausbilden, die nach und nach Somatiere darstellen, um den Geschlechtstieren Ernährung und Fortpflanzung zu ermöglichen.

Die stockbildenden Tiere, die wir als geweblich verknüpfte polyindividuelle Gesamtcyclen bezeichnen können, lassen zuerst, wie bei den Cölenteraten, Geschlechtspolypen neben Nährpolypen erkennen. Die polymorphe Entwicklung erreicht ihren Höhepunkt bei den Siphonophoren, wo asexuelle neben sexuellen Individuen den neuen Gesamtindividualcyclus darstellen.

Individualcyclus mit entwicklungsgehemmten Keimzellen. 47

Bei den sozialen Insekten bahnt sich eine andere Entwicklungsreihe an. Wir bekommen hier einen Gesamtcyclus, bei dem die Individuen nur psychisch, nicht geweblich verknüpft sind. Die Basis der Entstehung ist die Familie und der Kontakt von Mutter und Kind, wie wir es bei den solitären Bienen haben. Die Hummeln zeigen schon in unserem Klima den psychisch verknüpften polyindividuellen Gesamtcyclus deutlich ausgeprägt. Die im Herbst geborene und befruchtete Königin gründet im Frühjahr solitär eine neue Familie, bestehend aus sogenannten Arbeiterinnen, die verkümmerte Weibchen sind. Die Arbeiterinnen haben verkümmerte Geschlechtsorgane, so daß bei ihnen potentiell nur ein somatischer Individualcyclus in Erscheinung tritt. Die Ovarien sind allerdings nicht als funktionslose Organe zu bezeichnen, weil

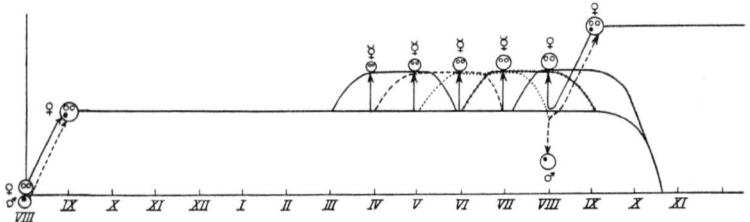

Abb. 22. Jahrescyclus einer Hummelfamilie. ♂------ Männchenkurve. Tod tritt nach der Begattung ein. ☉ unbefruchtetes Weibchen. ☉ befruchtetes Weibchen. ♀ Arbeiterin.
(Original.)

eine rege Eibildung erfolgt. Die Eier werden aber ständig resorbiert und wirken so stoffwechselfördernd, gleichsam inkretorisch. In Ausnahmefällen können sich aber die Geschlechtsorgane entwickeln, und dann werden wie bei den Bienen nur Männchen auf parthenogenetischem Wege erzeugt. Im Herbst ist der Gesamtcyclus abgelaufen, und die alte Königin mitsamt den Arbeiterinnen und Männchen stirbt ab. Die junge befruchtete Königin leitet ihn wieder von neuem ein (siehe Abb. 22, Hummelcyclus).

Bei der Honigbiene, bei sozialen Wespen, den Ameisen und auch den ganz tief im System stehenden Termiten ist nun der Gesamtcyclus bis zu einem Extrem ausgeprägt. Die sogenannte Königin, bei den Termiten Männchen und Weibchen, sind nur noch Eierlegemaschinen mit verkümmertem Soma. Es fehlt ihnen oft, wie auch den Männchen, die Fähigkeit, allein Nahrung aufzusuchen, ihr Hirn und damit ihre Intelligenz stehen denen der Arbeiterinnen bedeutend nach. Generations- und Somazellen sind funktionell auf zwei Formen verteilt, die in getrennten Körpern nur psychisch im sogenannten Staate verknüpft erst wieder eine Einheit bilden.

Der Polymorphismus kommt durch einen eigenartigen Erbmechanismus zustande, den wir allerdings erst genauer bei den sozialen Hymenopteren kennen.

Die Königin erzeugt hier aus befruchteten Eiern neue Königinnen und Arbeiterinnen, dagegen gehen aus unbefruchteten Eiern der Königin oder auch der Arbeiterinnen nur Männchen hervor, die die haploide Chromosomenzahl haben.

Die Verkümmerung der Geschlechtsorgane scheint bei Termiten und sozialen Hymenopteren durch besondere Fütterung der Larven erzielt zu werden, denn die Bienen können aus ganz jungen Arbeiterinneneiern noch Königinnen in einer Weiselwiege heranziehen. Wie die Verkümmerung der Geschlechtsorgane verursacht wird, läßt sich einstweilen nur vermuten. Es scheinen hier die bei Insecten häufigen intracellulären Symbionten im Spiele zu sein, die bei Arbeiterinnen in extremer Weise wachsen und auf die Keimdrüsenanlage drücken und so diese zur Verkümmerung bringen. Die Termitenarbeiterinnen, rudimentäre Männchen sowohl wie Weibchen, sind zu den neotenen Formen, also nicht voll ausmetamorphosierten Tieren zu rechnen, die an sich noch keine funktionstüchtigen Keimdrüsen besitzen.

II. Die Beziehungen von Soma und Keimzellen während der progressiven Periode des Tieres bis zur Reife der männlichen und weiblichen Keimdrüse.

a) Wirbellose Tiere.

Es bleibt uns nun noch übrig, zunächst bei den Wirbellosen das Schicksal der Urgeschlechtszellen weiter bis zur Keimdrüse zu verfolgen. Lückenlos ist diese Ableitung erst bei wenigen Formen durchgeführt, und naturgemäß bei denjenigen, die eine Keimbahn aufweisen. Es liegen ältere Untersuchungen vor von Grobben (1879) über *Moina* und neuere von Buchner, Häcker und

Hasper. Da diese drei Untersuchungen sich auf *Sagitta*, also einen Wurm, auf *Cyclops* und *Chironomus* (Arthropoden) erstrecken, so sind immerhin schon gewisse Schlüsse auf den Ablauf der Differenzierung zulässig. Ich gehe zuerst auf die Differenzierung bei *Cyclops* ein.

Bei den Copepoden bleiben die beiden Urgeschlechtszellen, die von einigen glatten Mesenchymzellen umhüllt sind, im Naupliusstadium im Ruhezustand liegen. Zuerst befinden sie sich isoliert an beiden Seiten des Darmrohres, um sich später an seiner Dorsalseite zu vereinigen. Erst dann erfolgt die Bildung der Gonaden und zwar so, daß sich sowohl die Urgeschlechtszellen als auch die sie umgebenden mesenchymatischen Elemente durch Teilung vermehren. Aus den ersteren gehen die Urkeimzellen der noch undifferenzierten Geschlechtsdrüsen hervor. Aus dem Mesenchym leiten sich die Hüllen der Gonaden ab und später die Anfangsabschnitte der Ausführwege.

Wenn sich dann bei den Copepoden die sekundären Geschlechtscharaktere ausbilden (2. Antenne, Greiffuß), läßt sich auch die Differenzierungsrichtung der Geschlechtszellen in männliche und weibliche Elemente unterscheiden.

Bei den meist schlauchförmigen Geschlechtsdrüsen der Wirbellosen (Abb. 23) läßt sich eine mehr oder weniger kontinuierliche regionale Geschlechtszellenbildung verfolgen. Wir unterscheiden in dem Schlauche eine Keimzone, eine Wachstumszone, eine Reifungszone. Die Reifungszone ist mit Oogonien bzw. Spermatogonien angefüllt und hat meist einen

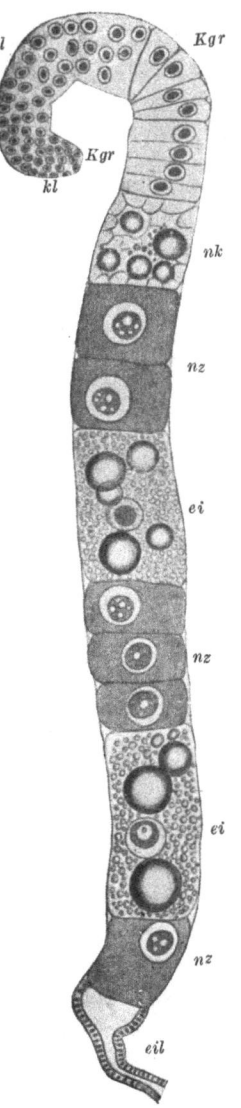

Abb. 23. Eierstock einer Daphnide (*Sida crystallina*). *ei* Oocyten, *eil* Eileiter, *Kgr* Keimgruppen, *kl* Keimlager, *nk* Nährkammer, *nz* Nährzellen. (Nach A. Weismann.)

50 Soma und Keimzellen während der progressiven Periode des Tieres.

syncytialen Charakter, das gilt namentlich für die Anfangsteile der Ovarien der Arthropoden und für die Hoden der Copepoden und Myriapoden.

Wie innig hier die Verbindung der Zellen ist, zeigen die Spermatogonien z. B. der Schmetterlinge und Anneliden, die durch eine centrale kernhaltige oder kernlose Plasmamasse (Versonsche Zelle oder Cytophor [Abb. 24]) in Gruppen miteinander in syn-

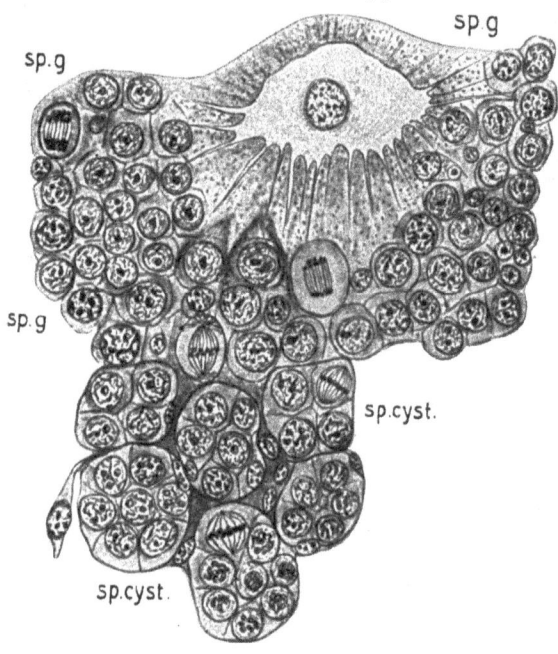

Abb. 24. Große Versonsche Zelle aus dem Hoden von *Gastropacha rubi* mit Spermatogonien (*sp.g*) und Spermatocysten (*sp.cyst*). (Nach v. La Valette St. George.)

cytialer Verbindung stehen. Dieser Cytophor ist das einzige vielleicht, was mit dem Interstitium der Vertebraten, das später genauer beschrieben werden soll, in Beziehung gebracht werden könnte. Wir wollen daher kurz erörtern, wie sich die Versonsche Zelle ableitet, um darauf Bezug nehmen zu können.

Die Versonsche Zelle kommt bei Lepidopteren, Neuropteren und Hemipteren vor. Es handelt sich um eine große protoplasmareiche Zelle, welcher, wie bei dem gleich zu besprechenden Cytophor, viele Keimzellen an- und eingelagert sind. Wahrscheinlich hat diese Zelle eine ernährende Funktion. La Valette St.-George faßt diese Zelle als eine umgewandelte Spermatogonie auf. Sie entwickelt sich aus einer kleinen Spermatogonie zu einer Stütz- und Ernährungszelle und ist zu vergleichen mit der Sertolischen Zelle des Wirbeltierhodens, ist jedoch dieser nicht gleichwertig, da es sich bei der ersteren um Spermatocysten handelt; Cystenkerne werden auch bei den Insecten später entwickelt, so daß hier zweierlei alimentäre Zellen vorkommen.

Auch im Ovarium anderer Insecten findet man der Versonschen Zelle ähnliche Bildungen. Zu ihnen stehen die Oogonien in demselben Verhältnis wie die Spermatogonien. Man wird aber allen diesen Zellen wohl nur eine nutritive Funktion zuschreiben können, zumal da sie nur in zwei Perioden der Keimzellbildung vorkommen und dann vollständig aufgebraucht werden.

Bei Turbellarien, Anneliden sowie auch bei *Sagitta* findet man die Samenzellen zu Bündeln vereinigt, in deren Mitte eine unförmige Protoplasmamasse liegt, und an deren Oberfläche die Spermatocyten oder Spermatiden dicht gedrängt hängen. Auch bei den Araneen sind die Spermatocyten durch eine gemeinsame Protoplasmamasse, dem sogenannten Cytophor, miteinander vereinigt. Der Cytophor kann auch bei *Anneliden* z. B. kernhaltig sein, so daß der Vergleich mit der Versonschen Zelle noch deutlicher wird. Man kann wohl mit Recht die Cytophore mit Nährzellen anderer Tiere vergleichen. Auch die Ableitung ist der anderer Nährzellen ähnlich, es sind umgewandelte Geschlechtszellen. Von vielen Autoren werden auch die Basalzellen und Cystenzellen ohne weiteres als umgewandelte Spermatogonien angesehen, so daß der Ursprung der alimentären Zellen ziemlich klar und eindeutig ist. Ihre Bedeutung ist nach Korschelt und Heider darin zu suchen, daß sie Nährsubstanzen für die mit der Zelle in Verbindung stehenden Geschlechtszellen zuleiten.

Auch bei *Sagitta* sind neuerdings die Umwandlungsprozesse von der indifferenten Keimanlage bis zur männlichen oder weiblichen Keimdrüse eingehend verfolgt worden. Wir müssen dabei zurückgehen auf die schon erwähnten zwei Urgeschlechtszellen (Abb. 25a). Diese beiden Zellen teilen sich zunächst in vier Zellen (Abb. 25b), die entsprechend ihrem ungleichen Teilungstempo verschiedene Entwicklungsgrade darstellen und auch verschieden groß sind. Das Vierzellenstadium tritt noch, wie das

O. Hertwig schon feststellte und wie das Buchner bestätigte, in dem Gastrulastadium auf. Bezüglich ihrer Keimungsenergie konnte Buchner feststellen, daß zwei von diesen Zellen gleiche Eigenschaften besitzen. Sie ordnen sich zunächst in einer Reihe an, und wenn sich dann die Entodermfalten entwickeln, werden zwei Zellen durch sie nach rechts, zwei nach der linken Körperhälfte hingedrängt. Nach O. Hertwig gelangen die beiden mittleren Zellen schwanzwärts und ergeben Hoden, die äußeren wandern kopfwärts und liefern Ovarien. Nennen wir die vier Zellen entsprechend der Keimbahnzellkette a—a, b—b, so würden auf jeder Seite ein Paar gleiche Zellen sich befinden, aus denen aber ungleiche Drüsen entstehen. Elpatiewsky, der ebenfalls die Keimbahn bei *Sagitta* untersuchte, glaubt, daß die Viererreihe durch Schrägstellung der Spindel und Umordnung sich so anordnet, daß an einer Seite a—b, an der anderen b—a vorhanden wäre. Dann würden also die Hoden aus b—b, die Ovarien aus a—a entstehen, also aus Zellen gleicher Eigenschaft. Buchner tritt dieser Auffassung entgegen, er spricht mit Bestimmtheit aus, „daß ungleiche Drüsen von Zellen mit, soweit wir augenblicklich sehen können, gleichen Eigenschaften entstehen". Die jungen Oogonien sowohl wie Spermatogonien sind nun in den ersten Stadien der Drüsenbildung nicht voneinander zu unterscheiden, sodaß Buchner glaubt, daß auch *Sagitta* nicht für das Problem der Geschlechtsbestimmung an sich beitragen könnte.

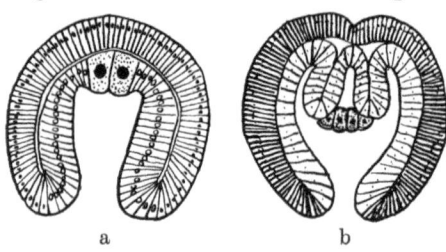

Abb. 25a, b. Schnitt durch die Gastrula von *Sagitta*. (Nach Hertwig.)

Auf jeden Fall scheint mir aber bemerkenswert zu sein, daß wir hier einen Fall vor uns haben, wo aus einer einzigen Keimbahnzelle männliche und weibliche Deszendenten hervorgehen, so daß hier tatsächlich ein indifferentes Stadium mit voller Sicherheit festgestellt worden ist. Die weitere Ausgestaltung der jungen männlichen und weiblichen Urkeimzellen hat Buchner infolge Materialmangels nicht weiter untersuchen können, sodaß die interessanten Beziehungen zwischen Ovar beispielsweise und dem Spermoviduct noch unklar blieben.

Wir müssen nun wieder zurückgreifen auf die verschiedenen Arten der Bildung eines Ovars oder eines Hodens bei den Wirbellosen. Wir sahen, daß eine lokalisierte Entstehung der Keimzellen bei den Cölenteraten schon eingetreten war. Auch bei den Würmern treffen wir schon Zustände einer wohl umgrenzten Organbildung neben diffuser Keimzellbildung. Eigenartig ist, daß bei den männlichen Geschlechtszellen viel früher eine Organbildung auftritt, als bei den weiblichen. Eine eigentliche diffuse Samenzellbildung kommt vor allem bei den Poriferen vor. Die Hodenbildung bahnt sich bei der *Hydra* schon an, wo es dicht unter den Tentakeln zu einer Vermehrung der subepithelialen Zellen kommt, die schließlich so stark angehäuft werden, daß sich das bekannte mammaförmige Organ bildet (Abb. 26).

Bei allen Cölomtieren leiten sich Hoden und Ovarien vom Cölomepithel ab.

Bei den zwittrigen Turbellarien und auch bei den ihnen verwandten parasitischen Plattwürmern finden wir zum ersten Male bei Regulationstieren wohlumgrenzte Keimdrüsen in Form von Hoden und Ovarialbläschen, die auch paarig seitlich im Körper auftreten. Sie liegen im Parenchym, von diesem durch eine Bindegewebslamelle abgegrenzt. Die Wand der Bläschen ist mit Urkeimzellen — Spermatogonien und Oogonien — ausgekleidet,

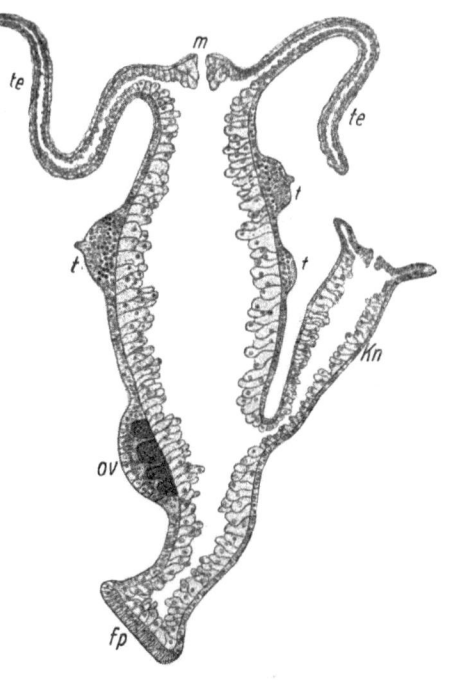

Abb. 26. Längsschnitt einer **Hydra**, die sich in geschlechtlicher und ungeschlechtlicher Fortpflanzung befindet; in etwas schematisierter Darstellung nach einem Schnitt gezeichnet, welcher gleichzeitig mehrere Hoden (*t*) in etwas verschiedenen Entwicklungsstadien, ein Ovarium (*ov*) und eine Knospe zeigte. (Nach Aders.) *fp* Fußplatte, *kn* Knospe, *m* Mundöffnung, *te* Tentakel.

die in das Innere der Bläschen bei der Reifung vorrücken. Ausführkanäle, die durch das Parenchym hindurchführen, leiten die reifen Eier und Spermatozoen nach außen. Mit den Ovarien ist zunächst der Dotterstock verbunden, der aber bald selbständig wird und mit eigenen Gängen die Dotterzellen der befruchteten Eizelle zuführt, als Nährmaterial für den Embryo. Die Hoden und Ovarialbläschen der Plathelminthen stellen die Urform der Keimdrüsen aller übrigen bilateralsymmetrischen Metazoen dar. Nach der Langschen Gonocöltheorie sind sie es, die in ihrer serialen paarigen Anordnung die paarigen Cölomsäckchen der einzelnen Segmente der Anneliden bilden.

Gehen wir zunächst auf die Hoden und Ovarien der Cölomtiere näher ein, so finden wir zum ersten Male bei den Anneliden fest umgrenzte männliche oder weibliche Keimzellager, die sich als Wucherungen des Peritonealepithels entwickeln. Die Wucherungen sind gewöhnlich an ihrer basalen Partie von Peritonealepithel

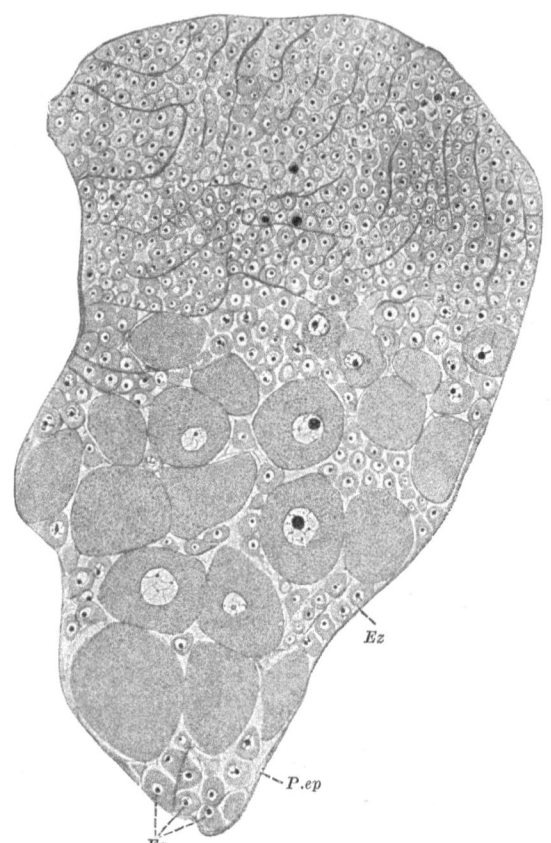

Abb. 27. Ovarium von *Lumbricus*. *Ez* Eizellen, *P.ep* Peritonealepithel. (Original.)

überzogen, während an der apicalen Partie die großen Spermatocyten oder Oocyten direkt in die Leibeshöhle fallen können, um dort zu reifen. Bei den Oligochaeten und Hirudineen wird die Umschließung von der Peritoneallamelle beim Ovarium eine vollständige (Abb. 27), und es tritt eine Sonderung der keimerzeugenden Abschnitte von der Reifestätte ein. Die Hoden wie auch die Ovarien treten dann auch häufig mit einem Leitungsapparat in enge Beziehung, der sich teilweise von dem Gonoduct, zum Teil von einem Nephridienpaar herleitet. Diese Abteilung der Keimzellen und -drüsen vom Peritonealepithel kommt bei einer ganzen Anzahl von Tieren vor, so außer den Anneliden bei den Mollusken, Brachiopoden, Echinodermen und Vertebraten.

Eine höhere Stufe der Hoden- und Ovarienausbildung sehen wir nun dadurch bei den Evertebraten angebahnt, daß die Keimdrüsen Schlauchform annehmen (Nematoden, Crustaceen, Insecten und Echinodermen), die mit den Ausführungsgängen in direkter Beziehung stehen, wie das schon bei den Plathelminthen der Fall war. Der Hohlraum der Keimdrüse ist dann von einem Keimepithel ausgekleidet, während die Wand vielfache Ausbuchtungen erfährt, die trauben- oder flechtenartig angeordnet sind. Das bindegewebige Stroma, das die Schläuche umgibt, tritt mit der Anlage der Keimdrüse in diese hinein und macht einen beträchtlichen Teil derselben aus.

Bei den beiden Formen der Ovarien, dem sackförmigen und flächenförmigen, kann das Keimepithel dem Peritoneum entstammen, da die Gonade als Faltung oder Aussackung entsteht. Das peritoneale Stroma bildet dann entweder die äußere Bedeckung oder die innere Auskleidung der Gonade.

Während nun bei den Vertebraten ein interstitielles Gewebe, das sich aus der Keimzelleiste des Peritoneums herleitet, vorhanden ist, kommen in den Ovarien und Hoden der Wirbellosen mit Ausnahme vielleicht einiger Anneliden, worauf im Kapitel Zwischenzellen eingegangen werden soll, keine derartigen Zellgebilde vor. Es sind lediglich den Follikel- und den Sertolischen Zellen homologe Gebilde vorhanden, die teils zur Ernährung des Eies, teils zur Bildung von Cysten dienen.

In bezug auf die Entleerung der Keimprodukte verhalten sich die Wirbellosen recht verschieden. Bei denjenigen Formen, die eine gut ausgebildete Leibeshöhle haben, fallen die reifen Eier, oft auch isolierte kleine Ovarialteile, in die Leibeshöhle und werden dann durch Spermoviducte oder Oviducte (Abb. 28) nach außen befördert. Auch die reifen Samenfäden werden zuweilen mittels Wimpertrichter und Ausführungsgängen nach außen geschafft, wie z. B. bei manchen Anneliden. Bei den Tieren, bei denen Cölom zurückgebildet ist, den Mollusken beispielsweise und

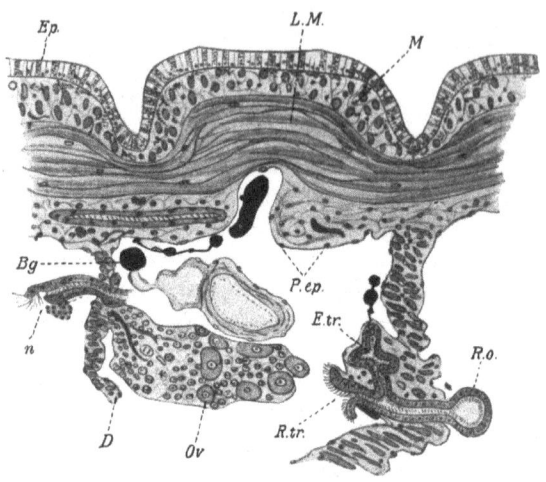

Abb. 28. Schnitt durch das Ovarialsegment eines Regenwurms. *Bg* Blutgefäß, *Ep* Epidermis, *E.tr* Eileitertrichter, *D* Dissepiment, *n* Nephridialtrichter, *LM* Längsmuskulatur, *M* Muskelkästchen, *Ov* Ovarium, *P.ep* Peritonealepithel, *R.o* Receptaculum ovorum, *R.tr* Trichter des Eihalters. (Original.)

Insecten, stehen die Ovarien sowohl wie auch die Hoden in offener Kommunikation mit den Ausführgängen des Cöloms, was übrigens unter den Vertebraten auch bei vielen Fischen der Fall ist.

b) Chordata.

Den höchsten Entwicklungszustand erreichen die Keimdrüsen bei den Vertebraten. Sie stehen aber bei den Anamniern und besonders bei den Tunicaten noch in näheren Beziehungen zu Evertebraten. Sie sind aber hier schon, wie auch bei höheren Evertebraten, in Beziehung zu besonders differenzierten Ableitungswegen getreten, die die Keimprodukte herausbefördern, und in Verbindung mit diesen sind noch besondere Hilfsorgane für die Begattung im weitesten Sinne vorhanden.

Die Ableitung des gesamten Geschlechtsapparates ist eine sehr komplizierte. Wenn wir uns zuerst den Geschlechtsdrüsen zuwenden, so ist zunächst festzustellen, daß eine strikte Keimbahn, wie wir sie bei Wirbellosen kennen gelernt hatten, hier nicht nachgewiesen ist. Es existiert meines Wissens nur eine einzige Angabe, daß bei einem Knochenfische (*Macrometrus*) die Urgeschlechtszelle schon von der fünften Generation der Furchungszellen an erkennbar sei (Eigenmann). Bei der großen Mehrzahl der Vertebraten lassen sich die Genitalzellen oder Urkeimzellen erst nach der Bildung des Mesoderms feststellen. Nach neueren Untersuchungen an verschiedenen Vertebraten kann man jedoch schon vor der Differenzierung des Mesoderms Genitalzellen nachweisen, die nach dem übereinstimmenden Urteil der Autoren auf Furchungszellen zurückgeführt werden müssen (s. namentlich Rubaschkin 1912). Wir bezeichnen diese Zellen als primäre Urgeschlechtszellen, die im Entoderm zuerst zu erkennen sind (Abb. 29a—b) und von dort durch das viscerale Blatt des Mesoderms und des Mesenteriums in die Gegend der sogenannten Keimdrüsenanlage gelangen.

Beim Hühnchen entstehen nach Swift (1913) die primären Urgeschlechtszellen in einer spezialisierten Region des Entoderms, die am Rand der Area pellucida gelegen ist. Sie hat die Form einer Leiste, in der die Urgeschlechtszellen im Stadium des Primitivstreifens sichtbar werden. Der Embryo hat in diesem Stadium drei Somiten. Da in der Keimleistengegend das Mesoderm sehr spät auftritt, so liegen in einem weiteren Stadium die Urgeschlechtszellen in dem Raum zwischen Entoderm und Ectoderm. Später wandern sie amöboid in das Mesoderm und in die Blutinseln und werden noch später mit dem Blute in alle Teile des Embryos verschleppt, bis der Embryo das 26—29 Somitenstadium erreicht hat. So findet man die Urgeschlechtszellen auch an dem splanchnischen Mesoderm nahe der Radix mesenterii. Bei 30—33 Somiten liegen sie in der Radix und im Cölomepithel zu beiden Seiten des dorsalen Mesenteriums und des Cölomwinkels. Hier bleiben sie, bis die Bildung der Keimleiste erfolgt.

Die Bildung der ersten Keimdrüsenanlage der anuren Batrachier vollzieht sich als Endabschnitt einer Reihe von Organbildungen aus dem dorsalen Entoderm, wie Chorda, Hypochorda und dorsales Pancreas (Bounoure 1924). Gleich den genannten Organen wird die Keimdrüse zunächst als ein unpaarer, solider Strang angelegt (in diesem Fall durch aktive Ansammlung von Zellmaterial), der sich dann durch Spaltenbildung vom Entoderm isoliert. Nach Witschi 1924 sitzen sie dem hinteren Teil des Entoderms als dorsale Dotterleiste auf. Der Umstand, daß die Keimzellen vom Entoderm herkommen, schließt nicht die Möglichkeit aus, daß die in diesem Keimblatt gelegenen Zellen prädifferent und zwischen den dotterhaltigen Zellen gewissermaßen nur aufgespeichert sind.

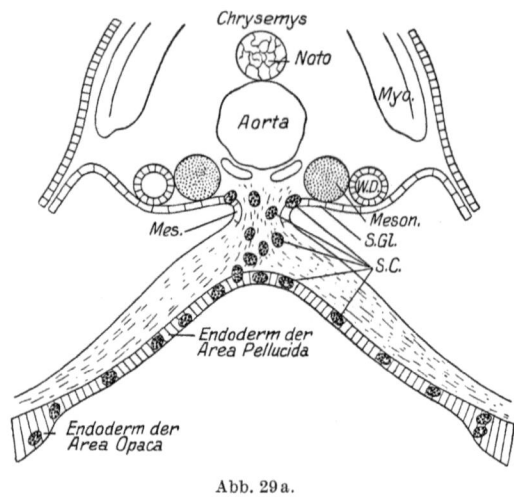

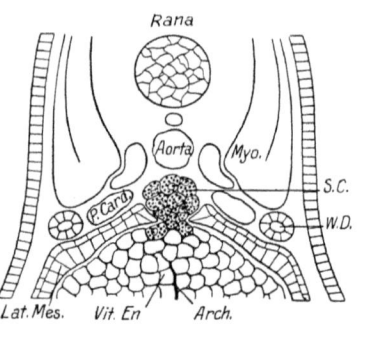

Abb. 29a.

Abb. 29b.

Die erste Anlage des späteren Organes stellt ein Bezirk des Cölomepithels dar, das sogenannte Keimepithel (Abb. 30), das schon von Waldeyer und Semper so bezeichnet wurde. Diese Stelle wird später zur Keimleiste und differenziert sich dann zur Keimdrüse. Neben den primären, extraregionär in bezug auf das Keimepithel entstandenen Keimzellen, entstehen nun durch Differenzierung gewöhnlicher Cölomzellen noch weitere Genitalzellen, die als sekundäre bezeichnet werden, was aber wohl mit Recht von einigen neueren Beobachtern bestritten wird. Ob eine Kontinuität zwischen den primären und sekundären Urkeimzellen besteht, ist bisher nicht nachgewiesen. Ja, man hat sogar gefunden, daß ein großer Teil der primären Urgeschlechtszellen schon in früher Zeit zugrunde geht. Theoretisch lassen sich allerdings auch die sekundären Geschlechtszellen auf Cölomzellen zurückführen, indem wir annehmen, daß in diesen Cölomzellen latente Genitalzellen vorhanden sind. Auffallend ist, daß sekundäre Genitalzellen beim *Amphioxus* überhaupt nicht aufzufinden sind, während die primären Genitalzellen einigen Teleostiern wie den Säugern zu fehlen scheinen. Die primären extraregionären Genitalzellen entstehen bei den Holoblastiern (Abb. 29a S. C) in der Gegend des Darmes, bei den Meroblastiern (Abb. 29d S. C) außerhalb des Embryos in der Furchungshöhle und dem Keimwall. Auffallend ist nun auch, daß alle latenten Genitalzellen von Anfang an regionär auftreten an einer bestimmten Stelle zwischen Urniere bzw. primärem Harnleiter und der Radix mensenterii.

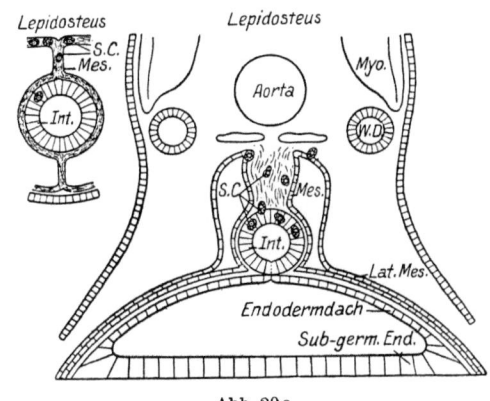

Abb. 29 c.

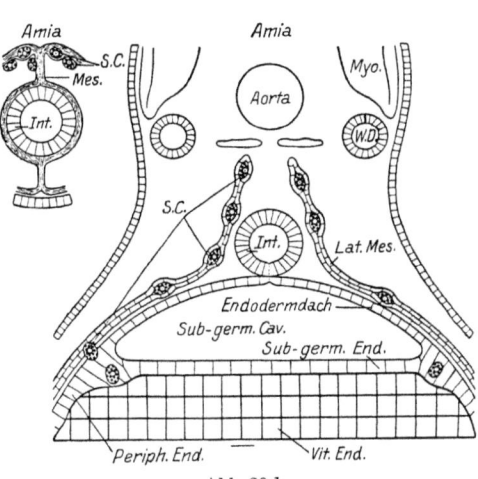

Abb. 29 d.

Abb. 29a—d. Schemata der Wanderung der Geschlechtszellen bei vier verschiedenen Wirbeltieren. (Nach Bennett M. Allen aus Harms.) *Int.* Darm; *Mes.* Mesoderm; *S.C* Geschlechtszellen in der Wanderung.

Da nun nach Ansicht vieler Autoren in der Keimregion typische Cölomzellen in Keimzellen sich umwandeln, was indessen wie gesagt neuerdings bestritten wird und auch nicht wahrscheinlich ist, so müssen wir unter Keimepithel nicht nur die Keimzellen selbst verstehen, sondern auch die dazwischenliegenden Cölomelemente. Wir hätten hier also eine Mischung zweier Zellarten, scheinbar somatische und Propagationszellen, die uns die Differenzierung des Geschlechts bei den Wirbeltieren komplizierter erscheinen lassen.

Diese Ansicht ist aber schon deshalb sehr unwahrscheinlich, da die Exstirpation von Keimdrüsen im jugendlichen Stadium nie zu einer Regeneration aus dem Peritonealepithel führt. Selbst die Entfernung der Keimanlage oder -leiste, die noch undifferenziert ist, hat die Entstehung asexueller Tiere zur Folge, wie das eigene noch unveröffentlichte Versuche an Anuren und solchen von Reagan an Hühnerembryonen ergeben haben. Reagan machte sich die Beobachtung von Swift (1914) zunutze, daß die Urgeschlechtszellen beim Hühnchen zuerst in einem leistenförmig erhöhten Bezirk des extraembryonalen Blastoderms, anterior von der Körperachse an der Trennungslinie zwischen der Area pellucida und opaca, auftreten. Wenn er diesen frühesten Keimbahnbezirk exstirpiert, so hat er damit die früheste Kastration bei einem Wirbeltier vorgenommen, die überhaupt möglich erscheint. Es gelang ihm, diese Exstirpation bei einem Embryo vorzunehmen, dessen Alter dadurch gekennzeichnet ist, daß er noch vor der Bildung der ersten

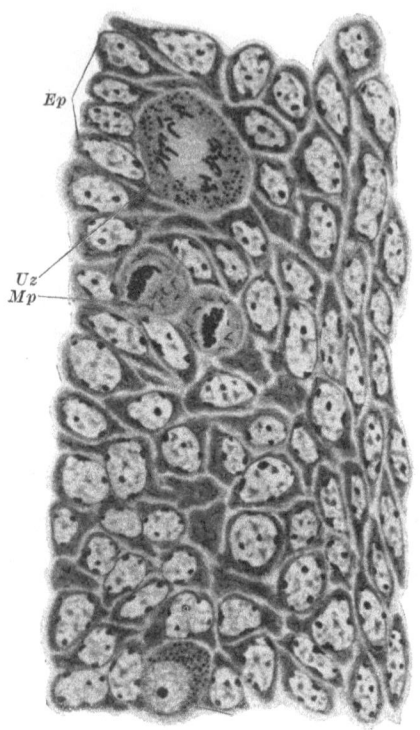

Abb. 30. Querschnitt durch die Keimdrüsenanlage eines 1 cm langen Meerschweinchenembryos. *Ep* Cölomepithel; *Uz* Urgeschlechtszelle; *Mp* Mitose der epithelialen Zelle. Vergr. 780. (Nach Rubaschkin.)

Intersomitengrube stand. Im Alter von 120 Stunden wurde die trotz der Exstirpation gebildete rechte Keimleiste in Schnittserien zerlegt. Das Mesothelium besteht aus einer einzigen Lage von somatischen Zellen (Abb. 31, *Msth*), während bei normalen Embryo-

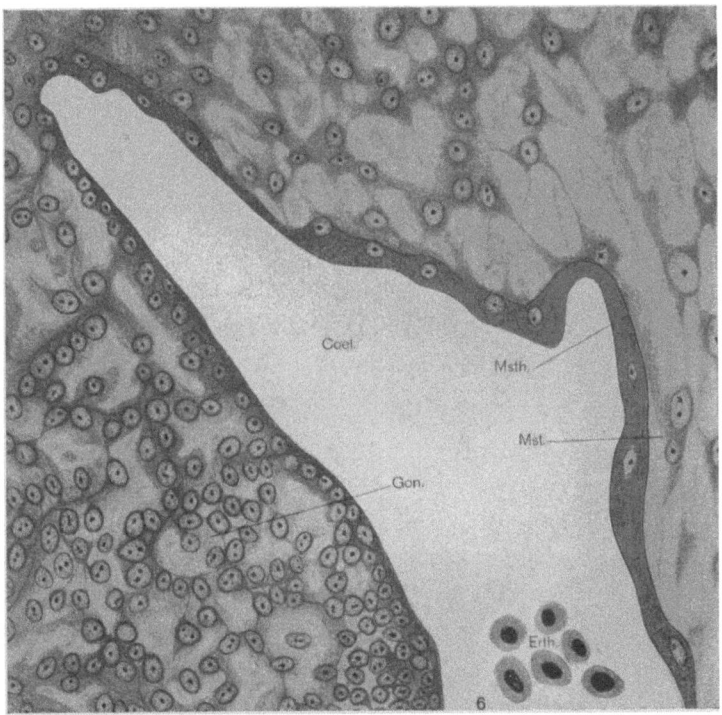

Abb. 31. Schnitt durch die rechte Gonade eines 120 Stunden alten Kückens, das kurz vor dem Eintritt der ersten intersomitischen Grube kastriert worden war. Das Mesenterium, das Mesothelium und die Gonade sind frei von Sexualzellen. Bemerkenswert ist das eigenartige laubartige Aussehen des Gonadengewebes. Einige Erythrocyten sind im unteren Teil der Abbildung eingeschlossen. Bouins Gemisch mit nachfolgendem Hämatoxylin und Eosin. Die rechte Gonade wurde zur Wiedergabe gewählt, weil ihr Stromagewebe weniger dichtmaschig ist als das der linken. Beide Gonaden haben fast die gleiche Größe. Das Mesothelium in der Nähe der linken Gonade enthält keine Keimzellen. Vergr. 800. *Coel* Cölom; *Erth* Erythrocyten; *Gon* Gonade; *Mst* Mesenterium; *Msth* Mesothelium des Mesenteriums. (Nach Reagan.)

nen auf diesem Stadium das Mesothel verdickt ist und Keimzellen enthält. Die Gonade enthält nur Zwischenzellen. Das Gonadengewebe ist stark vacuolisiert, während es normalerweise kompakt

62 Soma und Keimzellen während der progressiven Periode des Tieres.

ist. Wenn überhaupt Keimzellen vorhanden sind,. so sind es nach Reagan nur sehr wenige. Diese Frage läßt sich aber erst

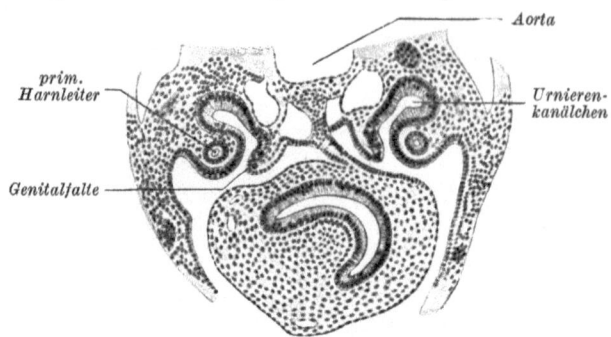

Abb. 32 a. Querschnitt durch das 16. Urnierenkanälchen eines männlichen *Pristiurus*-Embryos von etwa 17 mm Länge. (Nach Rabl 1896.) Vergr. 140 : 1. Morphol. Jahrb. 24, 756. 1896. Die Genitalfalte hängt zwischen dem Nephrostom des Urnierenkanälchens und der Radix mesenterii, sie trägt nur auf ihrer lateralen Seite ein Keimepithel.

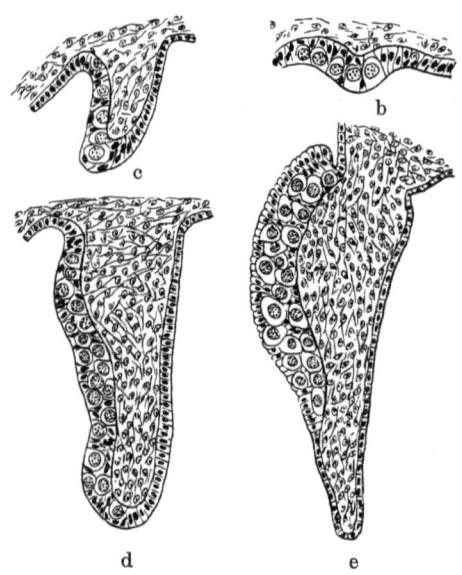

Abb. 32 b—e. Querschnitt durch die sich entwickelnde Genitalfalte eines Embryos von *Acanthias vulgaris* (b—d) und *Scyllium canicula* (e). (Nach Semper und Balfour, aus Korschelt und Heider 1902.) — Das Keimephitel, die Keimzone bildend, sitzt auf der lateralen Seite und grenzt sich bei *Scyllium canicula* scharf gegen das übrige Epithel der Genitalfalte ab.

entscheiden, wenn ältere Versuchstiere erzielt werden.

Bemerkenswert ist, daß die Urgenitalzellen bei allen Wirbeltieren im frühen Stadium sich noch amöboid bewegen können (nach M. Nußbaum beim Huhn und Fuß [1913] auch beim Menschen), wie das bei niederen Metazoen zeitlebens der Fall ist. In der Keimepithelzone kommt es nun zu einer lebhaften Vermehrung der Genitalzellen und damit wegen Raummangel zur Bildung der Genitalfalte (Abb. 32 a, b—e) des Peritoneums. Innerhalb der Falte gelangt Bindegewebe zur Entwicklung, das als Stromakern bezeichnet wird. Die Keimzell- oder Genitalfalte ist nun ein vollständig indifferentes Gebilde, das weder männlichen noch weiblichen Charakter hat. Die Keimzellen in ihr beschränken sich auf eine bestimmte Zone, die centrale oder gonale, während der pro- und epigonale Abschnitt keine Genitalzellen enthält.

Eine Frage von fundamentaler Bedeutung ist nun die der **geschlechtlichen Differenzierung der Urkeimzellen**, sowohl bei Evertebraten wie Vertebraten. Sind diese in der genitalen Falte wirklich indifferent, so müßten sie durch äußere Einflüsse doch nach einer oder der anderen Richtung beeinflußt werden können. Versuche in dieser Richtung haben keine positiven Resultate ergeben. Nach den neueren Befunden der Chromosomenforschung (Henking, Wilson) scheint es vielmehr, als ob das Geschlecht bei vielen Tieren schon in der befruchteten Eizelle bestimmt wäre und zwar dadurch, daß die männlichen und weiblichen Keimzellen in den meisten Fällen eine verschiedene Anzahl von Chromosomen besitzen, meist so, daß alle Eizellen n Chromosomen, die Samenzellen zur Hälfte n, zur Hälfte $n-1$ besitzen. Wird nun eine Eizelle mit einem Spermatozoon von n Chromosomen befruchtet, so entsteht ein Individuum, das in allen seinen Zellen $2n$ Chromosomen besitzt, und dessen reife Keimzellen natürlich die reduzierte Chromosomenzahl n besitzen müssen. Das Individuum ist also weiblich. Kommt dagegen eine Befruchtung mit einer Chromosomenzahl $n-1$ zustande, so haben wir ein männliches Individuum mit $2n-1$ Chromosomen, dessen reife Geschlechtszellen n und $n-1$ Chromosomen haben. Wir müssen also annehmen, daß die Chromosomen hinsichtlich der Geschlechtsbestimmung eine specielle Funktion haben. Die Geschlechtsbestimmung wäre dann aber rein zufällig, je nachdem ein Spermatozoon mit oder ohne ein sogenanntes akzessorisches Chromosom die Befruchtung vollzieht.

Die Frage der Geschlechtsbestimmung durch Geschlechtschromosomen stößt, obwohl sie sehr bestechend ist, namentlich bei Vertebraten auf manche Schwierigkeiten. So werden z. B. bei den Anurenmännchen die Keimdrüsen stets zwitterig angelegt. Im Hoden junger Frösche findet man regelmäßig wohlentwickelte Eizellen, und auch experimentell kann man noch im erwachsenen

Hoden Eizellen zur Entwicklung bringen, die allerdings die vollständige Reife nicht erreichen. Bei Kröten ist im männlichen Geschlecht stets ein wohlentwickeltes, rudimentär ovariumähnliches Organ (Biddersches Organ) neben dem Hoden vorhanden, in dem sich allerdings die Eier nicht zur Reife entwickeln, das aber infolge seiner periodischen Rückbildung und Regeneration nicht als rudimentäres Organ bezeichnet werden kann. Wären bei den Amphibien ebenfalls zweierlei Spermatozoen vorhanden, wie das Witschi beim Frosch bewiesen hat, so könnte man ihnen hier eine geschlechtsbestimmende Rolle in der einfachen Weise, wie wir es theoretisch anzunehmen geneigt sind, nicht zuschreiben. Die Geschlechtsbestimmung muß daher noch von anderen Bedingungen abhängen, wie das auch die zahlreichen von R. Hertwig angestellten Experimente zeigen. Danach ergeben überreife Eier fast ausschließlich männliche Individuen, während bei frühreif befruchteten Eiern die Weibchen überwiegen. Die normale und die künstliche Parthenogenesis sprechen allerdings für die Geschlechtschromosomentheorie. Bei künstlicher Parthenogenesis sind aber erst wenige Tiere bis zur Geschlechtsreife aufgezogen worden. Nur bei Seeigeln und Fröschen ist es bisher geglückt. Die parthenogenetischen Seeigel entwickeln sich mit der reduzierten Chromosomenzahl. Da das männliche Geschlecht das digametische ist, so dürfen parthenogenetisch nur Männchen erscheinen, was Delage 1919 nachwies. Bei Fröschen fand J. Loeb 1916 nur Männchen, später allerdings auch Weibchen. Goldschmidt untersuchte die parthenogenetischen Männchen cytologisch und fand, wie auch Brachet, eine normale Chromosomenzahl (26 = 13 Paare). Auch die Spermatogenese ist normal. Es muß also von der Eizelle die Chromosomenzahl wieder restituiert worden sein. Wie aber beide Geschlechter in Erscheinung treten können, ist noch unklar, zumal wir noch nicht mit Bestimmtheit wissen, welches Geschlecht digametisch ist. Goldschmidt hält das weibliche für heterozygot, Witschi das männliche. Die Normalzahl kann man sich auf verschiedene Weise wieder hergestellt denken. Buchner fand bei Seesternen den Modus, daß ein Richtungskern mit dem Eikern verschmolz. Kostanecki fand bei *Mactra* denselben Effekt erzielt durch eine rudimentäre Teilung des reduzierten Eikernes, also eine Regulation. Hier müssen noch weitere Untersuchungen Klarheit schaffen.

Für die sehr frühzeitig schon in der befruchteten Eizelle sich ausprägende Bestimmung des Geschlechtes spricht auch die Geschlechtsgleichheit eineiiger Zwillinge beim Menschen und die gleichgeschlechtlich polyembryonal erzeugten Würfe der Gürteltiere. Die Frage also, welche determinierenden Faktoren für die Entstehung des Geschlechtes in Betracht kommen, kann bei dem Stande unserer heutigen Kenntnisse bei den Wirbeltieren noch nicht entschieden werden, wenn auch schon manches geklärt ist, worüber im Kapitel Geschlechtsbestimmung berichtet werden wird. Bestände die Geschlechtschromosomentheorie für alle Tierklassen wirklich zu Recht, so müßte man in der scheinbar indifferenten Keimdrüsenanlage aller Vertebraten und auch in den embryonalen Somazellen jeweilig ausschließlich männliche oder ausschließlich weibliche Chromosomenverhältnisse antreffen. Bisher ist dieser Nachweis meines Wissens nicht erbracht worden.

In einer Arbeit von 1923 von Essenberg, die bei der physiologisch normalen Geschlechtsbestimmung eingehend berücksichtigt werden soll, sollen in der indifferenten Gonade von *Xiphophorus helleri* große Primordialkeimzellen vorkommen neben kleineren, die sich aus den Peritonealzellen entwickeln. Es handelt sich hier höchstwahrscheinlich um zwei Generationen von Keimzellen; die großen, die nach Essenberg direkt sich in Oocyten umwandeln sollen, gehen später zugrunde. Sie sind zu homologisieren mit den männlichen Eiern oder den Zellen des Bidderschen Organes, die eine frühere Urkeimdrüse darstellen. Die kleinen Urkeimzellen dagegen sind die für die Art charakteristischen Geschlechtszellen, die die Reifekeimzellen in der Keimdrüse ergeben.

Die Keimdrüsen sind in ihren früheren Entwicklungsstufen nun vollständig homolog, sodaß wir von einer indifferenten Anlage sprechen, in der das Geschlecht noch nicht zu erkennen ist. Daß trotzdem oft das Geschlecht schon ab ovo bestimmt ist, lehrt uns der Geschlechtschromosomenmechanismus z. B. der Insekten, auf den hier nicht eingegangen werden soll.

Die erste Anlage der Keimdrüsen ist flächenhaft. Sie stellt eine Epithelplatte dar (Waldeyers Keimepithel), die aus umgewandelten Cölomzellen mit eingelagerten Urgeschlechtszellen besteht. Die primären Urgeschlechtszellen sind jedoch schon vor Bildung des Mesoderms im Entoderm zu erkennen. Sie wandern aktiv in die dann als solche bezeichnete Keimzone des Cöloms ein. Manche, die nicht bis in die Keimleiste gelangen, werden im Mesenterium zu ausgewachsenen Gametocyten (Firket 1920). In der Keimdrüse degenerieren die meisten primären Keimzellen. Gleichzeitig aber wandeln sich dort zahlreiche Zellen vom kleinen Typus der sekundären Keimzellen (gewöhnlich indifferente Keimzellen genannt) zu Urkeimzellen um. Beim Hühnchen leitet sich die Mehrzahl der reifen Geschlechtszellen

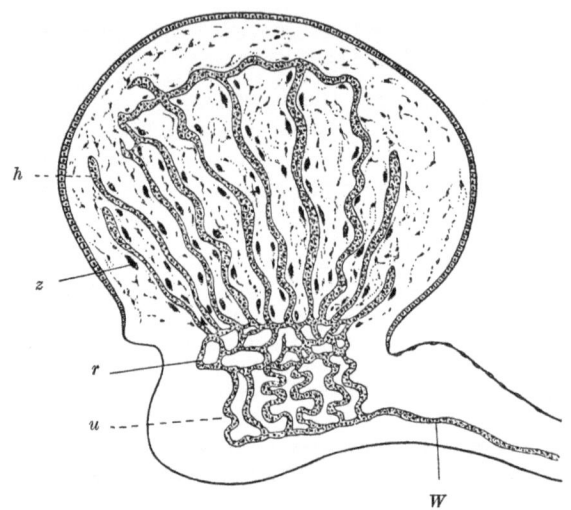

Abb. 33. Entwicklung der männlichen Keimdrüse eines Wirbeltieres. *h* Hodenkanälchen, *z* Zwischenzellen, *r* Rete testis, *u* Urogenitalverbindung, *W* Wolffscher Gang. (Aus Kohn.)

aus sekundären Gametocyten her; es können sich aber auch einige aus primären entwickelt haben. Bei der männlichen Ratte sind primäre und sekundäre Keimzellen durch ihre Mitochondrien zu unterscheiden. Erstere haben einen Ring deutlich konturierter Granula um den Kern herum, während die sekundären kurze wellige Fäden besitzen. Acht Tage nach der Geburt degenerieren die primären Zellen vollständig, und nur von den sekundären leiten sich die Geschlechtsmutterzellen ab. Firket hält die primären Keimzellen für phylogenetisch in Rückbildung begriffene Zellen.

Vom Keimepithel geht die Entwicklung der Keimdrüsen in der Weise weiter, daß zunächst ein Zellwulst entsteht, von dem Zellstränge in das Mesenchym einwuchern. Es ist jetzt eine plattenartige Rindenschicht und eine strangartig angeordnete Markschicht vorhanden. Die Sexualstränge treten bald in Verbindung mit einem in der Tiefe zur Entwicklung gelangenden epithelialen Netzwerk, dem Rete, welches die Verbindung mit dem außerhalb der Keimdrüse verlaufenden Urnierengang vermittelt. Bis zu diesem Punkte geht die Entwicklung der männlichen und weiblichen Keimdrüse homolog vor sich, obgleich man jetzt schon gewisse Sonderheiten zu erkennen vermag.

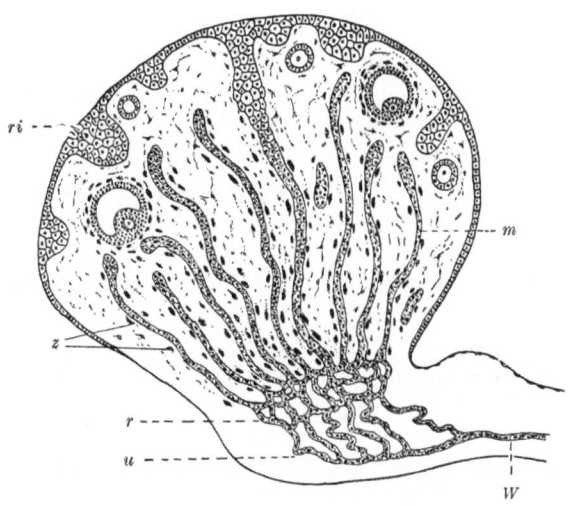

Abb. 34. Entwicklung der weiblichen Keimdrüse eines Wirbeltieres. *m* Markstränge, *ri* Keimepithel, sonst wie Abb. 30. (Nach Kohn.)

Die Entwicklung der männlichen Keimdrüse (Abb. 33) vollzieht sich so, daß die corticale Keimplatte unter Schwund der eingelagerten Geschlechtszellen zu einem platten Endothelbelag umgewandelt wird, der durch eine zusammenhängende Bindegewebsschicht (Tunica albuginea) von den Sexualsträngen (h) abgetrennt wird. Letztere werden zu Hodenkanälchen, welche Samenzellen enthalten und durch das Rete testis (r) mit den Ductuli deferentes (u) und dem Wolffschen Gang (W) in Verbindung treten. Zwischen den Kanälen treten die Zwischenzellen (z) auf, die gesondert in ihrer Entwicklung betrachtet werden sollen.

Die Entwicklung der weiblichen Keimdrüse (Abb. 34) spielt sich in umgekehrter Weise ab. Die Hauptrolle fällt hier der oberflächlichen Keimplatte (*ri*) zu. Das ganze fertige Organ läßt sich im wesentlichen auf Wucherungen zurückführen, die die Eisträcnge und weiterhin die Follikelbildungen hervorrufen; dagegen bildet sich die anfangs so mächtige Marksubstanz mit Marksträngen (*m*), Rete (*r*) und Urogenitalverbindung (*u*) fast vollständig zurück. Als Reste der Urogenitalverbindung bleibt nur das Epoophoron erhalten. Das Schicksal des Rete wie auch der Sexualstränge ist wechselnd. Die Überbleibsel der letzteren sind im Ovarium als Markstränge bekannt, zwischen denen die Zwischenzellen liegen.

Die männliche Keimdrüse ist also distalwärts orientiert (Abb. 33), die reifen Samenzellen gelangen durch den Nebenhoden nach außen. Die weibliche Keimdrüse dagegen ist proximalwärts gerichtet (Abb. 34), die Eier werden an der Oberfläche gebildet, reifen in Follikeln und werden durch Platzen des Follikels wieder von der Oberfläche aus in die Leibeshöhle abgegeben.

Wir wollen uns jetzt nach dieser allgemeinen histologischen Übersicht der Weiterdifferenzierung der Genitalfalte zu einer männlichen oder weiblichen Drüse zuwenden. Wir werden vor allen Dingen hier sehen, daß eine ganze Reihe von somatischen Elementen in innige Beziehung zu diesen Drüsen treten. Die Differenzierung zum Weibchen ist die einfachere. Sie soll daher zuerst kurz besprochen werden. (Neue eingehende Untersuchungen liegen darüber von Rubaschkin beim Meerschweinchen, Kuschakewitsch und Witschi beim Frosch, Firket bei Vögeln, Beek beim Rind und Kingsbury bei der Katze vor.)

Die ersten Anzeichen für weibliche Differenzierung prägen sich darin aus, daß die Urkeimzellen zu Oogonien werden. Das junge Ei läßt sich stets an seiner außerordentlichen Größe erkennen und zeigt ein sehr stark ausgebildetes Kernkörperchen (Abb. 35). Bald sieht man dann, daß das junge Ei sich oft noch innerhalb des Keimepithels mit gewöhnlichen Cölomzellen umgibt, die dann später das Follikelepithel abgeben. Da das Cölomepithel die Tendenz besitzt, selbst Geschlechtszellen zu produzieren oder doch wenigstens in seinem Verbande zu beherbergen, so gewinnt das Follikelepithel eine besondere Bedeutung insofern, als Zellen mit vielleicht latentem Keimzellcharakter zur Ernährung der Keimzelle herangezogen werden; Zustände, die ja bei den

Wirbellosen außerordentlich häufig angetroffen werden. Durch die immer weiter sich vermehrenden Genital- und Cölomzellen werden die jungen Eier dem Stroma zugedrängt und ragen in Form von Eisträngen in das Organ hinein. Bei der weiteren Entwicklung der jungen Eizellen werden sie dann auch mit einer bindegewebigen Hülle, der Theca folliculi, umgeben.

Nach Winiwarter, Sainmont und Rubaschkin lassen sich bei der Bildung des Ovariums aus der indifferenten Anlage (untersucht wurden Kaninchen, Ratten und Meerschweinchen) drei Epithelproliferationen (Abb. 36) unterscheiden. Die erste liefert die Markschicht, die zweite die primitive Rindenschicht, die aber bald zugrunde geht und von der dritten ersetzt wird. Aus ihr geht die definitive Rindenschicht hervor, aus der sich die Oogonien und Oocyten bilden. Nach Rubaschkin hat bei *Cavia* die dritte Proliferation keine große Bedeutung, die zweite bleibt erhalten und nur die früh entwickelten Follikel gehen zugrunde. Nach ihm ist die Urgeschlechtszelle die Mutterzelle aller Oogonien (Abb. 35), was natürlich nach Winiwarter und Sainmont nicht der Fall ist. Aus dem Cölomepithel bilden sich nach Rubaschkin nur die Follikelzellen. Für die Exaktheit der Rubaschkinschen Befunde spricht die Erkennungsmethode der Urgeschlechtszellen ver-

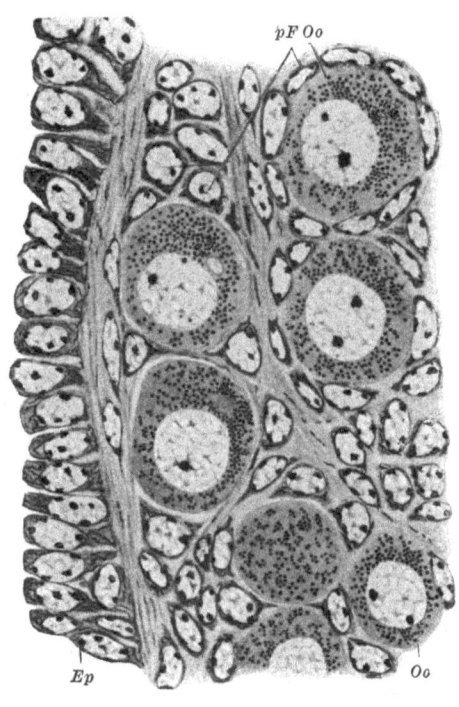

Abb. 35. Oberflächlicher Teil des Eierstockes eines 2 Tage alten Meerschweinchens. *Ep* Epithel, *pF* primordiale Follikel, *Oo* Oocyten. (Nach Rubaschkin.) Anat. Hefte 46. 1912, oder ebenda 1. Abt. 1910.

70 Soma und Keimzellen während der progressiven Periode des Tieres.

mittels der körnchenartigen Chondrioconten, was indessen van Beek 1924 beim Rind nicht bestätigen konnte.

Beim Rind ist das weibliche Geschlecht der Keimdrüsenanlage (van Beek 1924) erst beim Fötus von etwa 21 mm Länge erkennbar, das männliche schon bei 19 mm. Gegen Ende der Trächtigkeit macht das Keimepithel eine Ruheperiode durch, die kurz vor der Geburt endigt (800 mm). Es bildet sich dann

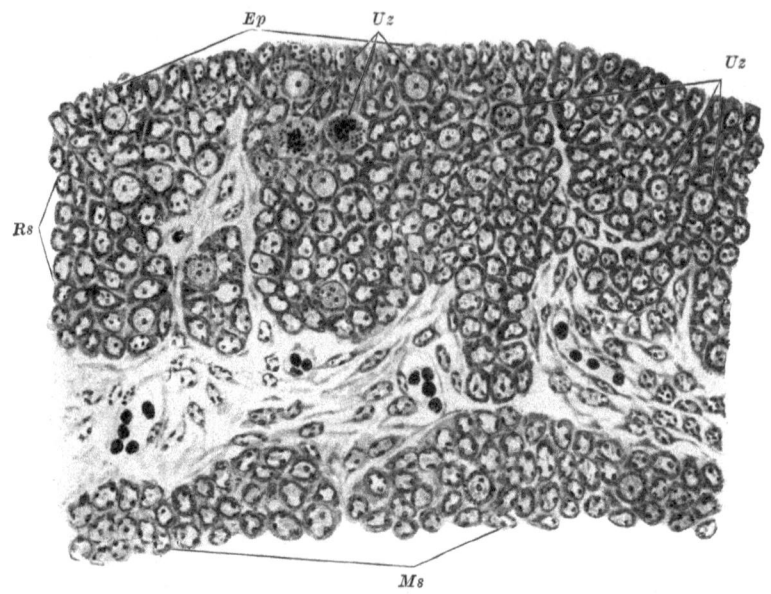

Abb. 36. Schnitt durch die in Anlage begriffene Rindenschicht eines 2,6 cm langen Meerschweinchenembryos. *Ep* Epithel, *Rs* Rindenschicht, *Ms* Markschicht, *Uz* Urgeschlechtszellen (Oogonien). Vergr. 310×. (Nach Rubaschkin.) Ebenda.

eine zweite, die definitive Geschlechtszellengeneration. Die Eizellen werden teilweise schon im Keimepithel zu Primärfollikeln, teilweise versehen sie sich im Stroma mit Epithel. Ein Teil degeneriert als nackte Zellen. Den Eizellen des Rindes fehlt ein perivitelliner Spaltraum. Die Granulosazellen enthalten normalerweise Lipoid. Die interstitiellen Zellen bleiben stets an die Follikel oder ihre Reste gebunden. Die durch Einwuchern der Theca interna und Ausbreiten der Granulosa vor der ersten Ovulation stattfindende Follikelatresie weist gegenüber der Corpora lutea-

Bildung nur quantitative Unterschiede auf. Die Anzahl der „innersekretorischen Zellen" im Rinderovarium ist abhängig von der Anzahl der atretischen Follikel. Das Rete ovarii entsteht beim Rind aus der progonalen Keimleiste. Die Geschlechtsdrüsen differenzieren sich früher als die äußeren Genitalien, die erst bei Föten von etwa 6 cm ausgebildet sind. Das Lipoid erscheint zuerst in den Eizellen, dann in der Granulosa und schließlich in ihrer Theca. Van Beek hält es für möglich, daß das Bersten des ersten Graaf-

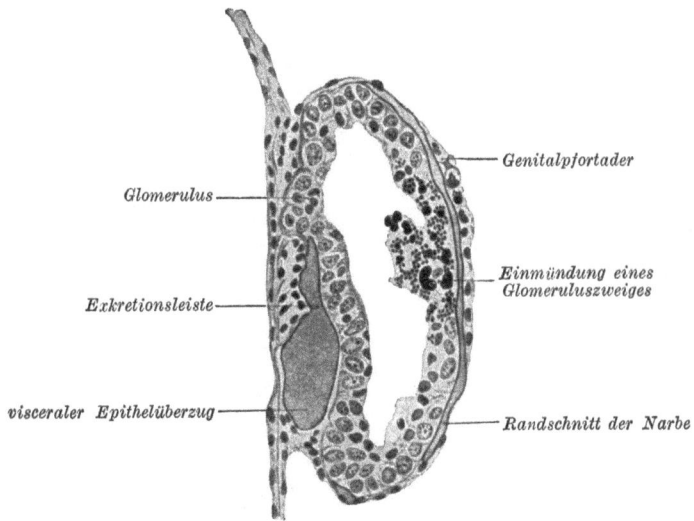

Abb. 37. Querschnitt einer mittleren rechten Hodengonade des *Amphioxus*, Neapler Exemplar von 32 mm Länge. Vergr. 855 : 1. (Nach Zarnik 1904.) — Die im Original gelben Excretionskörnchen sind in der Abbildung schwarz wiedergegeben. Man sieht eine große Strecke der lateralen Gonadenwand mit Excretkörnchen erfüllt, ebenso einige wenige Zellen des visceralen Epithelüberzuges.

schen Bläschens abhängig ist von der Anzahl der bereits ausgebildeten interstitiellen Zellen. Auf die ausführlichen Untersuchungen über die Geschlechtsdifferenzierung bei Fröschen (Kuschakewitsch, Witschi) soll erst bei der Geschlechtsbestimmung eingegangen werden.

Bei Vögeln atrophiert das rechte Ovar vollständig (Firket 1920), oft ohne sichtbare Spuren, selbst unter dem Mikroskop, zu hinterlassen. Es kann aber auch wohl erhalten und in seiner oralen Partie gut ausgebildet sein. Stieve (1924) beobachtete beim Habicht, daß auch das rechte Ovar reife Eier zu liefern vermag.

72　Soma und Keimzellen während der progressiven Periode des Tieres.

Die Entwicklung des Hodens ist beim *Amphioxus* und den Cyclostomen noch relativ einfach und stimmt mehr oder weniger mit der Ausbildung der weiblichen Keimdrüsen überein, wie auch die ausgebildeten Organe noch wenig different sind (Abb. 37, 38), während bei den übrigen Vertebraten die Hodenbildung viel komplizierter ist.

Beim *Amphioxus* entsteht aus der Gonadenanlage ein hohler Gonadensack, der die Periode der indifferenten Keimdrüse ab-

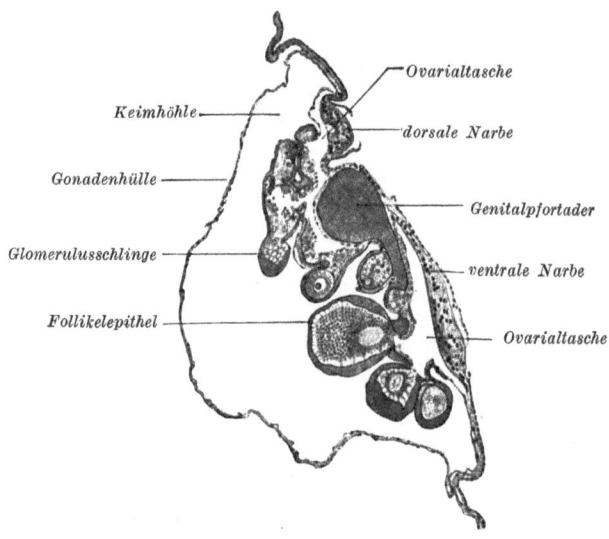

Abb. 38. Zentraler Schnitt durch eine weibliche Gonade des *Amphioxus*, welche ihre Eier entleert hat und sich in Regeneration befindet. Vergr. 200 : 1. (Nach Zarnik 1904). Die sich entwickelnden Eier stülpen das Follikelepithel bruchsackartig vor sich her. Zwischen Ei und Follikelepithel liegen überall die Glomerulusschlingen.

schließt. Der Sack wird ausgekleidet von Genitalzellen und dazwischenliegenden kleinen Zellen mit spindelförmigem Kern, die später aber verschwinden. Durch die Verbindung des Gonadensäckchens mit dem Epithel des Branchialraumes kommt es hier zur Bildung eines Epithelkeils, dessen Zellen sich zu kolloidalen Bindegewebsfasern umwandeln. Nach Zarnik sollen sogar Genitalzellen in Bindegewebszellen übergehen. Diese Verbindungsbrücke wird als Narbe bezeichnet. Gegenüber der Narbe tritt dann an der lateralen Wand der Gonade eine Epithelverdickung auf, die als Exkretionsleiste bezeichnet wird. Die Zellen dieser Leiste enthalten hellgelbe Körnchen, die aus harnsauren Verbindungen bestehen. Diese Zellen zerfallen später und werden wahrscheinlich bei der Entleerung des Samens mit in den Peribranchialraum ausgestoßen. Die spermatogenetischen Vorgänge erfolgen einfach so, daß die im Inneren der Gonade gelegenen Genitalzellen zu Spermatozoen werden. Letztere können schon in frühen Bildungsstadien aus dem Epithelverband austreten und sich dann im Hohlraum zu Spermatozoen entwickeln.

Bei den Myxinoiden erfolgt die Bildung des Hodens so, daß in der Genitalfalte kugelige Zellhaufen, sogenannte Hodenfollikel, entstehen, in denen sich die Samenfäden entwickeln. Die Follikel werden von einer bindegewebigen, gefäßführenden Hülle umgeben.

Bei den übrigen Vertebraten entsteht der Hoden aus doppelter Quelle. Aus den Genitalzellen gehen die Spermatogonien hervor und aus den Bowmanschen Kapseln der benachbarten Malpighischen Körperchen, die sogenannten Genitalstränge. Letztere wachsen in Form von soliden Epithelzapfen in die Genitalfalte ein, indem sich noch die quer verlaufenden Stränge durch zwei Längscommissuren mit dem Nierenrandkanal, der neben der Urniere liegt, und dem Hodencentralkanal verbinden. Genitalstränge und Urnierenkanälchen zusammen verbinden schließlich den Hoden mit dem primären Harnleiter, der so zum Ductus deferens wird. Nur bei den Teleostiern entwickelt sich der Ductus deferens unabhängig von der Urniere und dem Harnleiter.

Die Spermatogonien können sich nun verschieden verhalten; entweder können sie direkt in die Genitalstränge einwandern, wie das bei den Amphibien und Amnioten der Fall ist, oder sie bilden mit den Cölomzellen zusammen besondere Stränge, die Vorkeimstränge, die mit den Genitalsträngen in Verbindung treten. Diese Vorkeimstränge bilden im Innern ein Lumen und werden so zu Samenkanälchen, deren Wandzellen die Samen bereitenden Elemente mitsamt den früheren Cölomzellen enthalten. Die Genitalstränge bilden dann lediglich die Ausführgänge. Diese Verhältnisse gelten ausschließlich für die Selachier.

Aus den Samenkanälchen können sich dann noch weiter besondere Acini oder Hodenampullen (Abb. 39 a, b) heraussondern, die dann lediglich der Spermatogenese dienen, während die Samenkanälchen sich dem Ausführgang anschließen. —

74 Soma und Keimzellen während der progressiven Periode des Tieres.

Für die Samenzellen erhebt sich auch hier wieder die Frage: sind sie direkt aus primären oder aus sekundären Urgeschlechtszellen abzuleiten, d. h. entstehen sie unabhängig vom Keimepithel oder aus dem Cölomepithel als umgewandelte Somazellen? Nach Winiwarter und Sainmont gehen die primären Urgeschlechtszellen zugrunde. Sie haben mit Geschlechtszellen nichts zu tun und sind weiter nichts als temporär hypertrophische Zellen. Rubaschkin dagegen hat auf Grund der Chondriocontenstudien die Überleitung aus primären Geschlechtszellen in Spermatogonien bei Meerschweinchen nachgewiesen.

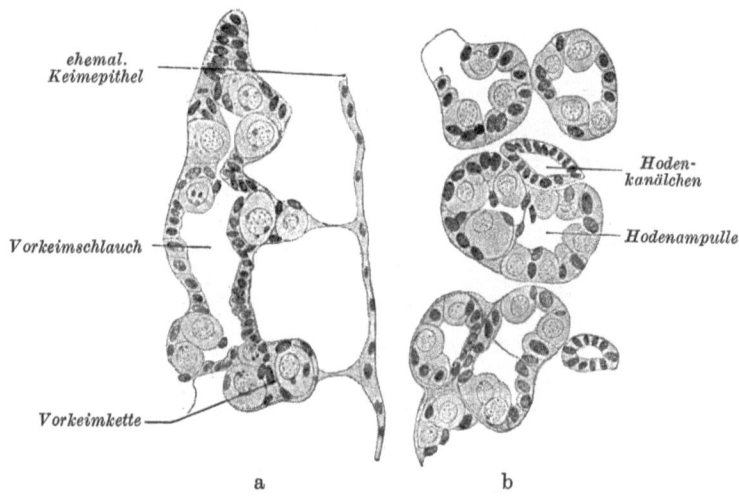

Abb. 39a, b. a Vorkeimschlauch, an drei Stellen in kurze Vorkeimketten übergehend. Männlicher *Acanthias*-Embryo von 25 cm Länge. (Nach Semper 1875.) Vergr. 330:1. b Hodenkanälchen und Hodenampullen aus dem Hoden eines *Acanthias*-Embryos von 25 cm Länge. (Nach Semper 1875.) Vergr. 330 : 1.

Die indifferente Keimdrüse ist nach ihm bei *Cavia* wie auch bei den übrigen Säugern eiförmig gestaltet, aus dem Epithel dringt zunächst die Markschicht in die Tiefe vor. Nach außen liegt die Rindenschicht. Es sind dann bald drei Bestandteile unter der Rindenschicht nachzuweisen, die Mark- oder Samenstränge (Abb. 40), die subepitheliale Schicht und das Zwischenstranggewebe. Alle drei sind epithelialer Natur. Nach Rubaschkin sind die beiden letztgenannten Anteile unverbrauchter Rest der epithelialen Keimdrüsenanlage, worin sich aber noch Urgeschlechtszellen befinden. Es entsteht aus diesen Gewebsanteilen das Mesenchym für die Tubuli, aus der Rinde bildet sich die Tunica albuginea.

Im Zwischenstranggewebe bleiben unveränderte Zellen liegen, die sich zu Strängen und Gruppen anordnen; sie bilden statt der ursprünglich fadenförmigen Chondrioconten körnchenartige aus, die als erste Secretgranula zu deuten sind. Nach Rubaschkin liegen hier die ersten interstitiellen Zellen vor, die epithelialer Natur sind, sich also nicht von Geschlechtszellen ableiten. Nun schwinden aber nicht alle extratubulären Geschlechtszellen; es ist daher die wichtige Frage, was aus ihnen wird, oder ob sie später noch zugrunde gehen.

Fast regelmäßig findet man in den Hodenkanälchen junger,

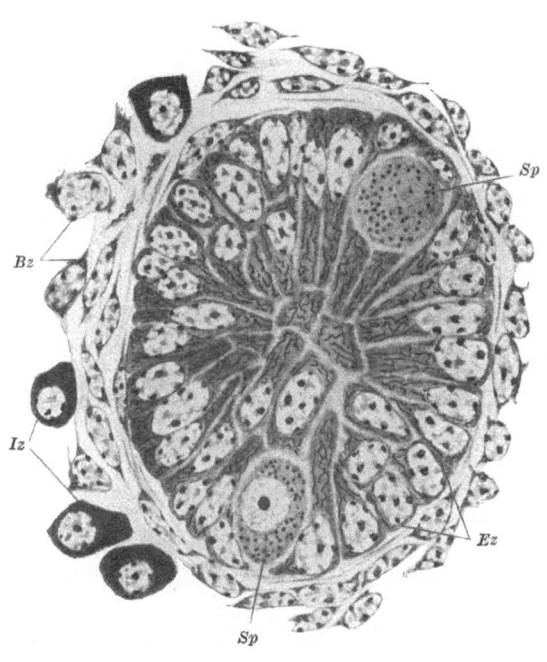

Abb. 40. Querschnitt durch den Samenstrang eines 3,6 cm langen Meerschweinchenembryos. *Sp* Spermatogonien, *Ez* epitheliale Zellen, *Iz* interstitielle Zellen, *Bz* Bindegewebszellen. Vergr. 780 : 1. (Nach Rubaschkin.)

eben geworfener Säugetiere (ich habe das bei der Maus, Katze und Meerschweinchen beobachten können) Riesenzellen, die bis in das Lumen der Kanälchen vorgedrängt werden können. Oft haben diese Zellen ein bis zwei Follikelzellen, die ihnen dicht anliegen, sie aber nie umschließen. Sobald sie in das Lumen vorgewandert sind und eine gewisse Größe erreicht haben (siehe Abb. 41 a, b), gehen sie zugrunde. Schon wenn diese Zellen sich noch im Keimepithel der Kanälchen befinden, fallen sie durch

76 Soma und Keimzellen während der progressiven Periode des Tieres.

ihre bedeutende Kerngröße gegenüber den Spermatogonien auf. Auch das Kernkörperchen ist stark entwickelt. Allmählich nimmt dann das Protoplasma, das anfangs spärlich entwickelt war, an Masse zu, und die anfänglich runde Form der Zelle geht in eine länglich ovale über. Auch deutlich ausgeprägte Dotterflecke bemerkt man in diesen Zellen. Ich stehe nicht an, die Zellen als typische Eizellen zu betrachten, die, wie das bei den Amphibien regelmäßig der Fall ist, auch bei den Säugern noch auftreten, sodaß man vielleicht von einer zwittrigen Anlage des Geschlechtes sprechen könnte. Diese Tendenz des Hodens zur Entwicklung von jungen Eizellen könnte auch vielleicht die Ursache der gar nicht so selten auftretenden Teratome des Hodens sein.

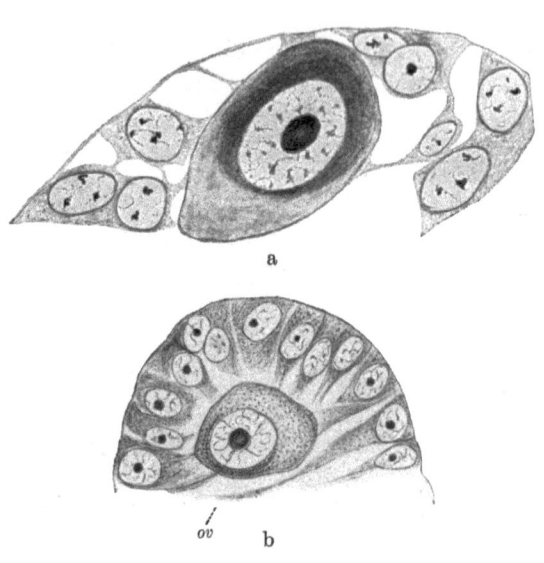

Abb. 41 a, b. Männliche Eizellen (*ov*) aus den Hoden der Katze und des Meerschweinchens. (Original.)

Wie ich nachträglich aus der Literatur ersah, hat schon Popoff diese Zellen gesehen und sie als „Ovules mâles" gedeutet. Er fand sie bei der Ratte, dem Igel und dem Schaf. Er sagt darüber: „il n' est donc plus une grosse cellule ronde méritant le nom d'ovule mâle, qui engendre la lingée spermatique mais un élément plus petit, qui étant redevenue semblable à une cellule folliculeuse, ne peut plus être distingué de celle-ci".

Wir finden auch gar nicht selten im Hoden von erwachsenen Kröten in den Tubuli seminiferi Eizellen in großer Zahl sich entwickeln, neben den Samenzellgenerationen (Abb. 42 a, b). Die histologische Untersuchung ergibt zweifellos, daß wir es mit Eizellen zu tun haben. Sie haben Lampenbürstenchromosomen und

Dotterplättchen. Sie sind von einer Cyste umgeben, wie sie für die spermatogenetischen Generationen von den Sertolischen Zellen geliefert werden. Nach Champy finden sich im Hoden von *Rana esculenta* in der jährlichen Präspermatogenese Riesenzellen, die er als eiähnlich bezeichnet, von denen er die im Hoden beobachteten Eier ableitet. Wenn man die Abb. 42a, b ansieht, so ist wohl kein Zweifel möglich, daß es sich um Eizellen innerhalb eines Hodenkanälchens handelt. Witschi spricht diese von Champy als Riesenzellen bezeichneten Gebilde als hypertrophierte oder überwertige Spermatogonien an. Daß solche vorkommen, bezweifle ich nicht. Anderseits halte ich aber auch das Vorkommen von echten Eizellen in den Hodenkanälchen, zum mindestens der Frösche und Kröten, für durchaus bewiesen, zumal ja auch Witschi selbst eine gute Beschreibung der sich erst nach der Metamorphose aus Weibchen herausdifferenzierten Männchen gibt. Die Annahme liegt wohl nicht fern,

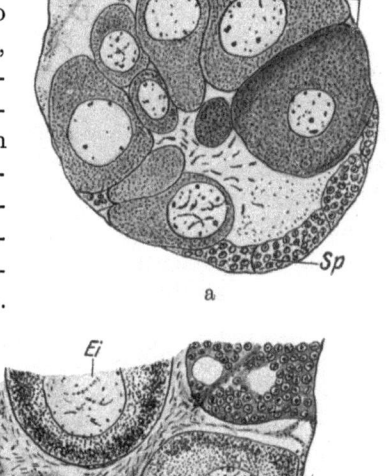

Abb. 42 a, b. Querschnitt durch einen Tubulus seminiferus eines normalen Krötenmännchens aus dem Juli mit großen Eizellen und Spermatogonienwucherungen, daneben sind noch reife Spermatozoen vorhanden. b aus einem anderen Schnitt stärker vergrößert. a Vergr.: Zeiss Ok. 4 Obj. A. b Vergr.: Zeiss Ok. 2, Obj. C. *Ei* Eizellen, *Sp* Spermatogonienwucherung, *Sz* Spermatozoen zum Teil in Degeneration, *Jz* Interstitium. (Original).

daß auch Oocyten in einem Hoden sich erhalten haben können, der sich aus einem Ovarium herausdifferenziert hat. Daß sich auch Eizellen aus Spermatogonien herausdifferenzieren, halte ich mit Witschi ebenfalls für wenig wahrscheinlich.

Der Befund bei Kröten (Abb. 42a, b) stimmt durchaus mit den Meynsschen Befunden 1910 überein. Die Meynsschen Untersuchungen, die unter meiner ständigen Kontrolle entstanden sind, und dessen Präparate ich in Besitz habe, beziehen sich auf regenerierende und transplantierte Hoden. In diesen entwickelten sich, genau wie bei meinem in freier Natur gefundenen Krötenfall, Eizellen innerhalb der Tubuli seminiferi. Ich halte es für sehr wohl möglich, daß Spermatogonien bei einem Regenerationsprozeß sich so weit zurückzudifferenzieren vermögen, daß sie zu Urkeimzellen werden und nun natürlich die Möglichkeit haben, sich auch zu Oocyten zu entwickeln; jedenfalls ist dieses die zwangloseste Annahme. Ich halte es für ausgeschlossen, daß die Eizellen von alten intakten Hoden eines Übergangszwitters stammen. Daß Lauche, der die Experimente von Meyns 1915 nachprüfte, in seinen Regeneraten nie Eizellen auffinden konnte, spricht nicht gegen die positiven Versuche. Witschi kommt zu dem Schluß, daß alle Versuche, Eizellen von Spermatogonien abzuleiten, auf Irrtümern beruhen, und daß das Keimepithel sich als einzige Bildungsstätte für die Eier erweist. Ich glaube nicht, daß Spermatogonien direkt Eizellen zu bilden vermögen, dagegen halte ich eine Rückdifferenzierung von Ursamenzellen zu Urkeimzellen für möglich, und solche können dann natürlich auch Eizellen bilden. Jedenfalls steht fest, daß sich bei Fröschen und Kröten Eizellen in Samenkanälchen zu bilden vermögen, neben reifen Spermatozoen, wie das mein Krötenbefund zeigt. Van Oordt fand 1922 im rechten Hoden einer *Rana fusca* ungefähr 100 Eier in den Hodenkanälchen. Eizellen gehen sicher, wie das Witschi sagt, nur aus den Keimepithelien hervor, das sagt aber nichts gegen unseren Befund, denn die Samenkanälchen sind auch von einem solchen Epithelium ausgekleidet.

In den Samenkanälchen und im Keimepithel des Ovariums haben wir nun noch zwei Zellelemente zu erwähnen, die als Sertolische oder Fußzellen im Hoden, als Follikelzellen im Ovarium bezeichnet werden.

Im Keimepithel des Ovariums vergrößert sich zunächst das Primordialei und wird, sobald es aus dem Verband des Keimepithels in die Tiefe des Stromas heruntergerückt, von Zellen umgeben, die ebenfalls aus dem Keimepithel stammen. Sie umhüllen das Ei mit dem sogenannten Follikelepithel (Abb. 43), das auch als Stratum granulosum bezeichnet wird. Das Follikelepithel dient in der Hauptsache dazu, die Ernährung des Eies zu übernehmen. Bei den Säugetieren (Abb. 44a, b) erfährt der Follikel noch eine besonders hohe Differenzierung, indem in ihm ein Hohlraum entsteht, der mit einer serösen Flüssigkeit, die als Liquor folliculi bezeichnet wird, angefüllt ist. Von außen her wird der Follikel noch von der Theca folliculi interna und externa umgeben, die beide bindegewebiger Natur sind. Das reife Ei wird

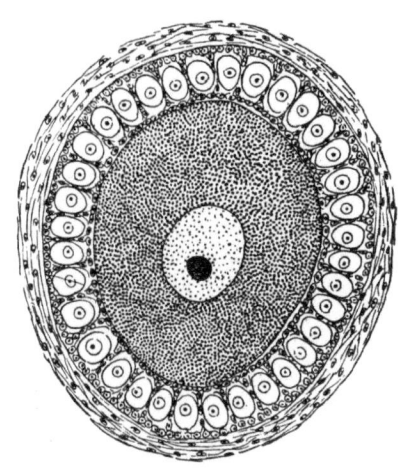

Abb. 43. Eierstocksei von *Lacerta agilis* mit mehrschichtigem Follikelepithel und umgebendem Bindegewebe. (Nach C. K. Hoffmann.)

bei den Vertebraten von dem Trichter der Eileiter oder den Müllerschen Gängen entweder direkt aufgenommen, oder es fällt

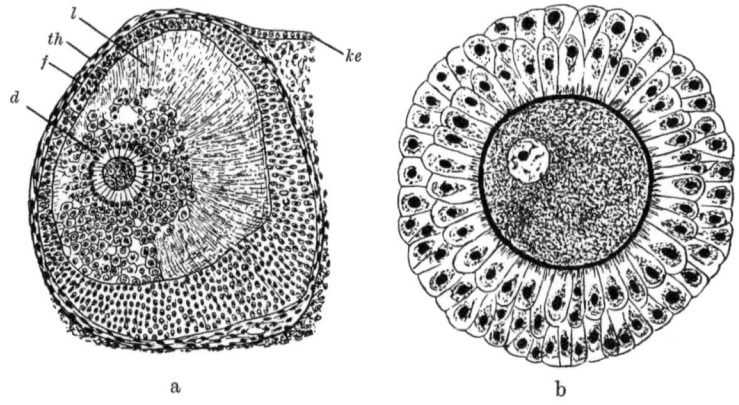

Abb. 44a, b. a Sprungreifer Follikel der Maus, b Eierstocksei mit Discus proligerus (*d*) und Zona pellucida. *l* Liquor folliculi, *f* Follikel, *th* Theca foll., *ke* Keimepithel. (Nach Sobotta.)

in die Leibeshöhle und gelangt von hier erst in den Trichter. Manchmal treten die Eier auch, wie z. B. bei den Fischen, durch

80 Soma und Keimzellen während der progressiven Periode des Tieres.

besondere kurze Kanäle in der Afterregion (Pori abdominalis) aus der Leibeshöhle direkt nach außen.

Die Follikel der Hoden zeigen andere Verhältnisse. Sie enthalten keine centralen Zellen und stellen echte Bläschen dar. Letztere bleiben aber nur den Cyclostomen und Selachiern erhalten (Abb. 39b). Gewöhnlich nehmen sie die Gestalt von ausgezogenen Säckchen oder Samenröhren (Tubuli seminiferie) an, die an einem Ende blind geschlossen sind und am anderen mit den flimmernden Kanälchen des Mesonephros in Verbindung treten. Die Epithelzellen der Samenröhren enthalten große, deutlich begrenzte Zellen mit großem, rundem Kern und daneben kleinere mit länglichen, chromatinreichen Kernen. Erstere sind die Spermatogonien, letztere die Cystenzellen. Bei niederen Vertebraten (Teleostiern, Selachiern, Amphibien [Abb. 45a—e]) umhüllen die Spermatocystenzellen die Spermatogonien und die darauffolgende Spermatocytengeneration vollständig. Wir haben dann eine sogenannte Spermatocyste vor uns, in ihr erfolgt die Umwandlung zu Spermatozoen, die sich nun so anordnen, daß sie sich mit ihren Köpfen nach einer besonders großen Cystenzelle mit großem Kern hinwenden. Diese Spermatocysten kommen in ganz ähnlicher Weise auch bei den Insecten vor.

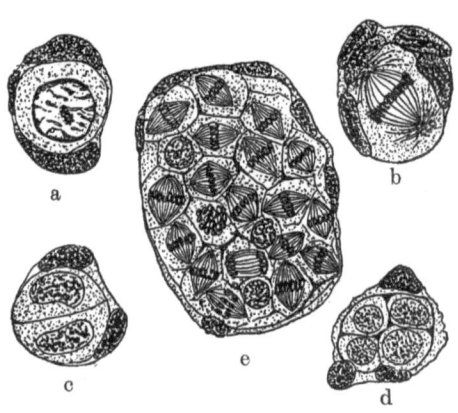

Abb. 45 a—e. Spermatogonien und Spermatocyten mit umgebendem „Follikel" oder „Cysten- („Nähr"-) Zellen" von *Tinca vulgaris* (a), *Scyllium catulus* (b) und *Bombinator igneus* c—e). (Nach Peter, Swaen und Masguelin, v. La Valette St. George.)

Bei den Amnioten unterbleibt die Bildung der Spermatocysten; die durch Teilung auseinander entstandenen Zellen werden hier zu bestimmten Komplexen zusammen gelagert und häufen sich schichtenweise an der Wand der nunmehrigen Hodenkanälchen an. In den Samenkanälchen der Säugetiere befinden sich kleinere Zellen mit runden, chromatinreichen Kernen, die Spermatogonien, und in bestimmten Zwischenräumen größere mit hellen Kernen versehene Zellen, die Sertolischen oder Fußzellen. Außer durch ihre Größe zeichnen sie sich gegenüber den Spermatogonien dadurch aus, daß sowohl der Kern wie auch die Zelle eine dreieckige Gestalt annehmen und sich zipfelförmig gegen das Lumen des Kanälchens ausziehen. Durch diesen Fortsatz treten sie als Nährzellen später in nahe Beziehung zu den in der Ausbildung begriffenen Samenzellen. Wie bei den niederen Wirbeltieren tauchen auch hier die Köpfe der Spermatozoen in das Protoplasma der Nährzelle ein, so kommt eine bündel- oder büschelförmige Anordnung der Spermatozoen zustande, indem mehrere zu einer Nährzelle in Beziehung treten. Mit der erlangten Reife lösen sich die Spermatozoen aus der Verbindung mit den Nährzellen und werden nun nach außen befördert. Während sonst die Hoden mit Teilen der Geschlechtsniere als Ausführungsgang verbunden werden, gelangen bei den Cyclostomen die Samenkörperchen ohne Ausführungsgang in die Leibeshöhle und von da durch den Geschlechtsporus nach außen.

Über die Ableitung der Sertolischen Zellen liegen neuere genauere Untersuchungen vor, auf die ich kurz eingehen will. Montgomery hat 1911 die Differenzierung der Sertolischen Zellen beim Menschen verfolgt, ebenso Winiwarter 1912. Sie leiten sie nicht von Urgeschlechtszellen sondern von Urspermatogonien her; letztere müssen, um zu Spermatogonien zu werden, sich noch zweimal direkt oder indirekt teilen. Jede Urspermatogonie enthält ein stäbchenförmiges Gebilde, das sich mit basischen Farbstoffen färbt. Es liegt außerhalb des Kernes (nach Winiwarter „cristalloide sertolien") und geht bei der ersten der beiden Teilungen nur in eine der beiden Tochterzellen über, bei der zweiten Teilung nur in eine der vier Enkelzellen. Diese eine Zelle wird nun zur Sertolischen, während die anderen Spermatogonien werden. Die Sertolische Zelle teilt sich nun nicht mehr, nur der Stab wird noch in zwei Teile zerlegt. Verbinden sich später die Spermatozoen mit der Sertolischen Zelle, so verschwindet der Stab.

Wir haben es also wohl mit ziemlicher Sicherheit mit Abkömmlingen der schon männlich differenzierten Urgeschlechtszellen in letzter Linie zu tun, die eine spezielle Differenzierungsrichtung eingeschlagen haben und zu Nährzellen wurden.

c) Bau der ausdifferenzierten Keimdrüse und die Reifungsvorgänge der Keimzellen.

Das Wesen der Fortpflanzung durch Keimzellen oder die geschlechtliche Fortpflanzung ist unabhängig von der geschlechtlichen Differenzierung. Das zeigt die Iso- und Autogamie bei Protozoen, das zeigt weiter die weitverbreitete Parthenogenese, die auch da, wo sie nicht normalerweise auftritt, experimentell hervorgerufen werden kann, selbst bei Wirbeltieren. Sie scheint sogar bei Säugetieren nicht unmöglich zu sein.

Im allgemeinen ist aber die geschlechtliche Fortpflanzung an die Differenzierung von zweierlei Keimzellen gebunden, der Eizellen, die potentiell für sich allein den physiologischen Ablauf der Fortpflanzung gewährleisten, und der Samenzellen, die weitgehend spezialisiert schon als Microgameten bei den Protozoen und als Samenzellen bei den Schwämmen auftreten und für sich allein nicht lebensfähig sind.

Früh macht sich dann bei den Metazoen die Tendenz bemerkbar, für die Bildung der Keimzellen, ihre Reifung, ihre Ausfuhr nach außen und für die Vereinigung des Eies und der Spermatozoen besondere Organe zu schaffen, die wir als Geschlechtsorgane ganz allgemein bezeichnen. Das Wesentliche an den Organen sind nun die Keimdrüsen, die Hoden und die Ovarien, deren Genese und damit auch deren Bau wir im vorigen Kapitel kennen gelernt hatten. Sie bestehen aus den männlichen bzw. weiblichen Keimzellen und den Somazellen, die das eigentliche Organ von den übrigen Teilen des Körpers abgrenzen und die Stätte für die Vermehrung, Reifung und den Abtransport der Keimzellen schaffen.

Die am wenigsten differenzierten Zellen sind die Eizellen, die im Gegensatz zu den Spermatozoen den Charakter einer typischen Zelle behalten haben. Ja, man kann sagen, der Prototyp aller Zellen ist die Eizelle. Alle Somazellen sind dagegen mehr oder weniger weitgehend einseitig differenziert.

Schon bei der Bildung der Geschlechtszellen sehen wir, daß sie eine eigene Geschichte haben und daß sie sich sehr früh durch die Keimbahn von den Somazellen absondern. Auch in der Keimdrüse oder Gonade bewahren sie nun ihre morphologische und physiologische Selbständigkeit. Nirgends ist bei Metazoen z. B.

ein Übergang von Somazellen in Keimzellen nachgewiesen worden. Während die Somazellen mit Ausnahme der Blutzellen und Neurone ein Syncytium bzw. ein Symplasma bilden, bleiben die Keimzellen stets isoliert.

Sehr eigenartig ist ihre Vermehrungs- und Reifungsweise, die zwar bei Eizelle und Spermazelle homolog ist, jedoch in wesentlichen Punkten recht verschieden verläuft.

1. **Lebensgeschichte der reifen Eizelle.** Die Besonderheiten der Lebensgeschichte der Geschlechtszellen, besonders klar die der Eizellen, beginnen mit einer Reihe von verwickelten Vorgängen im Kern. Die ersten weiblichen Geschlechtszellen, sogenannte Ureier oder Oogonien 1. Ordnung, sind beim Menschen z. B. schon in der 2. Embryonalwoche zu erkennen. Sie sind den Ursamenzellen so ähnlich, daß sie nur dadurch zu unterscheiden sind, daß sie sich in der typischen Eierstockanlage befinden. Die Oogenese erfolgt in drei Perioden: Vermehrungs-, Wachstums- und Reifungsperiode. In der Vermehrungsperiode teilen sich die Ureier mehrfach mitotisch, sodaß mehrere Generationen von Oogonien entstehen, die schließlich in einer einschichtigen Lage von Peritonealzellen bei Wirbeltieren liegen. Diese werden zu Follikelzellen. Die Eizelle wird jetzt als Primordialei bezeichnet. Die Bildung der Primordialfollikel beginnt beim Menschen während der letzten Embryonalmonate und soll schon im 3. Lebensjahr beendet sein, sodaß jetzt keine neuen Eizellen durch Teilung gebildet werden können.

Bevor die Wachstumsperiode der Eizelle beginnt, spielen sich am Kern eine Reihe verwickelter Vorgänge ab, die wir als synaptische Prozesse bezeichnen. Ist die letzte Oogonienteilung vollzogen, so beginnt das Chromatin sich zu einem dichten Knäuel aufzuwickeln. Darauf folgen Umwandlungen, die besonders deutlich im Bukettstadium hervortreten, indem die einzelnen Schleifen, in die sich nach der Synapsis der Chromatinfaden auflöst, nach einem Kernpol orientiert erscheinen (Abb. 46a—l). Am Schluß der synaptischen Vorgänge erscheint zum erstenmal die halbe reduzierte Zahl der Chromosomen in Tetradenform. Die definitive Reduktion der Chromosomen erfolgt allerdings erst bei den Reifeteilungen.

Die Wachstumsperiode der Primärfollikel beginnt schon, wenn wir das Beispiel des Menschen nehmen, während der letzten **Fötal-**

84 Soma und Keimzellen während der progressiven Periode des Tieres.

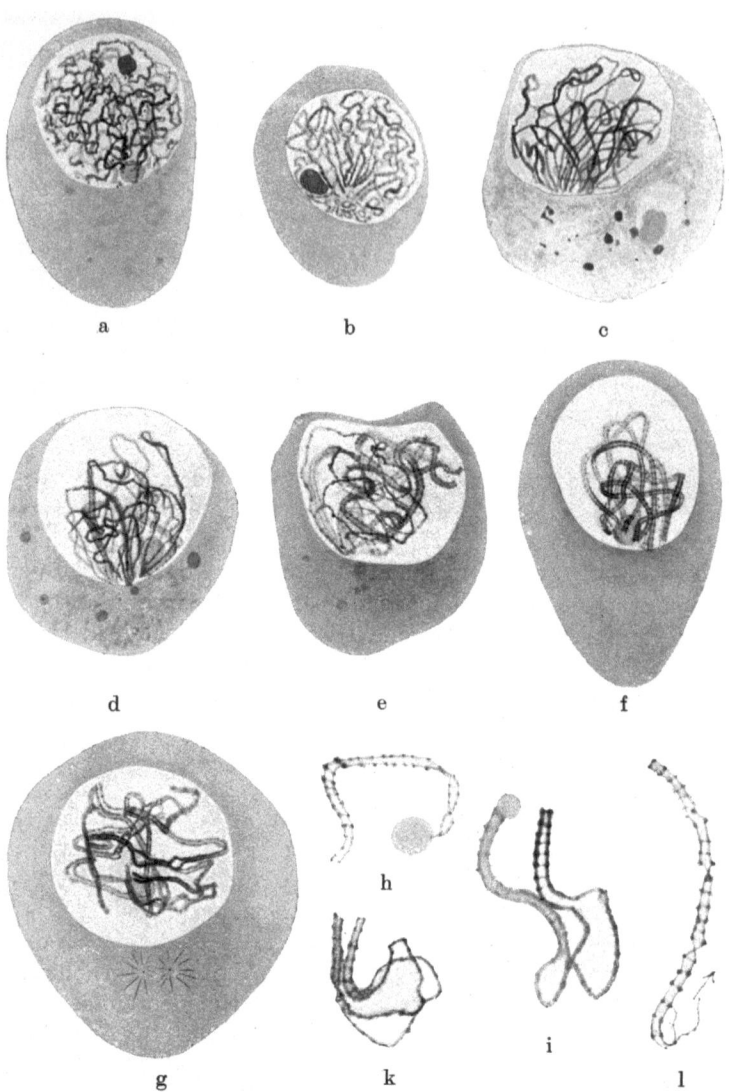

Abb. 46 a—l. Die synaptischen Phänomene in der Oogenese von Dendrocoelum. a, b Ausbildung der Chromosomen, c Anordnung zur Parallelconjugation, d, e die Conjugation, f, g Sichtbarwerden der bivalenten Chromosomen. Die Abb. h—l sind von Herrn Prof. v. Gelei freundlichst zur Verfügung gestellt, wofür ich herzlich danke. Sie sollen die Vorgänge in Abb. d, e, f eingehend erläutern. Abb. i zeigt in dem Chromosomenpaarling paarweise nur gleiche Körnchen, die nach v. Gelei den Beweis erbringen, daß die Chromosomen einen festgeregelten Aufbau aus ungleichen Teilen besitzen. (Nach v. Gelei.)

zeit. Die noch ruhenden Primordialeier folgen in den späteren Entwicklungsstadien und beim erwachsenen Weibe allmählich nach. Eine große Anzahl gehen schon als Primärfollikel zugrunde. Die Vergrößerung der Follikel betrifft sowohl das Primordialei, als auch die Follikelzelle. Das Ei teilt sich in dieser Periode nicht, es wächst dagegen durch reiche Aufnahme von Nahrungsmaterial in Form von Dotter zu einem sogenannten Vorei, Oocyte erster Ordnung, heran. Die Follikelzellen vermehren sich dagegen durch zahlreiche Mitosen. Die von diesen Zellen ursprünglich gebildete einschichtige, dünne Hülle wandelt sich dabei in eine mehrschichtige, dicke Hülle um. Dabei wandert der Primärfollikel vom Keimepithel aus in das Stroma hinein. Die Follikelschicht, die als Stratum granulosum bezeichnet wird, wird immer mächtiger, worauf eine halbmondförmige Hohlraumbildung mit einer Flüssigkeitssammlung auftritt, die zum Teil aus der Verflüssigung ganzer Zellen hervorgeht. So entsteht schließlich eine weite Höhlung mit dem Liquor folliculi, in welche eine das Ei umschließende Erhebung, der Cumulus ovigerus, hineinragt. Die das Ei unmittelbar umgebenden cylindrischen Zellen werden als Corona radiata bezeichnet. Sie bilden um das Ei herum eine glashelle Membran, das Oolemma oder die Zona pellucida. Das Ei ist jetzt von 45 μ auf 400 μ herangewachsen.

Der Follikel wird jetzt als Graafscher Follikel bezeichnet; er ist mit einer epithelialen Membrana granulosa umgeben, um die sich, wohl infolge des Wachstumsdruckes, eine bindegewebige Hülle, die Theca folliculi, bildet, die sich aus einer Glashaut, dem Stratum internum oder vasculosum, und dem mehr faserigen Stratum externum oder fibrosum zusammensetzt. Der reife Follikel, der einen Durchmesser von 1 cm erreichen kann, rückt jetzt wieder an die Oberfläche des Eierstockes und zwar so, daß der Eihügel der freien Oberfläche zugewendet wird.

Die Wachstumsperiode der Eizelle ist eine solche mit besonders intensiver physiologischer Tätigkeit, die sich morphologisch in proteusartigen Veränderungen im Kern und Plasma kundgibt. Besonders deutlich wird das bei den großen Amphibien- und Selachiereiern. Das geht außerordentlich klar aus den Abb. 20a—e hervor. Hier sind eine Reihe von Stadien der Wachstumsperiode vom Grottenolm wiedergegeben. Das Plasma ändert dauernd seine Struktur, wodurch morphologisch die chemischen Prozesse

86 Soma und Keimzellen während der progressiven Periode des Tieres.

zum Ausdruck kommen, die zur Ablagerung der Dottersubstanz und der organbildenden Substanzen führen. Hand in Hand damit gehen auch Veränderungen und Umwandlungen innerhalb des Kernes vor sich, die außerordentlich verwickelt sind. Nach Jörgensen treten bei *Proteus* schon im Bukettstadium geformte Chromatinbestandteile aus dem Kern aus (Abb. 47a—c), um sich von ihm zu isolieren und an der Bildung des Dotterkernes teilzunehmen. Ähnliches ist bei den verschiedensten Formen wie Trematoden, niederen Krebsen usw. beobachtet worden. Von dem Dotterkern

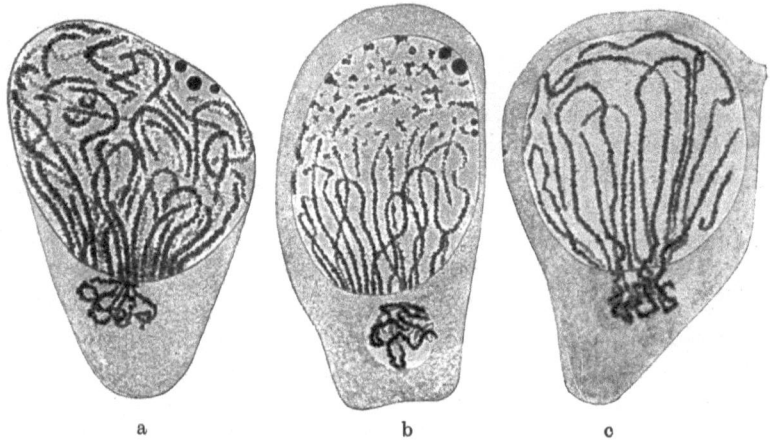

Abb. 47 a—c. Chromatinabscheidung aus dem Keimbläschen der jungen Oocyte von *Proteus anguineus*. (Nach Jörgensen.)

lösen sich kleinere oder größere Teile ab, welche sich direkt oder indirekt an der Ausbildung des Eies beteiligen. Auf diese Weise scheinen die verschiedenen Zentren für die organbildenden Stoffe oder Harmenzyme sich schon in der jungen Eizelle zu formieren. Bei allen Vorgängen in der wachsenden Eizelle beobachten wir ein deutlich ausgeprägtes Wechselspiel zwischen Kern und Cytoplasma. Die Chromosomen wachsen ins Riesengroße und verteilen sich in den mannigfachsten Figuren im Kernraum. Wie das bei Selachiereiern deutlich hervortritt (Abb. 48a—h), treten auch eine Reihe von Nucleolen im Kern auf, die wieder verschwinden und anderen Platz machen. Auch die sonstigen Kernstrukturen ändern sich dauernd, so daß auf eine intensive Tätigkeit des

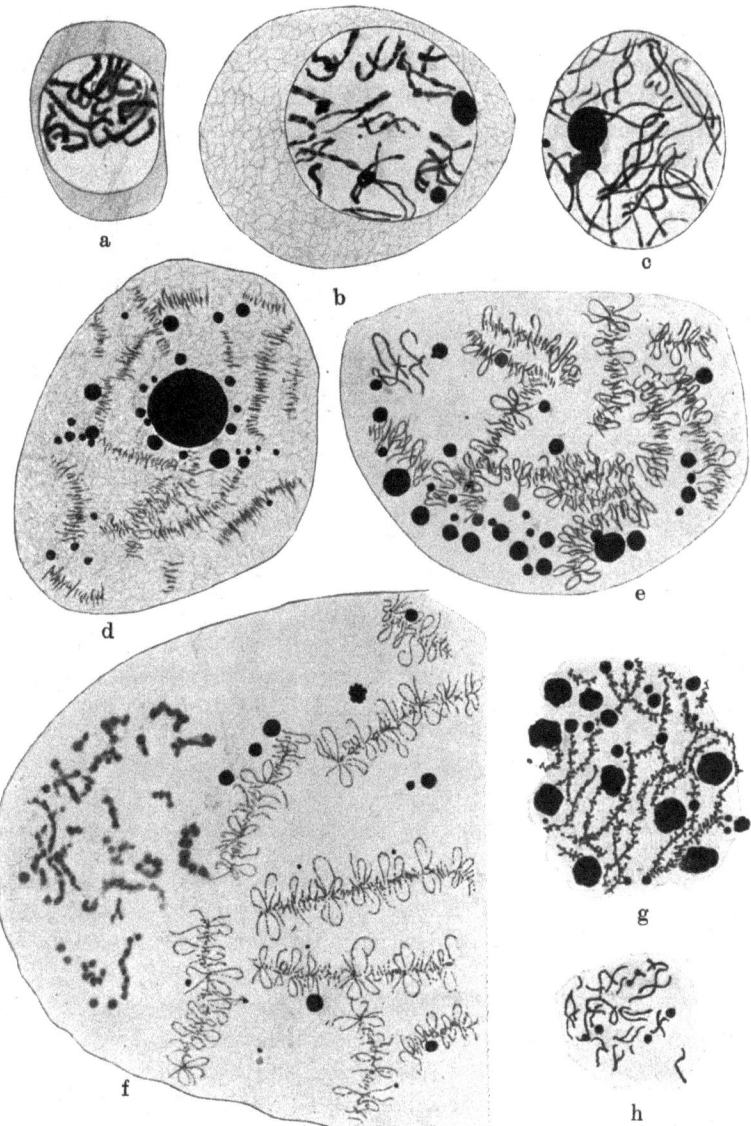

Abb. 48a—h. Chromosomen und Nucleolen des wachsenden Selachiereies. a pachytänes Bukettstadium. b—f Entfaltung der Bürstenchromosomen. g, h Verkleinerung der Chromosomen vor der 1. Reifeteilung. (Nach Maréchal aus Buchner.)

Kernes geschlossen werden kann. Hat das Wachstum sein Ende erreicht, so beginnen mit den jetzt einsetzenden Reifeteilungen die Chromosomen sichtbar zu werden. Sie machen jetzt nur einen winzigen Bruchteil des Volumens derjenigen aus, die während der Wachstumsperiode sichtbar waren (Abb. 48a—h). Beginnt dann die Reifeteilung, so geht der ganze riesenhafte Kern bis auf die winzigen Chromosomen zugrunde.

Die Reifungsperiode ist durch zwei kurz aufeinander folgende eigenartige Mitosen, die sogenannten Reifeteilungen, charakterisiert. Beim menschlichen Ei finden nach Thomson (1919) die

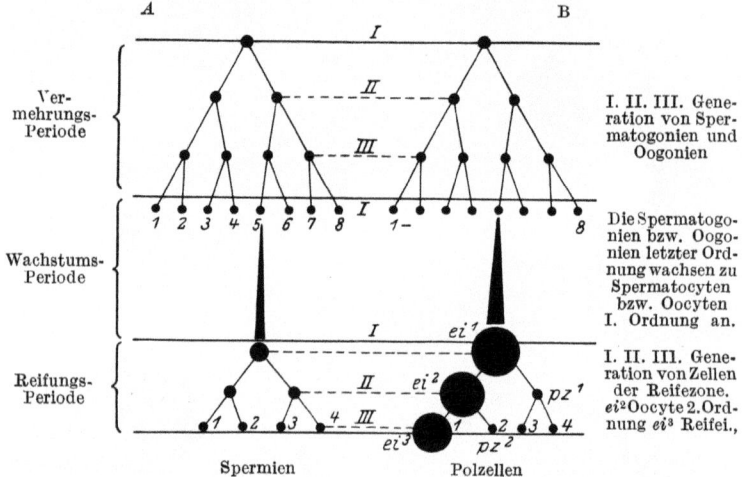

Abb. 49. Schema der männlichen und weiblichen Reifeteilungen nach Broman.

beiden Reifungsteilungen schon im Eierstock statt und zwar dann, wenn das Ei noch im Cumulus ovigerus eingebettet liegt. Bei anderen Säugetieren, z. B. der Maus, ist dies nur bei der ersten Reifeteilung der Fall.

Durch die Reifungsteilung wird die Chromosomenzahl auf die Hälfte reduziert, nachdem schon vorher in der Zahl der Tetraden die halbe Zahl erreicht war. Diese Reifungsteilungen sind denen der männlichen Geschlechtszellen homolog, wie das Abb. 49 zeigt.

Der Unterschied ist nur der, daß beim männlichen Geschlecht vier gleichwertige Zellen die Spermien bilden, während bei der Eireifung eine funktionierende Eizelle und drei Richtungskörperchen, die als rudimentäre Eizellen aufzufassen sind, resultieren.

Die Oocyte erster Ordnung schnürt zunächst den ersten Richtungskörper oder die erste Polzelle ab. Sie wird damit zur Oocyte zweiter Ordnung. Damit verlieren diese beiden Zellen mit ihrem umschließenden Cumulus ovigerus die celluläre Verbindung mit der Follikelwand und schwimmen jetzt frei in der Follikelflüssigkeit umher. Die Flüssigkeit vermehrt sich jetzt stark, so daß an der Peripherie des Eierstockes der Follikel platzt und die Follikelflüssigkeit mit der Eimutterzelle in die Peritonealhöhle gelangt. Von hier aus wird die Eimutterzelle in die Tube hineingesogen. Hier findet nun bei der Maus und der Fledermaus die letzte Reifeteilung statt, wobei die Eimutterzelle noch eine zweite Polzelle und die erste Polzelle noch eine zweite Tochterzelle abschnürt. Damit ist das befruchtungsfähige reife Ei erreicht. Dieses kann sich in der Regel nur dadurch lebensfähig erhalten, daß es von einem Spermium befruchtet wird. Geschieht das nicht, so geht es in längstens einer Woche zugrunde.

Das Platzen reifer Sekundärfollikel findet normalerweise erst zur Zeit der Pubertät bei Wirbeltieren statt, beim Menschen sollen nach Runge (1906) schon bei reifen Embryonen regelmäßig Sekundärfollikel entwickelt werden, die aber nicht zur Reife gelangen. Nach der Entleerung des Follikels füllt sich die Höhle zunächst zum größten Teil mit einem Blutcoagulum (Corpus rubrum). Bald vermehren sich dann die Wandgranulosazellen des Follikels, sie füllen allmählich die Höhlung aus und resorbieren das Blut. Sie bilden die Luteinzellen, indem in ihrem Protoplasma Fett und gelbes Pigment erscheinen, das Corpus rubrum wird so zu einem Corpus luteum. Die Anteilnahme von Theca-Luteinzellen am Corpus luteum kann nach neuesten Forschungen nicht mehr aufrecht erhalten werden. Wohl wachsen aus der Theca folliculi Bindegewebszüge zwischen die Luteinzellen hinein, um so dem Corpus luteum Blutgefäße zuzuführen, aber sie nehmen selbst nicht am Corpus luteum teil. Tritt keine Befruchtung ein, so wächst das Corpus luteum nicht zur vollen Größe heran (Corpus luteum spurium s. menstruationis) und verschwindet in wenigen Wochen fast spurlos, indem es durch Bindegewebe ersetzt wird. Tritt dagegen Schwangerschaft ein, so wächst das Corpus luteum zu einem Umfang heran, welcher denjenigen des reifen Sekundärfollikels bedeutend überschreitet. Ein solches Corpus luteum verum kann noch nach Jahren durch eine deutliche Narbe an der

Oberfläche des Ovariums in seiner früheren Lage erkannt werden. Zugrunde gehende Corpora lutea werden durch gefäßarmes Bindegewebe ersetzt und erscheinen im Schnitt als weißglänzende Körper (Corpora albicantia). Echte Corpora lutea kommen nur bei Säugetieren vor, jedoch sind auch bei Reptilien und Vögeln die ersten Anfänge einer Corpus luteum-Bildung schon vorhanden.

Nur verhältnismäßig wenige Sekundärfollikel erreichen das Reifestadium, die Mehrzahl verfällt der Rückbildung innerhalb des Eierstockes, und zwar kann diese Rückbildung auf jedem Entwicklungsstadium der Eizelle einsetzen; so können schon Ureier durch Pyknose und Karyolyse zugrunde gehen. Fallen nahezu sprungreife Follikel der Rückbildung anheim, so spricht man von Atresie. Häggström zählte bei einer 22jährigen Frau in beiden Ovarien 12 000 atretische Follikel. Meist gehen die atretischen Follikel zugrunde, ohne daß die Granulosazellen sich erhalten. Der ganze Follikel wird dann von der ganzen ihn umgebenden Theca durchwachsen und schließlich resorbiert.

Bei Nagern und Raubtieren jedoch, gelegentlich auch beim Menschen, wuchern die Zellen der Theca interna und nehmen ein epitheloides Aussehen an, sodaß dann solche atretischen Follikel zur Verwechslung mit gelben Körpern Veranlassung gegeben haben. Man bezeichnet sie als Corpora lutea atretica.

Beim Menschen und einigen darauf untersuchten Säugetieren hört die Vermehrung bald nach der Geburt, beim Menschen etwa im 3. Lebensjahr, auf. Bei einem 3jährigen Mädchen sollen nach Sappey (1876) in beiden Ovarien mehr als 800 000 Eizellen vorhanden sein. Bei einem 18jährigen Mädchen findet man nach Henle in beiden Ovarien höchstens etwa 70 000. Häggström dagegen hat neuestens noch 400 000 Follikel in den Ovarien einer 22jährigen Frau gezählt. Bei einer 50jährigen Frau dagegen sind nach Waldeyer keine Eier mehr zu finden. Da bei einer Frau höchstens 300—500 Eizellen innerhalb des individuellen Lebens normal reif werden und das Ovarium verlassen, so ist ein gewaltiger physiologischer Verbrauch von Keimzellen zu konstatieren. Die Bedeutung dieser Erscheinung wird an anderer Stelle in Hinblick auf die Bedeutung der Ovarien für die sekundären Geschlechtsmerkmale noch weiter gewürdigt werden.

2. Lebensgeschichte des reifen Spermatozoons. Die Samenzellen oder Spermatozoen sind weitgehend veränderte Geschlechtszellen, deren Differenzierung in Anpassung an die aktive Fortbewegung zustande gekommen ist. Auch die Eizelle mancher Poriferen hat noch die Fähigkeit sich fortzubewegen, wie auch manche Ureier, aber diese erfolgt durch amöboide Bewegung, die als die primitive im Tierreich anzusehen ist. Die Spermatozoen dagegen, mit denen die Microgameten der Protozoen verglichen werden können, bewegen sich durch meist eine oder zuweilen mehrere Geißeln (Turbellarien, viele Arthropoden) und werden dadurch zu einseitig angepaßten Bewegungszellen. Trotzdem sind in ihnen alle wesentlichen Anteile einer Keimzelle enthalten. Die Bildung oder die Spermatogenese wird dadurch viel komplizierter als die der Eizellen; sie vollzieht sich aber bei allen Tierstämmen nach demselben Schema. Entsprechend den Ureiern oder Oogonien haben wir beim männlichen Geschlecht Ursamenzellen als zellige Vorfahren der Spermatiden oder Spermiden. Dieser Entwicklungsgang wird als Spermatocytogenese bezeichnet. Die funktionelle Differenzierung erfolgt in der Spermatohistogenese, wobei die Spermatiden, die noch den Charakter typischer Zellen haben, in die fadenförmigen, beweglichen Spermien umgewandelt werden.

Die Spermiocytogenese umfaßt wie die Oogenese Vermehrungs-, Wachstums- und Reifungsperiode (s. Schema nach Broman [Abb. 49]). Die Keimstränge der jungen Wirbeltierhodenanlagen, die sich aus zahlreichen kleineren, undifferenzierten Keimepithelzellen (Stütz- und Follikelzellen) und den großen Ursamenzellen zusammensetzen, bilden sich bei Säugern schon während der Embryonalzeit zu den Tubuli seminiferi contorti des Hodens aus. Erst kurz vor der Pubertät entstehen aus den Ursamenzellen die Spermatogonien. Diese sind etwas kleiner als die Ursamenzellen, aus denen sie durch Teilung hervorgegangen sind. Sie zeichnen sich ihnen gegenüber durch helleres Protoplasma aus und liegen zu äußerst an der Wandschicht der Kanälchen, eingedrückt in die Fußplatten der Sertolischen Zellen (Abb. 50), die den Follikelzellen des Ovars homolog sind. Sie teilen sich mitotisch (Vermehrungsperiode), wobei eines ihrer Teilungsprodukte nach innen rückt und zu einer großen Randzelle, Spermatocyte 1. Ordnung, heranwächst (Wachstumsperiode). Die Spermatocyte 1. Ordnung tritt in das Synapsisstadium ein, woraus die Tetraden resultieren, deren Zahl halb so groß ist wie in den Normalzellen die der Chromosomen. Nun beginnen die Reifungsteilungen, indem die Spermato-

92 Soma und Keimzellen während der progressiven Periode des Tieres.

cyten 1. Ordnung an Größe zunehmen und sich mitotisch teilen unter Halbierung der Tetraden (1. Reifestadium). Jetzt haben wir die Spermatocyten 2. Ordnung oder die Präspermatiden, die sich wieder teilen und die Spermatiden liefern, die nur die halbe Chromosomenzahl, das Genom haben (2. Reifungsteilung). Es entstehen also aus jeder Spermatocyte 1. Ordnung vier Spermatiden (siehe Schema Abb. 49). Die Spermatiden erleiden nun eine sehr komplizierte Umwandlung bei der Bildung der Spermien (Spermatohistogenese). Eine junge Spermatide (Abb. 51) hat

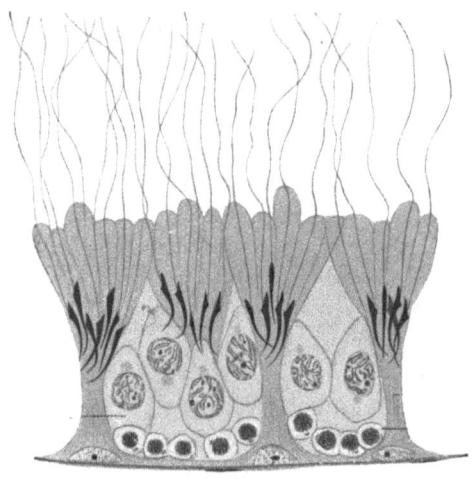

Abb. 50. Verbindung der Spermatiden mit den Fußzellen. Schnitt durch die Wandung der Samenkanälchen der Ratte. Drei Fußzellen mit Spermatiden. (Nach von Lenhossék, 1898. Um die Hälfte verkleinert.)

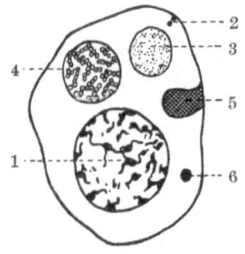

Abb. 51. Bestandteile der jungen Spermatide. 1 Kern, 2 Zentralkörper oder Zentriolen, 3 Idiozom, 4 Mitochondrienkörper (Nebenkern), 5 Chromatoider Nebenkörper, 6 Spindelrestkörper. (Nach Meves, Struktur und Histogenese der Samenkörper. Zeitschr. f. d. ges. Anat., Abt. 3: Ergebn. d. Anat. u. Entwicklungsgesch. 11, 458, Abb. 9. 1902.)

unmittelbar nach ihrer Entstehung eine kugelige Gestalt. Ihre wesentlichen Bestandteile sind 1. ein großer Kern, aus dem stets der Kopf des Spermatozoons hervorgeht; 2. Centralkörper oder Centriolen. Sie liegen dicht unter der Zelloberfläche und sind so angeordnet, daß ihre Verbindungslinie senkrecht zur Zelloberfläche steht. Die Centralkörper liefern die tingiblen Körnchen, welche sich an dem vorderen (Endknöpfchen) und am hinteren Ende des Halsstückes vorfinden, sowie auch die Schlußscheibe des Verbindungsstückes. Aus dem distalen Centralkörperchen wächst der Achsenfaden hervor. Das proximale Centralkörperchen tritt erst sekundär mit dem hinteren Kernpol in Verbindung. Bei der Befruchtung liefern die Centralkörper allein den kinetischen Apparat für die mitotische Teilung, worin manche Autoren ein wesentliches Moment für die Notwendigkeit der Befruchtung sehen.

Das Idiozom (Archiplasma, Sphäre) stellt einen rundlichen, schwer färbbaren Klumpen dar, der schon in den Spermatogonien vorkommt und hier den Centralkörper als Hülle umgibt. Aus ihm gehen die Perforatorien bzw. die ganze Kopfkappe der Spermatozoen hervor.

Die Plastosomen (Mitochondrien) sind fein spezialisierte, farblose Körnchen, welche die Neigung haben, sich zu Fäden aneinander zu lagern. Sie spielen eine wichtige Rolle bei der Aktivierung der Entwicklungsvorgänge.

Das Chromatoid (Nebenkörper) ist nicht konstant. Es besteht vielleicht aus Nucleolarsubstanz.

Erwähnt möge noch werden der

Nebenkörper oder Spindelkörper. Beide sind für die Spermatohistogenese bedeutungslos (s. Abb. 51).

Bei der Bildung des Spermiums aus der Spermatide unterscheidet Meves drei Perioden. Die erste bis zum Auftreten der Schwanzmanschette (Schwanzkappe), die zweite bis zum beginnenden Schwund dieses Gebildes und die dritte bis zur Abschnürung des größten zum Aufbau des Spermiums nicht verwendeten Teiles der Zellsubstanz der Spermatide. In der ersten Periode wandelt sich zuerst das Idiozom um, indem in seinem Inneren ein großes färbbares Acrosom entsteht (Abb. 52a—d), das innerhalb eines großen Bläschens, welchem ein halbmondförmiger Rest von Idiozomsubstanz anliegt, sich bildet. Bläschen und Acrosom lagern sich dem Kern an. Das Bläschen, welches den spitzen Körper umgibt, wird zur Kopfkappe. Der Rest des Idiozoms gleitet nach hinten und geht zugrunde (Abb. 52 d).

Gleichzeitig ändern sich auch die an der Zelloberfläche gelegenen Centralkörperchen. Das distale Körperchen wächst in den langen Achsenfaden der Geißel aus; das proximale lagert sich beim Menschen dem Kern an und wächst senkrecht zum Achsenfaden zu einem Stäbchen aus, das sich mit dem Kern verbindet

94 Soma und Keimzellen während der progressiven Periode des Tieres.

(Abb. 53 a—d). Auch das distale Centralkörperchen rückt gleichfalls gegen den Kern und verdickt sich zu einem stumpfkegelförmigen Gebilde, dessen Spitze sich mit dem proximalen Centralkörper verbindet.

Der Kern wandelt sich in den Spermienkopf um, indem er eine exzentrische Lage annimmt, sich abplattet, in die Länge streckt und aus der Zelle heraustritt, soweit er von der Kopfplatte bedeckt wird. Der Kerninhalt wird immer dichter und homogener.

Zu Anfang der zweiten Periode bildet sich die Schwanzmanschette. Ihre erste Anlage besteht aus einem System feiner Fäden, welche an der Oberfläche des Kernes im Kreis um den Ursprung des Achsenfadens herum entspringen und sich schräg nach hinten hinziehen. Die Fäden schließen sich zu einer zarten Membran zusammen, die als dünnwandige, hinten offene Röhre den hinteren Teil des Kernes und das Anfangsstück des Schwanzfadens umgibt.

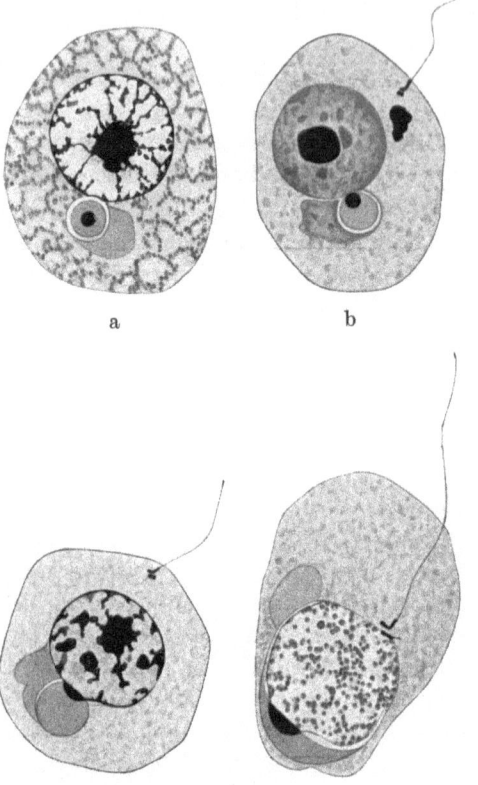

Abb. 52 a—d. Umbildung des Idiozoms zur Kopfkappe. (Nach Meves.)

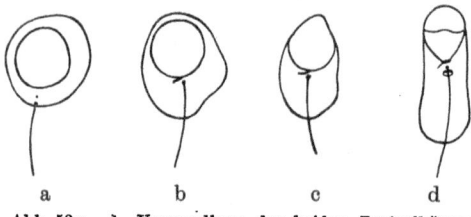

Abb. 53 a—d. Umwandlung der beiden Zentralkörper der Spermatide. (Nach Meves.)

Bau der Keimdrüse und die Reifungsvorgänge der Keimzellen. 95

In der dritten Periode geht die Schwanzmanschette bis auf mehrere Fäden zugrunde und auch der Idiozomrest schwindet jetzt.

Der aus dem distalen Centralkörper hervorgegangene Ring rückt bis an das hintere Ende des späteren Verbindungsstückes, um hier die Schlußscheibe zu bilden. Die Chondriosomen lagern sich nunmehr im Bereich des Verbindungsstückes um den Achsenfaden herum und verschmelzen miteinander zu dem Spiralfaden, zwischen dessen Windungen eine Zwischensubstanz entsteht (Abb. 54a, b). Der Kopf nimmt gegen Ende der dritten Periode die definitive Form an. Der Entwicklungsprozeß findet seinen Abschluß im Hoden dadurch, daß die Cytoplasmamasse sich vom Spermium in Gestalt eines sackförmigen Ballons abschnürt.

Bei der Umwandlung der Spermatiden tritt in den Samenkanälchen eine bestimmte Orientierung und regelmäßige Zusammenlagerung der Elemente ein. Bei den Amphibien spielt

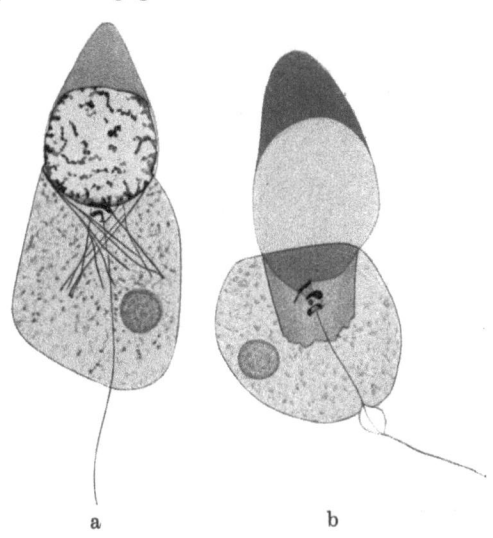

Abb. 54a, b. Bildung der Schwanzmanschette. Meerschweinchen. (Nach Meves.)

sich die Spermatogenese in einer Cystenhülle ab, die aus Follikelzellen besteht. Die Spermatiden lagern sich in einzelliger Schicht an und rücken in dem Maße wie die Schwanzfäden sich bilden an der Stelle zusammen, wo die Follikelhülle der Kanälchenwand anliegt. Bei den Säugetieren lagern sich die Spermatiden zu Bündeln zusammen und dringen gegen den Zellkörper der Fußzellen vor (Abb. 50). Diese sind langgestreckte Zellelemente, deren Protoplasma sich durch besonderen Reichtum an Fettkörnchen auszeichnet. Die jungen Spermien lösen sich aus dem Verband der Sertolischen Zellen und können so monatelang im Hoden, Nebenhoden und Samenleiter verweilen, ohne ihre Be-

96 Soma und Keimzellen während der progressiven Periode des Tieres.

fruchtungsfähigkeit zu verlieren. In männlichen Leichen findet man noch am dritten Tage nach dem Tode bewegliche Spermien. Im Brutschrank können sie über 8 Tage lebend erhalten werden. Die Form der reifen Spermatozoen ist in der Tierwelt außerordentlich verschieden, jedoch kehren die Hauptteile, Kopf, Mittelstück und Schwanz immer wieder (Abb. 55a, b).

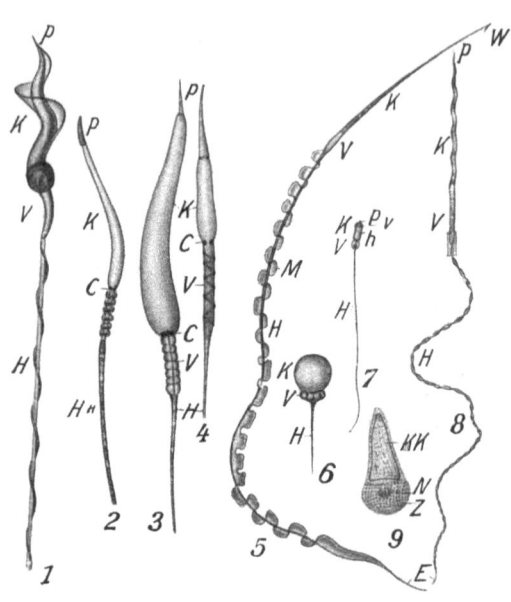

Eine besondere Bedeutung für die Funktionsfähigkeit hat dann noch der Nebenhoden, wie das neuere Untersuchungen von Braus und Redenz ergeben haben.

Der Nebenhodenkanal hat eine beträchtliche Länge. Denkt man sich beim Menschen die Kanälchen, welche aus dem Hoden austreten, entwirrt, in die Länge gestreckt und aneinandergereiht, ebenso den Ductus epididymidis ausgebreitet und gestreckt, so resultiert in den Präpa-

Abb. 55a. Vorderteile von Spermien und ganze Spermien von niederen Wirbeltieren und *Ascaris* 1 Fink; 2 Haushahn; 3 Schildkröte; 4 *Chamaeleon*; 5 *Triton marmoratus*; 6 Aalmutter (*Zoarces*, Knochenfisch); 7 Stör; 8 Rochen (*Raja*) und 9 Spermien vom Pferdespulwurm (*Ascars megalocephala*). (1—4 und 6 nach G. Retzius, 5, 7, 8 nach Ballowitz, 9 nach Van Beneden.) KK Krystallkegel; M Wellemembran mit Randfaden; N Kern; W Widerhaken; Z Protoplasmakörper; die übrigen Bezeichnungen wie in Abb. 55b. Die Abb. 5, 7, 8 schwächer vergrößert. (Nach Schaffer.)

raten von Braus und Redenz eine Gesamtlänge von 4 m, nach früheren Untersuchern von 5 m (der Ductus epididymidis allein mißt in den Präparaten 3 m). Alle reifen Samenfäden müssen diesen Kanal durchwandern. Die Natur hat hier eine Form gefunden, bei welcher die Berührungsfläche sich dauernd vergrößert, weil die Samenfäden gezwungen sind, einen feinen Kanal von 0,3 bis ansteigend 0,5 mm Lichtung zu passieren, in welchem

Bau der Keimdrüse und die Reifungsvorgänge der Keimzellen. 97

außerdem noch Stereocilien reusenartig hineinragen, so daß auf dem Wege von mehreren Metern Länge wohl kein Samenfaden ohne innigste Berührung mit dem Epithel des Nebenhodens und dessen Sekret bleibt.

Um die Wirkung der für die Spermienbewegung günstigen Stoffe kennen zu lernen, stellten Braus-Redenz fest, daß alle alkalischen Lösungen belebend auf die Spermien wirken, und zwar ist $p_H = 8{,}5$ die optimale Konzentration für die Bewegung; Spuren von Säuren töten die Spermien und heben daher die Beweglichkeit endgültig auf.

Im Hoden selbst sind nun die Spermien noch unbeweglich. Sie haben zwar in den Samenkanälchen bereits ihre volle Beweglichkeit, wie Posner beobachtete, ohne aber dieser Beobachtung weiteren Wert beizulegen aber diese Beweglichkeit ist in situ nur virtuell vorhanden.

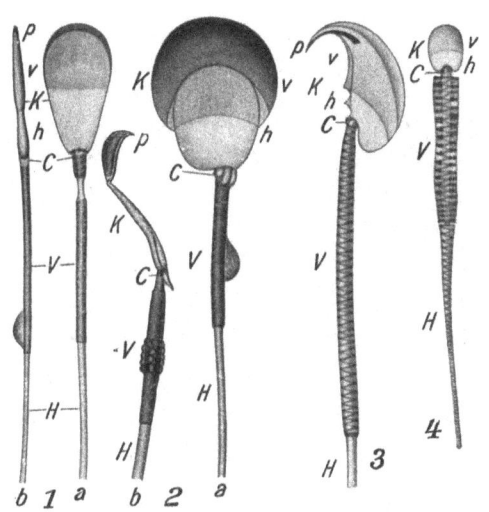

Abb. 55b. Vorderteile von Spermien verschiedener Säugetiere nach G. Retzius. 1 Stier: a Flächen-, b Profilansicht. 2 Meerschweinchen: a Flächen-, b Profilansicht. 3 Maus. 4 Fledermaus (*Vesperugo*): *C* Hals, *H* Hinterstück; *K* Kopf; *V* Verbindungsstück; *h* Hinterstück; *p* Perforatorium; *v* Vorderstück. (Nach Schaffer.)

Sie bleibt latent, bis das Sekret des Rete testis und ganz besonders das Sekret des Nebenhodens hinzukommt. Letzteres hat im Nebenhodenschweif eine für die Auslösung der im Hoden latenten Beweglichkeit optimale H-Ionenkonzentration. Indem sich nun die Spermien im Nebenhodenschweif als einem Sammelrohr in großen Mengen anhäufen, kommen sie zum Stillstand, denn die CO_2-Konzentration nimmt so zu, daß sie in ihrer Beweglichkeit gehemmt werden. Gefäße, welche den Nebenhodengang innigst umspinnen oder Epithelfalten mit eingelagerten Gefäßen, welche z. B. beim Pferd zottenartig in die Lichtung vorspringen, verhindern, daß die Spermien durch zu starke CO_2-Konzentration absterben, denn sofort setzt erhöhte Blutzufuhr durch Erweiterung der Gefäße ein, sowie die gefahrdrohende Konzentrationsgrenze heranrückt. Die Spermien wandern zwar durch eigene Kraft aus dem Hoden gegen den Ductus deferens zu, verbrauchen aber nicht unnötige Energie, sondern werden still gestellt bis zu dem Moment der Ejaculation, in welchem das distale Ende des Nebenhodens entleert wird. Im Nebenhoden werden nun die Spermien mit einer Sekrethülle umgeben.

In dem Vorhandensein dieser Hülle liegt zugleich die Klärung der Bedeutung des Nebenhodensekretes für den Vorgang der Zeugung: Da die weibliche Scheide sauer reagiert, so werden die Spermien durch ihre Hülle gegen die Wirkung der Säure bei der Passage durch das uterine Ende der Scheide geschützt und können so ungeschädigt den Zugang zum Cervicalkanal finden. Das Nebenhodensekret ist eine Pufferungsflüssigkeit, deren Pufferungsgrenze gewährleistet, daß die H-Ionenkonzentration das Leben der Spermien nicht gefährdet, wohl aber so gelegen ist, daß noch die Abwehrreaktion innerhalb des männlichen Organismus durch vermehrte Durchblutung ausgelöst werden kann (Braus und Redenz 1924).

III. Entwicklung, Bau und Funktion der somatischen Elemente in den Keimdrüsen.

a) Vorkommen und Bau der Zwischenzellen.

Besondere Aufmerksamkeit müssen wir jetzt noch den interstitiellen Zellen des Hodens und Ovariums zuwenden, weil sie als Pubertätsdrüse (Steinach) viel erörtert wurden. Die sogenannte Zwischensubstanz des Säugetierhodens wurde 1850 von Leydig entdeckt und mit folgenden Worten charakterisiert: „... die, wenn sie nur in geringer Menge vorhanden ist, dem Laufe der Blutgefäße folgt; die Samenkanälchen allenthalben einbettet, wenn sie an Masse sehr zugenommen hat."

In der männlichen sowohl wie in der weiblichen Keimdrüse sind die Geschlechtszellen die ausschlaggebenden Elemente. Sie allein dienen der Fortpflanzung; alle anderen Elemente, die wir noch in den Keimdrüsen antreffen, wie z. B. Nährzellen, Follikelzellen und Zwischenzellen, sind nur als Hilfszellen zur Aufrechterhaltung der Bildung der Keimzellen und des Geschlechtscyclus aufzufassen. Namentlich die Zwischenzellen sind durch die Untersuchungen von Steinach und seiner Schule zu einer Bedeutung gelangt, die man diesen wenig hervortretenden Gebilden gar nicht zutrauen sollte.

Es ist daher nötig, den Bau und ihre Entwicklung etwas ausführlicher darzulegen. Schon Leydig betont als wichtigste Eigen-

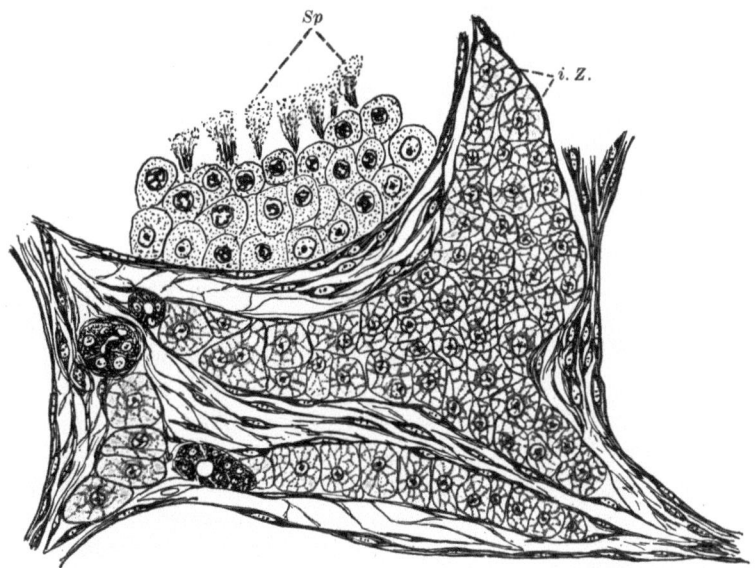

Abb. 56a. Interstitium aus dem Hoden der Katze. *i. Z.* Interstitielle Zellen, *Sp* Spermatozoen. (Original.)

schaft der Zwischenzellen die Einlagerung von Fettkörnchen und die Tatsache, daß es sich um syncytiale Bildungen handelt, in denen sich die einzelnen Zellelemente nicht immer deutlich abgrenzen lassen. Sie zeigen große Übereinstimmung mit den Zellen der Nebennierenrinde. Die Zwischenzellen oder Leydigschen Zellen kommen sowohl im Hoden wie im Ovarium vor, jedoch wechselt die Menge ihres Vorkommens außerordentlich. Wir werden im folgenden die Bezeichnung Leydigsche Zellen oder Zwischenzellen beibehalten, denn die neuerdings dafür geprägten Namen: glande interstitielle oder interstitielle Drüse (Bouin und Ancel

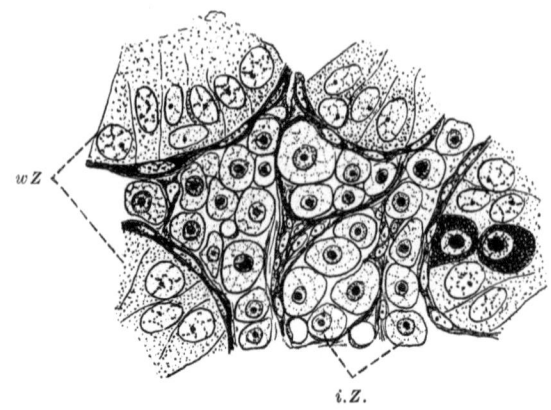

Abb. 56b. Zwischengewebe des Maulwurfes im ruhenden Hoden im Herbst. *wZ* Keimepithel, *i.Z.* Zwischenzellen. (Nach Harms.)

1903) und Pubertätsdrüse (Steinach 1912) schließen eine funktionelle Bedeutung ein, die zum mindesten noch sehr zweifelhaft ist.

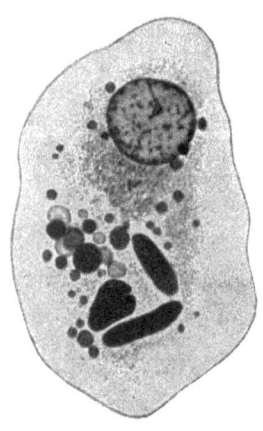

Abb. 57a. Menschlicher Hoden von 25 Jahren. Interstitielle Zelle mit Idiozomen, Chromosomen, Fett und Kristalloide. (Nach Winiwarter.)

Am einfachsten lassen sich noch die Verhältnisse des Hodens darstellen, wo die interstitiellen oder Leydigschen Zwischenzellen mächtig ausgebildete Zellkomplexe bilden, die zwischen den Tubuli seminiferi liegen. Die Zwischenzellen sind in Form von zwei dicht aneinander liegenden Zellbändern, die sich oft dichotomisch teilen, angeordnet und liegen mit ihren Endzellen immer dicht um eine Capillare herum (siehe Abb. 56b). Sie sind im ganzen Hoden verbreitet, mit Ausnahme des Mediastinum testis, und mit einer dichten aber feinen Bindegewebshülle umgeben, die schon 1880 M. Nußbaum beschrieben hat. Die Zellen selbst sind oft außerordentlich groß und polygonal gestaltet. In ihrer Struktur haben sie eine gewisse Ähnlichkeit mit

Vorkommen und Bau der Zwischenzellen. 101

secernierenden Drüsenzellen und zeigen demgemäß cytoplasmatische Einlagerungen, so osmierbare, mit Hämatoxylin, Kupfer-

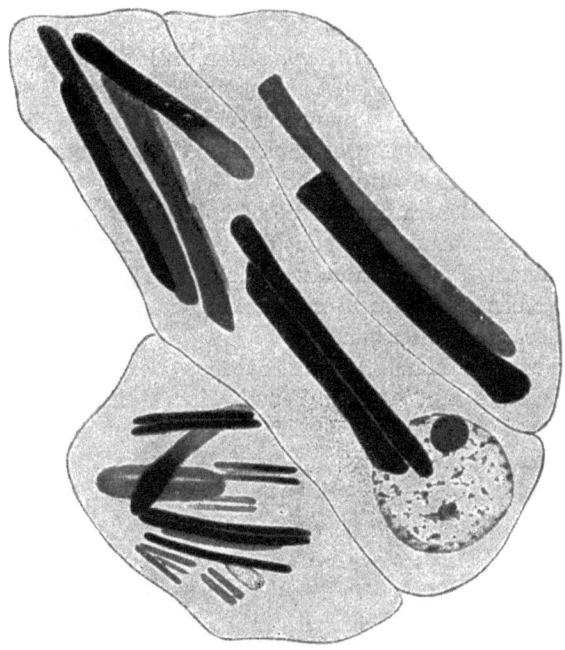

Abb. 57 b. Menschlicher Hoden (41 Jahre). Gruppe von interstitiellen Zellen mit großen und kleinen Kristalloiden. (Nach Winiwarter.)

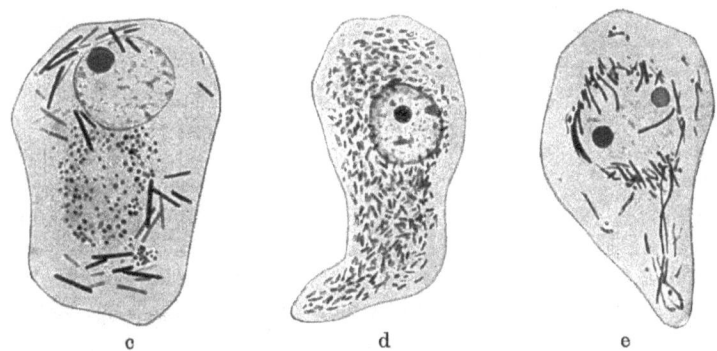

Abb. 57 c—e. c Menschlicher Hoden (21 J.). Mitochondrien in Körnern und Filamenten d dasselbe. Zelle ganz mit kleinen Chondrioconten gefüllt. e Hoden eines menschlichen Foetus von 5 cm. Mitochondrien sichtbar. (Nach Winiwarter.)

lack (Regaud) färbbare Körnchen, acidophile und basophile Granula, Pigmentkörnchen und eigenartige Zellkristalle, die neuerdings von Winiwarter beim Menschen eingehend beschrieben wurden (Abb. 57a—e).

Im Hoden liegen die Zwischenzellen im lockeren, gefäßreichen Bindegewebe zwischen den Samenkanälchen. Zuweilen sind sie spärlich und verstreut, manchmal aber kommen sie geradezu massenhaft vor. Es sind große epitheliale Elemente von rundlicher oder polyedrischer Gestalt (Abb. 57a—e), welche einen kugeligen Kern mit deutlichem Kernkörperchen, Kernmembran und Chromatingerüst, manchmal aber auch von ganz homogener Beschaffenheit, besitzen. Er ist dann etwas kleiner und gleichmäßiger färbbar. Der Kern liegt meist excentrisch, neben ihm befindet sich eine Sphäre mit Diplosom.

Die Zwischenzellen bilden oft Stränge oder umhüllen die Blutgefäße (Abb. 56a u. b.). An Einschlüssen enthalten sie Lecithin oder fettartige Körnchen, die sich mit Osmiumsäure schwärzen oder mit Sudan III rot färben und den frischen Zellen ein dunkles Aussehen verleihen. Intravital aufgenommene Farbstoffe, z. B. Pyrrholblau, scheiden sie körnig aus. Mehrere Autoren, so auch Goldmann, nehmen an, daß die Fortsätze der Zwischenzellen zum Teil durch feine Lücken der Membran der Samenkanälchen in das Innere dieser hineinragen. Beim Menschen findet man im Protoplasma häufig Eiweißkristalle in Form von Nadeln oder stäbchenartigen Gebilden (Reinke 1896, Winiwarter 1912) (Abb. 57). Bei Tieren finden sich diese Kristalle nur ausnahmsweise. Zuweilen sind in den Zellen auch Vacuolen vorhanden, nur ausnahmsweise begrenzen sie Hohlräume und ordnen sich demgemäß zu drüsenartigen Gebilden an (Schaffer 1920).

Eine eingehende Untersuchung stellte Wagner 1925 über die Zwischenzellen des Hodens von Kaninchen, Meerschweinchen, Maus, Katze, Maulwurf, Igel und Mensch auf verschiedenen Altersstufen und unter verschiedenen experimentellen Bedingungen an. Die kleineren, wohl jugendlichen Zwischenzellen erwachsener Tiere zeigen starke Chromophilie. Reiche, mit Säurefuchsin sich färbende Einschlüsse sind vorhanden (Abb. 58), die augenscheinlich Chrondriosomen darstellen. Diese Zwischenzellen speichern auch Pyrrholblau (Abb. 58). Dagegen sind die größeren, wohl voll ausgebildeten Zwischenzellen chromophob- und chondrio-

Vorkommen und Bau der Zwischenzellen. 103

somenarm und speichern kein Pyrrholblau. Außer den Chondriosomen finden sich in den Zwischenzellen stark lichtbrechende, sich weder mit Sudan noch Osmiumsäure tingierende Kugeln. Mit dem höheren Alter des Individuums werden sie größer, später verflüssigen sie sich zu Vacuolen. Letzteren sind lipoide Gebilde in stets gleicher Anordnung angelagert, zunächst als kleines Körnchen, dann in Form eines sichelartigen Gebildes (Abb. 59a u. b).

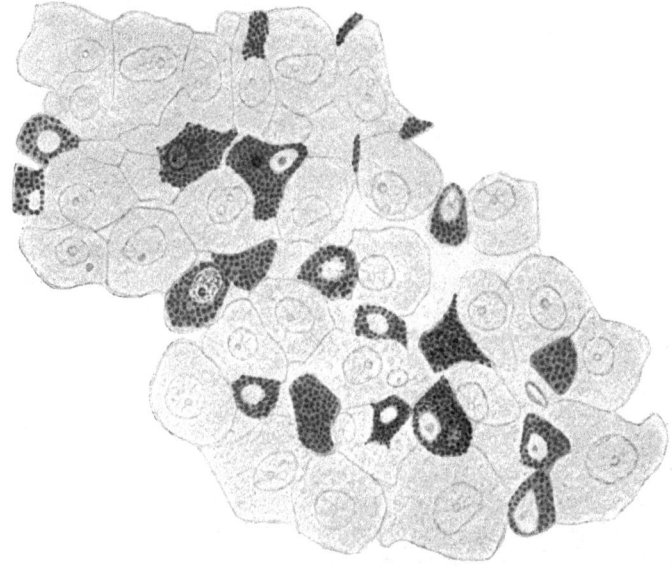

Abb. 58. Gruppe von Zwischenzellen aus dem Hoden einer erwachsenen Maus, die nach Goldmann mit Pyrrholblau behandelt wurde (6 Wochen lang). Fixierung: Kaliumchromat-Formol. Färbung: Safranin. Vergr. 550mal. Die kleineren, aber spindelförmigen Zwischenzellen haben sich dunkel gefärbt (pyrrholophile Zellen), während die größeren epitheloiden Zellen ungefärbt geblieben sind. (Nach Wagner.)

Zuweilen umschließt die Sichel die Vacuole. Die Sichelkörper, die aus der Vacuole als dem Träger und der aufsitzenden Kalotte bestehen, ähneln Gebilden, wie sie in der Tränendrüse des Kalbes beschrieben wurden. Die sichelförmige lipoide Kalotte kann durch Fettaufnahme größer werden und die Vacuole fast vollkommen verdecken. Die Vacuolen erreichen innerhalb der Zelle eine für jede Säugetierart charakteristische Endgröße. Die Sichelkörper können aus den Zwischenzellen in die perikanaliculären Räume gelangen und leicht mit Sudan hier dar-

104 Die Entwicklung der somatischen Elemente in den Keimdrüsen.

gestellt werden. Dabei werden sie gewöhnlich größer und vermögen die Zwischenzellen um ein Vielfaches an Umfang zu übertreffen. Die Vacuole ist von einem deutlich sichtbaren Häutchen umgeben. In den Lymphräumen scheinen die Gebilde schließlich zu platzen und ihren Inhalt an die Lymphe abzugeben. Eine Regeneration der Zwischenzellen nach Ausstoßung der Sichelkörper und eine Neuproduktion letzterer ist ungewiß.

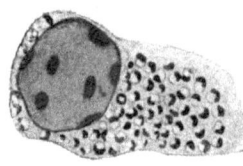

a

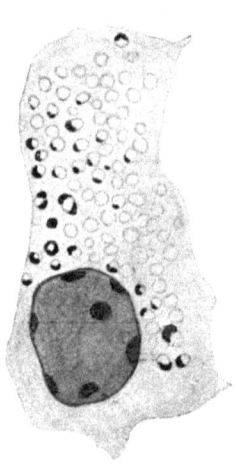

b

Abb. 59 a, b. Zwischenzellen aus dem Hoden eines erwachsenen Meerschweinchens. Fixierung: Kaliumchromat-Formol-Uran. Gelatineeinbettung. Sudan III. Hämatoxylin etwa 7 μ. Vergr. 1333 mal. Vacuolen mit Sichelkörpern sichtbar; die Sichelkörper haben sich mit Sudan tingiert. Manche Vacuolen sind fettfrei. (Nach Wagner.)

Vermutlich besteht außerdem noch ein weniger stürmischer Ausstoßungsmodus des Vacuoleninhaltes in die Umgebung, wobei Umwandlungen im Zellkörper der Zwischenzelle weniger hervortreten (Kaninchen). Die Zwischenzellen haben demnach Merkmale von Drüsenzellen. Es spielen sich in ihnen komplizierte morphologisch verfolgbare Veränderungen, die wohl mit ihrer Funktion in Zusammenhang stehen müssen (Abb. 59), ab. Die Variabilität innerhalb ein und desselben Hodens ist wohl durch den wechselnden Funktionszustand bedingt. Es ergibt sich daraus, daß das Vorkommen von Zwischenzellen oder ihre größere und geringere Menge bei ein und demselben Tier allein für sich nicht die Grundlage bilden kann für irgendwelche Schlüsse über den Sitz der innersecretorischen Funktion des Testikels.

Eine besondere Bedeutung ist von allen Autoren den Lipoiden in den Zwischenzellen zugeschrieben worden. Eine gründliche Untersuchung darüber liegt von Kunze (1922) vor. Danach sind die bisher als „Fett" beschriebenen physiologischen Organbestandteile des Hodens keine chemisch einheitlichen Substanzen, sondern stellen ein Gemenge verschiedener Lipoide dar, unter denen neben Neutralfett die Lipoide im engeren Sinne, scheinbar aber besonders das Cephalin, eine hervorragende Rolle spielen. Cholesterinester sind mit Ausnahme des geschlechtsreifen Menschen nur in Spuren im Zwischengewebe vorhanden. Lipoide im engeren Sinne und Neutralfette kommen meist in demselben Tropfen vereint vor. Sie sind innerhalb des Tropfens nicht an bestimmte Regionen gebunden, sondern innig gemischt. Die Lipoide kommen vor der Pubertät in reichlicherer Menge meist nur im Zwischengewebe vor. Mit Beginn derselben treten sie stärker, mit dem Alter zunehmend, auch innerhalb der Samenkanälchen auf, während sie dann extratubulär häufig eine Abnahme zeigen. Vom Ernährungszustand ist ihre Quantität unabhängig. Zwischen den einzelnen untersuchten Tierarten (Hund, Kater, Eber, Ziegenbock, Hengst, Ratte) bestehen hinsichtlich der Chemie, Verteilung, Menge, Anordnung der morphologisch nachweisbaren Lipoide nur quantitative Unterschiede. Nach Sorg (1924) sind die Lipoide beim Kalb und Stier in den Samenzellen und Zwischenzellen die gleichen. Er bezeichnet sie als Phosphatide und Cerebroside.

Um die Frage, wie sich im kindlichen Hoden die Lipoide verhalten, zu klären, untersuchte Oppermann (1924) im ganzen die Hoden von über 50 Knaben von der Frühgeburt bis zum 16. Lebensjahr. Bei den jüngsten Fällen fanden sich in den Zwischenzellen schon Lipoide. Dagegen waren in den Samenzellen der Regel nach im kindlichen Alter keine Lipoide nachweisbar. Erst mit der beginnenden Pubertät treten auch in den Samenzellen Lipoide auf, und zwar erst dann, wenn die Spermatogonien und Spermatocyten bereits entwickelt sind. Auf Grund der Befunde und theoretischen Erwägungen von Oppermann ist eine trophische Funktion der Zwischenzellen unwahrscheinlich und mit Wahrscheinlichkeit anzunehmen, daß ihnen eine Bedeutung im gesamten Lipoidstoffwechsel und somit auch im endokrinen System zukommt.

Die Hauptfunktion des intratubulären sowie des histochemisch mit ihm völlig übereinstimmenden extratubulären Lipoids ist dagegen nach Kunze höchstwahrscheinlich die Unterhaltung des spermatogenetischen Prozesses. Die Zwischenzellen des Hodens stellen also nach Kunze neben einem inkretorisch tätigen, das aber fraglich ist, ein trophisches Hilfsorgan für die Spermatogenese dar. Die Prostata des Hundes enthält ebenfalls in jedem Alter morphologisch darstellbare Lipoide; während nun die in den Drüsenepithelien selbst gelegenen sich stets als isotrop erweisen und zum großen Teil aus Neutralfetten bestehen, zeigen die im Prostatasecret auftretenden größtenteils starke Anisotropie und stellen Abkömmlinge des Cholesterins dar.

In den Zwischenzellentumoren des Hundehodens, für welche das Alter ein prädisponierendes Moment bildet, ist ein auffallender Reichtum dieser Geschwülste an Lipoiden (Kunze 1922) nachzuweisen. Die Zellen dieser Geschwülste sind mit Lipoiden vollständig erfüllt. Ihre nahe Beziehung zu den Blutgefäßen drängt zu der Annahme besonderer lokaler und physiologischer Verknüpfung zwischen der Leydigschen Zwischensubstanz und dem Blutgefäßsystem. Auch nach dieser Untersuchung ist Kunze eher geneigt, in dem Gewebskomplex ein „trophisches Hilfsorgan" zu sehen als eine „Blutdrüse", während Lipschütz, Wagner und andere die inkretorische Funktion in den Vordergrund stellen.

Zur Klärung der Frage des Vorkommens verschiedener Zwischenzellen wandte Takamore die Vitalfärbung des Hodens an. Lithioncarmin und einige andere Azofarbstoffe wurden intravenös und auch lokal in den normalen oder röntgenisierten Hoden von neugeborenen und geschlechtsreifen Kaninchen injiziert. Die Zwischenzellen des Hodens sind danach in zwei Arten einzuteilen, die erste sind mononucleäre Zellen, welche gröbere Farbstoffgranula enthalten und nach ihrer Beschaffenheit als Histiocyten im Bindegewebe angesprochen werden müssen. Die zweite Art ist rundlich bis vieleckig geformt und reich an Protoplasma, welches relativ wenig punktförmige Farbstoffgranula enthält. Die letzteren sind relativ schwer vital zu färben.

Im Hoden der Säugetiere sind die Zwischenzellen naturgemäß am genauesten untersucht. Nach Benda (1921) ist das Zwischengewebe z. B. beim Pferd und Eber sehr mächtig entwickelt, beim Menschen nach Messing (1877) besonders reichlich, bei der Ratte und dem Schnabeltier sehr spärlich. Über die Zugehörigkeit der Zellen zu einer bestimmten Gewebsgruppe herrscht heute noch keine Übereinstimmung. Die älteren Autoren (Könnicke 1854, Leydig 1857, v. Ebner 1871) hielten sie für eine besondere an Protoplasma sehr reiche Form der Bindegewebszellen, eine Ansicht, die 1921 besonders Stieve vertritt. Henle erklärt sie 1864 für rätselhafte Gebilde. Eine Klärung der Herkunft der Zwischenzellen kann nur auf embryologischem Wege geschehen. Leider liegen hier nur wenige und keineswegs erschöpfende Darstellungen vor, obwohl eine derartige Klärung von großer Bedeutung wäre.

b) Entwicklung der Zwischenzellen.

Es bestehen zwei Möglichkeiten der Herkunft der Zwischenzellen; entweder sind die Leydigschen Zellen Abkömmlinge der Urniere oder überhaupt des Mesenchyms, oder sie stammen aus Zellanteilen des Keimepithels. v. Bardeleben (1897) hält Zwischenzellen und Sertolische Zellen für identische Gebilde. Erstere sollen durch aktive Wanderung durch die Wand der Samenkanälchen in diese hinein gelangen. Diese Auffassung hat sich nicht bestätigt.

Obwohl das interstitielle Gewebe nach Waldeyer (1874), Nußbaum (1880), Plate (1897) für Hoden und Ovarien als homolog angesehen worden ist, sind doch in bezug auf die histologischen Beziehungen dieser Gebilde bei beiden Geschlechtern Verschiedenheiten vorhanden. Die älteren Autoren haben sie sehr verschiedenartig aufgefaßt, so bezeichnete sie Nußbaum (1880) als abortive Genitalzellen, eine Auffassung, die heute nicht mehr vertreten werden kann.

Nußbaum sagt darüber (1880): „Bei der großen Übereinstimmung der vom Hoden und Eierstock bis jetzt behandelten Gebilde — der Hodenzwischensubstanz einerseits und der abortiven Eischläuche (= Interstitium des Ovars, d. Verf.) andererseits — wird es wohl erlaubt sein, beide für identisch . . . . . zu erklären."

„Bei den höheren Tieren verkümmert demgemäß eine große Zahl von Keimen und bildet im Hoden und Eierstock eine Substanz, die in Schläuchen und Nestern zwischen den zur Reife gelangenden Teilen persistiert und bestimmte Veränderungen erleidet . . . . ."

Die interstitiellen Zellen des Hodens sind in neuerer Zeit sehr oft untersucht worden. Übereinstimmend berichten alle Autoren, daß sie schon in der Foetalzeit auftreten und besonders mächtig entwickelt sind (W. Messing, 1877; Pferdeembryo).

Äußerst eingehend ist die Entstehung der interstitiellen Drüse von Bouin und Ancel untersucht worden. Sie lassen sie, wie auch frühere Autoren es angegeben haben, aus dem Mesenchym der Geschlechtsanlage hervorgehen. Bei 32—53 cm langen Embryonen vom Pferde sind die Hoden schon ziemlich groß. Beim siebenmonatigen Foetus haben sie schon den Umfang eines kleinen Hühnereies erreicht, sind oval und braunrot.

Bei den 32 cm langen Embryonen haben die Hodenkanälchen noch keine Lumina und treten vollständig zurück gegen die außerordentlich großen Massen der interstitiellen Substanz. Auffallend ist dann, daß bei $3^{1}/_{2}$ Monate alten Füllen die Hoden bedeutend kleiner sind als die des 6—7. Monate alten Foetus. Das Gewicht geht von 25—38 g auf 7—8 g zurück. Die Hodenkanälchen sind jetzt dicht beieinander und stark entwickelt und in ein neu gebildetes interstitielles Gewebe von eigenartigem Bau eingebettet, dessen Zellen als Xantochrome des Interstitiums bezeichnet werden.

Bei 10—11 Monate alten Füllen haben die Hoden wieder 30—40 g zugenommen. Die Hodenkanälchen liegen auch hier dicht aneinander und sind nur durch wenig Bindegewebe voneinander getrennt. Die interstitiellen Zellen sind reichlich entwickelt. Sobald die Spermatogenese einsetzt, schwinden die Xantochromzellen, dafür entstehen große Lymphknoten, aus denen mit dem Fortschreiten der Samenbildung neue interstitielle Zellen hervorgehen.

14—15 Monate alte Füllen haben ein Hodengewicht von 100 bis 150 g; wiederum eine ganz bedeutende Zunahme in relativ kurzer Zeit. Erst im vierten Lebensjahre ist die Spermatogenese im vollen Gange, und reife Spermatozoen sind vorhanden. Die Hodenkanäle sind groß und durch eine reich entwickelte Zwischensubstanz voneinander getrennt. Die Zwischenzellen dieser Periode sind sehr groß (30—50 μ). Sie nehmen beim alten Pferde wieder an Größe ab und schrumpfen auf 12—20 μ zusammen.

Durch diese Befunde von Bouin und Ancel wären also zweierlei interstitielle Zellen nachgewiesen, die sich verschiedenartig ableiten lassen. Die foetalen stammen aus der Keimdrüsenanlage, die postfoetalen aus Lymphzellen.

Die foetalen interstitiellen Zellen entstehen nach Whitehead (1904) beim Schwein im Embryo von 24 mm an. Er hält die Zwischenzellen für direkte Abkömmlinge der Genitalleiste. Es erscheinen zuerst die subalbugineralen interstitiellen Zellen, die eine reiche und bessere Ausbildung erfahren als die etwas später in den Septula auftretenden. Die Zwischenzellen erreichen ihr Maximum bei Foeten von 3,5 cm Länge. Dann folgt wieder eine Involution und bei 28 cm Länge ein zweites Maximum. Diese Ableitung der interstitiellen Zellen ist von Barry (1907) genauer verfolgt worden. Das Rete stellt beim Embryo das Centrum dar, von dem aus die Keimzellen in soliden Strängen peripherwärts wachsen. Aus ihnen entstehen die Hodenkanälchen. Sobald diese Stränge die Tunica albuginea erreicht haben, werden sie am Wachsen gehemmt und knäueln sich auf.

Einzelne Keimzellen werden nicht in die Kanälchen aufgenommen und bleiben nun als interstitielle Substanz zwischen den Tubuli seminiferi zurück. Daß wir es hier tatsächlich mit umgewandelten Keimzellen zu tun haben, scheint daraus hervorzugehen, daß bei manchen Tieren aus ihnen noch eine Neubildung von Hodenkanälchen vor Beginn der Geschlechtsreife stattfinden kann.

Die postfoetale Entwicklung von interstitiellen Zellen hat auch Moraux (1909) beim Pferde von 10—15 Monaten verfolgt und dieselben Ergebnisse wie Bouin und Ancel gehabt. Es findet in diesem Alter eine Auswanderung von jungen Lymphzellen im Hoden statt, die sich im Bindegewebe zu Knötchen ansammeln. Die jungen Knötchen zeigen eine lichtere Zone, in der sich viele Mitosen, scheinbar auch Amitosen, nachweisen lassen. Wir haben es hier also mit einem Keimcentrum zu tun. In den folgenden Monaten findet eine Umwandlung der Lymphoblasten in Lymphocyten, manchmal auch in Leucocyten, statt, die in das umliegende Bindegewebe wandern, das sie dann in langen Zügen durchsetzen. Bei 20—28 Monate alten Pferden werden sie dann zu interstitiellen Zellen und zwar so, daß sich zunächst der Kern vergrößert und das Chromatin in einzelne Körner zerfällt, die sich nun zu einem Netz vereinigen. Der Zelleib wächst ebenfalls sehr stark, und bald lassen sich in ihm zwei Schichten unterscheiden, eine dichtere, die um den Kern herumliegt, und eine mit Vacuolen durchsetzte periphere, die mit dunkelgelbem Secret angefüllt ist.

In den letzten 5 Jahren ist nun die Ableitung der Zwischenzellen einigermaßen klargestellt worden. Firket sagt schon 1920: »La question de l'origine des cellules interstitielles aux dépens des cellules conjunctives du stroma est aujourd'hui un fait bien acquis; nous en devons surtout la démonstration à Whitehead et à Sainmont. Il est possible pourtant qu'une partie d'entre elles dérive d'éléments lymphatiques (Ancel et Bouin, Mazetti) mais nous n'avons pas vu d'indice de cette origine.

D'autre part, il paraît de plus en plus certain aujourd'hui que la cellule interstitielle n'est pas un élément fixe et immuable (von Winiwarter u. a.). Nous sommes prêtes à nous ranger à cet avis et faisons remarquer qu'il y a, à ce point de vue, une analogie avec les cellules interstitielles de l'ovaire.«

Ochoterena und Ramirez (1920) leiten die Zwischenzellen des Ovars aus der Keimepithelleiste ab. Ein Teil dieser Zellen wird zu Oocyten, ein anderer zu Zwischenzellen. Sie sind schon im Foetus vorhanden und unterliegen einer ständigen Veränderung konform der Entwicklung des Tieres.

Neuerdings ist von Goormaghtigh die Entwicklung der Zwischenzellen beim Hühnchen, bei der Maus, Fledermaus und beim Meerschweinchen untersucht worden. Nach ihm leiten sich die Nebennierenrinde und die Keimdrüse von einem gemeinsamen Mutterboden her, nämlich von der mesothelialen Leiste, die parallel der Achse des Körpers läuft. Sie erstreckt sich vor und hinter der Arteria mesenterica superior und ist in ihrer Länge begrenzt von der Wurzel des Mesenteriums und dem renalen Segment. Aus der Anlage gehen zwei Wucherungen hervor, die im Abstand von einigen Stunden hintereinander erfolgen. Die erste, die Nebennierenwucherung, tritt vor der Arteria mesenterica superior auf, die zweite, die Genitalwucherung, hinter derselben. Die Genitalanlage lagert sich nun in den äußersten caudalen Abschnitt der Nebennierenrinde hinein, so daß der betreffende Nebennierenabschnitt unmerklich in den Caudalabschnitt übergeht. So werden also die interstitiellen Zellen des Hodens und Ovariums von einem Abschnitt der Nebennierenrindenanlage hergeleitet. Daher erklärt sich auch nach Goormaghtigh die morphologische und physiologische Ähnlichkeit der Nebennierenrinden- und Zwischenzellen. Die Zwischenzellen sind nach ihm keine gewöhnlichen Bindegewebszellen, die sich vom Sclerotom oder den benachbarten sexuellen Strängen herleiten, sondern sie entstehen aus einem speziellen mesothelialen Nebennierenrindenabschnitt. Sie durchlaufen in ihrer Entwicklung drei Stadien. Ursprünglich sind sie epithelial, dann bindegewebig und endlich epitheloid-drüsig, nämlich zur Zeit der sexuellen Aktivität. Da wir außerdem aus experimentellen Untersuchungen (Leupold, 1920) wissen, daß Nebennierenrindenzellen und Keimdrüsen in enger Beziehung zueinander stehen, so wäre eine weitere Bestätigung der Goormaghtighschen Befunde nur zu wünschen.

Untersuchungen am embryonalen Hoden in verschiedenen Stadien der Entwicklung, speziell bei Schwein und Schaf, brachten Aron (1921) zur Überzeugung, daß das embryonale Zwischengewebe nicht identisch ist mit dem der erwachsenen Tiere; eine Ansicht, die schon wie gesagt 1903 Bouin und Ancel aussprachen. Beim Schwein ist das Zwischengewebe schon bei Embryonen von 18 mm vorhanden. Bei Embryonen von 35—140 mm beginnt die Degeneration, die zu einem fast vollständigen Schwund des Zwischengewebes bei Embryonen von 145—170 mm führt. Bei Embryonen von 180 mm an bis zum Ende der Tragezeit bildet sich ein neues Zwischengewebe aus dem intratubulären Mesenchym. Beim Schaf bildet sich die interstitielle Drüse bis zum Ende der Tragezeit zurück. Das zweite Zwischengewebe erscheint erst eine gewisse Zeit nach der Geburt. Es scheint wahrscheinlich, daß bei allen Säugetieren die zweite Zwischengewebsbildung ihren Höhepunkt beim Einsetzen der Präspermatogenese erreicht.

Besonders wertvoll ist hierfür die Untersuchung von Kitahira (1923). Er untersuchte Embryonen des Menschen, des Meerschweinchens, der Maus, des Hundes, des Maulwurfs in bezug auf das Auftreten und das Entstehen der Zwischenzellen in der noch indifferenten Anlage der Gonade und bei deren Ausbildung zur männlichen oder weiblichen Keimdrüse in zahlreichen Entwicklungsstadien. Unter vergleichsweiser Heranziehung der Literatur wird die Ansicht ausgesprochen, daß die Gonade sich aufbaut a) aus Keimzellen, die, der Anlage fremd, in sie hereinwandern und sich in ihr vermehren, b) aus Abkömmlingen des Keimepithels, die sich in einem gegebenen Moment zu den Keimsträngen anordnen, deren erste Bildung die Markstränge des Ovars bzw. die Reteanlagen des Hodens liefern, c) dem Bindegewebe, d) den Zwischenzellen. Letztere kommen durch Umwandlung von mesodermalen Elementen dort zustande, wo sie, und zwar als mesenchymale Zellen oder als vereinzelte zwischen den sich plötzlich abgrenzenden Keimsträngen zurückbleibende Abkömmlinge des Keimepithels, den Keimsträngen anliegen. Diese

Umwandlung geschieht nur in der Nähe und unter dem direkten Einfluß der Keimstränge, wenn das Mesenchym in die primären Keimstränge eingelagert wird. Außerhalb der Einflußzone des Systems Keimstrangelemente + Keimzellen kommt es nicht zur Bildung typischer Zwischenzellen. Zwischenzellenbildung und Vermehrung auch in späteren Lebensperioden, sowie eine Reihe von Formen dieser Vermehrung infolge krankhafter Ursachen (es wurde auch die pathologische Literatur nach Möglichkeit berücksichtigt), werden darauf zurückgeführt, daß diese Ursachen in erster Linie einen dem embryonalen Komplex des Systems Keimzellen + Keimstrangelemente entsprechenden Zustand herbeiführen, der dann zur Neubildung von Zwischenzellen Anlaß gibt. Diese Annahme erlaubt, zahlreiche Vorkommnisse der Pathologie und der experimentellen Pathologie der Gonaden aus einem Gesichtspunkt heraus zu erklären. Kitahira geht aus von den besonders am menschlichen Material festgestellten Tatsachen, daß beim männlichen Foetus typische charakteristische Zwischenzellen in großer Menge in den ersten Abschnitten der Embryonalentwicklung auftreten, die dann aber in ihrer Menge unter teilweise auffälligen Degenerationserscheinungen bis zur Geburt zurücktreten und auch im ersten Kindesalter eine weitere Reduktion erfahren. Die Erfahrung lehrt, daß diese Zwischenzellen im weiblichen Organismus erst in den letzten Perioden des Foetallebens, typisch aber erst zu der Zeit der Follikelbildung, auftreten. Daraus wird mit Hinblick auf Erfahrungen in der Pathologie angenommen, daß sie zwischen das generative Gewebe und das somatische als Vermittler eingeschoben sind. Sie sind Vermittler in dem Sinne, daß sie gegenüber Stoffen, welche dem Keimplasma fremd oder im Überfluß schädlich sind, als entgiftende Schutzeinrichtungen funktionieren; sie können solche Stoffe aber nur, wenn sie in nicht zu großer Menge im Soma circulieren, unschädlich machen (Kitahira), andernfalls kommt durch diese Stoffe trotz der unter diesen Umständen auftretenden Hypertrophie der Zwischenzellen an Menge und Größe eine Atrophie des generativen Gewebes zustande. Dabei können noch einige Zeit lang die wirklich oder nur scheinbar vermehrten Zwischenzellen übrig bleiben. Unter den in Frage kommenden Stoffen werden außer den bekannten typischen Giftstoffen Hormone einer andersgeschlechtlichen Gonade, vielleicht auch noch andere Stoffe, angenommen. Aber auch dem Soma gegenüber dürften die Zwischenzellen als Speicherer, vielleicht Umwandler, jedenfalls Vermittler von dem Soma fremden, im generativen Gewebe gebildeten Stoffen eine Rolle spielen, woraus sich die Wirkungen auf die sekundären Geschlechtscharaktere bei stark rückgebildetem generativen Anteil zwanglos erklären. Diese Hypothese erlaubt es uns auch, die verschiedene Entwicklung der Zwischenzellen in den einzelnen Ordnungen des Wirbeltierreiches aus einem Gesichtspunkt heraus zu erklären.

Die interstitiellen Zellen, die beim Rinderembryo durch ihre Lagerung wie ihre Farbreaktion gut erkennbar sind, lassen sich nach Bascom (1923) im Hoden das erste Mal bei 30 mm langen Embryonen und weiterhin stets nachweisen. Im Ovarium sind sie erst bei 82 cm Länge aufzufinden. Das Geschlecht kann dagegen schon bei Embryonen von 25 mm Länge bestimmt werden. Die Entwickung des Hodens verläuft also rascher als die des Ovariums. Zur Zeit der Geburt scheint ihre relative Zahl abzunehmen, um nachher wieder anzuwachsen. Im Markteil des Ovariums konnten keine interstitiellen Zellen nachgewiesen werden; im Rindenteil treten sie vom 82 cm-Stadium an in der Theca interna der Follikel auf am stärksten bei atretischen Follikeln. Sowohl im Hoden als im Ovarium scheinen die Zwischenzellen bindegewebiger Herkunft zu sein. Bascom ist der Auffassung, daß das specifische Hodenhormon von den interstitiellen Zellen geliefert wird. Das Geschlecht der Keimdrüse wird jedoch durch die Zwischenzellen nicht bestimmt.

Im einzelnen konnte Bascom folgendes feststellen: Beim Rinde sind die äußeren Geschlechtsmerkmale bis zum Stadium 30 mm indifferent. Dagegen messen bei 27 mm langen Männchen die Hoden schon 0,67 : 0,82 mm im Querschnitt. Sie stehen in kurzer, aber breiter Verbindung zum Wolffschen Körper. Auf diesem Stadium unterscheidet sich das Ovarium vom Hoden vor allem durch seine nur oberflächliche Verbindung mit der Urniere. Es mißt 0,64 : 0,97 mm im Querschnitt. Weder im Hoden noch im Ovar finden sich auf Stadium 25 mm und 27 mm Zwischenzellen. Dagegen sind sie auf Stadium 30 mm im Hoden zwischen den Keimsträngen (Abb. 60a) vorhanden, sie werden jedoch spärlicher in späteren embryologischen Stadien (Abb. 60b), sind aber jetzt immer bis zum Hoden des geschlechtsreifen Bullen anzutreffen (Abb. 61).

114 Die Entwicklung der somatischen Elemente in den Keimdrüsen.

Im Ovar wurden die ersten Zwischenzellen in der Theca interna atretischer Follikel erst im Stadium 82 cm angetroffen, also nahe vor der Geburt. Kingsbury (1914) gibt sie erst von 95 cm an. Im Stroma wurden sie ebenfalls gefunden. Sie verhalten sich morphologisch wie Hodenzwischenzellen, während sich die Luteinzellen durch ihre Größe und ihren Luteingehalt von ihnen unterscheiden. Sie sind ein sehr variables Element im Ovar der Rinderembryonen, sind aber im erwachsenen Zustande stets vorhanden im Gegensatz zum Schwein, wo sie nach dem Stadium 3,5 cm vollständig fehlen;

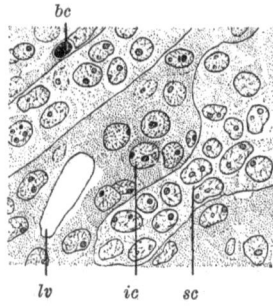

Abb. 60 a. Teil eines Querschnittes vom Hoden eines 30 mm großen Rinderembryos. Erstes Auftreten der interstitiellen Zellen der Testis. *bc* Blutkörperchen; *lv* Blutgefäße, *ic* interstitielle Zellen; *sc* Sexualstränge. Bouinsche Lösung, 6 μ. Mallorysche Dreifärbung des Bindegewebes. (Nach Bascom Kellog, Americ. journ. of anat. 31, nr. 3, 222—259. 1923.)

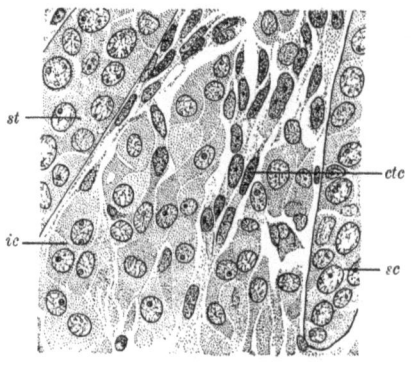

Abb. 60 b. Teil eines Querschnittes durch den Hoden eines 11,5 cm langen Rinderembryos. *ctc* Bindegewebszelle, *ic* interstitielle Zelle, *sc* Sexualstränge. Zenker-Formalin (Hellys Flüssigkeit) 3 μ; Harris Hämatoxylin. (Nach Bascom.)

dagegen besitzt sie die Katze zeitlebens. Bascom folgert aus seinen Befunden gegen Lipschütz, daß das Geschlecht bei Rindern nicht hormonisch sondern zygotisch bestimmt wird, jedenfalls nicht durch die Zwischenzellen, die zu dieser Zeit noch gar nicht vorhanden sind.

Die interstitiellen Hodenzellen stammen sowohl beim Meerschweinchen — Lamm (1922) leitet sie beim ♂ dieses Tieres vom Keimepithel ab, doch sind die Angaben nicht sehr positiv; beim ♀ läßt er sie auch aus Bindegewebe entstehen — wie beim Schaf und Schwein von Bindegewebszellen. Ihre Entstehung liegt aber nicht vor der geschlechtlichen Differenzierung; ihre Tätigkeit kann daher nicht als die ursprüngliche geschlechts-

Entwicklung der Zwischenzellen. 115

bestimmende betrachtet werden, was mit den Beobachtungen von Bascom bei der Kuh übereinstimmt. Sie werden beim Meerschweinchen zuerst sehr reichlich gebildet, später erscheinen sie infolge der gesteigerten Entwicklung der Samenkanälchen spärlicher. Am spärlichsten kommen sie am Ende des embryonalen Lebens und nach der Geburt vor. Nach dem Stadium 5,7 mm Länge sind keine Teilungen der interstitiellen Zellen, weder mitotisch noch amitotisch, in den Embryonen mehr zu finden. Auch eine Degeneration der interstitiellen Zellen ist nicht wahrzunehmen. Das Cytoplasma ist in frühen Stadien feiner, in späteren gröber gekörnelt. Die Körnchen sind bei den Embryonen acidophil, nach der Geburt färben sie sich aber teilweise auch mit Eisenhämatoxylin. Fettkörnchen und -tropfen sind von den frühesten Stufen angefangen immer reichlich vorhanden. Im ausgewachsenen Tiere bilden sich zahlreiche große

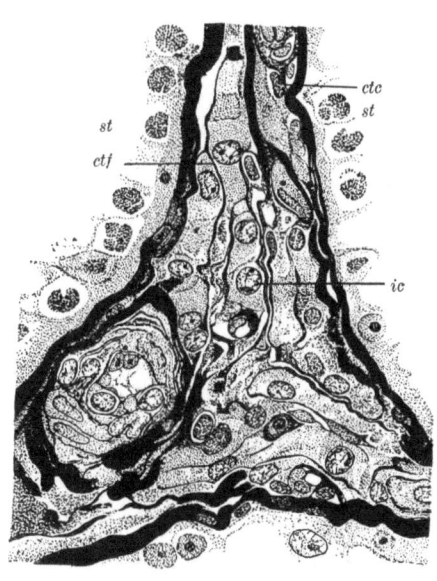

Abb. 61. Intertubularraum zwischen Seminiferi tubuli des Hodens eines erwachsenen Bullens. *ctc* Bindegewebszellen, *ctf* Bindegewebsfibrillen, *ic* interstitielle Zelle, *st* Seminiferi tubuli. Bouinsche Lösung, 6 μ; Mallory-Dreifärbung des Bindegewebes. (Nach Bascom.)

Fettropfen in den Zellen. Der innige Zusammenhang mit den Blutbahnen ist schon in ganz frühen embryonalen Stadien festzustellen.

Eine Bestätigung der Untersuchungen von Rubaschkin, die an anderer Stelle erwähnt wurden, stellen die Untersuchungen von Benoit dar. Nur die zur Darstellung der Mitochondrien gebräuchlichen Methoden gestatten nach ihm eine befriedigende Untersuchung der Hodenzwischenzellen, die Benoit besonders beim weißen Leghorn-Hahn untersuchte.

Auch bei einer Reihe von anderen Hühnerrassen hat Benoit (1922/23) die Entstehung der interstitiellen Zellen des Hodens

8*

verfolgt: Sie entstehen hier vom 10. Tage der Inkubation an und bis in die erste Woche nach dem Ausschlüpfen aus den kleinen epithelialen Zellen der Sexualstränge. Die Chondriosomen dieser Zellen werden länger, der Kern wird stärker färbbar, es lagert sich reichlich Fett in den Zellen ab. Sie wandern in das Bindegewebe aus, wo sie anfangs von einer Membrana propria umgeben sind. Sie liegen entweder zu mehreren zusammen und behalten dann ihre polygonale Form bei; oder, wenn sie einzeln sind, können sie das sternförmige Aussehen von Bindegewebszellen annehmen; später liegen sie frei im Gewebe. Die interstitiellen Drüsenzellen behalten ihr Aussehen während der ganzen impuberalen Periode des Hodens nahezu unverändert bei; ihre Degeneration oder ihr Verschwinden hat Benoit nie beobachtet. Eine gelegentliche Entstehung interstitieller Zellen aus Mesenchymzellen kann Benoit gegenwärtig nicht mit Sicherheit ausschließen, er hält aber eine alleinige Entstehung aus den Sexualsträngen für das Wahrscheinlichste. Diese Beobachtung zusammen mit den gleichlautenden Angaben von Nonidez für andere Hühnerrassen und von Loisel für Haushuhn, Taube und Sperling lassen diese Art der Bildung der Zwischenzellen aus den Sexualsträngen des Hodens bei den Vögeln als recht allgemein verbreitet erscheinen. Zu Beginn der Geschlechtsreife treten nach Benoit an den Zwischenzellen eingreifende cytologische Veränderungen auf. Sie bestehen darin, daß die Fettröpfchen immer mehr verschwinden. Die Zwischenzellen nehmen das Aussehen typischer Drüsenzellen mit reich entwickeltem Chondriom und fuchsinophilen Secretgranula an. Diese Struktur behalten die Zellen dann während der ganzen Geschlechtsperiode bei.

Die Arbeiten von Benoit werden sehr gut ergänzt von Nonidez (1922/23), der die Entwicklung des Zwischengewebes im Ovarium der Hühner untersucht und auch die Frage der Luteinzellen bei normalen hennenfedrigen Sebright-Bantamhähnen zu klären versucht.

Er geht von der Entdeckung Borings und Morgans (1918) aus, daß in den Hoden der Sebright-Bantamhähne, die alle hennenfedrig sind, sich Zellen befinden, die mit den Zwischenzellen des Ovars identisch erscheinen. Kastration bedingt nun bei diesen Hähnen die Entwicklung des Hahnenfederkleides, wie bei anderen Zuchten Ovariotomie dasselbe hervorruft. Die Zwischenzellen sollen hier die Entwicklung des männlichen Federkleides gehemmt haben (Morgan 1919/20). Wie nun Firket (1914) und Nonidez (1922) feststellten, entstehen die Luteinzellen des Ovars oder die Zwischenzellen aus degenerierenden Sexualsträngen der ersten Proliferation (Abb. 62a). Es war nun besonders wünschenswert, die Entstehung der Zwischenzellen auch im Hoden des Sebright-Bantamhahns zu verfolgen. Es ergab sich auch hier, daß die Zwischenzellen oder die Luteinzellen Borings aus den degenerierenden Sexualsträngen entstehen, und zwar erst im späteren Stadium der Bildung der Tubuli seminiferi (Abb. 62b, c). Dabei gehen die Spermatogonien vollständig zugrunde, während sich auch die Zwischenzellen aus Mesenchymzellen herausdifferenzieren. Auch im Hoden junger Hähne anderer Hühnerrassen finden sich Gruppen dieser Zellen zwischen den Tubuli vor.

Besonders wichtig ist für das morphologisch-physiologische Verständnis der Zwischenzellen ihr Verhalten im Individualcyclus. Wir sahen schon aus dem Auftreten der Zwischenzellen bis zur Pubertät, daß Perioden des An- und Abstieges vorhanden sind. Hier müßte weitere Klarheit erzielt werden, namentlich in der Untersuchung des Verhältnisses der Zwischenzellen zum Zustand des Hodens und des übrigen inkretorischen Systems in den verschiedenen Phasen. Begonnen sind solche Untersuchungen von Stieve, soweit Hoden und Zwischenzellen in Betracht kommen. Beim Frosch hat Sklower derartige Untersuchungen des gesamtinkretorischen Systems ausgeführt. Stieve untersuchte vergleichsweise die Hausmaus und die Feldmaus, die allerdings systematisch weit auseinanderstehen.

Während der ersten Vermehrung der Samenzellen geben die Zwischenzellen der Hausmaus ihr Fett ab und werden zu langen, spindeligen, fettfreien Bindegewebszellen umgestaltet. Erst wenn der Hoden eine bestimmte Größe erlangt hat, wachsen auch die Zwischenzellen wieder heran, sie nehmen Fett auf, auch der Kern dehnt sich aus, und erst wenn die Samenbildung ihren Höhepunkt erreicht hat, haben auch die Zwischenzellen den höchsten Grad der Entwicklung erlangt und bleiben auf ihm, ebenso wie das Keimgewebe, während der ganzen Zeit, in der die männliche Maus voll zeugungsfähig ist, stehen.

In den ersten Tagen des Lebens vermehren sich die spindeligen Bindegewebszellen noch durch indirekte Teilung, in den späteren

118 Die Entwicklung der somatischen Elemente in den Keimdrüsen.

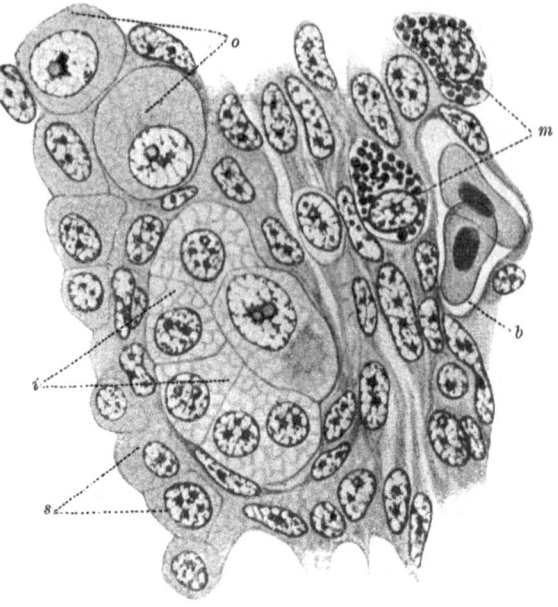

Abb. 62a.

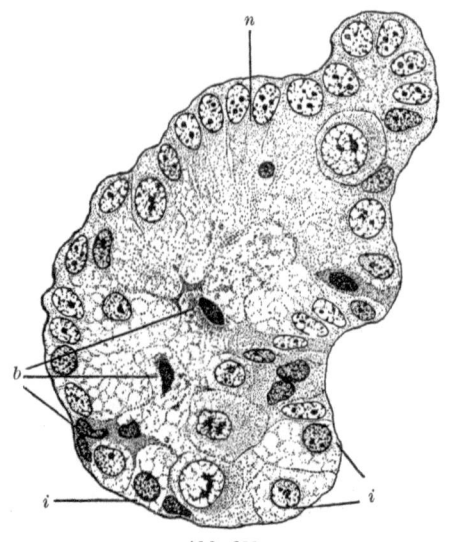

Abb. 62b.

Entwicklung der Zwischenzellen. 119

Zeiten des Lebens findet die Zwischenzellenneubildung durch direkte Kernteilung statt, dauernd gehen im Zwischengewebe vereinzelte Zellen zugrunde und werden durch neue ersetzt. **Die vollausgebildeten Leydigschen Zwischenzellen entstehen (nach Stieve) aus den spindeligen Bindegewebszellen und können sich wieder zu solchen umgestalten,**

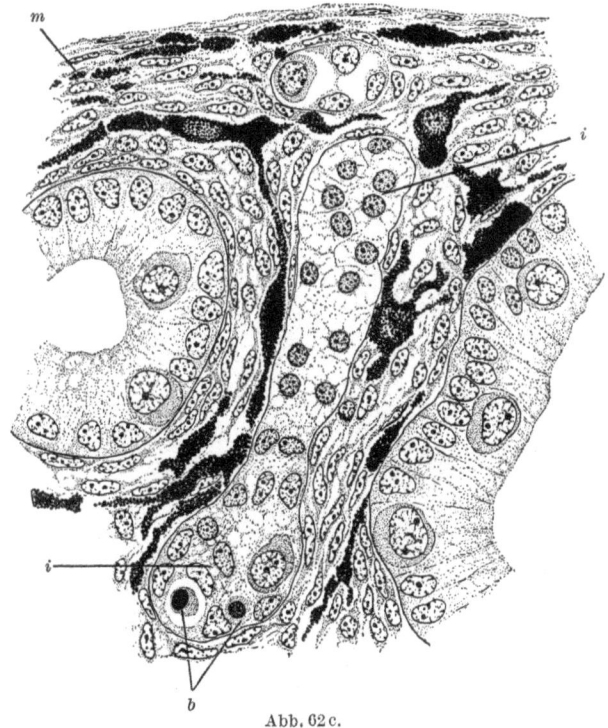

Abb. 62c.

Abb. 62a—c. Teil der Medullarzone aus dem Ovarium eines Sebright-Embryos 18 Tage nach der Befruchtung. *i* interstitielle Zellen (Lutearzellen nach Boring und Pearl) fast ganz die Keimzelle umgebend. *o* Keimzelle; Delaf. Hämatoxylin-Eosin. *b* Blutkörper, *m* Granularcytoblast; *s* Zellen der Sexualstränge. (Nach Nonidez, José.)

was mit Beobachtungen an Amphibien übereinstimmt. Fetteinlagerungen finden sich sowohl in den vollausgebildeten Leydigschen Zellen des Hodens beim Neugeborenen wie beim ausgewachsenen Tier, als auch, allerdings in geringerer Menge, in all den Formen, welche die Zwischenzellen während ihrer Entwicklung oder Rück-

120 Die Entwicklung der somatischen Elemente in den Keimdrüsen.

bildung zur spindeligen Gestalt durchlaufen. Nur bei der 14 Tage bis etwa 8 Wochen alten Maus ist das Zwischengewebe gewöhnlich vollkommen frei von Fett und enthält höchstens einige kleinere Pigmentkörnchen.

„Gerade in den Zeiten, in denen die erste starke Vermehrung der Samenbildungszellen statthat, sind die Zwischenzellen am schwächsten ausgebildet, und gerade da entwickeln sich am übrigen Körper jene Merkmale, deren Entfaltung von der inkretorischen Keimdrüsentätigkeit abhängt. Kann es einen deut-

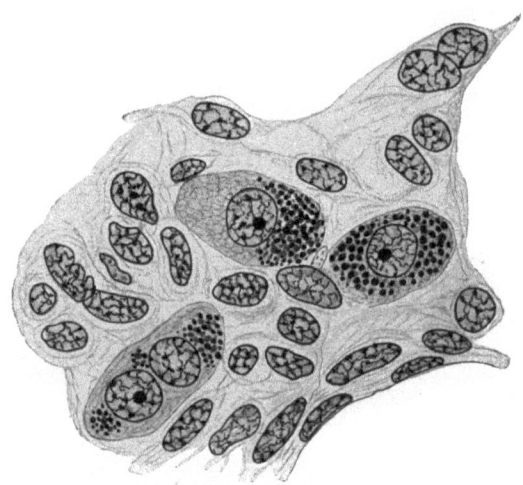

Abb. 63. Zwischengewebe aus dem Hoden einer neugeborenen Hausmaus. Fix. Flemming, Paraffin, Färbung Hämatoxylin-Heidenhain-Lichtgrün. Vergr. Zeiss Apochromat hom. Imm. 2 mm, Num. Ap. 1,30, Okular 12. Zeichentisch 3 cm höher als der Objektivtisch; bei der Wiedergabe wurde die Zeichnung um $1/3$ verkleinert, so daß die Vergrößerung jetzt etwa 1000fach ist. (Nach Stieve.)

licheren Beweis dafür geben, daß gerade die Keimzellen, nicht aber die Zwischenzellen für diese Vorgänge verantwortlich sind?", sagt Stieve. Im Alter, wenn die Rückbildung des generativen Hodenanteils eintritt, lassen sich auch stärkere regressive Veränderungen an den Zwischenzellen nachweisen. Allerdings wird bei ihnen der entstehende Ausfall durch reichliche Neubildung ersetzt. Infolgedessen erscheint das Zwischengewebe, verglichen mit den stark geschwundenen Samenkanälchen, vermehrt.

Ganz kurz noch etwas über die angestellten Hodenmessungen. Der rechte Hoden einer untersuchten neugeborenen Maus mißt 0,85 : 1,1 mm, der Inhalt beträgt 1,32 cmm, davon trifft auf das Keimgewebe 0,60 cmm, auf das Zwischengewebe 0,72 cmm, die beiden Gewebsarten verhalten sich zueinander wie 0,83 : 1 (s. Abb. 63). Im Hoden der neugeborenen Maus ist also mehr Zwischengewebe als Keimgewebe vorhanden.

Bei der 21 Tage alten Maus beträgt die Hodengröße 1,8 : 3,2 mm, der Inhalt 5,43 cmm; auf den generativen Anteil entfallen davon 5,15 cmm, auf das Zwischengewebe aber nur 0,28 cmm, das Verhältnis der beiden Gewebsarten beträgt also jetzt 18,4 : 1. Deutlich genug zeigen diese Zahlen, wie sehr sich das gegenseitige Mengenverhältnis verschoben hat, noch klarer wird diese Erscheinung, wenn wir aus den Zahlen berechnen, daß sich das Keimgewebe im ganzen auf das 8,6 fache vermehrt, das Zwischengewebe aber um das 2,57 fache vermindert hat.

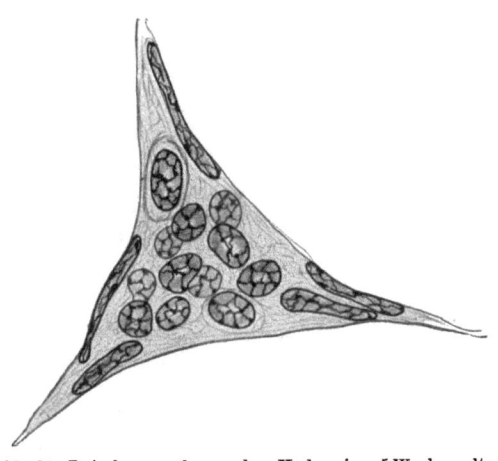

Abb. 64. Zwischengewebe aus dem Hoden einer 5 Wochen alten Hausmaus. Fix. Sublimat-Formol-Eisessig. Färbung Hämatoxylin-Heidenhain-Lichtgrün. Vergr. wie Abb. 63. (Nach Stieve.)

Bei einem 5 Wochen alten Tiere des gleichen Wurfes mißt der rechte Hoden, dessen Schnitt Abb. 64 darstellt, 2,4 : 3,8 mm, sein Inhalt beträgt 11,47 cmm, wovon nach der Berechnung 10,57 cmm auf den generativen Anteil und 0,90 cmm auf das Zwischengewebe entfallen. Das Verhältnis beträgt jetzt also 11,7 : 1. Verglichen mit den bei der neugeborenen Maus gefundenen Werten läßt sich demnach feststellen, daß der generative Anteil sich im ganzen auf das 17,5 fache vermehrt hat, während das Zwischengewebe erst jetzt wieder annähernd die Ausgangsmenge erreicht hat. In dieser Zeit sind die Samenblasen sehr gut entwickelt, Prostata und Penis deutlich ausgebildet. — Von da an geht die Entwicklung der beiden Hodenanteile ziemlich gleichsinnig vor sich. Bei dem letzten Männchen dieses Wurfes, das im Alter von 3 Monaten getötet wurde, betrug die Hodengröße 4,2 : 7,7 mm, der Inhalt 72,6 cmm; auf das Keimgewebe treffen 61,3 cmm, auf das Zwischengewebe 11,3 cmm, das gegenseitige Verhältnis beträgt also 6 : 1. Im ganzen hat sich also seit der Geburt das Keimgewebe auf das 100fache, das Zwischengewebe auf das 15fache vermehrt (Abb. 65).

In einer größeren Reihe von Hoden ausgewachsener Hausmäusemännchen, an denen Stieve ähnliche Berechnungen ausführte, ergab sich mit ziemlicher Genauigkeit immer wieder als Verhältnis des Keimgewebes zum Zwischengewebe etwa 6 : 1. (Es schwankt zwischen 5 : 1 bis 7 : 1.)

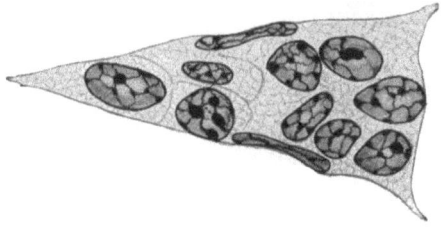

Abb. 65. Zwischengewebe aus dem Hoden einer 12 Wochen alten Hausmaus. Behandlung usw. wie 64. (Nach Stieve.)

Wie schon erwähnt, tritt die eigentliche Vergrößerung des Zwischengewebes erst dann ein, wenn das Keimgewebe in seiner Entwicklung schon sehr weit fortgeschritten ist und wenn die sekundären Geschlechtsmerkmale schon voll ausgebildet sind.

Im höchsten Falle, bei einer Hodengröße von 5,4 : 7,9 mm und einem Inhalt von 112 cmm, fand Stieve 14,0 cmm Zwischengewebe.

Beim Rinde haben die Zwischenzellen nach Bascom, wie wir gesehen haben, ebenfalls keinen Zusammenhang mit der Geschlechts- und Geschlechtsmerkmal-Differenzierung.

Vergleichen wir nun damit die Mengen beim greisen Vater der eben beschriebenen Mäuse, der im Alter von 17 Monaten noch vollkommen fortpflanzungsfähig war, dann aber langsam steril wurde, und bis zum 31. Monat, wo er getötet wurde, lebte. Der rechte Hoden (siehe Abb. 66) mißt 3,6 : 6,8 mm, was einem Inhalt von 49,0 cmm entspricht. Davon entfallen 35,2 cmm auf den generativen Anteil, 13,8 cmm auf das Zwischengewebe. Das gegenseitige Mengenverhältnis beträgt jetzt 2,5 : 1, **hat sich also ganz wesentlich zum Nachteil der Keimzellen verschoben.**

Entwicklung der Zwischenzellen. 123

Vergleichen wir diese Mengen mit denen des volltätigen Hodens, so erkennen wir sofort, daß das Keimgewebe ganz erheblich vermindert ist. Seine Masse beträgt jetzt etwa $1/3$ von früher. Hingegen hat sich das Zwischengewebe hinsichtlich seiner

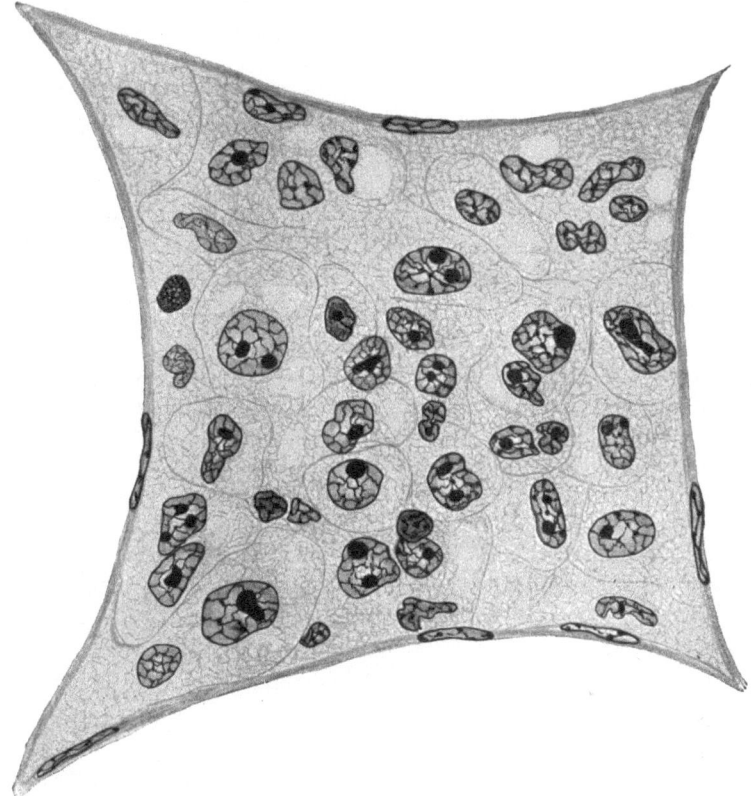

Abb. 66. Zwischengewebe aus dem Hoden einer 26 Monate alten Hausmaus, die deutliche Zeichen des Alterns trägt und seit 2 Monaten steril und impotent war. Wie Abb. 64. (Nach Stieve.)

Gesamtmenge nicht wesentlich verändert, die im Einzelschnitt erkennbare Vermehrung ist demnach lediglich eine relative, durch die starke Rückbildung der Kanälchen vorgetäuschte.

Das Bild des Hodens der Feldmaus zeigt nach Stieve ganz andere Verhältnisse, weil hier die Jahreszeit eine Rolle spielt.

Untersucht man Tiere zu Anfang des Winters, so erkennt man in allen Kanälchen ausschließlich kleine Spermatogonien; je mehr der Frühling herannaht, desto lebhafter schreitet die Samenbildung vor und desto mehr vergrößert sich auch der Hoden. Es scheint jedoch, daß die Spermatogenese niemals vollkommen zum Stillstand kommt, so wie man das sonst bei periodisch brünstigen Tieren beobachtet. Denn selbst im Herbst findet man im Hoden alter Tiere, bei denen schon ein großer Teil der Kanälchen in Rückbildung begriffen ist, immer vereinzelte Stellen, an denen Spermatocyten entstehen und wachsen.

Das Auffallendste ist nun, daß im Winterhoden der ausgewachsenen Feldmaus so gut wie kein Zwischengewebe mehr vorhanden ist.

Bei den Feldmäusen kommt im Herbst die Ausreifung der Samenbildungszellen ganz zum Stillstand, die Kanälchen werden enger und kürzer, gleichzeitig verkleinern und verändern sich auch die Zwischenzellen, sie verlieren ihr Fett, ein großer Teil von ihnen geht zugrunde, kurz die Hoden bilden sich im ganzen zurück. Erst im Spätwinter setzt die Samenbildung von neuem ein, und zwar mit großer Heftigkeit in allen Kanälchen, sie führt zu einer wesentlichen Vergrößerung des generativen Anteils, dem langsam eine Vermehrung und Vergrößerung der Zwischenzellen folgt.

Bei Feldmäusen, die im Spätsommer und Herbst geworfen werden, unterbleibt gewöhnlich die Samenbildung bis zum nächsten Frühjahr, statt dessen vergrößern und vermehren sich die Zwischenzellen in sehr erheblichem Maße. Wenn dann im Frühjahr die Samenbildung beginnt, bilden sich zunächst die Zwischenzellen zurück, um erst später den gleichen Entwicklungsgang zu durchlaufen wie bei den Frühjahrstieren.

Näheres wird darüber bei verschiedenen Saisontieren in einem weiteren Kapitel zu sagen sein.

c) Die Zwischenzellen des Hodens und ihr Vorkommen innerhalb der Tierwelt.

Wir haben schon im vorigen Kapitel gesehen, daß die Zwischenzellen sie bei den meisten Tieren in ihrem Auftreten innerhalb des Individualcyclus sehr wechselnd sind.

Sie gehen eine Reihe von gestaltlichen Veränderungen ein, die verschieden sind nach dem Lebensalter der Tiere, verschieden auch bei Tieren mit cyclisch auftretender Spermatogenese und sekundären Sexusmerkmalen, endlich bei alternden Tieren. Kasai hat 1908 bei einer Reihe von Säugetieren die Veränderung der Zwischenzellen untersucht. In neuerer Zeit hat sich die Zahl der Untersuchungen sehr stark vergrößert. Kasai fand, daß die interstitiellen Zellen ihre Gestalt erst gegen Ende des fötalen Lebens verändern. Auch beim neugeborenen Menschen sind fast nur ruhende Zellen vorhanden. Erst während der Pubertät tritt die für das Interstitium typische Zellform auf, und eine bedeutende Vermehrung der Zellen tritt ein. Sobald dann die funktionierenden Samenzellen zum Vorschein kommen, nehmen sie wieder von neuem ab. Bei Greisen sollen sie wieder zahlreicher werden, im Gegensatz zu anderen Autoren (zitiert nach Biedl, Aschoff usw.), die eine derartige Zunahme nicht beobachten konnten. Auffallend ist, daß sie sich auch bei Hoden vermehren, in denen durch chronische Erkrankungen der Samenzelle eine Schädigung eingetreten ist. Ich selbst habe an einem senilen Meerschweinchenmännchen ein vollständiges Schwinden des Interstitiums beobachten können, ebenso bei einem 16 jährigen Hund, bei dem die Spermatogenese noch im vollen Gang war. Oft bleiben die Zwischenzellen auch bis in das hohe Alter ganz intakt.

Es möge jetzt eine Beschreibung des Vorkommens der Zwischenzellen des Hodens bei den verschiedenen Tierklassen folgen.

1. Die Zwischenzellen bei Anneliden.

Bis vor kurzem nahm man an, daß die Zwischenzellen des Hodens auf die Wirbeltiere, besonders von den Anuren an, beschränkt wären, also bei wirbellosen Tieren nicht vorkommen. Bei den niedersten Chordaten, Tunicaten und Acraniern hat man sie auch bis heute nicht gefunden. Dagegen beschreibt Dehorne 1923 sie bei den Oligochäten *Stylaria* und bei *Lumbricus*.

Stylaria besitzt massive, sackförmige Hoden oder Samensäcke, welche denen der Regenwürmer gleichen. Sie enthalten außer den zelligen Elementen der einzelnen Phasen der Spermatogenese noch gänzlich andersartige Zellen, die zwischen jenen gelegen sind und den sogenannten Zwischenzellen der Vertebratenhoden entsprechen sollen. Diese Zellen sind nicht fest verbunden mit den anderen, bilden um die Spermatosphären eine Art Hüllgewebe. Sie haben einen drüsigen Charakter. Da ihre Einschlüsse nur auf Osmiumpräparaten sichtbar sind, scheinen sie ein mitochondrienartiges Substrat darzustellen. Andere Chondriosomen fehlen dem Zellplasma. Von der ersten Bildung der Spermatiden an bis zum Abschluß der Spermatogenese finden sich in diesen Zellen Spermatozoen, die in Nahrungsvacuolen verdaut werden. Da Dehorne Spermatozoen auch in anderen Geweben des Wurmkörpers gefunden hat, meint er, jene Zwischenzellen hätten die in ihnen enthaltenen Spermatozoen nicht aktiv, wie Phagocyten, aufgenommen, sondern er hält es nicht für ausgeschlossen, daß die Spermatozoen selbst in die phagocytär wirkenden Zwischenzellen eindrängen. Wenn die Spermatogenese beendet ist, stellt der Hoden einen flüssigkeitsgeschwellten Sack dar, in dem die Spermatozoenbündel flottieren. Von den interstitiellen Zellen ist keine Spur mehr zu sehen. Sie sind geplatzt und haben sich aufgelöst. Die Hodenflüssigkeit stellt demnach eine deren Bestandteile enthaltende Lösung dar. Bei *Lumbricus* sind die Verhältnisse im wesentlichen die gleichen, wie Dehorne sie bei *Stylaria* gefunden hat. Sie sind bereits 1905 von Brasil beschrieben worden, der den sogenannten interstitiellen Zellen aber eine andere Bedeutung beilegte. Die beschriebenen interstitiellen Zellen ähneln solchen von *Triton* nach Pérez (1921) und solchen vom Pferd nach Bouin und Ancel (1905).

Es scheint mir, als ob diese sogenannten interstitiellen Zellen der Samensäcke von *Stylaria* und *Lumbricus* Follikel- und Nährzellen sind, also höchstens den Sertolischen Zellen zu homologisieren wären.

Interessant ist jedoch, daß sie eine phagocytäre Rolle spielen, also vielleicht indirekt als Hormonträger wirken, und in ähnlicher Weise wie vielleicht die Zwischenzellen im Hoden der Wirbeltiere wirksam werden.

2. Die Zwischenzellen bei Cyclostomen und Fischen.

Während, wie erwähnt, bei Tunicaten und Acraniern scheinbar im Hoden Zwischenzellen fehlen, sind sie bei Cyclostomen nachgewiesen worden.

Walter und Ferd. Kolmer (1922) und Scheminsky konnten bei dem Cyclostomen *Myxine glutinosa* zwischen den

Follikeln typische Zwischenzellen nachweisen. Bei *Petromyzon fluviatilis* habe ich sie nicht auffinden können.

Bei den Selachiern, *Raja punctata, Scyllium catulus* und *canicula* wurden Zwischenzellen von W. und F. Kolmer vermißt, dagegen deutlich im Hoden von *Chimaera monstrosa* und *Torpedo marmorata*, im Interstitium eingelagert, gefunden. Während eine größere Anzahl von Teleostiern keinen positiven Befund ergaben, ließen sich bei *Myrus* (einer marinen Aalart) Zwischenzellen nachweisen. Durch die Übereinstimmung mit den Befunden von Courrier beim Stichling ergibt sich, daß man nunmehr in allen Wirbeltierklassen wenigstens zeitweise das Vorkommen von Zwischenzellen in der männlichen Gonade annehmen kann.

Champy wies 1923 nach, daß im Hoden von *Tinca, Phoxinus* und einigen lebend gebärenden Cyprinodontiden sich keine Spuren von Zwischengewebe finden. Das Auftreten äußerer Geschlechtscharaktere fällt dagegen mit der Spermatogenese zusammen. Diese bilden insgesamt ein komplexes Ganzes, und ihr Erscheinen hängt von verschiedenen Ursachen, jedenfalls aber nicht von der Gegenwart interstitiellen Gewebes, ab.

Courrier konnte Zwischenzellen bei *Gobius, Hemichromis, Callionymus, Girardinus* und *Cottus* nachweisen.

Bei *Gasterosteus aculeatus* enthalten nach Courrier (1922) gegen Ende März die Hodenkanälchen nur Sertolische Zellen, Spermatogonien und Spermatozoen. Gleichzeitig werden die vorher spärlichen, platten Zellen des intertubulären Bindegewebes größer, zeigen feine Mitochondrien und größere Einschlüsse und ordnen sich um die zahlreichen eingedrungenen Blutgefäße an: diese Bildung nennt Courrier die endokrine Interstitialdrüse. Die Hochzeitsfärbung des Männchens entwickelt sich, sobald die Secretbildung einsetzt, also erst nach Beendigung der Spermatogenese. Daher schreibt Courrier den Hormonen der cyclisch sich entwickelnden Interstitialdrüse der Fische ursächliche Bedeutung für die Ausbildung der sekundären Geschlechtsmerkmale zu, ohne aber einen bindenden Beweis durch seine daraufhin angestellten Temperaturexperimente dafür zu erbringen. Auch van Oordt (1923/24) hat beim Stichling die Zwischenzellen gefunden.

Die sekundären Geschlechtsmerkmale entwickeln sich zu einer Zeit, wo die Hoden vollkommen reif sind, also im Frühjahr, wo die

Spermien sich im ejakulationsfähigen Zustande befinden. Die Zwischenzellen vermehren sich dann sehr stark. Ist die Spermatogenese durch irgendwelche Ursachen früher beendigt, dann wird das Interstitium breiter, und die Zahl der Zwischenzellen nimmt zu. Ist dieses im Herbst der Fall, so muß während des Winters im Hoden ein Ruhezustand eintreten. Sind die Hoden im Anfang des Winters in Spermatogenese begriffen, so findet dieser Prozeß auch während der Wintermonate, jedoch nicht sehr intensiv, statt. Im Frühling wird die Spermienbildung wieder lebhafter.

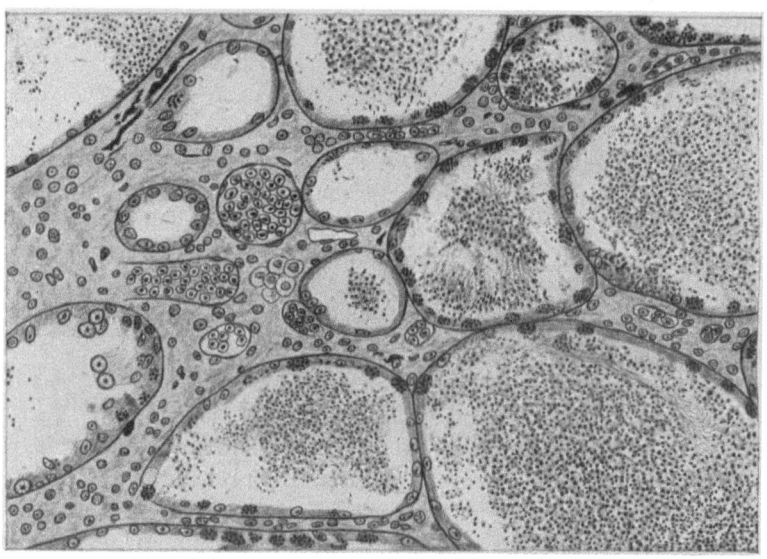

Abb. 67. Brunsthoden; in den Kanälchen große Mengen von Spermien; an der Wand derselben kleine Pakete von Spermienköpfen, vereinzelte Stützzellen und Spermatogonien. Im breiten Interstitium zahlreiche Zwischenzellen, Blutgefäße und vereinzelte Melanophoren. Tier Nr. 31; Vergr. 275. (Nach van Oordt.)

In einigen Herbst- und Winterhoden (von Tieren also, bei welchen sich noch keine sekundären Merkmale entwickelt haben,) war die Spermatogenese beendet. Die Spermien liegen jedoch noch meistens in Cysten. Das Interstitium dieser Hoden ist breit und enthält zahlreiche Zwischenzellen. Die Hoden der Brunsttiere weisen keine Spermatogenese auf. In den Hodenkanälchen liegen außer vereinzelten Spermatogonien im Ruhestadium große Mengen freier Spermien. Auch sieht man gegen die Wand der

Kanälchen gestellt zahlreiche aus Spermienköpfen bestehende Pakete, welche je um eine Stützzelle gruppiert sind. Das Interstitium der Brunsthoden ist breit, enthält große Gruppen von Zwischenzellen und viele Blutgefäße (Abb. 67).

Aus dem über Herbst- und Winterhoden Gesagten folgt, daß das Vorhandensein vieler Zwischenzellen im Hoden nicht notwendigerweise die Ausbildung der sekundären Geschlechtsmerkmale zur Folge hat. Die Zwischenzellen sind daher nicht als die Quelle der Geschlechtshormone zu betrachten, doch haben sie sehr wahrscheinlich eine trophische Funktion, weil das Interstitium immer verbreitert ist, die Zwischenzellen immer an Zahl zugenommen haben, wenn die Spermatogenese beendet ist. Sie speichern Stoffe auf, welche von dem generativen Teile der Geschlechtsdrüse verbraucht werden, wenn die Spermatogenese wieder anfängt.

Es ist also daher sehr wahrscheinlich, daß die Geschlechtshormone vom generativen Teile der Geschlechtsdrüse gebildet werden.

Die Zwischenzellen entstehen wahrscheinlich nach van Oordts Ansicht beim Stichling aus Bindegewebszellen. Dieselben Schlußfolgerungen zieht van Oordt (1924) für *Xiphophorus helleri*, einem lebendgebärenden Zahnkarpfen, bei dem aber die Zwischenzellen trotz dauernder Brunst sehr spärlich im Vergleich zum Stichling sind.

3. Die Zwischenzellen im Hoden der Amphibien.

Die Amphibien sind noch mehr als die Fische Saisontiere, weil sie außer der jahresperiodischen Brunst, die sie mit den Fischen und den wildlebenden Amnioten gemeinsam haben, einen Winterschlaf durchmachen. Es läßt sich daher bei diesen Tieren nur ein Urteil über die Zwischenzellen fällen, wenn man mindestens zwei Jahrescyclen untersucht. Alle diese Untersuchungen über die Zwischenzellen der Amphibien, wie auch anderer Wirbeltiere, sind nun immer, namentlich in neuester Zeit, mit der ausgesprochenen Absicht angestellt worden, die Frage nach der Bedeutung dieser Elemente zu klären, nicht immer zum Vorteil der Auswertung der Resultate, zumal wenn der betreffende Autor sich schon nach einer gewissen Richtung festgelegt hat.

Während die Zwischenzellen des Hodens der Anuren schon längere Zeit genügend gut bekannt sind (Nußbaum, Harms, Champy u. a.) sind die der Urodelen erst neuerdings genauer und eingehend untersucht worden.

a) Die Zwischenzellen des Hodens der Urodelen.

Pérez hat schon 1904, Nußbaum 1906 im Hoden von *Triton* bestimmte Zellen gefunden, deren histologisches und mikrochemisches Verhalten eine große Ähnlichkeit mit denen der Zwischenzellen der höheren Tiere zeigt. Diese Zellen sind Follikelzellen, die die Spermatogonien cystenartig umgeben. Sie vermehren sich mit den Spermatogonien und erfahren während der Spermatogenese eine erhebliche Vergrößerung des Protoplasmaleibes durch Fettansammlung. Nach Ausstoßung der Samenpakete werden die zu einer Cyste gehörigen Follikelzellen zurückgebildet; sie entarten dann fettig und erinnern an den gelben Körper in dem Eierstock der höheren Wirbeltiere. Ganz ähnliches Verhalten beobachtete Stieve 1920 beim Hoden des *Olmes*. Diese Follikelzellen sind nun aber Abkömmlinge des Keimepithels und sind wahrscheinlich den Sertolischen Zellen gleich zu setzen, nicht aber den Zwischenzellen, mit denen sie, wie schon Pérez sagt, nicht homologisiert werden können.

Den Betrachtungen über die sogenannten Zwischenzellen des Urodelenhodens legen wir am besten die Arbeiten von Humphrey (1921) zugrunde.

Champy hat schon im Jahre 1913 die Zwischenzellen im Hoden von verschiedenen europäischen Urodelenarten gefunden. Ihm fällt besonders die Ähnlichkeit des interstitiellen Gewebes mit dem Corpus luteum des Säugerovars auf, er nennt es sogar „veritable corps jaune testiculaire". Seine Resultate decken sich im allgemeinen mit den 1921 veröffentlichten von Humphrey.

Das Material, auf welches Humphrey seine Untersuchungen größtenteils aufbaut, besteht aus Hoden von 52 Exemplaren von *Necturus maculosus*, wovon 49 die sexuelle Reife hatten.

Bei höheren Vertebraten fällt das Maximum der Entwicklung der Leydigschen Zellen meist in die progressiven und die Reifeperioden des Keimgewebes, doch zeigen nahe verwandte Arten oft erhebliche Unterschiede. Bei Urodelen sind die Zusammenhänge viel klarer. Hier reifen die Lobuli des Hodens, angeordnet um den centralen oder peripheren Ausführgang, vom caudalen zum cephalen Pol des Organs („spermatogenetische Welle", Abb. 68a—e), so, daß in einem Lobulus jeweils nur ein bestimmtes Stadium der Spermatogenese vorliegt. Nach Ausstoßung reifer Spermatozoen bleiben nur Sertolische Zellen zurück, die bald

Zwischenzellen des Hodens und ihr Vorkommen in der Tierwelt. 131

degenerieren. Am Apex des Lobulus (am Ausführgang) persistieren Spermatogonien und erzeugen einen neuen Lobulus, der die Reste des entleerten an die Peripherie drängt; regressiver und progressiver Bezirk sind scharf getrennt (siehe Schema Abb. 68a—e). Die Schnelligkeit der spermatogenetischen Welle ist je nach den Arten der Urodelen verschieden, daher der Abstand in der Entwicklung caudaler und cephaler Lobuli ungleich.

Bei *Necturus* (Abb. 69a–c) entwickeln sich die primären Spermatogonien an den Apices während des Frühjahrs und Sommers zu Lobuli, die im Oktober reife Spermatozoen entleeren; Degeneration schließt sich alsbald an, nur die Lobuli am Kopfende bleiben länger bestehen. Zwischen den Lobuli liegt während ihrer progressiven Phase nur ein stark zusammengedrücktes Stroma, dessen platte Zellen als einschichtiger „epitheloider Ring" jeden Lobulus umgeben. Nach Ausstoßung der Spermatozoen werden die Stromazellen zu typischen „Interstitialzellen". Nachdem sie sich bereits kurz vorher durch Mitose vermehrt haben, werden sie rundlich, ihr reichlicheres Cytoplasma zeigt Lipoidtropfen, sowie fuchsinophile Einschlüsse als Körnchen oder Netze, die eine große strahlige

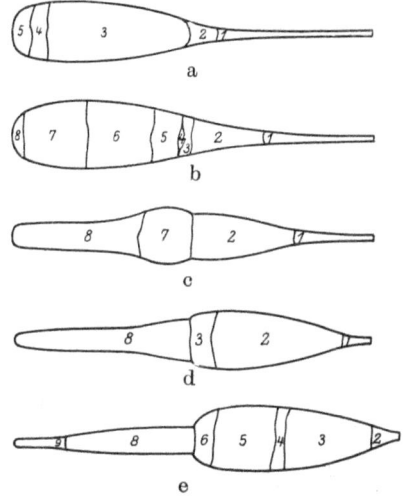

Abb. 68 a–e. Schematischer Längsschnitt durch den Hoden von *Desmognathus*, um die Umwandlung in Form und Inhalt des Organes zu veranschaulichen, hervorgerufen durch die langsame spermatogenetische Welle und verzögerte Regeneration der Lobuli. (a) Anfang Juni. (b) Ende September. (c) Ende November. (d) März. (e) Juli. Die Grenze jeder Abbildung wird durch eine Linie dargestellt, die unmittelbar über den Bezeichnungsbuchstaben herläuft. Links von der Grenze ist die Region, die in der ersten Zeit die Spermatozoen hervorbringt, rechts davon die Region, die dieselben in den späteren Monaten erzeugt. Schema a und b zeigen die caudocephale Bewegung der spermatogenetischen Welle; Schema c, d und e veranschaulichen die Veränderungen, die der Entleerung einer Region folgen. 1. Schlanke cephalische Region, die nur die primären Spermatogonien enthält. 2. Sekundäre Spermatogonien. 3. Spermatocyten I. 4. Teilungen der Spermatocyten I, und Spermatocyten II im Ruhestadium oder Teilung begriffen. 5. Spermatiden. 6. Reifende Spermatiden und unreife Spermatozoen. 7. Reife Spermatozoen. 8. Geleerte Lobuli, degenerierend umgeben von interstitiellen Zellen. 9. Caudaler Teil, aus dem die interstitiellen Zellen verschwunden und nur noch primäre Spermatogonien um den Sammelgang zu sehen sind. (Nach Humphrey.)

9*

132 Die Entwicklung der somatischen Elemente in den Keimdrüsen.

Centrosphäre umgeben. Auch die Entwicklung der typischen Zwischenzellen zieht als caudocephale Welle über den Hoden. Mit der Ausbildung neuer Lobuli wird auch das Interstitialgewebe zur Peripherie verdrängt; seine Zellen degenerieren teils, teils werden sie in Stromazellen rückverwandelt.

Andere Urodelen zeigen prinzipiell das gleiche.

Bei *Desmognathus, Diemyctylus* (Abb. 70) und *Salamandra* zerfällt der Hoden durch eine „Grenzebene" degenerierter Lobuli in einen caudalen Abschnitt, an dem zunächst allein die Reifung der

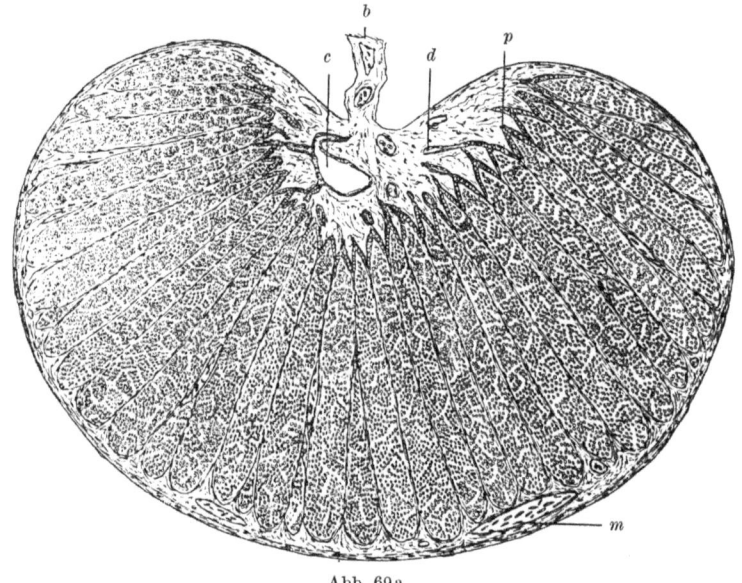

Abb. 69a.

Lobuli mit folgender Entwicklung von Zwischenzellen vor sich geht, und einen cephalen, dessen Spermatogonien bis zur nächsten Brunst persistieren. Bei unreifen Männchen wurden nirgends typische Leydigsche Zellen gefunden. Causale Beziehungen dieser Zellen zur geschlechtlichen Reifung oder zur Brunst erscheinen bei den Urodelen ausgeschlossen. Ihre Entstehung aus Stromazellen während der regressiven Phase des Keimgewebes legt den Gedanken nahe, daß sie die Degenerationsprodukte derselben speichern, im übrigen ist ihre Rolle im Körperhaushalt unklar.

Zwischenzellen des Hodens und ihr Vorkommen in der Tierwelt. 133

Die Zwischenzellen der Urodelen erweisen sich als temporäre Modifikationen der Stromazellen. Ihren Entwicklungs- und Degenerationscyclus zeigt in klarer Weise die Abb. 71a—p. Eine Bildung aus Bindegewebszellen ist hier wohl kaum zu bezweifeln, damit ist auch der Champysche Vergleich mit dem Corpus luteum nicht ohne weiteres annehmbar.

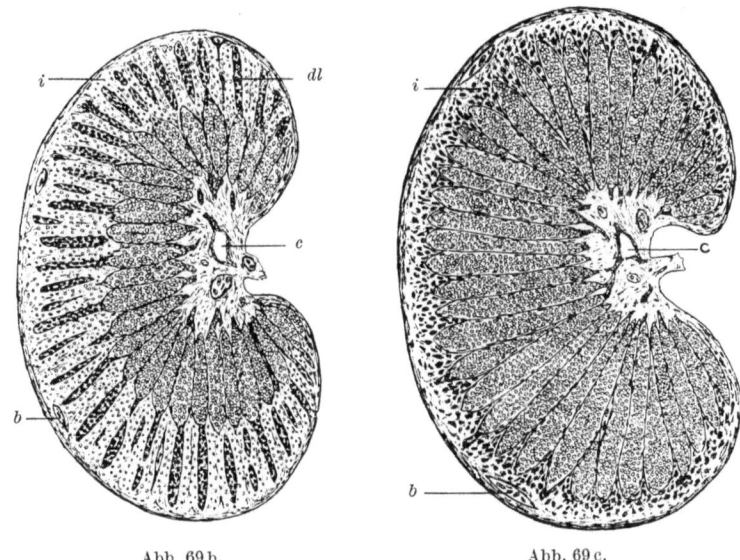

Abb. 69b. Abb. 69c.

Abb. 69a—c. Querschnitt (schematisch) durch den Hoden von *Necturus*, um die Saisonunterschiede betreffend Größe und Struktur zu veranschaulichen. a Der Hoden im August. Die Lobuli sind durch Spermatiden erweitert. In dieser Periode gibt es keine interstitielle Zellen. *i* Zwischenzellen, *c* Längssammelgang, *d* Zweig des Sammelganges, *p* primäre Spermatogonien am Ende der Lobuli, *m* Mesorchium, *b* Blutgefäß. b Der Hoden (Caudalteil) Ende Dezember. Die regenerierenden Lobuli enthalten primäre und sekundäre Spermatogonien, während die periphere Hälfte des Hodens angefüllt ist mit degenerierenden Lobuli (*dl*) und interstitiellen Zellen (*i*). Abbildungenerklärung wie oben. c Hoden im Juni kurz vor dem endgültigen Verschwinden der interstitiellen Zellen, die man jetzt noch als verstreute hypertrophierte Zellen in der äußeren Peripherie des Organes antrifft. Abbildungenerklärung wie oben. (Nach Humphrey.)

Da die Zwischenzellen der Urodelen bei nicht geschlechtsreifen Männchen noch fehlen, so können sie bei diesen Tieren für die Entwicklung der sekundären Merkmale keine Rolle spielen, hier sind es also sicher die Keimzellen allein, die den Einfluß ausüben. In der Reifeperiode der Urodelen haben die Zwischenzellen nur trophischen Wert. Humphrey spricht ihnen die Rolle einer incretorischen Drüse im strengen Sinne des Wortes wohl mit Recht ab, zumal sie

134 Die Entwicklung der somatischen Elemente in den Keimdrüsen.

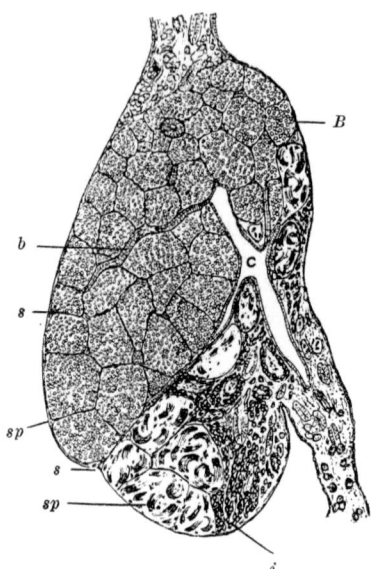

Abb. 70. Längsschnitt des Hodens von *Diemyctylus* nach der Frühjahrsbegattung. Nur noch einige Lobuli enthalten Spermatozoen. Die vor kurzem entleerten Lobuli sind umgeben von interstitiellen Zellen, deren Lipoide durch Osmiumsäure geschwärzt sind. *c* Hauptsammelgang, *b* Zweig des Hauptsammelganges, *s* Lobuli angefüllt mit sekundären Spermatogonien; *sp* Lobuli mit Spermatozoen angefüllt, *i* interstitielle Zellen, *B* Grenzlinie. 16×.
(Nach Humphrey.)

keine konstante Beziehung zur Brunstperiode haben. Auch die Bildung und Reifung der Samenzellen hängt nicht von ihnen ab.

Ein sehr günstiges Objekt um diese Frage weiter klarzulegen, scheint der von Kolmer und Koppanyi (1923) untersuchte *Pleurodeles Waltli*. Bei diesem Molch, der als sekundäres Merkmal keinen Kamm und auffällige Brunstfarben sondern wie die Anuren eine Brunstschwiele hat, sitzen den Hoden an beiden Polen ein durch Carotin wie das Fett des Fettkörpers orangegelb gefärbter, mehrere Millimeter großer Körper auf, der der jeweiligen Größe des Hodens entspricht.

Bei der histologischen Untersuchung ergab sich, daß dieser Körper zum größten Teil aus dichtgedrängten Zwischenzellen

Abb. 71 a—p. Interstitielle Zellen eines Hodens von *Necturus*. Alle Figuren sind mit dem Zeichenapparat entworfen. Vergr. 750mal. Nach Präparaten konserviert in Bensleys Lösung, mit Säurefuchsin und Methylgrün gefärbt. Lipoidtropfen erscheinen schwarz, Mitochondrien und fuchsinophile Granula rot, Nucleolen grün. — a Stromazellen aus den Sommermonaten zwischen den Lobuli der Spermatogonien oder Spermatocyten. — b Zelle, die die teilweise geleerten Lobuli am caudalen Ende des Hodens Anfang Oktober umgeben. Zahlreiche Mitochondrien sind jetzt vorhanden, Zellgrenzen sind noch nicht wahrnehmbar. Oben rechts ist eine Bindegewebszelle, die noch nicht die Umwandlung zum interstitiellen Zelltyp begonnen hat. — c Eine der mitotischen Figuren, die sehr zahlreich Anfang Oktober zwischen sich entwickelnden interstitiellen Zellen auftreten. Zwischen den roten Granula sind einige größer als in Abb. b. — d Zelle im fortgeschrittenen Entwicklungsstadium. Der Nucleolus ist jetzt gerundet, die Grenzen sind ausgeprägt und viele fuchsinophile Granula sind unzweifelhaft größer als die Granula (Mitochondrien?) in Abb. b. — e Zelle aus dem caudalen Ende des Hodens Ende Oktober. Lipoide mit Osmiumsäure geschwärzt sind aufgetreten, viele haben die gleiche Größe wie die fuchsinophilen Granula. Nucleolen annähernd rund und Zellgrenzen erkennbar. — f Zelle aus dem gleichen Teil wie Abb. e, jedoch zeigt sie den Einschluß umgeben von zahlreichen fuchsinophilen Granula und geschwärzten Lipoidtropfen. — g Zelle aus dem caudalen Teil des Hodens im April mit riesengroßen Centrosphären mit Einschluß und Centriolen. Interstitielle Zellen dieser Art überwiegen im Frühjahr. — h Degenerationszelle (oder Zellmasse?), häufig im Hoden im Mai. Die Körper rechts sind anscheinend Mengen von Cyto-

Zwischenzellen des Hodens und ihr Vorkommen in der Tierwelt. 135

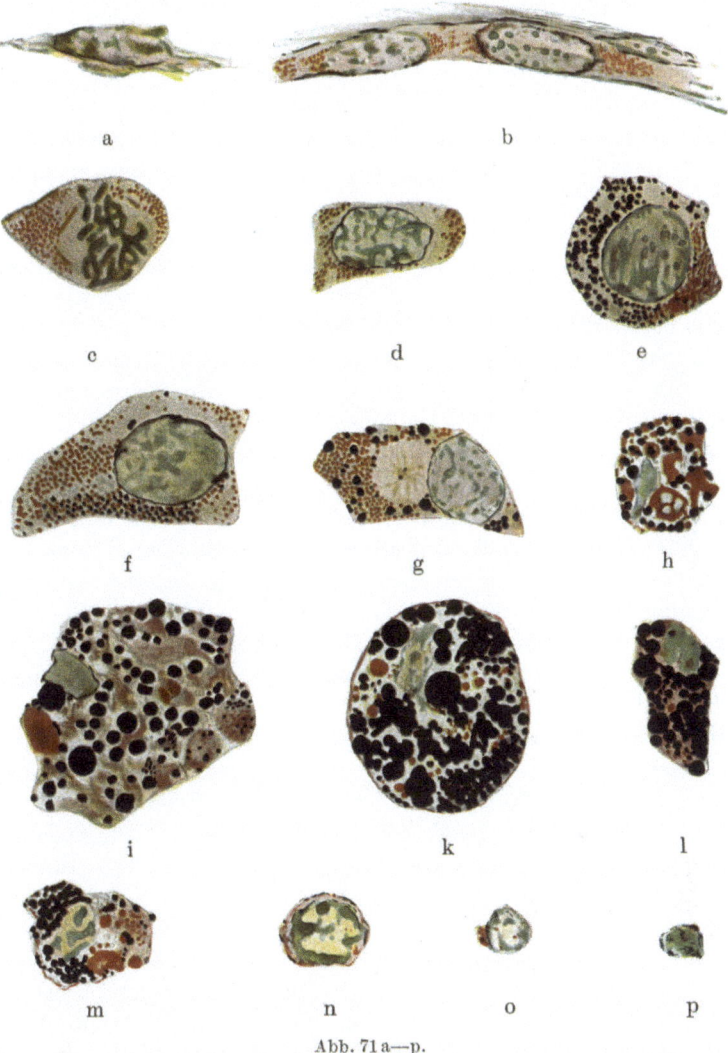

Abb. 71 a—p.

plasma, angefüllt mit kleinen fuchsinophilen Granula (Mitochondrien?). Es besteht die Annahme, daß dieselben vielleicht einen Anreiz geben für die Bildung stark färbender fuchsinophilen Massen auf der linken Seite. — i—p Zellformen, die im Hoden während der Monate Juni—Juli vorkommen. Hin und wieder können wohl Formen wie in j oder k den Sommer überdauern, bei der Mehrzahl der untersuchten Tiere jedoch sind sie vollkommen verschwunden. n und p zeigen Zellen von einer Form, die häufig an der Peripherie des Hodens auftritt zu der Zeit, wenn die größeren Zellen sich an Zahl verringern. (Nach Humphrey.)

besteht. Außer Zwischenzellen, die durch ihre Form, Größe, ihre Färbbarkeit, durch Fettgehalt und cytologische Einzelheiten charakteristisch sind und den Nebennierenrindenzellen ähnlich sehen, finden sich nur einzelne Spermatogonien, bei einzelnen Individuen auch sehr große Elemente vom Charakter der Oogonien. Es scheinen bei diesem Tier die bei anderen Urodelen zwischen den Läppchen verteilten Zwischenzellen zu einem besonderen Organ zusammengefaßt zu sein. Da bei anderen Urodelen, wie Molchen, eine Fettspeicherung nicht in Zwischenzellen sondern in vergrößerten Sertolischen Zellen beobachtet wird, die aber auch bei *Pleurodeles* vorkommen, es aber nunmehr feststeht, daß nicht nur *Pleurodeles*, sondern auch andere Molche Zwischenzellen besitzen, so muß man annehmen, daß verschiedene Mittel zur Erreichung des gleichen Zieles angewendet erscheinen, d. h. um Reservestoffe für die Spermatozoen herbeizuschaffen.

Anderer Ansicht über das Zwischengewebe bei Urodelen ist Aron (1922/23). Das endokrine Drüsengewebe im Hoden der Urodelen entsteht nach ihm aus den Sertolischen Zellen der Spermiencysten; diese Zellen vermehren sich, beladen sich mit Lipoiden und füllen den Hohlraum der Cyste, aus dem die Spermatozoen verschwinden, aus; die Cystenwand bildet sich zurück, und das entstandene drüsenartige Gewebe tritt mit dem umgebenden gefäßreichen Bindegewebe in Berührung. Die Zellenhaufen atrophieren bald, neue bilden sich aus. Das endokrine Gewebe der Urodelen wäre somit dem der Säuger physiologisch aber nicht morphologisch gleichwertig, was nach der Untersuchung von Humphrey nicht aufrecht erhalten werden kann. Die morphologische Bedeutung der Umwandlung der Sertolizellen in Zwischenzellen ist in der Umstellung der Polarität der Sertolischen Zellen von exokriner (nutritiver) zu endokriner Tätigkeit zu sehen, sobald sie durch Schwund des Lumens und der Wand der Cyste mit den Blutgefäßen in Beziehung treten. (Experimentell erhielt Aron wohl Vermehrung, aber keine endokrine Betätigung der Sertolischen Zellen.) Bei höheren Vertebraten nun sind die Sertolischen Zellen spezialisiert zu rein exokriner nutritiver Tätigkeit, für die Spermienbildung; die endokrine Funktion wurde den Zwischenzellen übertragen, die aber gleichzeitig wohl an die Sertolischen Zellen Stoffe abgeben, also doppelte Polarität der Funktion zeigen.

Im Gegensatz zu Champy, Kolmer und Humphrey sieht Aron in den Zwischenzellen die Bildungsstätte der Hormone für die sich jährlich entwickelnden sekundären Sexualcharaktere; vor Eintritt der Geschlechtsreife fehlt dieses Drüsengewebe. Sein Auftreten leitet die Spermatogenese ein, die Zeit seiner höchsten Entfaltung fällt mit der Entwicklung des Hochzeitskleides, seine Rückbildung mit dem Verschwinden des letzteren zusammen. Experimente — ein- und doppelseitige Kastration in verschiedenen Stadien der Brunst, Radiumbestrahlung — deutet Aron im gleichen Sinne. Beweisend schien Galvanokauterisation des endokrinen Gewebes unter Schonung des Keimgewebes, worauf das Hochzeitskleid schnell und völlig verschwand.

Gegen diesen Befund, dem auch Bouin und Ancel zustimmen, verwahrt sich Champy. Aus seinen eigenen ausgedehnten Untersuchungen bei Tritonen (1921/23) geht hervor, daß das Hochzeitskleid ausgebildet wird, obgleich keine interstitiellen Zellen vorhanden sind, und daß umgekehrt trotz eines gut ausgebildeten interstitiellen Gewebes („tissu adipeux") das Hochzeitskleid fehlen kann. Dasselbe Resultat findet er auch bei Fischen. Seine Anschauungen werden durch Humphrey unterstützt, der keinen Parallelismus zwischen geschlechtlicher Reife und Veränderung der interstitiellen Drüse finden kann.

Beim *Triton* gibt es nach Champy keine eigentlichen Zwischenzellen; jedoch sind Bindegewebszellen, die sich nach Ausstoßung der Spermatozoen, also nach der Brunst, mit Lipoiden füllen, vorhanden; diese Zellen sind bis zum Frühjahr, wo die sekundären Geschlechtsmerkmale sich entwickeln, wieder frei von Fetten. Bei *Triton alpestris* konnte nun Champy 1921 nachweisen, daß bei den Tritonen ein Hochzeitskleid nur gebildet wird während die Spermatozoen zur definitiven Reife gelangen, was ich auf Grund meiner langen Beobachtungen an *Triton alpestris*, *taeniatus* und *cristatus* durchaus bestätigen kann. Champy hat diese Frage auch experimentell zur Entscheidung gebracht. Er ließ *Triton alpestris* während der Spermatogenese vollständig hungern. Er fand dann im Oktober statt der Spermatozoen nur Spermatogonien. Von Oktober an wurden diese Tiere wieder gut gefüttert. Ende November bekamen die normalen Tiere ihr Hochzeitskleid, ebenso Tiere, die von Oktober an gehungert hatten.

138 Die Entwicklung der somatischen Elemente in den Keimdrüsen.

Diejenigen Tiere, die im Sommer gehungert hatten und noch keine Spermatozoen besaßen, bekamen auch bis in das Frühjahr hinein kein Hochzeitskleid.

b) Die Zwischenzellen der Anurenhoden.

Bei Fröschen nun, die wie die urodelen Amphibien cyclische Brunstmerkmale haben, ist während der Brunst das Zwischenzellgewebe stark ausgebildet, wie das Nußbaum bei *Rana fusca*, Harms bei *Bufo vulgaris* und Champy bei *Rana esculenta* feststellen konnten. Nach Nußbaum sind in dieser Zeit Körnchen in den Zellen vorhanden, die durch Osmiumsäure geschwärzt werden und mit Damarlack entfärbt werden können. Namentlich Champy hat in neuerer Zeit die Hoden verschiedener Anuren und Urodelenarten untersucht. Bei *Rana esculenta* ist während des ganzen Jahres gut entwickeltes Zwischengewebe vorhanden, nur während des Höhepunktes der Samenentwicklung ist es relativ etwas vermindert. Im Winter sind die Zwischenzellen vollgepfropft mit Fetttropfen. Während der Brunst dagegen sind sie sehr viel kleiner und ohne jede Einlagerung. Die Ausbildung der sekundären Geschlechtsmerkmale soll vollkommen unabhängig von dem Verhalten der Zwischenzellen erfolgen. *Bufo calamita* und *vulgaris*, *Hyla arborea* und *Alytes obstetricans* verhalten sich ganz ähnlich. Bei *Bufo* allerdings schwinden die lipoiden Einlagerungen schon Ende des Winters, während im Bidderschen Organ dann noch reichlich Secretbildung vorhanden ist.

Rana temporaria oder *fusca* verhält sich dagegen anders. Im Winterhoden ist nur ganz wenig Zwischengewebe vorhanden. Es liegt in den kleinen Zwischenräumen, da wo die meist sechseckigen Samenkanälchen mit ihren Winkeln aneinanderstoßen. Die Zellen enthalten allerdings keinerlei lipoide Einschlüsse und sind sehr klein. Die Angabe von Champy, daß sie im Winterhoden vollkommen fehlen, kann ich daher nicht bestätigen. Auch Nußbaum hat schon vor mir das gleiche gefunden. Mit dem Einsetzen der Spermatocytenvermehrung wachsen die Zwischenzellen wieder und beladen sich reichlich mit Fett. Im Mai und Juni haben sie ihre höchste Ausdehnung erreicht und bilden sich dann mit Beginn der eigentlichen Samenfadenbildung wieder zurück.

Aus einem Vergleich der Spermatogenese, der Entwicklung des interstitiellen Gewebes und dem Auftreten der Brunstschwielen bei *Rana temporaria*, die sich wegen des zeitlich begrenzten Eintretens der Spermatogenese dazu besonders eignen, ergibt sich nach neuen Untersuchungen von Champy (1922), daß zwischen dem Auftreten der Brunstschwielen und dem Zwischengewebe keinerlei Beziehungen bestehen. Die Schwielen erscheinen vor den Zwischenzellen und können vor ihrem Auftreten verschwinden. Die Brunstschwielen treten erst auf, wenn reife Spermien vorhanden sind. Die Arten, bei denen das ganze Jahr über Hodenzwischenzellen und die einzelnen Stadien der Spermatogenese zu beobachten sind (*Bufo, Rana esculenta, Discoglossus*), oder bei welchen die Brunstperioden zahlreich oder variabel sind (*Alytes, Discoglossus, Bombinator*) eignen sich zur Untersuchung der vorliegenden Frage weniger. Trotzdem konnte auch hier festgestellt werden, daß die Brunstschwielen nur dann erscheinen, wenn eine bestimmte Menge reifer Spermien vorhanden ist. Bei *Discoglossus* ist von besonderem Interesse, daß zur gewöhnlichen Zeit, wo sie bei anderen Anuren erscheinen, keine Zwischenzellen vorhanden sind. Dagegen entwickeln sich einige fettbeladene Zellen an der Peripherie der Samenkanälchen kurz vor Beginn der Spermatogenese nach dem Verschwinden der Brunstschwiele. Bei *Bufo vulgaris*

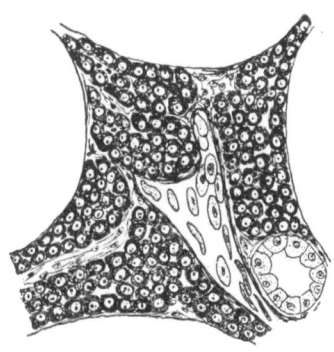

Abb. 72. Zwischengewebe aus dem Hoden einer Kröte im Herbst. Zwischenzellen dicht mit geschwärzten Lipoidkörnchen angefüllt. Zwischen den von vier Kanälchen begrenzten Läppchen des Zwischengewebes ein Gefäß mit Blutkörperchen. (Harms.)

konnte ich 1915 beobachten, daß das Zwischengewebe im Spätsommer den Höhepunkt seiner Entwicklung erreicht (Abb. 72), also in einer Zeit, wo die Spermatogenese in vollster Entwicklung ist und sich ihrem Ende naht. Bis zum Frühjahr ist dann das Zwischenzellengewebe wesentlich an Umfang zurückgegangen, ist aber im Winter noch mit Lipoidgranula angefüllt. Osmierbares Secret ist gewöhnlich unmittelbar vor der Brunst in den Zellen nicht mehr vorhanden.

Das Zwischengewebe kommt daher als Ursprungsstätte des Hodenhormons nicht in Betracht; dies wird von den Spermien geliefert. Ob es durch Resorption zerfallender Spermien entsteht oder als Nebenprodukt gegen Ende der Spermatogenese gebildet wird, kann zur Zeit nicht entschieden werden.

Bei den Untersuchungen an Amphibien muß man meines Erachtens in der Auswertung der Resultate sehr vorsichtig sein. Diese Tiere haben bezüglich ihrer Keim- und Zwischenzellencyclen in verschiedenen Klimaten, was ich besonders im Vergleich Königsberger und mitteldeutscher Kröten feststellen konnte, sehr abweichende Zustände (siehe auch Witschi [1925]), ebenso sind sie Gefangenschaftseinflüssen außerordentlich zugänglich, wie das auch die Untersuchungen Stieves am Tritonenovar zeigen.

4. Die Zwischenzellen bei Sauropsiden.

Noch mehr als bei den Amphibien nähern sich die Verhältnisse der Zwischenzellen der Sauropsiden denen der Säugetiere.

Unter den Reptilien hat sie schon Leydig bei der männlichen Eidechse gesehen. Mazetti beschreibt Zwischenzellen von charakteristischem Bau im Hoden einer Schlange und einer Eidechse.

Genauere Untersuchungen über den Hoden der Eidechse sind von Frankenberger (1922) und Reiß (1923) angestellt worden.

Die männliche Eidechse besitzt eine Reihe sehr ausgesprochener sekundärer Geschlechtsmerkmale, die alle im Laufe des Frühjahrs auftreten und sich im Herbst wieder zurückbilden. Als derartige Merkmale führt Reiß die Rücken- bzw. Bauchfärbung, die Hypertrophie des Penis, den von Regaud und Policard beschriebenen Secretionscyclus der Niere, die von Henry geschilderten Saisonveränderungen des Nebenhodens an. Die Ausbildung der Merkmale steht nach Reiß zeitlich in Beziehung mit der Secretionsphase der interstitiellen Drüse des Hodens, aber nicht mit der des samenbereitenden Hodengewebes.

Der Hoden von *Lacerta muralis* und *L. agilis* zeigt nach Reiß cyclische Veränderungen. Vom März bis Anfang April setzt eine starke Vermehrung der Spermatogonien ein, die bis zum Herbst fortdauert. Gleichzeitig bildet sich die Reserve von Spermatiden aus dem vorhergehenden Jahre weiter aus. Die Zwischenzellen sind zu dieser Zeit spärlich, den Bindegewebszellen ähnlich und ohne Anzeichen von secretorischer Tätigkeit. Im Mai ist die Reserve an Spermatiden in Spermien umgewandelt. Außerdem wird noch neues Samenmaterial vom Epithel der Kanälchen gebildet.

Jetzt entwickeln sich die Zwischenzellen. Im Protoplasma der stark vergrößerten Zwischenzellen liegen reichlich Mitochondrien und fuchsinophile Granula. Ende Mai treten in ihnen viele Lipoidtröpfchen auf. Im Herbst sind die Spermien entleert. Das Samenepithel bildet eine große Menge von Spermatiden für das nächste Jahr aus. Die Zwischenzellen sind in Rückbildung, enthalten aber noch viel Lipoid, das sie erst während des Winterschlafes im Dezember verlieren. Es finden also für den samenbereitenden Teil zwei Perioden starker Aktivität statt: im Frühjahr und Herbst. Die interstitielle Drüse zeigt den Höhepunkt der Secretion dagegen im Mai und Juni. Zwischen der Tätigkeit der interstitiellen Drüse und jener des samenbereitenden Teiles besteht keine Beziehung.

Dem entgegen steht bezüglich der Funktion der Zwischenzellen die Beobachtung von Frankenberger, der im Hoden einer im Juli getöteten *Lacerta vivipara* Jacs. das Keimepithel in einem gewissen Ruhestadium fand, was mit der Beobachtung von Reiß übereinstimmt. Neben Sertolischen Zellen waren nur Spermatogonien ohne Mitosen und Spermatocyten 1. Ordnung nachzuweisen; ein anderes Tier zeigte Mitosen in letzteren, sowie Spermatocyten 2. Ordnung. Die Kanälchen grenzen mit ihren Membranae propriae unmittelbar aneinander; nur wo mehrere zusammenstoßen, finden sich neben Blutgefäßen und Bindegewebszellen auch größere Zwischenzellen mit chromatinarmem Kern und ohne Zeichen von Mitose. Diese sind (an nach Flemming fixierten Präparaten) dicht mit geschwärzten Fettröpfchen gefüllt, die durch die Membranae propriae in die Kanälchen übertreten. Präformierte Lücken (Plato) in der Membran waren nicht zu erkennen. Im Kanälchen bilden die Fettropfen keine kontinuierliche Fettrandzone; dagegen ist die innere Zone des Keimepithels, gegen das Lumen zu, stark mit Fett erfüllt, das wohl den Restkörpern der zu Spermien gereiften Spermatiden entstammt. — Die Befunde sprechen gegen Reiß für eine ernährende Bedeutung der Zwischenzellen und stützen die von Plato an Säugern gemachten Beobachtungen.

Bei Reptilien hat weiterhin Dalcq die cyclischen Vorgänge im Hoden der Blindschleiche untersucht. Ende des Winters sind die Samenkanälchen erfüllt mit Spermatocyten 1. Ordnung, das Zwischengewebe ist relativ stark entwickelt. Im März und April reifen die Spermatozoen; es ist jetzt eine anscheinende Aktivitätsabnahme der Zwischenzellen zu beobachten (Volumenverminderung, Kleinerwerden ihrer Inseln, Cytoplasma ohne irgendwelche Differenzierung). Im Mai werden die Spermatozoen ausgestoßen. Die Spermatogonien sind noch in weiterer Proliferation begriffen, die Entwicklung geht jedoch nicht im Juli über die Entwicklung der Spermatocyten 1. Ordnung hinaus. Die Zwischenzellen beginnen nun wieder an Volumen zuzunehmen, das Cytoplasma ist deutlich vacuolisiert. Im August haben die Drüsenzellen des Zwischenzellengewebes um das Doppelte an Volumen gegenüber April und Mai zugenommen. Ihr Cytoplasma ist von Secretgranula erfüllt, die jungen Zellen befinden sich in Mitose. Die Spermatogenese bleibt nun während des ganzen Winters auf dem Stadium der Spermatocyten 1. Ordnung stehen. Der Cyclus der Blindschleiche fügt sich also dem noch zu erwähnenden der Vögel und Säugetiere sehr gut ein.

Über die Zwischenzellen im Hoden der Vögel ist noch verhältnismäßig wenig bekannt. Sie sind jedoch hier in guter Ausprägung vorhanden. (Schöneberg 1913, Ente; Stieve 1919, Dohle; Loisel 1902, Sperling, Kanarienvogel; Boring und Pearl 1917, Hahn; Benoit, 1923, Finken usw.).

Genauere Untersuchungen hat Stieve bei der Dohle angestellt. Er findet beim jungen Tier, bzw. beim alten Vogel außerhalb der Fortpflanzungszeit typische Zwischenzellen, die in großen Gruppen im lockeren Stroma liegen. Sie stellen eine zusammenhängende Masse dar, in welche die Samenkanälchen eingebettet sind. Die Zellgrenzen sind häufig verwachsen, so daß das Zwischengewebe den Eindruck eines Syncytiums erweckt. Beim Hahn nimmt nach Pézard (1918) das Zwischengewebe gegen Ende des zweiten Lebensjahres an Menge ab. Nach Boring, Pearl und Loisel sind im Hoden des erwachsenen Hahns überhaupt keine Zwischenzellen mehr vorhanden.

Poll beschreibt 1920 Zwischenzellen im Hoden des Pfaus und des Perlhahns. Sie treten bei beiden Arten in sehr verschiedener Menge auf und lassen sich im allgemeinen von den gewöhnlichen Bindegewebszellen mit ihren platten, eiförmigen Kernen leicht abgrenzen.

Benoit (1923) untersuchte den Hoden des Combassou (Buchfinkenart) unter Berücksichtigung des Verhaltens der Chondriosomen der Zwischenzellen. Er stellt dabei fest, daß die Zwischenzellen in ihrer Struktur im Laufe der Jahre beträchtliche Unterschiede aufweisen. Während der Ruhezeit ist das Chondriom der Zwischenzellen, die vom Bindegewebe abstammen, nur schwach entwickelt. Ein Teil derselben enthält osmiumreduzierende Einschlüsse. Die Protoplasmamenge ist nur gering. Zu Beginn der Geschlechtstätigkeit bekommen die Zellen das Aussehen von Drüsenzellen mit stark entwickeltem Chondriom.

Die Hodenzwischenzellen nehmen von Beginn der Geschlechtsperiode beim Combassou an Menge und Volumen zu, sodaß sich ihre Gesamtmenge zur Zeit des Höhepunktes der Geschlechtstätigkeit um das 3—4fache vermehrt hat (die Hodenkanälchen um das 120fache). Sie betragen zu dieser Zeit $1/9800$ des Körpergewichtes. Deshalb und im Hinblick auf ihre cytologischen Veränderungen

Abb. 73. Größe der Hoden (links: rechter und linker während der Ruheperiode im Winter; rechts: rechter und linker, während der Fortpflanzungszeit der Dohle. (Nach Stieve.)

glaubt Benoit, daß die Zwischenzellen die Fähigkeit besitzen, das Geschlechtshormon hervorzubringen. Er steht da im Gegensatz zu Stieve, den er scharf angreift und auch zu Pézard und Zawadowsky, die das Hodenhormon, wie fast alle neueren Autoren, den Samenzellen zuschreiben.

Bei den Vögeln machen sich die cyclischen Schwankungen in der Größe des Hodens noch viel stärker geltend als bei Amphibien. Sie sind durch die Vermehrung des generativen Anteils bedingt, und sind nach Etzold (1891) bei denjenigen Arten am beträchtlichsten, die den Begattungsakt am öftesten nacheinander ausführen, Leuckart stellte 1853 fest, daß der Hoden des Haussperlings während der Brunst eine Gewichtsvermehrung um das 192fache hat. Etzold gibt sogar das 336fache im äußersten Falle an. Im Winter ist das Gewicht des Hodens bei *Fringilla domestica* Naum. = *Passer domesticus* Linn. 0,00062 vH. des Körpergewichts, während der Paarungszeit 2 vH. Das Volumen hatte zuweilen um das 1127fache zugenommen.

Die stärkste Hodenvergrößerung gibt Disselhorst (1908) beim Hausgeflügel an. Nach Poll (1911) verhält sich bei Enten der

144 Die Entwicklung der somatischen Elemente in den Keimdrüsen.

Ruhehoden zum Brunsthoden wie 1:200, bzw. 1:300. Schöneberg hat 1913 die Samenbildung bei den Enten genau untersucht, und hat dieselben Erscheinungen im Hoden gefunden wie Tandler

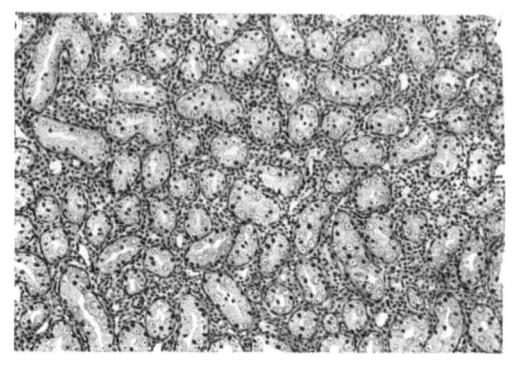

a

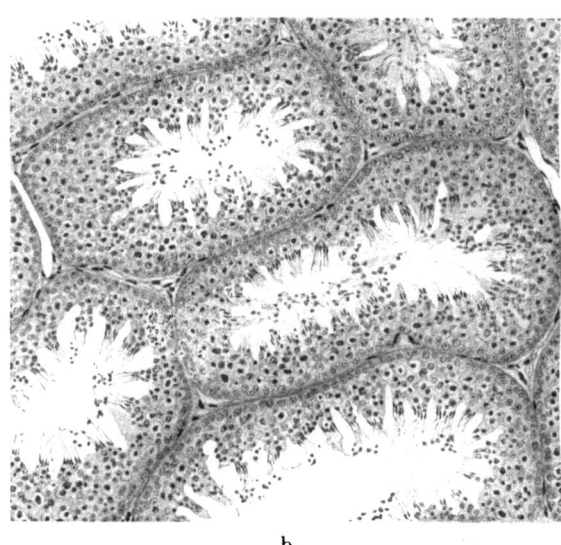

b

Abb. 74a, b. a rechter Hoden einer am 25. Januar 1917 erlegten jungen Dohle. Vgl. Abb. 73 links: Hodengröße 2,2 : 1,4 mm, Kubikinhalt etwa 1,693 mm³. Das Verhältnis der Zwischenzellen zu den Keimzellen beträgt ungefähr 1 : 1. — b Rechter Hoden einer am 24. April erlegten Dohle. Vgl. Abb. 73 rechts: Hodengröße 17,3 : 10,2 mm. Kubikinhalt gleich 706,7 mm³. Reife Spermatozoen in Masse vorhanden. Das Verhältnis der beiden Hodenanteile beträgt etwa 1 : 40. (Nach Stieve.)

und Groß im Maulwurfshoden. Danach sollen während der Brunst die Zwischenzellen fast vollständig verschwunden sein. Man muß jedoch hier immer in Betracht ziehen, daß diese Verminderung, wie namentlich Stieve ausführt, nur eine relative ist im Vergleich zu der ungeheuren Vermehrung der Keimzellen. Die Zahl der Zwischenzellen scheint ziemlich konstant zu sein, nur ihr funktioneller Zustand ist verschieden in den verschiedenen Jahreszeiten.

Bei den Vögeln läßt sich nun sehr schön nachweisen, daß die rasche Vermehrung der Keimzellen mit der Ausbildung der sekundären Geschlechtsmerkmale Hand in Hand geht (Boring und Pearl 1917 beim Hahn, Pézard 1918 beim Hahn). Loisel 1902 macht die Sertolischen Zellen für die Ausprägung der sekundären Geschlechtsmerkmale bei den Hühnervögeln verantwortlich. Es scheint dieses nicht so unwahrscheinlich, da die Sertolischen Zellen umgewandelte Keimzellen sind.

Sehr eingehend hat Stieve (1918) das Verhältnis der Zwischenzellen zu den Keimzellen im Hoden der Dohle untersucht. Die Gewebsvermehrung beträgt hier während der Brunst das 260fache (Abb. 73), die Vergrößerung ist durch die Keimzellen bedingt. Der Durchmesser der Samenkanälchen beträgt im Winter 40 μ (Abb. 74a), im Frühjahr 250 μ (Abb. 74b). Auch das Zwischengewebe erfährt während der gleichen Zeit Massenschwankungen, die gleichsinnig mit denen des Keimgewebes verlaufen, nur viel geringer sind (etwa das 10fache). Die Massenzunahme des Zwischengewebes ist zum größten Teil durch die Ausdehnung des Gefäßnetzes bedingt; es scheint also auch hier die Zahl der Zwischenzellen ziemlich konstant zu bleiben.

5. Die Zwischenzellen des Säugerhodens.

Im Hoden der Säugetiere sind die Zwischenzellen am genauesten untersucht. Nach Benda (1921) ist, wie erwähnt, das Zwischengewebe beim Pferd und Eber sehr mächtig entwickelt, beim Menschen nach Messing (1877) besonders reichlich, bei der Ratte und dem Schnabeltier sehr spärlich.

Bei der Beurteilung der Mengenverhältnisse der Zwischenzellen bei einem Tier muß man sehr vorsichtig sein, wie das besonders die Untersuchungen von Leupold zeigen, und wie das auch Stieve betont. Es schwanken nämlich die Mengen außerordentlich nach dem jeweiligen Zustand des Tieres.

Die obigen Angaben von Benda werden durch die Untersuchungen von Lenninger ergänzt (1923). Am besten ausgebildet sind danach die Zwischenzellen beim Eber, Hengst und Kater in Übereinstimmung mit Benda, nach Stieve gehört hierher auch der Wildeber und der Maulwurf. Daran schließen sich Reh, Gemse und Hund. Am schlechtesten entwickelt, sowohl was die Zahl wie die Größe der einzelnen Zellen anbelangt, ist das Zwischengewebe beim Stier, Ziegenbock und Widder. Aus eigenen Untersuchungen kann ich noch mitteilen, daß die Zwischenzellen bei Walen (*Phocaena communis, Megaptera boops* und *Balaenoptera borealis*) außerordentlich spärlich sind. Menge und Größe der Zwischenzellen, die innerhalb einer Tierklasse beträchtlichen Schwankungen unterworfen sind, stehen bei den Haussäugetieren nicht im proportionalen Verhältnis zur Ausbildung der sekundären Geschlechtsmerkmale. Nach Lubarsch sollen beim Menschen Zwischenzellen sicher erst von der Pubertät an nachzuweisen sein (siehe aber weiter unten Sternberg und Kudo). Die Untersuchungen über die Zwischenzellen sind nun meist unter dem Gesichtspunkt angestellt worden, um festzustellen, welche Bedeutung ihnen zukommt, oft wie gesagt nicht zum Vorteil der Untersuchung selbst.

Eine Reihe von Autoren will den Zwischenzellen auch heute Hormonfunktion zuschreiben, während die Keimzellen bei der Bildung und Aufrechterhaltung der Geschlechtsmerkmale unbeteiligt sein sollen. An ihrer Spitze stehen noch heute die Begründer dieser Theorie, Bouin und Ancel. Ihnen schließen sich an Steinach, Aron, Sand, Lipschütz, Wagner, Thorek u. a.

Man wendet diesen Autoren mit Recht ein, daß sie niemals eine isolierte Wirkung von Zwischenzellen erzielt haben, stets waren auch noch Reste von Keimzellen vorhanden. Meiner Meinung nach ist es von vornherein schon logisch richtiger, den Keimzellen die Hormonwirkung zuzuschreiben, wie man das bei manchen niederen Tieren, die keine Zwischenzellen haben, klar nachweisen kann. So lange nicht der Nachweis gelungen ist, daß die Zwischenzellen sich von Keimzellen herleiten, und das scheint nach allen neueren Untersuchungen nicht der Fall zu sein, kann ihnen auch keine geschlechtsspecifische Funktion zukommen. Diesen Standpunkt habe ich seit 1914 vertreten. Daß sie dagegen oft eine ver-

Zwischenzellen des Hodens und ihr Vorkommen in der Tierwelt. 147

mittelnde Rolle bei der Inkretion spielen können, ist möglich und wahrscheinlich, müßte aber noch nachgewiesen werden. So mehren sich denn auch die Stimmen, die den Zwischenzellen bei Säugern eine trophische und Pufferrolle zuschreiben. Ich erwähne da nur Plato, Kyrle, Stieve, Romeis, Berblinger, R. Mayer, Champy, Leupold u. a. Die Bedeutung der Zwischenzellen, die man scharf von dem gesamten Zwischengewebe trennen muß, hat man so feststellen wollen, daß man die Verhältnisse in bezug auf die Menge des samenbereitenden Materials in den verschiedenen Entwicklungsperioden beobachtete. Solche Untersuchungen haben vor allem Stieve, Wagner, Romeis und Benoit angestellt. Benoit bestimmt die Menge des samenbereitenden Gewebes (S) der Zwischenzellen (Z) und des nicht drüsigen Zwischengewebes ($n.Z.$) im Hoden und bringt die erhaltenen Zahlen in Beziehung zum Hodengewicht (H) und Körpergewicht (K) (siehe nebenstehende Tabelle).

Daraus zieht Benoit den Schluß, daß die Verminderung des interstitiellen Drüsengewebes bei Eintritt der Geschlechtsreife nur scheinbar ist. In Wirklichkeit besitzt der erwachsene Hoden relativ dreimal soviel Zwischen-

	Körpergewicht in g	Hodengewicht in g	Samenkanälchen in g	Zwischenzellen in g	Nicht drüsiges Zwischengewebe in g	H/K	S/K	Z/K	Z/S	$Z/n.Z.$
Hahn, 15 T.	80	0,043	0,021	0,005	0,017	1/1900	1/3800	1/16000	1/4,2	1/34
„ 2½ M.	270	0,125	0,078	0,016	0,31	1/2200	1/3500	1/16900	1/4,8	1/2
„ 6 „	1625	4,115	3,21	0,122	0,172	1/400	1/500	1/13300	1/26	1/1,26
„ 10 „	2100	28,5	23,1	0,430	0,340	1/70	1/90	1/4900	1/53	127/1
„ 2½ J.	1750	14,01	11,24	0,378	0,277	1/125	1/150	1/4600	1/30	1,4/1
Maus	24,3	0,133	0,112	0,008	0,003	1/180	1/220	1/3000	1/14	2,7/1
Ratte, 15 M.	158,8	1,432	1,3	0,042	0,040	1/110	1/20	1/3800	1/30	1/1
Kater, 1 J.	4775	2,63	2,07	0,109	0,151	1/1800	1/2300	1/44000	1/19	1/1,38
Stier	340000	530,5	405,8	35	53,4	1/1640	1/1840	1/9700	1/12	1/1,5
Mensch	55000	32	21,10	2,3	4,96	1/2000	1/3100	1/28000	1/9	1/2,15

10*

zellen als der geschlechtsunreife. Aus den Relationen zum Körpergewicht ergibt sich, daß der Rattenbock relativ elfmal so viel Zwischenzellen besitzt wie der Kater. Der Mensch ist, immer relativ mit Beziehung auf das Körpergewicht gerechnet, 5,7 mal weniger reich an Zwischenzellen als der Hahn, der auch das 27,5fache an Hodenmenge besitzt.

Stieve verdanken wir genaue Messungen bei der Hausmaus, die hier beigegeben sein mögen, um die Angaben von Benoit zu ergänzen.

Verhalten der Hodenanteile der Hausmaus. Nach Stieve.

Alter des Tieres	Größe des rechten Hoden in cmm	Menge des generativen Anteils in cmm	Menge des Zwischengewebes in cmm	Verhältnis Zwischengewebe = 1
Neugeboren	1,32	0,60	0,72	0,83 : 1
21 Tage	5,43	5,15	0,28	18,4 : 1
35 „	11,47	10,57	0,90	11,7 : 1
3 Monate	72,6	61,3	11,3	6,0 : 1
6 „	98,0	84,0	14,0	6,0 : 1
Greis	49,0	35,2	13,8	2,5 : 1

Stieve steht bei seinen Untersuchungen an den verschiedensten Wirbeltieren auf dem Standpunkt, daß in jedem Fall mit dem Stillstand der Samenbildung auch die Geschlechtstätigkeit still steht, die vollkommen unabhängig vom Verhalten der Zwischenzellen ist. Wieder ein deutlicher Beweis dafür, daß diese nicht das geschlechtseigentümliche Inkret absondern. Das Verhalten der Feldmaus während der Nachbrunst zeigt des weiteren ebenso wie das Verhalten der schwer alkoholvergifteten Hausmaus, daß die Zwischenzellen auch nicht bestimmt sein können, die in den Kanälchen abgesonderten Substanzen in größerer Menge zu resorbieren und zu speichern. Denn gerade dann, wenn am meisten resorbierbare Stoffe in den Kanälchen vorhanden sind, sehen wir, daß die Zwischenzellen sich nicht vergrößern, sondern sogar recht erheblich an Menge zurückgehen. Untersucht man die verschiedensten periodisch brünstigen Tierarten, so erkennt man, daß bei ihnen die Keimzellen sich stets ebenso verhalten, wie ich es eben hier bei der Feldmaus beschrieben habe, während das Zwischengewebe ganz verschiedenes Verhalten zeigt.

Bevor ich nun auf die Verhältnisse bei periodisch brünstigen Tieren eingehe, möchte ich ergänzend das Vorkommen und

Verhalten der Zwischenzellen im Lebensablauf des Menschen schildern, hauptsächlich nach Untersuchungen von Čejka (1922). Die Zwischenzellen des Menschen, die wahrscheinlich, wie das auch Untersuchungen von Kudo (1922) beim Meerschweinchen, Schwein und Schaf ergeben, dem Bindegewebe entstammen, haben auf die Geschlechtsdifferenzierung keinen Einfluß; sie werden zweifellos sehr früh angelegt. Nach Mignot sind die Zwischenzellen schon bei 10 cm langen menschlichen Embryonen gut sichtbar. Sternberg vermißt sie noch bei 12 cm-Embryonen und findet sie erst bei Stadien von 28 cm an. Im Laufe der weiteren Entwicklung nehmen die Zwischenzellen an Zahl zu, so daß sie in 4—5 Monaten des embryonalen Lebens bis $^3/_4$ des gesamten Inhaltes der Geschlechtsdrüse ausfüllen können. Zu dieser Zeit sind die Geschlechtszellen groß, elliptisch, oder, wo mehrere zusammengeballt sind, polygonal, und es beginnen in ihnen Stoffe zu erscheinen, die nach mikroskopischen Reaktionen fettiger Natur sind. Thaler betrachtet jene Stoffe als Fettsäuren oder deren Derivate.

Der generative Teil des Hodens hat in diesen frühen Stadien schon ein gut entwickeltes System samenbildender Kanälchen von dünnen Wänden, die mit noch nicht differenzierten Urgeschlechtszellen in einer Schicht liegend ausgekleidet sind. Später, infolge der weiteren intrauterinen Entwicklung, geht nun das Wachstum des generativen Teils des Hodens auf Kosten des Interstitiums, so daß kurz vor der Geburt eines Kindes die Wände der einzelnen Kanälchen schon ziemlich nahe beieinander gelegen sind und wir zwischen ihnen nur sehr wenig interstitielle Zellen vorfinden. Etwa demselben mikroskopischen Bilde begegnen wir beim gesunden normalen Neugeborenen. Auf der Stufe der Entwicklung, die wir beim normalen Neugeborenen finden, bleibt der Hoden grundsätzlich auch während des ganzen Kindesalters. Nur in den samenbildenden Kanälen lagern sich die Sertolischen Zellen und die primären Spermatogonien mehr an die Wand der Kanäle, und es entsteht so in ihnen ein Lumen. Während dieser Zeit finden wir in ihnen besondere Gebilde, sogenannte Lubarsch Kristalle, von unbekannter Funktion. Knapp vor der Pubertät beginnen sich die Zwischenzellen zu vermehren, obzwar weitaus nicht in dem Maße, wie wir es in der Embryonalzeit gesehen haben. Der menschliche Testikel verändert seine Größe und seinen Bau von der Geburt bis zum 11. bis 12. Lebensjahre nur ganz unwesentlich (Stieve 1923).

Die Zeit der Geschlechtsreife zeigt sich schon äußerlich an den Hoden durch die rasche Vergrößerung, die durch die Vermehrung der Zellen der samenbildenden Kanälchen entsteht, deren Lumen während dieser Zeit sich rasch erweitert; demzufolge legen sich die Wände dicht aneinander. Innerhalb der Kanälchen beginnt dann eine lebhafte Spermatogenese. Die Zwischenzellen sind in dieser Zeit selten, obwohl die Meinungen der Autoren bezüglich der Zahl und ihrer Menge sehr verschieden lauten. Es scheint, daß das Entscheidende hier der Gesamtzustand des Körpers sein wird, ob normal oder pathologisch, aber die Mehrzahl der Anschauungen neigt dazu, daß die interstitiellen Zellen in der Zeit von Beginn der Pubertät an rasch abnehmen. Von dieser Zeit an finden wir reichlich intratubuläres Fett, hauptsächlich in den Sertolischen Zellen, das hier für die Ernährung der sich bildenden Spermien bestimmt ist. Einige Zeit nach einer regen Geschlechtstätigkeit zeigen diese Fettropfen nach der Einwirkung von Osmiumsäure eine auffallende Vacuolisation; diese Erscheinung nimmt mit dem Alter zu, wogegen die Fettropfen in den später auftauchenden interstitiellen Zellen, wo sie etwa nach dem 20. Jahre erscheinen, immer nach dieser Reaktion eine homogene Struktur aufweisen. **Darin sehen wir schon einen starken Unterschied zwischen beiden Fettarten.**

Ungefähr nach dem 20. Lebensjahre beginnt in den Zwischenzellen des Hodens neben dem Fett auch ein Pigment von gelber bis brauner Farbe zu erscheinen, das zu der Gruppe der Lipofuchsine, d. h. einer Gruppe fettiger Pigmente, von denen später die Rede sein wird, gehört. Mit zunehmendem Alter mehren sich nicht nur die Zwischenzellen, sondern auch das Pigment häuft sich mehr hier an, so daß das Interstitium auf den Schnittflächen farbige Inseln bildet, die auch beim mikroskopischen Betrachten nach der Färbung zu sehen sind. Die Spermatogenesis befindet sich aber selbst in diesem Stadium in normalem Gang.

Im ersten Jahre vergrößert sich der Hoden zwar etwas, die Kanälchen wachsen, die Ursamenzellen vermehren sich. Erst nach dem 12. Lebensjahre aber setzt mit der Pubertät die lebhafte Keimzellenvermehrung ein, sie führt zu einer sehr raschen, sehr erheblichen Vergrößerung der Hoden, die mit dem 18. bis 20. Jahre beendet ist. Von da ab verharrt der Hoden dann bis zum Beginn der Altersrückbildung auf dem gleichen Zustand. In einer nachfolgenden Abbildung (Abb. 203a, b) habe ich versucht, dieses Verhalten wieder in Kurvenform darzustellen (Stieve), auf der Abszisse sind die einzelnen Lebensjahre eingetragen, auf der Ordinate links das Gewicht des Gesamtkörpers, rechts das Gewicht eines Hodens. Das Körpergewicht ist nach der Zusammenstellung von Vierordt (1906) nach den einzelnen Lebensjahren, angegeben worden das Gewicht der Hoden zum Teil durch Untersuchungen von Stieve ermittelt und noch ergänzt nach den Angaben von Leupold und Kyrle. Beide Kurven sind aus verschiedenem Material gewonnen, sie dürften die Verhältnisse aber doch einigermaßen richtig zur Anschauung bringen.

Wie sich das menschliche Wachstum abspielt, wenn die Keimdrüsen im Jugendzustand entfernt werden, wissen wir heute noch nicht, nur so viel ist bekannt, daß beim Fehlen der Keimdrüsen das Längenwachstum besonders der Gliedmaßen keinen rechtzeitigen Abschluß erreicht, wahrscheinlich deshalb, weil dann das Gleichgewicht zwischen Hoden und Gesamtkörper in Wegfall kommt.

Beim Menschen fällt also die lebhafte Keimzellbildung während der Pubertät zusammen mit einem gesteigerten Wachstum des Gesamtkörpers. Ungefähr mit dem 55. Jahre beginnt allmählich die Gerasis, d. h. die Senescenz aller Hodengewebe, die sich wie eine allmähliche Involution äußert, die in einigen Fällen mit gänzlicher Gewebsatrophie endigt. Diese Vorgänge gehen manchmal rascher vor sich, ein andermal ganz langsam, was individuell ganz verschieden ist, so daß auch im 90. Jahre Fälle von Spermatogenesis bekannt sind. Die Degenerationsvorgänge im senescenten Hoden sind schon an der dicker gewordenen Tunica albuginea sichtbar und hauptsächlich an den bedeutend stärker gewordenen Wänden der samenbildenden Kanälchen, was eine Verkleinerung des Lumens und infolgedessen des ganzen Hodens zur Folge hat. Spangaro unterscheidet im ganzen zwei Arten von Degeneration, die ein bestimmtes mikroskopisches Bild des Hodens charakterisieren:

I. Der normale senile Hoden, der sich grundsätzlich nicht viel von einem normalen in voller Tätigkeit befindlichen unterscheidet. Nur die Wände der Kanälchen werden dicker, wobei sich der ganze Kanal verengt, weshalb sich dann die Räume zwischen den Kanälen vergrößern. Die Spermatogenese hört ganz allmählich auf, und die frei werdenden Geschlechtszellen verschiedener Entwicklungsstadien lösen sich aus dem Verbande der anderen und von den Wänden der Kanäle los und wandern in die Tubuli recti und von hier aus weiter nach außen. Einen derartigen Zustand des Hodens finden wir manchmal noch im spätesten Alter.

II. Ein andermal beginnt im senescenten Hoden der Zustand der sogenannten senilen Atrophie. Der Hoden wird dabei bedeutend kleiner, so daß er oft nicht mehr wiegt als der eines 12—13jährigen Knaben. Wir unterscheiden drei Stufen seniler Atrophie, die sich nach der Menge und dem Zustand der geschlechtlichen Zellen in den samenbildenden Kanälchen richtet. Die Sertolischen Zellen und Spermatogonien, die den Kanalwänden eng anliegen, nennen wir den sessilen Teil oder anliegenden Kanalteil, wogegen die Spermatocyten I. und II. Ordnung Spermatiden und Spermien, den mobilen oder freien Teil der samenbildenden Kanälchen bilden. Nach dem Verhältnis dieser beiden Teile unterscheiden wir verschiedene Stufen von Atrophie:

Erster Grad der Atrophie: Die Spermatogenesis hört auf; es beginnt die Reduktion des Kanalinhaltes damit, daß der mobile Teil der Geschlechtselemente, d. h. Spermatocyten — Spermatiden und Spermien — verschwindet. Die Wand der Kanälchen wird stärker und wölbt sich hier und da aus in Gestalt von Lappen, die Spangaro Hernien nennt. Die Fettdegeneration greift alle Gewebe des Hodens an und in dem sich mehrenden Interstitium lagert sich reichliches Pigment ab. Gleichzeitig vermehren sich auch Reinkes und die Charcot-Leydigschen Kristalle.

Der zweite Grad der Atrophie schreitet fort, und zum Schluß bleibt in den Kanälchen nur der sessile Teil der Geschlechtszellen, das sind die Spermatogonien und die Sertolischen Zellen. Dabei werden die Kanalwände dicker, und das Lumen verkleinert sich.

Dritter Grad der Atrophie: Nach Loslösung des sessilen Teils werden die Geschlechtszellen fortgeschwemmt. Das Lumen der Kanäle leert sich und schließt sich auch bis auf eine kleine

Fuge. Die Kanalwand erreicht eine maximale Dicke und verändert sich infolge der hyalinen Degeneration in eine gelatinöse Schicht, in der wir vereinzelten Wandermastzellen begegnen, die bis in das Kanalinnere eindringen können. Ähnlich degenerieren auch die Bindegewebszellen. Demgegenüber mehrt sich die Zahl der interstitiellen Zellen, und in ihrem Körper lagert sich reichlich Pigment ab. Stellenweise degenerieren auch diese, und das frei gewordene Pigment lagert sich in den Fugen ab, die nach ihnen zwischen den Bindegewebszellen entstehen.

Im ganzen kann man nach der Ansicht von Koch von dem Verhältnis der Degeneration im Hoden und dem Auftreten von interstitiellen Zellen sagen, daß die Atrophie des generativen Teils eine primäre Erscheinung ist, und die Vermehrung der interstitiellen Zellen sowie die Ablagerung der Pigmente eine sekundäre Erscheinung, was für die Ausführungen vom Entstehen des Interstitiums von großer Wichtigkeit ist.

Čejka untersuchte weiterhin mit verschiedenen mikroskopischen Methoden mehrere atrophische Hoden und stellte fest, daß das in senescenten Hoden enthaltene Pigment in die Gruppe der Fettpigmente (nach Hueck Lipofuscine) gehört. Diese Farbstoffe sind am ausgebreitetsten im menschlichen Organismus und gehören zu den ganz normalen Erscheinungen, häufen sich aber im Alter, wie man schon makroskopisch an einzelnen Organen sehen kann; davon stammt auch ihr deutscher Name: Abnutzungspigmente. Wir treffen sie nicht nur im Hoden, sondern auch in den Ganglienzellen, in Leber, Niere, Herz, Thymus, Knorpel, wo sie überall die deutlich braune oder diffus marmorierte Färbung bewirken, wie uns die Schnittflächen der einzelnen Organe aus einem von Čejka beschriebenem Fall Kreschl schön illustrieren.

Čejka ist der Ansicht, daß die interstitiellen Zellen verschiedene Zerfallsprodukte aus den umliegenden Geweben, die toxisch wirken, transformieren, in ihren Körper aufnehmen und hier zu unschädlichen Verbindungen — Pigmenten — umwandeln.

Was nun die Ableitung der Zwischenzellen anbetrifft, so steht Čejka auf dem Standpunkt, daß erstens das Zwischengewebe eines jeden einzelnen Organismus nur aus einer Art genetisch ganz übereinstimmender Zellen, die in den Hoden durch das ganze Leben erhalten bleiben, besteht, indem es sich nach funktioneller Inanspruchnahme in den einzelnen Phasen des Lebens, was die Form und Zahl anbetrifft, ändert. Dabei kommt es nicht so sehr auf seinen Ursprung an wie auf seine eigentliche physiologische Funktion, die es im Leben des Organismus spielt.

Die zweite Möglichkeit ist die, daß das in der embryonalen Zeit enstandene Zwischengewebe, ob nun auf diesem oder jenem genetischen Wege, nicht homolog ist mit jenem, das wir in der Zeit nach der Pubertät und hauptsächlich im senescenten Hoden finden. Diese zweite Anschauung vertreten Bouin und Ancel u. a., die in ihren Arbeiten zwei Arten genetisch ganz verschiedener interstitieller Zellen bei der Entwicklung z. B. des Pferdehodens unterscheiden.

Am häufigsten pflegen hier Bindegewebszellen, sogenannte Fibroblasten, vorzukommen, deren Leib spindelförmig ist. Die Theorie von der Entstehung der Zwischenzellen aus den fibroblastischen spindelförmigen Bindegewebszellen lehnt Čejka ab. Dagegen hat Čejka sehr oft einzelne verstreut liegende Zellen gefunden, die entweder zwischen den Kanälchen liegen oder in den Wänden der degenerierenden Kanäle, oder ganz in der Mitte, die er als eine besondere Art von Wanderzellen, genannt Mastzellen, bezeichnet. Diese Zellen hat zum erstenmal Ehrlich im Körper der Säuger und nach ihm Westphal beschrieben.

In den Bündeln der Zwischenzellen und auch frei zwischen den fibroblastischen Zellen finden wir weiter häufig im senescenten Hoden Zellen, die durch ihre Gestalt ganz an Blutlymphocyten erinnern. In manchen Fällen hat Čejka im Hoden auch eine gewisse Art von lymphatischen Zellen, sogenannte Plasmazellen, beobachtet, die zum erstenmal von Unna bei Entzündungen beschrieben wurden, deren steter Begleiter sie sind.

Das verbreitetste Element neben den Fibroblasten sind im Hoden in den Räumen zwischen den samenbildenden Kanälchen gewisse Zellen verschiedener Größe, in Knoten angehäuft, die wir eigentliche Zwischenzellen nennen. Auf Grund des morphologischen Studiums dieser Zellen gelangte Čejka zu dem Schluß, daß sie nichts anderes sind, als Maximows Polyblasten oder sogenannte Pyrrhol Zellen Goldmanns, die sich elektiv mit

Pyrrolblau färben. Sie stehen in enger genetischer Verbindung mit den gesamten wandernden, lymphoiden Zellen und finden sich überall zahlreich in den Geweben vor, sowohl im normalen, als auch im pathologischen Zustande.

Die Zwischenzellen des senescenten Hodens gehören also in die große Gruppe der lymphoiden Zellen (Polyblasten). Sie entwickeln sich entweder aus präexistierenden Wanderzellen als histiogene Lymphocyten oder wandeln sich aus ruhenden Wanderzellen (Ranviers Clasmatocyten) um, oder aber sind ad hoc emigrierte Lymphocyten, die erst im Hoden die Phagocytose beginnen, sich gleich den oben genannten Typen vergrößern und in Polyblasten (Pyrrholzellen) umwandeln. Das wichtigste Moment ist hier nach Čejkas Ansicht, daß die Zwischenzellen genetisch in die Art der lymphatischen Wanderzellen gehören, die sich dem Wesen nach keinesfalls von Maximovs Polyblasten unterscheiden, denen wir im ganzen menschlichen Körper begegnen; hauptsächlich freilich dort, wo der Körper durch entzündliche oder ihnen verwandte Prozesse gefährdet ist. Čejka betrachtet dieses Interstitium, das im Alter zunimmt, für morphologisch verschieden vom embryonalen Interstitium. Danach muß dieses Interstitium notwendigerweise im alternden Hoden eine ganz andere physiologische Funktion haben, als man dem Interstitium im interembryonalen oder im ganz jungen Hoden zuschreibt.

Der Zweck dieser mobilisierten Wanderzellen, die sich im Hoden in interstitielle Zellen umwandeln wie das Abb. 75, als eine gute Parallele zu Abb. 71, zeigt, ist also der, die sich hier bildenden toxisch wirkenden Zerfallsprodukte zu paralysieren.

Das geschieht nach Cejkas Anschauung auf die Weise, daß sie in ihrem ursprünglich kleinen Körper diese Degenerations- und andere schädigende Produkte aller Art aufnehmen und nun mittels ihrer Lebenskraft in andere unschädliche Stoffe transformieren, die im sich Laufe der Zeit ablagern. Die durch die Senescenz bedingte Degeneration schreitet aber unerbittlich fort, und deshalb ist zum Paralysieren der neu entstehenden schädlichen Stoffe ein beständiges Hinzuströmen von Wanderzellen nötig. Und gerade durch diesen Umstand erklärt sich Čejka

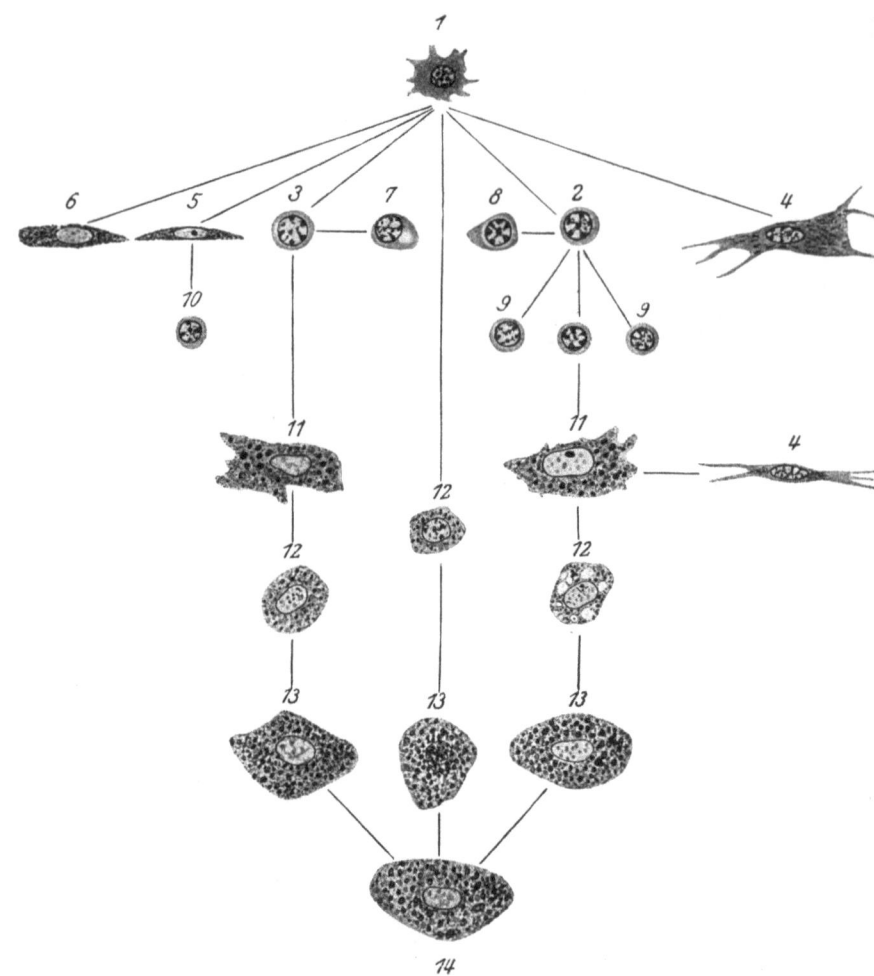

Abb. 75. Schematische Darstellung der Entstehung der Maximowschen „Polyblasten", die Čejka n̈ den interstitiellen Zellen des Hodens identifizierte. 1. Mesenchymatische embryonale Zelle von indifferente Charakter, die der Ausgangspunkt für alle übrigen Stadien der lymphoiden Elemente ist. — 2. Histiogen Lymphocyt, der in den verschiedenen Körpergeweben als freie Wanderzelle bleibt, vom Charakter ein kleinen Lymphocyten. — 3. Hämatogener Lymphocyt, der im Blute kreist. — 4. Fibroblast, dur̈ vollkommene Differenzierung der primären mesoblastischen Zelle entstanden, die im Körper Mit chondrien enthält. Daneben hat sie die Fähigkeit, sogenannte collagene Fibrillen auszuscheiden. Nie meḧ kann sie sich in eine andere Zellart umändern. — 5. Endotheliale Zelle der embryonalen Gefäße mit A lagerungen von Pyrrholblau nach vitaler Färbung. — 6. Die sogenannte adventitielle Zelle der Gefäßwan die elektiv die vitalen Farbstoffe häuft. — 7. Plasmazelle hämatogenen Ursprunges. — 8. Plasmazelle histi genen Ursprungs. — 9. Junge Wanderzellen, die im Gewebe durch Teilung entstehen, also histiogenen U sprunges sind. — 10. Blutlymphocyt, in der embryonalen Zeit durch Umwandlung nicht differenzierter end thelialer Zellen entstanden. — 11. Ruhende Stadien von Wanderzellen (Maximows) in Geweben histiogenë oder hämatogenen Ursprunges, die Ranvier Clasmatocyten nannte, die sich ausnahmsweise in Fibroblasten ve wandeln (Nr. 4). — 12. Übergangsstadien erwachender und mobilisierter ruhiger Wanderzellen (Clasmatocyter die reichlich phagocytieren und sich progressiv in die weiteren Stadien ändern. — 13. Polyblasten (Maximows in denen wir eine Menge farbiger Granula bei vitaler Methode sehen. Diese Zellen sind homolog mit den Pol blasten des Hodens, die 14. interstitielle Zellen heißen und die Reihe dieser genetisch verwandten Wande zellen abschließen. Sie stellen uns den höchstdifferenzierten Typus vor, der sich weiter nicht mehr so sta ändert und hier an derselben Stelle bleibt, indem er in sich reiche Pigmentgranula häuft. (Nach Čejka.)

nicht nur die Zunahme der interstitiellen Zellen während der Senescenz der Hoden, sondern auch die Zunahme des Pigmentes, das schon makroskopisch die Schnittfläche diffus färbt, und zwar bräunlich oder schwarzbraun.

Die embryonalen Zwischenzellen sollen zum Teil die sekundären Geschlechtsmerkmale hervorrufen, während die des Seniums die Aufgabe haben, die sich im Hoden bildenden toxischen Zerfallsprodukte aufzunehmen und unschädlich zu machen. Diese Stoffe werden in den interstitiellen Zellen in unschädliche Pigmente — Lipofuscine — umgebildet, die dann für längere Zeit in den Zwischenzellen ruhen. Nach Zerfall derselben geraten sie als Pigmente in die intracellulären Räume, aus denen sie durch den Lymphstrom langsam fortgeschwemmt werden.

6. Die Zwischenzellen der periodisch brünstigen Tiere.

Periodisch brünstige Säugetiere im gemäßigten Klima sind alle diejenigen, die in bestimmten Zeitpunkten im Jahre befruchtungsfähig werden, bei denen die Männchen also nur zu diesem Zeitpunkt reife Samenfäden haben. Durch langandauernde Domestikation scheint die periodische Brunst bei den Männchen vollständig zu verschwinden; denn der Hauseber, der Stier, der Hund usw., auch der Mensch, sind dauernd das ganze Jahr hindurch zeugungsfähig. Die in der Periode der Zwischenbrunstzeit auftretenden Veränderungen an Keim- und Zwischenzellen müssen uns nun noch besonders beschäftigen. Am klarsten treten sie bei winterschlafenden Säugern hervor, die in ausgesprochener Weise eine jahresregelnde Brunst- und Ruheperiode haben.

Untersucht ist hier das Murmeltier von v. Hansemann, Kyrle, Ganfini und der Igel von Marshall. Bei beiden vergrößert sich der Hoden während der Brunst beträchtlich, und zwar ist diese Vergrößerung bedingt durch die erheblich stärkere Ausbildung des generativen Anteils, dann aber auch durch eine parallel mit dieser gehende Vermehrung des Zwischengewebes. Marshall führt daraufhin die Brunsterscheinungen des Igels auf die Vermehrung der Zwischenzellen zurück; Stieve betont dagegen mit Recht, daß man dafür auch ebenso gut und mit gleichem Recht die Vermehrung der Keimzellen in Anspruch nehmen kann.

158 Die Entwicklung der somatischen Elemente in den Keimdrüsen.

Bei dem Murmeltier (*Marmota monax*) hat Rassmussen (1917/18) ähnliche Ergebnisse gehabt wie Marshall. Die Vermehrung der Samenzellen beginnt im Juni, steigert sich langsam und gleichmäßig bis zum Februar und nimmt im März während der Brunst sehr stark zu. Nach der Brunst bilden sich die Samenkanälchen sehr stark zurück. Die Masse der Zwischenzellen bleibt sich in den Monaten August bis Februar ungefähr gleich. Im März dagegen nimmt sie sehr beträchtlich zu und bleibt dann bis zum Juli, also über die eigentliche Brunst hinaus, erhalten.

Nach Untersuchungen von Stieve währt beim Feldhasen die Hochbrunst fast ebensolange wie bei der vorhin erwähnten Feldmaus; das Bild des Hodens ist bei beiden fast vollkommen gleich, bei beiden Arten sind im Ruhehoden nur sehr wenig Zwischenzellen vorhanden.

Ganz ähnliche Verhältnisse fand Stieve beim Rehbock und Hirsch, auch bei ihnen ist der Hoden in der Zeit der Geschlechtsruhe klein und enthält wenig Zwischengewebe. Der Beginn der Samenbildung macht sich hier schon äußerlich in der Geweihentwicklung bemerkbar: Sobald die ersten wachsenden Spermatocyten im Hoden auftreten, beginnt am Schädel die Geweihentwicklung. Ihre Abhängigkeit vom Verhalten der Keimzellen läßt sich besonders deutlich zeigen; sie hat mit dem Zwischengewebe nicht das Geringste zu tun, denn dieses verharrt beim Reh und Hirsch gerade in der Zeit der Geweihentwicklung in einem Zustand geringster Ausbildung. Beim Damhirsch sowie beim Rehbock fanden sich nur wenig Zwischenzellen. Im Vorbrunsthoden war bei letzterem das Verhältnis von Zwischenzellen zu: Samenkanälchen wie 1:7, im Nachbrunsthoden wie 1:3,5. Die erste Geweihbildung wird bei den Cerviden durch die inkretorische Hodentätigkeit veranlaßt. Die weitere Ausbildung verläuft gleichsinnig mit der Keimzellenbildung aber unabhängig vom Verhalten des Zwischengewebes. Die volle inkretorische Hodentätigkeit leitet die Geweihbildung in bestimmte Bahnen und bringt sie rechtzeitig zum Abschluß, ähnlich wie durch sie auch das Wachstum der Röhrenknochen beendet wird. Sie bewirkt also den regelmäßigen Abschluß der Geweihbildung und den Abfall des Bastes; der Ausfall der inkretorischen Tätigkeit aber bedingt den Abfall des Geweihes. Die Wucherung des Geweihes wird durch die starke Inanspruchnahme des Gesamtstoffwechsels von seiten der Keimdrüsen beendigt. Die Zellbildung in den Rosenstöcken ruht so lange, wie in den Hoden Keimzellenbildung vor sich geht. Ist diese beendet, so werden Stoffe frei; es beginnt neue Zellbildung in den Rosenstöcken, wodurch es zum Geweihabfall kommt. Ganz ähnlich wie die Feldmaus verhält sich auch die Haselmaus und der Eichkater. Der Hoden des Eichkaters ist zur Brunstzeit 22 mal größer als zur Ruhezeit. Das Verhältnis von Zwischengewebe zu generativem Anteil beträgt in seinem Ruhehoden 1:17,5, beim Maulwurf 1:0,27.

Auf die Beobachtung von Stieve am Gänsehoden, der mit dem der Hausente übereinstimmt, sei hier nur verwiesen. Die Hausente unterscheidet sich von der Gans nur durch die Menge und den Bau der Zwischenzellen. Das gleiche läßt sich auch vom Haushahn sagen; bei ihm haben schon eine ganze Anzahl von Forschern darauf hingewiesen, daß die Keimzellen selbst für die specifisch männliche oder weibliche Entwicklung des Gefieders, für die Ausbildung des Kammes und das Krähen verantwortlich sind. Dabei weist Stieve noch besonders darauf hin, daß nur ein Teil der männlichen Haushähne periodisch brünstig ist, nur bei einem Teil bilden sich die Hoden im Herbst während der Mauser zurück. Ein anderer Teil der Haushähne ist dauernd brünstig, bei ihnen verharren die Hoden während des ganzen Jahres auf dem Zustand der höchsten Geschlechtstätigkeit und bilden sich auch während des Federwechsels nicht zurück.

Offenbar geht beim Haushahn, den ich hier zur Ergänzung der Säugetierbefunde mitschildere, als Folge der Domestikation der periodisch brünstige Cyclus in den chronischen Zustand über, und dadurch ist das verschiedene Verhalten der einzelnen Hähne erklärt. Die bisher angeführten Arten: Hausmaus, Feldmaus, Feldhase, Hirsch, Reh, Gans, Ente und Haushahn enthalten nach Stieve in ihrem Hoden im allgemeinen nur wenig Zwischenzellen. Dagegen haben der Wildeber und der Maulwurf sehr reichlich Zwischenzellen. Stieve hat zwar bisher nur fünf Hoden von Wildebern und einige von Hausebern untersuchen können. Sie betreffen sowohl die Zeit der Geschlechtsruhe als die der Brunst, doch fällt in ihnen stets die ungeheure Masse der Leydigschen Zellen auf.

Nächst dem Maulwurf fand sich die größte Menge von Zwischengewebe bei den Säugern im Hoden des Hausebers wie des Wildebers.

Der Hoden des letzteren stimmt zur Rauschzeit histologisch mit dem des ständig brünstigen Hausebers völlig überein. Im kryptorchen Hoden des Hausschweines ist der generative Anteil um so schlechter entwickelt, je kleiner das ganze Organ ist. Das Zwischengewebe ist stets gut ausgebildet, seine Menge erscheint im Einzelschnitt um so größer, je kleiner der Hoden im ganzen und je geringer der generative Anteil entwickelt ist. Sehr reich an Zwischenzellen ist auch der Hoden des Hauskaters; doch ist die Menge der voll entwickelten Zwischenzellen gerade bei diesem Tiere außerordentlich starken Schwankungen unterworfen.

Besonders interessant ist der Maulwurf, über den am ausführlichsten wohl Tandler und Groß (1911) und nach ihnen Leupold (1921) berichtet. Stieve hat ebenfalls 1923 die Hoden des Maulwurfs untersucht und kann die Beobachtung der eben genannten Untersucher in sachlicher Hinsicht im großen und ganzen bestätigen.

Der Hoden des Maulwurfes zeichnet sich zur Zeit der Fortpflanzung und noch mehr zur Zeit der Geschlechtsruhe durch die ungeheure Menge seines Zwischengewebes aus. Die Geschlechtsorgane entwickeln sich, sobald die Keimzellenbildung einsetzt, und erreichen ihre volle Ausbildung wenn die Samenbildung ihren Höhenpunkt erlangt hat, während sich die Zwischenzellen gerade dann, wenn der Erfolg der inkretorischen Hodentätigkeit am sinnfälligsten hervortritt, nicht unerheblich zurückbilden. In der Begattungszeit (März, April) sind die Samenkanälchen des Maulwurfhodens auf der Höhe der Entwicklung (Abb. 76ah). Sie sind strotzend mit Spermatozoen gefüllt, während die Zwischenzellen sehr spärlich sind. Nach den von Stieve, nach den Bildern von Tandler und Groß, angestellten Messungen beträgt am 30. März das Verhältnis der Zwischenzellen zur Keimsubstanz 2 : 13. Am Ende des Frühjahres beginnen die Samenkanälchen an Durchmesser abzunehmen. Die Samenbildung ist eingestellt, und die zellige Auskleidung wird im wesentlichen immer mehr auf die Spermatogonien reduziert. Das Zwischenzellgewebe erscheint außerordentlich stark vermehrt (Abb. 76b), sodaß im Herbste die engen, von einfachem Cylinderepithel ausgekleideten Hodenkanälchen von breiten Zügen lipoidreicher Zwischenzellen getrennt werden.

Nach Stieve ist das Verhältnis der Zwischensubstanz zur Keimsubstanz im Juli 8 : 6. Die Gesamtmenge des generativen An-

Zwischenzellen des Hodens und ihr Vorkommen in der Tierwelt. 161

teiles wird auf 16,1 mm³, die der Zwischensubstanz auf 26,6 mm³ berechnet. Zur Winterszeit setzt die Vorbereitung zur Spermatogenese ein. Die Spermatogonien beginnen sich zu teilen, die Zellauskleidung der Kanälchen wird vielschichtig und ihr Lumen wird weiter, dagegen nehmen die Zwischenzellen im Verhältnis zu den generativen Zellen ab. Das Mengenverhältnis ist jetzt 1:1. Vor Frühjahrsbeginn ist dann die Samenbildung im vollen Gange, während die Zwischenzellen bis auf geringe Reste verschwunden sind. In diese Zeit fällt nun aber nach Kohn die ungestüme Geschlechtslust, die zu heftigen Kämpfen um das Weibchen führt, während zur Zeit der teilnahmslosen Geschlechtsruhe die Zwischenzellen in ihrer weiten Ausdehnung im Vergleich zum generativen Gewebe das Hodenbild beherrschen. „Wo bleibt da der Parallelismus von Zwischenzellen und Geschlechtstrieb?" (Kohn 1920.)

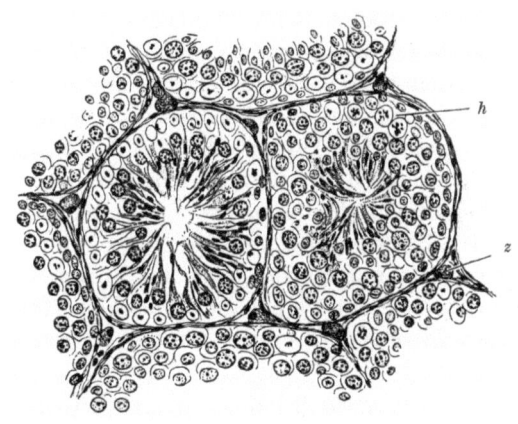

Abb. 76 a. Brunsthoden des Maulwurf; *h* Hodenkanälchen, *z* Zwischenzelle. (Nach Kohn.)

Stieve und Kohn wollen aus diesen Befunden die Eigenschaften der Zwischenzellen als trophische Hilfsorgane für die Samenbildung herleiten, sodaß also die Zwischenzellen gewissermaßen ein Speicherorgan sind, in dem die Nährstoffe für die einsetzende Spermatogenese bereit gehalten werden. Indessen ist auch zu bedenken, daß die Zwischenzellen vor der Brunst und auch noch während der Brunst sich noch andauernd in Rückbildung befinden, während die eigentliche Samenbildung schon aufgehört hat. Es ist also immerhin die Möglichkeit vorhanden, daß die zur Resorption gelangenden Zwischenzellen dem Blute Stoffe zuführen, die in Form von Inkreten die Brunst auslösen. Ich möchte aber hier schon betonen, daß es nicht die Zwischenzellen selbst sind, die das Inkret liefern, sondern daß aus den

Harms, Körper und Keimzellen.   11

Keimzellelementen oder den Sertolischen Zellen, die die Derivate der Urkeimzellen sind, Stoffe in das Zwischengewebe übertreten, die dann als Hormone dem Blut zugeführt werden. Die Zwischenzellen haben also wie die Phagocyten eine doppelte Aufgabe. Sie sind Speicherorgane für die Bildung der Samenzellelemente (Vergleich mit Trophocyten). Nachdem sie diese Aufgabe erfüllt haben, nehmen sie die Produkte der bei der Spermatogenese im reichlichen Maße zerfallenden Keimzellenelemente und Stoffwechselabbauprodukte auf und führen sie dem Blute zu (Excretophoren). Ich werde später auf diesen Punkt eingehender zu sprechen kommen.

Die cyclischen Schwankungen in der Größe des Hodens weisen unter den Säugetieren vor allem die Nager und die Insektivoren auf. Auch bei den Schnabeltieren sind sie vorhanden. Die Volumvergrößerung des Hodens bildet bei einigen Säugetierarten mit einen Grund für den periodischen Descensus testiculorum.

Sehr eigenartig sind die Fortpflanzungsverhältnisse unserer einheimischen Fledermäuse. Die Begattung findet im Herbst statt. Die Spermamasse wird den Winter über im Uterus des Weibchens aufbewahrt, erst im Frühjahr tritt die eigentliche Befruchtung ein. Über die cyclischen Veränderungen im Hoden dieser Tiere hat Courrier (1923) Untersuchungen angestellt und damit auch diese Verhältnisse klargelegt.

Wie wir gesehen haben, gibt es bei gewissen Säugetieren mit periodischer Spermatogenese neben dem spermatogenen Cyclus auch eine cyclische Entwicklung der interstitiellen Drüse im Hoden. Die beiden Cyclen sind nicht immer synchron, und das Verhalten der sekundären Geschlechtsmerkmale ist gerade in den asynchronen Cyclen von besonderem Interesse. Courrier konnte bei der Fledermaus *Vesperugo pipistrellus* zeigen, daß während des Winters die sekundären Geschlechtsmerkmale (Anhangsdrüsen) gut entwickelt sind, während gleichzeitig die Spermatogenese ruht, die Zwischenzellen aber in voller Secretionstätigkeit sind. Im Frühling setzt die Spermatogenese ein, die Anhangsdrüsen und Zwischenzellen ruhen. Auch andere Arten scheinen den gleichen Cyclus zu haben.

Der samenbereitende Teil des Hodens der Zwergfledermaus ist von Oktober bis Juni im Ruhezustand. Die Spermatogenese beginnt im Juni, die Spermatiden erscheinen im August. Im

Oktober hat die Tätigkeit der samenbereitenden Zellen ihr Ende erreicht. Während dieser Ruhezeit enthalten die Samenkanälchen das ,,Sertolische Syncytium" mit kleinen, dunklen Kernen und Spermatogonien mit großen, blassen Kernen. Die ,,interstitielle Drüse" besteht im Herbst und Winter aus großen Zellen, deren Protoplasma mit fuchsinophilen Körnchen dicht beladen ist; nur in einzelnen Zellen trifft man größere osmiophile Tröpfchen. Anfang Mai ist das Protoplasma der Zwischenzellen dagegen mit großen Fettröpfchen angefüllt; Ende Mai verschwindet das Fett, und die Zwischenzellen beladen sich mit Pigment. Die Drüse ist also von Juli bis April in Tätigkeit, im Mai und Juni im Ruhestadium. Die sekundären Geschlechtsmerkmale, wie Nebenhoden, Samenstrang, Samenblasen, Prostata, Geschlechtstrieb, sind im Winter und Frühjahr auf dem Höhepunkt ihrer Ausbildung. Courrier bringt das aber merkwürdigerweise nicht mit den um diese Zeit im Nebenhoden usw. angehäuften Mengen von Spermien in Verbindung sondern mit der stark ausgebildeten ,,interstitiellen Drüse".

Bei *Vespertilio murinus* beginnt die Spermatogenese ebenfalls im Juni; gleichzeitig sind die Anhangsdrüsen in Ruhe, und die Zwischenzellen beladen sich mit Fett. Ebenso verhält sich *Rhinolophus hipposideros*, während *Rhinolophus ferrum equinum* im Winter ruhende Spermatogenese, ruhende Zwischenzellen und nichtsecernierende Anhangsdrüsen zeigt. Ein Vergleich zwischen *Vesperugo pipistrellus* und *Rhinolophus ferrum equinum* ist besonders instruktiv; bei beiden Arten ruht die Spermatogenese im Winter; bei der ersten sind zur selben Zeit die Zwischenzellen in Tätigkeit, bei der zweiten ruhen sie, dementsprechend sind auch die Anhangsdrüsen beim ersten secretorisch tätig, bei der zweiten nicht. Dem Unterschied im Verhalten der sogenannten interstitiellen Drüse entspricht auch ein Unterschied im Verhalten der sekundären Geschlechtsmerkmale, wobei aber ein Beweis für die alleinige kausale Wirkung der Zwischenzellen nicht erbracht ist, weil ja im Hoden ruhende Spermatogonien und im Nebenhoden lebensfähige Spermatozoen vorhanden sind.

,,Bei allen bisher daraufhin genau untersuchten Tierarten läßt sich ein unmittelbarer Zusammenhang nachweisen zwischen dem Verhalten der Keimzellen und dem Erfolg der inkretorischen Hodentätigkeit; alle Arten stimmen in dem Punkte vollkommen überein, daß die Ausbildung der sekundären Geschlechtsmerkmale gleichsinnig mit der Keimzellentwicklung verläuft", so sagt Stieve mit Recht. Romeis bemerkt sehr treffend, „es erscheint bemerkenswert, daß sich demnach auch bei einem begeisterten Jünger Bouins, Ancels und Steinachs (id est Lipschütz) hinsichtlich der Rolle der Pubertätsdrüse etwas Skepsis bemerkbar macht".

Das Lehrgebäude von der inkretorischen Tätigkeit der Zwischenzellen ist, wie hier schon betont werden möge, zusammengebrochen. In zahlreichen, zum Teil sehr gründlichen Arbeiten, die aus den verschiedensten Erdteilen stammen, wurde dargetan, daß, so wie das ja Plato, Kyrle, Harms und Stieve stets angenommen haben, die Keimzellen selbst, nicht die Zwischenzellen, das geschlechtsspecifische Inkret absondern. Stieve hatte in seinem Referat vom Jahre 1921, vorher in einer kürzeren Arbeit (1919) dargetan, daß alle Angaben über eine inkretorische Tätigkeit der Zwischenzellen ungenügend begründet sind und sich größtenteils auf ungenaue biologische Untersuchungen stützen.

Seit dem Erscheinen dieser Zusammenstellung hat sich die Meinung über die Zwischenzellen grundlegend geändert. Nur ganz vereinzelte Untersucher übergehen noch immer, wie dies ja leider in der Wissenschaft vielfach üblich ist, mit unbegreiflicher Hartnäckigkeit die Ergebnisse der neueren Untersuchungen und führen geradeso wie früher, zum Teil sogar in Lehrbüchern, die Zwischenzelle als besondere Drüse mit innerer Secretion an. Wer mit den Ergebnissen der neueren Untersuchungen bekannt ist, kann einen solchen Standpunkt nicht mehr vertreten.

Nach einer Zusammenstellung von Romeis sind seit 1921 nicht weniger als 130 Arbeiten über die Zwischenzellen erschienen. Heute sind es sicher 200. Allerdings ist mit dieser Feststellung, wie Romeis des weiteren noch betont, die Frage nach der Bedeutung der Zwischenzellen noch nicht gelöst. Auch heute stehen sich in dieser Hinsicht zwei Ansichten gegenüber, deren eine in den Zwischenzellen ein trophisches Hilfsorgan des Hodens erblickt, während die andere glaubt, das Zwischengewebe entfalte zum mindesten zu bestimmten Zeiten auch eine resorptive Tätigkeit, es nähme irgendwelche Stoffe aus dem generativen Hodenanteil in sich auf, um sie dann an den Kreislauf weiter zu geben. Stieve kann wohl mit Recht keinen Gegensatz zwischen diesen Ansichten erblicken. Da jedes Gewebe in einer gewissen Abhängigkeit zu allen anderen Organen des gleichen Körpers steht, einem Wechselverhältnis, das ohne weiteres durch die gemeinsame Blut- und Lymphbahn bedingt ist, so muß auch jedes Gewebe durch Veränderungen jedes anderen im gleichen Organismus gelegenen Gewebes unmittelbar oder mittelbar beeinflußt werden. Es ist deshalb ganz einleuchtend, daß die von den Keimzellen abgegebenen Stoffe, gleichgültig ob es sich dabei um geschlechtsspecifische Hormone oder um irgendwelche andere Ausscheidungen handelt, auch in die Zwischenzellen gelangen. Es fragt sich nur, ob sie in ihnen, wie dies von manchen Seiten angenommen wird, in größeren Mengen gespeichert werden können.

Meines Erachtens lautet die Frage nach der Bedeutung der Zwischenzellen heute nur noch so: Ist das Zwischengewebe ausschließlich zur Speicherung von Nährstoffen für die Keimzellen bestimmt, oder kommt ihm daneben dauernd oder nur in manchen Zeitabschnitten auch noch eine andere Aufgabe zu: etwa die der Pufferzellen, oder sind sie auch als Zellen mit entgiftender Funktion (Kitahira) zu betrachten?

7. Zwischenzellen außerhalb des Hodens.

Ergänzend sei hier noch erwähnt, daß Zwischenzellen auch im Nebenhoden einiger Säugetiere aufgefunden worden sind. So fand Kyrle (1922) bei Hunden in Schnitten durch den Nebenhodenkopf in der Umgebung der Ductuli efferentes Zellkomplexe im Bindegewebe, die er für zwischenzellenähnliche Elemente hält. Sie kommen aber nur gelegentlich vor. Solche Zwischenzellenhaufen von vielfach geradezu tumorartigem Aussehen wurden auch im Nebenhoden des Menschen aufgefunden.

In der Ampulle des Vas deferens hat weiterhin Cutore (1922) bei Equiden (Pferd, Esel, Maulesel) ein endokrines Organ gefunden, das er näher beschreibt und abbildet. Ohne sich genau festzulegen — es bedarf noch weiterer morphologischer und funktioneller Untersuchungen — glaubt er, daß diese endokrine Drüse in Wechselbeziehungen zu der interstitiellen Drüse des Hodens (Leydigsche Zellen) steht. Interessant ist, daß von den Equiden der sterile, aber stark sexuell veranlagte Maulesel die am stärksten ausgebildete endokrine Drüse in der Ampulle vasis deferentis besitzt.

Weitere Untersuchungen müssen noch zeigen, ob tatsächlich eine Homologie mit den Zwischenzellen des Hodens vorhanden ist.

166 Die Entwicklung der somatischen Elemente in den Keimdrüsen.

d) Die Zwischenzellen des Ovariums.

Die Leydigschen Zellen des Ovariums werden als Korn- oder Markzellen bezeichnet (His 1865). Sie kommen bald in geschlossenen Haufen und Strängen vor wie bei dem Kaninchen, Meerschweinchen, der Fledermaus (Abb. 77), bald verstreut, z. B. beim Menschen und der Katze (Abb. 78).

Wahrscheinlich besitzen alle Säugetiere ein ovariales Zwischengewebe, welches sich in einzelnen aufeinander folgenden Schüben entwickelt. (Sainmont 1906/7, Winiwarter und Sainmont 1912). Nach den Untersuchungen dieser Autoren wie auch nach

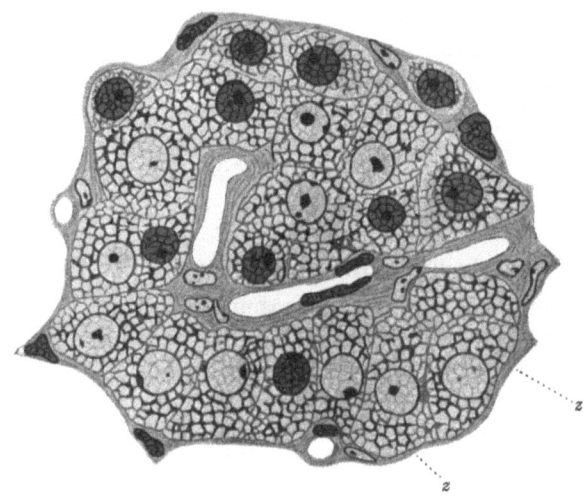

Abb. 77. Echtes Zwischengewebe des Ovars der Fledermaus (*Serotinus*) von Capillaren durchzogen, *z* Zwischenzellen. (Nach Athias.)

denen von van der Stricht und Athias (1919) bei der Fledermaus, entwickeln sich die Zwischenzellen erst nach der Geburt aus den Elementen des Stroma. Die Zellen sind ebenfalls groß und epitheloid. In ihnen treten Körnchen und Tröpfchen fettartiger Natur auf, die vor ihrer Auflösung eine Umwandlung in Lipoide erfahren. Den Zwischenzellen in ihrem histologischen Bau fast vollkommen gleich sind die großen, fetthaltigen Gebilde, die bei der Atresie der Follikel aus den bindegewebigen Elementen der Theca entstehen. Es sind das die Thecaluteinzellen. Nach Stieve sind die Zwischenzellen wie auch die Thecaluteinzellen nichts anderes als Fettspeicher zur Nährstoffversorgung neuer Follikel. So ist auch die Angabe Ashners (1918) zu erklären, daß die Menge des Ovarialzwischengewebes um so größer sei, je mehr Junge bei der betreffenden Art in einem Wurf abgesetzt würden.

Die Zwischenzellen des Ovariums (Abb. 79) haben mit dem des Hodens morphologisch und physiologisch große Ähnlichkeit. Zunächst ist die Struktur ziemlich die gleiche. Bei beiden ist das Protoplasma mit fettartigen Körnchen erfüllt, die sich mit

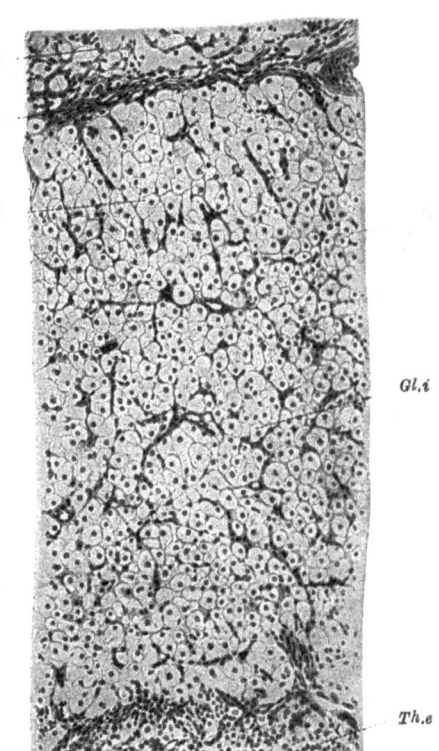

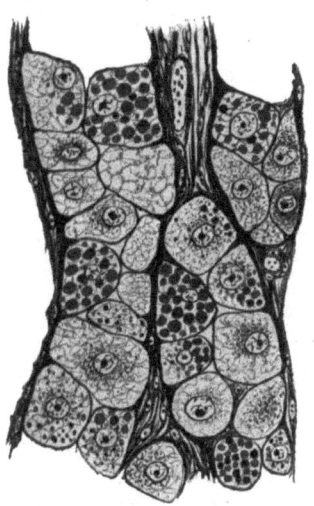

Abb. 78. Zwischenzellen aus dem Ovar der Katze mit Secretbildungsstadien. (Nach Harms.)

Abb. 79. Partie aus dem Kaninchenovarium zwischen zwei Follikeln 6 Tage nach dem Wurf. Vergr. 120 : 1. Schön ausgebildete interstitielle Drüse (*Gl.i*), Theca externa (*Th.e*), Theca interna (*Th.i*). (Nach Seitz.)

Osmiumsäure schwärzen, im Kanadabalsam sich nachher aber wieder auflösen. Dieses Verhalten wird übereinstimmend von Limon bei Ovarien und M. Nußbaum beim Hoden von Frosch und Kröte beschrieben und erstreckt sich in gleicher Weise auch auf die Säuger, wo ich selbst verschiedentlich dieselbe Erfahrung gemacht habe, ebenso wie auch bei Amphibien.

Die interstitiellen Zellen können sich an verschiedenen Stellen des Ovariums vorfinden. Sie können oft, wie beim Kaninchen, bei der Feldmaus und beim Meerschweinchen, sehr dicht in Form von Läppchen gelagert sein und die Hauptmasse des Organs einnehmen, bald sind sie bei anderen Tierarten nur rudimentär entwickelt und nur schwer nachzuweisen.

1. Die Zwischenzellen im Ovar der Sauropsiden.

Über die Zwischenzellen im Ovarium der Nichtsäuger ist noch sehr wenig bekannt. Bei Hühnern und anderen Vögeln konnten Pearl und Boring (1917) im Eierstock Zellen nachweisen, die den Luteinzellen und den Zwischenzellen im Säugetierovarium ähnlich sind. Für die Dohle gibt Stieve (1918) typische Zwischenzellen an. Ihre Menge erfährt während des ungeheuren Follikelwachstums zu Beginn der Fortpflanzungszeit eine allerdings nur relative Verminderung, um nach der Eiablage wieder etwas zuzunehmen. Die Rückbildung der geplatzten und atretischen Follikel vollzieht sich ähnlich wie bei den Säugetieren durch Wucherung der Epithelzellen. Bei Amphibien habe ich im Ovar keine Zwischenzellen nachweisen können.

Auch bei Reptilien finde ich keine zweifelsfreien Angaben über ein Vorkommen von ovariellen Zwischenzellen, doch sind sie als wahrscheinlich anzunehmen. Bekannter sind die Zwischenzellen bei Vögeln durch die Untersuchungen von Nonidez, Stieve, Fell u. a. geworden. Sie scheinen aber ihrer Färbung nach mehr den Luteinzellen des Ovariums der Säuger zu gleichen und nicht den Zwischenzellen des Hodens.

Das Vorhandensein eines deutlichen interstitiellen Gewebes im Ovarium der Hennen ist schon von Sonnenbrodt, Ganfini, Poll und Firket angegeben worden. Es findet sich auch nach Wokom (1923) bei einer Reihe von Wildvögeln, *Phalaropus lobatus* u. a. Es besteht aus Zellen mit vieleckiger Außenlinie und runden Nucleolen, umgeben von hochgradig vacuolisiertem Cytoplasma. Diese Zellen treten gewöhnlich in Form von Anhäufungen in dem medullaren Teil der Gonade und um die Follikel auf. Das Aussehen dieses Gewebes weist stark auf seine epitheliale Abstammung hin. Wie Firket nachweist, entstehen solche Zellen auch aus einer Differenzierung der Epithelialelemente, welche die Sexualstränge der ersten Proliferation bilden, während die Keimzellen der Degeneration anheimfallen. Boring und Pearl (1918) beschrieben das Ovarialgewebe von normalen Vögeln und Hermaphroditen, lehnen aber dessen interstitielle Beschaffenheit ab. Sie schrieben den Zellanhäufungen eine große Rolle bei der Bildung des Corpus luteum zu. Hieraus resultiert der Ausdruck „Luteinzellen", den sie durchweg anwenden. Das interstitielle Gewebe wird nach diesen Autoren dargestellt durch gewisse mit Granula beladene Zellen, die sie als Zwischenzellen bezeichnen. Diese Zellen sind rundlich und besitzen einen kleinen, tieffärbbaren Nucleolus, ihr Cytoplasma ist reichlich beladen mit Granula, welche sich nach Mannschem und Mallory-Gemisch rötlich-purpur färben, auch nehmen sie Eisenhämatoxylin an. Die granulabeladenen Zellen können durch das Ovarialstroma verstreut sein, kommen aber vor allem in der Nähe der Peripherie vor.

Goodale nimmt an, daß die granulabeladenen Zellen eosinophile Leucocyten sind, die dem Blutkreislauf entstammen.

Die kleinen Lymphocyten, die im Mesenchym und in den Lymphknoten sich entwickeln, sind Zellen, die mit verschiedenem Bildungsvermögen ausgestattet sind.

Neben ihrer Umbildung zu Granulaleukocyten kleiner Größe wachsen sie auch zu großen Wanderzellen heran, welche in ihren charakteristischen Eigenschaften mit Zellen übereinstimmen, die bisher als interstitielle betrachtet worden sind. Derartige Zellen können Fett im Cytoplasma speichern, wobei sie ihre Wandereigenschaft verlieren.

Trotz ihres konformen Auftretens mit den sekundären Geschlechtsmerkmalen bei jungen Tieren scheinen sie doch nicht notwendig zur Erhaltung dieser Merkmale beim Erwachsenen infolge ihres unregelmäßigen Vorkommens zu sein.

Die granulabeladenen Zwischenzellen im Ovarium, die von Boring und Pearl beschrieben werden, sind nach Nonidez (1921) Granulosacytoblasten (= Myeloblasten), hervorgegangen aus der haematopoietischen Eigenschaft des Bindegewebes. — Die Wirksamkeit dieser Granula mag unter gewissen physiologischen Verhältnissen sehr rege sein und zu einer myeloiden Metaplasie des Bindegewebes führen.

Wie Boring und Morgan (1918) gezeigt hatten, kommen im Hoden der normal hennenfedrigen Hähne der Sebrightrasse Zellen vor, die mit den Zwischenzellen des Ovariums identisch sind; da Kastration dieser Hähne das Auftreten der Hahnenfedrigkeit hervorruft, so war es naheliegend, eben diese Zellen für die Hennenfedrigkeit verantwortlich zu machen. Andererseits hatte Nonidez (1922) die Entstehung der betreffenden Zellen im Ovarium aus degenerierten Sexualsträngen beschrieben, d. h. sie waren hier sicher epithelialen Ursprungs. Wenn nun die Zellen im Hoden der Sebrightrasse denen im Ovarium homolog sind, muß ein gleicher epithelialer Ursprung für sie erwartet werden. Nonidez hat diese Tatsache, wie schon dargelegt, nachweisen können. Die sogenannten Luteinzellen (oder wie Nonidez sie nennt „fettbeladenenen Zellen") im Hoden der Sebrightrasse entstehen aus degenerierten Sexualsträngen und jungen Samenkanälchen in den letzten Tagen vor dem Ausschlüpfen und in den ersten Lebenstagen des Hühnchens. Sie sind das Ergebnis einer fettigen Infiltration der Epithelzellen und cytologisch gut unterschieden von den degenerierenden Zellen der Kanälchen; je mehr die übrigen Zellen zugrunde gehen und verschwinden, desto mehr schließen sich die sogenannten Luteinzellen zusammen und bilden am Schlusse des Prozesses Haufen von Zellen, als letzter Rest des Samenkanälchens, in dem viele Oogonien und Epithelzellen spurlos verschwinden.

Die sogenannten „Luteinzellen" sind nach Fell (1924) ein normaler Bestandteil des Ovariums bei verschiedenen Vögeln; sie wurden aber außerdem, wie erwähnt, von Boring und Morgan auch im Hoden der hennenfedrigen Sebrighthähne gefunden und als dasjenige innersecretorische Element aufgefaßt, welches für die Hennenfedrigkeit in einem wie in dem anderen Falle verantwortlich zu machen sei. Neuerdings wurde diese Hypothese dadurch ins Schwanken gebracht, daß Pease diese Zellen auch bei normalen Hähnen fand, wenn die Hoden nicht reif waren, oder in solchen Hoden, in denen die Spermatogenese inaktiv oder nur im Beginn war. Fell untersuchte nun die Histogenese dieser Zellen an weiblichen Hühnerembryonen und jungen Hähnchen, an ausgewachsenen normalen Hennen verschiedener Rassen und an den acht Fällen von Hühnern mit Geschlechtsumkehr, über die weiter unten berichtet werden wird. Die „Luteinzellen" gehen aus den Medullarsträngen im Embryo, und zwar durch eine Art „fettiger Infiltration", hervor. Ihre Bildung beginnt etwa am zweiten Bebrütungstag, aber auch im jungen Hühnchen findet noch eine Neubildung solcher Zellen statt, die von im Stroma und in den Thecae liegenden epithelialen Elementen ausgeht; diese letzteren stammen von den distalen Enden der Medullarstränge ab. Die Bildung der „Luteinzellen" in den Fällen mit Geschlechtsumkehr stellt eine Wiederholung des embryonalen Prozesses dar: Ins Ovarium einwuchernde Sexualstränge, die undifferenziert bleiben, bilden typische „Luteinzellen". Fell lehnt auf Grund der Entstehungsweise der „Luteinzellen" die ihnen von Boring und Morgan zugeschriebene endokrine Bedeutung für die Hennenfedrigkeit ab; diese letztere wäre nach ihm vielleicht in Analogie zum Fall des bekannten Krebses *Inachus* und *Sacculina* auf einen hohen Lipoidgehalt des Blutes zurückzuführen.

Bei Vögeln konnte Stieve (1918) feststellen, daß die periodische Entwicklung der keimleitenden Organe, also die erhebliche Vergrößerung des Uterus und der Tube, mit dem in jedem Frühjahr sich wiederholenden Wachstum der Follikel zusammenfällt. Nach der Eiablage bildet sich das Ovarium weitgehend zurück und bekommt ein jugendliches Gepräge. Entsprechend diesen Rückbildungsvorgängen läßt sich auch am Eileiter und an der Gebärmutter eine Involution feststellen. Es ist also eine gegenseitige Wechselbeziehung zwischen Keimzellen und sekundären Merkmalen vorhanden, zumal die Zahl der Zwischenzellen in der Zeit vor der Eiablage eine wesentliche relative Verminderung erfährt. Bei der Bildung des gelben Körpers und damit der Luteinzellen kommt es bei der Dohle und beim Huhn zu einer, wenn auch unbedeutenden, Wucherung der Follikelepithelzellen, die große, polygonale Gestalt annehmen und manchmal mit Fett gefüllt sind.

2. Die Zwischenzellen im Ovar der Säuger.

Besonders eingehend ist das Interstitium des menschlichen Weibes von Wallart untersucht worden, und zwar vom 8. Lunarmonate bis zum 91. Jahre. Im allgemeinen läßt sich feststellen, daß im menschlichen Ovarium stets interstitielles Gewebe anzutreffen ist, wenn noch wachsende Follikel vorhanden sind. Am stärksten und dichtesten ist das Drüsengewebe in den ersten Lebensjahren bis zur Pubertät entwickelt. Bei Neugeborenen fehlen noch die fettartigen Protoplasmaeinlagerungen in den interstitiellen Elementen der Theca interna. Nach der Pubertät tritt das Gewebe gegen die übrigen Teile des Ovars zurück, kommt aber während der Schwangerschaft zur höchsten Entwicklung; auch während der Menstruation ist eine Vergrößerung wahrzunehmen, die an die der Gravidität erinnert. Im Klimakterium bildet es sich bis auf Reste, die noch längere Zeit nachweisbar sind, zurück.

Auch bei den übrigen Säugetieren variiert die interstitielle Drüse sehr stark, sowohl in den einzelnen Lebensperioden wie auch bei verschiedenen Arten. So konnten Regaud und Dubreuil nachweisen, daß beim Kaninchen die Menge der interstitiellen Substanz schon äußerlich am Ovarium erkennbar war. Ovarien mit geringer Zwischensubstanz waren grau und durchscheinend, während bei gut entwickelter Zwischensubstanz das Ovarium weiß und undurchsichtig war.

Cesa Bianchi findet bei Ovarien von Insectivoren, daß je stärker die interstitielle Drüse, desto schwächer das Corpus luteum ist und umgekehrt. Während des Winterschlafes fehlt bei *Meles*, *Vesperugo* und *Vespertilio* die Drüse fast ganz, nimmt aber nach dem Erwachen schnell an Volumen zu und wird im Sommer unverhältnismäßig groß. Cesa Bianchi kommt daher zu der Annahme, daß das Interstitium des Ovariums eine dem Hoden analoge Funktion ausübe.

Bemerkenswert ist, daß im Ovarium zweierlei Zellarten vorkommen, die für eine innere Secretion in Betracht zu ziehen sind, nämlich das epithelial gebaute Corpus luteum und die interstitiellen Stromazellen bindegewebigen Ursprungs, außerdem wäre vielleicht noch der Follikelapparat der wachsenden Eier heranzuziehen.

Im Anschluß an frühere Untersuchungen über das Ovar der Meerschweinchen und Fledermäuse setzte Athias (1923) seine Studien an Ovarien von Dachsen, Wieseln, Füchsen, Zibetkatzen, Stachelschweinen, Igeln, Haselmäusen usw. fort. Immer wieder fand er in den untersuchten Ovarien ein besonders während der Schwangerschaft gut ausgebildetes interstitielles Gewebe, dessen Größe bei den einzelnen Tierarten schwankte. Er sieht die Aufgabe dieser Zellen nicht darin, den Follikelzellen Nahrungsstoffe zuzuführen, sondern schreibt ihnen eine echte endokrine Rolle zu, die darin besteht, die Zerfallsprodukte der atretischen Follikel aufzunehmen und weiter zu verarbeiten, um sie dann schließlich als Increte an das Blut abzugeben. Nach Röntgenbestrahlung

2—4 Wochen alter Meerschweinchen schwollen die Brustdrüsen an und secernierten 8 Wochen später Milch. Die histologische Untersuchung der Ovarien ergab zahlreiche atretische Follikel und eine Vermehrung der interstitiellen Zellen.

Für eine **secretorische Funktion** des Interstitiums spricht schon das Vorkommen der bereits erwähnten Fettkörperchen in ihnen, und auch das anderer Secretgranula. Nach Athias kommen im Protoplasma der Zwischenzellen auch viele Mitochondrien vor.

Wie nun im Hoden zweierlei interstitielle Zellen nachzuweisen sind, so scheint ähnliches auch für das Ovarium zu gelten. Nach Aimé sind die Zwischenzellen des Ovariums beim Pferd sehr früh aufzufinden, bilden sich dann aber während der zweiten Hälfte des intrauterinen Lebens zurück, wobei Fettkörnchen in ihnen auftreten. Was die Herkunft dieser interstitiellen Zellen anbetrifft, so leitet sie Mc Ilroy von indifferent gebliebenen Oogonien her, die teils zu Follikelzellen, teils zu interstitiellen Zellen werden. Das würde alsdann mit der Ableitung des ersten Interstitiums des Hodens übereinstimmen. Die Untersuchungen wurden am Ovarium von Embryonen von *Sus*, *Canis*, *Felis* und *Homo* angestellt. Die Differenzierung zum Ovarium gestaltet sich so, daß zunächst die Medullarstränge schwinden. Es bleiben nur die Oogonien übrig, von denen ein Teil sich zu den flachen Zellen der Ovarialkapsel, der andere zu drüsenartigen Pflügerschen Schläuchen ohne Lumen differenziert. Im Hilus des Ovariums bleiben die Reste des Rete und des Wolffschen Körpers erhalten.

Über das erste Auftreten der Zwischenzellen beim Rinde haben Bascom und van Beek (1924) berichtet. Van Beek konnte feststellen, daß, bevor Zwischenzellen überhaupt auftreten, schon Lipoid oder Fett im Ovarium eines Foetus von 47 cm angetroffen wird, aber nicht früher. Bei solchen Foeten ist das Lipoid hauptsächlich auf die Eizellen beschränkt. Es kommt darin als feine Körnchen vor, die über das ganze Ooplasma verteilt sind. Es kann sich aber auch auf die Peripherie der Eizelle beschränken. Degenerierende Eizellen enthalten im Vergleich zu normalen im allgemeinen mehr Fett, das in Kügelchen an den verschiedensten Stellen in der Zelle vorkommt. Die größeren Fettkügelchen scheinen durch Zusammenfließen kleinerer entstanden zu sein. Bei weit fortgeschrittener Degeneration sind die Eizellen so schwer mit Fett beladen, daß kaum noch etwas von dem Kernrest zu sehen ist. Diese Befunde stimmen sehr gut mit der Degeneration der Eier im Bidderschen Organ überein.

Außerordentlich feine Lipoidgranula sind in dem Epithel der Strangfollikel hier und da vorhanden. Dasselbe Bild findet man auch bei Foeten von 56 und 64,5 cm. Im allgemeinen ist sehr wenig Lipoid vorhanden. Somatische Zellen, im Stroma ovarii liegend, deren Protoplasma Lipoidgranula enthält, und die deshalb als Zwischenzellen zu deuten wären, kommen nicht vor.

Bei einem Foetus von 80 cm, bei dem die Stränge beinahe ganz verschwunden sind, sind wenig Follikel vorhanden, welchem Umstand wohl der auffallend geringe Lipoidgehalt in diesem Stadium zuzuschreiben ist. In den Eizellen der degenerierenden Follikel kommen große Tropfen vor, die sich leicht mit Sudan III färben. Wir können daher auch eine fettige Degeneration der Eizellen annehmen. Einzelne Granulosazellen zeigen ebenfalls kleine Lipoidgranula.

Je älter nun das Tier wird, desto mehr Lipoid tritt auf, jedoch ist es stets an die Follikel gebunden.

Beim jungen Rinde ist noch keine interstitielle Drüse (Glande interstitielle, Bouin) nachgewiesen. Danach muß also der Follikelapparat, insbesondere die Eizelle selbst, für die Ausprägung der Geschlechtsmerkmale in specifisch weiblicher Richtung verantwortlich gemacht werden. Daher behält Robert Meyer recht, der nach seinen Erfahrungen an den Ovarien von *Homo* die Pubertätsdrüse für ein ,,Phantasieprodukt" hält. Das Zwischengewebe bestimmt das Geschlecht nicht; eine eigene Drüse, unabhängig vom Follikel, gibt es nicht; die Theca ist nur ein ,,Nährspeicher"; eine interstitielle Uterusdrüse besteht nie. —

Besonders interessant ist das Verhalten des Zwischengewebes während der Embryonalzeit und zum Corpus luteum beim Maulwurf, der von Popoff daraufhin sehr eingehend untersucht wurde. Es sind im Ovarium dieser Tiere zwei Portionen vorhanden, eine innere, die in einer Peritonealtasche liegt und einem echten Ovarium gleicht, und ein anderer Teil, der außerhalb dieser Tasche liegt (Abb. 80, 81). Letzterer hat eine rötliche Färbung und besteht nur aus interstitiellem Gewebe; dasselbe ist in zelligen Strängen angeordnet und rührt von der ersten Proliferation des Keimepithels her, ein Vorgang, der also homolog der Bildung

Die Zwischenzellen des Ovariums.

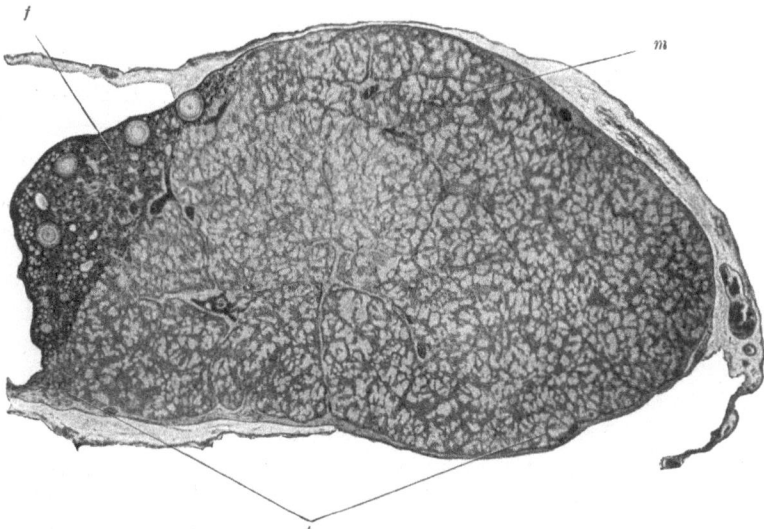

Abb. 80. Maulwurfsovar aus der Zeit der Geschlechtsruhe. September. *f* Follikel im funktionellen Ovarialabschnitt, *t* Testoid, mit Marksträngen, *m* Zwischenzellen. (Nach Kohn.)

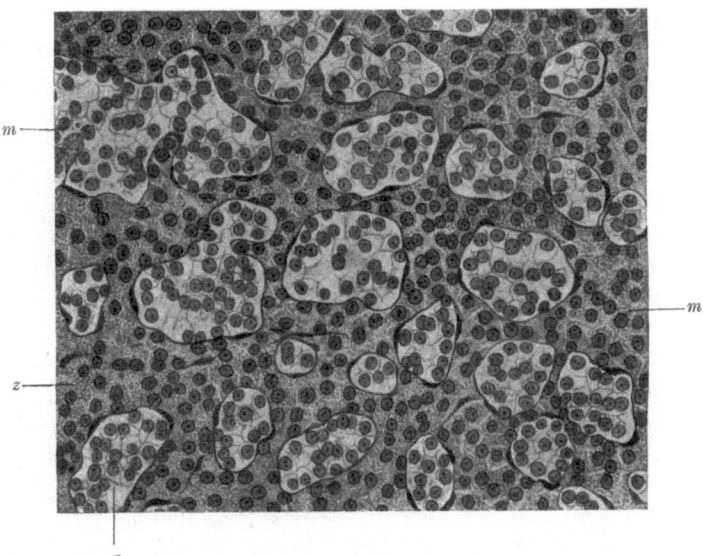

Abb. 81. Stärker vergrößerte Partie aus dem Testoid der Abb. 80, *m* Markstränge, deren ziemlich weite Zwischenräume von zahlreichen Zwischenzellen (z) ausgefüllt sind. (Nach Kohn.)

der Samenkanälchen wäre. Popoff bezeichnet daher das interstitielle Organ auch als rudimentären Hoden, bei dem das Keimepithel sich in interstitielle Zellen differenziert hat. Das Organ besitzt außerdem eine Peritonealhülle und ein Rete. Die zuerst angelegten Zellstränge, die Medullarstränge, verwandeln sich in gleichförmige Follikel mit einer kernhaltigen Membran, die Zellen teilen sich lebhaft mitotisch.

Das Ovarium des Maulwurfs bewahrt also dauernd in einem Abschnitt den embryonalen Typ. Schon äußerlich läßt es eine gewisse Zweiteilung erkennen, die schon Leydig (1857) beschreibt (Abb. 80). Nur die oberflächliche, lappenförmige Ringzone wird vom Ovarialgewebe eingenommen. Die meist größere Markschicht besteht aus wenig differenzierten, kurzen, cylindrischen Epithelsträngen und reichlichen Zwischenzellen. Am Rande erscheinen Retekanälchen, die mit dem Epoophoron zusammenhängen. Entwicklung, Lage, Bau und Anordnung, sowie die Anwesenheit zahlreicher Zwischenzellen, erwecken den Eindruck eines hodenähnlichen Gebildes (Abb. 81), welches Kohn mit Testoid bezeichnet. „Die hermaphroditische Ahnenform der Keimdrüse bleibt bestehen ohne den unisexuellen Geschlechtscharakter irgendwie zu beeinträchtigen, denn die Persistenz der heterosexuellen Elemente wird hier zur Norm" (Kohn). Alle bei Hermaphroditismus verus gefundenen Ovotestes will nun Kohn mit diesen Testoiden vergleichen. Das mag zweifellos für manche Fälle zutreffen; zuweilen aber findet man doch in den Ovotestes typische Eizellen und Samenzellen, wenn auch ein Teil gewöhnlich nicht zur Entwicklung kommt. Hier müssen also durch Störungen des Geschlechtschromosomenmechanismus zweierlei Keimzellen im Organismus vorhanden sein. Derartige Fälle sind auch bei niederen Wirbeltieren beobachtet worden, namentlich bei Fischen und Amphibien.

Nach Winiwarter kommt das Interstitium wahrscheinlich sämtlichen Säugern zu und tritt schubweise periodisch auf. Die Annahme einer interstitiellen Drüse ist nach ihm weder gerechtfertigt noch bewiesen. Das Interstitium spielt lediglich eine trophische Rolle. Auch L. Loeb schreibt ihm keine Drüsenfunktion zu. Nach ihm ist es am meisten entwickelt an den der Ovulation folgenden sechs Tagen, bei allen Tieren, die keinem sexuellen Cyclus unterliegen. Aus diesen Ergebnissen erklären sich auch die Befunde von Anna Schäffer, die eine große Reihe von

Säugetieren auf die interstitielle Eierstockdrüse hin untersucht hat. Sie fand bei manchen Species überhaupt kein Interstitium, so bei *Macropus*, bei sechs Arten der Artiodactylen, bei *Rhinoceros*, *Tapirus*, *Bradypus*, *Centetes* und bei drei untersuchten Species von Lemuren. Außerdem fand sie, wie auch Loeb, daß das Vorkommen bei derselben Species nicht konstant war. Bei 13 Ovarien von graviden und puerperalen Frauen fand sie keine interstitiellen Zellen. Die Beobachtungen an sich treffen alle zu, jedoch aus ihnen den Schluß zu ziehen, daß das inkonstante Vorkommen gegen die große Wichtigkeit des Interstitiums spreche, scheint nicht berechtigt, denn gerade das vermehrte Vorkommen des Interstitiums bei einem Individuum in einer bestimmten Geschlechtsperiode spricht für eine gewisse Funktion. Auch das Nichtauffinden von interstitiellen Zellen bei einer Reihe von Säugetierspecies erklärt sich daraus, daß das betreffende Tier sich in einem Zustande befand, in dem das Interstitium rückgebildet war. Nur eine Untersuchung des Interstitiums während eines ganzen sexuellen Cyclus, wie es auch von einigen neueren Autoren geschehen ist, kann hier zu einem abschließenden Urteil führen. Auch ist immer zu bedenken, daß Follikelzellen und Interstitium als etwas prinzipiell Verschiedenes wohl kaum aufzufassen sind.

Im Ovarium spielen also sicher die Zwischenzellen eine sehr viel unbedeutendere Rolle als im Hoden. Nachweisen läßt sich aber im Ovarium aller Wirbeltiere eine enorme Resorption von jungen und älteren Eizellen. Einige Zahlen von Sappey (1876) mögen das darlegen, wobei bemerkt werden soll, daß die Zahl der einmal vorhandenen Eizellen im individuellen Leben keine Vermehrung mehr erfährt. Bei einem 3 jährigen Mädchen sind etwa 800 000 Eizellen vorhanden, bei einem 18 jährigen nach Henle höchstens noch 70 000; bis zu diesem Jahre aber sind die weiblichen sekundären Geschlechtsmerkmale voll ausgebildet, und es liegt daher der Schluß nahe, daß die in so großen Mengen resorbierten Eizellen das Incret für ihre Ausbildung geliefert haben. Bei einer 50 jährigen Frau sind nach Waldeyer keine Eizellen mehr vorhanden, und gerade in diesem Alter erleiden die weiblichen Geschlechtsmerkmale eine auffällige Involution. Da bei jeder Frau höchstens 300—500 Eizellen reif werden, so werden nahezu alle 800 000 für den Stoffwechsel des weiblichen Säugetierkörpers verwandt.

Zum Schluß sei noch eine Arbeit von Berger (1922) über zwischenzellenähnliche Gebilde im Hilus des Ovariums, zu denen homologe Gebilde auch beim Manne vorkommen sollen, erwähnt.

Im Hilus des Ovariums der erwachsenen Frau finden sich nach Berger immer kleine Organe, die morphologisch und entwicklungsgeschichtlich teilweise den Charakter von Paraganglien, teilweise den der interstitiellen Drüse des Hodens haben. Sie liegen zwischen den Gefäßen des Rete ovarii. Ihre Zahl, ihr Bau und ihre Größe ist wechselnd; manchmal bestehen sie nur aus wenigen Zellen, sie können aber den Umfang von 2 mm erreichen. Beim Manne liegen diese Organe im Niveau der sympathischen Nerven, die zum Hoden ziehen und in die Albuginea eintreten; an den Nerven des Nebenhodens befinden sie sich nicht. Die celluläre Zusammensetzung ist genau dieselbe wie bei den weiblichen Organen. An einigen Stellen schließen sich die Zellen dieser Organe direkt an das Interstitium des Hodens an. Sie atrophieren und hypertrophieren konform mit den interstitiellen Elementen des Hodens. Berger hält die sympathicotrope Drüse des Ovariums für homolog mit dem Interstitium des Hodens, und da sie weiter paraganglionäre Elemente enthält, so wäre zu überlegen, ob das Interstitium des Hodens nicht eine Art Paraganglion oder eine sympathicotrope männliche Drüse wäre.

Über die Stellung der Zwischenzellen des Hodens sowie des Ovariums zu sonstigen ähnlichen Gebilden des Körpers hat Brugnatelli (1922) eine Theorie aufgestellt, die manches für sich hat; zumal wenn man die große Übereinstimmung von Nebennierenrindenzellen und Zwischenzellen bedenkt.

Sowohl die Ergebnisse neuerer Arbeiten, die Brugnatelli kritisch bespricht, wie eigene Beobachtungen veranlassen ihn, die Hypothese aufzustellen, daß die Zwischenzellen der Keimdrüsen keine Organe für sich darstellen, sondern einem über den ganzen Körper verbreiteten System angehören, das in einzelnen Regionen und zu bestimmten Zeitabschnitten des physiologischen Lebens, wie unter gewissen pathologischen Bedingungen, eine besondere Entwicklung nimmt. Dafür spricht die Ähnlichkeit zwischen interstitiellen Drüsen und Zellbildungen, die im großen Netz auftreten können, ferner die Übereinstimmung, die sich zwischen dem bei Extrauteringravidität in Tuben und Uterus auftretenden Deciduagewebe und den Zwischenzellen zeigt. Des weiteren weist Brugnatelli auf das Verhalten der Hodenzwischenzellen in Deckglaskulturen hin, das mit dem von Bindegewebszellen übereinstimmt. Auch ein bei Deckglaskulturen von Ovarialgewebe zu beobachtender Zelltyp, der in seinem Aussehen völlig den Luteinzellen und interstitiellen Zellen gleicht, ist sicher bindegewebigen Ursprungs. Über die funktionelle Bedeutung der Zwischenzellen und der ihnen ähnlichen Zellen, die also eine lipoidtröpfchenenthaltende Abart der Histocyten darstellen, läßt sich zur Zeit noch nichts aussagen.

e) Der gelbe Körper, Corpus luteum.

Ganz allgemein kann man sagen, daß die Bildung eines gelben Körpers nur da vor sich gehen kann, wo nach der Ovulation die Follikelzellen des Eies im Ovar zurückbleiben. Sie ist also an eine follikulare Eibildung geknüpft. So finden wir vorübergehend auftretende gelbe Körper in Form von Follikelresten, die resorbiert werden, bei den Insecten und besonders bei den Chordaten. Eine Fortentwicklung dieses gelben Körpers zu einem echten inkretorischen Organ haben wir allerdings nur bei denjenigen Säugern, die eine intrauterine Entwicklung haben.

Bei den Insecten werden die reifen Eier durch Platzen des Follikels aus der Eizelle ausgestoßen. Sie gelangen dann in den Eikelch und Eileiter. Die zurückgebliebenen Follikelzellen sammeln sich an der Basis des Eifaches an, degenerieren fettig und erzeugen gelbliche Anhäufungen, die sogenannten gelben Körper oder Corpora lutea (Abb. 82a—c).

Sie stellen ein Kriterium des vollzogenen Eidurchganges bzw. der geschehenen Eiablage dar (Nüßlin).

Im Ovarium der Wirbeltiere haben wir nun neben dem Corpus luteum verum ganz allgemein verbreitet den atretischen Follikel, (Corpus luteum atreticum), der aus der physiologischen Eidegeneration entsteht. Bei Nichtsäugern bleiben nach der Eiablage Restfollikel zurück (Corpus luteum restiforme).

Nach Untersuchungen von Hett (1923) besteht die Wand des reifen Follikels bei *Triton vulgaris* aus Follikelepithel, Theca und Peritonealüberzug. Nach dem Sprung bleiben Dotterhaut und Zona radiata des Eies im Follikel zurück, dessen Epithel noch eine Zeitlang Pigment und Dotter secerniert. Diese Stoffe

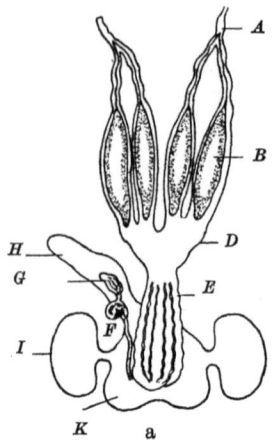

werden dann in die Peritonealhöhle entleert. Das Epithel wird nunmehr mehrreihig und schwindet dann durch Degeneration vollständig; Pigment tritt dabei nicht auf. Im Bindegewebe treten Mitosen auf, ohne daß es jedoch zu einer nachweisbaren Neubildung kommt; auch hier zeigen sich Degenerationserscheinungen unter Bildung geringer Pigmentmengen. Die Resorption degenerierter Zellen scheint durch Wanderzellen zu erfolgen, wie ich das auch beim Bidderschen Organ beobachten konnte. Nach

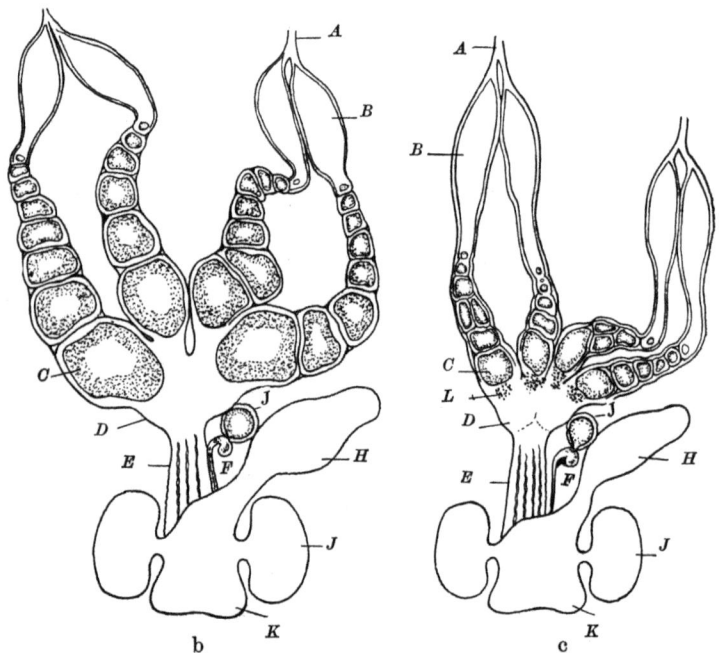

Abb. 82a—c. Verschiedene Stadien der weiblichen Geschlechtsorgane von *Hylesinus piniperda*. a jungfräulicher Geschlechtsapparat nach dem Sommerausflug; b weiblicher Geschlechtsapparat beim Beginn der Eiablage; c Geschlechtsapparat eines aus dem Muttergang entnommenen, abgebrunfteten Weibchens. *A* Endfaden, *B* Keimfach, *C* Ei, *D* Eikelch, *E* unpaarer Eileiter, *F* Receptaculum seminis, *G* Anhangsdrüse, *H* Begattungstasche, *J* Kittdrüsen, *K* Scheide, *L* Corpora lutea. (Nach Knoche.)

dem Untergang sämtlicher Epithelzellen restiert ein bindegewebiges Gebilde als spindelförmige Verdickung der Lamina ovarii. Bei einem Vergleich des Corpus luteum der Vögel und der Amphibien zeigen sich in den feineren histologischen Bildern wesentliche Übereinstimmungen. Gegenüber Giacomini und Ashner und auch der Auffassung von Hett, daß bei Molchen ein Corpus luteum vorübergehend existiere, betont Duschak (1924), daß die Amphibien keinesfalls ein echtes Corpus luteum, das als Organ mit innerer Secretion aufgefaßt werden könne, besitzen, da den Amphibien in der Entwicklung jene Beziehungen zum Keim fehlen, die als Rolle des Corpus luteum der höheren Wirbeltiere aufgefaßt werden.

Hett untersuchte auch die gelben Körper bei Sauropsiden, wo sich mit den Amphibien Übereinstimmungen ergaben.

Die Ovarien von Dohlen wurden so untersucht, daß die Tiere gefangen gehalten wurden, so daß man die Möglichkeit hatte, die Eiablage zu kontrollieren und dadurch genaue zeitliche Angaben über das Alter der Corpora lutea zu machen.

Am frisch geplatzten Follikel findet sich das Epithel mit der Basalmembran vom Bindegewebe abgelöst, was als Kunstprodukt anzusehen ist. Im einen Tag alten Corpus luteum ist das Epithel mehrschichtig geworden, die Zellgrenzen werden undeutlicher. Vacuolen, die schon im ungeplatzten Follikel sich beobachten lassen, vergrößern sich und bedingen mechanisch eine Veränderung der Kernform. Die Kernmembran wird eingedellt und zeigt später eine unregelmäßige Form. Schon am ersten Tag finden sich Kerndegenerationen, die weiter zunehmen. In älteren Stadien werden die Zellgrenzen wieder deutlicher, gleichzeitig bemerkt man Verschmelzung einzelner Epithelzellen, in deren Protoplasma durch Vacuolenentstehung wabiger Bau auftritt. Mitosen und Pigment werden nach dem Sprung nicht gefunden. In den spätesten Corpus luteum-Stadien fanden sich collagene Fasern zwischen einzelnen Epithelien und Syncytien.

Lange Zeit ist das Lumen des Follikels nachweisbar von glattem Epithel begrenzt. Die anfangs offenbleibende Rißstelle wird später passiv durch einen Epithelpfropf verstopft. Eine durch Regeneration des Epithels oder Bindegewebes bewirkte Verschließung wurde nicht beobachtet.

Novak und Duschak (1923), die das Corpus luteum des Haushuhns untersuchten und ähnliche Resultate bekamen wie

Hett, nehmen die Möglichkeit an, daß das Corpus luteum die Secretion der Eiweiß- und der Kalkdrüsen sowie die Weckung des Brutinstinktes anregt, wenn auch die innersecretorische Leistung des Corpus luteum bei den Säugern eine ungleich größere ist.

Ein Vergleich der gelben Körper der Amphibien, Reptilien und Vögel ergibt wesentliche Übereinstimmungen. Unterschiede bestehen nach Hett (1924) insofern, als bei Reptilien und Vögeln das Epithel erhalten bleibt und vom Bindegewebe durchwuchert wird, während es bei den Amphibien schnell zugrunde geht. Geplatzte Follikel und in Rückbildung begriffene ungeplatzte lassen sich bei allen drei Tierklassen auseinanderhalten.

Bei dem Corpus luteum der Säugetiere, mit Ausnahme der Monotremen, stellt R. Meyer (1924) auf Grund früherer Untersuchungen zunächst fest, daß die Entstehung der Luteinschicht beim Menschen aus der Granulosa sich allgemein bestätigt (Winiwarter, R. Schröder, Rensch, Wiczonsky, von Mikulicz). Er unterscheidet: 1. Stadium Proliferation der Granulosa; 2. Stadium Vascularisation des Luteinraumes; 3. Stadium Organisation oder Abdeckung am Innenrande.

Nach den histologischen Befunden sind in der Entwicklung der Corpora lutea des Rindes folgende Stadien zu unterscheiden: a) Proliferationsstadium, b) Vascularisationsstadium, c) Blütestadium, 4. Rückbildungsstadium. Im Corpus luteum finden sich regelmäßig Lipoide (Glycerinester, Phosphatide und Cerebroside). Der Lipoidstoffwechsel der Follikel tritt an Bedeutung wesentlich hinter dem der Corpora lutea zurück.

Meyer stellte mit Carl Ruge II einen Zusammenhang zwischen Corpus luteum und Menstruationscyclus fest, der auch bei den Gynäkologen anerkannt wird. Die Menstruation selbst hat eine untergeordnete Bedeutung. Menstruation ist ein katastrophales Ende der prägraviden Schleimhautvorbereitung. Die prägravide Schleimhaut degeneriert nur, wenn der Beruf fehlt, d. h. wenn das Ei nicht befruchtet wird. Das Corpus luteum spurium ist als ein totes Corpus luteum zu betrachten, das Corpus luteum verum dagegen lebt, aber nach der Geburt erleidet es auch den Tod. Corpus luteum menstruationis und puerperis sind daher auf der Seite des Todes; das Corpus luteum graviditatis und prägraviditatis aber auf der Seite des Lebens. Dasselbe gilt auch für die Uterusschleimhaut und für die Mucosa praegravida.

Wie funktionieren nun Corpus luteum und die Uterusschleimhaut?

Corner fand als erster ein Primatenei in der Tube, es war unbefruchtet, zeigte einen Polkörper und eine sekundäre Spindel. Corners Befunde lassen nun die positive Behauptung zu: Wenn das Ovar normal funktioniert, so besteht genau wie beim Menschen eine zeitlich genau bestimmbare Beziehung zwischen der Entwicklung des Follikels (Corpus luteum) und der der Schleimhaut. Menstruation ohne entsprechende ovarielle Funktion (Corpus luteum) beruht auf unrichtiger Anwendung des Begriffes Menstruation. Menstruation und Blutung sind zweierlei.

Geschlechtsabstinenz, die infolge Domestikation eintritt, ist unnatürlich und ruft in ihren Folgen pathologische Veränderungen hervor. Beim Menschen sind diese: erstens, häufig eintretender Eitod, Rückbildung des Corpus luteum und damit auch Zugrundegehen der ihren Beruf verfehlenden Uterusschleimhaut (Menstruation). Zweitens tritt infolge des Fortfalles der von einem funktionierenden Corpus luteum ausgelösten Hemmung auf die Befruchtungsreife der übrigen Eizellen im Ovarium meistens sofort eine neue Reifung und dazu 14 Tage später Follikelsprung auf. Dadurch ist die Regelmäßigkeit eines an sich unnatürlichen Zustandes, der ein eingeübtes Spiel scheint, ohne weiteres zu erklären. Daß der Zustand ein unnatürlicher ist, erhellt auch daraus, daß im Uterus allmählich bei Frauen von 30—35 Jahren an pathologische Zustände sich einstellen, die sich in einer basalen Hyperplasie der Schleimhaut äußern. Bei *Macacus rhesus* sind die Menstruationsblutungen viel unregelmäßiger als beim Menschen, und zwar deshalb, weil keine so prompte Neureifung der Eizellen eintritt. Der *Macacus* steht eben noch am Anfang der Domestikation.

Zusammenfassend läßt sich mit R. Meyer sagen, daß das Corpus luteum weder die Menstruation hervorruft noch diese hemmt. Das Corpus luteum liefert nur den Stoff, der auf unbekanntem Wege inkretorisch die Uterusschleimhaut zum normalen funktionierenden Aufbau treibt. Ohne Befruchtung und damit Persistenz des Corpus luteum kann die für die Schwangerschaft vorbereitete Uterusscheimhaut nicht lebensfähig bleiben (R. Meyer, Schickelé, Sfameni 1922).

Die Menstruation ist aber beim Ausbleiben eines befruchteten Eies die Einleitung zur Rückbildung des Uterus zum Ruhezustand. Sie entspricht nach Sfameni (1922) der postpuerperalen Hämorrhagie bei der Geburt. Vor der Pubertät und nach der Menopause können einzelne Follikel reifen; sie platzen aber nicht und werden nicht zu gelben Körpern; darum kommt es nicht zum menstrualen Blutfluß. Das erste Auftreten der Menstruation als Folge des Platzens reifer Follikel ist bedingt durch die Entwicklung glatter Muskelfasern im Eierstocksstroma, deren Contraction zu der das Platzen bewirkenden intrafollikulären Drucksteigerung beiträgt. Im Uterus wiederum ist die Entwicklung der mittleren Muskelschicht das Ausschlaggebende für die Reife. In ihr sind die dünnwandigen Venen jeder Druckwirkung im Gegensatz zu den Arterien mit ihrer starken Eigenmuskulatur ausgesetzt. Im Klimakterium bilden sich die Muskeln der Mittelschicht zurück, so daß jetzt die zum menstrualen Blutgang führende Kompressionsstauung wegfällt. In der fortpflanzungsfähigen Lebensperiode unterscheidet man zumeist nur eine menstruelle und eine intermenstruelle Periode. Genauere Beobachtungen führten dazu, noch eine mittlere Phase anzunehmen, die bei vielen Frauen durch den sogenannten Mittelschmerz charakterisiert ist (middle pain, Milieu de mois, crisis intermenstrua). Sie koinzidiert mit dem Platzen des Follikels. Durch sie scheidet sich der Kreislauf des ovariouterinen Lebens in 4 Phasen: zuerst eine aktive des Reifens der Follikel bis zum Eiaustritt, eine Ruhepause bis zum Beginn des Wachstums des Corpus luteum, dann wieder eine aktive, die längstens 10—12 Tage umfassende Phase der Reifung des gelben Körpers und zuletzt die menstruelle Ruhepause. Die beiden letzten Phasen sind in der Schwangerschaft verlängert auf 280 Tage. Während der beiden aktiven Phasen ist die Gefäßmuskulatur erschlafft, es sind also die Gefäße erweitert. In den Ruhestadien sind anfangs die Muskeln kontrahiert, später im Zustand des Tonus. In der aktiven Periode der Schwangerschaft ist die Muskulatur „dekontrahiert". Die Entbindung wird durch den Eintritt der Kontractionsphase der Gebärmutter eingeleitet, ebenso wie die Ausstoßung des Ovum aus dem Follikel durch die Kontraction der Stromamuskulatur und die menstruale Blutung durch die Gefäßmuskulatur der Uterusschleimhaut. Daß es vor der Pubertät nicht zur vollen Reifung der Follikel im wachsenden Ovarium kommt, kann damit erklärt werden, daß die dazu erforderlichen Antriebe, seien es chemische, seien es sonstige, erst im reifen Organismus existieren. Das wird dadurch bewiesen, daß das in ein erwachsenes Tier transplantierte Ovarium eines neugeborenen Kaninchens viel rascher reift, als wenn es mit dem Neugeborenen heranwächst.

Der in der menstrualen Blutung zum Ausdruck kommende Zustand der muskulären Erschlaffung ist verursacht durch das Ausbleiben der decidualen Hormone. Sie wirken stärker noch als die ovarialen, die während der Schwangerschaft durch den Reiz des wachsenden Eies nach seiner Implantation in die Uterusschleimhaut den Decontractionszustand über deren ganze Dauer erhalten. Die decidualen, placentaren und myometralen Hormone übertreffen sogar die Reizkraft der ovarialen und können sie ganz ersetzen, wenn sie nach und trotz beiderseitiger Ovarektomie während der Schwangerschaft allein ausreichen, den Erschlaffungszustand aufrecht zu erhalten. Im Laufe der zweiten Schwangerschaftshälfte nimmt die Bildung dieser Hormone ab, bis schließlich die Geburt durch dieselben Kräfte, die sonst zur Menstrualblutung führen, zustande kommt. So bleibt nur noch die Frage offen, welche Ursachen die Regelmäßigkeit der menstrualen Periode veranlassen. Sfameni meint dafür die Gewöhnung durch die Wiederholung des gleichmäßigen Reizes annehmen zu können. Dann bleibt nur noch zu erklären, wodurch die Verlängerung dieser Zeit auf 280 Tage in der Schwangerschaft sich erklären läßt. Nach Sfamenis Ansicht wirkt hier das Gesetz der natürlichen Zuchtwahl: je länger die Tragezeit, desto besser für das sich entwickelnde Individuum, desto schwerer für die tragende Mutter. Im Interesse der Erhaltung der Art liegt die Verlängerung, in dem der für die Fortpflanzung tätigen Mutter die Verkürzung der Tragezeit. Die Art „treibt ihre Anforderungen auf die äußerste Grenze im Einklang mit der Erhaltung des Individuums".

Kehren wir nun zum Corpus luteum und seiner Bildung beim Tier zurück.

Bei der Maus schließt sich die Rupturöffnung des Eies vollkommen in wenigen Stunden nach der Ovulation durch Adhäsionen des Keimepithels und der Follikelwand, ohne daß mitotische Teilungen auftreten (Togari 1923).

186 Die Entwicklung der somatischen Elemente in den Keimdrüsen.

Das Corpus luteum bildet sich in jedem Falle, ob das Ei befruchtet ist oder nicht; sogar dann, wenn das Ei nach der Follikelberstung nicht in den Eileiter gelangt, sondern in der gebildeten Follikelhöhle zurückbleibt. Das Corpus luteum verum und spurium der Maus kann deshalb nicht zur Zeit seiner Bildung so deutlich unterschieden werden wie das Corpus luteum graviditatis und menstruationis beim Menschen.

Das Corpus luteum spurium hat beim Menschen nur eine Lebensdauer von 14—20 Tagen (Seitz 1922). Nach vollständiger Gebärmutterexstirpation ist die Persistenz des gelben Körpers

Abb. 83. Corpus luteum des Kaninchens etwa 15 Tage post coitum. Färbung nach Plessen und Pabinovies. Zeiss Ölimm. $1/_{12}$, Ok. 2. Zeichentisch in der Höhe des Objekttisches. Das Protoplasma der Luteinzellen zeigt eine maschige Struktur, bedingt durch Einlagerung zahlreicher Vacuolen. Das Chromatin der Kerne ist fein verteilt. Rechts oben eine Capillare.
(Nach Cohn.)

über 60—80 Tage mit mitotischer Proliferation die Folge (L. Loeb 1923). Wird nur ein schmaler Gewebsstreifen aus der Gebärmutter entfernt, so daß sich noch Placenta entwickeln kann, so bewirkt auch diese Teilextirpation eine Lebensverlängerung des Corpus luteum, was rückwirkend wieder die Bildung von Placentargewebe ohne Schwangerschaft hervorzurufen imstande ist. Auch die Mammae erfahren dabei eine Entwicklung im Sinne der Schwangerschaft.

Der gelbe Körper, Corpus luteum. 187

Die Histologie und Bildung des Corpus luteum und seine chemisch wirksamen Stoffe müssen nun noch kurz einer Betrachtung unterzogen werden (Abb. 83 und 84).

Die Luteinzellen nehmen ihren Ursprung immer aus der Granulosa. Diese liegt bei allen gut fixierten Präparaten eng der Grundmembran an, und wenn sie auch bei dem reifenden Follikel nur aus 1 oder 2 Zellagern besteht, zeigt sie doch nirgends Zeichen einer Auf- oder Ablösung. Die Schicht der Thecaluteinzellen (die Winiwarter Zwischenzellen nennt) ist breiter. Beide Zellkategorien lassen sich gut auseinander halten. Wie ein Fall zeigt, wo das Ovar knapp nach beendeter Menstruation operativ entfernt wurde, bleibt die Granulosa auch nach dem Follikelsprung zum größten Teil intakt. Sie legt sich stellenweise in Falten, was eine Dickenzunahme vortäuschen kann, enthält grössere Mengen von Lipoidkörnchen und weist eine Anzahl von Blutzellen auf, die besonders bei der Sprungstelle in großer Menge aufzufinden sind. Es ist beachtenswert, daß neben dem gesprungenen Follikel auch weitere reife, noch nicht jedoch zum Sprung gelangende Follikel lagen;

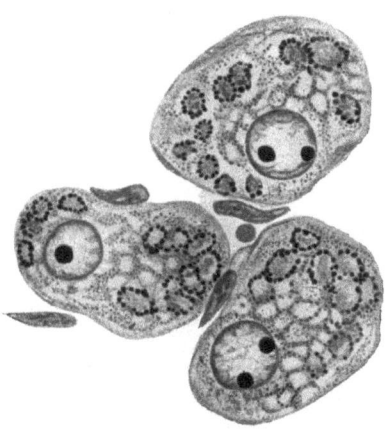

Abb. 84. Corpus luteum des Kaninchens 8 Tage post coitum. Färbung wie Abb. 83. Zeiss Ölimm. $^1/_{12}$, Ok. 2. Zeichentisch in der Höhe des Objekttisches. Das Protoplasma der Luteinzellen enthält zahlreiche schwach gefärbte, pfröpfchenförmige Einlagerungen (Secrettröpfchen), die von einem Kranz intensiv schwarz gefärbter Körnchen umgeben sind. (Nach Cohn.)

auch war der Sprung des bereits erwähnten Follikels höchstens 12—15 Stunden alt. Der Fall bestätigt also die Annahme, daß die Ovulation nicht notgedrungen der Menstruation vorangehen muß. Auch im ausgebildeten Gelbkörper sind die Thecaluteinzellen von den hypertrophierten und zu Luteinzellen umgewandelten Granulosazellen gut zu unterscheiden. Es finden sich nirgends Übergänge zwischen den zwei Zellarten. Bei den Rückbildungsvorgängen gehen erst die Thecaluteinzellen ein und erst später die Granulosaluteinzellen. Winiwarter hält die Annahme einer Incretion der interstitiellen Zellen für unbe-

188 Die Entwicklung der somatischen Elemente in den Keimdrüsen.

gründet. Er hält es für wahrscheinlicher, daß dieses Gewebe die schädlichen Stoffe zurückhält, die mit den Nahrungssäften zum Ei gelangen und dieser sehr empfindlichen Zelle Schaden zufügen können.

Dieser Deutung stehen die Experimente entgegen, die von Haberlandt über die hormonale Sterilisierung mittels Corpus luteum-Extrakts bei Kaninchen und die Beeinflussung der sekundären Geschlechtsmerkmale durch diesen Extrakt von Stein und Herrmann angestellt worden sind.

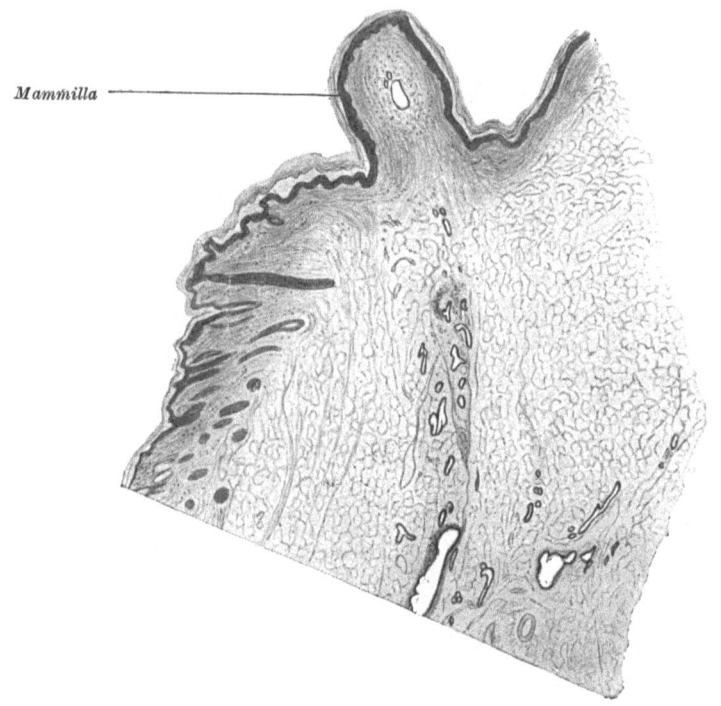

Abb. 85. Mamma des Kontrollmännchens. (Nach Herrmann und Stein).

Haberlandt kommt zu dem Ergebnis, daß eine Sterilisierung durch Einspritzung selbst hoher Dosen von Corpus luteum-Opton (Merck), das aus den Ovarien nichtträchtiger Tiere gewonnen ist, bei Weibchen nicht gelingt. Bei Verwendung von Ovarialopton trächtiger Tiere glaubt Haberlandt dagegen festgestellt zu haben, daß durch die Injektion eine derartige Hemmung der

Follikelreifung hervorgerufen wird, daß sich das Tier für einige Zeit nicht belegen läßt. Eine ähnliche Wirkung soll die Injektion mit Placentaopton besitzen. Dabei sind drei Stadien der Ovulationshemmung zu unterscheiden. Im ersten läßt sich das Tier

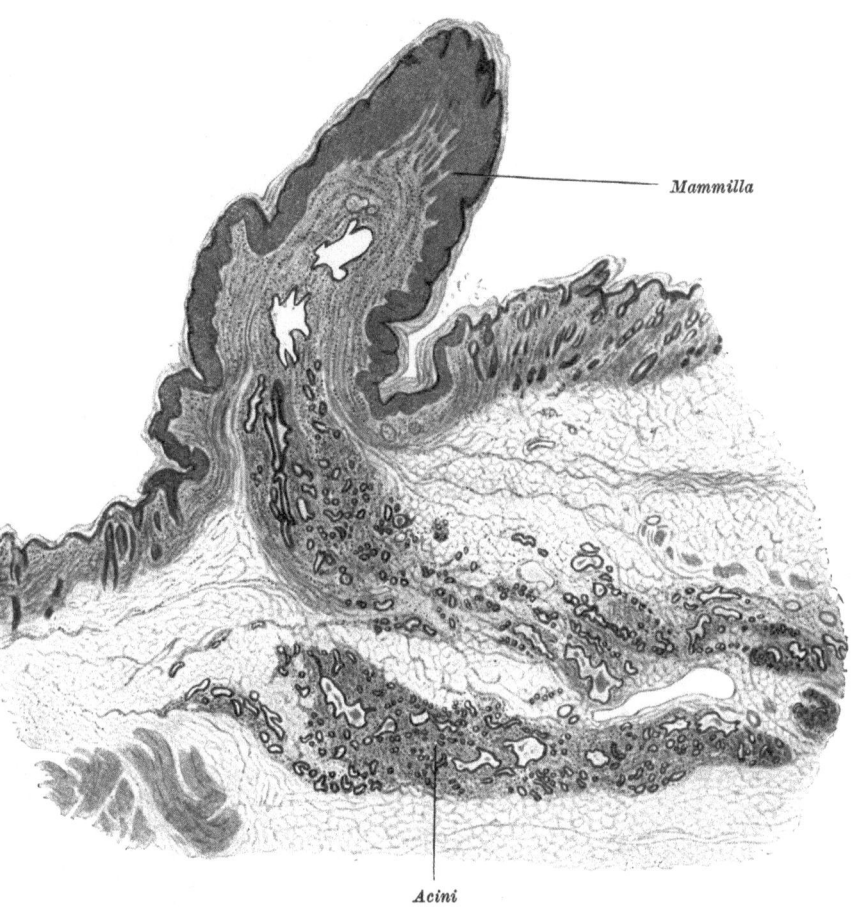

Abb. 86. Mamma des injizierten Meerschweinchenmännchens.
(Nach Herrmann und Stein.)

überhaupt nicht belegen; im zweiten wird es besprungen, aber nicht befruchtet, im dritten wird es trächtig; die Zahl der Jungen ist aber gering. Im übrigen war bei einer relativ nicht unerheblichen Zahl von Tieren trotz sehr großer Dosen (z. B. in 20 Tagen

190 Die Entwicklung der somatischen Elemente in den Keimdrüsen.

100—140 Ampullen Ovarial- oder Placentaopton) nicht der geringste Erfolg zu erkennen; die Tiere nahmen den Rammler sofort an und wurden auf den ersten Belegakt hin trächtig.

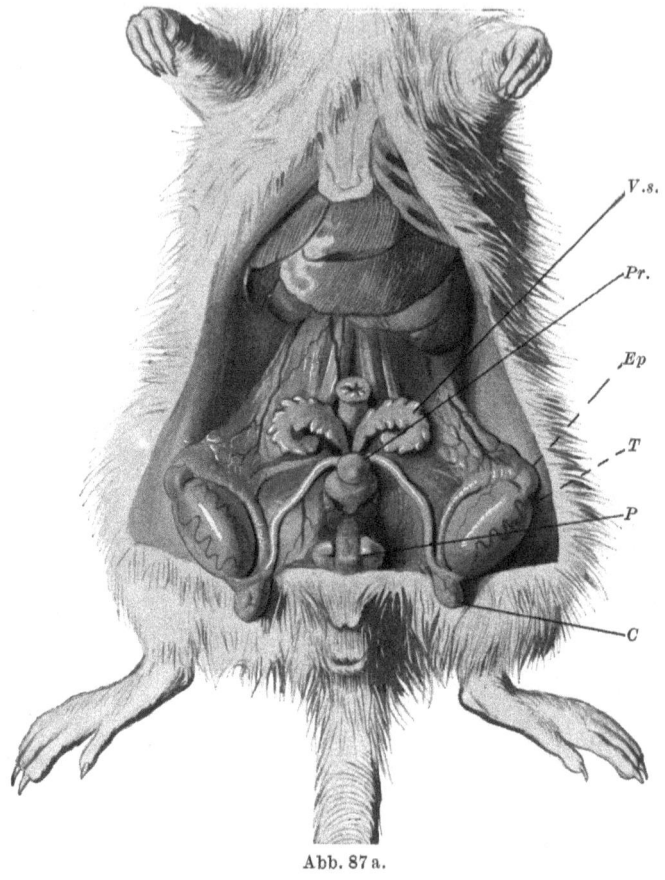

Abb. 87 a.

Nach Untersuchungen von Herrmann und Stein reagieren männliche Ratten, Meerschweinchen und Kaninchen auf die Einverleibung eines Hormons des Corpus luteum, bzw. der Placenta in gleicher Richtung. Nicht nur die Keimdrüsen jugendlicher Männchen werden in ihrer Entwicklung gehemmt, sondern die Wirkung des Hormones erstreckt sich auch auf die sekundären Geschlechtscharaktere. Während die Mammae (Abb. 85, 86) und die Reste des Müllerschen Ganges im fördernden Sinne beeinflußt werden und unter rapider Heranreifung von Drüsengewebe bzw. starker Entwicklung von Muskulatur mächtig heranwachsen, werden die

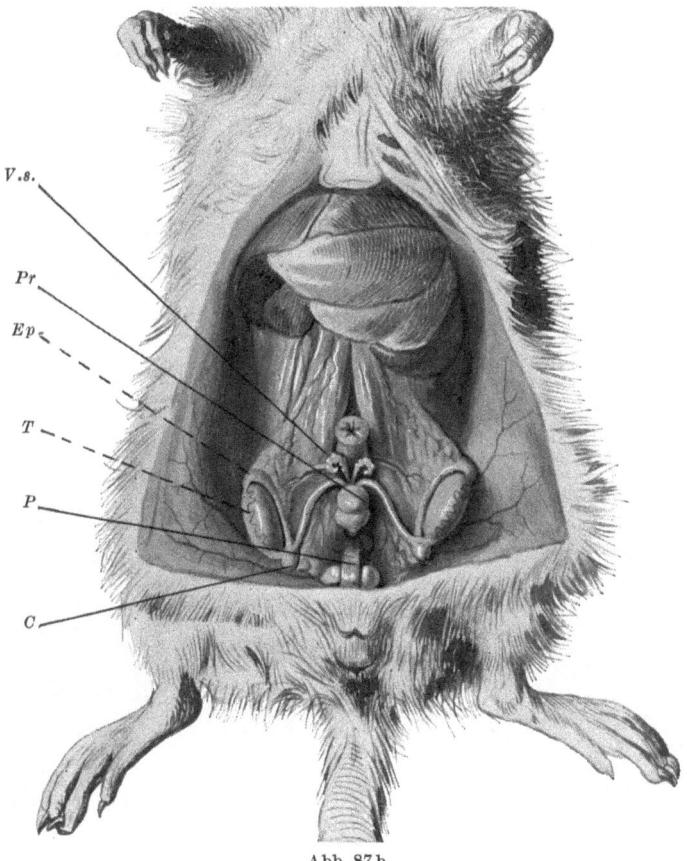

Abb. 87 b.

Abb. 87 a, b. Etwa 3 Monate alte Ratten eines Wurfes. Bauchhöhle eröffnet, Genitale in situ. *C* Cauda epidymidis, *Ep* Kopf des Nebenhodens, *P* Penis, *Pr* Prostata, *T* Hoden, *V.s.* Samenblase. a Kontrolltier. b mit Corpus luteum behandelt. (Nach Herrmann und Stein.)

akzessorischen Geschlechtsdrüsen in ihrem Wachstum gehemmt; sie bleiben an Größe und in der Differenzierung der Gewebe (wie Muskulatur und Epithel) hinter den Organen der Kontrolltiere desselben Wurfes mehr oder weniger weit zurück (Abb. 87, 88).

192 Die Entwicklung der somatischen Elemente in den Keimdrüsen.

Die Schädigung der Drüsen zeigt sich weiter in einer eigentümlichen Umwandlung des einschichtigen Epithels der verschiedensten Organe in ein mehrreihiges und in Verwischung des specifischen Charakters der Zellen, sowie in der herabgesetzten Secretionsfähigkeit des Epithels. Die glatte Muskulatur der Drüsen-

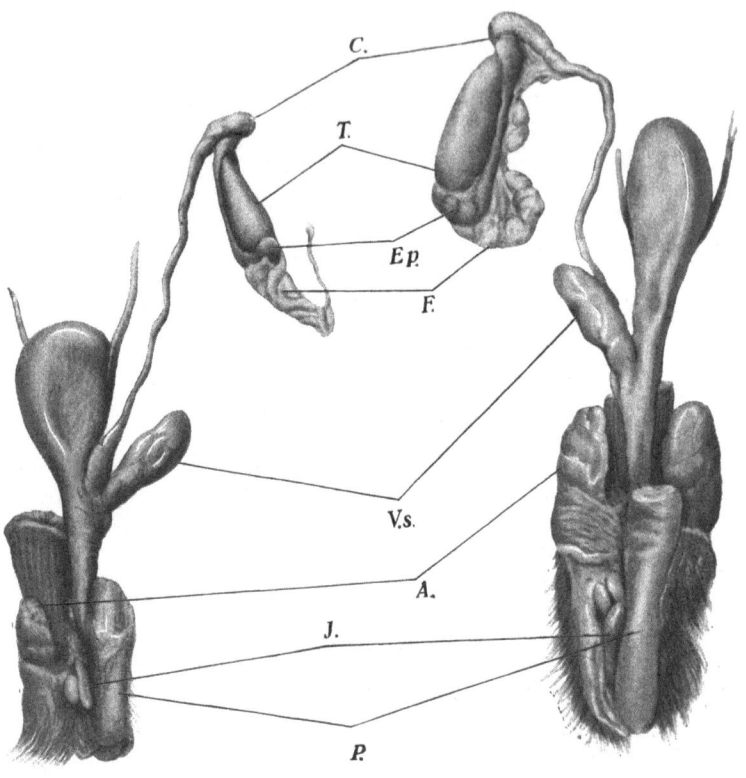

Abb. 88. Genitale von zwei jungen Kaninchen (13 Wochen). *A* Analdrüsen, *C* Cauda epidid., *Ep* Caput epidid., *F* Fett, *J* Inguinaldrüse, *P* Penis, *T* Testikel, *V.s* Vesicula seminalis, rechts Kontrolltier. (Nach Herrmann und Stein).

schläuche ist in ihrem Gefüge gelockert, in ihrer regelmäßigen Anordnung gestört und von Bindegewebe mehr als normal durchsetzt; die einzelnen Muskelfasern sind kürzer. Im Gegensatz zur Reduktion dieser Gewebe findet man das Bindegewebe in einem hypertrophischen Zustande. Diese Hypertrophie kommt zum Ausdruck in Vermehrung des interstitiellen und intercaniculären

Bindegewebes, als Verdickung der Basalmembranen und als Ersatz von Muskulatur. Abgesehen von diesen Veränderungen, die alle drei Tierarten in einem größeren oder geringerem Maße durchmachen, zeichnen sich die einzelnen Species auch noch durch Besonderheiten in ihrer Reaktion aus. So findet man z. B. an den akzessorischen Drüsen der Meerschweinchen eine starke ödematöse Durchtränkung aller Schichten, parenchymatöse und vacuoläre Degeneration der Zellen und Aufsplitterung des hypertrophischen Bindegewebes in feinste Lamellen. Bei der Ratte ist von einer Tendenz zur Auflockerung und Quellung der Gewebe kaum etwas zu sehen, das hypertrophische Bindegewebe ist sogar verdichtet und scheint zu Schrumpfungen zu neigen, wie aus Deformierungen der von ihm eingeschlossenen Kanäle hervorgeht.

Die höchste Stufe der Hypertrophie erreicht das Bindegewebe bei den Kaninchen; hier nehmen neben den zahlreichen akzessorischen Genitaldrüsen (einschl. Inguinaldrüsen) auch die Testikel selbst an der Bindegewebsproliferation teil. Auf die Vermehrung des interlobulären und intercanaliculären Bindegewebes des Kaninchenhodens nach Injektion von Corpus luteum-Hormon haben wir schon seiner Zeit hingewiesen. Die genauere Untersuchung dieses Organes hat ergeben, daß außerdem auch die Membrana propria verdickt ist und hyalin degeneriert, ähnlich wie es von Kyrle an Menschen und Tieren nach Einwirkung verschiedener Noxen (Alkohol, chronische Infektionskrankheiten) und bei abnormer Veranlagung beschrieben wurde; auch hier findet daneben eine Wucherung des interstiellen Hodengewebes statt. Bindegewebsvermehrung im Hoden ist also nicht als specifische Reaktion auf das weibliche Hormon aufzufassen.

Die Art und Weise, in welcher diese Beeinflussung vor sich geht, stellen Stein und Herrmann sich folgendermaßen vor: Das weibliche Hormon findet Angriffspunkte einerseits in den ihm bezüglich des Geschlechtes homologen Organen wie Mamma (Abb. 85 und 86) und Uterus masculinus, die es in ihrem Wachstum und ihrer Entwicklung fördert, andererseits beeinflußt es die heterologen Organe (Abb. 87 und 88), indem es sie im Wachstum und in der Differenzierung ihrer Gewebe hemmt; es ruft, als schädlicher Reiz auf sie wirkend, ähnlich wie der Alkohol auf die Leber, Hypertrophie ihres Bindegewebes hervor. Dabei besteht im Verhalten der Keimdrüsen und der akzessorischen Geschlechtsdrüsen kein wesentlicher Unterschied, weder bezüglich ihres Aussehens, noch bezüglich des Datums, in welchem die Schädigungen manifest zu werden beginnen. Daß bei ganz jungen, nur kurze Zeit hindurch behandelten Kaninchen der Einfluß der Corpus luteum-Substanz von der eben geschilderten Wirkungsweise abweicht und sich zunächst als fördernder Reiz geltend macht, steht nicht im Widerspruch mit der gegebenen Darstellung, da Gifte, die in großer Menge Gewebe zugrunde richten, in kleinen Dosen als Reiz wirken können.

Sowohl aus der Placenta als auch aus dem Corpus luteum ist es nun Fränkel und Fonda (1923) gelungen, in gleicher Weise und mit der gleichen Methodik, die zuerst von E. Herrmann im Laboratorium der Ludwig Spiegler-Stiftung in Wien gefundene Substanz darzustellen. Es zeigte sich, daß die hochwirksame Substanz aus beiden Geweben ganz identisch ist. — Die Verbindung ist ein dickflüssiger, lichtgelber harziger Körper von Terpentingeruch, vom Siedepunkt 197° bei 0,064 mm Hg, unlöslich im Wasser, löslich in allen organischen Lösungsmitteln. Die Bruttoformel dieser rein dargestellten Substanz ist $C_{32}H_{52}O_2$. Die Substanz addiert 4 Bromatome, so daß man annehmen muß, daß es sich um 2 Doppelbindungen handelt. Die Substanz zeigt die Cholesterinreaktion, so daß man auf Verwandtschaft mit Cholesterin und Gallensäure schließen könnte. Ebenso könnte sie in Beziehung stehen zu dem Bufotalin, einem Abspaltungsprodukt des Bufotoxins von der Formel $C_{26}H_{36}O_6$. — Steht die neue Verbindung mit Cholesterin, Cholalsäure und Bufotalin in Beziehung, so handelt es sich hier um eine weitere Kohlenstoffkette, die dem Cholesterin 5, der Cholalsäure gegenüber 8 C-Atome mehr enthält und nicht durch Sauerstoff, sondern durch Kohlenstoffbindung zusammenhängt. — Bei der Analyse des Chloroformextraktes des Corpus luteum wurde außer der wirksamen Substanz das Vorhandensein von einer weißen Materie und eines Galaktosides, das nicht weiter analysiert wurde, nachgewiesen; außerdem wurde eine Anzahl ungesättigter Phosphatide gefunden, von denen nur Cephalin, Lecithin und in geringer Menge Dilignoceryl-N-Diglycosaminmonophosphorsäureester bestimmt wurde; ferner Cholesterin, Cholesterinester und in großer Menge Neutralfette, die bis auf Glycerintripalmitat und freie Mycistinsäure nicht weiter untersucht wurden.

Salazar (1923) unterscheidet speziell beim Kaninchenovar einen Eizellen ernährenden Apparat, ein follikuläres Corpus luteum, einen atretischen und einen interstitiellen Anteil, was wohl für alle Säuger zutrifft. Die Struktur der einzelnen Anteile ist so different, daß man sie in physiologischer Hinsicht gleichsam für verschiedene Organe halten könnte. Dementsprechend ist anzunehmen, daß sich auch die Extrakte des Ovariums auf diesen einzelnen Entwicklungsstadien voneinander in ihrer Zusammensetzung wie ihrer Wirkung unterscheiden; hierauf wurde bisher bei experimentellen Arbeiten vielfach nicht genügend geachtet.

Interessant sind die Beziehungen des Corpus luteum zum Interstitium, die schon Fränkel genauer beobachtete, trotzdem eine histogenetische Verschiedenheit des Corpus luteum und der interstitiellen Drüse vorhanden ist. Dieser Tatsache entsprechend hat Seitz eine neue Nomenklatur aufgestellt. Die Luteinzellen des interstitiellen Gewebes, die aus der Theca interna gebildet werden, nennt er Theca-Luteinzellen im Gegensatz zu den Granulosa-Luteinzellen, die das Corpus luteum bilden, und die nach Sobotta aus rein hypertrophischem Follikularepithel entstehen. Dazu kamen dann noch die den Thecazellen ähnlichen Stromazwischenzellen.

Nach Cohn ist die Entwicklung des Corpus luteum und des atretischen Follikels ein prinzipiell verschiedener Prozeß. Die Luteinzellen des echten Corpus luteum entstehen aus den Epithelien der Granulosa. Bei der Follikelatresie dagegen bahnt sich nach der Degeneration des Eies und des Epithels eine Wucherung der Theca interna an, die in der Bildung einer Theca-Luteinschicht ihr Ende findet. Die Wucherung ist besonders stark während der Schwangerschaft und während pathologisch-hyperämischen Zuständen des Genitales.

Die Granulosazellen spielen dagegen bei den atretischen Follikeln eine mehr untergeordnete Rolle. Lipoide Thecazellen und Stromazwischenzellen entstehen nur aus dem Bindegewebe, während die Granulosazellen, die das Corpus luteum bilden, aus Follikelepithel entstehen, also aus Peritonealepithel, das zwischen sich eingebettet die Primordialeier trägt. Mir scheint, daß die Rolle der beiden ersteren Zellen offenbar wohl trophischer Art ist. Die follikulären Luteinzellen des Ovars, also die Zellen des echten Corpus luteum haben wohl sicher eine innersecretorische Funk-

196 Die Entwicklung der somatischen Elemente in den Keimdrüsen.

tion, die ihnen aber erst durch die Wechselbeziehungen mit der unbefruchteten und später befruchteten Eizelle verliehen wird. Fränkel und Cohn haben dann auch experimentell festgestellt, daß die Corpora lutea vera die Eiinsertion im Uterus bewirken, während der wachsende Follikel die Vorbereitung der Uterusschleimhaut dazu bedingt, und die Follikelflüssigkeit die Brunst auslöst.

f) Das Biddersche Organ.

Bei den Männchen der Kröten findet sich zeitlebens zwischen Hoden und Fettkörper ein keimdrüsenähnliches Gebilde, welches den Bau eines rudimentären Ovariums hat, ohne daß es einem

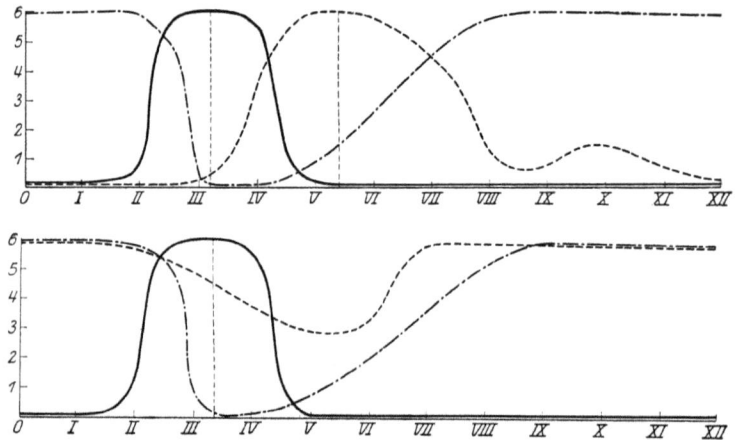

Abb. 89. Kurven vom Bidderschen Organ der Männchen (unten) und Weibchen (oben). 0—6 Stärke des Organs, 0—XII Monate. Ausgezogene Linie: Brunstcyclus; gestrichelte Linie: Biddersches Organ; Punkt-Strichlinie: Hoden bzw. Ovar. (Original.)

solchen homolog wäre, und das als Biddersches Organ bezeichnet wird. Bei den weiblichen Kröten ist es mit Ausnahme von *Bufo vulgaris* beim erwachsenen Tier nicht mehr vorhanden. Ich erwähne dieses Organ hier, weil es mir dazu gedient hat, einen Beweis dafür zu erbringen, daß die Zwischenzellen des Hodens nicht zur Ausprägung der sekundären Geschlechtsmerkmale nötig sind: das Biddersche Organ allein genügt dafür. Im Bidderschen Organ sind niemals Zwischenzellen vorhanden, selbst dann nicht, wenn das Interstitium des Hodens auf dem Höhepunkt der Entwicklung steht. Das Biddersche Organ des Männchens hat, wie auch die Zwischenzellen mancher Säugetiere, eine cyclische Entwicklung im Laufe des Jahres (Abb. 89, unten). Es bildet sich im Frühjahr und Vorsommer zurück, erreicht bis zum Herbst den Höhepunkt seiner Entwicklung und erleidet dann von neuem eine Involution zu Beginn der Brunst, bis zum Frühjahr. Der Cyclus des Bidderschen Organes des Weibchens ist davon recht verschieden, wie die Kurve Abb. 89 (oben) zeigt. Seine Bedeutung ist noch nicht restlos geklärt. Es kommt auch nur bei einer Krötenart (*Bufo vulgaris*) in beiden Geschlechtern im geschlechtsreifen Zustande vor.

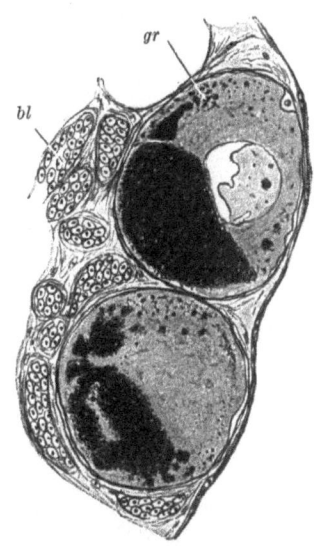

Die Eizellen des Bidderschen Organes zeichnen sich dadurch aus, daß sie niemals zur Reife kommen und auch keinen Dotter bilden. Unter aktiver Beteiligung des Kernes bilden sich in ihnen in reichlichem Maße Fettgranula (Abb. 90), die wahrscheinlich in gewisser Weise in Beziehung zur Inkretion dieses Organes stehen. Es werden nämlich die mit Fettgranula gefüllten Eizellen von den wuchernden Granulosazellen resorbiert (Abb. 91 *Fz*). Diese durchwandern dann mit Fett beladen die Theca und geben ihren Inhalt an Blutgefäße ab (Abb. 92 *gr*). Stieve hält diese auf Beobachtung begründete Anschauung für nicht ganz stichhaltig, er sagt: ,,Wahrscheinlicher (als die Inkretion, d. Verf.) erscheint mir allerdings, daß die fraglichen Fettgranula, so wie dies auch Jörgensen annimmt (beim Ovarium des Olms, d. Verf.), später zur Bildung des Dotters verwendet werden." Dotterschollen werden aber im Bidderschen Organ nicht gebildet, und da auch in dem dem Bidderschen Organ benachbarten Hoden kein Dotter gebildet wird, so dürfte dieser Einwurf von Stieve wohl hinfällig sein.

Abb. 90. Biddersches Organ des Männchens von *Bufo vulgaris* im Februar. Schwarze Secretmassen in den Eiern. Viele Capillaren in der Theca interna. (Nach Harms.) *gr* Granulosazellen, *bl* Blutkörperchen.

Die Granulosazellen, die im Bidderschen Organ die Resorption des Eies vollziehen, (Abb. 91, 92) sind den Granulosa-Luteinzellen des Corpus luteum oder denjenigen der atretischen Follikeln

198 Die Entwicklung der somatischen Elemente in den Keimdrüsen.

zu vergleichen. Dagegen ist ein Vergleich mit den Zwischenzellen nicht ohne weiteres angängig. Zweifellos aber spielen sie eine ähn-

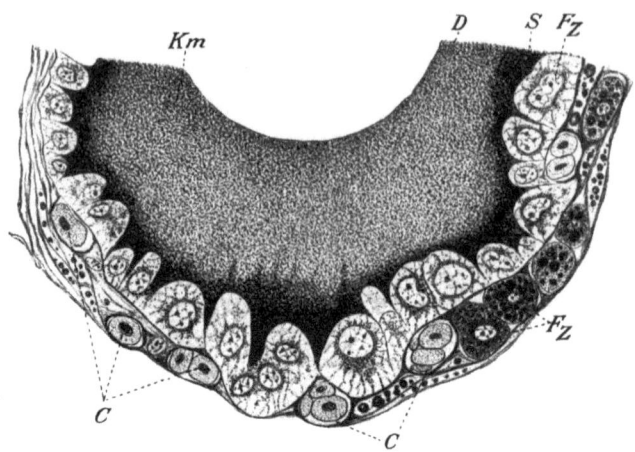

Abb. 91. Beginnende Wucherung der Granulosazellen. *C* Capillaren, *Km* Kernmembran *D* Protoplasma, *S* Secret, *Fz* Granulosazellen. (Nach Harms.)

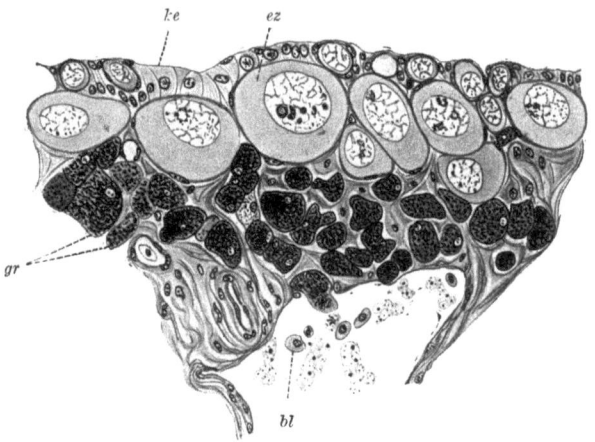

Abb. 92. Mit Secret vollgepfropfte Granulosazellen im Stroma des Bidderschen Organs des Weibchens (*Bufo vulgaris*). *ez* Eizellen, *ke* Keimepithel, *gr* Granulosazellen (Original).

liche Rolle wie diese, wie wir später bei der Klärung der mutmaßlichen Bedeutung der Zwischenzellen sehen werden.

Das Biddersche Organ des Weibchens ist kein spezielles Brunstorgan, weil es beim Weibchen vom Juli bis Dezember, also nach der Brunst, inkretorisch wirksam ist. Das wachsende Biddersche Organ hat dagegen inkretorische Funktion nach Hoepke, weil ständig Eier degenerieren. Die Hormone sind denen des Hodens ähnlich (Abb. 92), aber niemals ihnen gleich, sie bilden aber die Daumenschwielen, wenn auch schwächer, und lösen die Brunst aus.

Daß nun nach Entfernung des Hodens unter Einwirkung des Bidderschen Organes Daumenschwielen und Brunstzeichen auftreten, wie Harms zuerst feststellte, ist nach Hoepke nur ein Symptom des veränderten Stoffumsatzes, nicht ein specifischer Einfluß des Bidderschen Organes. Sein Inkret, das ständig gebildet wird wie das der Keimdrüsen und nicht identisch ist mit dem während der Degeneration gebildeten, ist nicht geschlechtsspecifisch. Die Kurven von Harms sollen das bestätigen; sie geben aber nach Hoepke kein klares Bild, weil einmal das Biddersche Organ in Beziehung zur Entwicklung der Spermatogenese, einmal zur Größe des Ovariums dargestellt wird. Dazu ist zu bemerken, daß der Hoden sich in der Größe verhältnismäßig wenig ändert und daher der funktionelle Zustand aus der Histologie geschlossen werden muß. Das Ovar dagegen schwankt außerordentlich in der Größe, und daher ist hier der histologische Zustand, der berücksichtigt wurde, der Größe in gewisser Weise gleichzusetzen.

Da aber die Hoepkesche Messung genauer ist als meine Kurve, gebe ich sie hier bei. Aus ihr folgt, daß der Cyclus des Bidderschen Organs des Weibchens abhängig ist vom Ovar. Zwischen Bidderschem Organ und Ovarium besteht eine Korrelation (siehe Tabelle S. 200). Im allgemeinen entspricht einem jungen Ovarium ohne pigmentierte Eier ein regenerierendes Biddersches Organ, einem reifen Ovarium ein degenerierendes. Ob das Zerfallsprodukt der Bidderschen Zellen das Pigment der Eizellen bilden hilft, steht nicht fest, ist aber nicht unwahrscheinlich.

Durch die Entfernung beider Ovarien in den Monaten Juni bis August werden die Bidderschen Organe zur Neubildung von Zellen angeregt. Dieser Reiz ist so stark, daß der Cyclus der Organe vollständig abgeändert wird. Die schon degenerierten Organe beginnen zu regenerieren. Der Regenerationsprozeß bleibt aber nicht auf die zurückgebliebenen Organe beschränkt. Auch in ihrer Umgebung bilden sich überall aus dem Peritonealepithel Eizellen. Diese Zellen werden öfters erheblich größer als sonst

Die Entwicklung der somatischen Elemente in den Keimdrüsen.

Tier	Ruhe	B. O. in Regeneration			Degen.			Ovarium			
		1	2	3	1	2		1	2	3	4
A	1						Juni	1			
	3							3			
	5							5			
	6							6			
	7							7			
		8							8		
		9							9		
	10	10						10			
			11					11			
				12					12		
				13					13		
				14						14	
			15				Juli	15			
				16						16	
				18				18			
											19
					20					20	
					21		August			21	
					22					22	
						23					23
					24					24	
						25					25

Korrelation zwischen B. O. und Ovarium. Im Stadium der Ruhe ist das B. O. ganz klein. Die Zahlen 1, 2, 3 unter Regeneration bedeuten die Größenzunahme des Organs, 1—4 unter Ovarium die Zunahme an Größe und Pigment (1 gar nicht pigmentiert, 4 ganz pigmentiert).
(Nach Hoepke.)

Biddersche Zellen. Sie bilden sogar Dotterschollen und Pigment, beides von der Peripherie aus. Dann aber degenerieren sie genau wie die Bidderschen Zellen. Die Entstehung reifer Eier konnte nicht beobachtet werden.

Auch die Entfernung nur eines Bidderschen Organs bedingt die Vergrößerung des anderen, wobei gleichfalls dessen Cyclus abgeändert werden kann.

Daraus geht hervor, daß das Hormon des wachsenden, regenerierenden Bidderschen Organs für den weiblichen Körper, besonders nach Entfernung, also auch Ausstoßung der Eier aus dem Ovarium, sehr wichtig ist. Der Cyclus des Bidderschen Organs ist abhängig von dem des Ovariums.

Das Experiment bestätigt, was normalerweise auch geschieht: „Nach Ausstoßung der Eier während der Begattung beginnt die Regeneration des Bidderschen Organs."

Hoepke hält „weder die normale Kröte für einen Zwitter, was beispielsweise Křiženecký tut, weil eben ihr Hoden kein specifisches Hormon produziert, noch auch die Tiere, die neben Hoden und Bidderschem Organ noch ein ‚Ovarium' haben. Was bisher unter diesem Namen beschrieben worden ist, wies entweder Eier auf, die nur größer waren als normale (Spengel) oder nicht pigmentiert (Harms), was sie zum mindesten im Spätsommer sein müßten".

Hoepke ist der Ansicht, daß zu einem Krötenvollzwitter nicht nur Hoden und Ovarium gehört, sondern zu jeder Keimdrüse noch ein Biddersches Organ. Es ist ja aus der Keimdrüse entstanden und gehört funktionell irgendwie zur Keimdrüse. Zehn solcher Fälle hat Knappe beobachtet. Das Biddersche Organ muß also doch wohl, auch nach Hoepke, in irgendeiner Weise geschlechtsspecifisch sein.

Das Biddersche Organ ist nach Hoepke mehr als ein nicht vollendetes Ovarium, es ist ein wichtiges Organ für den Stoffwechselhaushalt des Körpers, das seinen eigenen bei beiden Geschlechtern verschiedenen Cyclus hat und nicht ohne Schaden entfernt werden kann, wie gewöhnlich ein rudimentäres Organ. Wir nennen, so sagt Hoepke mit Recht, auch nicht einen marklosen Nerven rudimentär, weil er einem Jugendstadium des markhaltigen vollständig gleicht. Eine neue Bezeichnung an Stelle der alten zu setzen, geht noch nicht an, ehe wir nicht mehr über die Bedeutung des Organs wissen. Auf jeden Fall läßt sich nachweisen, daß das Biddersche Organ aus der Urkeimdrüse hervorgegangen ist, also auch kein rudimentäres Ovar sein kann, weil es beim Männchen und Weibchen auftritt. Wenn nach Entfernung beider Hoden das Biddersche Organ allein die sekundären Geschlechtsmerkmale aufrecht erhält oder wieder hervorruft, so sind Zwischenzellen, die nach der Ansicht aller Autoren im Bidderschen Organ nicht vorhanden sind, bestimmt nicht daran beteiligt. So glaubt dann Harms auch bewiesen zu haben, daß ,,das Biddersche Organ beim Männchen und Weibchen allein imstande ist, alle wesentlichen Charaktere des Geschlechtes aufrecht zu erhalten" (Hoepke). Das beweist nach Hoepke nichts anderes, als daß junge Eizellen unter bestimmten Voraussetzungen dasselbe leisten können wie reife Spermatozoen, Geschlechtszelle dasselbe wie Geschlechtszelle. Dem muß aber entgegen gesetzt werden, daß wir im Bidderschen Organ es nicht mit Eizellen zu tun haben, sondern mit weiterdifferenzierten Urkeimzellen männlich inkretorischer Prägung. Diese Formulierung gibt im Prinzip den Sachverhalt eindeutig wieder, wenn auch im einzelnen manches noch zu erforschen ist. Seit nun Vergleiche zwischen Bidderschem Organ und Zwischenzellen aufgestellt wurden, ist dieser klare Tatbestand, wie Hoepke sagt, von mir verwischt worden. 1922 sagt Harms: ,,Die Granulosazellen, die im Bidderschen Organ die Resorption des Eies vollziehen, sind den Luteinzellen des Corpus luteum oder den atretischen Follikeln zu vergleichen. Dagegen ist ein Vergleich mit den Zwischenzellen nicht ohne weiteres angängig. Zweifellos aber spielen sie eine ähnliche Rolle wie diese."

An anderer Stelle formuliert Harms seine Ansicht dahin, man könne das Biddersche Organ entweder dem Interstitium oder dem generativen Anteil des Hodens gleich setzen. Meine Ansichten haben sich also nach Hoepke mehrfach geändert. Das stimmt aber nicht, denn die letzte Formulierung ist rein physiologisch aufzufassen und nur aus dem Zusammenhang heraus zu verstehen.

Harms konnte beweisen, daß die ,,Zwischenzellen des Hodens nicht zur Ausprägung der sekundären Geschlechtsmerkmale nötig sind, weil das Biddersche Organ allein das leisten kann. Deshalb kann man es mit dem generativen Anteil des Hodens oder Ovariums vergleichen. Jeder andere Vergleich kann nur verwirren"

(Hoepke). Vorausgesetzt nun, daß die Zwischenzellen der Hoden nicht nur eine trophische Rolle haben, sondern auch das Inkret der Hoden den Gefäßen zuführen, was wahrscheinlich ist, so ist ein physiologischer Vergleich der Granulosazellen mit Zwischenzellen ebenfalls angängig; mit Granulosazellen des Ovars dagegen sowohl morphologisch wie physiologisch.

Wichtig ist vor allem, daß Hoepke wie auch Takahashi (1923) bestätigen, daß das Biddersche Organ die sekundären Merkmale, wenn auch etwas schwächer als der Hoden, aufrecht erhalten oder wieder hervorzubringen vermag. Nach Takahashi sollen das auch die transplantierten Ovarien können. Bei Fröschen läßt sich dadurch zwar der Brunstreiz auslösen, aber die Daumenschwielen bleiben wie bei Kastraten. Es müßte untersucht werden, welche Umdifferenzierung das transplantierte Ovar erleidet, vielleicht in die Entwicklungsrichtung des Hodens. In diesem Falle wäre das Resultat ohne weiteres geklärt.

Bei meinen eigenen Krötenversuchen kam es mir darauf an, nachzuweisen, daß ein Biddersches Organ beim Männchen allein die sekundären Merkmale aufrecht zu erhalten vermag, daß also hier ein Organ vorliegt, das ohne irgendein echtes Interstitium aus Urkeimzellenabkömmlingen, den sogenannten Eiern des Biddersches Organs, ein männliches Geschlechtshormon zu liefern vermag. Das bestätigen nun, wie gesagt, die Versuche von Takahashi (1923) und auch die von Hoepke (1923), obwohl er in gewisser Hinsicht, wie wir gesehen haben, anderer Ansicht ist als ich. Das tut indessen für unsere Fragestellung nichts zur Sache.

Ganz entgegengesetzter Meinung über das Biddersche Organ und seine Wirkung als Hormonbildner ist nun Guénot und seine Schülerin Kitty Ponse, die ihre anfangs mit Guénot zusammen vorläufig publizierten Versuche 1924 ausführlich dargestellt hat. Ponse wirft mir vor, daß ich in meinen Arbeiten sie und Hoepke nicht berücksichtigt habe. Das war nun schlechterdings nicht möglich, da die ersten Mitteilungen 1922 und am 20. Dezember 1923 in der Société de physique et d'histoire naturelle de Genève erschienen sind, und die Arbeit von Hoepke am 21. März 1923 zum Druck gegeben wurde. Meine erste ausführliche Mitteilung über das Biddersche Organ war aber schon am 7. April 1920, die zweite am 22. Mai 1923 in der Zeitschrift für die gesamte Anatomie eingereicht worden. Die Arbeit von Hoepke war zu der Zeit noch gar nicht erschienen, die von Guénot und Ponse lagen mir so kurze Zeit nach ihrem Erscheinen (1922) noch nicht im Referat vor, sodaß ich nichts von ihnen wissen konnte; die ausführliche Arbeit ist zudem erst 1924 erschienen. Ponse wirft mir weiterhin vor: „Une série d'expériences nombreuses, poursuivies pendant plusieurs années, me permet aujourd'hui d'affirmer que l'opinion que Harms s'est efforcé de repandre est une légende qui ne peut reposer que sur le résultat d'expériences incorrectement pratiquées. Comme chez les autre animaux, le déterminisme des caractères sexuels secondaires des Crapauds males dépend du testicule, et l'organe de Bidder n'a rien à faire avec le mécanisme de leur apparition." Die Versuche, die Ponse angestellt hat, sind zahlreich genug (63 Tiere aus allen Jahreszeiten) und auch einwandfrei durchgeführt, sodaß an der Tatsache, daß bei den Genfer, Florentiner und Kölner Kröten, die zu den Versuchen verwandt wurden, die somatischen und psychischen sekundären Merkmale trotz des Bidderschen Organs schwanden, entgegen meinen und Takahashis Versuchen (die vorgekommenen fünf Ausnahmefälle erklären sich durch vorhandene kleine Hodenreste) nicht zu zweifeln ist. Die Erklärung ist meines Erachtens in der verschiedenen Rasse zu suchen, worauf auch die Witschischen Befunde (1925) an Fröschen hinweisen. Bei den Genfer und Florentiner Kröten hat auch Ponse die Umwandlung des Bidderschen Organs in ein Ovar beobachten können. Diese Umwandlung geht hier viel schneller und leichter als bei Marburger Kröten vor sich. Wie sich die Königsberger Kröten verhalten, wird noch weiter untersucht. Ponse berichtet, daß manchmal schon nach einem Jahr das Biddersche Organ deutlichen Ovariencharakter angenommen hat, und zwar scheint es bei den Genfer und Florentiner Kröten ohne Stoffwechselbeeinflussung zu gehen. Es ist also die Möglichkeit vorhanden, daß diese Kröten, die aus warmen Gegenden stammen, sehr bald nach der Entfernung der Hoden in ihrem verbliebenen Bidderschen Organ eine Hemmung der Inkretion erleiden, so daß sie nicht mehr für die Hoden eintreten können. Meine Versuche an Marburger und neuerdings an Königsberger Kröten zeigen, daß bei ihnen das Biddersche Organ die sämtlichen sekundären Merkmale allein aufrecht zu erhalten vermag, wenn auch oft schwächer und in bezug auf den Cyclus in abgeänderter Weise. Der sowohl bei meinen Tieren ausgeprägte Cyclus im Bidderschen Organ des Männchens und des Weibchens, den auch Hoepke feststellte, ist ja ebenfalls nach Ponse bei Genfer und Florentiner Tieren nicht vorhanden, so daß diese Lokalrassen sich auch in dieser Hinsicht anders verhalten. Wenn ich bei Marburger Kröten das Biddersche Organ in Ovarien umwandelte, hörte natürlich auch hier für gewöhnlich die männliche inkretorische Wirkung auf.

Die Entwicklung des Bidderschen Organs ist von Knappe an *Bufo vulgaris* und neuerdings von King an *Bufo lentiginosus* studiert worden. v. Wittich, v. la Valette St. George und Nußbaum haben die ersten noch unvollkommenen Untersuchungen dieser Art gemacht. Ich gebe die Entwicklung ganz kurz nach King an. Das Biddersche Organ tritt gesondert von den Keimdrüsenanlagen bei Kaulquappen von 15—18 Tagen zum erstenmal auf. Der vordere Teil der Genitalleiste wuchert schneller als der hintere Teil und enthält 5—8 große Primordialkeimzellen, während in den hinteren und mittleren Regionen, wo später Hoden und Ovarien entstehen, nie mehr als drei dieser Zellen vorhanden sind. Der stärker entwickelte vordere Abschnitt wird zum Bidderschen Organ, er enthält in diesem Stadium die Primordialkeimzellen und kleine Peritonealzellen. Die hinteren Abschnitte der Keimzelleiste werden zu den Geschlechtsdrüsen. Das Biddersche Organ entwickelt sich sehr viel schneller als letztere. — Schon lange bevor man das Geschlecht unterscheiden kann, hat es eine beträchtliche Größe erreicht. Die Vermehrung der Urkeimzellen des Organs erfolgt durch Mitose in ganz ähnlicher Weise wie bei den Keimdrüsen. In den späteren Entwicklungsstadien vermehren sich die Zellen jedoch nur durch Amitosen, während sich die Keimzellen stets durch Mitose vermehren. Nach der letzten mitotischen Teilung nehmen die Zellen den Charakter von jungen Oocyten an und sind gewöhnlich mit mehreren abgeplatteten Peritonealzellen umhüllt. Die Zellen liegen häufig wie beim Ovarium in Zellnestern zusammen. Die Entwicklung der jungen Oocyten im Bidderschen Organ gleicht derjenigen der Ovarialoocyten bis zum Synapsisstadium. Nach diesem Stadium teilen sie sich im Gegensatz zu den Ovarialoocyten nur noch amitotisch und fallen der Degeneration anheim.

Zur Zeit der Metamorphose sind Hoden und Biddersches Organ scharf voneinander getrennt, dagegen ist beim Weibchen eine

Kommunikation des Hohlraumes vom Bidderschen Organ und Ovarium bis zum 2. Jahre vorhanden; bei *Bufo vulgaris* dagegen nach meinen Beobachtungen zeitlebens.

Die von den früheren Autoren als Degeneration bezeichnete Phase, die sich aus der Betrachtung des Cyclus ergibt (Abb. 89), ist nichts weiter als eine besonders starke Inkretionsphase dieses Organes. Diese Inkretion läßt sich nun, viel besser als das beim männlichen Bidderschen Organ der Fall ist, beim weiblichen Schritt für Schritt verfolgen.

Das Inkret wird von den sogenannten Eizellen des Bidderschen Organes, die wir am besten als Biddersche Zellen bezeichnen, gebildet, und es ergeben sich hier, um das gleich vorauszuschicken, weitgehende Übereinstimmungen mit der Inkretion des Ovariums.

Auch im Ovarium der Kröten treten in umfangreichem Maße Follikelatresien auf. Nach den Untersuchungen von Ruge und Bühler äußern sich die ersten Degenerationserscheinungen am Kern in den eihaltigen Follikeln. Der Kern verkleinert sich, die Kernmembran wird unterbrochen, und der Kernsaft tritt aus. Die Kernstruktur geht schließlich vollständig verloren, bis schließlich nur noch eine intensiv gefärbte Stelle übrigbleibt. Bald dringen dann Follikelepithelzellen unter Durchwanderung des Oolemmas in das Plasma der Eizelle ein. Die Eihaut schwindet, und es kommt zur Bildung eines Dotterepithels. Die Epithelien zerlegen den Dotter vollständig und führen ihn, wie das Ruge angibt, den Blutgefäßen zu. Das Follikelbindegewebe beteiligt sich an der Resorption nur durch Aussendung von Gefäßsprossen in die Eikörper. Ähnliche Vorgänge hat auch Burkhardt (1912) bei *Rana esculenta* beobachtet.

In gewisser Weise ist die Rückbildung der Eier des Bidderschen Organes der Follikelatresie des Amphibienovariums ähnlich, und zwar sowohl beim Bidderschen Organ des Männchens und Weibchens.

Während nun aber bei der Follikelatresie lediglich die Eizellen also solche resorbiert werden, kommt es in den Eizellen des Bidderschen Organes vor der Resorption durch die Granulosazellen zu einer Inkretbildung im Plasma der Eier. Dieser Vorgang ist nun besonders gut am Bidderschen Organ des Weibchens zu verfolgen. Er stimmt aber mit dem des Männchens überein.

Wir hatten schon bei der Genese der Eier des Bidderschen Organes gesehen, daß die Dotterbildung hier nur in ganz rudimentärer Weise ausgebildet ist. Dagegen spielen sich im Kern eigenartige Prozesse ab, die hauptsächlich die Nucleolarsubstanz betreffen. Bei jungen Bidderschen Zellen bis zur mittleren Größe sind wenige kleine runde Nucleolen vorhanden, die manchmal eine konzentrische Schichtung zeigen. Die Nucleolen teilen sich nun lebhaft und ergeben dabei Bilder, wie man sie bei der Amitose beobachtet, wie sie Aimée (1908) beschrieben hat, und ich sie ebenfalls beobachten konnte. Nachdem die Eier des Bidderschen Organes bis zur mittleren oder maximalen Größe herangewachsen sind, haben die Nucleolen bedeutend an Umfang zugenommen. Sie sind jetzt rundlich oder unregelmäßig geformt und sind im Inneren vacuolisiert, wie das auch sonst häufig bei Nucleolen beobachtet worden ist (Jörgensen). Im Centrum beobachtet man häufig eine braunschwarze körnelige Masse. Die im früheren Stadium sehr schön ausgeprägte Lampenbürstenformation des Chromatins geht allmählich verloren. Es ist in den Kernen dann eine grobwabige Struktur wahrzunehmen. Auf dem Maschenwerk liegen die verschieden großen Chromatinbrocken. Die Nucleolarsubstanz tritt nun nach eigenartigen Umbildungsprozessen aus dem Kern aus, sodaß wir ihr eine besondere Bedeutung zumessen können.

Nucleolen kommen sowohl bei Pflanzen wie bei Tieren vor. Über das, was wir von diesen eigenartigen Gebilden wissen, ist 1920 von A. Meyer zusammenfassend berichtet worden. Er bezeichnet die Nucleolen als ergastische Gebilde; denn sie entstehen in den jungen und älteren Kernen ganz neu und können restlos in der Zelle gelöst werden. Es spricht manches dafür, daß die Substanz des Nucleolus beim Wachstum des Plasmas verbraucht wird. Dazu müßte aber der Nucleolus in irgendeiner Form in das Plasma übertreten. Ob das bei normalen Zellen, namentlich Eizellen, in sichtbarer Form vorkommt, muß bezweifelt werden. Daß die Nucleolen aber tatsächlich verbraucht werden, zeigen die Untersuchungen von Jörgensen (1913) bei den Eiern von Melamphaes. Neben dem in der Einzahl vorhandenen Nucleolus entstehen in jungen Oocyten dieses Frosches zahlreiche basichromatische Randnucleolen, die sich abflachen, vacuolisieren und zu eigenartigen Tetraden, Achterfiguren usw., auswachsen. Diese werden bis zu ihrem völligen Schwund verbraucht. Diese Beobachtungen sind auch am lebenden Objekt gemacht worden. Auch über das Ausstoßen der Nucleolen aus ruhenden Kernen gibt es mehrfache Angaben. Die Nucleolen sollen durch die Kernmembran der Eizellen hindurchtreten und sich in Dotterelemente umwandeln. Die Beobachtungen Montgomerys scheinen für einen Nucleolenaustritt aus dem Kern zu sprechen. Die Nachuntersuchungen von Jörgensen haben jedoch ergeben, daß die Deutungen nicht zutreffen. Korschelt sieht in den Kernkörpern eine Anhäufung von Stoffen, welche zur geeigneten Zeit wieder zum Aufbau des Kernes verwendet werden. Nach seinen Untersuchungen an Ei- und anderen Zellen findet zweifellos eine Auflösung der Nucleolarsubstanz statt. Die Erklärung dieser Erscheinung findet er darin, daß die Nucleolarsubstanz in und vielleicht außerhalb des Kernes zur Verwendung gebracht werden soll. Auch bei Amphibien hält er den Austritt von Kernsubstanzen aus dem Keimbläschen nicht für ausgeschlossen. Weiter beobachtete er die Bildung von längeren oder kürzeren Fortsätzen des Kernes bei secernierenden Zellen verschiedener Art. Die Fortsätze waren nach demjenigen Teil der Zelle gerichtet, wo die Secretion stattfand.

Der Kern verliert gerade an solchen Stellen oftmals seine scharfe Begrenzung, sodaß sein Inhalt direkt in das Zellplasma übergehen kann.

In den secernierenden Doppelzellen der Ovarien von *Nepa* und *Ranatra* finden sich große massige Kernkörper, die später zum Teil schwinden, also wohl in Lösung übergeführt werden.

Die Bilder, die Korschelt von Nährzellen der Insectenovarien gibt, stimmen in auffälliger Weise mit den Secretbildungsstadien der Eier des Bidderschen Organes überein.

Die Verwendung der Nucleolarsubstanz im Zellplasma findet nun vor allen Dingen bei Secretions- und Inkretionsbildungen statt. Für die Zellen des Interrenal- und Internephridialorgans habe ich das für die Nucleolargranula nachweisen können. Hier tritt die Nucleolarsubstanz direkt in das Plasma ein und gibt Anlaß zur Bildung der Inkrete des Nebennierenrindensystems.

Ganz Ähnliches läßt sich auch wieder am Bidderschen Organ beobachten. Die mit Vacuolen durchsetzten Nucleolen begeben sich an die Kernmembran heran (Abb. 93). Die Nucleolarsubstanz löst sich dann in körnige Brocken auf, die sich dunkel mit chromatischen Farbstoffen färben. Die Kernmembran, die vorher glatt und kreisrund war, wird jetzt unregelmäßig und ist an vielen Stellen ausgebuchtet. Die in Körnchen aufgelöste Nucleolarmasse buchtet zuweilen die Kernmembran kuppenförmig vor, und es kommt dann zur Ausstoßung von Nucleolargranula, die oft massenhaft im Plasma nachzuweisen sind. Ob die Granula auf osmotischem Wege, gelöst also, die Kernmembran durchwandern oder geformt, läßt sich nicht mit Sicherheit entscheiden. Hier findet jetzt ein weiterer staubförmiger Zerfall der Granula statt, so daß sich Herde von osmierbaren Massen im Plasma nachweisen lassen. Meist liegen diese Massen zuerst halbmondförmig um den Kern herum. Zuweilen liegen auch diffuse Massen im Plasma, wie z. B. in Abb. 93 oder es sind stäbchenförmige Gebilde vorhanden, die zu Bündeln vereint sind. Auch zwischen diesen liegen die osmierbaren Granula.

Diese eigenartigen Stäbchenmassen sind auch von Knappe gesehen worden. Er kommt zu der merkwürdigen Auffassung, daß es sich hier um Spermatozoen handele, die sich im Bidderschen Organe des Männchens in anormaler Weise bildeten.

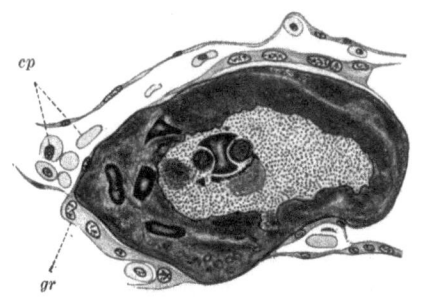

Abb. 93. Schnitt durch eine Biddersche Zelle des Weibchens, deren Kern fast ganz degeneriert und deren Plasma vollständig mit osmiertem Sekret angefüllt ist. Die Granulosazellen (*gr*) sind höher geworden. In der Theca folliculi liegen die Kapillaren(*cp*). Vergr. Oc. 2. Obj. E (auf ³/₄ verkleinert). Das Präparat stammt vom 20. 7. 1920. (Original.)

Welche Bedeutung diese stäbchenartigen Gebilde haben, vermag ich nicht zu sagen. Daß sie nichts mit Spermatozoen zu tun haben, ist wohl selbstverständlich. Sie verschwinden übrigens bei den weiteren Secretionsphasen und sind dann nicht mehr nachzuweisen.

Bei diesem Inkretionsablauf drängt sich ohne weiteres ein Vergleich auf mit der Bildung des Corpus luteum der Säugetiere. Auch dieses bildet sich aus Granulosazellen und ist für die Inkretion des Ovariums während der Schwangerschaft verantwortlich. Auch hier geben die sogenannten Granulosaluteinzellen ihr Inkret direkt in das Blut ab. Ich glaube hier eine trophische

Funktion der Granulosazellen festgestellt zu haben, wie das auch Champy, Regaud, Goldmann und Kyrle für die Zwischenzellen beim Frosch angeben. Untersuchungen beim Hunde sprechen jedoch mehr dafür, daß die osmierbaren Körnchen in den Hodenkanälchen aus degenerierten Keimzellen gebildet und dann von den interstitiellen Zellen aufgenommen werden.

Andererseits habe ich auch mehrfach feststellen können, daß die Zwischenzellen des Hodens ihr Inkret an die sie reichlich durchziehenden Capillaren abgeben. Ich möchte daher annehmen, daß das Inkret des Hodens von degenerierenden Samenzellelementen gebildet wird, daß es dann gewissermaßen als Prosecret in die Zwischenzellen gelangt, wo es zum definitiven Inkret umgebildet wird. Bei denjenigen Tieren, die keine Zwischenzellen im männlichen Geschlecht haben, so z. B. Tritonen und Würmern, wird dann das Inkret von den Keimzellen aus direkt in die Blutbahn befördert. Den Beweis dafür habe ich beim Regenwurm erbracht, wo im Hoden kein echtes Interstitium vorhanden ist und dennoch die sekundären Geschlechtsmerkmale von den Hoden, also den Keimzellen, abhängig sind.

Bestärkt werde ich in dieser Auffassung durch die Untersuchung am Bidderschen Organ besonders des Krötenmännchens. Wie meine experimentellen Untersuchungen dieses Organes gezeigt haben, ist das Biddersche Organ beim Männchen und Weibchen allein imstande, alle wesentlichen Charaktere des Geschlechtes aufrecht zu erhalten. Im Bidderschen Organ ist, wie das auch Ognew schon feststellte, kein Interstitium vorhanden. Die Zellen des Bidderschen Organes leiten sich, wie das King angibt, aus den Urkeimzellen her. In ihnen bildet sich das Inkret, das dann von den Granulosazellen aufgenommen wird. Diese sind also funktionell direkt den Zwischenzellen des Hodens und den Luteinzellen des Ovariums gleichzusetzen. Die Granulosazellen geben das Inkret, ähnlich wie die Zwischenzellen, an das Blut ab, von wo es auf die sekundären Geschlechtsmerkmale wirkt. Damit wäre in großen Zügen der Prozeß der Inkretion der Keimdrüsen geklärt. Die Keimzellen selbst sind es, wie das schon Nußbaum vermutet hat, die letzten Endes das Inkret dieser Organe produzieren. Nußbaum kam indessen so zu diesem Schlusse, daß er annahm, die interstitiellen Zellen wären umgewandelte Keimzellen. Auch ich habe bis 1914 in einem gewissen Grade diesen Standpunkt vertreten und habe versucht, die rudimentären Keimzellen des Bidderschen Organes mit den Zwischenzellen zu homologisieren, betonte aber schon damals, daß experimentell nur bewiesen sei, daß, soweit überhaupt nachzuweisen, allein die Keimzellen imstande sind, die Geschlechtscharaktere zu beherrschen, gestützt auf meine Versuche am Regenwurm und auf die Befunde am Bidderschen Organ der Kröte. Die genaue Analyse des Bidderschen Organes im Vergleich mit dem Interstitium der echten Keimdrüsen zeigt uns jedoch, daß die interstitiellen Zellen Speicherorgane oder Transportorgane für die in den Keimzellen der Geschlechtsdrüsen oder den in rudimentären Keimdrüsen des Bidderschen Organes gebildeten Inkrete sind. In beiden Fällen führen die Zwischenzellen des Hodens und die Luteinzellen des Ovariums oder die Granulosazellen des Bidderschen Organes das Inkret dem Blutstrome zu.

Durch diesen Befund fügt sich auch die Geschlechtsbestimmung, bedingt durch den Geschlechtschromosomenmechanismus, der Hormonlehre ein. Im männlichen und weiblichen Geschlecht werden, wie das auch Goldschmidt annimmt, von den Geschlechtschromosomen specifische Enzyme gebildet, die zur Bildung des Inkretes Anlaß geben. Da nun, wie wir beim Bidderschen Organ gesehen hatten, die Bildung des Inkretes vom Kern ausgeht, und das Chromatin dabei schließlich mit verbraucht wird, so ist es nicht unwahrscheinlich, daß die männlichen und weiblichen Enzyme direkt in der Zelle zur Wirkung kommen und nun die Bildung eines specifisch männlichen oder weiblichen Inkretes anregen.

Wir sehen auch gar nicht selten im Hoden von erwachsenen Kröten in den Tubuli seminiferi Eizellen in großer Zahl sich neben den Samenzellgenerationen entwickeln. Die histologische Untersuchung ergibt zweifellos, daß wir es mit Eizellen zu tun haben. Sie haben Lampenbürstenchromosomen und Dotterplättchen. Sie sind von einer Cyste umgeben, wie sie für die spermatogenetischen Generationen von den Sertolischen Zellen geliefert werden. Ähnliche Eizellbildung findet sich auch in den Samenkanälchen junger Säugetiere, wie das Popoff und Harms festgestellt haben. Bei *Rana esculenta* bezeichnet sie Champy als eiähnlich, Witschi dagegen hält sie für hypertrophierte Spermatogonien (Abb. 127).

Auch meine Befunde bei Kröten (Abb. 42 a, b) stimmen durchaus mit den erwähnten von Meyns (1910) überein. Ich halte es für sehr wohl möglich, daß Spermatogonien bei einem Regenerationsprozeß sich so weit zurückzudifferenzieren vermögen, daß sie zu Urkeimzellen werden und nun natürlich die Möglichkeit haben, sich auch zu Oocyten zu entwickeln; jedenfalls ist dieses die zwangloseste Annahme. Ich halte es für ausgeschlossen, daß in den von mir untersuchten Fällen die Eizellen von alten intakten Hoden eines Übergangszwitters stammen. Eizellen gehen zwar sicher, wie Witschi sagt, nur aus den Keimepithelien hervor, das sagt aber nichts gegen unseren Befund, denn die Samenkanälchen sind auch von einem solchen Epithelium ausgekleidet.

Bei meinen eigenen Versuchen über **experimentell-physiologische Geschlechtsumstimmung** bei erwachsenen Kröten liegt die Ursache klar zutage. Alle männlichen Kröten haben neben dem Hoden ein Biddersches Organ, das die direkte Entwicklung aus Urkeimzellen in weiblicher Richtung darstellt, ohne daß man es als Ovar bezeichnen könnte. Im Bidderschen Organ entwickeln sich Biddersche Oocyten nur bis zum Synapsisstadium der Ovarialoocyten und fallen dann der Degeneration anheim. Man könnte das Biddersche Organ vielleicht als die undifferenzierte Urkeimdrüsenanlage des Urodelenstadiums der Kröten auffassen. Entfernt man nun bei männlichen erwachsenen Kröten die Hoden, so bleiben zunächst die sekundären Geschlechtsmerkmale unter dem Einfluß des männlich inkretorisch wirkenden Bidderschen Organes vollständig erhalten. Dadurch, daß das Tier seiner männlichen Generationszellen vollständig beraubt ist, werden in immer stärkerem Maße vom Hoden bewirkte Hemmungen, die normalerweise die weibliche Anlage latent erhalten, beseitigt. Füttert man diese Tiere außerdem noch stark mit fetthaltigen Substanzen, so hypertrophieren die Eier des Bidderschen Organes, sie fallen nicht mehr nach dem Synapsisstadium der Degeneration anheim und wachsen allmählich zu normalen Eizellen heran.

In dem Maße, wie das Biddersche Organ sich zu einem Ovarium umdifferenziert, kommen die latenten weiblichen Merkmale zur Entwicklung, d. h. Eileiter und Uterus entwickeln sich, die Körperform und das Verhalten der Tiere wird weiblich. Dagegen bilden sich die männlichen Charaktere zurück. Die Daumenschwielen, der Klammerungsreiz und der Brunstlaut verschwinden.

Es läßt sich also im Laufe mehrerer Jahre durch Beseitigung der Hemmungen für die latente weibliche Anlage und die Förderung der Entwicklung von normalen Eizellen im Bidderschen Organ durch Fütterung, also durch Stoffwechselbeeinflussung, aus einem normalen Männchen ein normales Weibchen entwickeln. Daß diese Versuche schneller und leichter gehen bei jungen Tieren und solchen, die schon eine Tendenz zur Entwicklung von Eizellen im Bidderschen Organ haben, ist wohl ohne weiteres klar und geht einwandfrei aus den Versuchsprotokollen der Originalarbeit hervor. Näheres werden wir über diese Geschlechtsumwandlung im nächsten Kapitel hören.

IV. Die bisexuelle Veranlagung der Tiere.
a) Mechanik und Physiologie der normalen Geschlechtsbestimmung.

Die Ontogenese und besonders das Studium der Keimbahn konnte uns keinen Aufschluß darüber geben, wie die Differenzierung in männliche und weibliche Keimdrüsen erfolgt. Nur die Entstehung der geschlechtlich noch indifferenten essentialen Geschlechtsanlage konnte nach den bisherigen Untersuchungen aus einer indifferenten Keimbahnzelle oder Urkeimzelle beschreibend verfolgt werden. Es müssen daher andere Forschungswege eingeschlagen werden, um die Geschlechtsdifferenzierung klarzulegen. Man kann dem Ziele auf dreierlei Weise näher kommen. Erstens, indem man durch Bastardierungsversuche auch die Geschlechtsfaktoren nach der Mendelschen Regel analysiert, zweitens, indem man die cytologischen Verschiedenheiten der männlichen und weiblichen Keimzellen studiert und drittens, indem man den sich entwickelnden Embryo experimentell nach der männlichen oder weiblichen Seite hin zu beeinflussen sucht. Alle diese Forschungsrichtungen sind in neuester Zeit außerordentlich fruchtbar gewesen, und gerade die ersten beiden Methoden haben auch vieles zur Klärung der Korrelationen der genitalen essentialen und akzidentalen Merkmale beigetragen.

Wir gehen zunächst auf die Anwendung der Mendelschen Vererbungsregel auf die Geschlechtsverteilung bei den Nachkommen ein. Mendel selbst hat schon eine derartige Möglichkeit in Erwägung gezogen. Wir müssen zunächst eventuelle Erbeinheiten annehmen, die in spaltenden allelomorphen Paaren auftreten. Man kann sowohl für die essentialen sowie auch für die akzidentalen Sexualcharaktere Merkmalspaare heranziehen. Da wir nun wissen, daß die weiblichen akzidentellen Merkmale fast ausschließlich nur mit dem Weibchen oder den Ovarien zusammen auftreten, die männlichen nur mit dem Männchen oder mit den Hoden, so muß der Faktor für Weiblichkeit auch mit dem Faktor für die Erbeinheiten der weiblichen sekundären Sexusmerkmale verbunden sein, der Faktor für Männlichkeit dagegen mit den männlichen sekundären Merkmalen. Man hat daher mit Recht die sekundären Merkmale als geschlechtsabhängig bezeichnet und spricht in der Mendel-Forschung häufig von einer geschlechtsabhängigen oder geschlechtsbegrenzten (sex limited) Vererbung, obwohl hier meist nicht nur eigentliche sekundäre Merkmale gemeint sind, sondern auch andere Eigenschaften, die in bestimmten Kreuzungen immer nur auf das eine Geschlecht übergehen, obschon sie auch durch geeignete Kreuzungen ebenso auf das andere Geschlecht vererbt werden können.

Diese Forschung über die geschlechtsbegrenzte Vererbung hat eine bedeutende Stütze in der cytologischen Methode gefunden, indem es gelungen ist, die hierher gehörigen Eigenschaften auf bestimmte Chromosomen zurückzuführen. Besonders durch das Verhalten der Chromosomen bei der Reduktionsteilung in den männlichen und weiblichen Keimzellen wird die Geschlechtsabhängigkeit im hohen Grade verständlich gemacht. Cytologie und experimentelle Bastardierung haben sich also in der vollkommensten Weise ergänzen können.

Die Resultate dieser Forschung haben L. Plate (1913) und Goldschmidt (1923) in ihren Büchern über Vererbungslehre übersichtlich dargestellt (neuerdings auch Morgan, 1920); ich werde mich im folgenden auf ihre sehr klaren Darstellungen, wie auch auf die Zusammenstellungen von Wilson, Schleip und R. Hertwig stützen.

Die beiden Formen der Fortpflanzung sind die ungeschlechtliche und die geschlechtliche. Die erstere, die Teilung und Knospung, lasse ich hier außer Betracht, da sie eine heute meist abgeänderte, primitive Form der Fortpflanzung darstellt.

Die geschlechtliche Fortpflanzung stellt heute die wichtigste Form der Erhaltung rezenter Arten dar. Sie ist geknüpft an die

Herausdifferenzierung von Keimzellen aus dem Soma und deren allmählicher Zusammenlagerung zu einem abgegrenzten Organ, den Keimdrüsen. Das Ei hat den Charakter einer typisch primitiven Zelle; die männliche Keimzelle, das Spermatozoon dagegen ist zu einer Lokomotionszelle differenziert, um das Ei aufzusuchen, in dasselbe einzudringen und mit dem Eikern zu verschmelzen. Diese Zelldifferenzierung ist etwas Sekundäres, denn die Urkeimzellen sind in beiden Geschlechtern gleich, bis auf die Geschlechtschromosomengarnitur, die, wie jetzt nachgewiesen, bei vielen Tierstämmen bei männlichen und weiblichen Keimzellen charakteristisch verschieden ist. Entweder haben wir Männchen: $n + x$ Chromosomen; Weibchen: $n + 2x$, oder Männchen: $n + (x + y)$; Weibchen: $n + 2x$, wo x und y das Geschlechtschromosom bedeutet, oder das Umgekehrte bei den Geschlechtern. Damit ist nach eingetretener Reduktion des Chromosomenbestandes um die Hälfte bei der Keimzellreifung das Geschlecht bestimmt.

Das Geschlecht wird nun normalerweise bei sehr vielen Tieren so festgelegt, daß Ei und Samenzelle in bestimmter Kombination miteinander verschmelzen. Die Geschlechtsbestimmung ist also sehr einfach, wenn wir nur den Geschlechtschromosomenmechanismus spielen lassen. Hat ein Tier Männchen: $n + x$, Weibchen: $n + 2x$ Chromosomen, so haben die reifen Eizellen alle $\frac{n}{2} + x$, die Samenzellen dagegen zur Hälfte $\frac{n}{2} + x$ und zur anderen Hälfte $\frac{n}{2}$. Durch Verschmelzung entstehen zur Hälfte Weibchen:

$$\left[\left(\frac{n}{2} + x\right) + \left(\frac{n}{2} + x\right) = (n + 2x)\right],$$

zur Hälfte Männchen:

$$\left[\left(\frac{n}{2} + x\right) + \frac{n}{2} = (n + x)\right].$$

Wir nennen diese Art der Geschlechtsbestimmung Protenortyp (Abb. 94 und 95).

In diesem Falle ist also das männliche Geschlecht heterogametisch, das weibliche homogametisch oder jede geschlechtliche Zeugung ist eine Rückkreuzung mit F_1 (50 : 50 vH.), d. h. gleiche Zahl der Männchen und Weibchen. Es gibt nun aber weiterhin Fälle, wo in den männlichen Keimdrüsen das X-Chro-

216   Die bisexuelle Veranlagung der Tiere.

mosom noch einen kleinen Partner behalten hat, das Y-Chromosom, wir haben dann den Lygaeustyp (Abb. 96a und 96b).

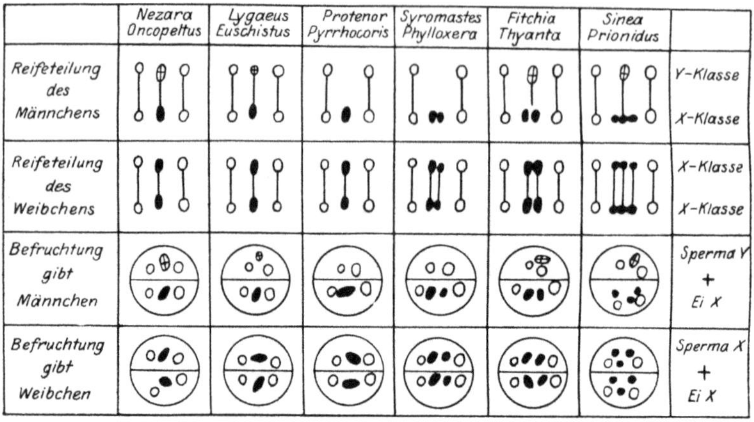

	Nezara Oncopeltus	Lygaeus Euschistus	Protenor Pyrrhocoris	Syromastes Phylloxera	Fitchia Thyanta	Sinea Prionidus	
Reifeteilung des Männchens							Y-Klasse / X-Klasse
Reifeteilung des Weibchens							X-Klasse / X-Klasse
Befruchtung gibt Männchen							Sperma Y + Ei X
Befruchtung gibt Weibchen							Sperma X + Ei X

Abb. 94. Schematische Darstellung der verschiedenen Typen geschlechtsbestimmender Chromosomen. (Nach Wilson.)

Die beiden Arten der Spermatozoen haben dann $\frac{n}{2} + x$ und $\frac{n}{2} + y$ Chromosomen, wo x das Weibchen bestimmende, y das männlich bestimmende Chromosom ist. Die Kreuzungsbeispiele von *Drosophila* sollen uns weiter unten Näheres darüber aussagen. Die heterozygoten Männchen, bzw. Tiere mit Geschlechtschromosomen, haben wir bei vielen vermoiden Formen, sehr vielen Arthropoden und Vertebraten, insbesondere bei den Säugetieren. Im Gegensatz dazu haben die Schmetterlinge und die Vögel heterozygote Weibchen bezüglich der Geschlechtsbestimmung. Cytologisch ist das von Seiler bei der Psychide *Talaeporia tubulosa* nachgewiesen worden. Wir bekommen hier reife Eizellen mit

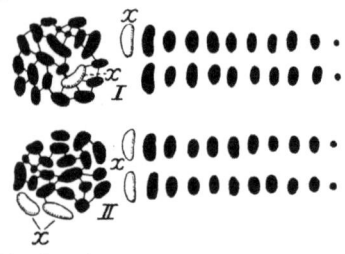

Abb. 95. Die Kernkörper der Wanze *Anasa tristis*, und zwar *I* aus einer Samenmutterzelle, *II* aus einer Eimutterzelle. Links jeweils deren Anordnung vor der Teilung („Äquatorialplatte"), dem für ihre Wahrnehmung bequemsten Stadium; rechts die einzelnen Kernkörperchen aus dieser Gruppe paarweise sortiert. Die Autochromosomen sind schwarz gezeichnet, die Geschlechtschromosomen x weiß ausgespart. (Nach Wilson aus R. Hertwig.)

$\frac{n}{2}$ und $\frac{n}{2} + x$ Chromosomen und Spermatozoen, die alle $\frac{n}{2} + x$ Chromosomen haben. Das X-Chromosom in der Hälfte der Eizellen ist also hier das Männchen bestimmende. Da die Geschlechtsbestimmung durch das Kreuzungsexperiment für Schmetterlinge zuerst bei *Abraxas* genau untersucht worden ist, so können wir hier von einem Abraxastyp sprechen für alle Tiere, bei denen das weibliche Geschlecht heterozygot ist. Den Ablauf des Chromosomenverhaltens gibt uns das ausgezeichnet untersuchte Objekt *Ancyracanthus* (Protenortyp) nach Mulsow (Abb. 97). Der rechte Kreis gilt für den weiblichen Cyclus, der linke für den

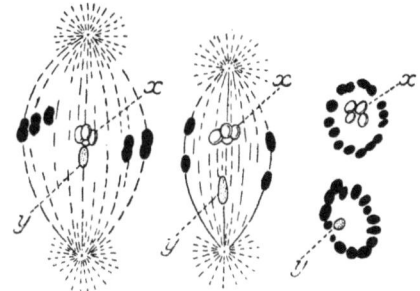

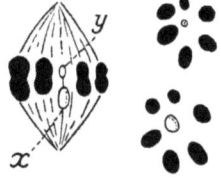

Abb. 96a. Zweite Reifeteilung in der Samenreifung der Wanze *Galastocoris oculatus*: beide linke Abbildungen zeigen die Teilung in Gang, wobei die Kernkörper auseinandertreten, darunter auch die Geschlechtschromosomen, und zwar mehrere X-Chromosomen nach der einen, ein Y-Chromosom nach der anderen Seite. Die rechte Abbildung zeigt als Teilergebnis die Gruppen der Kernkörper, wie sie sich vor ihrem Undeutlichwerden in den reifen Samenzellen finden: oben die X-Chromosomen, unten das Y-Chromosom. (Nach Payne aus R. Hertwig.)

Abb. 96b. Zweite Reifeteilung in der Samenreifung der Wanze *Euschistus variolarius*. Linke Abbildung zeigt die Teilung soeben in Gang, wobei die Kernkörper auseinanderstreben, das X-Chromosom zu dem einen, das Y-Chromosom zu dem anderen Pol wandert; die rechte Abbildung zeigt das Resultat der vollzogenen Teilung (die Kernkörpergruppen in den Samenfäden, ehe die Kernkörper wieder unsichtbar werden), nämlich die obere Gruppe mit dem kleinen Y-, die untere mit dem größeren X-Chromosom. (Nach Wilson aus R. Hertwig.)

männlichen. Am Berührungspunkt beider Kreise liegt die Befruchtung. Der rechte Kreis zeigt in 1 das weibliche Tier mit einer Ureizelle im Ovar, die 12 Chromosomen enthält. In Wirklichkeit sind beide X-Chromosomen, die weiß bezeichnet sind, nicht zu unterscheiden. Schema 2 zeigt die Oogonie oder Ureizelle als Ausgangspunkt der Oogenese. Zwischen 2 und 3 liegt die Synapsis mit der paarweisen Conjugation der Chromosomen. Sie werden in der Wachstumsperiode (3) unsichtbar und erst im Beginn der Reifeteilung als 6 zweiwertige, also paarweise vereinigte Elemente wieder sichtbar. Die erste Reifeteilung (5) entfernt aus dem Ei (6)

218   Die bisexuelle Veranlagung der Tiere.

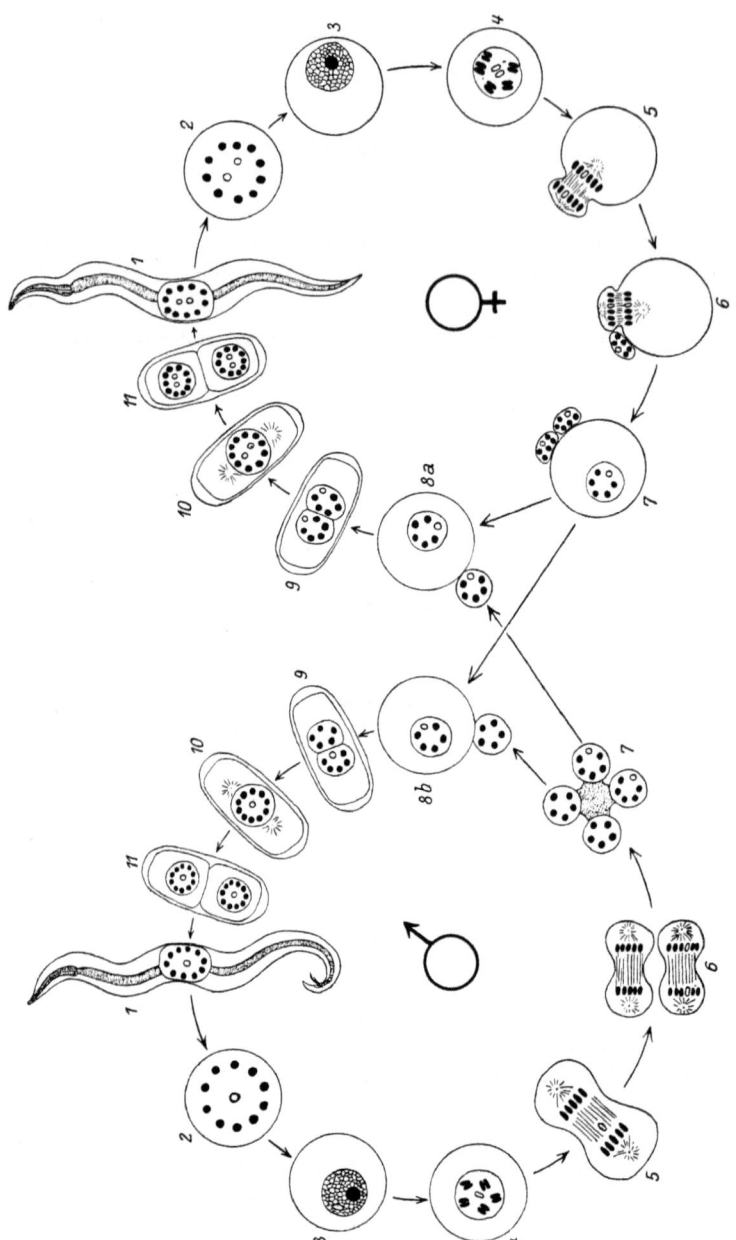

Abb. 97. Schema des Chromosomencyclus von *Anyracanthus cystidicola*. Das X-Chromosom weiß. (Nach Mulsow.)

ganze Chromosomen in den ersten Richtungskörper, während die zweite Reifeteilung (6) jedes übriggebliebene Chromosom der Länge nach halbiert und die Spalthälften verteilt. In dem reifen Ei (7) befindet sich somit die reduzierte Zahl von 6 Chromosomen, dazu aber das weiße X-Chromosom, und zwar ist dieses in allen gebildeten Eiern vorhanden.

Das männliche Tier aber (Abb. 97 links) besitzt in seinen Ursamenzellen des Hodens nur Zellen mit 11 Chromosomen, darunter ein unpaares X-Element (2 und 7, das hier auch weiß gezeichnet worden ist).

Wenn diese nun in der Synapsis conjugieren, erhält das weiße X-Chromosom natürlich keinen Partner, es bleibt einwertig. und in der Spermatogenese zeigt es seine Besonderheit dadurch an, daß es im folgenden Ruhekern (3) erhalten bleibt. Für die Vorbereitung zur ersten Reifeteilung stehen somit fünf doppelwertige Elemente zur Verfügung und das einwertige X-Element (4). Die erste Reifeteilung teilt dann die Paarlinge auf die beiden Tochterzellen auseinander; das unpaare X-Element wandert aber ungeteilt ab zu einem Pol (5), wobei es durch seine isolierte Lage an der Spitze wieder seine Besonderheit kennzeichnet.

Es entstehen also 2 Spermatocyten erster Ordnung, von denen die eine 5 Chromosomen, die andere 6, nämlich 5 gewöhnliche und 1 X-Element, enthält.

Die zweite Reifeteilung (6) läßt dann jede dieser Zellen mit einer gewöhnlichen Mitose sich teilen, nur entstehen hier 4 Spermatiden, von denen zwei 5 und zwei 6 Chromosomen besitzen. Bei diesem so außerordentlich günstigen Objekt bleiben diese 4 Spermatiden nur durch ein Cystophor verbunden und können in diesem Zustand isoliert werden und so zur Herstellung einer überaus beweisenden Mikrophotographie dienen.

Dieses Objekt hat nun besonders den Vorzug, daß die Spermatide sich kaum verändert, wie es sonst bei der Bildung des befruchtungsfähigen Spermatozoons beobachtet wird. Die Chromosomen bleiben hier auch noch weiterhin sichtbar, und so läßt sich der entscheidende Punkt auch beobachten: nämlich, daß die Hälfte der Eier von einem Spermatozoon mit 6 Geschlechtschromosomen (5 + x) befruchtet werden (8a), die andere Hälfte aber von einem solchen mit nur 5 Chromosomen (8b).

Da der Eikern in jedem Fall 6 Chromosomen enthält, zeigen die befruchteten Eier im Vorkernstadium (9) wieder in der ersten

Furchungsspindel (10) und alle weiteren Furchungskerne (11) 12 = (5 + x) + (5 + x) Chromosomen und das gibt die Weibchen (rechts). Oder es treten 11 = (5 + x) + 5 Chromosomen zusammen und das gibt Männchen (links). Und da nun gerade bei Nematoden eine ausgesprochene Keimbahn existiert, wie wir früher gesehen haben, d. h. also die Geschlechtszelle und ihre Chromosomen sich von der sich teilenden Eizelle herleiten, ist damit der ganze Chromosomencyclus dieses Objektes geschlossen.

Durch die Kenntnis der Geschlechtschromosomen ist nicht nur die Entstehung des Geschlechts dem Verständnis erschlossen worden, sondern auch die mit den Geschlechtsfaktoren korrelativ verknüpften Faktoren sind uns jetzt klar.

Es ist bemerkenswert, daß die Erkenntnis der Vererbung des Geschlechts und der geschlechtsbegrenzten Faktoren zuerst ohne Kenntnis des Chromosomenverhältnisses nur durch das Kreuzungsexperiment erschlossen worden ist, daß aber alle diese Ergebnisse durch die Chromosomenforschung wesentlich im Verständnis vereinfacht erscheinen.

Die Geschlechtschromosomen sind von Henking entdeckt worden, MacClung hat zuerst den Gedanken ausgesprochen, daß das X-Chromosom geschlechtsbestimmend sei. Das Verdienst, die wahre Bedeutung der X-Chromosomen geklärt zu haben, gebührt E. B. Wilson. Wie wir heute die Wirksamkeit der Geschlechtschromosomen in der Zelle auffassen können, soll weiter unten geschildert werden. Zunächst gehe ich jetzt auf das Kreuzungsexperiment ein, das die Vererbung des Geschlechts und die mit dem Geschlecht verkoppelten Merkmale klarlegt.

Um zunächst auf die Bastardierungsversuche einzugehen, ist es nötig, für die hier in Betracht kommenden Erbfaktoren kurze Bezeichnungen einzuführen, wie es auch sonst beim Mendelismus geschieht. (Ich lehne mich hier an die sehr klaren Ausführungen von Plate an.) Alle groß geschriebenen Buchstaben bezeichnen den dominanten, alle klein geschriebenen den recessiven und alle in Klammern den latenten Zustand.

W oder w = Faktor für Weiblichkeit; W' oder w' = Faktor der zugehörigen sekundären weiblichen Merkmale.

M oder m = Faktor für Männlichkeit; M' oder m' = Faktor der zugehörigen sekundären männlichen Merkmale.

Mechanik und Physiologie der normalen Geschlechtsbestimmung.

$D =$ dominanter, $R =$ recessiver, geschlechtsabhängiger Faktor.

Die Forschungsmethode besteht darin, daß man zwei verschiedene Varietäten mit geschlechtsgebunden verschiedenen Merkmalspaaren kreuzt. Bei einigen derartigen Bastardierungen hat sich nun herausgestellt, daß in der F_1-Generation die Heterozygoten in beiden Geschlechtern verschieden aussahen. Als Beispiel sei hier eine Schafkreuzung, (Wood 1906) die schon Darwin bekannt war, angeführt, die zwischen gehörnten Dorsets und ungehörnten Suffolks angestellt wurde, wobei „gehörnt" $= D$, „ungehörnt" $= R$ ist. Es ergab sich so, daß die DR der F_1-Generation beim Männchen den dominanten, beim Weibchen den recessiven Charakter hatten. Das heißt, es waren alle heterozygoten Männchen gehörnt, alle Weibchen ungehörnt. Der Verlauf der Kreuzung läßt sich am besten an der Hand eines Schemas verfolgen. Zum Verständnis sei ferner vorausgeschickt, daß W ein D verdecken kann.

♂, ♀ = gehörnt.   ♂, ♀ = ungehörnt.

P   Dorset ♂ DD × Suffolk ♀ RR

F_1 ♂ DR + ♀ DR

F_2 1 ♂ DD + 2 ♂ DR + 1 ♂ RR + 1 ♀ DD + 2 ♀ DR + 1 ♀ RR
               ♂ RR +   ♀ DR

          ♂ DR + ♂ RR + ♀ DR + ♀ RR
beobachtet: 8   9   11

Aus der F_2-Generation geht hervor, daß es drei verschiedene Männchen und drei Sorten von Weibchen gibt, wenn auch äußerlich nur zwei Sorten von jedem Geschlecht zu erkennen sind. Es sind also neun mögliche Kreuzungen auszuführen, wobei wir jedes hornlose Männchen mit RR bezeichnen müssen, es kann also Hörner nicht vererben. Jedes gehörnte Weibchen dagegen ist DD und kann auf jeden seiner Nachkommen die Anlage von Hörnern übertragen.

Klarer werden die Verhältnisse noch, wenn wir annehmen, daß H gehörnt, h ungehörnt, J ein Hemmungsfaktor ist und daß $x \leftrightarrow i$ und $y \leftrightarrow J$ Abstoßung zeigen (Arkell und Davenport 1912).

P Suffolk ♂ $xyhhJi$ × Dorset ♀ $xxHHJJ$
F_1 ♂ $xyHhJi$ × ♀ $xxHhJJ$
F_2 ♂ $xyHHJi$ ♀ $xxHHJJ$
♂ $xyHhJi$ ♀ $xxHhJJ$
♂ $xyhHJi$ ♀ $xxhHJJ$
♂ $xyhhJi$ ♀ $xxhhJJ$

Die Erklärung dieser Ergebnisse ist deshalb schwierig, weil die sekundären Geschlechtsmerkmale, in diesem Falle die Hörner, in ihrer Ausgestaltung von den Harmozonen abhängen, die wir nur bei Wirbeltieren kennen. Hier reichen aber die Geschlechtschromosomen selbst nicht aus, um uns verständlich zu machen, weshalb DR-Schafe im weiblichen Geschlecht immer ungehörnt, im männlichen dagegen immer gehörnt sind. Der Faktor gehörnt kann hier nicht allein mit dem Geschlechtschromosom verknüpft sein, sondern muß auch durch andere Chromosomenkorrelationen vererbt werden. Bevor wir nichts Genaueres über die Wirkungsweise der Harmozone wissen, bleiben diese Fälle ungeklärt. Der Weg dazu ist durch den Morganschen Versuch bei Sebright Bantamhühnern gewiesen worden.

Bei diesen Hühnern ist der Hahn normal hennenfedrig. Wird er dagegen kastriert, so bekommt er den männlichen Federschmuck, das zeigt, daß im Hoden ein Harmozon gebildet wird, das die Hahnenfederentwicklung hemmt. Normalerweise ist es jedoch so, daß der Hoden die weiblichen sekundären Charaktere hemmt, denn diese kommen z. B. bei männlichen Kröten nach physiologischer Geschlechtsumstimmung zur Entwicklung, während die männlichen sich rückbilden.

Bei den Tieren nun, die einen starr ablaufenden Geschlechtschromosomenmechanismus haben, ist die Analyse der Vorgänge eine einfachere. Ich gehe zunächst auf den Fall, von der die Lösung des Problems ausging, ein, auf den von Doncaster und Raynor studierten Stachelbeerspanner *Abraxas grossulariata*.

Dieser Schmetterling hat eine helle Varietät (partieller Albinismus), lacticolor, die gewöhnlich nur im weiblichen Geschlecht gefunden wird (Abb. 98). Kreuzt man *Lacticolor*-Weibchen mit *Grossulariata*-Männchen, so entstehen in der F_1-Generation 50 vH. *Grossulariata*-Männchen und 50 vH. *Grossulariata*-Weibchen. Der *Grossulariata*-Faktor dominiert also über den *Lacticolor*-Faktor

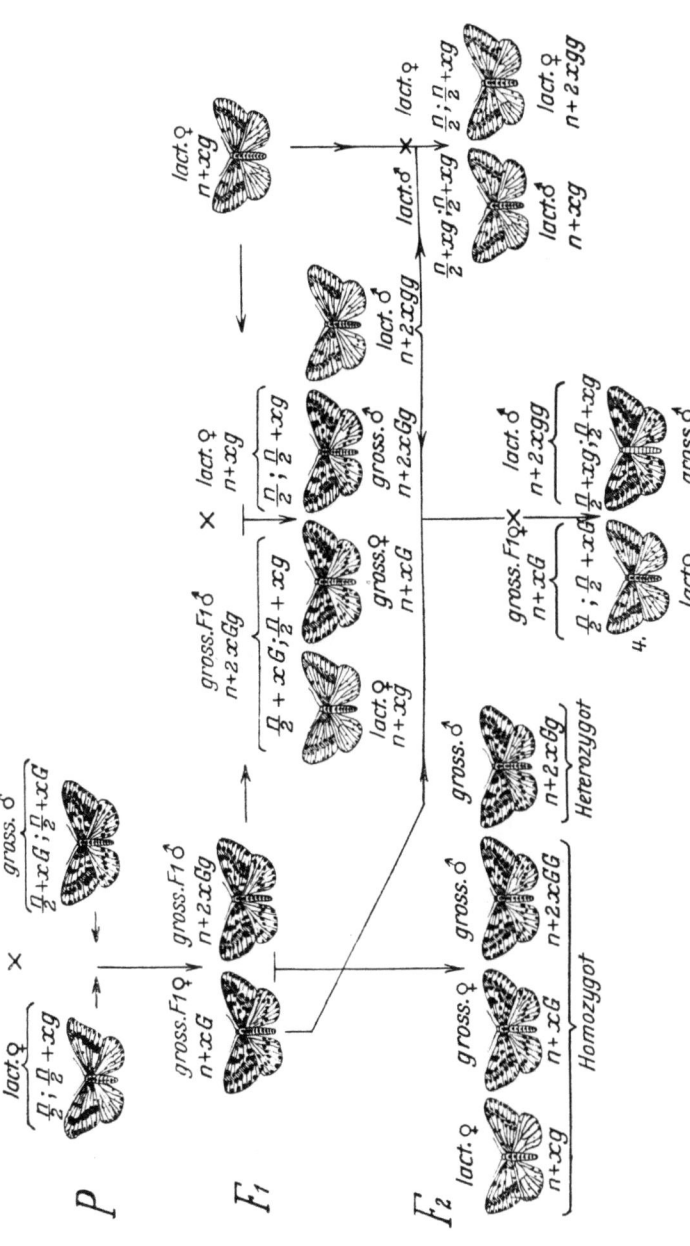

Abb. 98. Übersicht der von Doncaster mit *Abraxas grossulariata* (dunkler) und deren var. *lacticolor* (heller!) ausgeführten Versuche. Über jedem Schmetterling steht seine Erbformel, unter ihm rechts und links vom Geschlechtszeichen die Formel seiner Keimzellen. Linien verbinden die Eltern untereinander und mit den Nachkommen. (Verändert nach Correns.)

F_2 ergibt beide Formen im Verhältnis 3:1 (18 *Grossulariata*, 7 *Lacticolor*). Erstere enthalten beide Geschlechter, letztere nur das weibliche. Kreuzt man ein heterozygotes *Grossulariata*-Männchen der F_1-Generation mit einem *Lacticolor*-Weibchen zurück, so bekommt man, wie nach der Mendelschen Regel zu erwarten: 63 *Grossulariata*-Männchen, 62 *Grossulariata*-Weibchen, 65 *Lacticolor*-Männchen, 70 *Lacticolor*-Weibchen. Hier bekommt man also zum erstenmal *Lacticolor*-Männchen. Werden diese Männchen mit heterocygoten *Grossulariata*-Weibchen von F_1 gepaart, so ist die Nachkommenschaft wieder zur Hälfte *Grossulariata* (145 Stück), zur Hälfte *Lacticolor* (130 Stück). Erstere sind aber jetzt ausschließlich Männchen, letztere ausschließlich Weibchen. Dieselben *Lacticolor*-Männchen mit wilden, aus der freien Natur kommenden *Grossulariata*-Weibchen gepaart, ergeben das gleiche Resultat (19 *Grossulariata*-Männchen, 52 *Laic-tcolor*-Weibchen).

Aus dieser letzten Kreuzung ergibt sich, daß die *Grossulariata* Tiere in der Natur in bezug auf den *Lacticolor*-Faktor heterozygot sein müssen, wobei der *Grossulariata*-Faktor G über *Lacticolor*-Faktor g dominiert. Die Kreuzungsergebnisse sind in dem Schema (Abb. 98) dargelegt: n bedeutet den Somachromosomenbestand, x das Geschlechtschromosom, mit dem bei *Grossulariata* G dominant, bei *Lacticolor* g recessiv verkoppelt ist.

Die gleichen, wenn auch etwas verwickelteren Verhältnisse haben wir bei der geschlechtsbegrenzten Vererbung der Hühner, die auch im weiblichen Geschlecht heterozygot sind. Pearl, Surface, Goodale, Spillmann, Bateson und Hagedoorn haben solche Fälle der gegitterten Plymouth-Rock-Henne × schwarzen Indian Game-Hahn und der braunen Leghorns Männchen und Weibchen × Nigerhühner Weibchen, Männchen gefunden. Noch klarer tritt uns die Vererbung geschlechtsbegrenzter Merkmale bei einem außerordentlich günstigen Objekt vor Augen, nämlich bei der Bananenfliege *Drosophila melanogaster ampelophila*, die im männlichen Geschlecht heterozygot ist, und zwar ist die genotypische Zusammensetzung Männchen $n + (x + y)$, Weibchen $n + 2x$.

Bei *Abraxas* stammen die X-Chromosomen eines jeden Weibchens von seinem Vater und die 2 X-Chromosomen eines jeden Männchens stammen je eins vom Vater und von der Mutter. Es geht also das X-Chromosom eines Weibchens an den Sohn über, sonst vom Großvater durch Tochter zum männlichen Enkel.

Bei *Drosophila* haben alle männlich bestimmenden Spermatozoen ein Y-, die weiblich bestimmenden ein X-Chromosom. Alle Eier haben ein X-Chromosom (Abb. 99).

Drosophila kann leicht in Tausenden von Exemplaren gezüchtet werden. Dabei treten leicht Mutationen an allen möglichen Organen auf, die von Anfang an erblich sind, bis jetzt wurden 200 gefunden. Neben diesen Mutationen sind eine ganze Reihe geschlechtsbegrenzter Faktoren erblich und an das X-Chromosom gebunden.

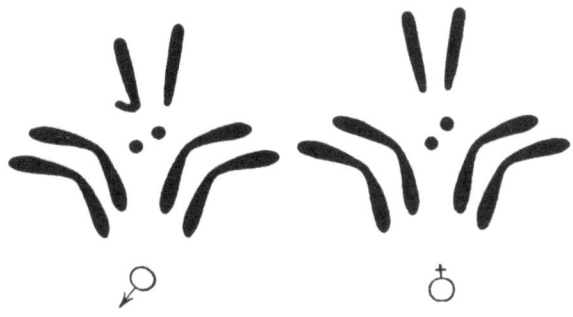

Abb. 99. Chromosomenbestand der weiblichen und männlichen *Drosophila*, etwas schematisiert. (Nach Morgan.)

Wir wollen als Beispiel die Kreuzung eines weißäugigen Mutanten und der rotäugigen Wildform verfolgen (siehe beistehendes Schema).

P weißäugiges ♂ × rotäugiges ♀
$n + (xr + y)$ $n + xxRR$

$\frac{n}{2} + xr; \frac{n}{2} + y$ $\frac{n}{2} + xR; \frac{n}{2} + xR$

F_1 50 vH. $(n + xxRr)$ und 50 vH. $(n + xR + y)$
rotäugige ♀♀ × rotäugige ♂♂

$\frac{n}{2} + xR; \frac{n}{2} + xr$ $\frac{n}{2} + xR; \frac{n}{2} + y$

F_2 $n + xxRR;$ $n + xxrR;$ $n + (xR + y);$ $n + (xr + y)$
rotäugige ♀♀ rotäugige ♀♀ rotäugige ♂♂ weißäugige ♂♂

2459 1011 782

Rückkreuzung:

weißäugiges ♂   rotäugiges (heterozygotes) ♀
$n + (xr + y)$ ×   (F_1) $n + xxrR$ (wie bei *Abraxas*)

$\dfrac{n}{2} + xr;\ \dfrac{n}{2} + y$ $\dfrac{n}{2} + xR;\ \dfrac{n}{2} + xr$

$n + xxRr$; $n + xxrr$; $n + (xR + y)$; $n + (xr + y)$
rotäugige ♀♀   weißäugige ♀♀   rotäugige ♂♂   weißäugige ♂♂

129   88   132   86

Ein rotes aus der Natur stammendes Männchen ergab, mit einem weißen Weibchen gepaart, halb rote Weibchen, halb weiße Männchen. Wir haben daher das gleiche Verhältnis wie bei *Abraxas*, nur mit Umkehr der Geschlechter. Die roten Männchen aus der Natur erwiesen sich für weiß heterozygot, ebenso wie bei *Abraxas* die Weibchen.

P weißäugiges ♀   ×   rotäugiges ♂
       $n + xxrr$ $n + (xR + y)$

    $\dfrac{n}{2} + xr;\ \dfrac{n}{2} + xr$ $\dfrac{n}{2} + xR;\ \dfrac{n}{2} + y$

F_1 50 vH. $n + xxRr$ und 50 vH. $n + (xr + y)$
       rotäugige ♀♀   weißäugige ♂♂

Durch die Untersuchungen von Bridges ist es nun weiterhin gelungen, einen absoluten Beweis dafür zu erbringen, daß die geschlechtsbegrenzten Faktoren mit dem X-Chromosom bei *Drosophila* verknüpft sind. Bei den in unserem Erbschema dargelegten Kreuzungen ergab sich nämlich bei der Mutante (vermilion), daß sie sich genau so wie die Mutation „weiße Farbe" vererbt. Wir können deshalb unser Schema für „rot × weiß" beibehalten. Bei bestimmten Kreuzungen dieser Art erschienen nun in F_1 statt der erwarteten 50 vH. roten Männchen und Weibchen nur 47,5 vH., dafür aber 2,5 vH. weiße Weibchen und 2,5 vH. rote Männchen, wenn wir ein weißes Weibchen und ein rotes Männchen kreuzen. Diese Ausnahmetiere erklären sich so nach Bridge, daß bei der Eireifung bei einem kleinen Teil der Eier das X-Chromosom nicht

Mechanik und Physiologie der normalen Geschlechtsbestimmung. 227

gleichmäßig auseinanderwächst, sodaß eines in dem Richtungskörper, eines in dem Ei verbleibt. Beifolgendes Schema (Abb. 100) zeigt das, wie auch die genetische Konstitution der zu erwartenden Nachkommen, von denen die Hälfte nicht lebensfähig ist.

Kreuzen wir nun das weiße *Drosophila*-Weibchen XXY, ein Ausnahmeweibchen, mit einem roten, normalen Männchen, so sind genotypische Nachkommen möglich, wie das beistehende Schema (Abb. 101) sie zeigt. Der strikte Beweis dafür, daß die Annahme des Nichtauseinanderrückens der Chromosomen richtig ist, sind vielfach variierte Kreuzungsversuche, und besonders der Chromosomenbefund, der mit der Erwartung übereinstimmte. Die Abb. 102 zeigt den Chromosomenbestand von einem $XXYY$- und XXY-Weibchen von *Drosophila*.

Der Chromosomensatz bei *Drosophila* (Abb. 99) ist nun noch weiterhin der Träger einer Reihe von Merkmalen, die aber geschlechtsbegrenzt sind. Nach Morgan sollen diese Erbfaktoren, wie Roux das schon theoretisch postulierte, in einer Reihe hintereinander liegen, wodurch sich auch der Faktorenaustausch durch einfache und doppelte Chiasmatypie leicht erklären soll.

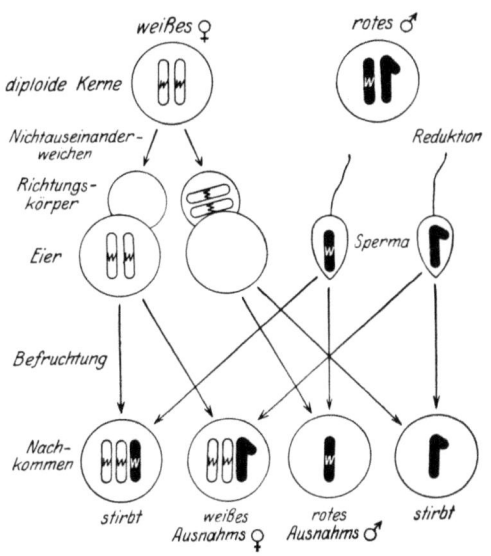

Abb. 100. Schema des primären Auseinanderweichens der X-Chromosomen von *Drosophila*. (Nach Bridges.)

Die weiteren wertvollen Untersuchungen von Bridges an triploiden *Drosophila*-Individuen haben ihn zu dem Schluß geführt, daß das Geschlecht abhängig ist von dem Verhältnis zwischen der Zahl der X-Chromosomen und der Autosomen. Ein komplett triploides Individuum ($3X + 3A$) ist aus diesem Grunde geschlechtlich gleich einem komplett diploiden Individuum ($2X + 2A$),

15*

228   Die bisexuelle Veranlagung der Tiere.

d. h. ein ♀. Ein haploides Individuum $(X + A)$ muß dann ebenfalls ein ♀ sein. Bei *Drosophila* sind haploide Individuen bisher unbekannt. Nun kennen wir aber verschiedene Gruppen mit par-

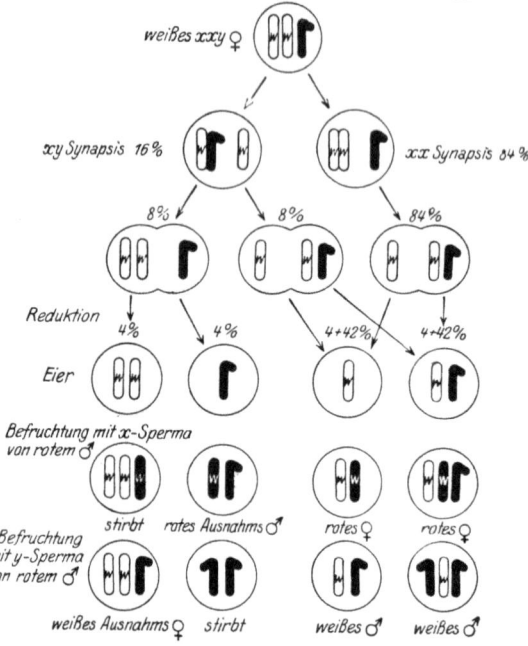

Abb. 101. Schema des sekundären Auseinanderweichens der X-Chromosomen bei *Drosophila*. (Nach Bridges.)

tieller Parthenogenese (Rotatorien, Thysanopteren, Aleurodien, Hymenopteren, Acarinen), bei denen haploide Individuen normalerweise vorkommen, und diese sind immer ♂. Die Schwierigkeit, die dadurch entsteht, läßt sich beseitigen, wenn angenommen wird, daß nicht das einfache Verhältnis von X zu A für das Geschlecht ausschlaggebend ist, sondern die algebraische Summe von X und A. Indem nach dem Vorbild Goldschmidts für die Weiblichkeits- und die Männlichkeitsfaktoren verschiedene Werte an-

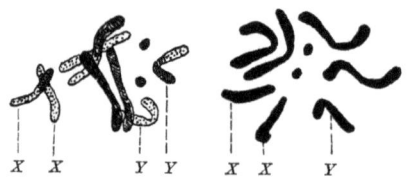

Abb. 102. Chromosomenbestand von XX Y Y und XX Y-Individuen (♀) von *Drosophila*. (Nach Bridges.)

Mechanik und Physiologie der normalen Geschlechtsbestimmung. 229

genommen werden, wird von Schrader und Sturtevant 1923 gezeigt, daß bei einer derartigen Formulierung das triploide Individuum mit $3X$ ein ♀ sein muß, das haploide mit $1X$ aber ein ♂.

Die Lehre von den Geschlechtschromosomen als den Trägern der der geschlechtsgebundenen Gene ist nach Ansicht von Held (1923), Stieve (1922) und Fick (1924/25) ungenügend begründet: bei *Drosophila* insbesondere seien nach den Abbildungen der Autoren X- und Y-Chromosome nicht klar auseinander zu halten, die Deutung des Y-Chromosoms als genfrei habe wenig Wahrscheinlichkeit.

Nach Fick beruht der Chromosomenmendelismus nicht auf Tatsachen, sondern auf Lehren, die auf anfechtbarer Grundlage stehen. Auch die Geschlechtschromosomen sind nur Geschlechtsmerkmale, nicht aber Geschlechtsbestimmer.

Held sagt: „Nicht Eigenschaften und Merkmale werden vererbt, sondern feinste Reaktionsweisen der Zelle," was sicher richtig ist.

Miescher analysierte im Lachssamen die Kernstoffe. Danach läßt sich schließen, daß bei nur 40 asymmetrischen C-Atomen in einem Eiweißmolekül nicht weniger als 1 Billion stereoisomerer Eiweißarten denkbar sind.

Fick nimmt aus dieser Überlegung heraus ein Individualplasma an, d. h. für jedes Individuum ein bestimmtes chemischphysiologisches Gebäude oder Gefüge, wofür auch die Versuche von Reidt (1925) an Musca sprechen. Die Vererbungsanalyse auf Grund des Chromosomenmechanismus lehnt er als „Chromosomenphantasien" ab.

Allerdings muß betont werden, daß noch vieles in der Chromosomenlehre reine Theorie ist. Festgestellt ist aber, daß die Chromosomen uns die Vererbungsvorgänge in ihrem Verhalten dazu klarlegen. Fick geht daher in seiner Ablehnung der Chromosomenlehre etwas zu weit. Das X-Chromosom ist wahrscheinlich nicht Träger der Erbfaktoren, sondern ist als geschlechtsbestimmender Enzymerreger anzusehen, der in der Zelle die Harmenzyme aktiviert, worauf noch eingegangen werden soll.

Daß diese Stoffe eine Rolle spielen, zeigen Kreuzungsversuche an Hühnern, die Pézard und Caridroit und Zawadowsky 1921—25 angestellt haben.

Zawadowsky kreuzte einen schwarzen Longchamphahn und eine graue Plymouth-Rockhenne. Graue Hähnchen und schwarze

Hühnchen der F_2-Generation wurden kastriert. Die grauen Hähne behielten ihr Plymouth-Rockgefieder, während die kastrierten schwarzen Hennen das Gefieder von Longchamphähnen annahmen. Hier liegt somit ein Fall vor, wo das Soma von Bruder und Schwester nicht äquipotentiell ist.

Bei Kreuzungen, die zwischen den beiden reziproken Hühnerrassen Leghornmännchen und Dorkingweibchen, die beide einen starken sexuellen Dimorphismus aufweisen, von Pézard und Caridroit ausgeführt wurden, zeigten die erwachsenen F_1-Hühner das Federkleid des Vaters. Die F_1-Hähne dagegen zeigten in beiden Fällen Mischcharaktere. Die geschlechtsbegrenzte Vererbung der Hühner erscheint daher physiologisch als eine direkte mütterliche Erblichkeit, die nach Einführung des Hemmungsfaktors beim Weibchen die entgegengesetzten Charaktere in Erscheinung treten läßt.

Dieser Befund läßt sich nach Morgan und Goodale ohne Zwang nach der Geschlechtschromosomentheorie erklären, da die Hühner bei der Heterozygotie des weiblichen Geschlechts nur ein X-Chromosom haben, das jedesmal von der väterlichen Rasse stammen muß. Dazu stehen aber die weiteren Befunde von Pézard und Caridroit im Widerspruch, denn es ließ sich durch Rückkreuzung der F_1-Hühner, die dorkingähnlich waren, mit reinen Dorkinghähnen Einfluß des Leghornfederkleides nachweisen. Kreuzt man einen weißen Wyandotte mit reinen Dorkinghühnern, so dürften nach der Morganschen Theorie keine Spuren des Dorkinggefieders in Erscheinung treten. Werden die F_1-Dorkinghühner ovariotomiert und lokal der Federn beraubt, so zeigen die neuwachsenden Federn Leghorneinschlag. Diese Tatsachen führen dazu, die Morgan-Theorie abzulehnen oder mindestens einzuschränken. Die Resultate können vielmehr als weitere Stütze der von Pézard aufgestellten Hormontheorie in Anspruch genommen werden.

Für den Geschlechtschromosomenmechanismus sprechen nun noch einige Beispiele, die Tiere mit eigenartigem Fortpflanzungsverhältnis betreffen, die z. B. Generationswechsel haben oder Parthenogenese aufweisen.

Besonders charakteristisch als Beispiel ist *Angiostoma nigro venosum*, ein Nematode in der Lunge des Frosches, das ein ausgesprochenes somatisches Weibchen ist und im Eierstock Eier

Mechanik und Physiologie der normalen Geschlechtsbestimmung. 231

und Samen produziert. Auf diese zwittrige, parasitische Generation folgt eine freilebende, getrenntgeschlechtliche Form (*Rhabditis*).

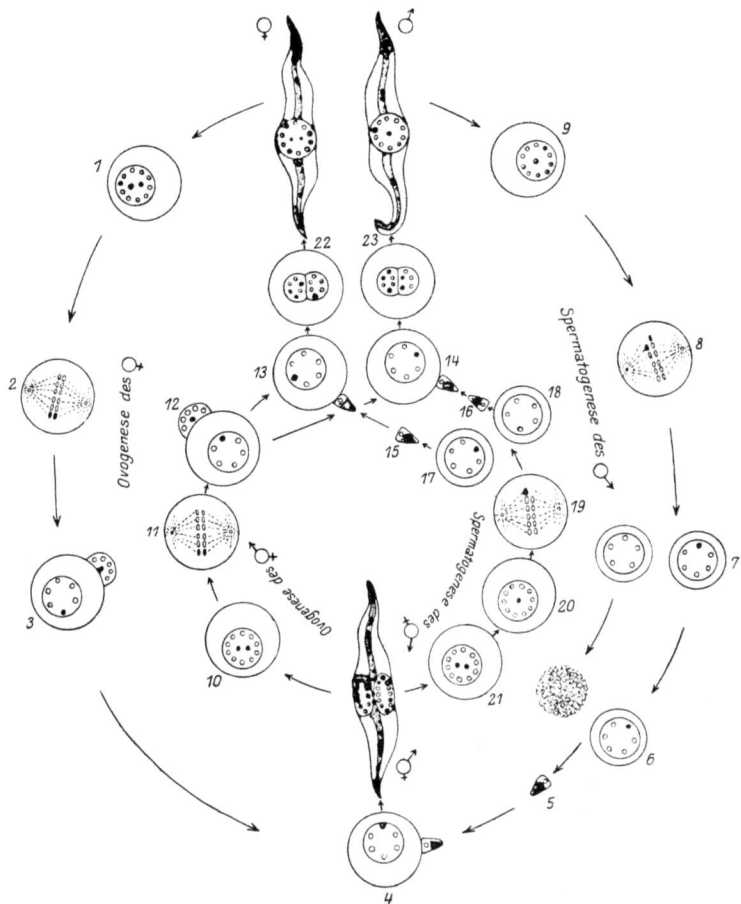

Abb. 103. Schematische Darstellung des Chromosomencyclus von *Angiostoma nigrovenosum*. Äußerer Kreis Ovogenese der ♀ (1—3), Spermatogenese der ♂ (5—9). 4 die Befruchtung, aus der der Hermaphrodit ☿ entsteht. Innerer Kreis, dessen Ovogenese (10—12) und Spermatogenese (12—15), 18 und 17 die beiden Spermiensorten, die in 13 und 14 die gleiche Eiart befruchten. 22 befruchtetes ♀-Ei, 23 befruchtetes ♂-Ei. (Nach Goldschmidt.)

Boveri und Schleip haben 1911 festgestellt, daß das Männchen 11, das Weibchen 12 Chromosomen in den Somazellen besitzt. Die Zwitter zeigen darin weiblichen Charakter, daß sie in den

Keim- und Somazellen 12 Chromosomen besitzen, 10 gewöhnliche und 2 sogenannte X-Chromosomen.

Das Schema Abb. 103 gibt über den Erbmechanismus klaren Aufschluß.

Merkwürdig ist, daß die Zwitter zweierlei Spermien (*M*) 5 und (*MW*) 5 + *x* bilden, was nach Schleip darauf beruht, daß ein *X* bei der Spermatidenteilung ausgestoßen wird. — Zugunsten der Heterozygotie der Weibchen sprechen auch die Befunde bei *Aphiden, Phasmiden, Rotatorien* und *Daphniden*, wo nach mehreren parthenogenetischen Generationen plötzlich ♂♂ entstehen. Sie müssen also *Wm* gewesen sein. Bei Aphiden ist nach Morgan der Umschwung dadurch erreicht, daß das Weibchen bestimmende X-Chromosom mit dem Richtungskörper eliminiert wird.

 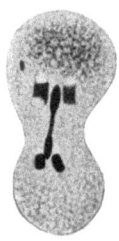 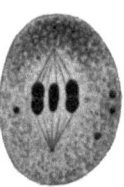 

Abb. 104. Reifeteilung bei der Spermatogenese einer Aphide mit Bildung einer ♀ bestimmenden Spermatide (groß, drei Chromosomen) und einer rudimentären ♂ bestimmenden. (Nach v. Baehr.)

Die Blattläuse pflanzen sich im Sommer parthenogenetisch fort durch unbefruchtete Weibchen. Im Herbst entstehen beide Geschlechter manchmal aus Weibchen, die nur Männchen erzeugen und manchmal aus Weibchen, die nur wieder Weibchen erzeugen. Die befruchteten Eier aber ergeben nur Weibchen. Die cytologische Erklärung für diese eigenartige Fortpflanzungsweise werden von Baehr, Morgan und Stevens erbracht. Die Männchen besitzen im Gegensatz zu den Weibchen eine ungerade Chromosomenzahl. Sie sind also heterozygot und könnten zweierlei Spermatozoen erzeugen, die Männchen- und Weibchenbestimmend sind. Nun ergibt sich aber, daß während der Samenreife (Abb. 104) nach der Reduktion die Männchenbestimmenden Spermatozoen zugrunde gehen, sodaß nur Weibchen mit der vollen Chromosomenzahl entstehen können. Die Parthenogenese aus einem erzeugten weiteren Weibchen hat ebenfalls die volle Chromosomenzahl, da bei der Eireifung ein Richtungskörper in die Eizellen eintritt, und so die Chromosomenzahl wieder hergestellt wird. Wenn nun diese Weibchen auf parthenogenetischem Wege im

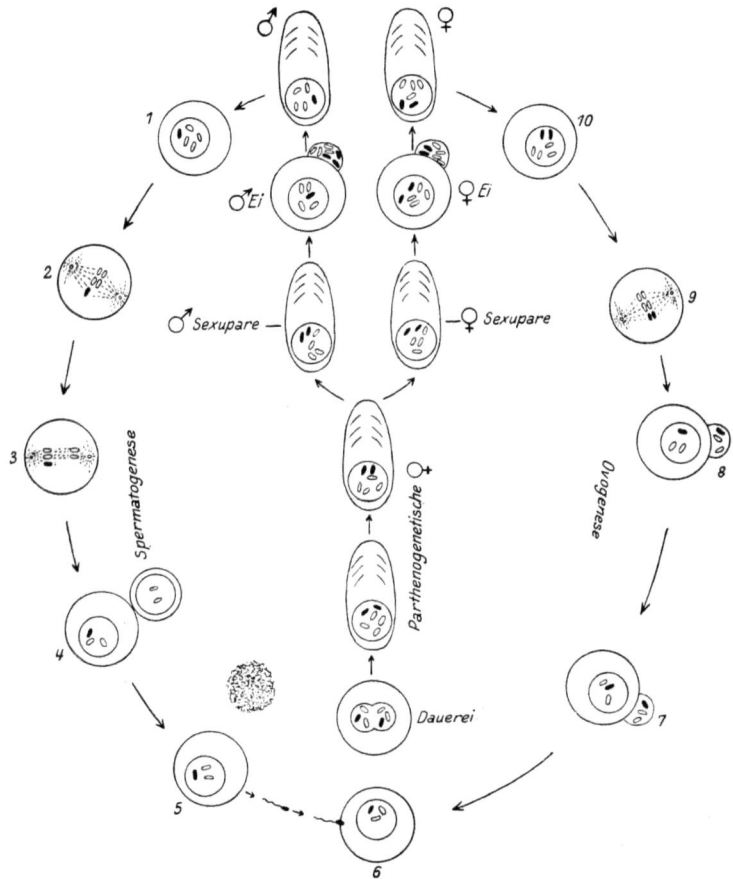

Abb. 105. Schema des Chromosomencyclus der Blattläuse. Vom Dauerei ausgehend innen die parthenogenetischen Generationen bis zur Bildung der Geschlechtstiere, außen links (1—5) die Spermatogenese, rechts die Ovogenese (10—7), in 6 die Befruchtung. In 5 ist der Zerfall der männchenbestimmenden Spermatozoen angedeutet. (Nach Goldschmidt.)

Herbst Männchen entwickeln, so wird bei der Bildung der Richtungskörper ein Chromosom mehr aus dem Ei entfernt als in ihm zurückbleibt. Es kommt so die ungerade männliche Chromosomenzahl zustande, und die cytologischen Befunde erklären in schöner Übereinstimmung das biologische Verhalten. Den ganzen Cyclus zeigt uns Abb. 105.

Dixippus morosus, die indische Stabheuschrecke, pflanzt sich ausschließlich parthenogenetisch fort. Männchen sind nach Nachtsheim sehr selten (0,1 vH.). Dazu kommen hin und wieder Gynandromorphe (0,05 vH.). Alle bisher gezüchteten Tiere, Weibchen, Männchen und Gynandromorphe sind diploid. Die Eier bilden zwei Richtungskörper, reduzieren aber die Chromosomenzahl nicht. So entstehen normalerweise nur Weibchen, die Männchen und Gynandromorphen entstehen wahrscheinlich nur bei Nondisjunktion der Geschlechtschromosomen. Trotz normalen geschlechtlichen Verhaltens der Männchen (Kopulation wiederholt beobachtet) entwickeln sich die Eier der begatteten Weibchen parthenogenetisch. In hoher Temperatur (25° C) gehaltene Weibchen erzeugen zwar auch nur Weibchen (von den Ausnahmemännchen abgesehen), doch kommen bei diesen männliche sekundäre Merkmale (Färbung und Zeichnung) zum Vorschein.

Auch bei den Bienen und Ameisen haben wir durch die Beziehung zwischen Parthenogenesis und Geschlecht eigenartige Verhältnisse bezüglich des Chromosomenmechanismus. Bei der Honigbiene entstehen aus normal parthenogenetischen Eiern nur Drohnen, aus befruchteten Eiern aber nur Arbeiterinnen und Königinnen. Die Drohnen entwickeln sich hier aus reifen Eiern mit der haploiden Chromosomenzahl, haben also damit nur ein Chromosom, während die weiblich befruchteten Eier die vollständige diploide Zahl, also 2 X-Chromosomen haben. Dafür ist aber Bedingung, daß bei der Bildung der Samenzellen der Drohnen die Reduktion unterdrückt wird, und daß so nur eine Sorte von Samenzellen, solche mit X-Chromosomen, entsteht.

Noch verwickelter ist der Chromosomenmechanismus nach Doncaster bei einer Gallwespe *Neuroterus*. Aus den überwinterten befruchteten Eiern schlüpfen Wespen aus, die sich parthenogenetisch vermehren. Manche Weibchen legen nun Eier, aus denen sich nur Weibchen entwickeln, manche solche, aus denen nur Männchen werden. Diese paaren sich, worauf befruchtete Wintereier entstehen, sodaß der Cyclus geschlossen ist. Die aus den befruchteten Eiern des Frühjahrs entstandenen Weibchen haben die diploide Chromosomenzahl 20 in ihren Zellen, ebenso die parthenogenetisch erzeugten Sommerweibchen. Die

Mechanik und Physiologie der normalen Geschlechtsbestimmung. 235

Männchen dagegen haben nur die haploide Zahl 10. Es findet also nur bei Parthenogenesiseiern, die Männchen liefern sollen, eine Reduktion statt. Anderseits haben die Männchen bei der Bildung der Spermatozoen keine Reduktion, sodaß wieder befruchtete weibliche Wintereier entstehen müssen, die die volle Chromosomenzahl mit 2 X haben und daher Weibchen sein müssen.

Da bei den Insecten alle Zellen durch den Chromosomenmechanismus sexuell abgestimmt sind, ergeben sich merkwürdige Verhältnisse bei den Gynandromorphen. Als Gynandromorphismus wird das gelegentliche Auftreten von Individuen bezeichnet, die in ihrem Körper ein Sexualmosaik zeigen, etwa weiblichen Charakter links und männlichen rechts haben. Bei der cytologischen Untersuchung findet man nun, daß die Zellen der einen Körperhälfte 2 X-Chromosomen haben und damit Weibchen sind und die andere Hälfte nur 1 X-Chromosom enthält und damit männlich ist. Diese Befunde haben allerdings nur Geltung für Tiere mit extrem starr ausgeprägtem Geschlechtschromosomenmechanismus. Für die Bienen-Gynandromorphen aus Eugster-Bienenstöcken konnte Boveri folgende Chromosomenverhältnisse nachweisen. Der Eikern hatte sich schon vor der Befruchtung geteilt, sodaß nur eine Hälfte mit dem Samenkern verschmolz. Somit waren also Zellenderivate der einen Eikernhälfte gleich 1 X (männlich) und haploid, die andere Hälfte aber befruchtet (weiblich) diploid. Da in seinem Falle eine Rassenkreuzung vorlag, so durften die männlichen Zellbezirke nur die Charaktere der mütterlichen Rasse zeigen, die weiblichen aber die des Bastards. Dies war nun tatsächlich der Fall.

Auch die Pflanzen gehorchen, soweit sie solche Untersuchungen zulassen, dem Heterogametie-Homogametie-Schema, wie das die älteren Untersuchungen von Correns (1910) an der Zaunrübe *Bryonia alba* zeigten, die monöcisch ist und mit der getrennt geschlechtlichen *Bryonia dioeca* gekreuzt werden kann. Die Kreuzung verläuft im Schema dargestellt folgendermaßen:

P $\underbrace{Bryonia\ dioeca\ ♀ \times alba\ ♂}$

F_1 587 Individuen alle ♀ (mit Ausnahme 2 ♂)

P $\underbrace{Bryonia\ dioeca\ ♂ \times alba\ ♀}$

F_1 38 ♂ : 38 ♀ Pflanzen.

236   Die bisexuelle Veranlagung der Tiere.

Es müssen also die Männchen in bezug auf das Geschlecht heterozygot sein mit männlicher Dominanz Mm, die Weibchen dagegen homozygot (mm) sein, erstere zweierlei Geschlechtszellen, M und m, letztere nur eine Sorte, m, haben. Es muß dann weiterhin angenommen werden, daß aus der Monöcie durch den Faktor M bzw. m sichtbare Männlichkeit oder Weiblichkeit wird. In neuerer Zeit sind nun auch bei anderen höheren Pflanzen, z. B. bei der Wasserpest, bei *Melandrium, Populus, Urtica* etc., Geschlechtschromosomen nachgewiesen worden, wie weiter unten gezeigt wird.

1. Polyembryonie.

Eine Erscheinung muß hier noch erwähnt werden, die uns klar zeigt, daß das Geschlecht nicht nur bei Insekten, sondern auch bei Säugetieren mit der Befruchtung eindeutig festgelegt

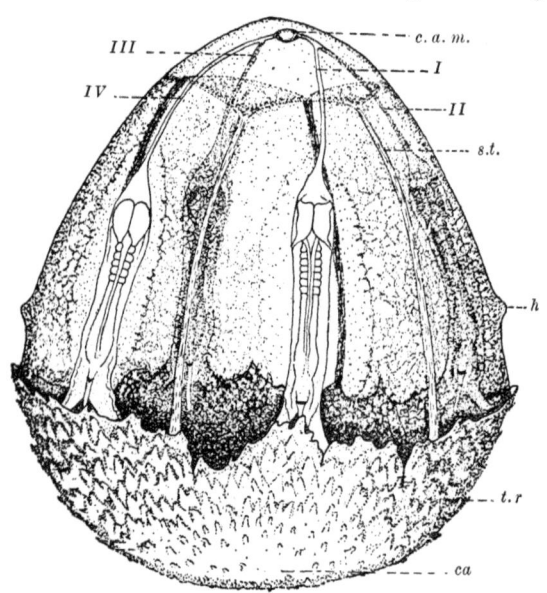

Abb. 106. Junge Keimblase von *Tatusia novemcincta* mit vier Embryonen I—IV, deren Amnia durch die Verbindungskanäle *I, II, III* u. *IV* mit der gemeinsamen, zentralen Amnionhöhle *c. a. m.* kommunizieren, *tr* Träger mit Zotten; *ca* helles Feld des Trägers; *h* Höcker des Dottersackes; *s. t.* Sinus terminalis. Verg. 5 mal.
(Nach Newman und Patterson).

ist, das ist die Polyembryonie. Sie kommt zustande, wenn aus einer Eizelle mehrere Individuen so entstehen, daß in früheren Furchungsstadien die Blastomeren auseinanderfallen und sich ge-

Mechanik und Physiologie der normalen Geschlechtsbestimmung. 237

trennt weiter entwickeln. Der ganze Vorgang ist also eine Art ungeschlechtliche Vermehrung. Aus solchen polyembryonalen Keimen gehen nun aber ausschließlich Tiere des gleichen Geschlechts hervor. Unter den Säugetieren haben wir dafür ein sehr schönes Beispiel bei dem Gürteltier *Tatusia*. Bei ihm entwickeln sich fast immer gleichzeitig 4 oder auch bei verwandten Arten durch einen merkwürdigen Knospungsprozeß zahlreiche Embryonen, die aber alle eine gemeinsame Eizelle haben; das deutet auf eine Trennung von den 4 ersten Furchungszellen hin (Abb. 106 und 107). Die 4 Jungen sind stets gleichgeschlechtlich, entweder Männchen oder Weibchen.

Einen Fall von Polyembryonie bei Tauben beschreibt Riddle (1921). Er hatte nachgewiesen, daß aus großen Eiern Weibchen, aus kleinen Männchen hervorgehen. Er fand nun weiter, daß aus ganz besonders großen Eiern weibliche Zwillinge ausschlüpften, während die Embryonen in den besonders kleinen Eiern starben.

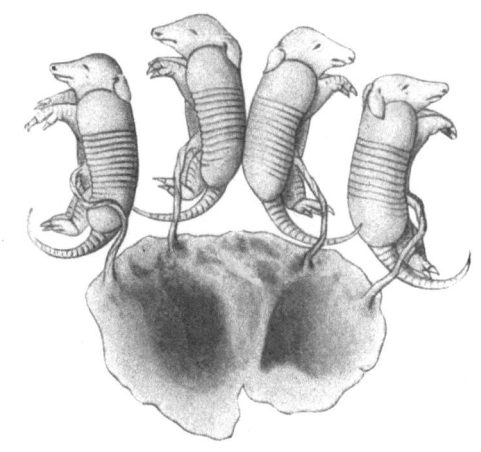

Abb.107. Aufgeschnittene Keimblase von *Tatu novemcinctum* mit den vier Embryonen. (Nach Newman und Patterson.)

Auch bei Menschen kommen eineiige Zwillinge vor, die auch gleichgeschlechtlich sind, jedoch ist die Entstehung nicht erschlossen.

Stockard, 1921, beschreibt einen solchen Fall von weiblichen Zwillingen mit gemeinsamer Placenta und Chorion, die mit 6 Monaten durch Verschlingen der Nabelschnüre abgestorben waren (Abb. 108).

Noch klarer als bei *Tatusia* ist unter den Hymenopteren bei parasitären Wespen die Polymbryonie zu beobachten (Chalcididen: *Ageniaspis*, *Lithumastix* und anderen verwandten Formen). Es ist das nicht verwunderlich, weil ja die Insecten zu den Tieren mit ausgeprägtem Geschlechtschromosomenmechanismus gehören.

238 Die bisexuelle Veranlagung der Tiere

Die Wespen legen ihre Eier in Schmetterlingseier hinein, wo sie sich entwickeln, bis sich schließlich die fertige Wespe aus der Raupe hinausbeißt. Die Eier der Wespe zerfallen nach der ersten Furchungsteilung in einzelne Zellen. So entsteht eine ganze Kette von Embryonen aus einem einzigen Ei, manchmal bis zu 1000 Individuen, die alle gleichgeschlechtlich sind. Die Abb. 109 und 110 zeigen diese Verhältnisse.

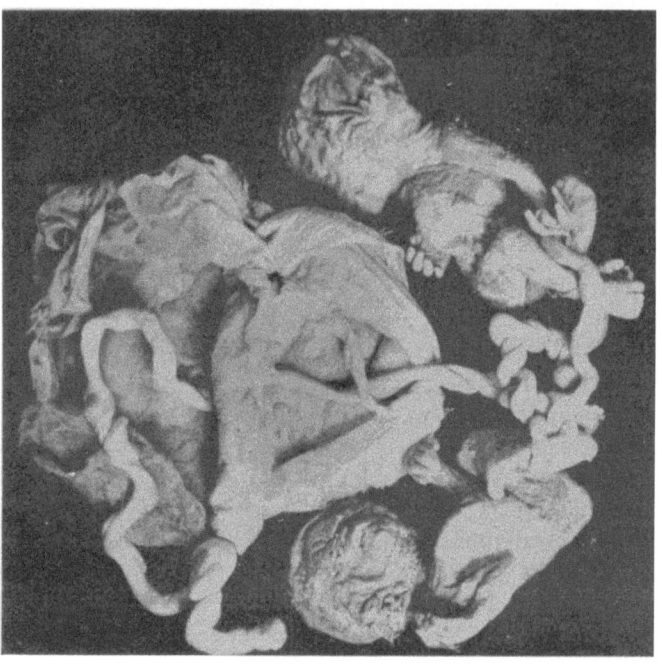

Abb. 108. Weibliche Zwillinge mit gemeinsamer Placenta und Choiron. (Nach Stockard.

Neuerdings zeigte Leiby 1922, daß, wie andere Encyrtinen, sich auch *Copodosoma gelechiae How.* polyembryonal, und zwar in *Gnorimoschema gallaesolidaginis Riley* in Stengelgallen an Solidago entwickelt. Das Ei des Schmarotzers wird in das des Wirtes gelegt. Frühzeitig im Eifollikel entsteht der Keimzelldeterminator („germinal cell determinant") (= Pattersons „Nucleolus") aus Plasmaverdichtungen am hinteren Ende der Eizelle. Bei der Reifung findet sowohl in befruchteten wie in partheno-

Mechanik und Physiologie der normalen Geschlechtsbestimmung. 239

genetisch sich entwickelnden Eiern die Reduktion der Chromosomenzahl von 16 auf 8 statt. Während parthenogenetische Eier stets männliche Brut ergeben, können sich aus befruchteten Eiern

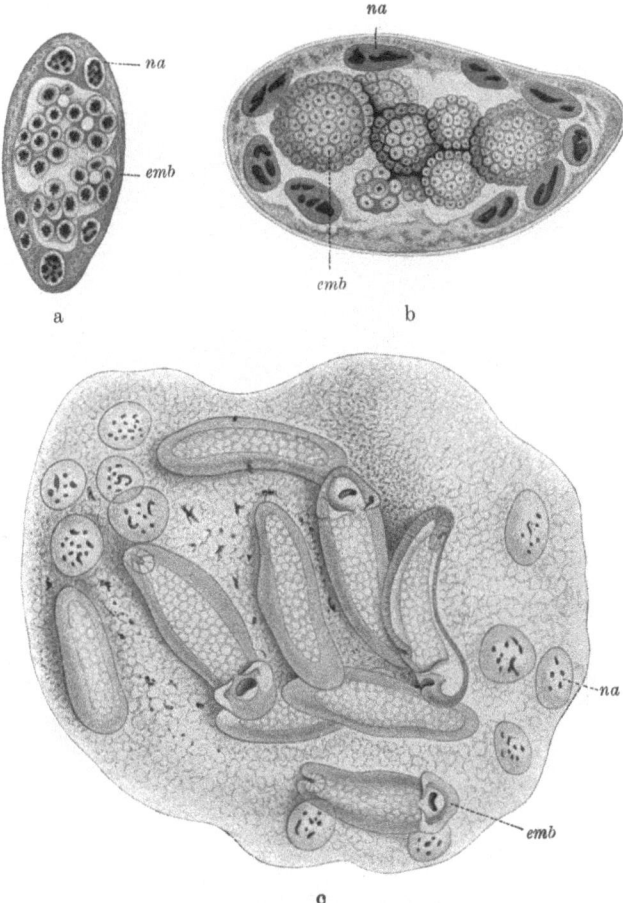

Abb. 109a—c. Drei Stadien der Entwicklung von *Polygnotus minutus*. *na* Amnionkerne. *emb* Embryonen. (Nach Marchal.)

männliche oder weibliche Nachkommen entwickeln. In ähnlicher Weise wie bei *Paracopidosomopsis* verzögert auch hier der in eine der ersten 4 Blastomeren übernommene „Keimzellendeterminant" die Entwicklung der betreffenden Blastomere. Bis zum 26 zelligen

240 Die bisexuelle Veranlagung der Tiere.

Stadium sind die Zellen, die von dem „Keimzelldeterminant" Substanz übernommen haben, noch zu erkennen; später ist eine Unterscheidung nicht mehr möglich. — Die im Eiinneren verbleibenden Polkörper verschmelzen zu einem Polkern, wobei das Ei eine Differenzierung in eine Polar- und eine Embryonalregion er-

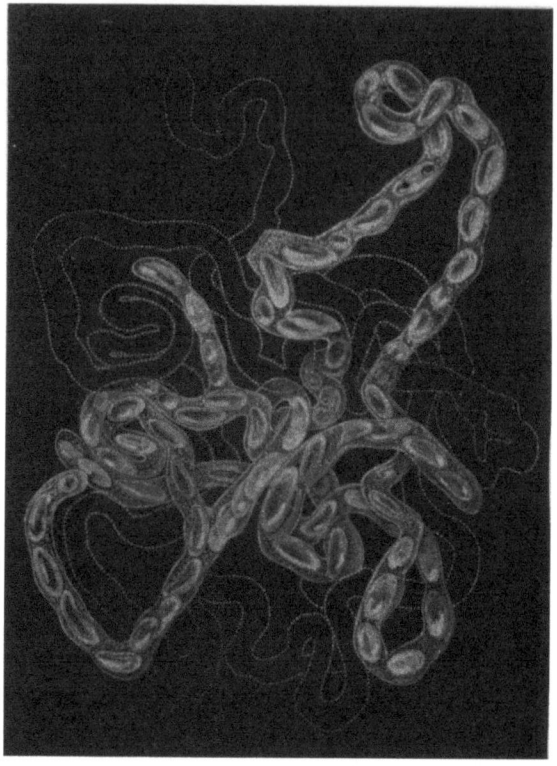

Abb. 110. Embryonenkette der Wespe *Encyrtus*. (Nach Marchal.)

fährt. Die erstere erweitert sich stark und umgibt schließlich als Trophamnion, in das die Abkömmlinge des Polarkerns als „Paranuclei" eintreten, die Embryonalregion. Gegen den Winter ist aber schließlich die starke vordere Region aufgebraucht und das Trophamnion nur noch in dünner Lage vorhanden, umgeben von Geweben des Wirtes. Durch weitere Teilungen wird allmählich die Zahl der Embryonalnuclei stark vermehrt, und diese gruppieren sich zu Keimanlagen, die sich weiter in je zwei Morulae spalten, von denen jede sich zu einem Embryo entwickeln kann. Hierbei sind Entwicklungshemmungen häufig, Pseudomorulae, Pseudoembryonen und schließlich Pseudolarven ergebend. Mit der Bildung der Morulae zerfällt die gesamte Polygermmasse in kleinere Stücke, bis jede Morula durch Einschiebung von Trophamnion isoliert ist. Die jungen Larven, die sich zunächst vom Blut des Wirtes ernähren, nehmen später auch Fettgewebe und Muskeln zu sich und verpuppen sich in der erhärtenden Raupenhaut innerhalb der Galle. Die Durchschnittszahl der sich aus einem Ei entwickelnden Individuen beträgt 163.

Über die experimentellen Bedingungen des Zustandekommens der Polyembryonie ist noch wenig bekannt. Stockard nimmt beim Gürteltier an, daß Temperaturerniedrigung unter gleichzeitiger Entziehung von Sauerstoff die Polyembryonie bedinge.

Er fand, daß bei Fischeiern Mehrfachbildungen und Zwillinge dadurch hervorgerufen werden können, daß die Entwicklung auf einige Zeit mittels derartiger Beeinflussung unterbrochen wird. Diese Ursache muß aber während eines bestimmten Stadiums geschehen, nämlich während der Teilungsperiode vor der Gastrulation. Diese Tatsachen vergleicht er nun mit einigen Befunden in den grundlegenden Untersuchungen Pattersons über die Polyembryonie des Gürteltiers. Beim Gürteltier findet sich, im Gegensatz zu den anderen Säugetieren, eine „Ruheperiode" der Blastocyste, die mehrere Wochen dauert, und während der keine Mitosen in der Keimscheibe gefunden werden. Wir haben also hier eine Unterbrechung der Entwicklung auf einem Stadium vor Anlage der Primitivrinne, die der Gastrulation des Fischeies nach Stockard gleichzusetzen ist. Aber auch für die Ursache der Unterbrechung läßt sich diese Analogie durchführen. Denn Patterson fand diese Blastocysten stets frei im Uterus, so daß anscheinend eine verspätete Anheftung des Eies im Uterus das Primäre ist, die durch Fehlen der Sauerstoffversorgung die Latenzperiode des Eies bedingt. Für die Sicherheit und Präzision der Reaktion, sowie dafür, daß stets dieselbe Zahl von Embryonen entsteht, müssen natürlich innere Dispositionen des Eies angenommen werden.

Bei 5 von 7 untersuchten Rassen des Seidenspinners konnten auch Pigorini und Tocco (1923) Polyembryonie feststellen; sie betrug im stärksten Falle, bei der chinesischen Tsu-hwei-Rasse, 6,45 vH. In den gewöhnlichen Fällen schlüpften aus einem Ei 2 Raupen, bei der chinesischen weißen Rasse jedoch ergaben 2 Eier je 3 Larven. Wir haben hier also den ersten bekannt gewordenen Fall von Polyembryonie bei einer Schmetterlingsart.

2. Vorkommen und mutmaßliche Rolle der Geschlechtschromosomen.

Geschlechtschromosomen kommen nicht in allen Tierklassen regelmäßig und ohne Ausnahme vor. Nur die so hoch differenzierten Insecten, die ja auch das klassische Objekt für die einschlägigen Untersuchungen geworden sind, scheinen stets Geschlechtschromosomen aufzuweisen, wobei die Lepidopteren (Seiler) im weiblichen Geschlecht heterozygot (*Abraxas*-Typus), die übrigen, soweit bekannt, im männlichen Geschlecht heterozygot sind (*Protenor*- oder *Drosophila*-Typus). Die zellkonstanten Nematoden haben ebenfalls oft sehr deutlich ausgeprägte Geschlechtschromosomen (Mulsow, Schleip u. a.), aber wir vermissen sie bei so häufig untersuchten Objekten wie *Ascaris megalocephala*, die 2 bzw. 4 Sammelchromosome und doch eine scharfe Geschlechtsdifferenzierung neben einer gut ausgeprägten Keimbahn besitzt. Das X-Chromosom soll hier mit einem gewöhnlichen Sammelchromosom verschmolzen sein, gelegentlich aber auch noch selbständig auftreten. Auch die Nematoden (*Heterakis*- und *Strongylus*-Arten, *Angiostomum nigrovenosum*, *Ancyracanthus cystidicola*, *Ascaris*) gehören dem *Protenor*-Typus an; ebenso die Myriopoden und Arachnoiden und auch die Seeigel (Baltzer 1913). Bei den Wirbeltieren widersprechen sich die Befunde noch oft. Ich will daher versuchen, einen kurzen Überblick zu geben. Die Untersuchungen über die Chromosomenverhältnisse stoßen bei Wirbeltieren auf große Schwierigkeiten, weil meist die Zahl der Chromosomen sehr groß ist und die Zellen oft recht klein sind. So kommt es denn auch, daß wir nicht einmal beim Menschen vollkommene Klarheit haben.

Die Amphibien, die so oft für experimentelle Untersuchungen über die Geschlechtsbestimmung und Differenzierung verwandt worden sind, zeigen nach Witschi (1923) keine geklärten Verhältnisse. Nur die Frösche haben bisher siher nachgewiesene Geschlechschromosomen.

Mechanik und Physiologie der normalen Geschlechtsbestimmung. 243

Auch die Frage nach der exakten Chromosomenzahl ist für die meisten Amphibienspecies noch ungelöst.

Nach allen zuverlässig studierten Fällen zeigt auch das männliche Geschlecht eine gerade Chromosomenzahl. Bei parthenogenetischen Amphibien entwickeln sich die Eier zum Teil mit der haploiden Chromosomengarnitur. Häufig findet jedoch eine Aufregulierung auf die diploide Zahl statt.

Der cytologischen Untersuchung zufolge findet sich weder im weiblichen noch im männlichen Geschlecht ein Heterochromosom; dagegen konnte Witschi bei *Rana temporaria* nachweisen, daß beim Männchen unter 2×13 Chromosomen ein Idiochromosomenpaar $(x+y)$ vorhanden ist. Vielleicht hat das y-Chromosom, das

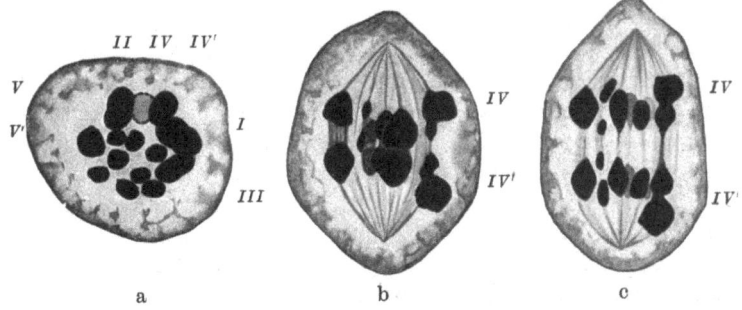

Abb. 111 a—c. a Äquatorialplatten mit 5 großen und 8 kleinen, zusammen 13 Gemini. Die Geschlechtschromosomen sind schon auseinandergewichen (IV und IV'). Es sind beide Teilprodukte eingezeichnet worden; das tiefer liegende ist heller dargestellt. — b, c Anaphasen. Fortschreitende Entwicklung der Geschlechtschromosomen. Beide Spindeln sind aus demselben Präparat eines Freiburger Frosches. (Nach Witschi).

wenig kleiner als das x-Chromosom ist, bei verschiedenen Lokalrassen eine verschieden starke Reduktion erfahren (Abb. 111 a—c). Das y-Element ist ein reduziertes x-Element, sowohl bezüglich seines Soma- wie seines Geschlechtschromatins. Wenn $(\sigma + \varphi)$ die Konstitution von x darstellt, dann ist $(\sigma' + \varphi')$ die Formel für y, wenn σ das Soma-, φ das Geschlechtschromatin darstellt.

Bei der Spermatogenese ist von Interesse, daß die einzelnen Chromosomen fast während der ganzen Umbildung des Kernes zum Spermienkopf sichtbar bleiben.

Bei den von Witschi untersuchten Fröschen schlagen genotypisch identische Urkeimzellen die Männchen- oder die Weibchenentwicklungsrichtung ein, je nach dem Ort, wo sie sich in der Keim-

16*

drüse befinden, und zwar entwickeln sie sich im Keimepithel ausschließlich zu Oocyten, in den Sexualsträngen zu Spermatocyten. Im Keimepithel sind also Weibchenbestimmer, in den Sexualsträngen Männchenbestimmer tätig. Alle Tiere, gleichgültig ob sie die genetische Konstitution von Männchen oder Weibchen besitzen, sind bezüglich des Geschlechtes bipotent, d. h. es kann bei geeigneten entwicklungsphysiologischen Bedingungen sowohl der männliche wie der weibliche Geschlechtsfaktor wirksam werden. Keimepithel und Sexualstränge sind nicht als die geschlechtsbestimmenden Faktoren selbst zu betrachten, sondern es sind diese nur darin lokalisiert. Diese Faktoren treten nur unter bestimmten Bedingungen und zu gewissen Zeiten in Erscheinung. So entbehrt das Keimepithel der indifferenten Keimdrüse offenbar des Differenzierungsfaktors. Ebenso stellen die Sexualstränge ursprünglich indifferente Gebilde dar und behalten bei den Weibchen diesen Charakter zeitlebens. Männchenbestimmend wirken sie erst von dem Moment an, wo sie infolge von Wucherungsprozessen in einen voluminös-kompakten Zustand übergehen. Die geschlechtsdifferenzierenden Faktoren sind trophische Systeme. Temperatur gestaltet die trophischen Bedingungen im Keimplasma tiefgreifend um, indem in der Kälte die Stoffspeicherung, in der Hitze dagegen der Stoffabbau das Übergewicht erhält. Stoffspeicherung ist das charakteristische Merkmal der weiblichen Geschlechtszellen und plasmatische Reduktion dasjenige für die männlichen. Genetische Weibchen sind Tiere, die auf Grund ihrer Erbkonstitution das weibliche differenzierende Nährsystem zu entwickeln vermögen, und der Erbfaktor F bezieht sich in erster Linie auf diese Geschlechtsmerkmale. Entsprechend bedeutet M das männlich differenzierende trophische System. F und M können nicht Allelomorphe sein; es sind also zwei Merkmalspaare an der Geschlechtsvererbung beteiligt.

Die Geschlechtsbestimmung erfolgt bei Fröschen nach zwei verschiedenen Modi: 1. Bei den differenzierten Rassen sind die Männchen heterozygot. Ein Erbmechanismus entscheidet über das Geschlecht; das letztere ist im befruchteten Ei schon festgelegt. 2. Bei den undifferenzierten Rassen erfolgt die Entscheidung auf Grund physiologischer Faktoren früher oder später im Verlauf der individuellen Entwicklung. Die jungen Tiere sind in der Regel noch Neutra — sie werden Intermediäre genannt. Ihre sexuelle Differenzierung vollzieht sich oft erst im 2. oder 3. Lebensjahr. Hinsichtlich der weiteren theoretischen Deutung seiner Befunde schließt sich Witschi in manchen Punkten den bekannten Anschauungen Goldschmidts an. Danach ist nach Witschi die männchendifferenzierende Kraft der männchenbestimmenden Spermien am größten bei den bestdifferenzierten Rassen, am geringsten bei den undifferenzierten Rassen. Das gleiche gilt von den weibchenbestimmenden Spermien. Die Eier differenzierter Rassen haben eine stärker weibchenbestimmende Kraft als die von undifferenzierten Rassen. Eier und weibchenbestimmende Spermien ein und desselben Typus besitzen die nämliche Konstitution. Vorausgesetzt, daß Gameten des gleichen Rassetypus verglichen werden, ist die männchendifferenzierende Kraft eines männchenbestimmenden Spermiums dreimal so groß als die weibchenbestimmende Kraft eines weibchendifferenzierenden Spermiums oder Eies. Beim Übergang von einem Rassentypus zum nächsthöheren ist die Verstärkung der differenzierenden Kraft des männchenbestimmenden Spermiums dreimal so groß wie die des weibchenbestimmenden Spermiums oder Eies. Die Geschlechtsdifferenzierung steht beim Frosch unter dem Einfluß bestimmter, für die beiden Geschlechter verschiedener trophischer Systeme.

Es steht also bei Fröschen und Kröten fest, daß Geschlechtschromosome nicht zur Differenzierung des Geschlechtes nötig sind. Auch dort, wo die Mechanik der Geschlechtsbestimmung an das X-Chromosom scheinbar starr geknüpft ist, ist sie zu sprengen, wie die weiter unten zu schildernden Ergebnisse von Goldschmidt gezeigt haben.

Die Sauropsiden scheinen in den beiden Klassen der Reptilien und Vögel ein verschiedenes Verhalten zu zeigen. Nach Painter (1921) finden sich bei *Anolis* und *Sceloporus*, zwei Eidechsen, zweifellos Geschlechtschromosome. Für vier weitere Arten ist ihre Anwesenheit sehr wahrscheinlich.

Die Embryonen besitzen entweder 12 große V-förmige Chromosomen, Macrochromosomen, oder sie besitzen 14. Die Tiere mit 14 Macrochromosomen sind Weibchen, die mit 12 sind Männchen. Außerdem haben beide Geschlechter eine nicht ganz sicher festgelegte Anzahl von kleinen Chromosomen. Aus diesen Zahlenverhältnissen ist zu schließen, daß das Weibchen 4 X-Chromosomen hat, das Männchen nur 2. Während der Synapsis der

Spermatogenese conjugieren diese beiden X-Chromosomen und sollen einen kompakt bleibenden Chromosomennucleus bilden. In die Äquatorialplatten der ersten Spermatocytenteilung treten 6 paarige Macrochromosomen ein; ein Paar (die beiden X-Chromosomen) geht ungeteilt an einen Spindelpol; deshalb finden wir in den Äquatorialplatten der zweiten Reifeteilung entweder 5 Macrochromosomen oder 6. Somit entstehen also zwei Sorten von Spermatozoen, solche mit 5 Macrochromosomen und solche mit 6, wobei hier das X-Element zweiwertig sein soll.

Der ganze Chromosomencyclus scheint also (wenn wir nur die Macrochromosomen berücksichtigen, zu welchen also die X-Chromosomen gehören) folgendermaßen zu verlaufen:

$$\text{I. R. T.} \quad \text{II. R. T.}$$

$$♀ = 10 + 4x \begin{cases} 5 + 2x \\ 5 + 2x \end{cases} \begin{cases} 5 + 2x \\ 5 + 2x \\ 5 + 2x \\ 5 + 2x \end{cases} \Big\rangle 10 + 4x = ♀$$

$$♂ = 10 + 2x \begin{cases} 5 + (2x) \\ 5 \end{cases} \begin{cases} 5 + (2x) \\ 5 + (2x) \\ 5 \\ 5 \end{cases} \Big\rangle 10 + 2x = ♂$$

Die Reptilien scheinen danach dem *Protenor*-Typ anzugehören, was um so merkwürdiger erscheint, als für die Vögel der *Abraxas*-Typ angegeben wird. Jedoch widersprechen sich hier die Angaben. Guyers Beobachtungen, wonach beim Huhn, Perlhuhn und bei der Taube im weiblichen Geschlecht ein Heterochromosom vorkommt, wurden von Boring und Pearl in Frage gestellt. Auch bei Säugetieren lauten die Angaben noch widersprechend.

Besonders eingehend wurde in den verflossenen Jahren die Spermatogenese der weißen Maus und, wenn auch weniger durchgreifend, auch die der Ratte von Gutherz (1922) nach dieser Richtung hin durchforscht, und der sogenannte Intranuclearkörper der Autoren als Heterochromosom angesprochen.

Beim Menschen scheinen die Zahlen Männchen 47, Weibchen 48 zu sein, jedoch nehmen manche Autoren auch als Gesamtzahl die Hälfte, 24 an. Painter (1924) beschreibt für den Menschen ein großes stäbchenförmiges X- und ein äußerst kleines kugeliges Y-Element. Auch bei zwei Affenspecies der alten und neuen Welt, *Maca-*

cus rhesus und einer *Cebus*-Art findet er ähnliche Verhältnisse. Die diploide Chromosomenzahl in den Spermatogonien beträgt bei *Cebus* 54, bei *Macacus* 48, unter ihnen glaubt Painter auch das minimal kleine Y-Chromosom nachweisen zu können. Bei somatischen Zellen von *Macacus*-Embryonen findet Painter beim männlichen Geschlecht die gleichen Chromosomenverhältnisse wie in den Spermatogonien, im weiblichen Geschlecht die gleiche Chromosomenzahl, aber statt des XY-Paares zwei gleich große X-Chromosomen.

Zieht man im Vergleich dazu eine Reihe von Untersuchungen über die Spermatogenese anderer Säugetiere in Betracht, so merken wir erst recht, wie schwierig es ist, sich aus allen diesen meist nicht unbestrittenen Angaben ein sicheres Urteil zu bilden. Wir können deshalb Stieve (1923) sehr wohl verstehen, wenn er seiner Überzeugung auf diesem Gebiete dahin Ausdruck geben konnte, daß die Befunde über das Vorkommen eines Geschlechtschromosoms bei Säugetieren und besonders beim Menschen durchweg zu unsicher seien, als daß sie ausführlicher besprochen werden müßten. Sie krankten insgesamt daran, daß es bei diesen Arten noch niemals sicher gelungen sei, die Chromosomennormzahl zu ermitteln.

Diese Meinungsäußerung Stieves läßt sich erst voll ermessen, wenn man bedenkt, daß bis dahin Heterochromosomen, denen doch, man möchte sagen durchweg, der Charakter von Geschlechtschromosomen in diesen Fällen zugesprochen wird, u. a. bei Pferd, Maulesel und Schwein (Wodsedalek), beim Kaninchen (Bachhuber), Meerschweinchen (Stevens), Hunde (Malone), Opossum (Jordan), bei der Katze (Winiwarter und Sainmont) und schließlich beim Menschen von den verschiedenen Autoren beschrieben worden waren. Trotz allem läßt sich aber nicht verhehlen, daß auch bei den Säugetieren besonders in jüngster Zeit wesentliche Fortschritte in der Heterochromosomenfrage zu verzeichnen sind. Zunächst wäre hierbei an die Beuteltiere zu denken, eine Tierklasse, welche infolge ihrer relativ niedrigen Chromosomenzahl zu diesbezüglichen Forschungen besonders geeignet erscheint. Hier gelang es bereits Jordan (1911), ein Heterochromosom mit ziemlicher Sicherheit festzustellen, sodaß man annehmen darf, daß die Geschlechtsbestimmung beim Opossum sich derjenigen bei den Hemipteren ganz analog verhält. Beim gleichen Objekte konnte dann Painter (1922) interessanterweise noch ein Y-Chromosom auffinden und daraufhin beim Männchen die diploide Chromosomenzahl auf $10 + xy$ festsetzen. Bestätigt wurden diese Beobachtungen vor kurzem durch Agar (1923) beim Känguruh; während Greenwood (1923) bei *Sarcophilus* und *Dasyurus* durchaus ähnliche Verhältnisse beschreiben konnte. Auch hier ließ sich die normale Chromosomenzahl $12 + xy$ beim Männchen und $12 + xx$ beim Weibchen fast durchweg nachweisen. Bei Schafen konnte Wodsedalek (1922) nachweisen, daß die Spermatogonien 33 Chromosomen, deren eines, das Geschlechtschromosom, deutlicher als die anderen ist, haben. In der ersten Reifeteilung erscheinen 17 Chromosomen, nämlich 16 bivalente und das unpaare Geschlechtschromosom, welches ungeteilt zu einem Pole wandert, so daß zwei Sorten von Spermatocyten zweiter Ordnung entstehen. Die Oogonien besitzen 34 Chromosomen, davon 2 Geschlechtschromosomen. Die 17 Chromosomen der ersten Reifeteilung sind sämtlich bivalent. Die Abschnürung des ersten Richtungskörpers findet statt, während die Oocyte im Graafschen Follikel liegt. Die in somatischen Zellen von Männchen und Weibchen gefundenen Chromosomenzahlen entsprechen den Spermatogonien- bzw. Oogonienchromosomenzahlen.

Außer diesen an Marsupialiern und anderen Säugern gewonnenen Forschungsresultaten beanspruchen jedoch hier vor allem die umfassenden Untersuchungen über die Spermatogenese von Ratte und Maus eine eingehende Würdigung, zumal als sich dieselben in einigen nicht unwesentlichen Punkten mit den bei den Beuteltieren gewonnenen Ergebnissen in eine Parallele bringen lassen.

Erst Gutherz (1922) hat, auf Grund seiner eingehenden umfassenden Studien über die Spermatogenese der Maus, daß der inmitten der Wachstumsperiode der Spermatocyte stets in der Einzahl und und nur äußerst selten in der Zweizahl auftretende sogenannte Intranuclearkörper mit an Sicherheit grenzender Wahrscheinlichkeit ein Heterochromosom darstellt. Im einzelnen läßt der Autor dieses Gebilde, für dessen Vorhandensein in den Spermatogonien kein Anhaltspunkt vorliegt, bei der Maus aus einem Teil des Spirems entstehen und weist ihm eine Lagerung in einem besonderen Raume an der Peripherie des Spermatocytenkernes zu, wo dieses Element als eine verdichtete homogene Partie von stäbchenförmiger Gestalt und etwa $2-3\ \mu$ Länge leicht nachgewiesen werden kann. Da ferner alles dafür spricht, daß dieses Heterochromosom, welches in der Spermatocyte vom Pachytänstadium bis zur späten Diakinese verfolgt werden konnte, wie die Autosomen in den Reifungsmitosen geteilt wird und für eine Heterokinese kein Anhaltspunkt besteht, möchte Gutherz es von den bisher bekannten Heterochromosomen den gepaarten Microchromosomen der Insecten am nächsten stellen. Der Nachweis für eine Beziehung dieses Gebildes zu den Geschlechtschromosomen ließ sich auf jeden Fall nicht durchführen, wie diese Bezeichnung ja schon vermuten läßt, vor allem deshalb, weil dieser Körper nach Auflösung der Kernmembran sich von den übrigen Chromosomen morphologisch nicht unterscheidet und infolgedessen nicht durch die Reifungsteilungen verfolgt werden konnte.

In der Literatur variiert die für die Eientwicklung der Maus von verschiedenen Seiten ermittelte Chromosomenzahl nicht unerheblich (Sobotta 16, Gerlach 12, Kirkham 12, Lams et Doorme 12—15), und nur Tafani (1889), Long (1908), Long und Mark (1911), und betreffs der Spermatogenese der Hausmaus auch Yokom (1917), stimmen genau mit früheren, z. B. Kremers Angaben überein. Ebenfalls konnte schon Holl (1893) kurz vor Bildung der ersten Eireifungsspindel der Maus 20 bivalente Chromosomen sicher feststellen. Sehr vorsichtig drückt sich Federley (1919) in dieser Hinsicht bei der Spermatogenese der Waldmaus aus, da er die Meinung vertritt, daß die Anzahl der Chromosomen unmöglich exakt festzustellen sei; dennoch könne die haploide Zahl auf einige zwanzig geschätzt werden.

Mit einiger Sicherheit läßt sich aus diesen neuesten Untersuchungen wohl sagen, daß die Säuger, mit Einschluß des Menschen, im männlichen Geschlecht heterozygot sind und entweder dem *Protenor*- oder dem *Drosophila*-Typus (*Marsupialia*) angehören.

Auch bei höheren Pflanzen haben wir heute eine Reihe von Angaben über die Geschlechtschromosomen. Im allgemeinen ist bisher der Lygaeustyp festgestellt worden mit männlicher Heterogametie. Es kommt aber auch der Protenortyp vor (*Valisneria*). Geschlechtschromosomen wurden beobachtet bei *Elodea canadensis* (Santos 1924). Es finden sich hier beim Männchen und Weibchen 24 Paare. Das 24. Paar ist aber beim Männchen unterscheidbar von den übrigen: es besteht aus einem großen (*f*) und einem kleinen (m) Chromosom. Bei Weibchen hingegen finden sich zwei große (f) Chromosomen. Wir haben also beim Männchen $n + fm$ oder $n + (x + y)$, beim Weibchen $n + ff$ oder $n + 2x$ sind. 50 vH. der Pollenkörner; bei der Reduktionsteilung m, 50 vH. f. Die Pollenkörner sind aber nicht nur in den Geschlechtschromosomen verschieden, sondern auch in der Größe. Das männchenbestimmende (m) ist **kleiner** als das weibchenbestimmende f. Weiterhin wurden auch Geschlechtschromosomen bei *Populus, Urtica, Melandrium* und *Valisneria* beobachtet. Bei Lebermoosen (*Sphaerocarpus*) hat Ch. E. Allen (1919) verschiedene Chromosomensätze bei männlichen und weiblichen (haploiden) Gametophyten nachgewiesen.

Um nun die Rolle der Geschlechtschromosomen bei der Bestimmung des Geschlechts näher zu ergründen, müssen wir auf die experimentelle Geschlechtsbestimmung und -umstimmung eingehen, was weiter unten erfolgen soll. Hier soll nur ihre mutmaßliche Bewertung als Faktor kurz erörtert werden. Dazu möchte ich auf die interessanten Befunde von Junker an *Perla marginata* eingehen, obwohl sie rein cytologischer Natur sind. Es wäre sehr zu wünschen, wenn sie auch experimentell ausgebaut würden. Ich gebe sie nach seiner eigenen Zusammenfassung wieder. Das Männchen von *Perla marginata* hat im Gegensatz zu seinen nächsten Verwandten (*P. maxima* und *P. cephalotes*) an seinem Geschlechtsorgan außer normalen Hodenfollikeln einen bestimmten, beträchtlichen Bezirk mit Eiröhren ausgebildet, das „Männchenovar". Das Weibchen besitzt ein normales Ovar. Die diploide Chromosomenzahl beträgt beim Männchen 22; davon lassen sich 20 zu 10 Paaren ordnen, zwei ungleich große Elemente bleiben übrig, die Heterochromosomen x und x'. Es entstehen so Spermatozoen mit 12 (Gynospermium) und solche mit 10 Chromosomen (Androspermium).

Die diploide Chromosomenzahl in der Oogenese des Weibchens ist 24; hier lassen sich alle Chromosomen zu Paaren ordnen. Die Oogenese verläuft normal.

Die Zellen der Eischläuche des Männchens haben diploid 22 Chromosomen, also die **männliche Zahl**. Auch hier lassen sich, genau wie in der Spermatogenese, 20 Chromosomen zu Paaren ordnen, zwei ungleich große Elemente stellen die Heterochromosomen dar. Die Vorgänge im Männchenovar sind trotz der männlichen Chromosomenzahl denen im echten Ovar gleich bis zur Conjugation. Nach erfolgter Parasyndese der Autosomen bleiben zwei ungleich große leptotäne Schleifen ungepaart, die Heterochromosomenschleifen. Sie unterscheiden sich aber sonst in nichts von den leptotänen Autosomenschleifen. Die Zellen des Männchenovars fallen in späteren Wachstumsstadien der Degeneration anheim; sie erreichen nie auch nur annähernd die Größe normaler Weibcheneier.

Im normalen Hoden können, aber nur bei jungen Larven, in seltenen Fällen Eier, einzeln wie cystenweise, vorkommen. Diese Hodeneier können als solche erst nach dem Auftreten der synaptischen Phänomene in ihnen erkannt werden. Vorher gleichen sie völlig den Spermatogonien I. Ordnung. Ihre Chromosomenzahl ist wahrscheinlich die männliche. Die Hodeneier degenerieren meist im oder bald nach dem pachytänen Stadium.

Das Männchen von *Perla marginata* zeigt also deutliche Zwittrigkeit, und zwar in zweierlei Formen: 1. Männchenovar und 2. Hodeneier.

Die Verteilung der Heterochromosomen bei der maßgebenden Reifungsteilung ist nun, wie Junker ausdrücklich hervorhebt, keine zufällige, sondern es muß ein sie regelnder Faktor vorhanden sein; denn sie gelangen ja immer, ohne verbunden zu sein, in die gleiche Tochterzelle. Das Männchen von *Perla marginata* liefert weiter mit der gleichen Chromosomengarnitur Spermatozoen und Eier.

Die Chromosomen haben nach Junker daher mit der Bestimmung der primären Geschlechtszellen nichts zu tun; es werden von ihnen höchstens die sekundären Geschlechtsmerkmale bestimmt. Trotzdem glaube ich, daß sie als Indices wirken können, denn es ist ja ein modifizierter *Protenor*-Typus vorhanden mit zweierlei Spermatozoen, die Männchen- und Weibchen-bestimmend sind. Das Männchenovar mit der gleichen Chromosomengarnitur der Hodenzellen spricht geradezu für eine physiologische männliche Angleichung dieser nur grob morphologischen weiblichen Zellen, die, wenn die Geschlechtschromosomen ein Ausdruck des geschlechtlichen Stoffwechsels sein sollen, und dafür spricht mancherlei, ja chemisch-physiologisch ganz wie männliche Geschlechtszellen wirken. Die Männcheneier, die so oft bei den verschiedensten Tieren beobachtet worden sind, sprechen für eine bisexuelle primäre geschlechtliche Anlage der Tiere. Interessant ist nur, daß auch diese Zellen bei *Perla* den männlichen Chromosomentyp haben. Leider ist bei anderen Tieren darüber noch nichts bekannt. Beim Bidderschen Organ der männlichen Kröten haben wir ja ein ganz ähnliches pseudo-weibliches Organ wie bei *Perla*; ich konnte hier jedoch überhaupt keine Geschlechtschromosomen nachweisen, wie diese ja auch sonst bei Amphibien, mit Ausnahme von *Rana temporaria* nach Witsçhi, noch sehr zweifelhaft sind.

Der so weit verbreitete Geschlechtschromosomenmechanismus spielt nun sicher eine große Rolle bei der Geschlechtsbestimmung. Dabei ist es gleich, ob man die Geschlechtschromosomen als Enzymerreger ansieht für die Ausprägung des Geschlechts, oder ob man sie nur als Index für das Geschehen für die bereits durch einen der vielen noch unbekannten Faktoren angebahnte Differenzierung gelten lassen will, was das Wahrscheinlichere ist. Mir scheint, daß die Differenzierung der männlichen und weiblichen Geschlechtszellen nur von chemisch-physikalischen Faktoren abhängt, die ein Ausdruck des verschiedenen, von diesen Faktoren bedingten Stoffwechsels der Zellen sind. Daß dabei auch die X-Chromosomen eine Rolle spielen können, zeigt eine Untersuchung von Hovasse (1922), der in den sogenannten Autocyten, den jungen Spermatocyten der Grille, nur zwei färberisch verschiedene Massen, die dicht beieinander liegen, nachweisen konnte, den Nucleolus und das Heterochromosom. Die übrigen Chromosomen färben sich während des Strepsinems nicht. Das verschieden färberische Verhalten weist auf die physiko-chemische Verschiedenheit des Heterochromosoms und der Autosomen hin. Ähnliches zeigen auch die Untersuchungen von Gutherz.

Jede Urkeimzelle ist undifferenziert und kann trotz des Chromosomenmechanismus zu einer männlichen oder weiblichen Zelle werden, wie das noch zu schildernde Experimente zeigen sollen. Die Chromosomen sind also etwas Sekundäres und haben die Aufgabe, bei geschlechtlich stark ausdifferenzierten Tieren die Kontinuität des specifisch geschlechtlichen Stoffwechsels in der Keimplasmarelation aller Zellen, Keim- und Somazellen, in gleichsinnig-geschlechtlicher Weise zu regeln. Dafür spricht auch die Inkretwirkung der Keimdrüsen, z. B. bei Wirbeltieren, zur Ausprägung und Aufrechterhaltung der sekundären Merkmale.

b) Die experimentelle Geschlechtsbestimmung.

Den Ausführungen über die experimentelle Beeinflussung der Geschlechtsbestimmung knüpfen wir am besten auch eine kurze Schilderung der in der Natur vorkommenden Arten der normalen Geschlechtsbestimmung bezüglich ihres Zeitpunktes an, wie sie Haecker gibt.

1. Die progame Geschlechtsbestimmung.

Sie ist dann gegeben, wenn das Geschlecht bereits im wachsenden Ei oder noch früher, jedenfalls vor der Reifung und unabhängig vom Chromosomenbestand, festgelegt ist. Ausgesprochen progam ist unter den Anneliden *Dinophilus apatris* (Metschnikoff, Korschelt, Nachtsheim.) Im Ovarium dieses Tieres kann man große Eier, die zu Weibchen, und kleine, die zu Männchen werden, unterscheiden, die bereits vor dem Oocytenwachstum besamt werden. Geschlechtschromosomen konnten nicht nachgewiesen werden.

Auch parthenogenetisch werden aus großen Eiern Weibchen, aus kleinen Männchen. Gleiches gilt für die amerikanischen auf Hickorybäumen lebenden Phylloxeren mit nur drei Generationen. Die einen Weibchen der zweiten parthenogenetischen Generation (Sexuparae) erzeugen große Weibcheneier, die anderen kleine Männcheneier. Ähnliche Verhältnisse zeigen die marinen Rotatorien, die Seisoniden und eine Milbe (*Pediculopsis graminum*).

Reinzuchten von Vogelwildformen haben meist als erstes Ei im Gelege ein kleines männliches, als zweites ein größeres weibliches. Whitman und Riddle fanden weiterhin bei Tauben, daß bei gesteigerter Produktion im Sommer aus dem ersten Ei jedes Geleges ein Männchen, aus dem zweiten um 9—13 vH. größeren Ei, ein Weibchen hervorgeht.

Bei entfernt stehenden Gattungskreuzungen (z. B. Lachtaube $\times$ Turteltaube) werden zuerst fast nur Männchen, im Herbst fast nur Weibchen erzeugt. Eier mit männlicher Tendenz haben im ganzen einen stärkeren Stoffumsatz, starke Oxydation, hohen Wassergehalt und geringeren Gehalt an Fett und Phosphatiden. So ist es auch erklärlich, daß bei wachsenden Oocyten noch durch künstliche Hebung und Senkung des Metabolismus das Geschlecht beeinflußt werden kann. Die Geschlechtschromosomen brauchen also direkt keine Rolle bei der progamen Geschlechtsbestimmung zu

spielen. Da die Vögel im weiblichen Geschlecht heterozygot sind
$[n + (x + y)]$, so müssen normalerweise 50 v. H. männliche Eier
$\left(\dfrac{n}{2} + x\right)$, und 50 v. H. weibliche Eier $\left(\dfrac{n}{2} + y\right)$ erzeugt werden.
Wenn das erste Ei aber männlich ist $\left(\dfrac{n}{2} + x\right)$, so muß der
Stoffwechsel die Reifungsteilung nach der männlichen Richtung
beeinflussen, und der Chromosomenmechanismus stellt dann nur
den Ausdruck für das Geschehen in der Zelle dar, ist also gewissermaßen nur ein Index, wie das Haecker ausdrückt.

Das zeigt sich besonders in einem Beispiel der

2. pro-syngamen Bestimmung.

Bei heterogamen Süßwasserrädertieren (*Hydatina* usw.) werden
auch Eier von verschiedener Größe erzeugt. Die großen Eier
werden stets Weibchen, aber nur parthenogenetisch. Die kleinen
Männcheneier werden parthenogenetisch wirkliche Männchen, werden sie aber befruchtet, so werden sie zu dickschaligen großen
Dauereiern, aus denen Weibchen hervorgehen. Das Geschlecht
wird also hier durch das eindringende Spermatozoon umgestimmt,
obwohl es progam vorläufig festgelegt war.

3. Die syngame Bestimmung.

Diese Form der Geschlechtsbestimmung scheint bei den heutigen Tieren allmählich die Norm zu werden. Sie fällt in die
Entwicklungsrichtung von regulativer zu determinierter Bestimmtheit.

a) Die Übergangsform von der progamen zur syngamen Bestimmung stellt die **diplo-syngame Bestimmung** dar.

Sie umfaßt alle die Fälle, wo der Geschlechtschromosomenmechanismus noch nicht starr genug ist, um nicht auch bei veränderten Umweltsbedingungen eine Verschiebung der Sexualverhältnisse hervorzurufen.

Es sind also etwa die Eizellen an sich progam geschlechtlich
bestimmt, die eindringenden zweierlei Samenzellen aber legen das
Geschlecht endgültig fest, wie wir das schon bei den Rädertieren
sahen. Als Beispiel möchte ich hier besonders die Amphibien anführen, von denen manche Lokalrassen, wie wir weiter unten
sehen werden, noch labil in ihrer Bestimmung sind.

b) **Die arrheno-syngame und die thelyo-syngame Bestimmung** haben wir im vorigen Kapitel kennen gelernt. Bei ersterer ist das männliche Geschlecht, bei letzterer das weibliche heterogametisch. Als

c) **eu-syngamer Typus** wären die sozialen Hymenopteren zu bezeichnen. Hier entscheidet die Befruchtung (Weibchen, Arbeiterin) oder Nichtbefruchtung (Männchen) das Geschlecht, und zwar durch den Geschlechtschromosomenmechanismus.

Noch weniger als die progame stimmt

4. die epigame Geschlechtsbestimmung

mit dem Chromosomenmechanismus überein. Bei ihr wird das Geschlecht erst nach der Befruchtung entschieden, so bei Aalen, wo die Syrskischen Organe, die Keimdrüsenanlagen, entweder zu Hoden oder bei günstigen Lebensbedingungen (Wärme, gute Nahrung) zu Ovarien werden. Nach Grassi, d'Ancona (1919) sind die jungen Aale bei 15 cm Länge noch indifferent, dann bilden sich verschieden spät bis zu 30 cm Länge Männchen und Weibchen heraus. Gerade bei den spät differenzierenden Tieren sieht man ein Schwanken zwischen beiden Geschlechtern, wie z. B. auch bei Salmoniden und Petromyzonten, sodaß man sie als jugendliche Zwitter bezeichnen kann. Bei Fröschen gibt es sogenannte undifferenzierte Rassen (Frösche der Umgebung von München), wo nach der Metamorphose alle Tiere zu Weibchen werden; erst später differenzieren sich etwa 50 vH. zu Männchen um. Anderseits gibt es differenzierte Rassen (alpine Frösche und Königsberger Frösche), wo nach der Metamorphose schon 50 vH. Weibchen und 50 vH. Männchen vorhanden sind. Diese Rassen leben in Gegenden mit späten Sommern, also ungünstigeren Ernährungsverhältnissen, während die undifferenzierten Rassen in warmen Gegenden leben, wo bei günstiger Ernährung und Stoffspeicherung die Weibchendifferenzierung begünstigt wird, wie bei Aalen.

Höchst eigenartig ist die epigame Geschlechtsbestimmung bei *Bonellia viridis*, einer Gephyree. Die junge Larve ist noch geschlechtlich undifferenziert. Männchen entstehen nur, wenn die Larven Gelegenheit haben, sich an einem alten Weibchen festzuheften (Baltzer).

Schon aus diesem kurzen Überblick über das normale Geschehen bei der Geschlechtsbestimmung geht hervor, daß die

Geschlechtschromosomen nicht zu sehr in den Vordergrund gestellt und als etwas Dominierendes betrachtet werden dürfen. Das sollen nun weiter die Experimente zur willkürlichen **Geschlechtsbestimmung** und **Geschlechtsumstimmung** dartun.

Zunächst bedarf es zu dieser Frage einer klaren Begriffsbestimmung. Man könnte geneigt sein anzunehmen, experimentelle Geschlechtsbestimmung und -umstimmung gingen fließend ineinander über. Denn wenn z. B. R. Hertwig durch Überreifwerden der Eier bei Fröschen in extremen Fällen nur Männchen erzielt, so könnte man sagen, daß 50 vH. der Eier, die sonst Weibchen geworden wären, zu Männchen umgestimmt worden sind. Da nun aber die Eier noch vor der Befruchtung undifferenziert waren, trotz der vielleicht vorhandenen, allerdings wohl nicht durch Geschlechtschromosomen bedingten Heterozygotie der Eier bei Fröschen, so kann es sich hier nur um experimentell beeinflußte Geschlechtsbestimmung handeln. Diese haben wir überall dort, wo das Geschlecht vor oder während der Befruchtung aktiv bei Keimzellen oder bei undifferenzierten Larven nach einer Richtung experimentell festgelegt wird. Geschlechtsumstimmung dagegen haben wir überall dort, wo bei einer schon geschlechtlich differenzierten Larve oder einem erwachsenen Tier das entgegengesetzte Geschlecht experimentell hervorgerufen wird.

Die Geschlechtsbestimmung kann experimentell beeinflußt werden durch folgende Mittel:

1. Durch Auswahl der bezüglich der Geschlechtschromosomen heterozygoten Spermatogonien.

Solche Versuche sind bisher nur bei Pflanzen (*Correns*) mit gewissem Erfolge angestellt worden. Weibchen-bestimmende Pollenkörner gelangen leichter zu den Eizellen als Männchenbestimmende. Nimmt man daher große Pollenmassen, so entstehen mehr Weibchen. Zugunsten der Männchen kann das Verhältnis verschoben werden dadurch, daß man die Pollen alt werden läßt; die Männchenbestimmenden Pollenkörner haben dann die größere Widerstandsfähigkeit. Da nun aber bisher bei Pflanzen mit Ausnahme der Lebermoose und der Wasserpest (Santos 1924) und einige weiter oben erwähnte höheren Pflanzen, (während die Lichtnelke und die Zaunrebe wohl im männlichen Geschlecht heterozygot sind) keine

Heterochromosomen gefunden worden sind, so lassen sich diese Befunde nicht direkt auf die Tiere übertragen. Über die Physiologie der Geschlechtsbestimmung bei Pflanzen wissen wir noch so gut wie gar nichts.

Jedoch scheinen die Verhältnisse ähnlich wie bei den Tieren zu liegen, wie das eine weiter oben schon erwähnte Untersuchung von Santos (Bot. Gaz. 77, 1924) an der Wasserpest zeigt. Es finden sich hier im weiblichen und männlichen Geschlechte 24 Paare. Das 24. Paar ist nun aber beim Männchen von den übrigen Paaren dadurch verschieden, daß es aus einem großen (x) und einem kleinen (y) Chromosom besteht, also $n + (x + y)$ ist und heterozygot. Das Weibchen hat zwei große x Chromosomen, ist also homozygot $n + 2x$. Bei der Reduktion bekommen 50 v. H. der Pollenkörner das x Chromosom, 50 vH. das y Chromosom. Die Pollenkörner sind nun aber nicht, — und das ist sehr wichtig, wenn es sich bestätigen sollte, — nur bezüglich der Chromosomen verschieden, sondern haben auch verschiedene Größen. Die Männchenbestimmer $\left(\dfrac{n}{2} + y\right)$ sind kleiner als die Weibchenbestimmer.

2. Durch Stoffwechselbeeinflussung von seiten der Mutter. Hier gibt es eine Reihe von Versuchen, die einen derartigen Einfluß sehr klar zutage treten lassen. Das beweisen auch alle Fälle der normalen progamen (siehe z. B. *Dinophilus*) und epigamen (z. B. Aal, spätdifferenzierende Frösche) Geschlechtsbestimmung. Als einwandfreiestes Experiment ist hier der Versuch Baltzers an *Bonellia viridis* zu erwähnen. Alle Larven, die an den weiblichen Tieren sich festsaugen, werden zu normalen Zwergmännchen. Nimmt man die Larven von dem Weibchen fort, so werden sie, je nach der Kürze oder Länge der Zeit des Parasitierens am Weibchen, stärker oder schwächer ausgeprägte intersexuelle Formen, da sie sich, von dem Weibchen fortgenommen, wieder in der weiblichen Richtung entwickeln, den aber schon erlangten männlichen Charakter beibehalten. (Abb. 112a, b und 113a—c.)

Baltzer faßt das *Bonellia*-Männchen als neotene Form auf. Als wichtiges Argument für diese Behauptung wird die Entwicklung des Excretionssystems angeführt; weiterhin deuten darauf hin beim Männchen das larvale Wimperepithel auf der ganzen Körperoberfläche, die geringe Größe, der Mangel der sonst so charakteristischen Borsten, während es in einzelnen Organen (larvale

Wimperkränze, Kopflappen, die an ihm vorhandenen Pigmentflecke) zu Reduktionen kommt. Hier ist also gleichzeitig mit der Ausprägung des männlichen Charakters durch den Chemismus der Mutter eine Entwicklungshemmung zu beobachten. Neue Versuche Baltzers (1925) deuten in der Tat auf Stoffe der Mutter hin, die im Epithel des Rüssels gebildet werden und entwicklungshemmend wirken.

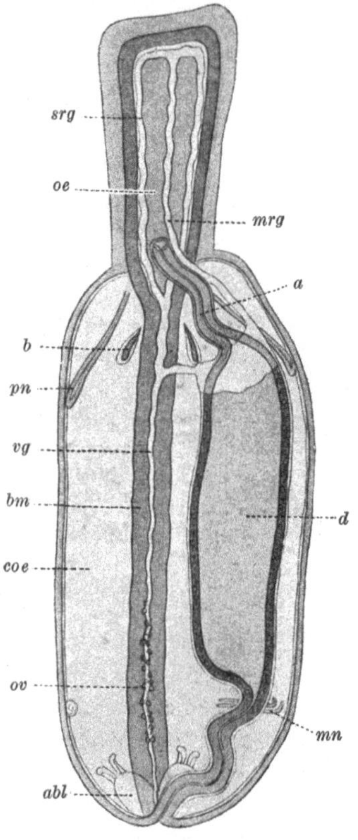

Abb. 112a, b. a Junges aus dem Ei gezüchtetes ♀ von *Bonellia* kurz nach Metamorphose. *abl* Analblase, *b* Borsten, *bm* Bauchmark, *coe* Cölom, *d* Mitteldarm, *mn* Metanephridien, *mrg* mittleres Rüsselgefäß, *oe* Oesophagus, *ov* Ovar, *pn* Protonephridien, *srg* seitliches Rüsselgefäß, *vg* centrales Blutgefäß. — b ♂ geschlechtsreif. Bezeichnungen wie vorher, dazu: *sa* Samenschlauch, *satr* Trichter des Samenschlauchs, sp_{1-3} Spermatogenesestadien. (Nach Baltzer aus Goldschmidt.)

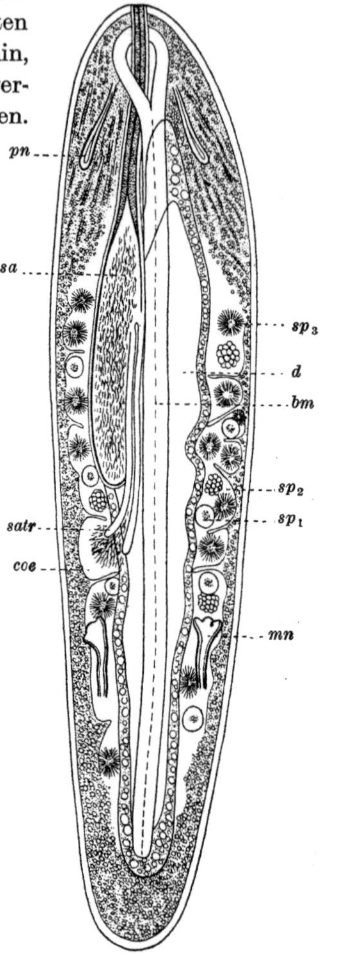

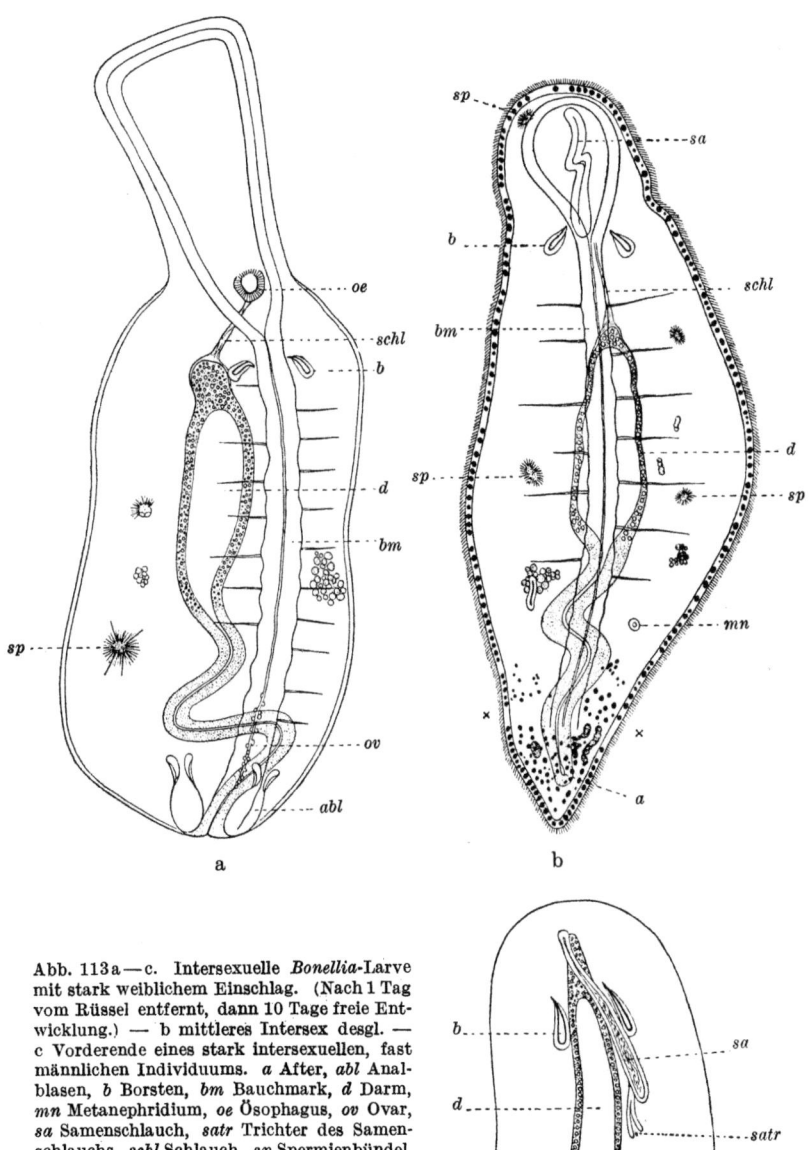

Abb. 113a—c. Intersexuelle *Bonellia*-Larve mit stark weiblichem Einschlag. (Nach 1 Tag vom Rüssel entfernt, dann 10 Tage freie Entwicklung.) — b mittleres Intersex desgl. — c Vorderende eines stark intersexuellen, fast männlichen Individuums. *a* After, *abl* Analblasen, *b* Borsten, *bm* Bauchmark, *d* Darm, *mn* Metanephridium, *oe* Ösophagus, *ov* Ovar, *sa* Samenschlauch, *satr* Trichter des Samenschlauchs, *schl* Schlauch, *sp* Spermienbündel, ×—× Stelle des hinteren Wimperkranzes. (Nach Baltzer.)

In der Erkenntnis, daß das Problem der Geschlechtsbestimmung nur experimentell zu lösen sei, ging Leupold (1924) unabhängig von der heute geltenden Lehre, ganz anders als es bisher geschehen war, vor. Den Ausgang für seine Versuche bildeten die Resultate seiner Arbeiten der letzten Jahre, in denen er zeigen konnte, daß die Keimzellen in ihrer Reifung und in ihrem Bestande in hohem Grade Stoffwechselvorgängen des Organismus und inkretorischen Einflüssen unterworfen sind. Er konnte nachweisen, daß eine normale Spermatogenese und Oogenese nur möglich sei, wenn der Cholesteringehalt des Blutes sich innerhalb bestimmter Grenzen hält, welche den bei den verschiedenen Tieren verschieden hochliegenden Durchschnittswerten entsprechen. Sinkt der Cholesteringehalt des Blutes und mit diesem der der Nebennierenrinde unter die untere Grenze der Normalwerte unter Einwirkung von Substanzen, welche durch das Blutcholesterin neutralisiert werden können, wie Thyreoidin, Bakterientoxine, herab, so kommt es zu Degenerationen der Keimzellen, welche um so hochgradiger sind, je schwerer und länger die Alteration des Cholesterinstoffwechsels ist. In gleicher Weise kann man die schwersten Degenerationen der Keimzellen durch Exstirpation der Nebennieren erzeugen. Auch hierbei dürfte die durch die Entfernung der Nebennieren hervorgerufene Schädigung des Cholesterinstoffwechsels eine Rolle spielen.

Einen Beweis für die Bedeutung des Cholesterinstoffwechsels für die Keimdrüsen liefert die Natur selbst. Leupold konnte nachweisen, daß die Rückbildung der Maulwurfshodens nach der Brunst erst dann einsetzt, wenn die Nebennierenrinde an Cholesterin verarmt. Dabei besteht ein vollkommener Parallelismus zwischen dem Gehalte der Nebennierenrinde an Cholesterinestern und dem Grade der Rückbildung der Hoden. In den Monaten August und September, in denen der Maulwurfshoden vollkommen rückgebildet ist, enthalten die Nebennieren so gut wie keine Cholesterinester. Unter der Voraussetzung, daß auch bei Maulwürfen wie bei Kaninchen, Katzen, Hunden und anderen Tieren und schließlich auch beim Menschen der Cholesteringehalt der Nebennierenrinde dem des Blutes parallel geht, können wir die bedeutsame Feststellung machen, daß die cyclischen Veränderungen der Maulwurfshoden mit cyclischen Schwankungen der Blutcholesterinwerte einhergehen. Die hierbei beobachteten Grenzwerte der Cholesterine liegen sehr weit auseinander. So konnte Leupold bei Maulwürfen in der Brunstzeit fast 30 vH. Cholesterin der Trockensubstanz der Nebenniere feststellen, in der Zeit der größten Rückbildung der Hoden 5 vH. und weniger. Ähnlich große Schwankungen werden unter pathologischen Verhältnissen beim Menschen beobachtet. Die hierbei auftretenden Zellveränderungen der Samenepithelien sind hochgradige; alle Formen und Phasen der Kerndegenerationen und des Zerfalls des Protoplasmas bis zu völligem Untergang der Zellen können beobachtet werden.

Auf Grund der Tatsache, daß zwischen dem Cholesteringehalte des Blutes und der Reifung der Keimzellen innige Beziehungen bestehen, suchte Leupold der Lösung des Problems der Geschlechtsbestimmung zunächst in der Beantwortung der Frage: Gelingt es, einen Einfluß des Cholesteringehaltes des Blutes der Eltern auf die Sexualproportion des Nachwuchses nachzuweisen? näherzukommen.

Zu seinen Versuchen dienten ihm Kaninchen. Die Methodik bestand darin, daß er einerseits die Tiere mit Cholesterin anreicherte, anderseits versuchte, den Gehalt des Blutes an Cholesterin möglichst herabzudrücken. Die Tiere wurden 14 Tage bis 6 Wochen und länger vorbehandelt. Von Zeit zu Zeit wurde eine quantitative Bestimmung des Serumcholesterins vorgenommen nach der Methode von Authenrieth und Funk. Die Böcke wie die Weibchen wurden in gleicher Weise behandelt. Wenn das Blut den gewünschten Gehalt an Cholesterin hatte, wurden die Tiere gedeckt. Durch Zufuhr von kleinen Dosen von Thyreoidin bei gewöhnlichem Futter läßt sich andererseits auch eine Cholesterinverarmung des Blutes erzielen. Einige Tiere wurden in dieser Weise behandet.

Nach Basile beträgt die Sexualproportion von normal gehaltenen Kaninchen 48,8 vH. Weibchen, 51,2 vH. Männchen, Punnett gibt an, daß normal gehaltene Kaninchen 47,6 vH. Weibchen geben.

Das Ergebnis des Versuchs mit Cholesterinfütterung zeigt folgende Tabelle (siehe S. 262).

Es wurde nun weiterhin der Versuch gemacht, durch Verabreichung von Phosphatiden das Geschlecht zu beeinflussen. Schon Russo glaubte im Ovar von Kaninchen lecithinreichere weibliche Eier von lecithinärmeren männlichen unterscheiden zu können und durch Lecithinzufuhr die Sexualproportion zu-

Nr.	Kaninchen	Dauer der Cholesterinfütterung	Cholesteringehalt im Serum	Datum des Wurfes	♂	♀
I	4a	17. IX. bis 27. X. 20	17. IX. 51,65 21. X. 200,00	26. XI. 20	1	2
II	2	6. IX. „ 28. X. 20	4. X. 106,00 13. X. 182,00	23. XI. 20	2	4
III	3	20. X. „ 20. XI. 20	19. X. 75,60 15. XI. 108,00	17. XII. 20	—	5
IV	4a	10. V. „ 15. VI. 21	10. V. 75,79 19. V. 69,12 2. VI. 181,61 8. VI. 84,76 15. VI. 116,00	15. VII. 21	2	3
V	9	8. V. „ 2. VI. 21	17. V. 81,90 25. V. 89,60	2. VII. 21	2	3
VI	10	9. V. „ 4. VI. 21	9. V. 52,48 30. V. 79,20 4. VI. 111,10	4. VII. 21	1	5
VII	11a	18. III. „ 23. IV. 21	18. III. 81,00 6. IV. 179,00 22. IV. 230,00	26. V. 21	4	2
					12	24
					33,3 vH.	66,7 vH.

gunsten des weiblichen Geschlechts beeinflussen zu können. Nun aber glaubt Leupold, daß das Cholesterin allein nicht maßgebend für die Geschlechtsbestimmung sein kann. Das geht schon daraus hervor, daß wir bei der Erzeugung weiblicher Junge durch Zusatz von Lecithin bessere Resultate erzielen.

Durch Cholesterinanreicherung bei relativer Lecithinarmut bekommt er dagegen einen starken Männchenüberschuß, wie folgende Tabelle (siehe S. 263) zeigt.

Drei Momente sind es nun nach Leupold, welche für die geschlechtliche Differenzierung der Eizellen maßgebend sind: 1. der Verlauf der Cholesterinkurve im Blutserum, 2. das Mengenverhältnis des Cholesterins zum Lecithin, welches man auch als die Konzentration des Lecithins im Cholesterin bezeichnen kann. 3. Der Nudeolus als Geschlechtsbestimmer. Keines dieser beiden ersten Momente kann für sich allein wirksam sein, sondern nur dann, wenn ganz bestimmte Voraussetzungen im Zusammenwirken beider gegeben sind, wird die Eizelle nach der weiblichen bzw. männlichen Seite hin differenziert. Für die weibliche Bestimmung der Eizelle muß als erste Grundbedingung gelten, daß Lecithin überhaupt in genügender Menge vorhanden ist. Die Konzentration

Nr.	Kaninchen	Dauer des Versuches	Art der Fütterung	Cholesteringehalt im Serum	Datum des Wurfes	♂	♀
I	17	30. XII. 22 bis 31. I. 23	Kartoffeln und Rüben, vom 11.I. ab tägl. 50 mg Cholesterin, vom 17. I. tägl. 100 mg Cholesterin	30. XII. 69,01 9. I. 57,00 16. I. 94,00 23. I. 196,00 30. I. 306,00	3. III. 23	5	1
II	11a	18. III. bis 23. IV. 21	Gewöhnliches Futter, außerdem Cholesterin	18. III. 81,00 6. IV. 177,00 22. IV. 230,00	26. V. 21	4	2
III	13	14. V. bis 28. VI. 21	Zunächst gewöhnliches Futter + 2 ccm Leinöl tägl. Vom 11.VI. an Reis und Kartoffeln	14. V. 50,02 24. V. 55,11 1. VI. 51,00 10. VI. 69,00 28. VI. 88,20	27. VII. 21	5	1
IV	19	23. IV. bis 2. VI. 23	Kartoffeln und Rüben. Tägl. 2 Tropfen Lecithin und 10 mg Kephalin + 100 mg Cholesterin. Vom 15. V. an 150 mg Cholesterin. Vom 23.V. an 200 mg Cholesterin, sonst wie bisher	23. IV. 51,87 30. IV. 107,80 7. V. 175,20 14. V. 186,83 22. V. 182,60 28. V. 376,00	2. VII. 23	2	5
						16	9

des Lecithins im Cholesterin muß eine gewisse Höhe erreichen, sie darf nicht unter ein bestimmtes Minimum heruntergehen, damit überhaupt das weibliche Geschlecht gebildet werden kann. Um dieses Optimum der Konzentration zu erreichen, muß natürlich der absolute Wert des Lecithins im Blute genügend hoch sein. Die zur Erreichung dieser Konzentration notwendige Menge Lecithin ist abhängig von der Höhe des Cholesterinspiegels im Serum. Wir können demnach nach Leupold als Gesetz folgendes aufstellen:

Die Eizelle des Kaninchens wird nur dann weiblich differenziert, wenn Lecithin in genügender Menge im Blutserum vorhanden ist.

Die Eizelle des Kaninchens wird weiblich differenziert, wenn unter Wahrung einer bestimmten Lecithinkonzentration eine Cholesterin-Lecithinvermehrung im Serum eintritt.

Die Eizelle des Kaninchens wird männlich differenziert bei relativer Lecithinarmut des Serums.

Die Eizelle des Kaninchens wird männlich differenziert, wenn ein Verlust an Cholesterin und Lecithin im Blutserum eintritt.

Der Nucleolus der Eizelle stellt die Geschlechtsanlage dar.

Man könnte den Nucleolus demnach das Geschlechtskörperchen nennen. Speichert der Nucleolus Lecithin (bzw. Phosphatid), so wird das Ei weiblich differenziert, entbehrt der Nucleolus des histochemisch nachweisbaren Lecithins (Phosphatids), so ist es ein männliches Ei.

Mit dem letzteren Satz soll nun nicht gesagt werden, daß die männliche Eizelle, insbesondere ihr Nucleolus überhaupt kein Phosphatid enthält. Das ist an sich nicht wahrscheinlich, auch lehren uns die mikroskopischen Untersuchungen, daß Unterschiede in der Menge der im Keimfleck gespeicherten Phosphatide bestehen.

Diese Überlegungen führen Leupold zu der Frage, in welchem Stadium der Entwicklung die geschlechtliche Differenzierung der Eizelle einsetzt und vollendet ist. Er ist der Ansicht, daß im allgemeinen die geschlechtliche Differenzierung des Eies frühestens erst im Stadium der mittelgroßen, in der Regel wohl erst der großen Follikel vollendet ist.

In einigen Versuchen konnte Leupold feststellen, daß die Eier der Bläschenfollikel, ganz besonders aber die reifen Eier der sprungfertigen Follikel, positive Phosphatidreaktion des Nucleolus zeigten, obwohl in den letzten 8 Tagen nach dem Verlaufe der Cholesterinkurve Männchenbildung zu erwarten war. Es muß also die Vollendung der Geschlechtsdifferenzierung in diesen Eiern älter als 8 Tage sein. Zugleich geht aber daraus hervor, daß das einmal festgelegte Geschlecht keiner Änderung mehr unterworfen sein kann. Der geschlechtlich differenzierte weibliche Nucleolus hält die gespeicherten Phosphatide fest, auch wenn die Bedingungen im Lipoidstoffwechsel des Blutes nach der männlichen Seite hin sich verschieben, wie umgekehrt von einem gewissen Stadium der Eidifferenzierung an der männlich gebildete Nucleolus keine Phosphatide mehr aufnehmen kann. Hierfür ergeben sich aus morphologischen Untersuchungen einige Beispiele.

Leupold ist der Ansicht, daß seine Untersuchungen gestatten, den biologischen Vorgang der geschlechtlichen Differenzierung der Eizelle zu analysieren und die hier obwaltenden Gesetze zu erkennen. Das Problem der Geschlechtsbestimmung ist nach ihm ein Problem des Cholesterin-Lecithinstoffwechsels und seiner Beziehungen zu der Eizelle. Es ist ein chemisches und physikalisches Problem, welches dadurch kompliziert wird, daß nicht ein einzelner chemischer Körper wirksam ist, sondern daß zwei es sind, deren physikalische und chemische Reaktionen noch unbekannt sind.

Greifen wir zurück auf die von Leupold aufgestellten Gesetze, die er auf Grund seiner Blutuntersuchungen aufgestellt hat, so läßt sich zunächst einmal sagen, daß eine weibliche Differenzierung der Eizelle nur dann möglich ist, wenn Lecithin überhaupt in genügender Konzentration im Blute vorhanden ist, daß aber anderseits die Cholesterinmengen ganz bestimmten Gesetzen folgen müssen. Sind diese Bedingungen erfüllt, so ergeben die Zuchtversuche Weibchen und die morphologische Untersuchung der Ovarien gibt am Keimfleck eine histochemische Reaktion, welche wir als eine Phosphatidreaktion ansprechen müssen. Cholesterin hat Leupold in der Eizelle niemals nachweisen können, weder im Kern noch im Dotter.

Wir weisen demnach im Nucleolus des Eikerns nicht das Cholesterin oder Lecithin nach, sondern eine uns unbekannte Cholesterin-Lecithinverbindung. Als Kriterium für „weibliche Eier" führt Leupold die Färbung des Nucleolus mit Heidenhains Hämotoxylin usw. an. An chemisch „reinen" Substanzen konnte er die gleiche Reaktion sowohl am Lecithin wie am Kephalin erhalten. Andere Phosphatide hat Leupold nicht nachgeprüft; es ist aber anzunehmen, daß auch sie die gleiche Reaktion geben. Dem Kephalin und Lecithin gemeinsam ist der Gehalt an Phosphorsäure, und es dürfte naheliegen, daß die Reaktion bedingt wird durch die Anwesenheit der organisch gebundenen Phosphorsäure, welche ja wohl auch das biologisch wirksame Prinzip bei der weiblichen Differenzierung der Eizelle ist.

Die Eizellen werden nach Leupold männlich differenziert, wenn Lecithin in solchen Mengen gegeben wird, daß auch bei gleichzeitiger Fütterung von Cholesterin ein Abfall in der Cholesterinkurve eintritt.

Diese komplizierten Vorgänge des Stoffwechsels in der „männlichen und weiblichen Eizelle" stellen die Vorbedingung für die geschlechtliche Differenzierung der Eizelle dar, d. h. sie ermöglichen es, daß in dem einen Fall die Phosphatide bis in den Eikern vordringen, in dem anderen nicht. Wir müssen demnach, um ein abgeschlossenes Urteil fällen zu können, die Bedingungen noch kennen lernen, welche es gestatten, daß die Phosphatide in das Ei eindringen bzw. von ihm ferngehalten werden. Dies ist eine Frage des Stoffaustausches zwischen der Zelle und dem Blute bzw. der Gewebsflüssigkeit, kurzum der Osmose und der Diffusion.

Leupold glaubt, daß seine Versuche ergeben haben, daß sowohl das weibliche als auch das männliche Geschlecht auf zweierlei Weise entstehen können. Weibchen werden gebildet entweder bei gleichzeitiger Anreicherung des Blutes mit Cholesterin und Lecithin oder bei Verminderung des Cholesteringehaltes und Vermehrung der Phosphatidkomponente. Männchen entstehen bei gleichzeitiger Verarmung des Blutes an Cholesterin und Lecithin oder bei Vermehrung des Cholesterins und relativer Verarmung an Lecithin. Wir sehen also, daß das einheitliche Prinzip jedesmal in dem Verhalten des Phosphatids gegeben ist, daß das Cholesterin sich dagegen anscheinend widersprechend verhält. Um Klarheit zu gewinnen, versucht Leupold, die verschiedenen Möglichkeiten der Geschlechtsbestimmung auf eine einheitliche Basis zurückzuführen.

Die Eizelle wird männlich differenziert, wenn der osmotische Druck des Cholesterins und des in ihm gelösten Phosphatids bzw. Cholesterinphosphatids im Blute niedriger ist als in der Eizelle oder wenn bei Erhöhung des Cholesterindruckes im Blute die Konzentration des im Cholesterin gelösten Phosphatids (Cholesterinphosphatids) eine geringe ist.

Die Eizelle wird weiblich differenziert, wenn der osmotische Druck des Cholesterins und des in ihm gelösten Phosphatids (Cholesterinphosphatids) im Blute höher ist als in der Eizelle und eine genügende Konzentration des im Cholesterin gelösten Phosphatids vorhanden ist.

Die interessanten Leupoldschen Versuche geben natürlich zu mancher Beanstandung Anlaß. Der Nucleolus als Geschlechtsbestimmer in der Eizelle muß zu entschiedenem Widerspruch herausfordern. Gerade der Nucleolus ist morphologisch und färberisch ein so variables Gebilde, daß nur die Schwarzfärbung der Nucleolen der weiblichen Eier allein kein Beweis für ihr späteres Geschlecht sein kann. Den Geschlechtschromosomenmechanismus, der doch auch bei Säugern zu berücksichtigen wäre, erwähnt Leupold nicht im Rahmen seiner Beweisführung. Es scheint mir auch die Zahl der Versuchstiere zu klein, um so weitgehende Schlüsse ziehen zu können. Es würde auch besser sein, eine reinrassige Standardzucht zu verwenden. Das soll aber die Leupoldschen Versuche nicht herabsetzen. Wir wissen ja schon, und das wird weiter hier an Beispielen erläutert werden, daß der Stoffwechsel ein wichtiger, ja ausschlaggebender Faktor bei der Geschlechtsbestimmung ist. Auch meine später zu schildernden Versuche der Geschlechtsumstimmung männlicher Kröten in Weibchen sind durch Lecithinfütterung möglich geworden. Festzustehen scheint nur, daß es Leupold gelungen ist, die Geschlechtsproportion bei Kaninchen durch Cholesterin- und Lecithinstoffwechsel zu beeinflussen. Es ist zu hoffen, daß weitere noch beweiskräftigere Resultate erzielt werden.

Wahrscheinlich wäre dazu die Ameise oder die Honigbiene sehr geeignet. Wir wissen aus den Untersuchungen von Straus (1911), daß der Stoff- und Energieumsatz bei beiden Geschlechtern, wie auch bei anderen Insekten (Seidenspinner *Bombyx mori*) sehr verschieden ist. In der Entwicklung der Bienen zeigt sich, daß der Fett- und Glycogengehalt bei Drohnen bis zum Puppenstadium doppelt so groß wie als bei der Arbeiterin, die ein rudimentäres Weibchen ist.

Zu den Stoffwechselversuchen zur Beeinflussung der Differenzierung des Geschlechts gehört auch die Implantation von Keimdrüsen junger oder erwachsener Tiere in Embryonen im Beginn der Geschlechtsdifferenzierung.

Minoura (1921) implantierte 1 mm große Stückchen von Keimdrüsen 8 Tage alter bis erwachsener Tiere auf das Allantochorion verschieden lange bebrüteter Hühnereier mit bestem Erfolg zwischen dem 5.—13. Bebrütungstag, d. h. in der Periode der beginnenden Geschlechtsdifferenzierung; früher tritt Einheilung nicht ein, später bekommt man nur eine unvollkommene Einwirkung. An Wirkungen im Sinne der Geschlechtsumstimmung wurden gefunden: a) bei Hodenimplantation: männliche Gonaden bei entwickelten Müllerschen Gängen; Ausbleiben der Rückbildung des rechten Eierstockes bei relativ später Einpflanzung (11.—13. Tag); b) bei Ovariumimplantation: Größendifferenz der Hoden zugunsten des linken bei Persistenz der Müllerschen Gänge von weiblichem Typus (links besser entwickelt als rechts); dasselbe ohne Müllersche Gänge bei Einpflanzungen zwischen dem 11.—13. Tag. Bei einigen Embryonen, die auf Ovariumimplantation persistierendes rechtes

Ovarium zeigten, bleibt die Deutung des ursprünglichen Geschlechts unsicher. — Vom Implantat aus secernierende Geschlechtshormone sind also imstande, die primären Geschlechtscharaktere umzustimmen; ihre Wirkung erfolgt auf dem Blutwege (Allantoiskreislauf) und ist specifisch (Implantationen anderer Drüsenstücke sind wirkungslos).

Diese Versuche werden allerdings von Greenwood (1925) nicht bestätigt.

a) Überreifwerdenlassen der Eier.

Es ist das große Verdienst R. Hertwigs und seiner Schüler, das Problem der experimentellen Geschlechtsbestimmungen in Fluß gebracht und zuerst nachgewiesen zu haben, daß einfaches extremes Überreifwerden von Froscheiern diese nach der Befruchtung zu 100 vH. zu Männchen werden läßt. Ähnliche Versuche Hertwigs am Schwammspinner, wo im Gegensatz zu den Fröschen die Weibchen heterogametisch bezüglich der Geschlechtschromosomen sind, und wo bei Überreife die Weibchen allerdings nur schwach überwiegen, führten ihn zu dem Schluß, daß die Überreife der Eier das heterogametische Geschlecht begünstigt.

Die Ergebnisse von Hertwig an Fröschen sind neuerdings (1923) von K. Wagner bestritten worden.

Entgegen den Befunden Hertwigs und seiner Schüler erhält Wagner auch bei starker uteriner Überreife nicht 100 vH. Männchen, sondern das normale Zahlenverhältnis der Dorpater Frösche: etwa 5 Weibchen auf ein Männchen. Wagner glaubt auf Grund der histologischen Befunde nachweisen zu können, daß dieses Ergebnis auf einer Umwandlung in der Richtung vom Männchen zum Weibchen (unter Verschwinden der zunächst vorhandenen Intersexe) beruhe. Das von Hertwig u. a. beschriebene Überwiegen des männlichen Geschlechts bei uteriner Überreife wird durch zeitweilige Hemmung des weibchenbestimmenden Faktors erklärt.

Die Resultate Wagners dürften sich aus seiner mangelhaften Methodik (Romeis) und der hohen Sterblichkeit seiner Tiere (77 vH.) (Witschi) erklären, zumal Hertwigs Resultate von ihm selbst (1921), von Eidmann (1922) und Witschi (1924) vollkommen bestätigt worden sind. Immer konnten bei genügend langer Überreife bis zu 100 vH. Männchen bei nur einer Sterblichkeit von 4 vH. erzielt werden, wie das die Tabelle von Kuschakewitsch zeigt.

Die experimentelle Geschlechtsbestimmung.

Tabelle.

	♂	♀	☿	Total	Sterblichkeit
Normalserie	58	53	—	111	6 vH.
Überreifeserie (Befruchtung 89 Stunden nach der normalen Kultur)	299	—	1	300	4 „

Eine interessante Beobachtung, die die Überreifeversuche ergänzt, bringt King, die bei Kröteneiern nach Entzug von Wasser vor der Befruchtung ungefähr 90 vH. Weibchen erzielte bei einer Mortalität von weniger als 7 vH. Riddle nimmt an, daß Wasseranreicherung, verursacht durch Überreife, die Eier männlich, Wasserentzug die Eier weiblich werden läßt. (Weiteres s. S. 285.)

Witschi baut die Überreifeversuche in interessanter Weise noch nach der Richtung weiter aus, daß er Hermaphroditen mit normalen Tieren kreuzt. So beschreibt er einen Fall Zf.-Weibchen (Davos) × Hermaphrodit-Männchen (Freiburg).

Diese letzte Kombination ist von besonderem Interesse, da der Hermaphrodit aller Wahrscheinlichkeit nach ein genetisches Weibchen war. So erhielten alle Nachkommen eine weibliche Konstitution. In der Tat lieferte die Kultur auch 237, das sind 99 vH. Weibchen. Zwei Tiere (1 vH.) jedoch zeigten den Einfluß der Überreife.

Das erste dieser beiden Tiere ist äußerlich normal, besitzt typische Hoden, ist also ein regelrechtes Männchen. Sein Vorkommen in dieser Kultur beweist unzweideutig die Möglichkeit der Geschlechtsumwandlung, und zwar in weiblich-männlicher Richtung.

Das zweite Überreife-Fröschchen ist wiederum äußerlich gekennzeichnet, und zwar betrifft die Schädigung diesmal das rechte Hinterbein. Es hat sich zu einem krüppelhaften Rudiment entwickelt. Da auch der Hinterleib auf dieser Seite unterentwickelt ist, so muß das Tier aus einem geschädigten Ei hervorgegangen sein.

Ein Teil der Eier des Davoser Weibchens Zf. zeigten auch auf dem achtzelligen Stadium charakteristische Abweichungen vom normalen Furchungsbild, aus denen auf eine Überreife geringen Grades geschlossen werden konnte.

Die älteren und neuen Resultate der Überreifeversuche liefern den Beweis, daß die Wirkung der uterinen Überreife auf das Geschlecht nicht auf einer Abänderung des Mechanismus der zweiten Reifeteilung oder auf selektiver Befruchtung beruht. Es handelt sich speziell in drei von Witschi beschriebenen Fällen sogar um eine bestimmte metagame Beeinflussung der Keimzellen, die frühestens auf dem Stadium der Gonadenanlage beginnt. Wenn nun bei den partiell geschädigten Tieren die Geschlechtsumwandlung gerade im Gebiet der betroffenen mesodermalen Organe, in denen sich die Keimdrüsenanlagen formieren, einsetzt, so beweist das, daß die Umwandlung nicht von den Keimzellen selber ausgeht, sondern diesen durch ihre somatische Umgebung induziert wird: Ein instruktives Beispiel von Geschlechtsbeeinflussung durch Innenfaktoren mit lokal beschränktem Wirkungsraum.

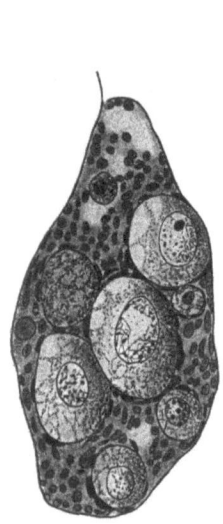

Abb. 114. Querschnitt durch die rechte Gonade einer Regenbogenforelle 121 Tage nach der Befruchtung, weibliche Tendenz. Beschreibung siehe Text! Gezeichnet auf Objekttischhöhe mit Leitz-Mikroskop. Leitz-Objektiv 7, Zeiss-Kompens.-Okular 6, Tubuslänge 169 mm. Vergr. etwa 203fach. (Nach Mršić.)

Abb. 115. Querschnitt durch die rechte Gonade einer Regenbogenforelle, 121 Tage nach der Befruchtung, männliche Tendenz; Keimzellen cystenartig angeordnet. Beschreibung siehe Text! Gezeichnet auf Objekttischhöhe mit Leitz-Mikroskop, Leitz-Objektiv 7, Zeiss-Kompens.-Okular 6, Tubuslänge 169 mm. Vergr. etwa 203fach. (Nach Mršić.)

Von Interesse ist, daß auch Überreifeversuche an der Regenbogenforelle (Mršić 1923) die Ergebnisse bei Fröschen durchaus bestätigen.

Die Gonaden der Regenbogenforelle sind auf jungen Stadien zunächst indifferent; dann treten alle Fische in ein Stadium ein, auf welchem die Keimdrüsen den Eindruck einer Entwicklung in weiblicher Richtung erwecken (Abb. 114). Nach diesem Stadium degenerieren aber bei etwa 50 vH. die eiähnlichen Keimzellen, und die Gonaden nehmen durch Vermehrung der Keimzellen, die nicht ins Wachstumsstadium getreten sind, männlichen Charakter an (Abb. 115 u. 116). Bei der anderen Hälfte entstehen dagegen durch vermehrtes Wachstum der Keimzellen Ovarien (Abb. 114). Die linke Gonade des Weibchens ist stets länger als die rechte. Auch bei Überreife ist die Entwicklung von Keimdrüsen und Keimzellen zunächst normal. Erst von einem gewissen Alter ab hört bei einem Teil der Fische weiblicher Tendenz die Entwicklung in weiblicher Richtung auf. Die eiähnlichen Zellen degenerieren, und die Gonaden nehmen, in caudocranialer Richtung fortschreitend, männlichen Charakter an. Je höher der Grad der Überreife ist, desto zahlreicher trifft man beim weiblichen Geschlecht auf abnorm gebildete Gonaden. Die Einwirkung der Überreife dürfte auf Stoffwechselstörungen zurückzuführen sein, die zunächst das Plasma schädigen, wodurch dann im Laufe der Entwicklung auch der Chromosomenmechanismus verändert wird. Da die neuesten Untersuchungen dafür sprechen, daß die Überreife die Entwicklung des heterogameten Geschlechtes begünstigt, und bei der Regenbogenforelle durch die Spätbefruchtung ein Überwiegen männlicher Nachkommen erzielt wird, so dürfte die Regenbogenforelle im männlichen Geschlecht heterogametisch sein.

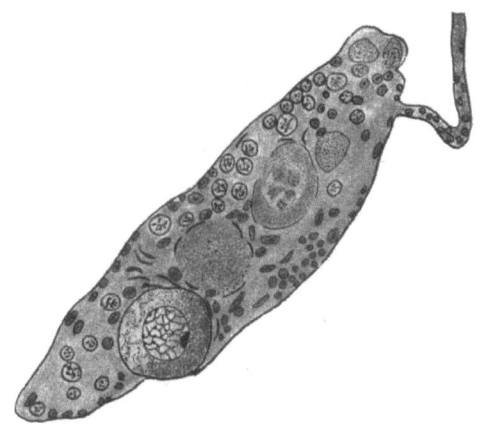

Abb. 116. Querschnitt durch die rechte Gonade einer Regenbogenforelle, 121 Tage nach der Befruchtung. Degeneration der großen eiähnlichen Keimzellen; erster Schritt zur männlichen Tendenz. Beschreibung siehe Text! Gezeichnet mit Leitz-Mikroskop, Zeiss-Ölimmersion Apochromat 2mm, Zeiss-Okular 6, Tubuslänge 152 mm, auf Objekttischhöhe. Vergr. etwa 312fach. (Nach Mršić.)

Versuche mit Überreifekulturen ergeben also, 1. daß mit der Dauer der Überreife die Zahl der Männchen und der Indifferenten zunimmt, und 2. daß die Männchen der Überreifekulturen durch Umwandlung aus indifferenten Tieren entstehen; denn mit zunehmendem Alter der Kultur wächst die Zahl der Männchen auf Kosten der sexuell Indifferenten. Es tritt also zweifellos eine

Umwandlung von Formen mit ursprünglich weiblicher Tendenz in Männchen ein, sodaß schließlich die ganze Kultur männlich wird. Den Anstoß zu dieser metagamen Umbildung liefert offenbar die Überreife. — Der Nachweis indifferenter Formen und deren allmähliche Abnahme zeigt, daß das Geschlecht nicht durch Ausbildung nur einer Gametensorte von vornherein unverrückbar bestimmt ist; es handelt sich vielmehr um eine metagame Geschlechtsumstimmung (Eidmann) (vgl. *Bonellia*). Die Überreife beeinflußt direkt nur die Eier, und zwar nicht deren Kernsubstanz, sondern deren Protoplasma (gealterte, plasmaarme Spermatozoen haben keinen Einfluß auf das Sexualverhältnis.)

Wahrscheinlich fügen sich trotzdem auch schon die anuren Amphibien und weit ausgesprochener die höheren Wirbeltiere in ihrer Geschlechtsbestimmung in den Homozygotie- und Heterozygotiemechanismus ein, ohne daß vielleicht immer ein äußerer Ausdruck in den Geschlechtschromosomen dafür vorhanden ist. Bei den Fröschen scheint nach R. Hertwig im Gegensatz zu den Schmetterlingen das Weibchen das homogamete Geschlecht zu sein. Das steht mit den Witschischen Chromosomenuntersuchungen in Einklang, der für die Baseler undifferenzierte Lokalrasse 2×13 Chromosomen gefunden hat, die ziemlich gut individualisiert sind und in zwei Gruppen von 5 großen und 8 kleinen geteilt werden können. Die männliche Chromosomenzahl ist ebenfalls 2×13, wobei sich entsprechende Größenunterschiede zeigen. Witschi nimmt an, daß das 10. Chromosom das Geschlechtschromosom ist. Es läßt sich morphologisch eine geringe Heterogametie nachweisen. Hertwig ist nun der Ansicht, daß die Überreife die Bildung des heterogametischen Geschlechts begünstigt, d. h. eine Veränderung des homogametischen Geschlechts zugunsten des heterogametischen verursacht. In beiden Fällen würde es sich um eine Rückbildung oder Abschwächung des zweiten geschlechtsbestimmenden Faktors, des X-Chromosoms, handeln. Dieser Satz wird durch Experimente R. Hertwigs an Schmetterlingen, wo das weibliche Geschlecht heterogamet ist, auf eine breitere Basis gestellt. Er gibt hier dieselbe Erklärung für die Geschlechtsumstimmung, nämlich die Abschwächung des X-Chromosomenfaktors, wie sie auch für die Goldschmidtschen Experimente am Schwammspinner gegeben werden kann. Wir können wohl annehmen, daß auch bei den

Anuren der Geschlechtschromosomenmechanismus schließlich einmal im Laufe der Entwicklung durch die Geschlechtsbestimmung epigam fest bestimmt werden wird, daß er aber heute erst in der Entwicklung begriffen ist, wie der geringe Unterschied zwischen X- und Y-Chromosomen andeutet. Wie die Untersuchung von Hovasse (1922) zeigt, scheinen im Gegensatz zu Witschi die Chromosomen bei *Rana temporaria* in ihren Zahlen inkonstant zu sein. Bei normaler Befruchtung variiert die Zahl in weiten Grenzen in den Geschlechtszellen sowohl wie in den somatischen Elementen.

b) **Kreuzung von Varietäten geographisch weitgetrennter Arten.**

Zu denjenigen Tieren, welche den bestausgeprägten Geschlechtschromosomenmechanismus haben, gehören die Insecten. Jede einzelne Zelle, Keimzelle wie Somazelle, ist geschlechtlich differenziert und an ihrem Chromosomenbestand als solche zu erkennen. Hier haben wir die typische syngame Geschlechtsbestimmung, meist durch zweierlei Spermatozoen bedingt oder bei Schmetterlingen durch zweierlei Eizellen. Trotzdem kann das starre Verhältnis von 50 vH. Weibchen zu 50 vH. Männchen gesprengt werden durch einfache Kreuzung von geographisch weitentfernten Varietäten einer Art, wie das die Versuche von Brake-Goldschmidt über die Geschlechtsbestimmung bei *Lymantria dispar* gezeigt haben. Züchtet man Männchen und Weibchen derselben Rasse, so erhält man das normale Sexualverhältnis von 50 zu 50 vH. Kreuzt man dagegen andere Rassen aus verschiedenen Gegenden oder Erdteilen, so überwiegt bei manchen Kombinationen der männliche, bei manchen der weibliche Einschlag der Zuchten. Überwiegt der männliche Einschlag, so erhält man neben 50 vH. normalen Männchen statt der erwarteten Weibchen intersexuelle Formen. Bei den höchsten Graden der männlichen Präponderanz besteht die gesamte Kultur ausschließlich aus Männchen, von denen etwa 50 vH. an mancherlei Anklängen noch erkennen lassen, daß sie aus Weibcheneiern hervorgegangen sind. Man kann also hier durch geeignete Auswahl der Rassen eine Übergangsreihe intersexueller Formen von reinen Weibchen bis zu fortpflanzungsfähigen Männchen erzielen, ebenso ist eine fortlaufende Reihe in umgekehrter Richtung möglich, die

Abb. 117. Serie intersexueller Männchen von *Lymantria dispar* L. von gerade beginnender bis starker Intersexualität. (Nach Goldschmidt.)

vom Männchen zum Weibchen überleitet (Abb. 117). Bei diesen Versuchen ist eine Grenze zwischen experimenteller Geschlechtsbestimmung und Umstimmung oft nicht mehr zu ziehen.

Auf diese für unser Problem wichtigen Goldschmidtschen Versuche und ihre theoretische Auswertung muß jetzt noch etwas weiter eingegangen werden. Goldschmidt selbst nimmt zur Erklärung ein quantitatives Verhältnis der Geschlechtsanlagen zueinander an und weiter ein Vorhandensein beider Faktoren für jedes Geschlecht.

```
    Schwache Europäer        Starke Japaner
    ♀ (F)  M m      ↖ b    a↗  (F_a)  M_a m
        80  60                   100  80
    ♂ (F)  M  M                  (F_a)  M_a  M_a
        80  60  60  ↙        ↘  100  80  80
```

Es ist klar, daß beide Rassen, wenn sie rein gezüchtet worden sind, sexuell normal sind. Kreuzen wir nun ein japanisches Weibchen mit einem europäischen Männchen (Pfeil a), dann ist F_1:

```
    F_1 ♀ (F_a) M m         F_1 ♂ (F_a) M_a M
          100  60                  100  80  60
```

Der Wert e, die Differenzierung zwischen den Valenzen beider Anlagen beträgt dann $+$ und $-$ 40, beide Geschlechter sind normal. Die reziproke Kreuzung aber (Pfeil b) gibt in F_1:

```
    F_1 ♀ (F) M_a m         F_1 ♂ (F) M_a M
          80  80                   80  80  60
```

Hier ist nun beim Weibchen $e = 80 - 80 = 0$. Die Weibchen sind also intersexuell, genau halbwegs zwischen den Geschlechtern. Dies erklärt nun ohne weiteres die Resultate der verschiedenen Kreuzungen, die oben aufgezählt wurden. Die Reihenfolge des Wertes für M bei den genannten Rassen ist:

Schwache Rassen: alle Europäer, Japaner Hokkaido und Südjapaner.

Starke Rassen: mittel Gifu; sehr stark Ogi, Aomori.

Für den Wert von (F) ist die schwächste Rasse Fiume, dann folgen Schneidemühl und Hokkaido, dann die Südjapaner, wie sich in allen weiteren Versuchen bestätigen läßt. Vielleicht die klarste Demonstration ist die folgende: Wir haben gesehen, daß die Weibchen der schwachen Rasse Fiume, gekreuzt mit den mittelstarken Männchen Gifu, ziemlich stark intersexuelle Weibchen in F_1 liefern. Die gleichen Weibchen ergeben aber mit den starken Männchen Aomori nur Männchen. Die japanischen Weibchen von Kumamoto ergeben mit den gleichen Männchen von Gifu ganz schwache weibliche Intersexualität in F_1. Dann müssen diese Weibchen, nun mit Aomori-Männchen gekreuzt, etwa mittlere Sexualität liefern, was auch der Fall ist. Das Schema, Abb. 118, erläutert dies ohne weiteres.

Goldschmidt entwickelt nun folgende Grundgedanken einer Theorie der Vererbung des Geschlechts: „Erbfaktoren sind Substanzen, denen sowohl eine bestimmte specifische Qualität zukommt, als auch eine genau dosierte Quantität. Sie wirken nach der Art von Enzymen, indem sie Reaktionen katalysieren, deren Geschwindigkeit ceteris paribus proportional der Masse der Erbfaktoren verläuft. Als die von den Faktoren katalysierte Reaktion kann man sich die Produktion der Hormone der Differenzierung vorstellen, aber auch irgendeine andere Reaktion, also etwa eine, die dafür sorgt, daß in einem bestimmten Moment ein bestimmtes Enzym vorhanden ist, oder irgendeine andere chemische Situation sich vorfindet."

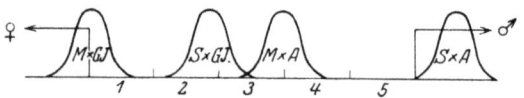

Abb. 118. Intersexualitätsgleichung von 1—3 weibliche, von 5—3 männliche Intersexualität. (Nach Goldschmidt.)

$M \times GJ$ = Mittel-Fiume ♀ × Gifu ♂ = F_1 nur Weibchen.
$S \times GJ$ = Schwach-Fiume ♀ × Gifu ♂ (mittelstark) = F_1 stark intersexuelle Weibchen.
$M \times A$ = Mittel-Fiume ♀ × Aomori ♂ = F_1 stark intersexuelle Männchen.
$S \times A$ = Schwach-Fiume ♀ × Aomori ♂ (stark) = F_1 nur Männchen.

Die als Entwicklung bezeichneten Differenzierungsvorgänge bestehen aus einer Serie nebananeinander laufender Reaktionen von genau dosierter Geschwindigkeit, und die richtige Abstimmung dieser Geschwindigkeiten ermöglicht zur bestimmten Zeit und am bestimmten Ort das Eintreten einer Situation, die zu einem bestimmten Differenzierungsvorgange führt. Hieraus erklärt sich auch die Prothelie und die Hysterothelie, die voreilende und nachhinkende Entwicklung bei Insecten.

Hier interessiert uns nun noch besonders bei intersexuellen Weibchen die Umbildung des Eierstocks in einen Hoden im Vergleich mit der Entwicklung der Keimdrüsen normaler Tiere. Das Gegenstück bei männlicher Intersexualität, nämlich die Umbildung des Hodens intersexueller Männchen in ein Ovar, soll anschließend geschildert werden. Allgemein kann man sagen, daß, je stärker die Intersexualität, um so mehr der Drehpunkt, d. h.

die geschlechtliche Umschlagsreaktion gegen den Entwicklungsanfang, verschoben ist. Bei geringer Intersexualität nun, wo also nach dem Drehpunkte nicht mehr viel Zeit zu Umänderungen bleibt, pflegen sich die Umwandlungen auf eine Degeneration der fast fertig ausgebildeten Eiröhren zu beschränken, die am Kopfende beginnend allmählich bis zu den reifsten Eikammern fortschreitet (Abb. 119a, b). Der zerfallende Inhalt wird von einwandernden Lymphocyten phagocytiert. Bei mittelstarker Intersexualität sind die Ovarien sehr stark im Wachstum zurückgeblieben, zudem beginnt am Kopfende die Umbildung zu Hoden, die um so mehr fortschreitet, je früher der Drehpunkt fällt, d. h. je mehr das Weibchen sich den stärkeren Intersexualitätsstufen nähert. Als frühestes Anzeichen der Umbildung kann das Auftreten einer Kappe pigmentierten Bindegewebes gelten, die dem zentralen Ende der Eiröhren aufsitzt; der Hoden ist gleicherweise von dieser Kappe bedeckt. Weiterhin können die Endfäden der Eiröhren, d. h. die Zone der Oogonienbildung beim normalen Weibchen, zu einem blasigen Gebilde, der Endkammer, aufschwellen, in welcher lebhafter Zellabbau und Phagocytose zu beobachten sind. Bei starker Intersexualität liefert diese Stelle Hodengewebe. Beim *Aomori*-Typ liegt der Drehpunkt etwa zur Zeit der Verpuppung: die Eiröhren bleiben demgemäß ganz in der Bindegewebshülle stecken, die Endblase zeigt hodenartige Fächerung und ist mit degenerierten Zellen und Phagocyten angefüllt. Liegt endlich der Drehpunkt noch vor dem Verpuppungszeitpunkte, so gesellt sich zu der äußeren Formähnlichkeit mit dem Hoden noch die innere histologische. Die Endkammern beherbergen neben den Zerfallsresten von Ei- und Nährzellgruppen und unversehrten Ei- und Nährzellen alle Stadien der Spermatogenese, während die afterwärts gelegenen Eiröhrenabschnitte noch normale Eikammern enthalten können. Die Umbildungsprozesse laufen nun in den verschiedenen Eiröhren desselben Tieres verschieden rasch ab; so finden sich beim gleichen Tiere neben dem beschriebenen Typus auch solche, in denen der Eiröhrenstiel unmittelbar an die Endblase grenzt; die Endkammer enthält im distalen Teil noch einen Ei- und Nährzellhaufen, während ihr Kopfteil gänzlich hodenartig aussieht. Endlich verschwinden noch diese letzten Reste weiblicher Zellen. Stets sind die noch erhaltenen weiblichen Bezirke von einem dichten Mantel phagocytierender Lymphocyten umgeben, was in dem männlichen Abschnitte nie der Fall ist. In extremen Fällen verschwinden endlich auch die Eiröhrenstiele, und die beiden Keimdrüsen sehen genau wie Hoden aus, ja, diese können sogar zu dem unpaaren, medianliegenden, achtkammerigen Hoden verschmelzen, der dann vom normalen Hoden des genetischen Männchens nicht mehr

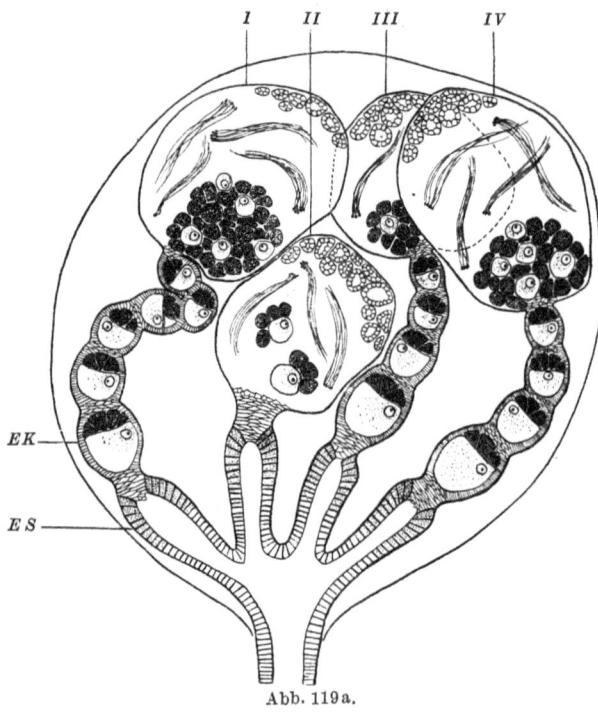

Abb. 119a.

unterschieden werden kann, außer durch die Häufigkeit apyréner Spermienbündel. Weiterhin finden sich gelegentlich auch „Pseudospermien", abenteuerlich geformte Gebilde mit achsenfädenartigen Einschlüssen, die an ähnliche Bildungen erinnern, wie sie Goldschmidt bei der Züchtung von Hodengewebe eines Schmetterlings (*Samia cecropia*) in vitro erhielt. Sie treten nur in Fächern auf, wo normale Urgeschlechtszellen fehlen. Vermutlich vermochten diese Spermatocyten nicht mehr, sich zu Spermatocysten zusammenzuordnen und ihre Kerne erlitten Schädigungen; nur die Fähigkeit der Achsenfädenbildung blieb erhalten. Einzelfälle, die sich dem gegebenen Schema schwer einfügen, z. B. eine völlig hodenartige Keimdrüse, in deren einem Fache ein reifes Ei mit Schale liegt, während andere weibliche Zellen vermißt werden, wurden ebenfalls beobachtet.

Wichtig ist, daß die aus Weibchen umgewandelten Männchen trotzdem die genetische Konstitution von Weibchen beibehalten,

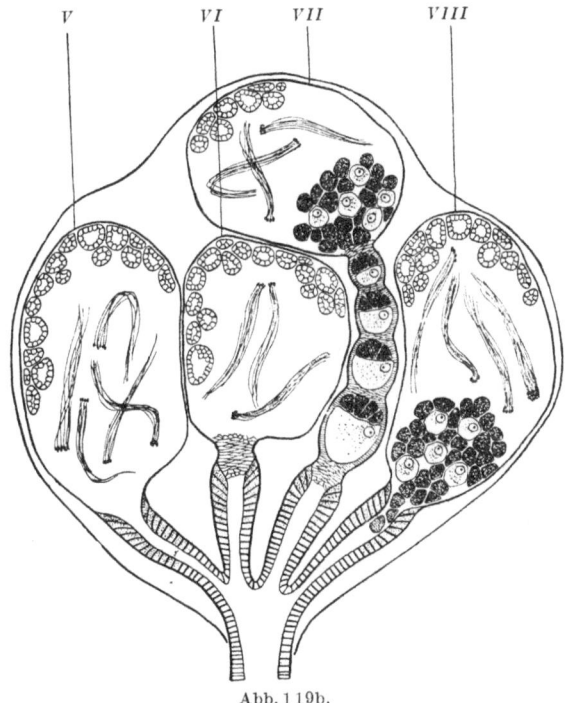

Abb. 119b.

Abb. 119a, b. Etwas vereinfachte Rekonstruktion der beiden Geschlechtsdrüsen einer Puppe eines intersexuellen Weibchens, die sich mitten in der Umwandlung vom Eierstock zum Hoden befinden. *I—VIII* Endkammern der Ovarialschläuche, jetzt in Umwandlung zum Hoden; *EK* Eikelch. *ES* Eiröhrenstiel. (Nach Goldschmidt.)

wie das weitere Versuche von Goldschmidt ergeben haben. Es wird also so ein neues Männchen erzielt, das im Gegensatz zum normalen heterozygot ist und daher zweierlei Spermatozoen bilden kann.

Die Kreuzungen zur Klärung der bisher etwas stiefmütterlich behandelten männlichen Intersexualität (genetische Männchen, die mehr oder weniger vollkommen zu Weibchen umgewandelt werden, die extremsten Intersexe, die äußerlich vom Weibchen nicht zu unterscheiden sind, heißen Männchenweibchen oder Umwandlungsweibchen), ergeben nun weitere interessante Aufschlüsse über die Geschlechtsbestimmung. Folgendes Beispiel führt am einfachsten in den Gedankengang ein und macht zugleich den Sachverhalt des Zustandekommens männlicher Intersexualität klar; der rein mütterlich vererbte Weiblichkeitsfaktor F steht in Klammern, um an seine eigenartige Lokalisation (im Plasma des Eies, oder wesentlich wahrscheinlicher im Y-Chromosom) zu erinnern. Die unteren Indices der Geschlechtsfaktorsymbole (F), M bedeuten die Stärke derjenigen Rasse, die mit diesem Buchstaben beginnt (M_T = Männlichkeitsfaktor der starken Rasse Tokyo, (F_H) = Weiblichkeitsfaktor der schwachen Rasse Hokkaido usw.). Darunter sind jeweils wieder die angenommenen Valenzzahlen angegeben, die zwar keinen Anspruch auf absolute Richtigkeit machen können, aber das beobachtete Kräfteverhältnis annähernd zum Ausdruck bringen.

Tokyo ♀			~	Hokkaido ♂				F_1 ♀			~	Hokkaido ♂		
(F_T)	M_T	m		(F_H)	M_H	M_H		(F_T)	M_H	m		(F_H)	M_H	M_H
160	130	—		80	60	60		160	68	—		80	60	60
F_1: (F_T)	M_H	m	~	(F_T)	M_T	M_H		(F_T)	M_H	m		(F_T)	M_H	M_H
160	60	—		160	130	60		160	60	—		160	60	60
Normale ♀♀				Normale ♂♂				Normale ♀♀				Umwandlungsweibchen		
F_2: (F_T)	M_T	m		(F_T)	M_H	m		(F_T)	M_T	m		(F_T)	M_H	M_H
160	130	—		160	60	—		160	130	60		160	60	60
Normale ♀♀				Normale ♀♀				Normale ♂♂				Umwandlungsweibchen		

Tatsächlich verliefen die Zuchten wie erwartet; in F_2 traten 3 Weibchen : 1 Männchen auf, in der Rückkreuzung der F_2-Weibchen ✕ Hokkaidomännchen aber wurden nur Weibchen erzielt, da man die echten und die Umwandlungsweibchen äußerlich nicht unterscheiden kann. — Es wäre nun erwünscht, die entscheidende Vorstellung, daß die Umwandlungsweibchen entstehen, weil (F_T) = 160 größer ist als M_H = 120, dadurch zu prüfen, daß man in die Formel der Umwandlungsweibchen $(F_T)M_HM_H$ statt des einen M_H ein anderes etwas stärkeres M einführte; je stärker es ist, um so mehr würden an der Stelle der äußerlich rein weiblichen Umwandlungsweibchen mehr oder weniger intersexuelle Männchen und zuletzt rein normale Männchen treten müssen. Tatsächlich gelang es, wenigstens die beiden Endglieder der Reihe zu erhalten, andererseits aber rein normale Männchen bei der Rückkreuzung: (Tokyoweibchen $\times$ Hokkaidomännchen) F_1 Weibchen $\times$ Tokyomännchen, wo 49 Weibchen und 39 Männchen auftraten. Anderseits bekommt man fast nur Weibchen und daneben einige wenige sehr stark intersexuelle Männchen, also ein an den oben beschriebenen Fall der Umwandlungsweibchen sich unmittelbar anschließender Sachverhalt, bei Verwendung der relativ schwächeren Rassen Sofia, Berlin, Delitzsch anstatt der Hokkaidomännchen.

Werden sehr schwache Weibchen mit sehr starken Männchen gekreuzt, so erhält man nur Männchen, und die Theorie erfordert, daß die Hälfte von ihnen normale, die andere aber Umwandlungsmännchen (genetische Weibchen von höchstgradiger Intersexualität) seien. Äußerlich sind beide Kategorien nicht unterscheidbar, genetisch aber müssen sie es sein, da die Umwandlungsmännchen, als genetische Weibchen, ein X- und ein Y-Chromosom besitzen, d. h. heterogametisch sein müssen. [Erbformel $(F)Mm$.] Es wurden nun 4 Versuchsserien angestellt, um diese Annahme zu beweisen, und alle 4 hatten positive Ergebnisse; bei den 3 ersten ist der Nachweis ein rein statistischer und deshalb, weil selektive Sterblichkeit störend eingreift, nicht ohne weiteres völlig befriedigend. In der 4. Serie aber lassen sich die Nachkommenschaften der normalen und der Umwandlungsmännchen auch sichtbar dadurch unterscheiden, daß bei den ersteren einige intersexuelle Männchen zu erwarten waren, bei den letzteren aber nicht, und auch diese Erwartung verwirklichte sich in 48 Versuchen auf das schönste. Somit darf die Heterogametie der Umwandlungsmännchen für bewiesen gelten; die Umwandlungsmännchen haben, obwohl sie äußerlich von echten Männchen nicht zu unterscheiden sind, dennoch die gametische Konstitution von Weibchen. — In entsprechenden Zuchten wurden auch Gonaden gefunden, die sich vielleicht als die bisher vermißten Umwandlungsstadien sehr junger genetischer weiblicher Keimdrüsen in Hoden werden deuten lassen.

Wie Goldschmidt annimmt, soll der Weiblichkeitsfaktor F sehr wahrscheinlich im Y-Chromosom lokalisiert sein. In den männlich determinierten Eiern nun wird ja bei der Reduktion das Y-Chromosom ausgeschaltet; da aber auch diese Eier die Wirkung von *F* erkennen lassen, so muß das *F* seine Wirksamkeit schon zu einer Zeit ausgeübt haben, als das Y-Chromosom noch im Ei enthalten war, d. h. vor der Reduktion in der wachsenden Oocyte, deren Plasma es verändert haben muß. Wir wissen nun aus den Erfahrungen der Entwicklungsmechanik, daß die Eigenart der ersten Entwicklungsschritte lediglich von plasmatischen Einflüssen abhängt. Mit anderen Worten heißt das, daß die Wirkung des Protoplasmas mit dem Fortschreiten der Entwicklung allmählich abklingt und immer mehr durch die Wirkung der im Kern lokalisierten Gene ersetzt wird. Es läßt sich aber dieses Abklingen des plasmatischen Faktors *F* durch den absteigenden Ast einer *F*-Linie, die kurvenartig verläuft, aufs schönste versinnbildlichen. Gleichzeitig übernehmen die Männlichkeitsfaktoren (ungebrochen aufsteigende Geraden), die in den X-Chromosomen lokalisiert sind, die Führung.

Diese Annahme ist sehr bestechend, aber doch etwas stark theoretisch. Man kommt viel einfacher zu einer Klärung, wenn man die starre Auffassung von der qualitativen und der quantitativen Rolle der Chromosomen (Morgan) einschränkt und sie lediglich als Indikatoren betrachtet. Unter normalen Verhältnissen gibt dann ihr Verhalten eine mechanische Erklärung der Geschlechtsbestimmung, ohne daß damit aber gesagt ist, daß sie unter experimentell veränderten Bedingungen auch stets die frühere Rolle beibehalten müßten.

Für diese Ursachen der Intersexualität ist bemerkenswert, daß sich durch Temperatureinwirkung bei *Lymantria dispar* ebenfalls Intersexe erzielen ließen (Emeljanoff 1924). Als Versuchsobjekte dienten etwa 700 Puppen, die 6 bis 24 Stunden alt waren. Zwei Drittel von ihnen ergaben veränderte Schmetterlinge. Die Wärmeexperimente ($+ 37$ bis $+ 40°$ C) dauerten ein- bis dreimal 24 Stunden, die Kälteexperimente ($+ 6$ bis $+ 8°$ C) 14 bis 41 Tage. Die Veränderungen erfolgten im Sinne einer Annäherung an das andere Geschlecht und wurden bei fast allen Organen, die Geschlechtsdimorphismus aufweisen, erzielt, nämlich in Bezug auf Färbung, Schuppenform, Fühler, Zeichnung des Abdomens, Färbung der Beine und Kopulationsorgane. Im allgemeinen verändern sich die Männchen bedeutend weniger als die Weibchen. Der

Kopulationsinstinkt war bei den letzteren normal, bei vielen Männchen aber unterdrückt. Diejenigen Männchen, die sich paarten, vermochten nicht die Eier zu befruchten, und bei der histologischen Untersuchung stellte sich eine Degeneration des größten Teils der Spermien heraus. Bei einigen Weibchen war ein Teil der Eier degeneriert und oft sogar die Zahl der Eiröhren reduziert.

Kurz sei hier noch eine andere Versuchsreihe angeschlossen (Goldschmidt und Pariser 1923), die eine Wiederholung der Standfußschen Experimente zur Erzeugung von triploiden Intersexen darstellt. *Saturnia pyri* besitzt haploid 30, *S. pavonia* 29 Chromosomen. Beide wurden miteinander gekreuzt.

Die F_1-Weibchen waren steril, die F_1-Männchen lieferten in jahrelangen und zahlreichen Rückkreuzungsversuchen 42 normale Männchen und 38 Weibchen, von denen alle bis auf eines „gynandromorph" waren.

Die Vorgänge in der Spermatogenese der F_1-Männchen entsprechen ganz den Beobachtungen Federleys bei *Pygaera*-Bastarden: keine oder doch keine regelrechte Chromosomenkonjugation, infolgedessen vollständiges bzw. teilweises Unterbleiben der Reduktion und Bildung mehr oder weniger diploider Spermien. Die hochgradige Sterilität der F_1-Männchen beruht vielleicht darauf, daß nur vollständig diploide Spermatocyten befruchtungsfähige Spermien liefern. Die Rückkreuzungsindividuen sind triploid bzw. beinahe triploid. Von 5 Rückkreuzungsindividuen waren 2 weiblich, beide intersexuell. Entwicklungsphysiologisch betrachten Goldschmidt und Pariser die triploiden Intersexe als das gleiche wie die diploiden *Lymantria*-Intersexe und erklären ihre Entstehung auf Grund der Quantitätstheorie der Geschlechtsbestimmung Goldschmidts.

Hierher gehören auch die Gattungskreuzungen von Whitman und Riddle bei Tauben.

Wenn bei Gattungskreuzungen (z. B. Lachtaube mit Turteltaube) durch fortgesetzte Wegnahme der Gelege die Brutzeit künstlich verlängert wird, so werden zunächst, wie überhaupt bei Kreuzung entfernter stehender Vogelspezies (Guyer 1909) fast nur Männchen, gegen Herbst dagegen vorwiegend Weibchen erzeugt. Ferner ist bei Reinzucht von Wildformen das erste Ei jedes Geleges meist männlich, das zweite weiblich.

Aus allen diesen Versuchen zur experimentellen Geschlechtsbestimmung, oder besser experimentell erzielten Eingeschlechtlichkeit geht hervor, daß, wie Darwin schon annahm, die sekundären Merkmale jedes Geschlechtes in dem entgegengesetzten Geschlecht schlafend oder latent ruhen, bereit, sich unter gewissen Bedingungen zu entwickeln. Diese Ansicht muß auch auf die primären Merkmale, also auf die Keimzellen, ausgedehnt werden, die ja erst die sekundären Merkmale bei vielen Tieren in Erscheinung treten lassen. Wir hätten also dann in jeder Urkeimzelle und auch noch in jeder befruchteten Eizelle entweder einen indifferenten geschlechtlichen Zustand, z. B. *Bonellia*, oder durch den Geschlechtschromosomenmechanismus wird normal ein Geschlecht dominant bestimmt, das andere ist aber auch latent vorhanden. Mit Haecker möchte ich für die Ausprägung des einen Geschlechts nicht die Quanten der Chromosomen verantwortlich machen, sondern auch diese als Indices für die physiologisch durch Stoffwechselvorgänge bedingte Geschlechtsbestimmung in Anspruch nehmen.

Wenn eine schon geschlechtsdifferenzierte Keimdrüse experimentell in das andere Geschlecht umgewandelt wird, so ist Bedingung dafür, daß auch der gesamte Stoffwechsel des betreffenden Geschlechts gleichzeitig eine conforme Änderung erfährt. Hier wird also der normale Geschlechtschromosomenmechanismus zur Unwirksamkeit gezwungen. Das zeigt wiederum, daß die Chromosomengesetze nicht die unbedingt nötigen Ursachen für die Bestimmung des Geschlechtes sind. Sie sind nur ein Index für das Geschehen und tragen normalerweise wesentlich zur Entwicklungsrichtung des Geschlechtes bei, und zwar für dasjenige, für welches sie charakteristisch in ihrer Ausprägung sind. Immer ist das Primäre der männliche und weibliche Stoffwechsel, für dessen Einleitung die Geschlechtschromosomen als verantwortlich angesehen werden können. Wir sehen aber, daß der männliche oder weibliche Stoffwechsel auch unabhängig von den Geschlechtschromosomen zur Entfaltung gebracht werden kann, so daß die Grundursachen der Geschlechtsbestimmung in Stoffwechselvorgängen liegen. Diese Annahmen werden wesentlich gestützt durch Versuche an Tauben, die Riddle ausgeführt hat, und die deutlich zeigen, daß die Lösung all dieser Fragen auf dem Gebiet der Physiologie und Biochemie liegen. Das Weitere möge die folgende Tabelle nach Riddle erläutern:

Diagramm.

Ei {
- Kuh {
  Bonellia, Zwicke, Inachus, Frosch, Taube, Ente, Huhn, Fasan, Schaf, Mensch, Hirsch
  ♂ . . . .
  hoher Prozentsatz an H_2O (?)
  ────────────── → Mensch
  . . . .
  ♀ . . . .
  niedr. Prozentsatz an H_2O (?) . .
}
- Taube {
  wenig Fett u. P. . . . .
  ♂ starker Stoffwechsel . . . . . .
  hoher Prozentsatz an H_2O . . . .
  ──────────── → erwachsen. Huhn
  viel Fett u. P. . . . .
  ♀ geringer Stoffwechsel . . . . .
  niedr. Prozentsatz an H_2O . . . .
}
- Frosch
  hoher Prozentsatz an H_2O . . . .
  . . . . Krebs
  ♂ ─────────────────
  ♀
- Kröte . . . .
  geringer Prozentsatz an H_2O . . .
}

{ (Blut) niedr. Prozentsatz an Fett

starker Stoffwechsel ♂

(Blut) hoher Prozentsatz an Fett
geringer Stoffwechsel
. . . . ♀

(Blut) wenig Fett u. Phosphotide (I)
. . . . ♂
. . . .
──────────────
(Blut) viel Fett u. P.
. . . . ♀
. . . .

(Blut) niedr. Prozentsatz an Fett ♂
. . . .
──────────────
. . . .
(Blut) hoher Prozentsatz an Fett ♀
. . . .

Hydatina: Männchen durch Nahrungswechsel und verstärkte Sauerstoffzufuhr, Weibchen durch unveränderte Nahrung und verminderte Sauerstoffzufuhr.

Daphnien: intermediäres Geschlecht — geschlechtliche oder ungeschlechtliche Fortpflanzung beeinflußt durch äußere Bedingungen.

Motten: intermediäres Geschlecht — quantitative Keimbasis eines Geschlechts.

Bei parthenogenetisch sich entwickelnden Tieren ist die reife Eizelle meist nach einer Richtung geschlechtlich determiniert; dennoch können zu gewissen Zeiten beide Geschlechter auftreten, wobei dann der Chromosomenmechanismus in geeigneter Weise angeglichen wird. Bei Ameisen (*Formica sanguinea* und *rufa*) habe ich in königinlosen Kolonien nach 15 Jahre lang fortgesetzten Versuchen nicht nur geflügelte Männchen bekommen, was das normale in Analogie mit den Bienen wäre, sondern auch sehr oft Arbeiterinnen von sicher nicht befruchteten eierlegenden Arbeiterinnen. Ich halte es daher auch für möglich, daß bei geeigneten Trachtverhältnissen auch einmal ein drohnenbrütiges Volk Arbeiterinnen erzeugen kann. Allerdings wird das selten vorkommen, aber experimentell dürfte es in Analogie mit den Ameisen möglich sein.

5. Die normale und experimentelle Geschlechtsumwandlung.

Machen wir die wohl berechtigte Annahme, daß alle Tiere aus geschlechtlich undifferenzierten Formen hervorgegangen sind und die differenzierten Tiere in den primären und sekundären Merkmalen die Anlagen des entgegengesetzten Geschlechts latent enthalten, so muß auch bei jungen Tieren und schwieriger bei älteren eine Geschlechtsumstimmung möglich sein. Geschlechtsumkehr bei erwachsenen Amphibien z. B. scheint gar nicht so selten zu sein.

Diese Annahme ist ohne weiteres aus den vorher erörterten Ergebnissen der experimentellen Geschlechtsbestimmung zu beweisen, sodaß die partielle oder totale Geschlechtsumwandlung nur ein Experimentum crucis dazu darstellt.

a) Die normale physiologische Geschlechtsumwandlung.
(Protrandrischer Hermaphroditismus.)

Wir kennen heute eine beschränkte Anzahl von Tieren, die in ihrem Lebensablauf einen geschlechtlichen Phasenwechsel haben. Es handelt sich hier um Wirbellose sowohl wie Wirbeltiere. Ich erwähne zunächst *Asterina gibbosa*, einen Seestern. Diese Tiere sollen im männlichen Geschlecht heterozygot sein. Ich konnte zahlreiche Tiere aller Altersstadien von der Küste von Lanzarote, den Balearen und von Neapel untersuchen. Alle diese Formen zeigen protrandrisches Zwittertum, weil sie zuerst bis zu einer Größe von 0,5 cm Armradius Männchen sind. In der Größe von 0,5—0,7 cm sind die Tiere Zwitter (Abb. 120), d. h. sie entwickeln jetzt aus den bläschenförmigen traubigen Hoden die Eiröhren, indem die Bläschen auswachsen. Cuénot hat dasselbe schon 1892 kurz von Lokalrassen von Bagnyule und Roscoff berichtet. Wir haben hier also eine in der Natur vorkommende normale physiologische Geschlechtsumstimmung eines sogenannten erwachsenen Tieres. So glaubt Ephrussi (1923), daß die Kolonien von *Clava* (einem Hydrozoon) ihr Geschlecht im Laufe der Jahre wechseln, wobei zwittrige Zustände durchlaufen werden; dasselbe trifft für eine festsitzende Schnecke (*Crepidula*) zu.

Seit den Untersuchungen von Pflüger und den ersten Experimenten von Born wissen wir, daß die Frösche auch hinsichtlich der Sexualverhältnisse sich nach Lokalrassen verschiedenartig verhalten. Auch Swinglé (1923) beschreibt solche

Lokalrassen beim Ochsenfrosch (*Rana catesbyana*). Die erbanalytischen Untersuchungen ergaben bekanntlich das Resultat, daß

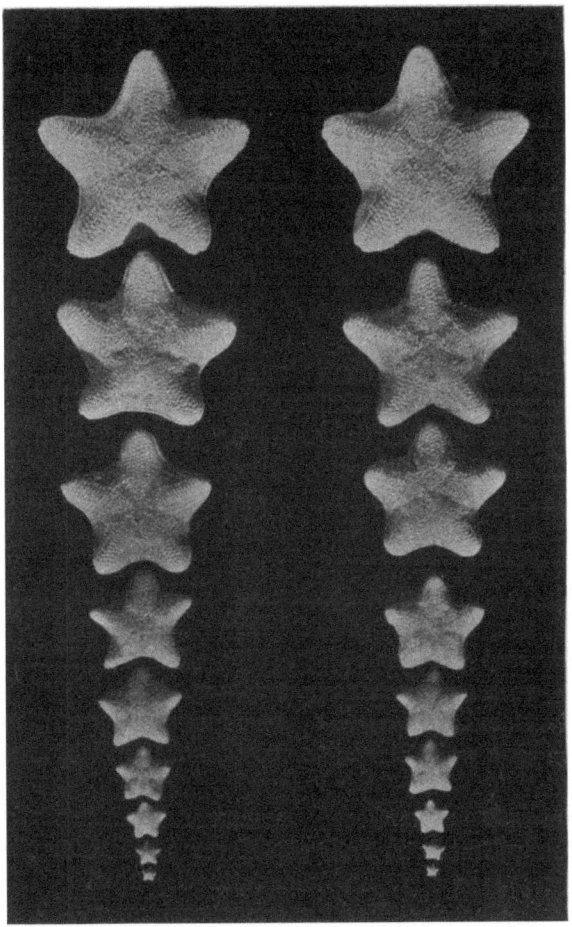

Abb. 120. *Asterina gibbosa*. Im September in Porto-Pi (Balearen) vorkommende neun Größenklassen. Die kleinsten Tiere sind erst im gleichen Sommer metamorphosiert. In der 5. Größenklasse bahnt sich die Umdifferenzierung zum Weibchen an. Natürliche Größe. (Originalphotographie.)

sowohl bei *Rana esculenta* als auch bei *Rana temporaria* eine Reihe genotypisch verschiedener Rassen existieren. An einem Ende stehen die „differenzierten Rassen", die unter optimalen

Entwicklungsbedingungen sich schon während der ersten Hälfte der Larvenentwicklung sexuell differenzieren, und zwar im Verhältnis von 50 Männchen zu 50 Weibchen. Am anderen Ende finden wir die „undifferenzierten Rassen", die unter den gleichen Bedingungen noch nach beendeter Metamorphose uniform sind und sämtlich wohlentwickelte Ovarien besitzen. Bei der letzten Rasse vermögen also die Erbfaktoren nicht von sich aus die Geschlechtsdifferenzierung zu bewirken. Der Anstoß zur Differenzierung, d. h. in diesem Falle die Männchenbildung, kann durch verschiedene Mittel gegeben werden. Am sichersten wirkt, nach den zahlreichen übereinstimmenden Experimenten von Hertwig, Kuschakewitsch und Witschi, die uterine Überreife der Eier. Ferner wirken extreme Temperaturen während der Larvenentwicklung („Hitze" von 30°, „Kälte" von 0—10°); nach Witschis Erfahrungen sind es ganz besonders auch große Temperaturschwankungen, welche die Differenzierung auslösen. Yung glaubt auch mit Fütterungsversuchen, King mit hyper- und hypotonischen Lösungen Resultate erhalten zu haben. Diese Außenfaktoren können sowohl bei undifferenzierten als auch bei differenzierten Rassen bestimmend wirken. Nach genügender Überreife erhält man bei allen bis zu 100 vH. Männchen. Ebenso wandeln sich in Witschis Hitzekulturen auch die Weibchen der differenzierten Rassen nachträglich noch in Männchen um.

Es ist wohl klar, daß „Überreife", „Hitze", „Kälte" usw. nur mittelbar geschlechtsbestimmend wirken.

Welches sind nun die Differenzierungsfaktoren, die den Urkeimzellen die weibliche oder die männliche Entwicklungsrichtung geben?

Hirschfeld sagt: „Genau genommen kommen völlig miteinander übereinstimmende Fälle von Hermaphroditismus überhaupt kaum vor; jeder trägt sein besonderes Gepräge".

Vom Moment der Geschlechtsdifferenzierung — der typisch in der ersten Hälfte der Larvenperiode liegt — bis zur vollen Geschlechtsreife, d. i. bis zur Vollendung des vierten Lebensjahres, durchlaufen die Geschlechtsorgane der Froschweibchen eine beständige Reihe fortschreitender Veränderungen. Zunächst bilden sich noch vor der Metamorphose die ersten Oocyten aus. Mit der Verwandlung beginnt in den ersten Eiern die Dotterbildung; sie schreitet gleichmäßig fort, bis Ende des vierten Jahres der erste

Schub reifer Eier abgelaicht wird. Erst nach der Metamorphose werden die Müllerschen Gänge angelegt. Die endgültige Ausprägung erhalten sie noch bedeutend später. Am Ende des zweiten Jahres verlaufen die Eileiter als dünne Fäden ohne Windungen dicht dem lateralen Nierenrand entlang. Gegen die Geschlechtsreife hin erfolgt dann das bedeutende Längenwachstum und infolgedessen die bekannte starke Schlingenbildung. Endlich entwickeln sich auch die Eileiterdrüsen.

Während sich das Ovar — graphisch dargestellt — in gerader Richtung entwickelt, schlägt die Hodenbildung einen Seitenweg ein (Abb. 121). Die Abzweigungsstelle liegt da, wo sich das Keimepithel auflöst und die Migration der Keimzellen erfolgt. Es ist klar, daß sich ganz verschiedenartige Bilder ergeben müssen, nicht

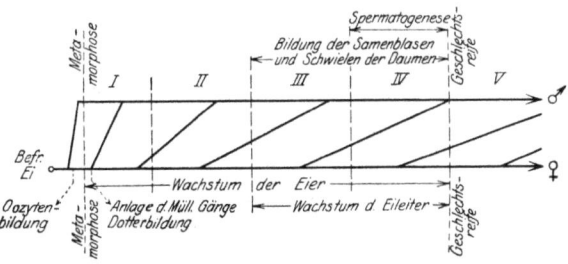

Abb. 121. Schema der Geschlechtsdifferenzierung beim Frosch. Das Ovarium entwickelt sich in gerader Richtung, der Hoden schlägt Seitenwege ein. Die Zahlen *I*—*V* bedeuten früh (*I*) bis spät (*V*) differenzierende Männchen. (Nach Witschi.)

nur nach dem mehr oder weniger weit gediehenen Ablauf der Umwandlung, sondern auch nach der Lage der Abzweigungspunkte, also entsprechend dem Entwicklungszustand der weiblichen Organe im Zeitpunkt, wo die Abzweigung erfolgte. Das Schema bringt diese Überlegung graphisch zur Darstellung.

Bei Berücksichtigung dieser zwei variablen Zeitfaktoren erklärt sich bereits die große morphologische Mannigfaltigkeit der Hermaphroditen. Ein dritter spielt aber noch herein: die Umwandlungsvorgänge verlaufen nicht immer gleich energisch. Es kann vorkommen, daß sich einzelne weibliche Bezirke noch längere Zeit lebenskräftig erhalten, während daneben die Männchenbildung schon weit fortgeschritten ist. Aber stets — das ist das prinzipiell wichtige Resultat der folgenden Untersuchungen — sind die Froschzwitter genetische Übergangsglieder zwischen den Geschlechtern, und zwar geht die Entwicklung ausnahmslos vom weiblichen zum männlichen Geschlecht (Abb. 122a, b und 123a, b).

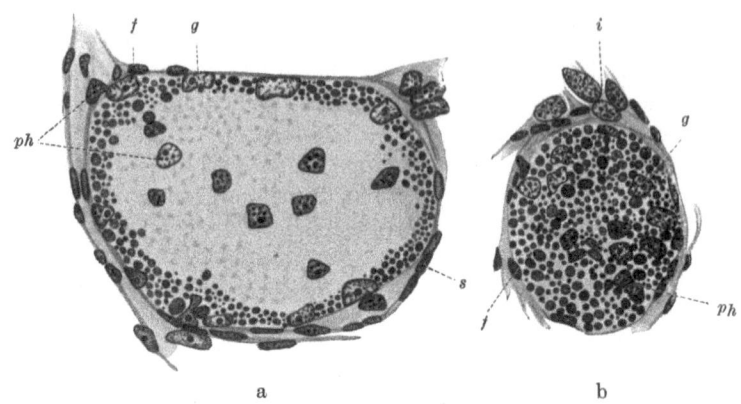

Abb. 122a, b. Degenerierende Eier mit Phagocyten, hypertrophierende Granulosazellen und Bildung dotterähnlicher Plättchen. Fixierung und Färbung wie in Abb. 127. *f* Eifollikel, *g* Granulosazellen, *i* Zwischenzellen, *ph* Phagozyten, *s* Stützgewebe. Vergr. 627. (Nach Witschi.)

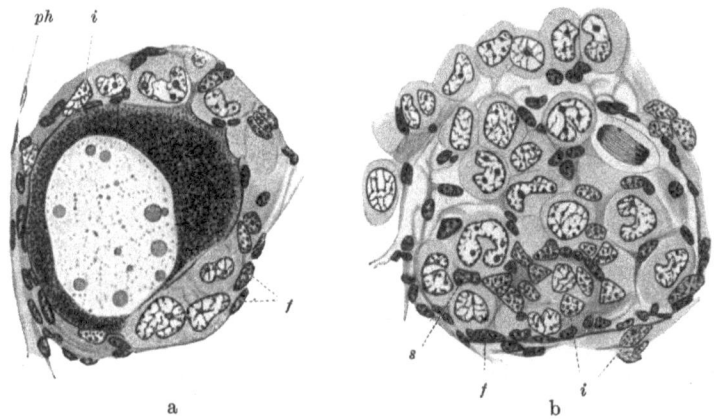

Abb. 123a, b. Eidegeneration unter Beteiligung von Keim- und Zwischenzellen. Fixierung: Zenker, Färbung Ehrlichs Hämatoxylin-Eosin. Abbildungserklärung wie oben, Vergr. 627. (Nach Witschi.)

Die Gruppe der unsymmetrischen Zwitter führt uns zu dem überraschenden Resultat, daß die Samenblasen und Daumenschwielen sich stets symmetrisch entwickeln, und zwar in Abhängigkeit von der zuerst sich umwandelnden Keimdrüse, während die Rückbildung der Müllerschen Gänge nur in Verbindung mit der Degeneration des gleichseitigen Eierstockes erfolgt.

Während Witschi in seinen älteren Arbeiten die Innenfaktoren als geschlechtsbestimmend den Erb- und Außenfaktoren koordinieren wollte, muß er sie nach den neuen Untersuchungen eher als Differenzierungsfaktoren bezeichnen — als Mittel der Geschlechtsbestimmung.

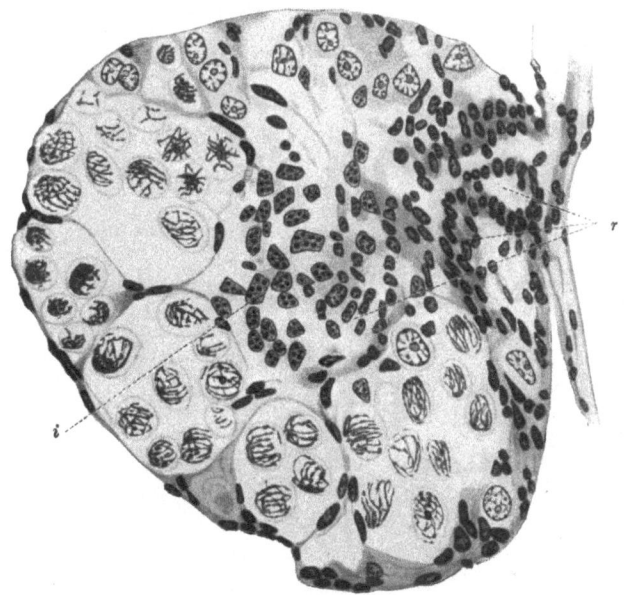

Abb. 124. Frühestes Umwandlungsstadium: annähernd normales weibliches Keimepithel, wuchernde Sexualstränge (*r*), Bildung interstitieller Zellen (*i*). Fixierung Zenker, Färbung Ehrlichs Hämatoxylin-Eosin. Vergr. 547. (Nach Witschi.)

Dementsprechend ist dann zu erwarten, daß die Zwischenzellen der Sexualstränge nicht nur bei metagamen Geschlechtsumstimmungen sondern auch bei der reinen Geschlechtsvererbung in Erscheinung treten und die differenzierende Rolle spielen.

In der Tat läßt sich da (bei Präparaten, die Witschi 1914 zur Darstellung der typischen Hodenentwicklung dienten) eine der Migration der Keimzellen vorausgehende Wucherung der Sexualstränge im männlichen Geschlecht beobachten.

292   Die bisexuelle Veranlagung der Tiere.

Unter den Zellen des gewucherten Sexualstranges fallen wiederum einige durch die hellen Kerne und die besondere Anordnung der Nucleolen auf. Es scheint mir, mit Witschi, außer jedem Zweifel zu stehen, daß wir hier bereits die differenzierten Zwischenzellen vor uns haben (Abb. 124) und daß sie eine indirekte Rolle bei der Differenzierung spielen.

Bouin und Ancel haben ebenfalls das Auftreten der Zwischenzellen vor der sexuellen Differenzierung der Keimzellen bei Säugern beobachtet und ziehen daraus die gleichen Schlüsse wie wir.

Diese Übereinstimmung bei systematisch so weit auseinanderliegenden Arten berechtigt zu der Erwartung, daß die **Geschlechtsdifferenzierung bei den sämtlichen Wirbeltieren mit einer Urogenitalverbindung und mit Zwischenzellen vom beschriebenen Charakter in der gleichen Weise sich vollziehe** (Witschi):

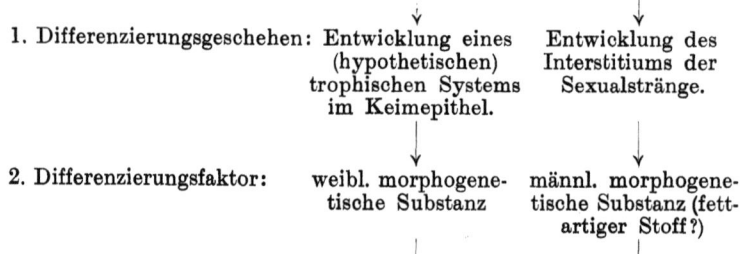

1. Differenzierungsfaktor: geschlechtsbestimmende Erb- od. Außenfaktoren:
        a) weiblich   b) männlich

1. Differenzierungsgeschehen: Entwicklung eines (hypothetischen) trophischen Systems im Keimepithel.   Entwicklung des Interstitiums der Sexualstränge.

2. Differenzierungsfaktor: weibl. morphogenetische Substanz   männl. morphogenetische Substanz (fettartiger Stoff?)

3. Differenzierungsgeschehen: (teilweise abhängige Differenzierung)   Bildung von weibl. Keimzellen.   Bildung von männl. Keimzellen.

Das Keimepithel erweist sich als die einzige Bildungsstätte für Eier. Damit sind auch Champys Theorien von der sexuellen Indifferenz der primären Spermatogonien die tatsächlichen Grundlagen entzogen.

Bei ihrer Aufstellung scheint ein Mißverstehen der deutschen Literatur eine Rolle gespielt zu haben.

Champy glaubt an die Möglichkeit der Umwandlung von Männchen in Weibchen bei Fröschen, während Pflüger nie etwas anderes als die Umwandlung im entgegengesetzten Sinne beschrieben hat. — Pflüger kam allerdings zur theoretischen Überzeugung, daß die späteren Umwandlungstiere erblich bereits als Männchen determiniert seien. Bei allen Rassen sollen die befruchteten Eier potentiell aus 50 vH. Männchen und 50 vH. Weibchen bestehen. Entwicklungsgeschichtlich sollte aber bald ein größerer, bald ein kleinerer Teil der Männchen sich zunächst wie Weibchen verhalten und Ovarien bilden. Erst im zweiten oder dritten Jahr sollte dann die Umwandlung der Eierstöcke in Hoden erfolgen. Anatomisch wäre stets nur der letztere Vorgang festzustellen.

Zur weiteren Aufklärung der genetischen Konstitution der Froschzwitter untersuchte Witschi (1923) 500 laichreife *Rana fusca* aus Mitteleuropa (Davos bis Riga). Es fanden sich 2 Hermaphroditen von vorwiegend weiblichem Habitus (Freiburg), von denen der eine (f) beiderseits Ovotestes, der andere (Hh) nur im rechten Ovar eine kleine Hodeneinsprengung hatte. Der letztere kopulierte normal wie ein Weibchen und zeigte beiderseits typischen Follikelsprung. Mit ihm gelang künstliche Selbstbefruchtung sowie Kombination mit normalem Davoser Männchen (d) und Weibchen (D); es wurde hier also das Corrensche *Bryonia*-Experiment an *Rana* wiederholt. — $D \times d$ ergibt: 128 Weibchen + 127 Männchen + 1 lat. herm.; $D \times h$: 182 Weibchen; $H \times d$: 132 Weibchen + 135 Männchen; $H \times h$ (geselbstet): 45 Weibchen + 1 Männchen (bei 91 vH. Verlusten; partielle Selbststerilität?). Es ist damit erwiesen, daß — wenigstens bei der Davoser Rasse — das Weibchen homo-, das Männchen heterogam sein muß. Beide Zwitter gehören dem undifferenzierten (Irschenhauser) Rassentypus an, wie weitere Experimente ergaben. Die Hauptzentren dieser Rassen (München und Freiburg i. B.) zeichnen sich durch relativ häufiges Vorkommen von Adulthermaphroditismus aus. Er und der Juvenilhermaphroditismus sind durch die gleichen Faktoren bedingt und haben im wesentlichen dieselbe Bedeutung; beide sind Rudimente eines früher allgemeinen protogynen Hermaphroditismus, unterscheiden sich aber dadurch wesentlich voneinander, daß in der Regel die Juvenilhermaphroditen genetische Männchen mit Rudiment der weiblichen (1.) Phase, die Adulthermaphroditen dagegen genetische Weibchen mit Rudiment der männlichen (2.) Phase sind; denn Hh erweist sich durch das Selbstbefruchtungsexperiment seiner genetischen Konstitution nach als Weibchen. — Die Erbanalyse ergab, daß die verschiedenen Lokalrassen bezüglich der Geschlechtsfaktoren einen quantitativen, multiplen Allelomorphismus zeigen. Der hypothetische ursprüngliche Zwitter, bei dem sich Weiblichkeits- und Männlichkeitsfaktoren das Gleichgewicht hielten, war homogametisch ($FFMM$, wobei $FF = MM$); das Endglied der Umwandlungsreihe ist der typische Gonochorist mit männlicher Digametie, d. h. der genetischen Konstitution nach ist das Weibchen: $F''F''MM$ mit $F''F'' > MM$ und das Männchen: $F''\text{o} - MM$ mit $MM > F''$.

Witschi machte weiterhin die Beobachtung, daß unter dem Einfluß des Ovars eine Verstärkung der weibchenbestimmenden Faktoren in den Spermien der Zwitter stattgefunden hat, und daß dieser Effekt auf die direkten Nachkommen vererbt wurde.

Crew führt 40 aus der Literatur bekannte Fälle von Froschlurchen (*Rana, Bufo, Pelobates, Hyla, Bombinator*) mit anormalem Geschlechtsapparat an, die nach ihm erläutern, wie ein weibliches Individuum zu einem männlichen werden kann, und welche die Witschischen Befunde gut ergänzen. Bei einem solchen Männchen, das sonst durchaus mit dem echten Männchen übereinstimmt, bleiben als weibliche Merkmale nur die Müllerschen Gänge oder Eizellen mitten im Hodengewebe zurück (Abb. 125a, b). Nach Befruchtung von Eiern eines normalen Weibchens von *Rana temporaria* durch ein (umgewandeltes) Männchen der gleichen Art aus einer Population, die aus 80 vH. Männchen und 20 vH. Weibchen bestand, erhielt Crew ausschließlich weibliche Nachkommen (774 Stück). Dagegen enthielt die Nachkommenschaft von Kontrolltieren der gleichen Population im Durchschnitt 46 vH.

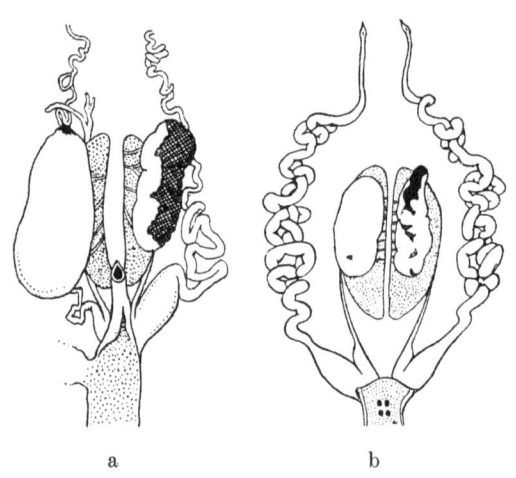

Abb. 125a, b. Situsbilder von zwei Froschzwittern. Ausführgang an beiden Seiten wie beim normalen Froschmännchen. Samenblasen gut ausgebildet. Müllerscher Gang mäßig gut entwickelt. (Nach Crew.)

Männchen und 54 vH. Weibchen; insgesamt setzten sich die Nachkommen der ganzen Population (einschließlich 774 Weibchen) aus 23 vH. Männchen und 77 vH. Weibchen zusammen. Dieses Ergebnis weist darauf hin, daß die Froschchromosomen dem XY-, XX-Typus entsprechen. Alle Frösche mit anormal ausgebildetem Geschlechtsapparat sind ihrer Chromosomenanordnung nach Weibchen (XX), obwohl sie äußerlich als Männchen erscheinen und so auch funktionieren. Nach Kreuzung eines solchen „somatischen" Männchens oder maskulinierten Weibchens (XX) mit einem normalen Weibchen (XX) erhält man daher eine ausschließlich weibliche Nachkommenschaft. Durch die Anwesenheit eines somatischen Männchens in einer Population wird das Zahlenverhältnis der Geschlechter in der nächsten Generation völlig verändert. Das Phänomen der Geschlechtsumkehr beim Frosch ist sehr ähnlich dem gleichen Vorgang beim Rind (Zwicke), nur besteht beim Frosch ein Antagonismus der Geschlechtshormone, wobei das der weiblichen Keimdrüse bei Anwesenheit der männlichen machtlos ist. Auch bei Vögeln wurden Fälle von Geschlechtsumkehr beobachtet. Allerdings scheinen hier immer pathologische Ursachen maßgebend zu sein, wie Tuberkulose der Keimdrüse oder Tumoren.

Riddle beschreibt eine Ringeltaube, die vom Januar bis April 1914 insgesamt 11 Eier legte. Während der folgenden 6 Monate begann sie dreimal zu brüten, ohne jedoch Eier zu legen. Während der nun folgenden 19 Monate verwandelte sich ihr sexuelles Verhalten und die Art zu gurren in dasjenige eines Männchens; sie zwang auch oft das angepaarte Männchen, nach Art eines Weibchens sich bei der Copula zu verhalten. $44^{1}/_{2}$ Monate nach Ablage des letzten Eies starb das hinsichtlich seines Geschlechtes umgewandelte Tier an weit vorgeschrittener Bauchtuberkulose. Die Sektion förderte zwei Hoden zutage; Reste der ursprünglichen Ovarien wurden in den vorhandenen Wucherungen nicht gefunden.

Bemerkenswert ist das Verhalten des Körpergewichtes während der mehr als dreijährigen Beobachtungszeit. Im ersten Jahre entsprach die Gewichtskurve dem Durchschnittsgewicht einer weiblichen Taube mit den üblichen jahreszeitlichen Schwankungen. Gegen Ende des zweiten Jahres erfolgte ein auffallender Gewichtsanstieg, dem im Juni bis August des dritten Jahres ein rascher Verlust folgte. Vom September des dritten Jahres ab steigt das Gewicht wieder ganz rasch an und übertrifft sogar das männliche Durchschnittsgewicht. Im ganzen nähert sich also das Gewicht dem männlichen Durchschnitt. Riddle weist darauf hin, daß solche Fälle wohl schon öfter zur Beobachtung kamen, aber nur in einem bestimmten Stadium ohne Kenntnis des ganzen Verlaufes und daher irrtümlich als Hermaphroditismus aufgefaßt wurden.

Crew berichtet über 8 Hühner, die eingehend beschrieben werden. Sie stellen eine vollständige Serie des Überganges eierlegender Hennen in befruchtungsfähige Hähne dar. Crew nimmt für das männliche Geschlecht die Konstitution XX, für das weibliche XY an. Der in den Geschlechtschromosomen gegebene Mechanismus der Geschlechtsdifferenzierung überschneidet sich mit Mechanismen, die den Zeitpunkt der Geschlechtsdifferenzierung bestimmen im Sinne Goldschmidts. Vom Leibeshöhlenepithel dringen Geschlechtsstränge in das Ovarialgewebe ein. Solange funktionierende Oocyten vorhanden sind, werden diese Stränge in ihrer Entwicklung zurückgehalten. Sobald aber durch Tuberkulose, Tumore, Hämorrhagie oder senile Erschöpfung die Oocytenbildung unterbleibt, entwickeln sich die vom Leibeshöhlenepithel abstammenden Stränge zu mehr oder minder funktionstüchtigem Hodengewebe. Entsprechend entwickeln sich die sekundären männlichen Geschlechtsmerkmale. Die früher eierlegenden Hennen werden hahnenfederig, der Sporn wächst, sie fangen an zu krähen, sie kämpfen gegen Hähne und treten Hennen, deren Eier sie zum Teil befruchten.

Fell hat nun die Gonaden dieser 8 Hühner Crews histologisch untersucht. Der erste Fall mit vollständiger Geschlechtsumkehr vom Weibchen zum Männchen (Anwachsen des Kammes, Hahnenfedrigkeit, Erzeugung einer Brut mit einer vorher jungfräulichen Henne) wies bei der Sektion an Stelle eines Ovariums einen tuberkulösen Tumor auf und besaß 2 Hoden, 2 Vasa deferentia und einen dünnen linksseitigen Ovidukt; reife Spermien waren in fast allen Kanälchen vorhanden. Die übrigen 7 Fälle mit mehr oder weniger ausgesprochener Geschlechtsumkehr wiesen teils reife Samenkanälchen in der linken Gonade und kleine Hoden auf, teils bloß unreife oder atrophische Samenkanälchen oder schließlich nur Sexualstränge und Kanälchen von embryonalem Typus im Ovarialgewebe. Eine Degeneration des letzteren ging immer voraus, Oocyten konnten nur in einem Fall festgestellt werden. Die Bildung des Hodengewebes ging ebenso wie bei der embryonalen Entwicklung durch Proliferation von Sexualsträngen vom Peritoneum aus vor sich. Typische „Luteinzellen" waren in allen Gonaden reichlich vorhanden, mit Ausnahme des ersten Falles der vollständigen Geschlechtsumkehr, wo sie fehlten; ihre Entstehung aus undifferenzierten Sexualsträngen war die gleiche wie beim Embryo. Die Faktoren, die diese Umstimmung bewirken und die cytologischen Vorgänge sind noch Gegenstand weiterer Untersuchungen.

In gewisser Parallele zu den Befunden bei *Asterina* stehen Beobachtungen an dem lebendiggebärenden Schwertfisch *Xiphophorus helleri*. Schon seit längerer Zeit haben Züchter dieses Fisches behauptet, daß Weibchen, die mehrere Jahre lang Junge geliefert haben, sich in normale Männchen umwandeln.

Ich bin schon vor 1914 dieser Frage nachgegangen und habe einmal zweifellos die Umwandlung eines Weibchens, das ich durch Kauf erworben hatte, beobachtet. Leider konnte ich bei Kriegsausbruch diese Untersuchung nicht weiter fördern. Neuerdings nahmen Essenberg (1923), van Oordt und Bellamy (1922), angeregt durch Liebhaberbeobachtungen, diese Frage wieder auf, ohne daß aber bisher abschließende Resultate vorliegen. Ich selbst habe in meinen wieder aufgenommenen Zuchten drei vollständige Umwandlung und vier mehr oder weniger weit fortgeschrittene beobachten können.

Mit dem Umwandlungsmännchen habe ich auch zwei Nachzuchten von einem Weibchen, das ebenfalls schon in Umwandlung begriffen ist, erzielt. In der ersten Zucht von 40 Tieren haben sich, wie erwartet, nur Weibchen entwickelt. Das Geschlechtsverhältnis ist normal bei *Xiphophorus helleri* 100 ♂ : 67,7 ♀ (Bellamy). Besonders interessant müßte *Poecilia spilurus*. sein. Die Männchen sind hier 4—4½ cm, die Weibchen 7—8 cm lang. K. Stansch berichtet, daß bei den Würfen von 40—50 Stück stets nur 2—3 Männchen wären, wenn nach 5 Monaten die Geschlechtsreife eintritt. Es ist hier zu erwarten, daß eine große Zahl von Weibchen sich in Männchen umwandeln. Es wäre wichtig, daß man bei lebendiggebärenden Zahnkärpflingen die Geschlechtsproportion genau feststellte. Essenberg hat damit den Anfang bei *Xiphophorus helleri* gemacht und da zunächst die Ausdifferenzierung in Männchen und Weibchen untersucht. Damit kommen wir zu dem

b) Naturexperiment der undifferenzierten Frosch- und Fischrassen (Witschi),

das im vorigen Kapitel schon für *Rana temporaria* erörtert wurde. In warmen Gegenden sind alle eben metamorphosierten Frösche Weibchen oder besser Tiere, die erst die weibliche Differenzierungsrichtung einschlagen, von denen sich dann später 50 vH. durch Umdifferenzierung des jugendlichen Ovariums zu normalen Männchen entwickeln. Erfolgt die Umdifferenzierung erst dann, wenn schon weibliche sekundäre Merkmale ausgeprägt sind, so bekommen wir Zwitter. Welche Faktoren hier bei dem Naturexperiment wirksam sind, muß noch näher erforscht werden.

Dasselbe wird ja auch, wie schon geschildert, durch Überreife der Eier erreicht, wo in extremen Fällen alle Eier zu Männchen werden. Es findet also eine Umdifferenzierung von 50 vH. Weibchen in Männchen statt.

Alter	♂ + ♀	♀	Indifferent
13—17 Tage . .	—	—	10
24 „ . .	2	—	2
28—42 „ . .	22	20	8
Metamorphose			
51 Tage . .	4	1	—
52—97 „ . .	46	—	—

Total Larven und Frösche: 115.
Sterblichkeit der Larven + Frösche: 35 vH. (Nach Witschi.)

Als Beispiel noch einen Versuch von Witschi. Die Überreife betrug etwa 80 bis 100 Stunden. Das Zuchtpärchen gehörte der undifferenzierten Irschenhausenerrasse an. Wie aus der obenstehenden Tabelle ersichtlich wird, begann die Geschlechtsdifferenzierung nach dem 17. Tage. Obwohl die Tiere der undifferenzierten Rasse angehören, erscheinen zuerst einige Männchen. Darin zeigt sich schon die Überreifewirkung, ebenso im Verharren einiger Keimdrüsen auf dem indifferenten Stadium bis zur Metamorphose. Doch sind das Nebenresultate, die uns hier nicht weiter beschäftigen sollen. Wesentlich ist, daß bis zur Metamorphose (sie erfolgte zwischen dem 30. und 41. Tage) das Gleichgewicht der Geschlechter hergestellt ist. Gleich nachher beginnt die Umwandlung der Weibchen in Männchen. Aus der Tabelle verschwinden die Weibchen schon nach dem 51. Tage. Nun ist aber unser Material zahlenmäßig zu gering — namentlich noch in Anbetracht der relativ hohen Sterblichkeit —, um darauf schon einen Beweis für die Geschlechtsumwandlung bauen zu können.

Die mikroskopische Untersuchung jedoch bestätigt zweifellos, daß eine Geschlechtsumwandlung in weiblich-männlicher Richtung vor sich geht und verleiht damit dem entwicklungsstatistischen Resultat volle Beweiskraft.

Jenes Phänomen nun, das wir als transitorische Intersexualität bezeichnen wollen, findet seinen bekanntesten und am besten durchgearbeiteten Ausdruck in den absonderlichen Geschlechtsverhältnissen der Frösche. Pflüger entdeckte in den achtziger Jahren des vorigen Jahrhunderts die merkwürdige Tatsache, daß ganz junge Frösche, die von verschiedenen Lokalitäten stammen, ein ganz verschiedenes Geschlechtsverhältnis zeigen. Während die Bonner Frösche die beiden Geschlechter im normalen Verhältnis von 1:1 enthielten, wogen bei den Utrechtern die Weibchen außerordentlich vor, nämlich 87:13. Die ausgewachsenen Tiere dieser Lokalität zeigten aber auch das normale Verhältnis der Geschlechter. Pflüger kam daher auf die Vermutung, daß sich ein gewisser Teil der jungen Utrechter Weibchen in Männchen umzuwandeln vermöchte. Und in der Tat fand er bei dreijährigen Utrechter Männchen Eier im Hoden und schloß nun, daß es bei den Fröschen im Jugendstadium drei Arten von Tieren gibt, Weibchen, Männchen und Hermaphroditen, welche letztere sich auch im Laufe der Entwicklung in Weibchen oder Männchen verwandeln. In neuerer Zeit hat nun R. Hertwig mit seinen Schülern Schmitt-Marcel, Kuschakewitsch und Witschi dieses Problem von neuem aufgenommen und experimentell und embryologisch eingehend bearbeitet. Die wichtigsten Tatsachen, die geeignet sind, die Erklärung an den richtigen Platz innerhalb des Geschlechtsproblems zu stellen, sind die folgenden: Es gibt bei den Fröschen zwei Haupttypen in bezug auf die Entwicklung der Geschlechtsdrüsen, die sich gewöhnlich bei geographisch getrennten Rassen vorfinden. Bei einem Typus erfolgt eine normale frühzeitige Differenzierung der Geschlechter, und die Keimdrüsen sind von Anfang an männlich (Abb. 126a) oder weiblich. Beim anderen Typus haben sämtliche Geschlechtsdrüsen zuerst weiblichen Charakter und früher oder später wandeln sich solche in Hoden um (Abb. 126b und 127). Im letzteren Falle gibt es mancherlei quantitative und zeitliche Schwankungen.

Ganz ähnliche Verhältnisse konnte Essenberg (1923) bei *Xiphophorus* beschreiben.

Ausgeprägte sekundäre Geschlechtscharaktere gestatten hier ein leichtes Erkennen der beiden Geschlechter. Die wichtigsten Merkmale sind Körperform und Afterflosse. Die Afterflosse des Männchens wandelt sich postembryonal durch Vergrößerung des dritten Schwanzstrahles in ein Begattungsorgan um. Als Maß der Körperform diente das Verhältnis der Länge zur größten Tiefe (Formindex), als Maß des Umwandlungsgrades der After-

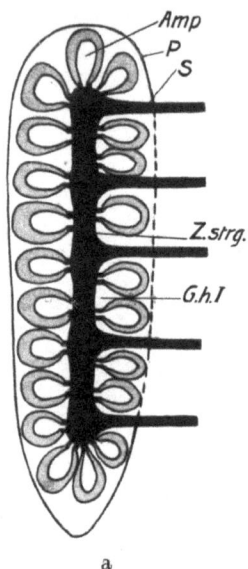
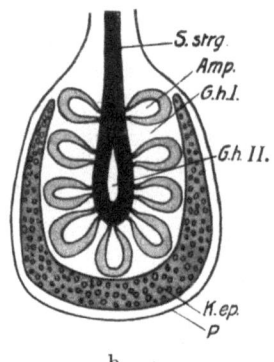

Abb. 126a, b. a Schematische Darstellung des jungen Hodens vom Frosch bei direkter Entwicklung. *Amp* Hodenampulle, *Gh I* primäre Genitalhöhle, *P* Peritoneum, *S* Sexualstrang, *Z.strg.* Centralstrang. (Nach Witschi.) — b Schema des jungen Hodens eines Pflügerschen Hermaphroditen. *Amp* Hodenampullen, *Gh I* primäre, *Gh II* sekundäre Genitalhöhle, *K.ep* weibliches Keimepithel, *P* Peritoneum, *S.strg.* Sexualstrang. (Nach Witschi.)

flosse das Längenverhältnis des dritten zum vierten Flossenstrahl („Flossenverhältnis") (Abb. 128a—f). Die Länge der Fische bei der Geburt beträgt 8 mm. Die Tiere sind geschlechtlich noch indifferent (Abb. 129a). Die Gonaden sind paarig und liegen, beide ziemlich weit voneinander getrennt, in einem peritonealen Sack unmittelbar unter der Schwimmblase. Sie bestehen aus zwei Sorten von Zellen, den Primordialkeimzellen und Zellen peritonealen Ursprunges. Die Geschlechtsdifferenzierung beginnt bei

10 mm langen Tieren. Bei den Weibchen verschmilzt die paarige Gonade zu einem unpaaren Ovar, wobei die mediane Oberfläche der verschmelzenden Gonaden zur Höhle des Ovars wird (Abb. 129b). Die Primordialkeimzellen vergrößern sich langsam und werden zu Oocyten. Bei den Männchen bleiben die beiden Hoden dauernd getrennt. Die histologischen Veränderungen in den Hoden sind tiefgreifender als in dem Ovar (Abb. 130a, b); die Keimzellen und die Peritonealzellen trennen sich, erstere nehmen die Peripherie der Gonaden ein, letztere die medianen Teile. Bei allen Weibchen, die eine Größe von etwa 12,5 mm erreicht haben, beginnt eine Rückentwicklung der Ovarien (Abb. 130a). Alle primordialen Keimzellen zerfallen, die definitiven Keimzellen werden von den Peritonealzellen (nach Essenberg) geliefert. Es wird sich aber wohl um kleine Urkeimzellen handeln. Nach dem Grad der Rückbildung, der das Ovar des einzelnen Weibchens verfällt, unterscheidet Essenberg drei Klassen. In der dritten Klasse geht Hand in Hand mit der Rückbildung des Ovars eine Ausbildung

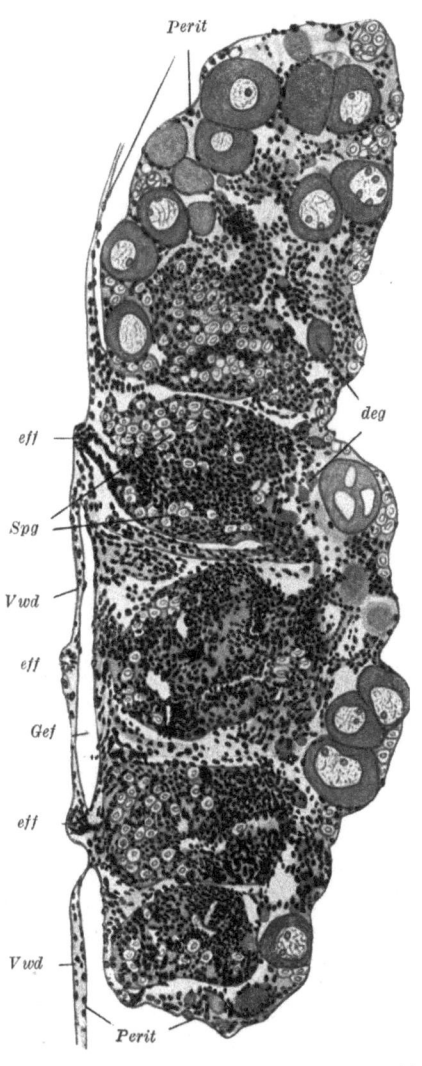

Abb. 127. Keimdrüse eines Fröschchens mit indirekter Hodenentwicklung (Umwandlung). *deg* degenerierende Elemente, *eff* Vasa efferentia, *Gef* Blutgefäß, *Perit* Peritoneum, *Spg* Spermatogonie, *Vwd* Hohlvenenwand. (Nach Witschi.)

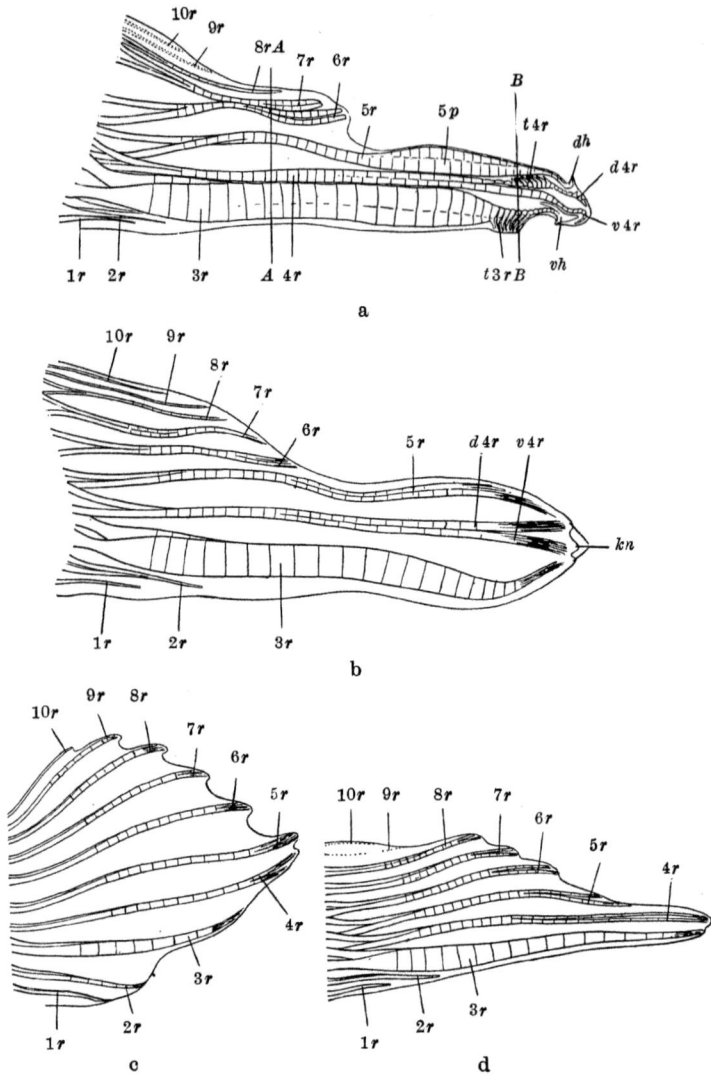

Abb. 128a—d. a Gonopodium eines erwachsenen Männchen von *Xiphophorus helleri*. b—d Gonopodium in verschiedenen Stadien der Metamorphose. *dh* dorsaler Copulationshaken; *d 4 r* dorsaler Ast von Strahl 4; *kn* Knoten; *t3 r* Zähne von Strahl 3; *t 4 r* Zähne von Strahl 4; *vh* ventraler Copulationshaken; *v 4 r* ventraler Ast von Strahl 4; *1 r—10 r* erster bis zehnter Strahl der Afterflosse *A—A*; *B—B* Querschnittlagen. (Nach Essenberg.)

männlicher sekundärer Geschlechtsmerkmale (Abb. 128). Der Formindex nähert sich dem des Männchens, ebenso das Flossenverhältnis; bei einzelnen Individuen kommt ein regelrechtes Gonopodium zustande. Die völlige Umwandlung der Weibchen der Klasse 3 in Männchen scheint Essenberg bisher nicht verfolgt zu haben, neigt aber auf Grund von Beobachtungen über das Geschlechtsverhältnis bei jugendlichen und bei geschlechtsreifen Tieren zu der Annahme, daß dies geschieht. Bei jugendlichen Tieren von 10—25 mm Länge stellte er ein starkes Überwiegen der Weibchen fest (2 Weibchen zu 1 Männchen), bei geschlechtsreifen Tieren ist das Verhältnis umgekehrt (1 Weibchen auf 3 Männchen). Eine größere Sterb-

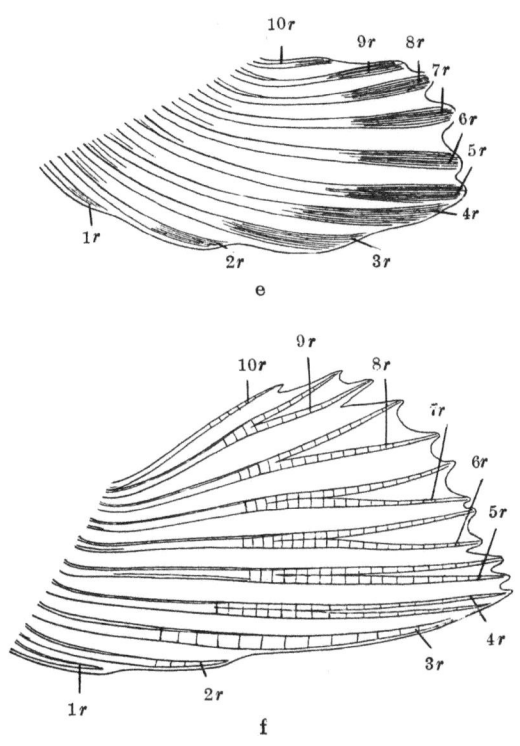

Abb. 128 e—f. e Afterflosse eines indifferenten Stadiums. Vergr. 55mal. — f Afterflosse eines erwachsenen Weibchens. Vergr. 10mal. Siehe Abb. 128a—d. (Nach Essenberg.)

lichkeit der Weibchen kann nicht die Ursache dieser Umkehr sein, denn nach anderweitigen Untersuchungen brauchen die Männchen doppelt so viel Sauerstoff wie die Weibchen und sind gegen ungünstige Außenbedingungen (Gifte, extreme Temperaturen) wesentlich empfindlicher als die Weibchen. Die Umwandlung der Hälfte der Weibchen in Männchen scheint die einzige Erklärung für die Umkehr des Geschlechtsverhältnisses zu sein. Das häufige Vorkommen nur eines Hodens, der aber durch eine Gabelung seinen

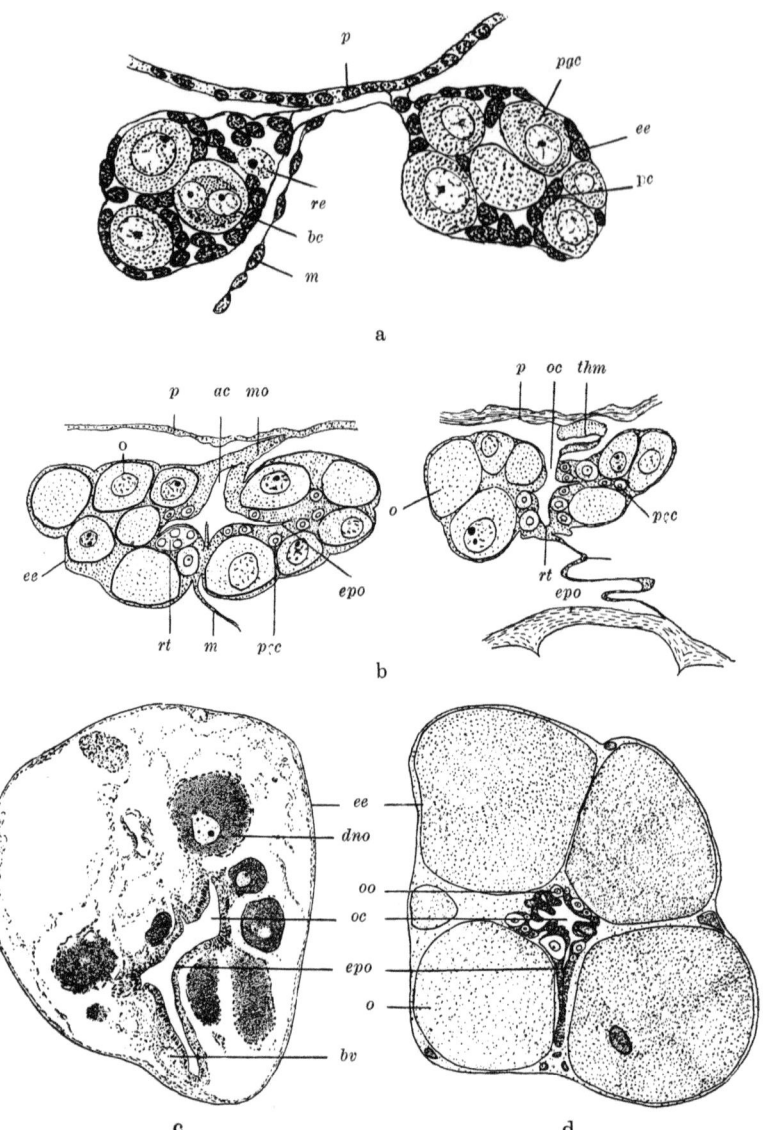

Abb. 129a—d. a Querschnitt einer undifferenzierten Gonade von einem jungen Tier, das 9 mm lang war. Vergr. 1000mal. — b Querschnitte von vorderen und hinteren Abschnitten des Ovariums. Vergr. 115mal. — c Querschnitt eines sich zurückbildenden Ovariums in Klasse 2. Vergr. 140mal. — d Querschnitt durch ein normales reifes Ovarium. Abbildungserklärung siehe Abb. 130b. Vergr. 22,5mal. (Nach Essenberg.)

Die experimentelle Geschlechtsbestimmung. 305

Ursprung aus zwei Gonaden erkennen läßt, deutet Essenberg so, daß es sich hier um ein männliches Geschlechtsorgan han-

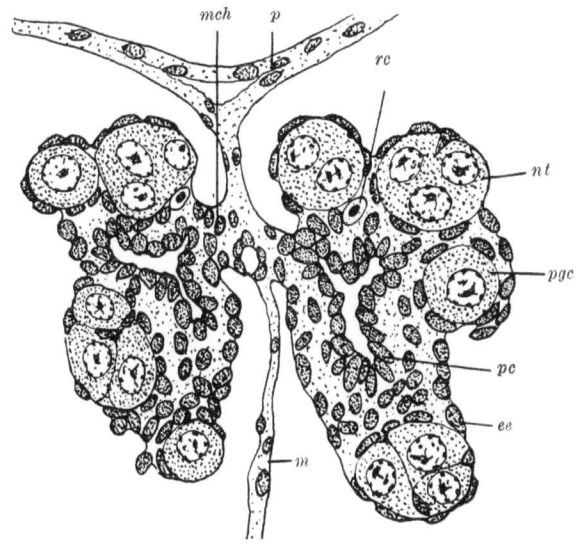

Abb. 130a. Querschnitt durch einen Hoden im fortgeschrittenen Stadium der Kanälchenbildung (frühe Phase). Vergr. 1000mal.

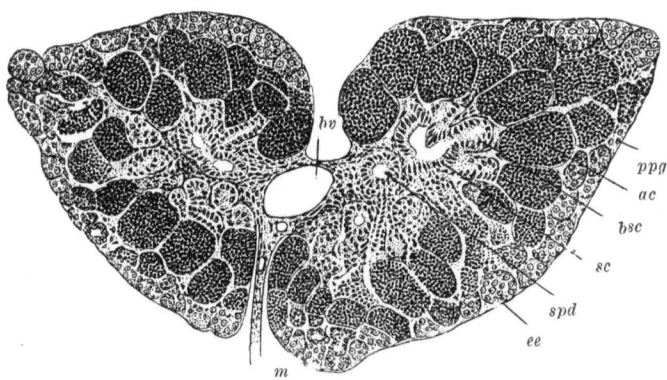

Abb. 130b. Querschnitt durch einen Hoden im Spätstadium der Kanälchenbildung (späte Phase). Vergr. 135mal. *ac* Spermatocyten: *bc* zweikernige Keimzellen; *bsc* Zweig des Sexualstranges; *bv* Blutgefäß; *dno* zerfallende Eizelle; *ee* äußeres Epithelium der Gonaden; *epo* Epithelium der Ovarialhöhle; *m* Mesenterium; *mch* Mesorchium; *mo* Mesovarium; *nt* Urkeimzellennester; *ntc* Nest von definitiven Keimzellen; *o* Eizelle; *oo* Oozyte; *oc* Ovarialhöhle; *p* Peritoneum; *pc* Peritonealzellen; *pgc* Primordialurkeimzellen; *ppg* Urkeimzellen in der Peripherie des Hodens; *rc* rote Blutkörperchen; *rt* Rectum; *sc* Geschlechtszellen; *spd* Samengang; *thm* verdickter Teil des Mesovariums. (Nach Essenberg.)

delt, das durch Umwandlung aus einem Ovar entstanden ist. Im ganzen betrachtet kann zu der Arbeit gesagt werden, daß sie auf eine für das Sexualitätsproblem augenscheinlich sehr wichtige Gruppe aufmerksam macht, die vielleicht ähnliche Verhältnisse bietet wie die Amphibien (Frösche), doch bedarf es zu einer Klarlegung noch weiterer histologischer und experimenteller Untersuchungen.

c) **Die parasitische und durch Krankheit bedingte Geschlechtsumstimmung.**

Die Geschlechtsumwandlungen, die durch Parasiten hervorgerufen werden, stellen ein Naturexperiment dar und haben deshalb besonderen Wert.

So ruft der Wurzelkrebs *Sacculina* bei den Männchen von Krabben (*Inachus*) eine Umwandlung der äußeren Geschlechtscharaktere (Form des Abdomens, Abdominalfüße) in weiblicher Richtung hervor, und hier nehmen sogar die Keimdrüsen, also die primären Geschlechtscharaktere, teilweise einen weiblichen Charakter an. Ein botanisches Gegenstück bildet die Beobachtung, daß bei den weiblichen Pflanzen von *Melandrium album* oder *rubrum* die Infektion mit einem Brandpilz (*Ustilago violacea*) eine Zurückbildung des weiblichen Organs, des Pistills, und eine volle Entwicklung der normalerweise rudimentären Antheren bewirkt (Straßburger 1900 und Correns-Goldschmidt 1913).

An die später zu schildernden künstlichen Kastrationsversuche schließen sich nun diese Naturexperimente an, die oft so exakt sind, daß sie einer analytischen Kritik standhalten. Es ist das die **parasitäre Kastration**. Sie wurde von Giard zuerst entdeckt. Er stellte fest, daß die zu der Gruppe der Rankenfüßler gehörende *Sacculina fraisea* in den Krebsen (*Stenorhynchus phalangium*, *Eupagurus bernhardus*, *Gebia stellata*, *Palaemon*, *Hippolyte* u. a.) parasitiert und namentlich die Geschlechtsdrüsen fast oder vollständig zum Schwinden bringt. Die sekundären Merkmale des betreffenden Geschlechts werden durch diese Kastration im Gegensatz zu den Insecten reduziert, und in manchen Fällen können die Charaktere des entgegengesetzten Geschlechts bei den untersuchten Individuen auftreten. Diese parasitäre Kastration ist nun, wie sich weiter herausgestellt hat, im Tier- und Pflanzenreich ziemlich weit verbreitet. In neuerer Zeit ist sie bei *Lumbricus herculeus*, vielen Insecten (Ohrwurm, Erdbiene, Papierwespe), auch bei Mollusken und Echinodermen (Julien und Wheeler 1894, 1910) gefunden worden. Im Pflanzenreiche kommt sie vor bei *Lychnis dioica*, bei der die Antheren durch *Ustilago antherarum* vernichtet werden. Dasselbe soll von *Saponaria officinalis* gelten, die von *Ustilago saponariae* befallen wird.

In neuerer Zeit ist die Frage der parasitären Kastration von Geoffrey Smith und Potts eingehender studiert worden.

Smith stellte fest, daß die Geschlechtsdrüsen von *Inachus mauretanicus, Pachygrapsus marmoratus, Eriphia spinifrons* von Parasiten, besonders von *Sacculina* und *Entoniscus* befallen werden. Während nun *Entoniscus* die funktionierenden Anteile der Sexualdrüsen nicht angreift, bewerkstelligt *Sacculina* eine Reduktion der Keimdrüsen.

Inachus mauretanicus wird besonders häufig durch *Sacculina neglecta* infiziert. Den Modus der Infektion und ihren Einfluß hat Smith an dieser Krabbe genauer studiert.

Der Parasit haftet sich im Larvenstadium an einem Haar der Außenseite seines Wirtes an und läßt eine kleine Gruppe von Zellen in den Körper des Wirtes eindringen.

Diese Zellen entwickeln sich dann tumorähnlich außerordentlich stark und senden Verzweigungen aus nach allen Teilen des Körpers der Krabbe. Ein Teil des Tumors entwickelt sich besonders stark an der Verbindung von Thorax und Abdomen, wo sich ventral die Geschlechtsorgane befinden. Es wird so eine vollständige oder partielle Atrophie der inneren generativen Organe mitsamt ihren Ausführungsgängen bewirkt, und dadurch wiederum werden auch die äußeren sekundären Geschlechtsmerkmale umgewandelt. Eine Veränderung dieser sekundären Merkmale konnte bei 70 vH. aller beobachteten Tiere festgestellt werden.

Die Geschlechter vom normalen *Inachus mauretanicus* sind äußerlich ohne weiteres dadurch kenntlich, daß das erwachsene Männchen (Abb. 131 a, b) stark verlängerte und verdickte Scheren besitzt, während das Abdomen klein ist und nur zwei Paar Anhänge trägt. Das eine Paar dient als Kopulationsorgan, das andere dagegen ist ein stark reduzierter Extremitätenanhang. Das erwachsene Weibchen (Abb. 132 a, b) dagegen hat schmale und kleine Scheren und ein außerordentlich breites muldenförmiges Abdomen, das mit vier Paar Spaltfüßen versehen ist. An ihnen befinden sich lange Haare, die zum Teil zum Anheften der Eier benutzt werden.

Wie überall, so werden auch hier die sekundären Merkmale erst vollständig bei der Geschlechtsreife ausgebildet. Das trifft z. B. für die Schere ohne Einschränkung zu, der Unterschied im Abdomen ist jedoch schon lange vor der Geschlechtsreife deutlich, wenn er auch noch nicht so groß ist wie bei geschlechtsreifen Tieren. Die Haaranhänge an den Extremitäten des Weibchens entwickeln sich aber erst bei der Geschlechtsreife.

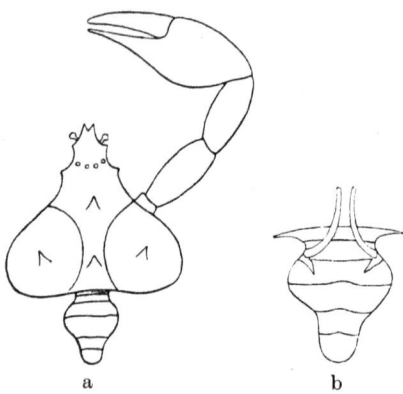

Abb. 131a, b. a Erwachsenes Männchen von *Inachus mauretanicus*. — b Unterseite desselben erwachsenen Männchens. (Nach Smith.)

An den mit *Sacculina* infizierten Männchen lassen sich nun alle Grade der Annäherung an den weiblichen Typus feststellen (Abb. 133). Bei einigen sind nur die Scheren etwas kleiner, bei anderen ist das Abdomen schon verbreitert, und es können auch

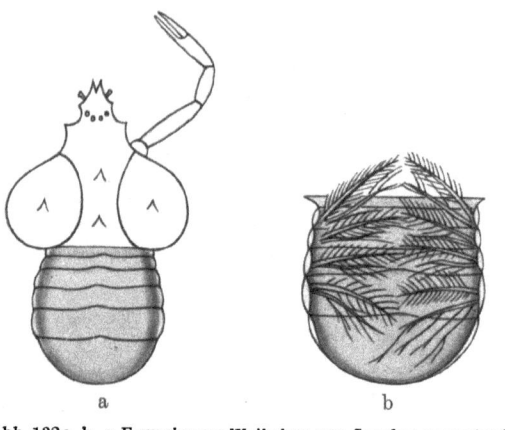

Abb. 132a, b. a Erwachsenes Weibchen von *Inachus mauretanicus*. — b Unterseite desselben erwachsenen Weibchens, um die plumpe Gestalt des Abdomens und die Anhänge zu zeigen. (Nach Smith.)

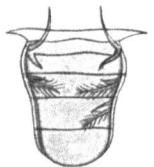

Abb. 133. Mit Sacculina infiziertes Männchen. Die Unterseite des Abdomens zeigt eine Reduktion des Copulationsstiletts und das Vorhandensein von asymmetrischen Anhängen, die für das Weibchen charakteristisch sind. (Nach Smith.)

schon einige weibliche Spaltfüße in rudimentärer Weise entwickelt sein. Bei diesen Tieren sind allerdings die Hoden stark geschädigt, es lassen sich jedoch noch einige Klumpen von Spermatozoen in den Vasa deferentia feststellen; dann aber gibt es auch Formen (Abb. 134 a, b), deren Scheren und Abdomen vollständig weiblichen Charakter angenommen haben. Als einziges männliches Merkmal ist nur noch das Kopulationsstilett vorhanden, das aber auch mitunter bis zu einem kleinen Knopf reduziert ist (Abb. 135 a—c). Bei den meisten dieser Tiere ergaben sich keine Reste der Gonaden und Gonodukte, mit Ausnahme eines schmalen Keimepithelrestes in einigen Fällen.

Erholen sich nun diese Krebse von der parasitären Schädigung dadurch, daß die *Sacculina* abgefallen ist, oder wird der Krebs experimentell von den Parasiten befreit, so regenerieren

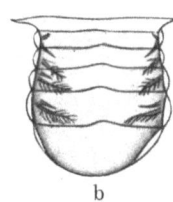
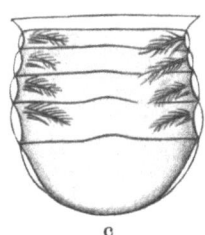

Abb. 134a, b, c. a Mit Sacculina infiziertes Männchen, das gänzlich weiblichen Typus bekommen hat. — b Unterseite des betreffenden Männchens zeigt das zurückgegangene Copulationsstilett und kleine weibliche Anhänge. — c Infiziertes Weibchen. Nur die Abdominalanhänge sind reduziert (vgl. Abb. 132 a, b u. 133). (Nach Smith.)

die Keimdrüsen aus dem restierenden undifferenzierten Keimepithel; es entstehen nicht nur männliche, sondern auch weibliche Keimzellgenerationen. Smith fand dann in den Gonaden sowohl reife Spermatozoen als auch normal rötlich gefärbte, fast reife Eier. Es ist das also eine ganz ähnliche Erscheinung, wie man sie auch bei Fröschen beobachten kann. Transplantiert man hier reifes Hodengewebe, so gehen alle Keimzellgenerationen bis auf die Urkeimzellen zurück, aus denen sich dann in den später wieder gebildeten Tubuli sowohl Spermatozoen als auch Eier bilden (Meyns).

Auf Veranlassung von Smith hat Potts die parasitäre Kastration bei den Einsiedlerkrebsen (*Eupagurus*), die von *Peltogaster* infiziert werden, genauer untersucht. Auch hier konnte die Verwandlung aus einem infizierten männlichen Tiere in ein weibliches beobachtet werden. Die Weibchen jedoch wurden, wie auch bei *Inachus*, niemals in dieser Weise beeinflußt, sie zeigten nur Reduktion ihrer sekundären Merkmale. Bei *Eupagurus* konnte sogar festgestellt werden, daß schon während der parasitären Periode sich kleine Eier im Hoden bilden.

Durch diese Beobachtungen will Smith beweisen, daß eine innere Sekretion zur Hervorbringung der sekundären Merkmale

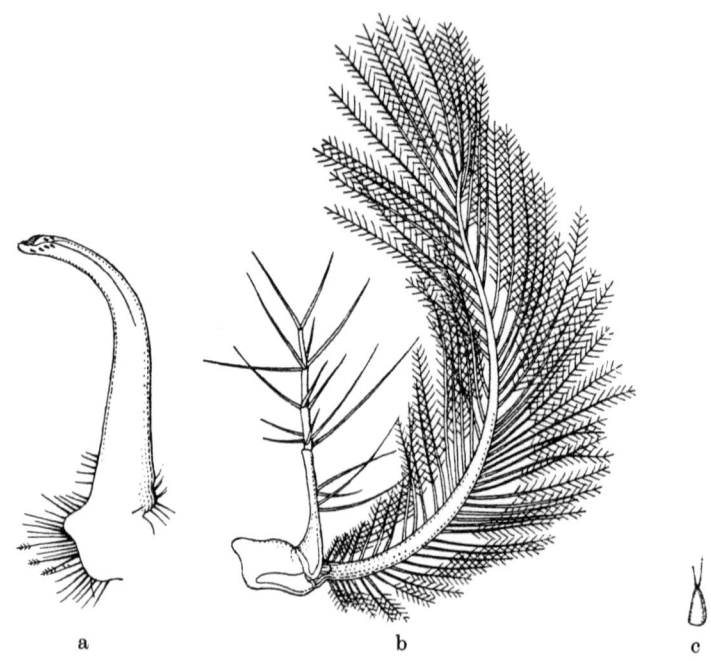

Abb. 135a—c. a Erster Abdominalanhang (Copulationsstilett) von uninfizierten normalen Männchen. — b Zweiter Abdominalanhang eines infizierten Männchens. Diese Abbildung kann auch für den Abdominalanhang eines erwachsenen Weibchens gelten. c erster Abdominalanhang eines infizierten Männchens. (Nach Smith.)

nicht existiert. Er meint, daß die Fähigkeit aller Zellen, eine männliche oder weibliche Gonade zu bilden, sie auch in Stand setzt, sekundäre Merkmale zu produzieren, bevor überhaupt eine Keimdrüse da ist. Er nennt diese hypothetische Substanz, die hier anzunehmen wäre, die „sexual formative substance", von denen wir zwei Arten, männliche und weibliche, annehmen müssen. Er glaubt dadurch die Entwicklung der weiblichen sekundären

Merkmale bei infizierten Krabbenmännchen erklären zu können, die vor der Entwicklung der Ovarien und nach Schwund der Hoden entstehen.

Diese Theorie ist von Cunningham angegriffen worden zugunsten der Theorie der inneren Secretion. Es scheint mir jedoch kein großer Unterschied zwischen der Theorie der formativen Substanzen oder der inneren Sekrete zu bestehen. Auch die Theorie der inneren Secretion nimmt an, daß schon die jugendlichen Keimzellelemente oder auch bei den Wirbeltieren deren Abkömmlinge, die degenerierenden Keimzellen, einen wesentlichen Einfluß auf die Ausprägung der sekundären Merkmale ausüben, wie ja Smith selbst zugibt, daß ein direkter Einfluß der primären auf die sekundären Merkmale bis zu einem gewissen Grade nicht geleugnet werden kann.

Den Prozeß der Umwandlung der infizierten Krabbenmännchen stellt Smith sich folgendermaßen vor: Er beobachtete, daß die Wurzeln von *Sacculina* eine Produktion von Dottersubstanzen im Blute von männlichen *Inachus* anregen, die ähnlicher Art ist wie die bei erwachsenen weiblichen *Inachus*. Um nun die Entwicklung dieser Dottersubstanz anzuregen, „they (die Wurzeln der *Sacculina*) take up from the blood of *Inachus* the female formative substance, which is the necessary material for forming the yolk", und dann „the female sexual formative substance, being anchored by the Sacculina roots is regenerated in excess". Diese Substanz zirkuliert dann in großen Quantitäten in der Körperflüssigkeit der infizierten Krabben und bringt dadurch sowohl die sekundären weiblichen Geschlechtsmerkmale und auch nach dem Absterben des Parasiten dotterhaltige Eier zur Ausbildung.

Wenn man bei dieser etwas komplizierten Folgerung bleiben will, so ergibt sich eine große Schwierigkeit, nämlich die, woher *Sacculina* die weibliche formative Substanz der immerhin doch männlichen *Inachus* nimmt.

Viel einfacher und zwangloser erklärt sich der Vorgang nach Biedl, der annimmt, daß wir es hier mit der Transplantation einer heterosexuellen Keimdrüse zu tun haben. Die die Krabben infizierenden *Sacculina* sind nämlich immer Weibchen, die erst im Wirt geschlechtsreif werden. Da sie nun die männlichen Keimdrüsen zerstören, so wird das Secret des Weibchens auf den

Wirt einwirken und ihm weibliche Geschlechtscharaktere aufdrücken. Da durch die innige Verbindung von Wirt und Parasit die biochemische Differenz der beiden Tiere aufgehoben ist, so liegt kein Grund vor, diese Annahme nicht gelten zu lassen, da ja, wie meine später zu erwähnenden Versuche erwiesen haben, sonst unwirksame innere Sekrete von Keimdrüsen zur Wirkung kommen können, wenn die biochemische Differenz zwischen den beiden Versuchstieren ausgeglichen wird. Auch die Versuche von Steinach und Sand, die durch Austausch der männlichen und weiblichen Keimdrüsen eine, wenn auch nur geringfügige, geschlechtliche Umstimmung erzielten, bestätigen obige Annahme, ebenso die heteroplastische Keimdrüsentransplantation (Harms 1912 und 1913).

Mit dieser Annahme stimmt auch überein, daß die noch ganz jungen, noch nicht reifen Weibchen durch Infektion mit *Sacculina* veranlaßt werden, vorzeitig die Merkmale von ausgewachsenen Weibchen anzunehmen. Da die Gonade selbst aber durch den Parasiten zerstört ist, so kann nur das innere Secret der weiblichen *Sacculina* diese Beschleunigung in der weiblichen Richtung bewirken.

Unsere Erklärung ist also der von Smith gerade entgegengesetzt. Smith nimmt an, daß der Schmarotzer den Krabben namentlich die Fettsubstanzen entzieht, die im Blut zu ihm hinwandern und auf ihrem Wege die weiblichen Geschlechtsattribute zur Ausbildung bringen. Diese Fettentziehung ist aber ein Prozeß für sich, der lediglich der Ernährung der *Sacculina* dient, während andererseits *Sacculina* ihr weibliches inneres Secret auch der Krabbe zugute kommen läßt. Nach Smiths Annahme würde dann ja das Männchen eine versteckte weibliche Anlage besitzen, d. h. es müßte sexuelle formative Substanzen in männlicher und weiblicher Ausprägung aufweisen. Gerade die indifferenten Fette sollen nun nach Smith durch die von ihnen hergestellten Stoffwechselbedingungen jedes weibliche Merkmal charakteristisch zum Vorschein bringen, ebenso wie auch das Fett rein äußerlich die Formen des weiblichen Körpers bedingt. Welche Stoffe beim Männchen diese Rolle übernehmen, ist noch unklar. Smith vermutet, daß es dem Zellkern verwandte formbildende Materialien sein müssen, weil sich die männlichen Geschlechtscharaktere besonders durch reges Wachstum (Zellvermehrung) auszeichnen.

Daß eine Änderung des Chemismus durch die parasitäre Kastration eintritt, ist wohl klar. Goldschmidt betont besonders, daß die kastrierte Krabbe mit der Umstimmung zum Weibchen auch den weiblichen Stoffwechsel annimmt. Gerade aber die später noch zu schildernden Geschlechtsumstimmungsversuche an Kröten zeigen klar, daß die Umstellung zu einem heterologen Stoffwechsel das Wesentliche bei einer Umstimmung ist. Auch die hormonale Umstimmung basiert ja wie die Inkrete selbst auf Stoffwechselvorgängen. Dafür sprechen auch die durch Infektion (Tuberkulose) oder Tumore bedingten Geschlechtsinversionen, wie sie bei Hühnern (und Tauben [Riddle]) beobachtet worden sind.

Boring und Pearl sowie Crew haben hier ausgedehnte Untersuchungen angestellt; Boring und Pearl beschreiben fünf Hühner, die von Houwink, einem bekannten Autor über Vererbung und Entwicklung bei Geflügel in Meppen (Holland), gekauft wurden. Sie sind Drentisch Hühner, die gewöhnliche Holländer Rasse. Es wird angegeben, daß diese Hühner durch Inzucht gezüchtet worden sind. 1909 machte er den Anfang zu dieser Zucht mit 1 Hahn und 6 Hennen. Von da an wurde nur Inzucht getrieben. In der F_2-Generation 1911 waren 2 Hermaphroditen unter 80 Tieren und in F_3 1912 waren noch 3 Hermaphroditen unter 80. Dieses sind die fünf Hermaphroditen, die an die Maine-Station eingeschickt wurden. Sie stellten aber durchaus nicht die einzigen Hermaphroditen dar. Als Raymond Pearl die Geflügelfarm in Meppen 1910 aufsuchte, befand sich dort eine beträchtliche Anzahl dieser angeblichen Hermaphroditen. Houwink war der Ansicht, daß diese Abnormität durch Inzucht hervorgerufen sei, ohne allerdings Beweise dafür anführen zu können.

Drei der fünf gekauften Tiere zeigen das Verhalten beider Geschlechter, indem sie sich als männlich oder weiblich unter verschiedenen Umständen in der gleichen Periode benehmen, oder einen allmählichen Übergang von einem Geschlecht zu dem anderen zeigen.

Einer der holländischen Hermaphroditen ist fast ein normales Weibchen. Drei dagegen sind anscheinend unentwickelte Weibchen. Sie haben infantile Eileiter und embryonale Ovarien. Die anderen vier Vögel sind auch überwiegend weiblich, nur der Fortpflanzungsapparat zeigt noch, daß er erst durch eine weibliche Periode hindurchgegangen ist, nun aber teilweise oder zum größten Teil männlich geworden ist. Bei einem Tier ist das Ovarium teilweise embryonal, teilweise degeneriert, und ein Hoden mit aktivem Sperma hat sich auf der rechten Körperseite gebildet. Das Tier hat einen Eileiter wie eine legende Henne. Die übrigen drei Tiere haben große Gonaden nur an der linken Seite und bei allen dreien zeigt der Ovarium-Anteil Anzeichen der Degeneration, der Hoden-Anteil dagegen Zeichen der Entwicklung. Eine derartige Umwandlung ist aus der Embryonalentwicklung heraus leicht verständlich. Die Sexualstränge im Inneren der Gonade hypertrophieren und bilden Samenkanälchen, während die Oocyten und Follikel in dem Keimepithel bis zum Rande die Oberfläche des Ovars bedecken und degenerieren.

Abb. 136 a.

Die sekundären Geschlechtsmerkmale zeigen nur in großen Zügen in Form und Ausprägung eine Zugehörigkeit zu den primären Geschlechtsorganen. Die allgemeine Übereinstimmung kann vielleicht in Zusammenhang mit der Theorie gebracht werden, daß das Ovarium ein Inkret hervorbringt, welches die Männlichkeit hemmt. In den Fällen, wo das Ovarium embryonal geblieben war, ist es nicht genügend feminiert, um ein solches Inkret hervorzurufen. In den Fällen, wo das Ovarium degeneriert, ist sein Einfluß erloschen. Beides würde eine Erklärung für die Tatsache sein, daß Tiere sowohl mit embryonalen, sowie degenerierten Ovarien männlichen Charakter zur Schau tragen (Abb. 136 a, b).

Die interstitiellen Zellen haben nichts mit den sekundären Geschlechtsmerkmalen zu tun. Ihre Menge korrespondiert nicht mit ihnen. Die Luteinzellen dagegen befinden sich in bestimmter Korrelation mit der Ausprägung der äußeren weiblichen somatischen Merkmale. Selbst bei diesen anormalen Ovarien scheinen sie ihren normalen Entwicklungsgang beizubehalten, die atretischen und abgegebenen Follikel aufzufüllen und schließlich die charakteristischen gelben Körper zu bilden (Abb. 137). Das Benehmen dieser Vögel mit Ovardegeneration und Hodenwucherung zeigt ausgesprochene Anomalien. Es geht nicht ganz zusammen weder mit den externen secundären Geschlechtscharakteren noch mit der Entwicklungsstufe der Gonaden. Das sexuelle Verhalten der Tiere mit embryonalen Gonaden ist indifferent, trotzdem die Tiere zum Teil vollausgebildete Geschlechtsmerkmale zeigen. Eines derselben hat reife Spermien, aber ein gänzlich indifferentes Geschlechtsgebahren.

Die Ursachen dieser Geschlechtsumwandlung konnte nun Crew bei einer Buff-Orpingtonhenne, $3^1/_2$ Jahr, guter Leger, Mutter von Kücken, Kopf etwas hahnenartig, da Kamm und Bartlappen größer als bei Hennen, verfolgen. Die Henne zeigte die typischen Zeichen einer frühen Ovarienerkrankung. Im Herbst 1920 hörte sie auf zu legen, nachdem sie gemausert hatte. Der einfach

Abb. 136 b.

Abb. 136 a, b. Holländische Hühner (1429 und 1426) mit männlichen Merkmalen.
(Nach Boring und Pearl, Sex Studies.)

gebaute Kamm war $2^1/_2$ cm hoch, die Sporen waren 3 bzw. 2 mm lang. Das Federkleid war vollständig weiblich. Sie krähte schwach, ihr sexuelles Verhalten war indifferent. Im April 1921 wurden die männlichen Charaktere stärker, auch das Federkleid wurde männlich. Das Huhn war krank und litt an Diarrhöe. Im Oktober nach der Mauser war es vollständig hahnenfedrig geworden. Im Februar krähte es laut und normal, lockte Hennen an und begattete sie. Mit anderen Männchen kämpfte es. Das Tier war in keiner Weise von einem normalen Hahn zu unterscheiden, nur die Beine waren etwas kürzer. 1922 wurde das

Tier mit einer normalen Henne zusammen gehalten, die am 16. Juni auf 9 Eiern brütete und am 7. Juli 2 Kücken bekam, die anderen Eier waren unbefruchtet. Ende Juni wurde das hahnenfedrige Tier wieder krank und ertrank am 22. Dezember 1922. Die Sektion ergab in der Leibeshöhle reichlich Tumore. In der Gegend des Ovariums lag eine 52,5 gr schwere runde Masse. Daneben waren zwei hodenartige Körper vorhanden ($3^1/_2 \times 2$ cm groß). Die histologische Untersuchung ergab voll funktionierendes Hodengewebe. Reife Spermatozoen waren vorhanden. Die Zwischensubstanz bestand nur aus Bindegewebe. Lutearzellen waren nicht vorhanden. Die unförmige Masse, die sich an Stelle des Ovariums befand, erwies sich als ein Tumor, in dem das Ovarialgewebe vollständig zerstört war.

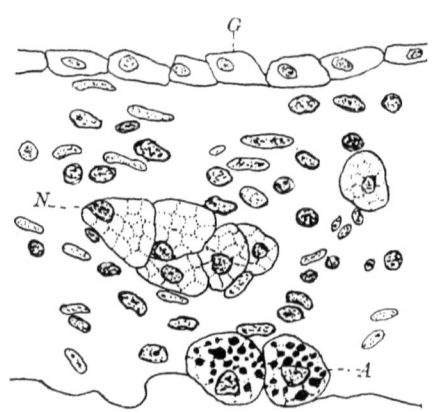

Abb. 137. Teil einer Follikelwand des Ovariums vom Huhn. (Abb. 136a.) Vergr. 570 mal. *G* Epithelschicht, *N* Anhäufung von Luteinzellen in der Theca interna, *A* Luteinzellen, die acidophile Granula enthalten. (Nach Boring und Pearl.)

Das Tier ist $3^1/_2$ Jahr alt geworden. Die Krankheit war ursprünglich Tuberkulose des Ovariums, wodurch eine pathologische Ovariotomie herbeigeführt wurde. Crew nimmt an, daß das Tumorwachstum den Stoffwechsel dann nach der männlichen Seite hin beeinflußt habe. Sowohl rechts wie links war ein Hoden vorhanden, also vollständige Geschlechtsumwandlung. Unter der Annahme, daß die Hühner dem Abraxastypus angehören und das umgewandelte Tier seinen weiblichen Chromosomensatz beibehalten hat, müßten in unserem Fall 50 Männchen zu 100 Weibchen entstehen, nach folgender Formel:

$$
\begin{array}{lcccc}
P_1 & xy & \times & xy & \\
\text{Gameten} & x \quad y & & x \quad y & \\
F_1 & xx \quad xy & & xy \quad yy & \to \text{(unfruchtbares Ei, nicht} \\
& \male \quad \female & & \female & \quad \text{lebensfähig)} \\
& \underbrace{\quad\quad}_{1} & : & \underbrace{\quad}_{2} &
\end{array}
$$

Die beiden erzeugten Kücken waren je ein ♂ und ein ♀. Sie wurden gepaart und ihre Nachkommenschaft ergab typische Buff-Orpingtonkücken.

Als gute Ergänzung zu diesen Beobachtungen beschreibt Riddle (1924) ein Männchen von *Streptopelia risoria*, das ursprünglich Eier gelegt hat, dann aber steril wurde infolge einer schweren Tuberkulose. Beim Tod wird die Gegenwart zweier Hoden (30 und 35 mg) festgestellt. Es liegt hier also ein völlig analoger Fall vor, wie ihn Crew bei einer Buff-Orpingtonhenne beobachtete. Die früher von Brandt, Tichomiroff, Shattock und Seligman erwähnten Vogel-„Hermaphroditen" sind wahrscheinlich gleichfalls hierher zu rechnen.

Die histologische Untersuchung der Keimdrüse aller erwähnten anormalen Hühner ergab ohne Zweifel, daß sie ursprünglich Hennen gewesen waren. Bei ihnen waren die Ovarien in irgendeiner Periode des Lebens atrophiert und durch einwucherndes peritoneales Gewebe entartet. Gleichzeitig wurde ein Teil des stark rückgebildeten Ovarialgewebes in die männliche Entwicklungsrichtung hineingedrängt, so daß sich reife Samenkanälchen ergaben, wie in einigen Fällen nachgewiesen werden konnte. Oft blieben die deutlich ausgeprägten Samenkanälchen auch auf embryonalem Zustand stehen, oder es bildeten sich maligne Tumore. Besonders ein Huhn zeigte die Geschlechtsumstimmung sehr deutlich. Hier war tatsächlich die Umkehr in den funktionierenden männlichen Geschlechtszustand erreicht worden.

Es ist also unter pathologischen Verhältnissen möglich, daß ein voll ausgebildetes Huhn in ein vollwertiges Männchen übergeführt werden kann. Auch hier zeigt sich, daß die Geschlechtschromosomen, die bei Hühnern im weiblichen Geschlecht heterozygot sind, nicht die Umwandlung in ein anderes Geschlecht, das männliche homozygote, verhindern können. Es ist hier wieder der deutliche Beweis dafür erbracht, daß beide Geschlechtsanlagen in den Urkeimzellen vorhanden sind. Immer weitere Fälle beweisen dies, wie die experimentelle Geschlechtsumwandlung bei Amphibien und Vögeln, die normale bei *Crepidula, Sacculina, Bonellia* und *Asterina* und das Vorkommen von undifferenzierten Keimzellen bei Bufoniden.

Crew erklärt alle diese Fälle aus den Versuchen Goldschmidts bei *Lymantria dispar*, die Intersexe oder auch voll-

318   Die bisexuelle Veranlagung der Tiere.

ständige Eingeschlechtlichkeit ergaben. So will er die Bedeutung des Bidderschen Organs aus der Goldschmidtschen Hypothese des Drehpunktes erklären (siehe Abb. 138). *A* soll hier die Progonade bedeuten oder das Biddersche Organ, *B* der definitive Hoden. Nach ihm sollen in der ersten Zeit der Entwicklung der jungen Kröten die weibchenbestimmenden Reaktionen vorherrschend sein (Kurve *F*). Er nimmt an, daß in dieser Periode die weibchenbestimmenden Substanzen im Überschuß vorhanden sind. Später überwiegen dann die männchenbestimmenden Substanzen; die *M*-Kurve überschneidet die *F*-Kurve, so daß jetzt die männliche Phase einsetzt. Daß bei den Fröschen kein Biddersches Organ auftritt, erklärt er so, daß die Progonade viel später entwickelt wird und sofort von der männlichen Kurve überdeckt wird.

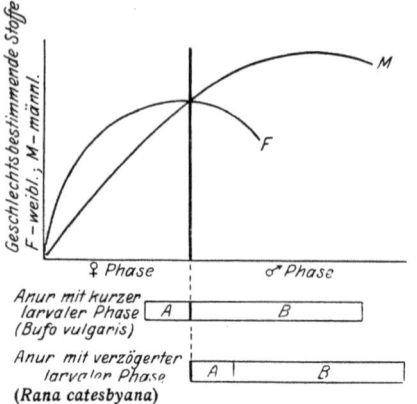

Abb. 138. Darstellung der Geschlechtsumwandlung bei *Bufo vulgaris* und *Rana catesbyana*. (Nach Crew.)

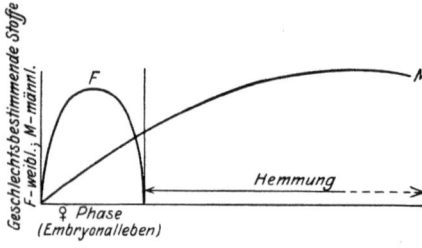

Abb. 139. Darstellung der Geschlechtsumkehr des Haushuhnes im späteren Alter. (Nach Crew.)

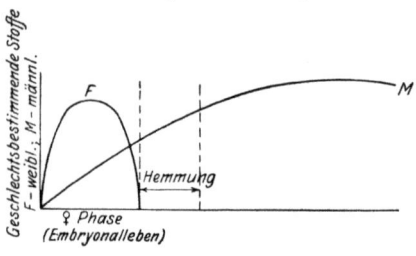

Abb. 140. Wie Abb. 139. (Nach Crew.)

Den Vorgang der Geschlechtsumkehr im Falle des erwähnten Haushuhnes stellt er in ähnlicher Weise in den Abb. 139 und 140 dar. Während des embryonalen Lebens sind die weibchenbestimmenden Substanzen beim Huhn im Überschuß vorhanden. Die Geschlechtsdifferenzierung erfolgt sofort in weiblicher Richtung durch dauerndes Wachstum der Oocyten (Abb. 139). Während des individuellen Lebens kommen die männchenbestimmenden Stoffe nicht zur Geltung; werden aber die Bedingungen für das Wachstum der Oocyten in irgendeiner Weise ungünstig, so entstehen jetzt männliche Sexualstränge, die männchenbestimmenden Stoffe überwiegen jetzt die weiblichen, und damit entsteht nicht nur ein Hoden, sondern auch die sekundären Geschlechtsmerkmale werden männliche (Abb. 140). Crew vermutet mit einigem Recht, daß fast jede Henne, die einer stark Eier produzierenden Rasse angehört, früher oder später bis zu einem gewissen Grade männliche Merkmale annehme. Das beweisen ja auch die gar nicht so seltenen hahnenfedrigen Hennen, bei denen es sich immer um alte Hühner handelt, deren Ovarium in irgendeiner Weise erschöpft ist (Murisier und Crew 1925).

d) **Geschlechtsumstimmung jugendlicher Tiere durch Transplantation heterologer Keimdrüsen nach totaler Kastration.**

Die Versuche, die an Insecten angestellt worden sind, zeigen, daß hier die sekundären Geschlechtsmerkmale sich auch unabhängig von den Keimdrüsen entwickeln können. Wenn diese im frühen Raupenstadium oder selbst im Furchungsstadium als Polzellen (Hegner) entfernt werden, so kommen doch voll ausdifferenzierte somatische Geschlechtstiere zur Entwicklung. Transplantiert man die entgegengesetzte Keimdrüse, so entwickelt sich diese normal, aber das Soma wird in keiner Weise beeinflußt, selbst wenn man z. B. viele Ovarien in ein kastriertes Raupenmännchen verpflanzt. Bei Insecten ist also jede Zelle normalerweise geschlechtlich unabänderlich differenziert. Daß dabei die Geschlechtschromosomen eine Rolle spielen, ist wohl klar, nur sind sie lediglich als ein äußerlich sichtbarer Ausdruck des physiologischen Geschehens anzusprechen. In dem vorhin erwähnten physiologischen Befund von Junker bei *Perla*-Männchen mit Ovar neben normalem Hoden zeigen sogar die Eizellen die männliche Geschlechtschromosomengarnitur, so daß sie sich physiologisch wahrscheinlich ähnlich verhalten wie die männlichen Keimzellen. Da sie vor der Reife degenerieren, so stellen sie, wie anzunehmen, eine geschlechtliche Hilfsdrüse dar, wie etwa das Biddersche Organ der Kröten.

Eine wirkliche Geschlechtsumwandlung ist durch Transplantation auch bei Säugetieren nicht erzielt worden, trotz der zahlreichen Versuche von Steinach, Athias, Sand, Harms an Meerschweinchen und Ratten, von Brandes an Damhirschen, von Goodale und Pézard an Hühnern. Als positive Resultate sind zu buchen: Entwicklung der Brustdrüsen beim Männchen vom Meerschweinchen, Hypertrophie der Clitoris beim Weibchen, stärkere Entwicklung des Kehlkopfes und Ansatz zu einem Geweih beim Tier des Damhirsches, Entwicklung eines weiblichen Gefieders und Sporenbildung bei im Alter von 24 Tagen feminierten Enten und Hühnern. Die Feminierungs- und Maskulinierungsversuche von Zawadowsky bestätigten vollkommen die früheren Ergebnisse von Goodale. Zawadowsky zieht aus diesen Versuchen den Schluß, daß die Gewebe des männlichen und weiblichen Tieres ursprünglich identisch sind und erst unter dem Einfluß der Sexualhormone einer männlichen oder weiblichen Differenzierung unterliegen.

Wichtig sind die Beobachtungen, die Zawadowsky über das Auftreten abhängiger männlicher Merkmale bei kastrierten Hennen (Ausbildung eines großen Kammes, psycho-sexuelles Verhalten männlicher Art) gemacht hat. In diesen Fällen war eine Ausbildung des rechtsseitigen Rudiments des Ovariums vorhanden. Es decken sich diese Befunde mit früheren von Goodale und von Pézard. Zawadowsky spricht von einer „heterosexuellen Potenz des Ovariums". Diese Resultate erfahren nun durch die weiter unten zu schildernden Ergebnisse von Benoit eine andere Deutung. Das rudimentäre Ovar hat auch noch die Entwicklungspotenz zu einem Hoden, sodaß sich daraus die Geschlechtsumstimmung erklärt. Hier wäre auch noch ein schönes Resultat von Pézard und Sand zu erwähnen, die vor der Mauser einen Hahn halbseitig entfederten und dann ein Ovarium transplantierten; die sich bildenden Federn wurden dann weiblich, sodaß sie so einen Halbseitzwitter bezüglich des Gefieders erzielten.

Lipschütz, Sand u. a. geben auch eine Entwicklung der Clitoris aus dem Penis bei feminierten Männchen an, was auf eine Wirkung des transplantierten Ovariums hindeutet (Abb. 141a—c). Ich habe bei Meerschweinchen trotz zahlreicher Versuche nichts dergleichen beobachten können. Auch die von Steinach behauptete psychische sexuelle Umstimmung scheint mir zweifelhaft zu sein. Manchmal scheint es allerdings, als ob feminierte Meerschweinchen mehr weibliche sexuelle Neigung, die maskulinierten mehr männliche hätten. Über Ratten, die nach Steinach besonders geeignet sein sollen, habe ich keine Erfahrungen.

Man muß hier meiner Meinung nach außerordentlich vorsichtig sein, denn auch normale Meerschweinchenmännchen werden manchmal von normalen Weibchen besprungen, wie das auch sonst bei Tieren oft beobachtet wird. Ein sehr wichtiges Steinachsches

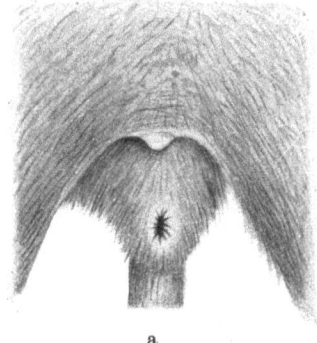

a

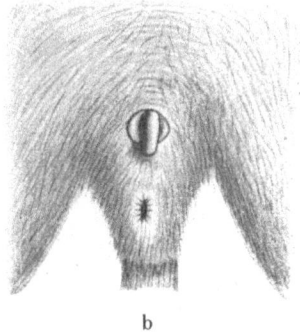

b

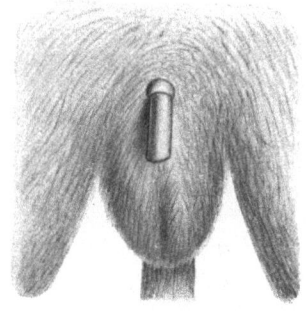

c

Abb. 141a, b, c zeigt die umgebenden Teile der Genitalia externa bei einem maskulinierten weiblichen Kastraten und bei Kontrolltieren. a Weiblicher Kastrat. Lageverhältnisse beim weiblichen Kastraten. Die in zwei Teile geteilte Hautfalte bedeckt die rudimentäre Clitoris, die nicht aus der Falte hervortritt. — b Äußere Genitalsphäre beim weiblichen Kastraten, der durch heterologe Hodenisotransplantation maskulinisiert wurde. Aus den Hautfalten, die zur Seite gezogen sind, ragt die stark hypertrophierte Clitoris hervor, die wie ein kleiner Penis („Peniculus") aussieht. — c Normales Männchen. (Nach Knud Sand.)

Resultat kann ich allerdings ohne Einschränkung bestätigen: das ist die Entfaltung der Milchdrüsen beim feminierten Meerschweinchenmännchen (Abb. 142). Diese unterscheiden sich nicht vom normalen weiblichen Meerschweinchen; die Drüsen produzieren sogar Milch, sodaß hier eine wirkliche Umstimmung vorliegt. Nun sind allerdings zu Beginn des Versuches die Milchdrüsen offenbar noch wirklich indifferent, sodaß sie sich beim Männchen unter Einfluß des weiblichen Ovariums in weiblicher Richtung zu entwickeln vermögen. Wir wissen nun allerdings noch sehr wenig über die Ursachen, die zur Entfaltung und Funktion der Milchdrüsen führen. Man beobachtet manchmal sogar, daß bei männlichen Kastraten die Milchdrüsen zur Entwicklung kommen und bei während der Laktationszeit ovariotomierten Kühen hält die Laktationsperiode weit über die übliche Zeit an. Auch jungfräu-

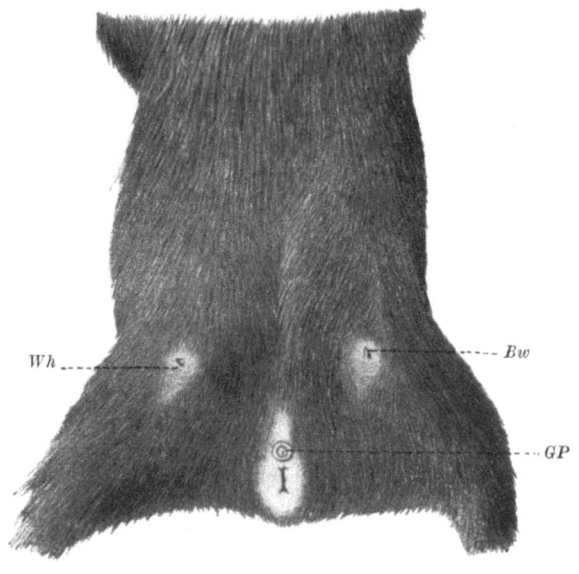

Abb. 142a.

liche Hündinnen können nach der Brunst Milchdrüsen entwickeln und als Ammen dienen. Es müßten also auch hier noch weitere klärende Versuche angestellt werden.

Bei Kröten beschreibt K. Ponse (1924) einen Fall einer Maskulinierung. Sie exstirpierte bei einer jungen weiblichen Kröte die unpigmentierten, also noch unreifen Ovarien. Das Tier stand noch zwei Jahre vor der Geschlechtsreife. Nach einem Jahre waren die Ovarien regeneriert aus Fragmenten des Bidderschen Organes. Im Mai 1923 wurden Biddersche Organe und Ovarien restlos exstirpiert und Hodenstückchen in den Fettkörper transplantiert. Am 6. Dezember zeigte das Tier typische Daumenwarzen (siehe Abb. 143).

Der Versuch gelang auch bei einem andern Tiere. Beide starben aber frühzeitig. Leider sagt Ponse nichts über die Uteri, es wäre interessant zu erfahren, ob diese sich rückgebildet hatten. Bei erwachsenen Kröten gelang das Experiment nicht. Normale oder auch nur annähernd normale Männchen aus jungen Säugerweibchen hat noch niemand durch Transplantation

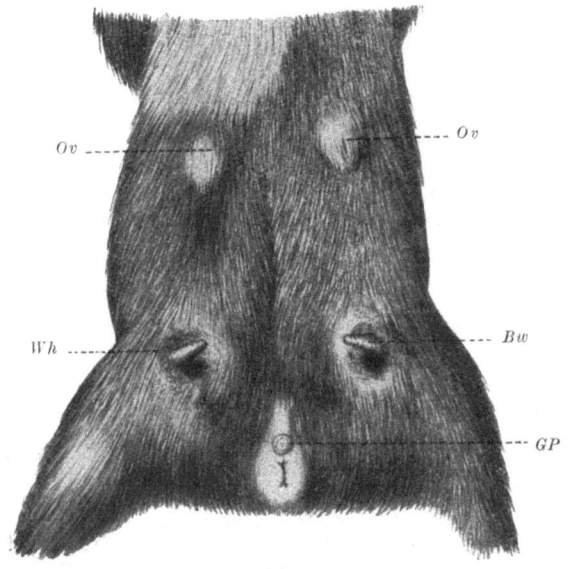

Abb. 142 b.

Abb. 142 a, b. Entwicklung des Mammaapparates bei Männchen nach der Ovarienimplantation. Unterschied zwischen dem normalen und femininierten Männchen. a Normales erwachsenes Meerschweinchenmännchen, $2/3$ der natürlichen Größe, Bw Brustwarze (natürliche Größe), Wh Warzenhof, GP Glans penis. — b Feminiertes Meerschweinchenmännchen; im Alter von 3 Wochen operiert; 6 Monate alt; $2/3$ der natürlichen Größe. Ov Vorwölbungen, welche den Sitz der subkutan implantierten Ovarien anzeigen, Bw Brustwarzen (natürliche Größe, Wh Warzenhof, GP Glans penis. (Nach Steinach.)

erzielt. Ich halte das auch für unmöglich, da jugendliche Säugetiere schon nach einer Richtung geschlechtlich in Entwicklung begriffen sind, also bei einer Umschlagsreaktion höchstens Intersexualität ergeben könnten; auch bleibt eine syngenesioplastisch übertragene heterologe Keimdrüse selten für einen längeren Zeitraum normal erhalten, wie das auch Goodale bei Hühnern beobachtete.

Eine wirkliche Geschlechtsumstimmung muß daher mit rein physiologischen Methoden versucht werden. Da wir namentlich bei Wirbeltieren entwicklungsgeschichtlich und vergleichend-anatomisch schon lange wissen, daß primäre und sekundäre Geschlechtsmerkmale indifferent angelegt werden, und für alle männlichen sekundären Merkmale beim Erwachsenen Homologa der weiblichen und umgekehrt vorhanden sind, so muß eine Umstimmung möglich sein. Vererbungstheoretisch müssen wir annehmen, daß in jedem Tier die Anlagen des andern Geschlechtes latent vorhanden sind. Diese müssen also zur Entfaltung gebracht werden können, unter gleichzeitiger Ausschaltung oder Hemmung der dominanten entgegengesetzten Merkmale, wie das auch weitere Versuche zeigen.

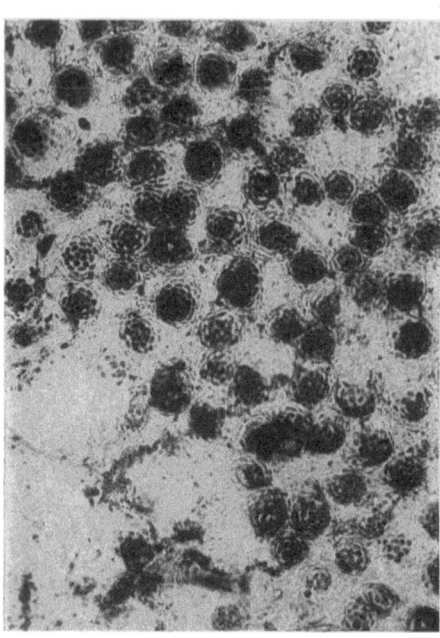

Abb. 143. Photographie der Daumenschwiele vom zweiten Finger eines maskulinisierten Weibchens. Man sieht die mit Haken versehenen Papillen. Zustand im Februar 1924. Vergr. 68 mal. (Nach Ponse.)

e) Die hormonale Geschlechtsumstimmung.

Dieser Titel ist eigentlich nicht ganz richtig, da nur der Anfang einer Umstimmung auf hormonalem Wege erreicht wird.

Es kommt hier nur ein Naturexperiment in Betracht, nämlich die verschiedengeschlechtlichen, also zweieiigen Zwillinge bei Rindern, wo immer das Männchen normal ist, das Weibchen dagegen mehr oder weniger intersexuell (Zwicke).

Diese interessanten Zustände sind von Tandler, Keller, Lillie u. a. näher untersucht worden.

Von verschiedengeschlechtlichen Zwillingen beim Rind ist in der Regel der weibliche Zwilling, die Zwicke genannt (free-martin der Amerikaner), geschlechtlich mißgebildet, d. h. er weist Merkmale des männlichen Geschlechts auf. Durch Untersuchungen von Keller und Tandler sowie vor allem Lillie hat sich ergeben, daß die Zwicke ein zygotisches Weibchen ist, das durch die Wirkung der von dem männlichen Zwilling ausgehenden Ge-

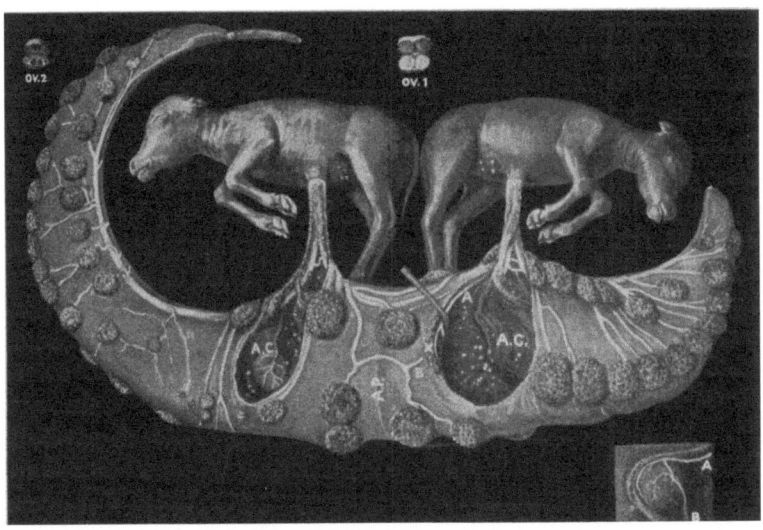

Abb. 144. Embryonalhüllen weiblicher Zwillinge. Beide Embryonen stammen aus einem Ei. In einem Ovarium zwei Corpora lutea eines anderen Keimes. Beide Embryonen waren in einem Uterushorn. Jeder 28,5 cm lang. A P zeigt Grenzen zwischen den beiden amniotischen Säcken. Die kleine Abbildung rechts zeigt eine arterielle Anastomose an der inneren Fläche des Kotyledon X zwischen den Punkten A und B der Hauptfigur. Vergr. $^{5}/_{22}$mal. (Nach Frank R. Lillie.)

schlechtshormone in einen intersexuellen Zustand versetzt ist; die Hormone treten durch eine Anastomose der fötalen Blutgefäße von dem einen Zwilling in den andern über (Abb. 144). Ganz selten fehlt die Anastomose, und in diesen Fällen bleibt auch der Geschlechtsapparat des weiblichen Zwillings normal. Den bisher von Lillie mitgeteilten Fällen dieser Art fügt er in den letzten Jahren einige weitere hinzu, sodaß die von ihm gegebene Erklärung für die Entstehung der Zwicke als richtig gelten kann.

Vorausgesetzt, daß beim Rind männliche und weibliche Zygoten in gleichem Verhältnis vorkommen, müßten männliche, verschiedengeschlechtliche und weibliche Zwillinge im Verhältnis von 1 : 2 : 1 stehen. Tatsächlich besteht aber ein Überschuß an männlichen Paaren. Dies legte den Gedanken nahe, daß die Zwicke bisweilen völlig in ein Männchen umgewandelt wird. Eine daraufhin vorgenommene genaue Untersuchung einer größeren Anzahl männlicher Paare förderte indessen keine Abnormitäten in den Geschlechtsorganen der Weibchen zutage. Andererseits war auch in solchen Fällen, wo die verschiedengeschlechtigen Zwillinge dem gleichen Ovar entstammten und sich in demselben Uterushorn entwickelt hatten, die Umwandlung der Zwicke nicht stärker, als wenn die Zwillinge in verschiedenen Uterushörnern zur Entwicklung gekommen wären. Eine völlige Geschlechtsumwandlung des zygotischen Weibchens durch die männlichen Hormone scheint nicht möglich zu sein. Der Überschuß an männlichen Paaren beruht nach anderweitigen Untersuchungen darauf, daß offenbar die Zahl der männlichen Zygoten von vornherein größer ist als die der weiblichen. Eineiige Zwillinge, die immer gleiches Geschlecht haben, sind beim Rind sehr selten. Bei den Embryonen ist die Herkunft aus einem Ei daran zu erkennen, daß nur ein Corpus luteum vorhanden ist. Unter 126 bisher genau untersuchten eingeschlechtigen Zwillingspaaren war nur 1 mit einem Corpus luteum. Der Grad der Ausbildung männlicher Merkmale bei den Zwicken ist verschieden, jedoch fehlen Übergangsstufen zu den rein weiblichen Tieren. Dies und das Fehlen einer Korrelation zwischen der Größe der Gefäßanastomose und dem Intersexualitätsgrad deutet darauf hin, daß es sich bei der Bildung der Zwicke um eine „Alles- oder Nichts-Reaktion" handelt. Die Hormonquantität ist nicht von wesentlichem Einfluß auf den Ablauf der Reaktion. Die Variation der Zwicken hinsichtlich des Intersexualitätsgrades ist wahrscheinlich zurückzuführen auf die verschieden weite Entwicklung der Ovarien im Momente des Wirksamwerdens des männlichen Geschlechtschromosoms.

Die jüngste zur Untersuchung gekommene Zwicke hatte eine Länge von 3,75 cm, der zugehörige männliche Zwilling war 4 cm lang. Die weiblichen Geschlechtsorgane waren bei dieser Zwicke bereits weitgehend modifiziert, die Wirkung der männlichen Hormone muß also schon sehr frühzeitig einsetzen, zu einer Zeit, wo in der Keimdrüse des männlichen Zwillings eine Differenzierung der Geschlechtszellen noch nicht erfolgt ist. Es finden sich in den Hoden auf diesem Entwicklungsstadium nur voll differenzierte interstitielle Zellen, und eine geringe Quantität des von diesen Zellen produzierten Hormons muß genügen, um die Wirkungen bei dem weiblichen Zwilling hervorzurufen, dessen eigene Geschlechtshormone offenbar viel später in Funktion treten, wahrscheinlich erst nach der Geburt. „Reziproke" Zwicken, d. h. Männchen mit weiblichen Merkmalen, gibt es nicht.

Willier (1921) und Bissonette (1924) untersuchten die cytologischen Verhältnisse der Keimdrüsen der Zwicken näher. In der Umbildung der ursprünglich weiblichen Gonade zur männlichen lassen sich drei Stufen feststellen. Auf der ersten unterbleibt die Ausbildung der Pflügerschen Schläuche, dagegen bleiben die primären Sexualstränge erhalten; auf der zweiten Stufe bilden sich die primären Sexualstränge zu Tubuli seminiferi um, die Tubuli recti treten auf, und die Anlagen des Corpus epididymidis werden sichtbar; auf der dritten ist die Gonade völlig hodenähnlich und der Nebenhoden ausgebildet. Ein Vas deferens tritt auf. Nie aber geht die Annäherung an den Hoden soweit, daß in den an sich typischen Samenkanälchen Stadien der Spermatogenese oder Spermatozoen zu finden wären.

Die Umbildung eines Ovariums in einen Hoden durch männliche Hormone wird dadurch ermöglicht, daß in jenem alle Teile des Hodens ihre entsprechenden Anlagen besitzen, wogegen bei etwaigem umgekehrten Entwicklungsweg dem Hoden die entsprechenden Anlagen der ovarialen Rindenschicht (Region der Pflügerschen Schläuche) fehlen würde. Der Grad der Umbildung des Ovariums hängt von den variablen Verhältnissen des Beginns der Intensität und der Dauer der Tätigkeit der männlichen Sexualhormone ab. Bei hohen Umbildungsgraden der Gonaden in männlicher Richtung werden von der Umbildung dann auch die übrigen inneren, schließlich sogar die äußeren Genitalien ergriffen. In einem extremen Fall war die Clitoris zum Teil zum Penis geworden. Die Umbildungen können auf beiden Seiten verschieden stark sein, dann stehen aber die Genitalkomplexe jeder Seite in genauer Korrelation zueinander. Hier ist eine Hormontätigkeit unmöglich, andere physiologische Faktoren müssen mitspielen. — Überaus mächtig sind in den am stärksten umgebildeten Gonaden die interstitiellen Zellen; sie zeigten aber nie irgendeinen bestimmenden Einfluß auf sexuelle Instinkte oder auf die Sekundärcharaktere; beides fehlt den „free-martins" völlig.

Festzustellen ist also, daß sich die Keimdrüse vom weiblichen Zwilling (free-martin) eines getrennt geschlechtlichen Rinderzwillingspaares bis zu einer gewissen Entwicklungsstufe als Ovarium entwickelt, bis diese Entwicklung unter dem Einflusse des männlichen Hormons des anderen Zwillings gehemmt wird. Das Ovarium bleibt dann meist auf der Stufe der Entwicklung von Geschlechtssträngen stehen und ähnelt dem eines jüngeren Stadiums der männlichen Entwicklung. Der Abstand der Ureteren und der Wolffschen Gänge an ihrer Einmündung in den Sinus urogenitalis hält die Mitte zwischen dem normalen Männchen und Weibchen. Das Schicksal der Wolffschen Gänge variiert bei den verschiedenen untersuchten „free-martins". Es macht aber den Eindruck, daß bei allen zuerst eine Degeneration eingesetzt hat wie beim Weibchen, daß dann aber eine progressive Entwicklung von neuem angefangen hat.

Auch die Samenblasen entwickeln sich beim „free-martin" intermediär, aber stets stärker als es dem normalen ganz verkümmerten Zustand beim Weibchen entspricht. Die Müllerschen Gänge degenerieren bei den free-martins, aber von einem späteren Entwicklungsstadium an, als dies beim normalen Männchen der Fall ist. Die Degeneration beginnt an den Tuben und setzt sich nach dem Uterus und der Vagina hin fort. Ein intermediäres Verhalten zeigt sich in der Ausbildung des peritonealen Processus vaginalis. Die Urnierenreste entwickeln sich von einem späteren Stadium annormal in männlicher Richtung weiter. Bemerkenswert ist, daß der Sinus urogenitalis, mit Ausnahme von einem Fall, regelmäßig weiblich typisch geformt war, also keine Beeinflussung nach der männlichen Seite erfahren hat; Bissonette weist zur Erklärung darauf hin, daß der Sinus urogenitalis ein selbständiges Entodermderivat ist. Ebenso waren ausnahmslos die äußeren Genitalien typisch weiblich, auch wenn die Keimdrüse weiter deszendiert war als beim normalen Weibchen; es fehlte jedoch jede Andeutung einer Scrotumbildung.

Vielleicht läßt sich hier noch eine Beobachtung bei Katzen anschließen:

Dreifarbige Katzen sind nämlich sehr häufig, Kater dagegen sehr selten. Nach Doncasters Ansicht sind die dreifarbigen Kater auf die gleiche Art zustande gekommen, wie die „freemartins" (Zwicken) bei den Rindern, also infolge einer Verbindung des embryonalen Blutkreislaufes zweier ungleich geschlechtlicher Embryonen, wobei dann das Hormon des einen Geschlechts umstimmend auf das andere Tier einwirkt. Diese Einwirkung kann auch nur bis zu einem gewissen Grade gehen, daher kommt es, daß die meisten dieser Kater trotz des äußeren normalen Aussehens steril sind. Obgleich zahlreiche schwangere Katzen dieser Rasse untersucht wurden (Bambu 1922), konnte in keinem Falle eine Verbindung zweier embryonaler Kreisläufe gefunden werden. Die Ansicht Doncasters bleibt bis dahin also lediglich eine Hypothese. — Bambu ist zwar auch der Ansicht, daß hier eine Geschlechtsumstimmung vorliegt, möchte sie aber nicht mit der Zwickentheorie erklären, sondern eher in der Richtung der Goldschmidtschen Intersexen oder der Riddleschen Tauben suchen, sie also als eine Abnormität in der Anlagegarnitur bzw. der geschlechtsbestimmenden Faktoren ansehen. Da jedoch die Angaben über die dreifarbigen Katzen und ihrer Vorfahren sehr spärlich und unvollständig sind, läßt sich also auch diese Ansicht nicht sicher beweisen.

Eine experimentelle Bestätigung findet die hormonale Geschlechtsumstimmung durch einen Versuch von Burns (1924), der Axolotl im neotenen Stadium in Parabiose brachte und späterhin beobachtete, daß alle künstlichen Zwillinge gleichgeschlechtlich waren. 44 Paare waren Männchen, 36 Weibchen, Zwischenstufen fehlten.

f) Die experimentell-physiologische Geschlechtsumstimmung.

Zu diesen Versuchen habe ich Kröten verwandt, weil diese Tiere, wie die Anuren überhaupt, noch bezüglich der Geschlechtsbestimmung labile Tiere sind, im Gegensatz etwa zu den Insecten.

Die männlichen Kröten haben neben dem Hoden noch ein Biddersches Organ, das als Rest der Urkeimdrüse, die sich in der Richtung eines rudimentären Ovariums entwickelt, aufgefaßt werden muß. Beim Weibchen ist nur noch bei *Bufo vulgaris* im erwachsenen Zustand ein Biddersches Organ vorhanden. Bei

10 vH. aller männlichen Kröten der Umgebung Marburgs findet man einen Teil des Bidderschen Organs zu einem völlig normalen kleinen Ovarium umgebildet. In der Königsberger Gegend dagegen trifft man äußerst selten ein Ovarium beim Männchen an. Trotz des Vorhandenseins eines Ovariums verhalten sich die Tiere wie typische Männchen, die auch fruchtbare Begattungen ausführen können. Aber auch im Hoden sind gar nicht so sehr selten Eier anzutreffen, und zwar in den Tubuli seminiferi, wie wir auch bei eben geborenen Säugetieren oft noch derartige Männcheneier im Hoden vorfinden. Alles das spricht für eine bisexuelle Anlage.

Wenn nun die anuren Amphibien und bis zu einem gewissen Grade alle Wirbeltiere geschlechtlich labile Individuen sind, so muß das Geschlecht bei ihnen auch metagam beeinflußbar sein. Das beweist sowohl das Naturexperiment der spät differenzierenden Rassen als auch die Überreifeversuche Hertwigs, ebenso wie die experimentell-physiologische Geschlechtsumstimmung bei erwachsenen Kröten, wie sie mir geglückt ist.

Die Anuren stellen das beste Beispiel für die doppelgeschlechtliche Anlage dar. Für sie gilt im ausgesprochenen Maße der schon 1880 von M. Nußbaum aufgestellte Satz „man wird demgemäß nicht die Geschlechter als etwas Verschiedenes, ihre Entstehung nicht als die fortschreitende Ausprägung eines von vornherein gegebenen, aber latenten und nicht in die Erscheinung tretenden Gegensatzes auffassen", worauf ich schon 1914 in einem einschlägigen Kapitel meines Buches über „Innere Secretion der Keimdrüsen" hinwies. Mit Roux müssen wir annehmen, daß das befruchtete Ei die sämtlichen Determinationsfaktoren der beiden Geschlechter enthält, ja daß das bei geschlechtlich labilen Tieren, wie den Anuren, auch noch bei Erwachsenen zutrifft. Jede einzelne Urkeimzelle muß sämtliche Determinationsfaktoren besitzen, die bei den Insecten durch Selbstdifferenzierung jeder einzelnen Zelle vermittels des Geschlechtschromosomenmechanismus das Geschlecht gesetzmäßig auslösen. Bei den Wirbeltieren oder zum mindesten bei den Anuren können nun die Urkeimzellen durch äußere Beeinflussung männlich oder weiblich werden, wie das besonders schön die Überreifeversuche und das Naturexperiment der undifferenzierten Rassen zeigen. Welcher Art diese Differenzierungsfaktoren sind, können wir einstweilen noch nicht sagen. Witschi bezeichnet sie als nutritive Substanzen

— (um den Begriff Harmozone zu umgehen. Dabei sagt seine Definition eigentlich das gleiche) —, die, wenn sie im Keimepithel lokalisiert gefunden werden, weiblich determinierende sind, oder, wenn sie vom Interstitium der Sexualstränge ausgehen, männlich determinierende sind. Im letzten Fall sind es sicher auch männlich determinierte Urkeimzellen und nicht die Zwischenzellen, die über den Weg des Interstitiums Geschlechtsmerkmale determinieren.

Ausgesagt ist hiermit noch nichts darüber, welche Faktoren es sind, die die Urkeimzellen nach der einen oder der andern Richtung hin determinieren, denn wenn sich die Sexualstränge gebildet haben, so ist das Männchen schon als solches erkennbar, und die Determination ist schon vollzogen. Immer sind für die Determination des Geschlechts, auch wenn sie nicht durch den Geschlechtschromosomenmechanismus äußerlich sichtbar geregelt wird, **äußere Faktoren** verantwortlich. Bei den Überreifeversuchen faßt das R. Hertwig so, daß er sagt, „ich bin daher zu der Auffassung gelangt, daß nur die Beeinflussung der in den Uterus übergetretenen Eier eine Veränderung der geschlechtsbestimmenden Faktoren herbeizuführen vermag." Die Überreife wird aber mit Kälte erzielt, und damit wird auch eine Veränderung des Stoffwechsels in den Eizellen vollzogen, der vielleicht die weibchenbestimmenden Enzyme schädigt, sodaß nur Männchen mit höherer Oxydationsfähigkeit entstehen. Anderseits haben wir bei Fröschen und Kröten in warmen Gegenden spät differenzierende Rassen, d. h. nach der Metamorphose sind die jungen Tiere alle Weibchen oder besser Tiere, die die weibliche Differenzierungsrichtung einschlagen. Man könnte sich vorstellen, daß die Tiere durch den milden Winter dieser Gegenden und die frühe Eiablage andere Stoffwechselzustände in den Ovarien haben als die Kälterassen, und daß hier die Männchen-determinierenden Faktoren zurückgedrängt werden. Es müssen nach dieser Richtung hin noch weitere Versuche angestellt werden.

Bei meinen eigenen Versuchen über die **experimentell-physiologische Geschlechtsumstimmung** bei jungen und erwachsenen Kröten liegt die Ursache klar zutage, wie schon einmal im Kapitel über das Biddersche Organ ausgeführt wurde. Alle männlichen Kröten haben neben dem Hoden ein Biddersches Organ, das dem Bau nach als rudimentäres Ovarium aufgefaßt werden muß, zum mindesten die direkte Entwicklung aus Urkeimzellen in weiblicher Richtung darstellt. Bei der Entwicklung der Gonade wird der vordere Abschnitt der Anlage zum Bidderschen Organ, der hintere zu den Geschlechtsdrüsen. Das Biddersche Organ entwickelt sich sehr viel schneller als letztere, und schon lange bevor man das Geschlecht unterscheiden kann, hat es eine beträchtliche Größe erreicht. Im Bidderschen Organ entwickeln sich Oocyten nur bis zum Synapsisstadium der Ovarialoocyten und fallen dann der Degeneration anheim. Man könnte das Biddersche Organ vielleicht als die in weiblicher Richtung abgeänderte Keimdrüse des Urodelenstadiums der Kröten auffassen. Entfernt man nun bei männlichen erwachsenen Kröten — ich füge hier das Situsbild einer normalen männlichen Erdkröte bei, (Abb. 145) — die Hoden und beläßt das Biddersche Organ (BO), so bleiben zunächst die sekundären Geschlechtsmerkmale unter dem Einfluß des männlich inkretorisch wirkenden Bidderschen Organs vollständig erhalten. Dadurch, daß das Tier seiner männlichen Generationszellen vollständig beraubt ist, werden in immer stärkerem Maße vom Hoden bewirkte Hemmungen, die normalerweise die weibliche Anlage latent erhalten, beseitigt. Füttert man diese Tiere außerdem noch stark mit fetthaltigen Substanzen, Lipoiden und Lecithinen, und schaltet individuell abgestimmte Hungerperioden ein, so hypertrophieren die Eier des caudalen Teiles des Bidderschen Organs, während der vordere physiologisch ein weibliches Biddersches Organ wird; die Eier im caudalen Teil fallen jetzt nicht mehr nach dem Synapsisstadium der Degeneration anheim und wachsen allmählich zu

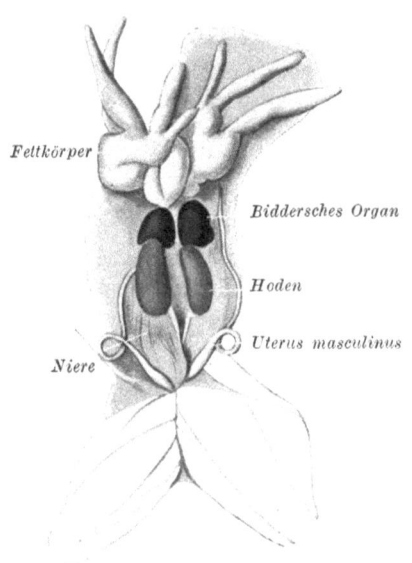

Abb. 145. *Bufo vulgaris*. Männliche Geschlechtsorgane. Königsberg 10. V. 24. (Original.)

normalen Eizellen heran. In dem Maße, wie das Biddersche Organ sich zu einem Ovarium umdifferenziert, oder in dem Maße, wie man den männlichen Stoffwechsel in den weiblichen umschlagen läßt, kommen die latenten weiblichen Merkmale zur Entwicklung, und dann bilden sich auch Eileiter und Uterus aus dem Uterus masculinus heraus. Auch die Körperformen und das Verhalten der Tiere werden weiblich.

Es ergibt sich als wichtigstes Resultat, daß man bei einer erwachsenen, voll männlich ausdifferenzierten Kröte ein Weibchen mit allen Merkmalen dadurch herstellen kann, daß man aus dem Bidderschen Organ ein Ovar sich herausdifferenzieren läßt; allerdings ist dazu genügend Zeit nötig, namentlich dann, wenn das Biddersche Organ vor dem Versuch ganz normal ist. Häufiger zeigt sich die Tendenz, in dem caudalen dem Hoden anliegendes Teil größere Eier zu bilden, die mit Ausnahme der Pigmentierung kleinen Ovarialeiern gleichen. Manchmal ist auch ein normales kleines Ovar am caudalen Ende des Bidderschen Organs vorhanden. In der Gegend von Marburg sind, wie schon gesagt, 10 vH. aller Krötenmännchen derartige Zwitter, in der

Abb. 146. Situsbild (Photographie) einer erwachsenen männlichen Erdkröte mit Tendenz des Bidderschen Organs, ein Ovar zu bilden. Natürliche Größe. (Original.) Die Hoden wurden am 30. III. 21 entfernt. Das Tier starb am 17. VII. 21. Die Ovarien sind mächtig entfaltet und haben sich aus der ursprünglichen, etwa 3 mm langen Ovarialanlage entwickelt. Sie füllen die ganze relativ kleine Bauchhöhle des Männchens aus. Rechts auf dem Ovar ist das kleine linke Biddersche Organ sichtbar.

Königsberger Gegend nach meiner bisherigen Feststellung nur 1 vH. Bei diesen Tieren, die Gonadenzwitter sind oder Anlage dazu haben, geht die Umdifferenzierung aus dem Bidderschen Organ sehr viel schneller vor sich, meist schon im ersten Sommer nach der Operation (Abb. 146). Bei normalen Männchen geht sie ebenfalls mit großer Sicherheit, jedoch muß man mehrere Sommer warten. Bedingung für die Umdifferenzierung ist eine gute und reichliche Ernährung. Die Tiere müssen soviel zu fressen bekommen, wie sie annehmen wollen, und das ist bei einer Kröte eine sehr große Menge Futter. 30—40 Mehlwürmer und einige mittelgroße Regenwürmer nimmt eine große Kröte in warmer Jahreszeit mit Leichtigkeit pro Tag auf. Sehr gefördert wird die Umdifferenzierung durch fettreiche Nahrung, die ich der Kröte durch gutgenährte Mehlwürmer zuführte.

Der Versuch gestaltet sich in seinem Ablauf verschieden, je nachdem man es mit noch nicht geschlechtsreifen Männchen oder mit ausgereiften zu tun hat. Der Endeffekt ist in beiden Fällen der gleiche; es entwickeln sich die weiblichen Geschlechtsorgane. Bei noch nicht geschlechtsreifen Tieren (2—3 Jahre) sind die männlichen sekundären Merkmale noch nicht ausgeprägt, bei Tieren dagegen, die $3^1/_2$ Jahr alt sind, sind die sekundären Merkmale schon deutlich zu erkennen, der Brunstlaut ist ebenfalls schon schwach ausgeprägt. In günstigen Sommern werden solche Tiere mit 4 Jahren meist begattungsfähig. Entfernt man bei ganz jungen Tieren von $1^1/_2$ Jahren die Hoden, so ist im ersten Jahre keine Veränderung zu bemerken gegenüber normalen gleichaltrigen Männchen; im zweiten Jahre nach der Operation nähern sich die Tiere immer mehr dem weiblichen Typus, d. h. der Kopf wird breiter und die Daumen schlanker, auch der Brunstlaut tritt nicht auf. Am 19. II. 1923, als das erwähnte Tier getötet wurde, war es etwa 4 Jahre alt und geschlechtsreif. Es gleicht jetzt durchaus einem gleichaltrigen Weibchen und ist nicht von einem solchen zu unterscheiden. Es besitzt ein normales Ovarium mit reifen Eiern, die die Bauchdecke vorwölben (Abb. 147). Die Eileiter sind fast normal entwickelt, ihr Secret quillt auf, wenn man es mit Wasser untermischt. Daumenschwielen sind nicht vorhanden, der Kopf ist breit, zeigt einen stumpfen Kieferwinkel, während der Kopf des Männchens spitz ist und einen kleinen Winkel aufweist. In diesem Falle kann man wohl von einer vollständigen physiologischen Geschlechtsumstimmung sprechen, die nur dadurch zustande gekommen ist, daß die jugendlichen Hoden entfernt wurden, und dadurch das Biddersche Organ zur Entwicklung eines Ovars angeregt wurde. Unterstützt wurde dieser Differenzierungsprozeß lediglich durch starke Fütterung mit Mehlwürmern.

Die Fälle, die $2^1/_2$- bzw. $3^1/_2$ jährige Tiere betreffen, liegen ganz ähnlich, nur daß hier kleine Reste der männlichen sekundären Geschlechtsmerkmale erhalten bleiben. Die Daumenschwielen sind zwar schwach entwickelt, aber doch vorhanden, ebenso ein leichter Klammerungsreiz und schwacher Brunstlaut. Die Tiere stehen in dieser Hinsicht männlichen Kastraten nahe. Andererseits ist der Kopf mehr weiblich, also breiter geworden, auch sind die Tiere in ihrem Temperament träger als normale Männchen und gleichen auch hierin dem Weibchen. Ihren inneren Merkmalen nach sind sie dagegen durchaus Weibchen. Die Ovarien sind mächtig entwickelt, ebenso sind die Eileiter deutlich erkennbar, auch das produzierte Secret gleicht dem vom normalen Weibchen. Da die Eileiter Tuben besitzen und in die Kloake münden, so wäre eine Eiablage durchaus möglich. Das Situsbild einer Kröte, die im Alter von $2^1/_2$ Jahren operiert wurde, zeigt Abb. 148. Tiere, die gleichartig in ihrem Verhalten sind, wie die obigen, befinden sich noch am Leben und sollen in ihrem Verhalten weiter verfolgt werden. Unterzieht man Tiere nach der Geschlechtsreife der Behandlung, so ist bei ganz normalen Tieren im ersten Jahre nach der Operation gewöhnlich keinerlei Einfluß nachzuweisen. Die Tiere bleiben unter dem Einfluß des verbliebenen Bidderschen Or-

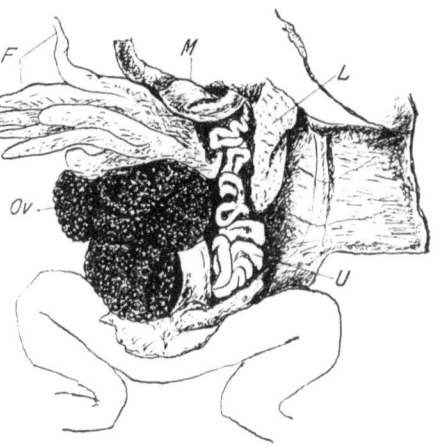

Abb. 147. Im Alter von $1^1/_2$ Jahren umgestimmte männliche Kröte mit durchaus weiblichen Charakteren. Natürliche Größe. *F* Fettkörper, *L* Lunge, *M* Magen, *Ov* Ovarium, *U* Uterus. Diese Erklärungen gelten auch für die folgenden beiden Abbildungen 148 und 149. (Original.)

gans physiologisch normale Männchen, die alle äußeren sekundären Merkmale zeigen und auch eine normale Begattung auszuführen vermögen, die natürlich mangels der Hoden unfruchtbar bleibt. Ist bei diesen Tieren aber anormalen ein rudimentäres kleines Ovarium zwischen Hoden und Bidderschem Organ vorhanden, so entwickelt sich an diesem schon im ersten Jahre nach der Operation ein normales Ovarium (Abb. 146). Die Eileiter bleiben indessen noch klein, erfahren aber eine deutliche Weiterentwicklung gegen die des Männchens. Psychisch und bezüglich der äußeren sekundären Merkmale bleibt das Tier ein vollständig normales Männchen. In den nächsten Jahren entwickelt sich nun auch der Eileiter weiter, der schließlich die Größe eines solchen bei jungen Weibchen annehmen kann (Abb. 147 und 149). Bei dem in Abb. 148 dargestellten Tiere, das 2½ Jahre nach der Operation getötet wurde, sind die Ovarien ganz normal entwickelt, das Biddersche Organ zeigt dagegen noch männlichen Typus, insofern als es nicht wie beim Weibchen um dieselbe Zeit reduziert wurde. Die Fettkörper sind abnorm groß und gelblich weiß, sind also nicht wie bei normalen Tieren intensiv gelb gefärbt. Sie gleichen mehr Fettkörpern der Kastraten. Der Eileiter ist stark entwickelt, etwa so wie bei einem erwachsenen Weibchen nach der Brunst. Der histologische Zustand ist jedoch gleich dem eines Uterus in der Brunst. Die Daumenschwielen sind normal männlich entwickelt, sie sind schwarz verfärbt und haben Hornhöcker. Auch der Klammerreflex war immer vorhanden, ebenso der Brunstlaut. Der Kopf dieser Tiere

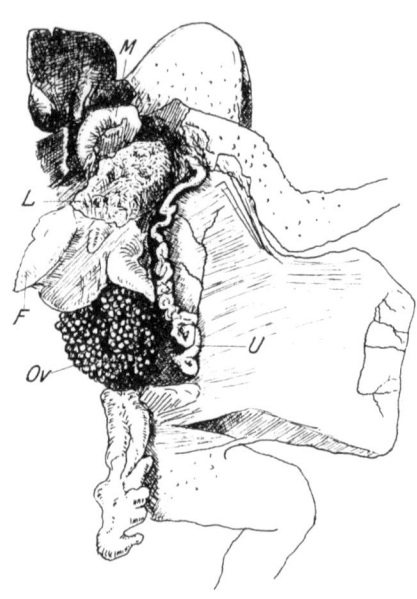

Abb. 148. Im Alter von 2½ Jahren umgestimmtes Krötenmännchen. Die Ovarien sind nach rechts übergeklappt, um den Oviduct zu zeigen. Natürliche Größe. (Original.)

Die experimentelle Geschlechtsbestimmung. 337

ist spitz, er steht bezüglich des Kieferwinkels etwa zwischen Männchen und Weibchen.

Viel tiefgreifender als bei dem in der Abb. 148 dargestellten Tiere ist bei Abb. 149 der Einfluß des Ovariums im Körper des Männchens gewesen. Das Tier sieht $2^1/_2$ Jahre nach der Operation äußerlich ganz wie ein Weibchen aus, es ist breit, hat eine geräumige Bauchhöhle, die Vorderarmmuskeln sind schwach entwickelt. Daumenschwielen fehlen fast ganz, der Klammerreflex ist sehr schwach, der Brunstlaut ist geschwunden. Im ersten Jahre nach der Operation waren diese Merkmale noch vorhanden, sie wurden dann aber immer schwächer, bis sie fast ganz verschwanden. Besonders auffallend ist die breite Form des Kopfes und der stumpfe Kieferwinkel, die das Tier vollkommen weiblich erscheinen lassen. (Vgl. dazu Abb. 150, die eine normal weibliche Kröte darstellt.) Beim Öffnen der Bauchhöhle des Tieres zeigt sich ein sehr stark entwickeltes Ovarium jederseits, das die Bauchhöhle ganz ausfüllt.

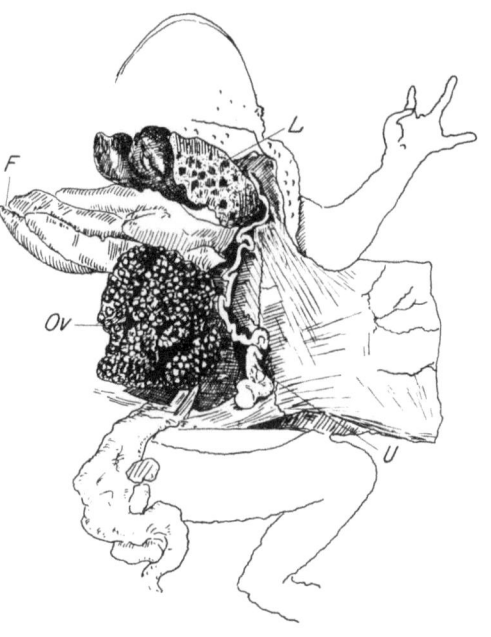

Abb. 149. Umgestimmtes erwachsenes Krötenmännchen mit vollständigem weiblichen Habitus. Die Ovarien nach rechts herübergeklappt. Natürliche Größe. (Original.)

Das Biddersche Organ ist der Jahreszeit entsprechend wie bei einem normalen Weibchen rückgebildet. Der Uterus ist kräftig entwickelt (Abb. 150), die Zellen enthalten reifes Secret. Er ist allerdings noch nicht so groß wie bei einem normalen Weibchen, er würde aber wahrscheinlich bei weiterem Halten des Tieres noch gewachsen sein, wie das Tiere, die noch am Leben sind und weiter gehalten werden, zeigen.

Harms, Körper und Keimzellen. 22a

Auffallend ist, daß manche Tiere jahrelang ihren männlichen Charakter beibehalten. Ich habe mich daher auch in meiner ersten Mitteilung über die physiologische Geschlechtsumstimmung 1921 (Zool. Anz. Bd. 53) sehr vorsichtig ausgedrückt, weil die Zeiträume noch zu kurz waren, obwohl bei den Tieren ein Ovarium entwickelt war, das reife Eier produzierte und der Eileiter ebenfalls ausgebildet war. Der Grund für die Erhaltung der männlichen neben den neugebildeten weiblichen Charakteren scheint mir darin zu liegen, daß der Rest des Bidderschen Organs seinen männlichen Cyclus beibehält und die männlichen sekundären Merkmale so aufrecht erhält, genau wie das sonst bei Tieren der Fall ist, denen die Hoden fehlen und nur ein Biddersches Organ verbleibt. Nimmt aber der Rest des Bidderschen Organs auch mit der Entwicklung des Ovariums aus ihm den weiblichen Cyclus an, so treten jetzt die männlichen Merkmale immer mehr zurück, und das Tier wird auch somatisch und psychisch vollständig zum Weibchen. Bei genügend langer Versuchsdauer scheint das stets einzutreten. Manchmal scheint das Biddersche Organ sich als Ganzes in ein Ovarium umzudifferenzieren, so daß Tiere resul-

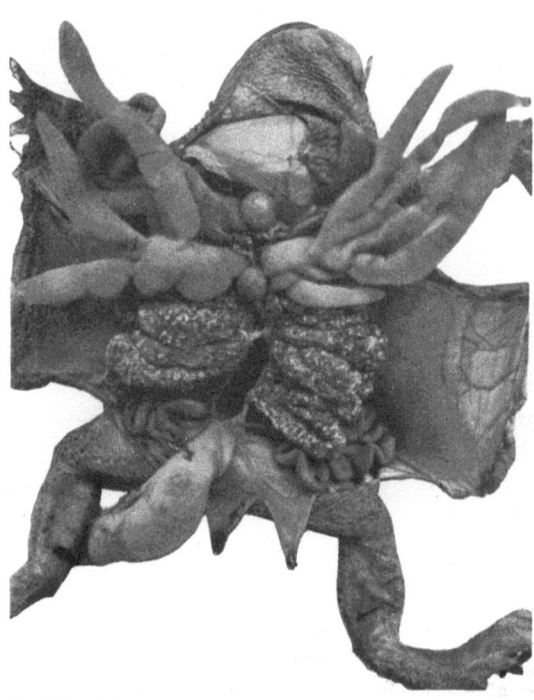

Abb. 150. Situsbild (Photographie) der normalen weiblichen Kröte vom 18. VIII. 21 zum Vergleich mit Abb. 148. Natürliche Größe. Rechts und links am caudalen Ende sind die schon gut ausgebildeten Uteri zu erkennen. (Original.)

tieren, die Weibchen ohne Bidderschem Organ gleichen und die sich jetzt wie ganz normale Weibchen verhalten.

Im Frühjahr 1924 hatte ich insofern Erfolg, als ein Weibchen (früher normales Männchen) am 7./8. Mai ein kleines Gelege ablegte von etwa 50 Eiern. Die Eischnüre unterscheiden sich von normalen dadurch, daß die Gallertschnur 2—3 cm lange Lücken aufweist, in der keine Eier vorhanden sind, dann folgen wieder 3—5 aneinanderliegende Eier mit normalen Hüllen. Das Verhalten bei der Eiablage war wie bei normalen Weibchen, die Schnüre wurden um Pflanzen in den Aquarien herumgewickelt. Begattet wurden alle 12 umgestimmten Tiere wie normale Weibchen; daß nicht mehr Tiere zur Eiablage schritten, obwohl reife Eier getastet werden konnten, liegt daran, daß infolge des strengen Winters die Tiere wegen der Erfrierungsgefahr aus ihrem Winterschlafquartieren herausgeholt werden mußten. Auch mögen bei manchen Tieren die Eileiter nicht ganz normal ausgebildet sein.

Eine Befruchtung der abgelegten Eier war leider nicht möglich, da die Männchen, die ich mir aus Marburg verschafft hatte, schon keine beweglichen Spermatozoen mehr besaßen, ihre eigentliche Brunstzeit lag schon 3 Wochen zurück, die Königsberger Tiere dagegen waren noch nicht aus dem Winterschlafe erwacht. — Es konnte auch keine künstliche Befruchtung aus Mangel an bewegungsfähigen Spermatozoen ausgeführt werden.

Im vorigen Jahre ist indessen die normale Eiablage und Befruchtung geglückt (20. IV. 25). Die Eier entwickeln sich normal, die Larven haben die Metamorphose überstanden, so daß nunmehr die weiteren Resultate abgewartet werden müssen.

Meine Versuche wurden in vollem Umfange von K. Ponse bestätigt. Auch sie hat im Jahre 1925 befruchtete Eier erzielt. Allerdings bestreitet Ponse die Umwandlung des männlichen Kopfskelettes in ein weibliches. Um dieses Urteil zu fällen, liegen ihre Versuche aber wohl noch nicht weit genug zurück. Ponse scheint Geschlechtsumwandlung ohne Beeinflussung des Stoffwechsels erhalten zu haben. Da auch, wie früher erwähnt, das Biddersche Organ bei Genfer und Florentiner Kröten nicht männlich inkretorisch differenziert ist, so scheinen diese Tiere noch labiler zu sein als die mitteldeutschen Kröten.

Wie Meyns an Fröschen und neuerdings Guénot und Ponse an Kröten zeigen konnten, weist auch der Frosch- und Krötenhoden, der vor 8—12 Monaten ins Peritoneum oder unter die Haut kastrierter Männchen überpflanzt wurde, eine Transformation in eine Zwittergonade mit stark vorherrschender Oogenese auf. Diese Erscheinung entspricht dem Anfang einer Umstimmung in weiblicher Richtung (Abb. 151), denn es wandelten sich Spermatogonien in Eizellen um, was von Witschi immer bestritten wurde.

Experimentell physiologische Geschlechtsumstimmung ist weiterhin Champy (1921) bei *Triton alpestris* gelungen. Er berichtet in einer vorläufigen Mitteilung über einen erwachsenen männlichen Triton, der nach „alimentärer Kastration" (Unterdrückung der sommerlichen Geschlechtsperiode durch Hunger) und folgender Überfütterung zum Weibchen geworden sein soll. Das Tier begattete und befruchtete nachweislich im Frühjahr 1920 als normales Männchen, wurde im folgenden Sommer strengem Fasten und im Winter intensiver Fütterung unterworfen; es nahm darauf allmählich weibchenartige Färbung und Größe an und zeigte im April 1921 bei mikroskopischer Untersuchung Ovidukt und Ovarium in der Ausbildungsstufe eines jugendlichen Weibchens.

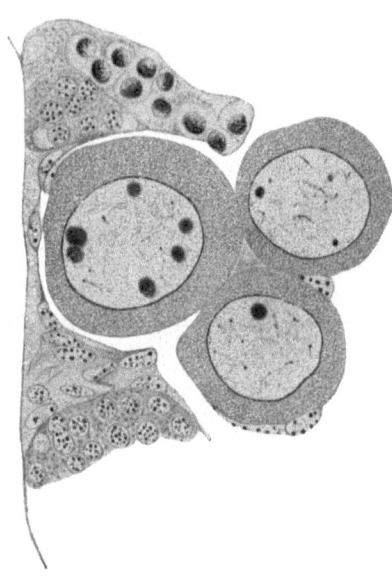

Abb. 151. Abschnitt eines Samenkanälchens aus einem Regenerat: Drei Eizellen liegen zwischen Spermatocyten enthaltenden Cysten. (Nach Meyns.)

Nach neueren Untersuchungen von Zawadowsky, Goodale und namentlich Benoit gelingt die Umstimmung auch bei Vögeln.

Bei zwei weißen Leghornhühnern wurde im Alter von 26 bzw. 4 Tagen das linke Ovarium exstirpiert (Benoit 1923). Nach einem halben Jahr zeigten sich bei beiden Tieren kräftige Kämme und große Bartanhänge. Aus dem rudimentären rechten Ovarium hatte sich in jedem Fall ein Organ entwickelt, das äußerlich einem Hoden ähnlich sah. Mikroskopisch ließen sich typische Hodenkanälchen mit allen Stadien der Spermatogenese bis zum

Spermatozoiden nachweisen. Nach Exstirpation der Organe trat eine Rückbildung der männlichen Geschlechtsmerkmale ein. Benoit betrachtet im Anschluß daran alle bekannten Fälle von Zwittertum bei Vögeln und stellt wohl mit Recht fest, daß alle diese Zwitter Weibchen sind, deren Eierstock in der Entwicklung stehen blieb oder zurückschritt. Sehr häufig schließt sich daran eine Entwicklung von Hodengewebe. In keinem der bekannten Fälle war auf der rechten Seite Ovarialgewebe zu beobachten. In der normalen Embryonalentwicklung erfolgte beim Hoden seitens des Keimepithels eine Zellproliferation, aus der die Sexualstränge entstehen; beim Ovarium folgt noch eine zweite, welche zur Bildung der Eizellen führt. Auf der rechten Seite bleibt dieser zweite Schub aus, wobei aber durch den Einfluß des linken Ovariums eine Weiterentwicklung des ersten Zellmaterials verhindert wird. Nach frühzeitiger Entfernung des linken Eierstocks fällt diese Hemmung weg, wodurch es dann zu einer Hodenbildung kommen kann.

Bei einem 4 Tage alten Hühnchen der goldbraunen Leghornrasse (Benoit 1924) wurde das linksseitige Ovarium exstirpiert, während die rudimentäre Keimdrüse der rechten Seite erhalten blieb. Nach $8^{1}/_{2}$ Monaten glich das operierte Huhn einem vollentwickelten Hahn, nur einige Federn unter den Flügeln und unter dem Schwanz besaßen noch weibliche Färbung. Außerdem verriet das Tier keinen männlichen Geschlechtstrieb und krähte nicht. Bei dem im Alter von $9^{1}/_{2}$ Monaten getöteten Tier fanden sich an Stelle der Geschlechtsdrüsen zwei unregelmäßig geformte Organe; das rechte wog 0,36 g, das linke 0,25 g. Das erstere bestand histologisch aus Samenkanälchen verschiedener Dicke, die zum Teil atypische Spermatozoen enthielten. In einigen Kanälchen konnte man nach Benoit deutlich die Bildung interstitieller Zellen auf Kosten der Sertoli-Zellen feststellen. Die linke Drüse enthält Zellstränge, die den Zellsträngen embryonaler männlicher Keimdrüsen glichen. Beide Strukturen lassen sich auf Rückbleibsel der ersten Keimzellproliferation zurückführen, die sich im vorliegenden Falle dank der Entfernung des Eierstockgewebes weiter entwickeln konnten, während ihre Entwicklung normalerweise durch den Einfluß des Ovariums unterdrückt wird. Die Entfernung des Eierstockes hat also beim goldbraunen Leghornhuhn die Entwicklung von Organen männlichen Charakters zur

Folge, die durch Absonderung eines entsprechenden Hormones die Ausbildung männlicher Geschlechtsmerkmale veranlassen.

Bei den umgewandelten Tieren scheinen die Sertolizellen, die Spermatogonien und Spermatocyten normal zu sein; die Spermatiden jedoch zeigen eine atypische Entwicklung: ihre Kerne sind meist pyknotisch. Auch die Köpfe der Spermien sind verbildet. Es scheint also, daß die Spermiogenese normal einsetzt, dann aber irgendwie gestört wird. Alle Zellelemente sind aber durchaus männlichen Charakters; weibliches Keimgewebe fehlt völlig. Benoit betrachtet die Henne als einen „potentiellen Hermaphroditen" und ihre rechte Gonade als eine rudimentäre Keimdrüse mit männlichen Potenzen. Danach wären Krötenmännchen und Vogelweibchen, wie das auch Witschi meint, Rudimentärhermaphroditen (Gynodiözysten). Für die Kröten wäre dann aber das Biddersche Organ der Weibchen unerklärlich.

Die embryologischen Beobachtungen, die die erste Zellproliferation des Keimepithels der weiblichen Keimdrüsenanlage jener gleichsetzen, die in der männlichen Keimdrüsenanlage den Keimzellen des Hodens ihren Ursprung gibt, werden durch experimentelle Ergebnisse und die histologische Untersuchung der rechten Keimdrüse der Henne bekräftigt. Die rechte Keimdrüse der erwachsenen Henne, die bisher als „rechter rudimentärer Eierstock" bezeichnet wurde, ist in Wirklichkeit als rudimentärer Hoden zu betrachten, da er ausschließlich aus Zellen der ersten Keimproliferation gebildet wird, und da diese Zellen unter entsprechenden experimentellen Bedingungen jederzeit zur Bildung von Zellen in der Richtung der Spermatogenese veranlaßt werden können.

Es läßt sich sogar eine Andeutung eines Hodens nicht übersehen; Ausfuhrgänge, dem Ductus efferens und ein Rete, dem des Hodens vergleichbar, sind vorhanden, ja sogar den Samenkanälchen im embryonalen Hoden ähnliche Bildungen lassen sich nachweisen, wie das schon früher Chappelier bei Finken angab. — Diese Tatsachen führen Benoit zu dem Schluß, daß beide Geschlechter im Soma koexistieren, daß sich aber nur das eine entwickelt, das andere latent, jedoch potentiell bleibt. Die männliche Potenz wird ohne Zweifel durch die Existenz einer weiblichen Gonade verdeckt, bewahrt aber durchaus ihre Eigenart, unabhängig von dem Milieu, in dem sie sich befindet, und kann unter Umständen manifest werden.

Riddle (1925) bestreitet die Hodennatur der rechten Keimdrüse der Vögel, da sie bei Tauben oft reife Eier liefere, was auch von Stieve beim Habicht beobachtet wurde.

Die wichtigen Ergebnisse der normalen und experimentellen Geschlechtsbestimmung und -umstimmung ergeben aber auf jeden Fall den bündigen Beweis, daß der Begriff männlich oder weiblich nichts Starres besagt. Jedes Tier hat die latenten Anlagen des anderen Geschlechts. Beide Anlagen sind reversibel, wie wir es in den dargelegten Befunden gesehen haben. Ich bin nach Vorversuchen überzeugt, daß auch bei jungen Säugern eine Geschlechtsumstimmung möglich ist.

Das wichtige an diesen Ergebnissen ist nicht die Tatsache der Möglichkeit einer Geschlechtsumstimmung, sondern daß wir den phasenhaften Ablauf des Individualcyclus der Tiere immer mehr in die Hand bekommen.

V. Die zu den Keimdrüsen direkt oder indirekt in Beziehung stehenden somatischen Organe.

a) Allgemeine Definition und Einteilung der sekundären Merkmale.

Wenn wir uns die Aufgabe gestellt hatten, die Korrelationen der Keimzellen und Keimdrüsen zu den übrigen Organen des Körpers, soweit sie sexuell männlich oder weiblich differenziert sind, darzustellen, so wird es angebracht sein, zunächst auf den sichtbarsten Ausdruck dieser Einflüsse bei den Tieren einzugehen; es sind das die sekundären Geschlechtsmerkmale. Darunter versteht man seit Hunter solche, die sich nur auf ein Geschlecht vererben und nicht Reproduktionsorgane sind. Die letzteren werden mit Darwin als primäre Merkmale bezeichnet. Wie Kammerer mit Recht betont, kann diese Einteilung nur zur begrifflichen Unterscheidung dienen, denn das Hauptproblem bleibt die Geschlechtsdifferenzierung und die Geschlechtsdeterminierung. Die Geschlechtsunterschiede müssen deshalb mit demselben Maßstab bemessen werden wie die Geschlechtsmerkmale. Bisher verstand man unter primären Merkmalen die Gonade, ihre Ausführungsgänge, die Anhangsdrüsen und Kopulationsapparate; unter sekundären die Gesamtheit der übrigen Merkmale, die direkt nichts mit der Fortpflanzung zu tun haben. Man hat weiter noch tertiäre unterschieden, wobei die primären die Gonaden allein sind, während Anhangs- und wirkliche Hilfsorgane für die Kopulation sekundäre und endlich alle übrigen tertiäre darstellen (A. Brandt und Laurent-Kurella). Neuerdings haben F. E. Schulze und Poll eine neue Einteilung gegeben, die besser unseren heutigen Kenntnissen entspricht:

Differentiae sexuales.

1. Essentiales sive germinales: Geschlechtsdrüsen (Gonaden).
2. Akzidentales.
a) Genitales subsidiariae.
α) Internae: Leitungswege und akzessorische Drüsen usw.
β) Externae: Kopulationseinrichtungen.
γ) Tokotrophia interna und externa: Brutpflegeorgane.
b) Extragenitales.
α) Internae: Stimmorgane, psychische Unterschiede u. dgl.
β) Externae: Unterschiede der Körperbedeckung, Bewaffnung, Färbung usw.

Nach der früheren Einteilung würden die essentialen und genitalen subsidiären Merkmale den primären entsprechen, die extragenitalen dagegen den sekundären; nach der Brandtschen Terminologie die essentialen den primären, die genitalen subsidiären den sekundären und die extragenitalen den tertiären.

Nach Lipschütz lassen sich die Geschlechtsmerkmale in folgendes genetisches System einordnen (allerdings hat es nur für Wirbeltiere Gültigkeit):

1. Von der Pubertätsdrüse unabhängige Geschlechtsmerkmale — zur Entwicklung gelangte Merkmale der asexuellen Embryonalform.
2. Von der Pubertätsdrüse abhängige Geschlechtsmerkmale.
a) Durch fördernde Wirkung der Pubertätsdrüse entstanden.
b) Durch hemmende Wirkung der Pubertätsdrüse entstanden.

Da der Begriff „Pubertätsdrüse" (Steinach) nicht aufrechterhalten werden kann, so hätte dieses Schema nur Wert, wenn man statt dessen sagte „männliche oder weibliche Keimzellen". Eine asexuelle Embryonalform könnte höchstens eine neotene Form sein, denn selbst bei primär asexuellen Tieren ist ein Somageschlecht festzustellen.

Genauer auf die sekundären Geschlechtsmerkmale im weitesten Sinne einzugehen, dürfte sich hier erübrigen, da ihre Morphologie bekannt genug ist; auch werden wir Gelegenheit haben, sie bei denjenigen Tieren kennen zu lernen, bei denen sie einer experimentellen Beeinflussung ausgesetzt worden sind.

b) Keimdrüsen und Wachstum.

Da sich der sexuelle Dimorphismus meist auch in verschiedener Größe und Gestalt der Geschlechter ausprägt, so mögen hier einige Worte über die sexuell differenten Wachstumsformen Platz finden. Die Untersuchungen sind hier allerdings noch spärlich und beschränken sich vorerst noch auf die Säugetiere und besonders den Menschen. Großer stellte 1922 fest, daß sich Knaben und Mädchen schon in der Embryonal- und Säuglingszeit in wesentlichen Punkten verschieden verhalten, besonders in der Knochenentwicklung, beim Zahndurchbruch und in der Beckenbildung. Auch die Wachstumskurve verläuft sowohl beim Gesamtkörper wie bei einzelnen Organen für Mädchen und Knaben verschieden. Es gibt daher kein neutrales (bisexuelles) Kindesalter im strengen Sinne des Wortes.

Zur Erklärung dieser deutlichen somatischen Unterschiede in anatomischer, physiologischer und pathologischer Hinsicht zwischen beiden Geschlechtern sei auf die verschiedene endokrine Wirkung von Hoden und Ovarien hingewiesen, wie sie besonders in den Beziehungen zur Schilddrüse und Hypophyse Ausdruck finden. Das Hodenhormon ist das einzige, welches von der Mutter nicht auf das Kind übertragen wird, während die anderen Hormone von der Mutter der Frucht zugeführt und nutzbar gemacht werden. Die männliche Frucht ist daher gänzlich auf die in den Chromosomen als Encymerreger vorhandene Energie angewiesen; ist sie zu schwach, so werden sich die männlichen Individuen gar nicht oder nur mangelhaft entwickeln und werden zu Erkrankungen bereiter sein als die weiblichen, denen schon im Embryonalleben Ovarialhormon dauernd zugeführt wird.

Von großem Interesse sind hier zunächst die geschlechtlich verschiedenen Wachstumsprozesse der einzelnen Organe im Vergleich zum Gesamtgewicht. Jackson und Shinkishi Hatai haben 1913 versucht, diese Messungen bei Ratten in Kurven und Formeln auszudrücken. Für die Wachstumsrelationen lauten diese Formeln (Hatai 1911):

$$y = ax + b \log x + c,$$

oder einfacher $\quad y = b \log x + c,$

wobei y das Gewicht des Organs, x das Körpergewicht ist und a, b und c Konstanten, die von den beobachteten Daten gewonnen werden.

346 Keimdrüsen in Beziehung zu den somatischen Organen.

Bei den Geschlechtsdrüsen war es nötig, zwei Formeln zu gebrauchen, um die verschiedenen Wachstumsphasen ausdrücken zu können.

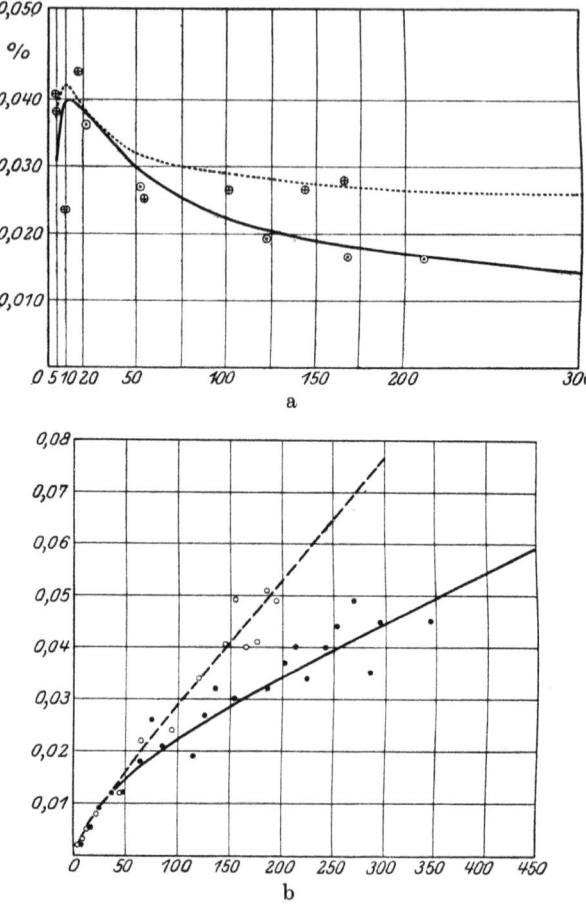

Abb. 152a, b. a Nebennieren, Prozentsatz auf das Körpergewicht bezogen. Die Kurve bezieht sich auf das Schema von Hatai, Männchen ———, Weibchen ...... Durchschnitt aus 7tägiger Periode nach Jacksons Daten; Männchen ⊙, Weibchen ⊕ (nach Jackson). — b Schema, das Gewicht der Nebennieren bei einer Albinoratte in bezug auf das Körpergewicht angebend. Die beobachteten Gewichte werden an 92 männlichen Ratten (Jackson) gezeigt, die unter 50 g Körpergewicht hatten, und 53 (Wistar) männlichen Ratten über 50 g Körpergewicht; 84 (Jackson) weiblichen Ratten unter 50 g Körpergewicht und 29 (Wistar) über 50 g Körpergewicht. ● beobachtetes Gewicht, Männchen, ○ beobachtetes Gewicht, Weibchen, ——— errechnetes Gewicht, Männchen, - - - - - errechnetes Gewicht, Weibchen. (Nach Hatai.)

$y = a + bx + cx^2$ für eine Phase,
$y = b \log x + c$ für die andere Phase.

Es ergab sich so bei der Albinoratte, daß die Nebennieren viel größer beim Weibchen als beim Männchen sind, speziell bei einem Körpergewicht von über 100 g (Abb. 152 a, b).
Werden die Gewichte entsprechend den Altersgruppen angeordnet, so ist das relative Nebennierengewicht bei beiden Geschlechtern sehr verschieden. Beim Männchen beträgt das maximale relative Gewicht 0,038 vH. des Körpergewichts bei Neugeborenen, nach 7 Tagen fällt es auf 0,023 vH. ab, steigt dann

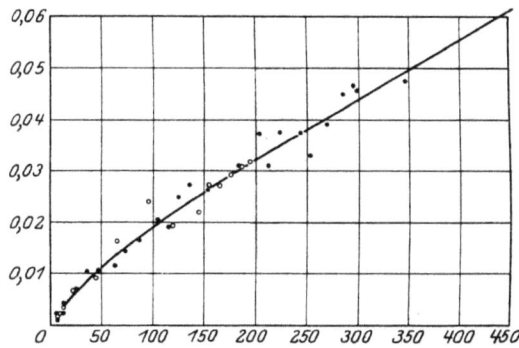

Abb. 153. Kurve, die das Gewicht der Schilddrüse bei einer Albinoratte in Beziehung zum Körpergewicht zeigt. Die festgestellten Gewichte werden an 42 (Jackson) weiblichen Ratten gezeigt, die weniger als 50 g Körpergewicht hatten, und 49 (Wistar) männlichen Ratten über 50 g Körpergewicht; sowie (Jackson) 36 weiblichen Ratten unter 50 g Körpergewicht und 27 (Wistar) weiblichen Ratten über 50 g Körpergewicht. ● beobachtetes Gewicht, Männchen, ——— errechnetes Gewicht für beide Geschlechter, ○ beobachtetes Gewicht, Weibchen. (Nach Hatai.)

bis zum 20. Tage wieder auf 0,036 vH. an. Danach fällt das Gewicht wieder ab auf 0,027 vH. nach 6 Wochen, 0,018 vH. nach 10 Wochen und 0,016 vH. nach 5 Monaten und 1 Jahr. Der Verlauf der Kurve des relativen Wachstums gleicht dem des Weibchens, jedoch haben wir hier das Maximum am 20. Tage 0,043 vH., bei der Geburt 0,041 vH. Nach 6 Wochen ist die relative Größe viel größer beim Weibchen als beim Männchen, 0,026 vH. zu 0,028 vH. des Körpergewichts. Auch das absolute Gewicht der Nebennieren ist nach 6 Wochen größer beim Weibchen, obwohl das Körpergewicht geringer ist. Die Schilddrüse

348 Keimdrüsen in Beziehung zu den somatischen Organen.

verhält sich bei beiden Geschlechtern ungefähr gleich, wie das die Kurve Abb. 153 zeigt.

Die Hypophyse zeigt dagegen wieder beträchtliche Differenzen. Die Kurve gibt davon eine gute Übersicht (Abb. 154).

Bei den Keimdrüsenkurven sind besonders die Ovarien bemerkenswert (Abb. 155 a, b). Entsprechend den Jacksonschen Altersperioden beträgt das relative Gewicht bei der Geburt (1. Periode) 0,017 vH., nach einem leichten Abfall nach 7 Tagen (2. Pe-

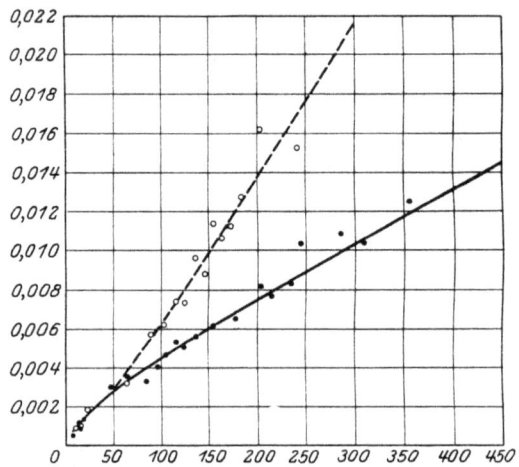

Abb. 154. Kurve, das Gewicht der Hypophyse in Beziehung zum Körpergewicht bei einer Albinoratte angebend. Das beobachtete Gewicht wird festgestellt an 78 männlichen und 80 weiblichen Ratten. ● beobachtetes Gewicht, Männchen, ○ beobachtetes Gewicht, Weibchen, ・・・・・ errechnetes Gewicht, Männchen, ──── errechnetes Gewicht, Weibchen. (Nach Hatai.)

riode) erreichen sie das erste Maximum von 0,022 vH. nach 20 Tagen (3. Periode). Nach 6 Wochen (4. Periode) gehen sie auf 0,020 vH. zurück und erreichen ein zweites Maximum nach 10 Wochen (Pubertätsalter, 5. Periode) von 0,034 vH. Darauf vermindert sich das relative Gewicht auf ein Mittel von 0,025 vH. des Körpergewichts nach 1 Jahr (6. Periode). Die 7. Periode ist das Senium.

Das Körpergewicht der Tiere eines Wurfes ist bei den Männchen im Durchschnitt höher. Obwohl nun das Wachstum im all-

Keimdrüsen und Wachstum. 349

gemeinen bei Weibchen stärker ist, wenigstens in den ersten 6 Wochen, so überholen sie doch in den meisten Fällen die Männchen nicht. Im Vergleich zum Ovar hat der Hoden eine Kurve, wie sie Abb. 156 veranschaulicht.

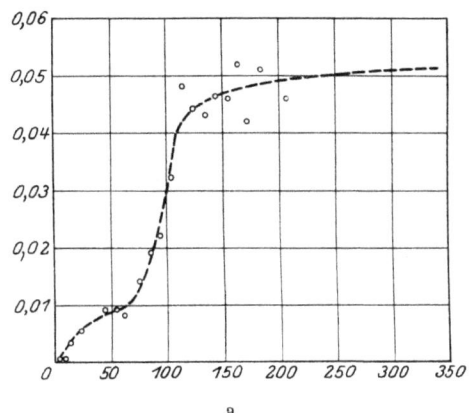

a

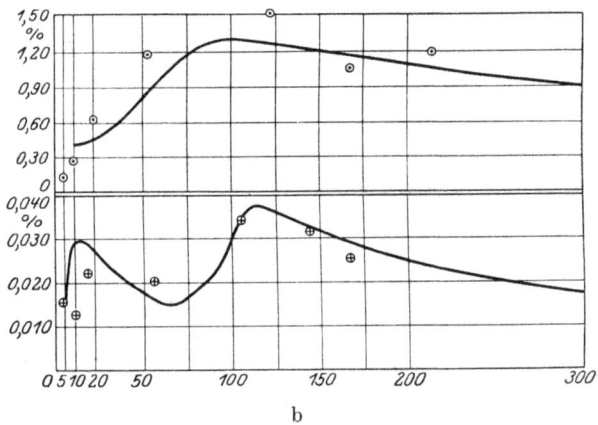

b

Abb. 155a, b. a Kurve, das Gewicht der Ovarien einer Albinoratte zeigend in Beziehung zum Körpergewicht. Das beobachtete Gewicht wird an 136 (Jackson) Ratten festgestellt. ○ beobachtetes Gewicht. ------ errechnetes Gewicht. — b 1. obere Kurve der Hoden, Prozentsatz auf das Körpergewicht bezogen. Die Kurve bezieht sich auf das Schema von Hatai (Nebenhoden nicht eingeschlossen). Durchschnitt aus sieben Altersperioden. (Nach Jacksons Schema.) (Nebenhoden eingeschlossen.) 2. untere Kurve der Ovarien. Prozentsatz auf das Körpergewicht bezogen. Kurve bezieht sich auf das Schema von Hatai. Durchschnitt aus sieben Altersperioden. (Nach Jacksons Schema.)

350 Keimdrüsen in Beziehung zu den somatischen Organen.

Auch bei verschiedenen Menschenrassen hat man die Perioden der postuterinen Entwicklung festgestellt, allerdings ist

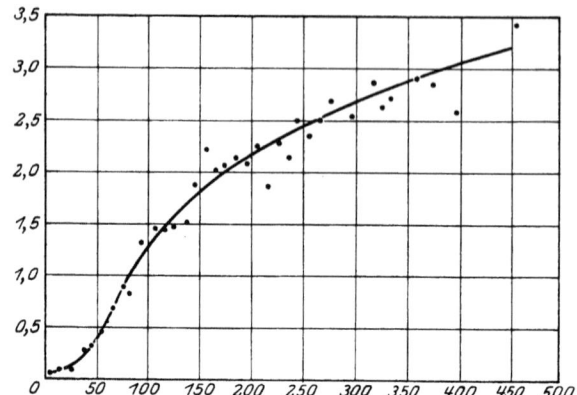

Abb. 156. Kurve, das Gewicht des Hodens einer Albinoratte zeigend, im Vergleich zum Körpergewicht. Die beobachteten Gewichte werden an 121 Ratten gezeigt. ● beobachtetes Gewicht, —— errechnetes Gewicht. (Nach Hatai, vgl. Abb. 155a.)

das Material nicht sehr groß. Als Grundlage nehme ich das Schema von Stratz.

A. Erste neutrale Entwicklungszeit (neutrales Kindesalter).

Lebensjahr	Totallänge in Kopf- in cm höhen		Gewicht in kg	Name der Periode	
0	4	50	3,25—3,5	1. Säuglingsalter (zahnlose Periode).	
1	4½	75	9		
2	5	85	11	2. Erste Fülle. Die Kinder nehmen stark an Breite zu, bleiben fett und rund. Neutrale kindliche Idealgestalt wird Ende der Periode vollendet.	Milchzahnperiode.
3	5¼	93	12,5		
4	5½	97	14,5		
5	5¾	103	16	3. Erste Streckung. Die Kinder wachsen relativ in die Länge. Zugleich erhebliche Abmagerung, so daß die Kinder oft welk und dürr erscheinen.	
6	6	111	17		
7	6¼	121	19		

Keimdrüsen und Wachstum.

B. Zweite bisexuelle Entwicklungszeit.
(Bisexuelles Kindes- und Jugendalter.)

	Knaben.				Mädchen.	
Lebensjahr	Totallänge in Kopfhöhen	in cm	Gew. in kg	Name der Periode	Lebensjahr	Länge in cm	Name der Periode
8	—	125	21,5	4. Zweite Fülle. Die Kinder nehmen stärker an Breite zu als an Länge. Bei Knaben am Brustkorb bemerkbar, Entwicklung d. Muskeln.	8	125	Zweite Fülle. Breitenzunahme der Beckengegend. Subkutane Fettschicht entwickelt sich, speziell Gesäß, Hüften und Oberschenkel.
9	—	128	23,5		9	128	
10	6½	130	25,5		10	130	
11	6½	135	28				
12	7	140	35,5				
13	7¼	146	33	5. Zweite Streckung. Längenzunahme stärker als Breitenzunahme, oft auf 1 Jahr angehäuft. Bei Knaben Stimmwechsel im 15. Jahre. Wachsen des Kehlkopfes. Pubishaare.	11	138	Zweite Streckung. Längenzunahme stärker als Breite, oft auf 1 Jahr angehäuft. Im 13. Jahr bei höheren Klassen oft Menstruation. 11.—14. Jahr Wachstum der Milchdrüsen.
14	—	151	37		12	143	
15	7½	160	41		13	155	
16	—	162	45		14	158	
17	7¾	165	50	6. Dritte Fülle. Vermehrung d. Schulterbreite. Starke Entwicklung d. Muskeln. Dadurch männl. Aussehen. Die Körperhaare treten auch in den Axillen auf.	15	160	Dritte Fülle. Durch subkutane Fettbildung erscheint der Körper mehr abgerundet. Körperhaare am Unterleib, dann Achselhöhle.
18	—	170	55	7. Reife (Pubertas). Körper fortpflanzungsfähig, Bart beginnt aufzutreten.	16	162	Reife (Pubertas). Der Körper wird zur Fortpflanzung fähig. Brust fertiggebildet. In den niederen Klassen tritt erst jetzt Menstruation ein.
					17	163	
					18	165	
19	—	175	60	8. Vollreife. Der Körper erreicht den Höhepunkt seiner Entwicklung.	19	168	Vollreife.
20–34	—	180	70		20–28	170	

C. Stationäres Reifestadium.
(Mann: 34—55 Jahre, Frau: 28—50 Jahre.)

D. Regressives Stadium, Senium und Tod.
(Mann: 50—75 Jahre, Frau: 45—75 Jahre.)

352 Keimdrüsen in Beziehung zu den somatischen Organen.

Die beigefügten Wachstumskurven (Abb. 157 a, b) bis zur Pubertät seien den folgenden Untersuchungen vorausgeschickt.

Hier mögen nun als wertvolle Ergänzung die Recheschen Untersuchungen an melanesischen Kindern Platz finden. Als Grundlage diene eine Kurve (Abb. 158), in der neben die von

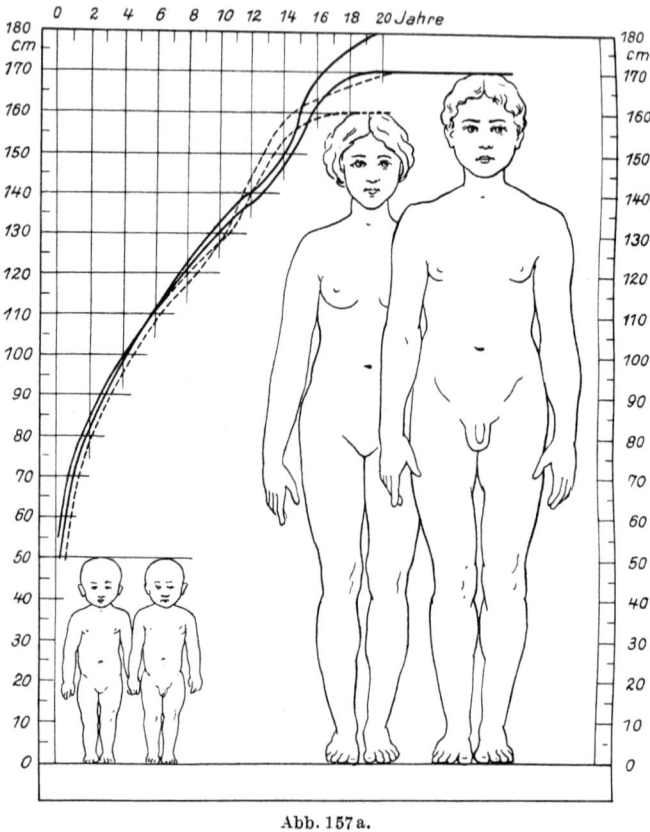

Abb. 157a.

Stratz für die nordeuropäische Rasse konstruierten „Normalwachstumskurven" (dicke gestrichelte Linie = Kurve der Knaben, dünne gestrichelte Linie = Kurve der Mädchen) die Kurven des durchschnittlichen Größenwachstums der von Reche untersuchten Matupikinder eingezeichnet worden sind (die dicke ausgezogene Linie = Kurve der Knaben, die dünne ausgezogene Linie = Kurve der

Mädchen). Reche zieht die von Stratz gegebenen Kurven zum Vergleich heran, weil das ihnen zugrunde liegende Material viel gleichartiger und gleichwertiger ist als das, aus dem die Durch-

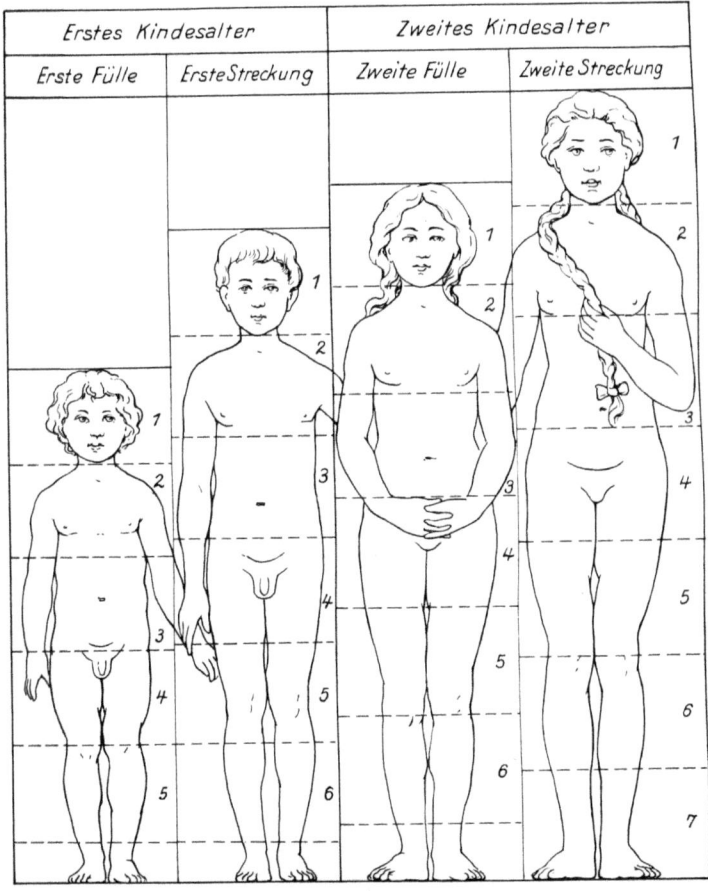

Abb. 157b.
Abb. 157a, b. a Wachstumskurven. (Nach v. Lange und Stratz.) b Stufen des Kindesalters. (Nach Geyer, Stratz).

schnittswerte anderer Autoren, wie Ranke, Daffner, Rietz, Townsend, Porter usw. berechnet sind.

Der Vergleich der Kurven zeigt zunächst, daß die Körpergröße der Matupikinder bis auf eine Ausnahme stets ziemlich beträchtlich hinter der der europäischen Kinder zurückbleibt, nur im 17. Lebensjahre, am Ende des Wachstums der melanesischen Knaben, steigt ihre Kurve bis zu der der Europäer heran. Betrachten wir die Kurven bezüglich der von Stratz fixierten Perioden der 1. und 2. Streckung und der 1., 2. und 3. Fülle, so sehen wir, daß sich zunächst auch für die Südseekinder, genau so wie für die europäischen, eine vom 5. bis 7. Lebensjahre dauernde Periode der 1. Streckung konstatieren läßt. Die Größenzunahme ist dabei ziemlich bedeutend. Die hierauf sehr deut-

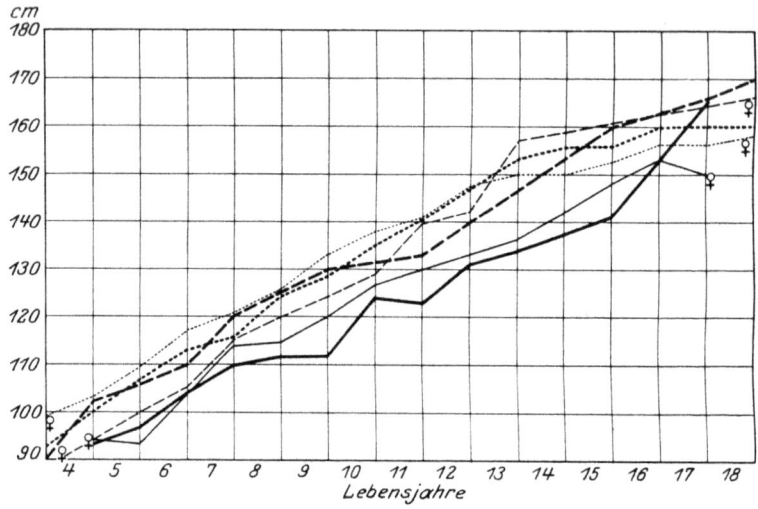

Abb. 158. Lebensalterkurve nach Reche. Erklärung im Text.

lich einsetzende Periode der 2. Fülle reicht aber weniger weit als beim europäischen Kinde, nur bis etwa zum Beginn des 10. Jahres; sie ist dafür desto ausgeprägter und es scheint ein förmlicher Wachstumsstillstand einzutreten; 7-, 8- und 9jährige sind, wenn man sie nebeneinander stellt, in der Größe nicht zu unterscheiden. Die Periode der 2. Streckung scheint bei den Knaben vom Schluß des 9. bis zum Beginn des 13. Jahres, bei den Mädchen von etwa Mitte des 9. bis Anfang des 11. Jahres zu liegen, also erheblich früher als bei den europäischen Kindern (bei den europäischen Knaben 12.—16. Jahr, bei den Mädchen 11.—14. Jahr); sie ist bei den Matupikindern also ungefähr in dem Jahre beendet, wo sie bei den nordeuropäischen beginnt.

Ziemlich allmählich scheint sie in die Periode der 3. Fülle überzugehen, die bei den Matupimädchen etwa bis zum Beginne des 14. Lebensjahres, bei den Knaben bis zum 16. reicht; dann setzt bei beiden Geschlechtern eine sehr auffallende Periode intensiven Wachstums ein, die sich in dem Grade bei europäischen Kindern nicht findet, und in der die Körpergröße um den recht erheblichen Wert von 20—25 cm vermehrt wird. Mit Beginn des 17. Lebensjahres scheint in der Hauptsache bei den Mädchen, mit dem 18. bei den Knaben das Größenwachstum abgeschlossen zu sein, denn soweit Reche's Beobachtungen reichen, dürfte die Durchschnittsgröße der erwachsenen Männer kaum 1,65 m, die der Weiber kaum 1,52 übersteigen. Vergleichen wir die Wachstumskurve der Mädchen mit der der Knaben, so fällt sofort eine merkwürdige Erscheinung auf: die gemessenen Mädchen waren in fast allen Lebensaltern größer als die Knaben; das fand Reche schon bei den 4jährigen (von den 5jährigen Mädchen konnte er leider nur eins, und zwar ein etwas zurückgebliebenes, untersuchen), und bei den 9jährigen betrug die Differenz zugunsten der Mädchen sogar 8 cm, für die 11jährigen 7 cm. Das ist jedenfalls etwas sehr Auffallendes, da sich bei europäischen Kindern nichts derartiges findet; bei ihnen haben wir nur für wenige Jahre (etwa 11. bis 15.) ein Überwiegen der Körpergröße der Mädchen. Dieses Resultat kann kaum auf Zufall beruhen, denn es wäre schon ein recht unwahrscheinlicher Zufall, wenn gerade alle gemessenen Mädchen größer gewesen wären und noch dazu um so viele Centimeter, außerdem war dieser Größenunterschied den Missionaren bereits bekannt. Etwas Ähnliches findet sich in der Literatur nur in einem Falle, nämlich in den Tabellen, die Baelz vom Wachstum der Japaner gibt. Zum Vergleich hat Reche daher auch in seiner Tabelle die aus den Baelzschen Zahlen konstruierten Wachstumskurven japanischer Kinder (dicke punktierte Linie = Kurve der Knaben, dünne Linie = Kurve der Mädchen) angegeben. Auch bei den Japanern sind also die Mädchen während des größten Teils des Wachstums größer als die Knaben, nämlich bis zum Ende des 11. Jahres, und zwar im 7. und 9. Jahre sogar 5 cm; erst vom Beginn des 13. ab werden sie von den Knaben überflügelt. Bei aller Ähnlichkeit findet sich aber ein großer Unterschied; bei den Matupikindern dauert dieses Größenverhältnis viel länger an, da sind die Mädchen etwa

4 Jahre länger an Körpergröße den Knaben voraus. Der Umstand, daß sich diese merkwürdige Erscheinung der bedeutenderen Körpergröße der heranwachsenden Mädchen bei zwei so verschiedenen Rassen wie der japanischen und der melanesischen findet, könnte es wahrscheinlich machen, daß dieses Verhalten für primitive Rassen charakteristisch ist; jedenfalls dürfte es sich empfehlen, andere primitive Rassen daraufhin zu untersuchen. Bei dem Vergleich der Kurven der japanischen und melanesischen Kinder ergeben sich übrigens noch weitere Ähnlichkeiten; so reicht bei den japanischen Knaben die Periode der 2. Fülle auch nur bis zum Beginn des 10. Lebensjahrs, und bei den japanischen Mädchen endigt sie sogar noch früher als bei den Matupimädchen, nämlich schon Anfang des 8. Jahres, also 3 Jahre eher als bei den Europäerinnen.

Die bei den Matupikindern so stark betonte 3. Streckung findet sich bei den japanischen Kindern ebensowenig wie bei den europäischen.

Von den Körperproportionen will ich nur auf das Verhältnis der Kopfhöhe zur ganzen Körperlänge eingehen, auf dessen Brauchbarkeit besonders Stratz hingewiesen hat. Es ist, um es genauer zu präzisieren, das Verhältnis der am — ungefähr in der deutschen Horizontale orientierten — Kopf als Projektionsmaß genommenen senkrechten Höhe (vom Unterrande des Kinnes bis zum obersten Punkte des Scheitels) zur gesamten Körperlänge. Schon Stratz macht darauf aufmerksam, daß dies Verhältnis bei primitiven Rassen ein wesentlich anderes sei als beim Nordeuropäer, daß bei diesem etwa 8 Kopfhöhen auf die Körperlänge gehen, bei den primitiven Rassen aber weniger. Das fand Reche nun bei den Matupikindern vollkommen bestätigt. In der folgenden Tabelle (siehe S. 357) sind die von Stratz für nordeuropäische Kinder angegebenen Verhältniszahlen mit den von Reche für die Matupikinder gefundenen zusammengestellt; die eingeklammerten Zahlen beruhen auf Schätzung.

Der Vergleich ergibt, daß bereits beim 3jährigen Matupikind fast eine Kopfhöhe weniger auf die Körperlänge geht als beim gleichaltrigen Europäer, und dies Verhältnis bleibt während des gesamten Wachstums ungefähr das gleiche; im 6. Lebensjahr ist die Differenz genau die Kopfhöhe und im 15. Jahr beträgt sie sogar noch etwas mehr. Beim Erwachsenen bleibt sie eben-

Matupi

Lebensjahr	♂	♀	Nordeuropäer
3	(4,4)	4,4	$5^1/_4$
4	4,5	4,6	$5^1/_2$
5	4,8	4,7	$5^3/_4$
6	(5,0)	(5,0)	6
7	5,2	5,3	$6^1/_4$
8	5,4	5,4	
9	5,7	5,7	
10	5,7	5,9	$6^1/_2$
11	5,7	5,7	$6^3/_4$
12	6,0	(6,1)	7
13	5,9	6,4	$7^1/_4$
14	(6,0)	(6,5)	
15	6,0	(6,5)	$7^1/_2$
16	(6,5)	6,6	$7^3/_4$
17	7,1	6,7	
Erwachsen	7,0	6,7	8

falls um eine Kopfhöhe (bei den Weibern sogar um mehr) zurück, so daß die Körperlänge des erwachsenen Matupieingeborenen etwa sieben, die des Nordeuropäers etwa acht Kopfhöhen beträgt, oder um es anders auszudrücken, die durch das Verhältnis der Kopfhöhe zur Körperlänge ausgedrückte Proportion des erwachsenen Matupieingeborenen entspricht den Proportionen des 12jährigen europäischen Knaben. Man vergleiche damit die Äußerung von Stratz: „Merkwürdig ist, daß die Verhältnisse der primitiven Rassen zwischen dem 6- und 15jährigen Knaben stehen bleiben, und die der mongolischen und nigritischen Rassen sich nur wenig über dem 5jährigen Knaben erheben." Entsprechend ihrer in fast allen Wachstumsjahren fortgeschrittenen Körpergröße ist bei den Matupimädchen auch das Verhältnis der Kopfhöhe zur Körperlänge etwas günstiger als bei den Knaben; erst mit der Einsetzung der 3. Streckung bei den Knaben kehrt sich dies Verhältnis zugunsten des männlichen Geschlechts um, so daß beim erwachsenen Weibe noch weniger als die für den Matupimann normalen sieben Kopfhöhen auf die Körperlänge kommen.

Das merkwürdigste Resultat ergaben aber Reches Untersuchungen bezüglich des Eintrittes der Pubertät: alle von ihm untersuchten Mädchen, mit Ausnahme der 17jährigen, hatten noch nicht menstruiert. Dieses auffällig späte Eintreten der

Menstruation ist übrigens auch den Missionaren bekannt, schon deshalb, weil sie, um die früher üblichen viel zu zeitigen Heiraten mit noch nicht geschlechtsreifen Mädchen zu vermeiden, erst dann die Erlaubnis zur Ehe gaben, wenn die Braut bereits menstruiert hatte. Bei dem Matupimädchen tritt also die Menstruation später ein als bei der Mitteleuropäerin. Wir haben hier also eine Erscheinung, die all dem, was man bisher annahm, auf das krasseste widerspricht. Die Pubertät tritt bei diesen Tropenbewohnern nicht nur nicht früher, sondern sogar später auf, als bei den im gemäßigten Klima lebenden Europäern. Die Pubertät setzt bei den Matupi in dem Momente ein, wo das Größenwachstum aufhört. Europäer verhalten sich bekanntlich in dieser Hinsicht ganz anders, bei ihnen fällt der Eintritt der Pubertät in die Periode der 2. Streckung, also weit vor Beendigung des Größenwachstums. Welche der beiden Rassen hierin den primitiveren Zustand zeigt, ist vorläufig schwer zu unterscheiden, da noch zu wenig exakte Untersuchungen über Säugetiere vorliegen. Soviel man bis jetzt aber aus der Literatur, besonders der tierärztlichen und aus mündlichen Mitteilungen von Tierärzten und Zoologen erfahren konnte, scheint es, als ob mindestens bei der Mehrzahl der Säugetiere ebenfalls vor Abschluß des Wachstums die Pubertät einträte; so ist beispielsweise bei den Pferden und Rindern das Längenwachstum bei Abschluß der Geschlechtsreife durchaus noch nicht abgeschlossen. Speziell für Affen erhielt Reche aus Zoologischen Gärten folgende Angaben: ein Babuinweibchen (*Cynocephalus babuin*) hatte das erstemal mit etwa 7 Jahren menstruiert, also ungefähr 3—4 Jahr vor Abschluß des Wachstums.

Die Untersuchung von Baelz über die Japaner zeigt ein ganz ähnliches Bild wie bei den Melanesiern: auch bei dieser Rasse ein früher Abschluß des Größenwachstums und eine unerwartet späte, erst nach Abschluß des Wachstums eintretende Geschlechtsreife. Interessant ist dabei, daß das Wachstum beider Geschlechter in Japan früher abschließt als in Europa, und das ist deshalb merkwürdig, weil die Entwicklung des weiblichen Geschlechts trotzdem nicht schneller vor sich geht als in Europa. Im Gegenteil bekommt Baelz von Lehrerinnen verschiedener Schulen, in denen japanische, europäische und Mischkinder gleichzeitig als Pensionäre leben, übereinstimmend die Angabe, daß die japanischen Mädchen am spätesten entwickelt sind, die rein europäischen am allerfrühesten, die Mischlinge stehen in der Mitte. Als durchschnittliches Alter für den Eintritt der Menstruation gibt Baelz 14,5 Jahr an; die relativ größere Anzahl von erstmaligen Menstruationen wies sogar das 15. Lebensjahr auf.

Das Klima kann in dieser Beziehung nicht den starken Einfluß haben, den man ihm bisher zugeschrieben hat, auf jeden Fall kann es nicht in dem Sinne wirken, daß proportional der Wärmezunahme des Klimas die Pubertät in einem früheren Lebensalter erreicht wird — eine Anschauung, die sich in der Literatur weit verbreitet findet —, denn sonst müßte bei den in einem echt tropischen Klima lebenden Melanesiern die Pubertät viel zeitiger auftreten als bei den Europäern.

Bemerkenswert ist auch das sehr späte Auftreten der sekundären Geschlechtsmerkmale bei den Matupikindern und der Knospenbrust im 16. Jahr. Bei 17jährigen Jünglingen findet sich noch keine Spur von Bart, teilweise auch nicht bei 20jährigen, dagegen ist später sehr reichlicher Bartwuchs vorhanden.

Überblick über die sekundären Geschlechtsmerkmale.

Alle Sexualcharaktere mit Einschluß der Keimdrüsen sind nun entweder während des ganzen Wachstums- und Funktionzustandes von cyclischen Beeinflussungen unabhängig, oder sie zeigen jahresperiodische Evolution und Involution. Allerdings läßt sich sagen, daß geringfügige Schwankungen auch bei den nicht periodischen Tieren vorhanden sind. Werden indessen die jahreszeitlichen Schwankungen immer stärker, so daß sich Höhepunkte der geschlechtlichen Betätigung unterscheiden lassen, so sind dann nicht nur die Keimdrüsen in ihrer höchsten Funktionstätigkeit, sondern auch die sekundären Merkmale treten besonders stark hervor. Sie können so allmählich zu einem ständig ausgeprägten Brunstcharakter werden. Vorübergehende Ausprägung der sekundären Merkmale kennen wir z. B. in dem Hochzeitskleide der männlichen Webervögel und Enten, die außerhalb der Brunst in der Färbung den Weibchen ähneln; ferner in den oft sehr intensiven Laichfarben der männlichen Molche und der Fische, den Brunstschwielen der Froschmännchen und dem Rückenkamm der männlichen Tritonen. Zusammen mit diesen Brunstcharakteren fällt auch der periodische Geschlechtstrieb, der sich in Erektion, Umklammerung des Weibchens und Ejaculation äußert.

Da die Tiere mit periodischen Geschlechtscyclen besonders der experimentellen Untersuchung zugänglich sind, so sei hier kurz auf sie eingegangen. Besonders häufig wird eine nur einmalige Brutperiode bei den Arthropoden beobachtet, die dann meist mit dem Tode endet (viele Insecten). Viele Lepidopteren z. B. haben eine einzige ununterbrochene Geschlechtsperiode im Imagostadium, wo die männlichen Schmetterlinge häufig mit bunteren Farben ausgestattet sind und selbst dann noch die Flügel beibehalten, wenn die Weibchen sie schon durch Anpassung eingebüßt haben.

Legueux stellte bei *Gammarus duebenii* 1924 fest, daß während der Geschlechtsruhe die Brutplatten der Weibchen keine Borsten tragen; diese treten erst kurz nach der Copula auf. Die Bildung dieses sekundären Geschlechtsmerkmals wird durch ein Hormon des Eierstockes geregelt.

Die Oostegiten, welche den Brutsack (Marsupium) der Isopoden (und Cumaceen) umgeben, sind nach Vandel (1924) vorübergehende Bildungen, die sich beim Beginn der Eiablage und Entwicklung herausdifferenzieren. Sie entstehen nicht infolge der Befruchtung des Weibchens. Bei einer parthenogenetischen Form: *Trichoniscus (Spiloniscus) provisorius* und bei nicht parthenogenetischen Individuen derselben Art ist die Entwicklung der Ostoegiten normal, ebenso bei der nicht parthenogenetischen Art *Trichoniscus (Spiloniscus) biformatus*. Junge, nicht befruchtete Weibchen von *Ligidium hypnorum* und *Philoscia muscorum* wurden isoliert, die Oostegiten entwickelten sich normal, aber es gelangten keine Eier in den Brutsack. Der Entwicklungsgang der Oostegiten der Isopoden ist also unabhängig von der Befruchtung; er stimmt jedoch genau mit dem Cyclus der Ovarialentwicklung überein. Vermutlich ist er an die Reifung der Eier im Ovarium gebunden. Die Natur einer solchen Korrelation ist noch ungeklärt. Zur Bestätigung dieser Auffassung lassen sich verschiedene ähnliche Beobachtungen an Entomostraken und Malakostraken aus der Literatur heranziehen.

Unter den Anneliden lassen sich schon mehrmalige periodische Geschlechtscyclen, die mit periodisch wohlausgeprägten Sexusmerkmalen einhergehen, unterscheiden, wenn auch die Einzelheiten hier noch nicht so genau bekannt sind. Beim Regenwurm z. B. schwillt während der Geschlechtsperiode das Clitellum besonders stark an, während später in der asexuellen Periode dieses drüsige Organ sich mehr und mehr rückbildet.

Prägnanter treten uns diese Geschlechtscyclen bei den Wirbeltieren entgegen, vielleicht aber nur deshalb, weil sie besser untersucht sind. Bei manchen Formen, z. B. bei *Rana fusca* und auch dem Maulwurf, sind in den Keimdrüsen während der Brunstperiode nur reife Geschlechtsprodukte außer den ruhenden Spermatogonien bzw. Oogonien, vorhanden. Nach der Brunst kehrt die Gonade gewissermaßen auf einen jugendlichen Zustand zurück, es sind nur Oogonien bzw. Spermatogonien vorhanden, die dann in regelmäßigen zeitlichen Intervallen bis zur Brunst sich wieder zu reifen Elementen entwickeln. In demselben Cyclus bilden sich auch die sekundären Merkmale aus. Besonders deutlich sind die Sexualperioden bei manchen Amphibien und vielen Säugetieren ausgeprägt. Bei manchen anderen dagegen kann die Begattung das ganze Jahr hindurch stattfinden, besonders bei domestizierten Formen. Bei den meisten jedoch ist sie an eine bestimmte Jahreszeit gebunden, die dann für die betreffende Art als Brunstzeit oder Oestrum bezeichnet wird. Manchmal kann sogar die geschlechtliche Periode bei Männchen und Weibchen in verschiedene Jahreszeiten fallen. So sind bei *Vespertilio* die Samenzellen im Herbste reif, während die Eier erst im Frühjahr entwickelt werden. Brunst und Reifung der Keimzellen fallen also hier beim Weibchen nicht zusammen

Hier mögen sich nun zunächst einige gut durchuntersuchte Beispiele über sekundäre Merkmale anschließen, die uns zeigen, daß jeder Teil des Körpers sexuell differenziert sein kann und oft auch ist. Zuweilen haben wir sogar zweierlei Ausdrucksformen eines Geschlechts, eine Erscheinung, die Pézard als Poikilandrie bezeichnet.

Man versteht darunter das Vorhandensein zweier oder mehrerer Formen von Männchen bei einer Art. Das ist bei Schmetterlingen bekannt, ferner unter den Hühnervögeln bei der Campine-, der Hamburger- und der Sebright-Rasse. Bei diesen Hühnerrassen besitzen die Hähne entweder ein männliches Gefieder oder sind hennenfedrig. Von der Beobachtung ausgehend, daß die Totalkastration bei den hennenfedrigen Hähnen das Auftreten eines normalen Hahnengefieders hervorruft, schloß Morgan auf eine hemmende Funktion des Testikels dieser Hähne, analog der hemmenden Funktion des Ovariums auf das Gefieder. Morgan u. a. konnten nun feststellen, daß bei hennenfedrigen Sebrighthähnen nach Kastration und Entfernung des Gefieders auf einer Seite sich eine halbseitige Poikilandrie ausbildet, indem die nachwachsenden Federn von männlichem Typus sind. Werden ferner einem normalen Hahn (Kreuzung Gold-Leghorn × Dorking) Hodenstücke eines hennenfedrigen Sebrighthahnes implantiert, so sind die an Stelle der entfernten nachwachsenden Federn weiblich; es tritt also eine Feminierung des Gefieders ein, wie nach Transplantation eines Ovariums. Pézard schließt daher, daß der Hoden des hennenfedrigen Sebrighthahnes, der in seiner exokrinen Tätigkeit männlich ist, eine doppelte endokrine Wirkung ausübt; er unterhält die männlichen Sexualmerkmale (Hahnenkamm und -ruf, Sexualinstinkte), andererseits übt er eine hemmende Wirkung auf das normale Hahnengefieder aus. Die hennenfedrigen Sebrighthähne erscheinen also als Hermaphroditen auf endokriner Basis.

Bei dem sexuell gut ausdifferenzierten Stichling haben neuerdings Titschak (1922) und van Oordt (1924) Untersuchungen angestellt.

Das Hochzeitskleid des Männchens, das mit nahender Brunst entsteht und während des Brutgeschäftes bestehen bleibt, ist ein Ausdruck des erhöhten Stoffwechsels. In der Brunst vermehren sich die Erythrophoren und Melanophoren außerordentlich stark, die Guanophoren gehen in Zahl sehr zurück.

Die Brustflossenmuskeln des Männchens sind viel stärker und faserreicher als beim Weibchen, dabei überwiegen dort die plasmaarmen, hier die plasmareichen Fasern. Die Rückenmuskulatur ist beim Männchen stärker als beim gleich langen Weibchen. — Die Gehirne der Männchen sind makroskopisch wie die der Weibchen, aber in allen Abschnitten größer. Zählungen der Elemente von Faserzügen und Kerne ergaben meist große Konstanz; doch hatte der Kern des Fasciculus longitudinalis dorsalis bei brünstigen Männchen 64—67, bei Weibchen nur 37—43 Zellen; ein Teil der Commissura posterior, ebenso der Tractus tegmento-cerebellaris und das Übergangsganglion sind beim Weibchen stärker als beim Männchen. Ersterer, rein motorisch, steht zu den Geschlechtsfunktionen wohl nicht direkt in Beziehung; seine Vergrößerung

Keimdrüsen und Wachstum. 363

entspricht der stärkeren Rumpfmuskulatur des Männchens. Übergangsganglion und Commissura posterior haben Assoziationsfunk-

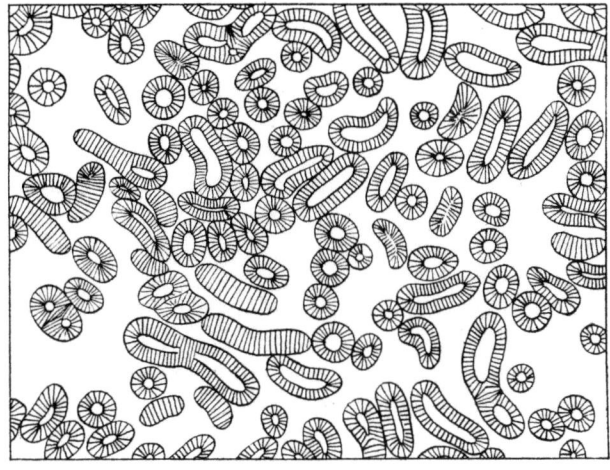

Abb. 159 a, b. a Schnitt durch die Urniere eines ♂ Stichlings im Oktober. Die Niere hat excretorische Funktion. Nur die Urnierenkanälchen sind gezeichnet. Vergr. 106mal. (Nach van Oordt.) — b Schnitt durch die Urniere eines brünstigen ♂ Stichlings. Die Urnierenkanälchen mit secretorischer Funktion. Die gleiche Vergrößerung (106) wie in Abb. a. (Nach van Oordt.)

tion und könnten daher den Geschlechtsinstinkten dienen. Unterschiede zeigen ferner die Kopfniere (in der relativen Häufigkeit gewisser Zellen) und Urniere (Abb. 159a, b). Im hinteren, verdickten Teil der letzteren vermehren und vergrößern sich beim brünstigen Männchen die Kanälchen, deren proximaler Teil den Schleim zum Nestbau absondert. Auch Harnblasen und Urnierengänge sind beim Männchen größer.

Im Frühling vergrößert sich die Niere sehr beträchtlich; der Durchmesser der Nierenkanälchen wird viel größer; das Epithel dieser Kanälchen wird drei- bis viermal so hoch und sondert den Schleim zum Nestbau ab. Die Brustniere besitzt also nicht nur eine excretorische, sondern auch eine sehr ausgeprägte secretorische Funktion. Nach Courrier behält der Anfangsteil der Nierenkanälchen seine excretorische Funktion während der Brunst.

Die Harnblase ist größer und die Urnierengänge sind beim brünstigen Männchen länger und dicker als beim Weibchen.

Die Leber ist beim Weibchen relativ zum Körpergewicht größer als beim Männchen. Der übrige Verdauungstrakt, Herz und Sinnesorgane zeigten keine Unterschiede. Durch die Brutpflege ist sparsame Besamung der Eier, geringe Samenerzeugung ermöglicht; die hier ersparten Stoffe werden beim Männchen „durch die Muskulatur, durch die Niere, durch das lebhaftere Temperament wieder verbraucht".

Van Oordt hat gezeigt, daß es gelingt, im Winter durch Erhöhung der Wassertemperatur die sekundären Geschlechtsmerkmale des zehnstachligen Stichlings zwei bis drei Monate früher als in der Natur zur Entfaltung zu bringen. Dabei wurden die Licht- und Futterbedingungen so günstig wie möglich gehalten. Es ist also sehr wahrscheinlich, daß im Frühling das Auftreten der sekundären Geschlechtsmerkmale u. a. an eine bestimmte Wassertemperatur gebunden ist.

Im Experiment entwickelten sich die sekundären Geschlechtsmerkmale in ganz derselben Weise wie in der Natur; ebenso waren die Veränderungen des Hodens dabei ganz die gleichen.

Es gibt wohl wenige Tiere unter den Amphibien, die einen schärfer ausgeprägten Geschlechtsdimorphismus aufweisen als die Tritonenarten. Am auffallendsten ist wohl der mächtige Rückenkamm oder die Crista des brünstigen *Triton cristatus*-Männchens, die gleich der Brunstschwiele der Anuren ein cyclisches Geschlechtsmerkmal darstellt und deren Abhängigkeit von der Keimdrüse ebenfalls experimentell erwiesen ist. Die stark vorgewölbten, schwarz gefärbt erscheinenden Kloakenhügel, die dunkel pigmentierte untere Schwanzkante und endlich die weißen Streifen an den beiden Seiten des Schwanzes gehören ebenfalls zu den Geschlechtsmerkmalen unserer Tritonen. Der weibliche Triton besitzt keine Crista, die Kloakenhügel sind flach und gelb gefärbt. Die gelbe Färbung setzt sich der ganzen unteren Schwanzkante entlang fort. Auch die weiße Verfärbung der beiden Schwanzseiten kommt bei den weiblichen Tritonen nicht vor.

Die im erwachsenen geschlechtsreifen Zustand voneinander so abweichenden Tiere stimmen in ihren jugendlichen Entwicklungsstadien in ihrem Habitus in weitem Maße überein. Die jugendlichen Tritonen besitzen naturgemäß keine Crista, es fehlt den jugendlichen Tritonenmännchen auch die typische Färbung der Schwanzseite und der unteren Schwanzkante. Hingegen ist es für alle juvenilen Tritonen allgemein charakteristisch, daß sie in ihrem Habitus dem des erwachsenen Weibchens ähneln. Junge Tritonen besitzen an jenen Stellen des Rückens, wo sich später beim Männchen der Kamm entwickelt, ähnlich dem erwachsenen Weibchen, einen schmalen, manchmal von dunklen Flecken unterbrochenen gelben Streifen. Außerdem ist ihre untere Schwanzkante wie beim erwachsenen Weibchen gelb gefärbt. Es besteht darüber gar kein Zweifel, daß diese Pseudogeschlechtsmerkmale der juvenilen Formen gute Artmerkmale sind, aus denen sich im Sinne Tandlers die sekundären Geschlechtsmerkmale ausdifferenziert haben.

Champy, dem wir wichtige Aufschlüsse über die Keimdrüsenphysiologie verdanken, verfolgt das Auftreten der Geschlechtsmerkmale bei einem Satz von *Triton alpestris* vom Eistadium bis längere Zeit nach der Metamorphose (1923). Die jungen Larven sind hinsichtlich ihrer Geschlechtsmerkmale vollkommen ähnlich. Der erste Geschlechtsunterschied besteht darin, daß sich noch zur Larvalzeit bei einem Teil der Tiere die Keimdrüse durch Ausbildung einer zentralen Höhle und Kernveränderungen (heterotypische Prophasenbildung) als Ovarium kennzeichnet, während bei den Männchen die Struktur der Keimdrüsenanlage noch unverändert bleibt. Kloake und Geschlechtsgänge stimmen zu dieser Zeit bei beiden Geschlechtern überein. Nach der Metamorphose sind Hautkleid und Geschlechtsgänge bei beiden Geschlechtern sechs Monate lang gleich ausgebildet, trotzdem die Keimdrüsen bereits deutlich differenziert sind. Nur die Kloake zeigt Geschlechtsunterschiede, insofern als die Kloakenpapille beim Männchen gut entwickelt, beim Weibchen infolge der hemmenden Wirkung des Ovars aber stark zurückgebildet ist. Die Kloakendrüsen sind beim Männchen noch nicht entwickelt, wohl aber das Receptaculum seminis beim Weibchen. Diese erste geschlechtliche Differenzierung erfolgt ohne Mitwirkung einer interstitiellen Drüse, da eine solche zu dieser Zeit weder beim Männchen noch beim Weibchen vorhanden ist.

Nach M. Nußbaum ist der braune Landfrosch dadurch ausgezeichnet, daß seine Geschlechtsstoffe cyclisch im Laufe eines Jahres neugebildet werden. Im Frühling werden die reifen Samenfäden nach außen entleert, auch die Samenblasen werden fast vollständig von ihrem Samenfädenvorrat befreit. Die Hoden sind zu dieser Zeit ziemlich groß und haben eine weiße Farbe. Ein beträchtlicher Vorrat von Spermatozoen bleibt noch in ihnen zurück, der später resorbiert wird. Der Hoden nimmt dann bis zum Juni an Größe ab und erreicht Anfang dieses Monats sein geringstes Volumen. Von nun an beginnt der Hoden wieder anzuschwellen und bis in den August hinein zuzunehmen. Auch die Samenblasen, wie H. Gerhartz beschrieben hat, verkleinern sich zuerst, nehmen aber nachher auch wieder an Größe zu. Von September an schwellen die Hoden wieder ab, und Anfang Oktober ist das Hodenvolumen gegen das der Monate August und September schon beträchtlich zurückgegangen. Während vorher die Farbe der Oberfläche ein durchsichtiges Grau war, ist sie jetzt in glänzendes Weiß übergegangen. Wie man äußerlich schon erkennen kann, ist auch der Querschnitt der Hodenkanälchen vom September an bis zum November kleiner geworden. Die Ursache der Verkleinerung des Hodens ist durch die Verdichtungsvorgänge bei der Umwandlung der Samenzellen zu Samenfäden bedingt. Auch kann dadurch eine Volumenverminderung herbeigeführt werden, daß eine Reihe von den im August durch Teilung gebildeten Zellen zugrunde gehen (Abb. 160).

Da Begattungsorgane, die mit dem Urogenitalsystem zusammenhängen, bei den Fröschen fehlen, so kommen für die internen subsidiären Merkmale nur die Samenblasen, die allerdings ein auffälliges Sexusmerkmal darstellen, in Betracht. Der Bau und die Tätigkeit dieser Organe sind von M. Nußbaum (1911) eingehend beschrieben worden. Bei *Rana fusca* sitzen sie lateral dem erweiterungsfähigen Wolffschen Gang auf. Sie entstehen wahrscheinlich so, daß aus dem Wolffschen Gange an dieser Stelle lateral isolierte Röhrchen hervorsprossen, die durch ihre Vereinigung und weitere Ausbuchtung an der Peripherie zu Samenblasen werden. Die Zuleitungsröhren von dem Wolffschen Gange aus durchsetzen die Samenblase in querer Richtung. Auf der freien Fläche der letzteren, der lateralen Endkante und auf der ventralen und dorsalen Seite der Samenblase tragen sie hohle Endblasen. Die Zahl der Zuleitungsröhren kann bis zu 16 betragen. Diese Endblasen sind es nun, die beim geschlechtsreifen Männchen im Laufe des Jahres die größten pro- und regressiven Veränderungen durchmachen. Schon Gerhartz sagt von dieser Wandlung: „Die Oberfläche der Samenblase ist zur Zeit der Evolution ganz glatt. Die zur Zeit der Brunst sichtbaren zahlreichen Buckel sind dann vollständig ausgeglichen."

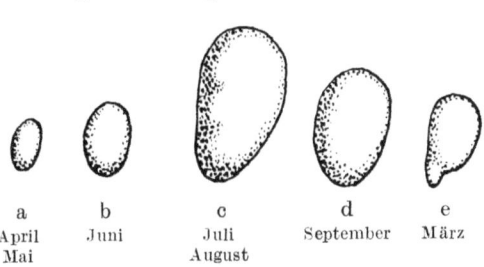

Abb. 160 a—e. Jahreszeitlicher Wechsel der Hodengröße von *Rana temporaria*. Natürliche Größe. (Nach Witschi.)

a April Mai
b Juni
c Juli August
d September
e März

Bei *Rana esculenta* fehlt eine eigentliche Samenblase. Es ist nur ein erweiterungsfähiger kaudal zur Niere gelegener Abschnitt des Wolffschen Ganges vorhanden. Dieser Befund M. Nußbaums ist um so auffallender, als *Rana fusca* und *esculenta* als nahe verwandt angesehen werden. Dennoch sind sie, wie Nußbaum sagt, „bis in die entlegensten Winkel ihrer Organisation verschieden". Auch die Verhältnisse des Ligamentum triangulare testis sind bei beiden Formen fundamental verschieden.

Wolffscher Gang und Samenblase bestehen aus folgenden Schichten: Unter dem Peritoneum befindet sich eine Bindegewebsschicht, in der auch feine elastische Fasern verlaufen. Es folgt dann eine Schicht von marklosen Nerven und dann glatte Muskelfasern, die, von langgestreckten elastischen Fasern begleitet werden. An der Basis jeder Zuleitungsröhre ist ein Sphincter vorhanden.

368 Keimdrüsen in Beziehung zu den somatischen Organen.

Das Epithel, welches das Lumen auskleidet, ist aus zwei verschiedenartigen Zellen und deren Übergangsform zusammengesetzt.

Wenn wir die cyclischen Veränderungen der Samenblase für jede Brunstperiode feststellen wollen, so muß „der ganze Kreis

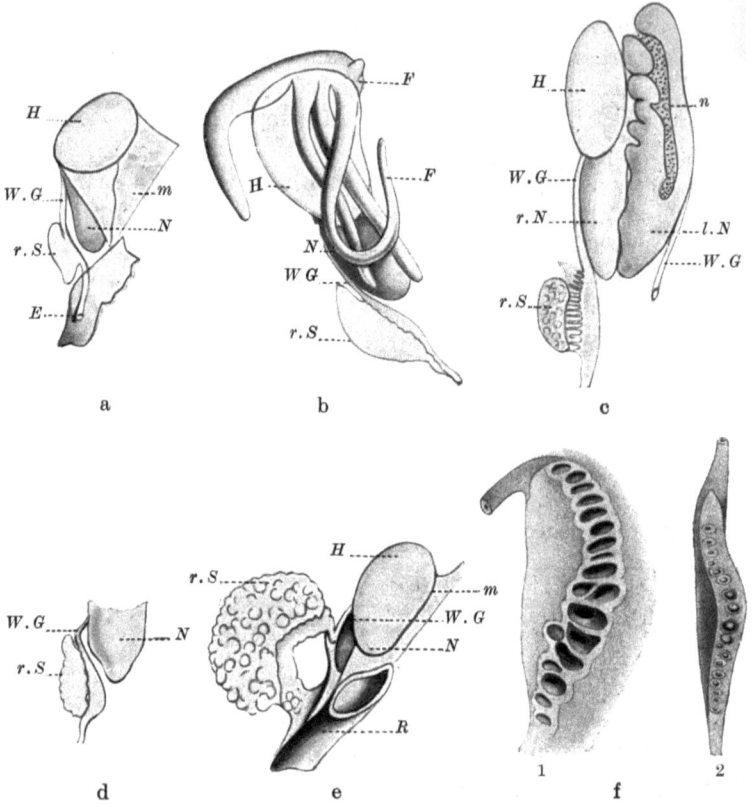

Abb. 161 a—f. a Männchen von *Rana fusca*, am 22. Juni 1906 frisch gefangen. — b Am 3. Oktober 1905 frisch gefangen. — c Am 5. September 1905 frisch gefangen. — d Vom 26. März 1907. — e Vom 8. März 1906 gleich nach dem Laichen des umarmten Weibchens. — f Ausführungsgänge der Samenblase von *Rana fusca* zur Laichzeit. 1. stark mit Sperma gefüllt, 2. fast leer. Vergr. 4fach. *E* Ausmündung des Wolffschen Ganges, *F* Fettkörper, *H* Hoden, *l.N* linke Niere, *m* Mesorchium, *n* Nebenniere, *N* Niere, *r.N* rechte Niere, *r.S* rechte Samenblase, *W.G* Wolffscher Gang. (Nach Nußbaum.)

der fort- und rückschreitenden Veränderungen, die einen Cyclus zusammensetzen, in Betracht gezogen werden" (Abb. 161 a—f) [M. Nußbaum].

Die Samenblasen sind am kleinsten im Monat Juni. Wolffscher Gang und Samenblase sind dann schmal, und die Oberfläche der Samenblase ist frei von sichtbaren Vorwölbungen der Endblasen. Auch die Hoden sind zu dieser Zeit noch klein. Im Monat September ist die Samenblase schon bedeutend verbreitert, ebenso der Wolffsche Gang. Die Samenblase läßt keine Ausbuchtungen an den Rändern erkennen, und an ihrer Oberfläche sind kuglige hohle Verwölbungen, die Endblasen, sichtbar.

Im Oktober gehen die Vergrößerungen noch weiter, wie auch der Hoden jetzt reifende Samenfäden zeigt. In dieser Größe verbleiben nun die Samenblasen bis zum Zeitpunkt der Umklammerung des Weibchens. Der Wolffsche Gang ist jedoch zu Anfang der Umarmung von der Niere bis zum caudalen Rande der Samenblase erweitert, und in ihm liegt eine weiß glänzende Samenflüssigkeit. Erst etwas später dringt auch das Sperma in das Innere der Samenblase ein und bläht zusammen mit dem Secret die Endblasen auf.

Kurz nach der Umklammerung, also wenn die Besamung der Eier erfolgt ist, sind die Samenblasen noch stark aufgetrieben, enthalten aber nur noch spärlich Samenfäden. Nur im Wolffschen Gange befinden sich entlang der Samenblase dicke weiße Pfröpfe von Sperma.

Neben diesen äußerlich sichtbaren Veränderungen studierte M. Nußbaum auch die histologischen cyclischen Erscheinungen.

Ende März sind alle Schichten außerordentlich stark entwickelt, sowohl Bindegewebe wie Muskulatur als auch das Epithellager, das sehr hoch ist und im Wolffschen Gang und den Zuleitungsröhren gefältelt erscheint. Besonders fällt die reiche Entwicklung der Endblasen mit sehr hohem Epithel auf. Durch die pralle Füllung der Samenblase bei der Umarmung sind alle Teile stark aufgetrieben, und das Epithel ist abgeflacht.

Nach der Brunstzeit nehmen alle Teile wieder an Größe bedeutend ab. Schon im April ist eine starke Verkleinerung bemerkbar. Das Epithel wird in allen Fällen niedriger, und auch die Muskeln treten mehr und mehr zurück. Etwa vier bis fünf Wochen nach der Brunst besteht schon die Hauptmasse eines Schnittes durch die Samenblase aus Bindegewebe, während im September die Epithelien und Muskeln vorherrschen. Die Verkleinerung geht dann, wie das Gerhartz nachwies, in den folgenden Monaten schon weiter, um im Juni den größten Tiefstand zu erreichen. Von da an regenerieren die Samenblasen wieder langsam.

Wie die übrigen Sexusmerkmale, so erleiden auch die Samenblasen durch die Kastration eine Rückbildung (Abb. 162a, b). Jedoch scheinen auch sie, wie ich aus mehreren Präparaten feststellen konnte, einen leisen Anklang an die normalen cyclischen

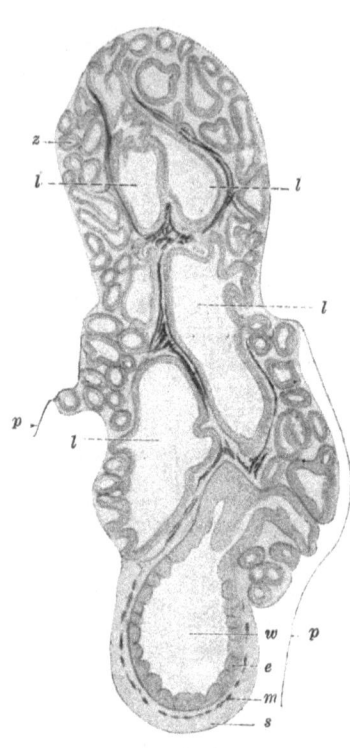

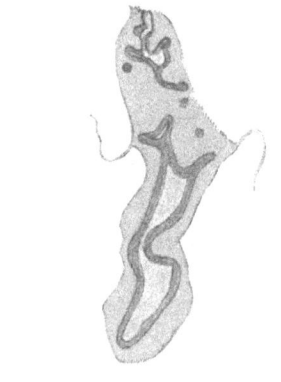

Abb. 162a.

Abb. 162b.

Abb. 162a, b. a Schnitt senkrecht zum Wolffschen Gang durch die Samenblase eines Kastraten von *Rana fusca*, der im Juni operiert und Mitte November getötet wurde. Vergr. 20fach. — b Schnitt senkrecht zum Wolffschen Gang durch die Samenblase von *Rana fusca* von Ende September. Vergr. 20fach. *e* Epithel, *l* Zuleitungsrohr, *m* Mesenterium, *p* Bauchfell, *s* Hüllschicht, *w* Wolffscher Gang, *z* Endblase. (Nach Nußbaum.)

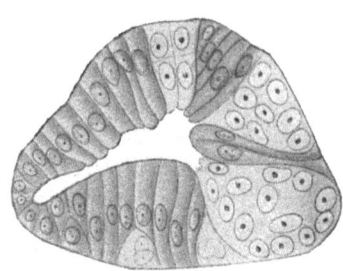

Abb. 163. Drei Anlagen junger Ampullen verschiedener jüngerer Stadien in der Samenblase von *Rana fusca*. Zustand im Monat Juni. (Nach Nußbaum.)

Verhältnisse darzubieten, indem sie auch bei Kastraten in den Herbst- und Wintermonaten etwas stärker entfaltet sind, als im Sommer, wie das auch Witschi 1925 festgestellt hat.

Im Epithel der Samenblasen gibt es zweierlei verschiedene Zellarten, die aber nur während der Brunstzeit gefunden werden, dagegen nicht im Juli. Im Oktober finden sich in den Wolffschen Gängen und in den Zuleitungsröhren protoplasmatische und mit Secret gefüllte dunklere und hellere Zellen. Die Endblasen dagegen haben nur hohe, breite, cylindrische Zellen. An der Basis dieser Endblasenepithelien liegen große Zellen mit zerklüftetem Kern und reichem Körncheninhalt. M. Nußbaum hält sie für ausgewanderte Lymphzellen. Während der Umarmung finden sich im ganzen Bereich der Samenblasen große helle Zellen und dunklere kleinere. Es sind das verschiedene Secretionsphasen, und zwar enthalten die hellen Zellen das fertige Secret, während die dunklen es schon ausgestoßen haben.

Histologisch treten Ende Juni schon die ersten Zeichen der Regeneration auf (Abb. 163). Es zeigen sich an den blinden Enden der Leitungsröhren kleine, farblose Zellnester mit dicht gedrängten Kernen, in denen auch

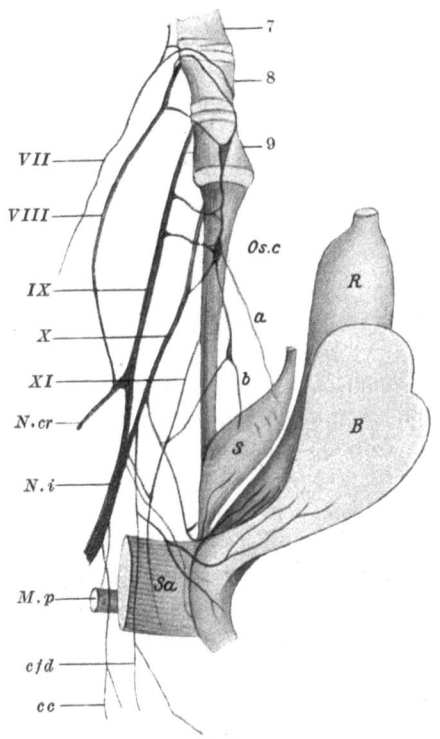

Abb. 164. Essig-Osmiumpräparat der Rückenmarksnerven und des Sympathicus zum Nachweis des Ursprunges der Samenblasennerven bei *Rana fusca*. Die Harnblase, der Mastdarm und die Samenblase sind von rechts her umgeklappt, sodaß sie ihre dorsale Seite dem Beschauer zuwenden. Die Rückenmarksnerven sind mit römischen, die Rückenwirbel mit arabischen Ziffern bezeichnet. *B* Harnblase, *R* Rectum, *S* Samenblase, *Os.c* Os coccygis, *Sa* Musculus sphincter ani, *M. p.* Musculus piriformis, *cc* Nervus cutaneus coccygeus, an der Haut des Afters sich verzweigend. *cfd* Nervus cutaneus femoris dorsalis (bei Gaupp N. cutaneus femoris posterior), vgl. die Abb. 1, 19 und 20 von Nußbaums Abhandlung im Arch. f. mikroskop. Anat. Bd. 52, in betreff der Hautnerven. Der Nerv *a* geht von dem sympathischen Ganglion des 10. Rückenmarksnerven zuerst zur Niere und mit der letzten ihrer Arterien zur Samenblase. Der Nerv *b* kommt ohne Umweg vom Ganglion sympathicum des 11. Rückenmarksnervs direkt zur Samenblase. Vergr. 4fach. (Nach Nußbaum.)

häufig Mitosen anzutreffen sind. Aus diesen Zellnestern werden neue Endblasen.

Kurzer Erwähnung bedürfen auch die Nerven der Samenblasen (Abb. 164). Sie verlaufen mit den oberen Nerven der Cloake in dem 10. und 11. Rückenmarknerven und gehen von der mediodorsalen Seite an den Ductus ejaculatorius heran. Der Nerv der Samenblasen gabelt sich von dem oralen Cloakennerven ab und verzweigt sich so, daß ein dorsaler Zweig in der Richtung des Ductus ejaculatorius, der ventrale lateral in die Gegend der Ausbuchtung der Samenblase geht. In der Samenblase sind zwei Endplexus vorhanden, einer für die Muscularis und einer für die Schleimhaut. In den Nervenstämmen liegen markhaltige und marklose Fasern. In den Verästelungen jedoch werden die markhaltigen Nerven marklos und stellen Achsencylinder mit Schwannschen kernhaltigen Scheiden dar. Außerdem lassen sich noch Nerven in den sympathischen Ganglien des 10. und 11. Nerven verfolgen.

Anhangsweise sei hier bemerkt, daß auch das Hodennetz bei den Batrachiern und vor allem bei den Urodelen cyclischen Veränderungen unterworfen ist. Bei der Brunst füllen sich diese Teile mit Samen und wachsen auch schon vor der Brunst heran, um nach derselben in der Größe ihrer Zellen wieder abzunehmen. M. Nußbaum hat für *Rana fusca* die Maße der Kanälchen genau festgestellt. Sie messen im November 0,08 mm, im Februar 0,09 mm, auf der Höhe der Brunst bis zu 0,132 mm, Ende April 0,12 mm, Ende Mai nur noch 0,07 mm und im August schon wieder 0,08 mm. Bemerkenswert ist, daß das Hodennetz eine mit den Samenblasen zusammenfallende cyclische Veränderung durchmacht.

Über die Tätigkeit der Samenblasen herrschte bis zu der Untersuchung Nußbaums ziemliches Dunkel. Die Untersuchungen, die von Tarchanoff und Steinach über diesen Gegenstand vorlagen, standen einander schroff gegenüber. Tarchanoff hält die Samenblasen „für den Ausgangspunkt der zentripetalen Erregungen, die die Froschmännchen zum Geschlechtsakt bewegen". Steinach jedoch stellt fest, „daß der Geschlechtstrieb durchaus nicht vom Füllungsgrad der Samenbläschen abhängig oder von seiten derselben wachgerufen ist, und daß von diesen Organen der Geschlechtsakt in keiner Weise beeinflußt wird". Steinach stellte außerdem fest, daß die Funktion als Samenbehälter sich erst während der Umarmung anbahne.

Keimdrüsen und Wachstum. 373

Während nun sicher ist, daß die cyclischen Veränderungen der Samenblasen außer der Paarungszeit von den Hoden abhängig sind, war noch festzustellen, welche Aufgabe sie bei dem Begattungsakte haben. Schon lange vor der Paarungszeit werden in den Zellen der Samenblasen Secrete gebildet, veranlaßt durch die Hormone des Hodens, die zu Beginn der Umklammerung in das Lumen der Samenblasen eintreten und eine bedeutende Vergrößerung derselben hervorrufen. Erst nachher strömen die Samenfäden ein und vergrößern nun die Blasen noch etwa auf das Doppelte, wobei aber nur eine Dehnungserscheinung zu konstatieren ist und kein Wachstum.

Während wir nun über das Zustandekommen der Umklammerung brünstiger Weibchen von seiten der Männchen Klarheit haben, müssen die Vorgänge bei der einmal eingeleiteten Copulation noch weiter verfolgt werden. Wir hatten schon gesehen, daß zu Anfang der Copulation sich noch kein Sperma in den Samenblasen befindet. Während dieser Zeit sind die Eingänge zu den Samenblasen durch die in ihnen enthaltenen Muskeln noch verschlossen. Während der Brunstzeit erschlafft die Samenblase offenbar durch nervösen Einfluß, und der im Hoden frei gewordene Samen vermischt sich mit mehr oder weniger Harn und tritt in die Samenblasen ein.

Da eine künstliche Füllung der Samenblase außerhalb der Brunstzeit nicht zu einer Begattung führt, so kann auch die normale Dehnung der Samenblase nicht für die Umklammerung verantwortlich sein. Es geht auch aus der Steinachschen Beobachtung hervor, daß zu Anfang der Umarmung die Samenblasen leer sind.

Weitere Klarheit über diesen Punkt konnten erst Exstirpationen der Hoden oder der Samenblasen erbringen. Diese Versuche sind in planmäßiger Weise von M. Nußbaum angestellt worden. Es konnte durch diese mehrfach variierten Versuche festgestellt werden, daß zu Anfang der Brunst die künstliche Entleerung der Samenblasen den Begattungstrieb der Männchen nicht aufhebt; ein Befund, den Steinach schon gemacht hatte. Entfernt man klammernden Froschmännchen die gefüllten Samenblasen, so tritt eine Störung des Begattungstriebes nicht ein, wenn nur der Hoden während der Brunstzeit noch imstande ist, die Entleerung der Samenfäden noch kräftig zu unterhalten. Wird die Samenblase nur teilweise zerstört, so kann noch eine Befruchtung stattfinden.

Bemerkenswert ist ferner, daß bei gewaltsamer Trennung der copulierenden Paare beim Männchen der Abfluß des Samens aufhört. Oft wird aber, offenbar unter der Wirkung der Gefangenschaft, die Paarung freiwillig aufgegeben, auch dann hört das Einfließen des Samens in die Samenblasen auf.

Der Begattungstrieb kann nur aufgehoben werden, wenn Hoden und Samenblasen gleichzeitig entfernt werden, während die Kastration die Brunst bei gefüllten Samenblasen nicht unterbricht, wie auch die Entfernung der gefüllten Samenblasen allein den Copulationstrieb nicht unterdrückt.

Bei allen diesen Versuchen wurde immer das Männchen während der Operation vom Weibchen getrennt. Ganz anders gestalten sich die Erfolge, wenn das Männchen während der Operation in der Umklammerung bleibt. Es braucht dann nur das Umklammerungscentrum und der Ursprungsbezirk des Plexus brachialis erhalten zu bleiben, alle sonstigen Verletzungen und Verstümmelungen heben den Begattungsakt nicht auf. So hat z. B. Spallanzani Froschmännchen während der Copulation dekapitiert und das Rückenmark zwischen dem dritten und vierten Wirbel, also unterhalb des Plexus brachialis, durchschnitten, ohne daß die brünstige Umarmung des Weibchens unterbrochen wurde. Goltz sah sogar, daß selbst nach Kastration die Umklammerung nicht aufhörte.

Die Anlockung des Männchens geschieht, wie Goltz es zeigte, durch die Hautausdünstungen des Weibchens, die also den ersten Anstoß zur brünstigen Erregung geben. Während der Umarmung werden dann beim Männchen durch die von der Haut seiner Brust und Arme ausgehenden sensiblen Reize Hoden, Netz und Samenblasen mit Sperma gefüllt. Der Vorgang der Füllung und Entleerung der Blasen bedingt, wie wir gesehen haben, eine Erschlaffung der Ringmuskeln in den Zuleitungsröhren. Da nun aber das Tier auch eine willkürliche Mitwirkung bei der Entleerung des Samens haben muß, weil sie nur erfolgen darf, wenn das Weibchen die Eier legt, so müssen Hemmungs- und Bewegungsnerven zur Samenblase ziehen. Zur Zeit der Copulation müssen die Ringmuskeln dann erschlaffen, während alle anderen Muskeln sich zusammenziehen. Für alle diese Annahmen hat

M. Nußbaum die experimentellen Beweise erbracht, und zwar durch Nervendurchschneidung und Reizversuche, deren Resultate kurz folgende sind:

„Durchschneidung des Plexus lumbosacralis erweitert die Samenblase."

„Reizung des elften Nerven verengert sie."

„Durchschneidung der Rami communicantes im Plexus lumbosacralis verengert die Samenblase, und Reizung des Brustsympathicus hebt die Verengerung nicht auf."

„Eine zur Erweiterung führende Reizung der sacralen Rami communicantes ist zur Zeit nicht gemacht."

Wenn nun der Hoden in jedem Monat einen bestimmten Entwicklungsgrad zeigt, so ist von vornherein anzunehmen, daß auch die Samenblasen und Daumenschwielen hiermit in Einklang stehen. Das trifft indessen nicht vollständig zu; z. B. beginnen die Samenblasen erst im August zu wachsen, wenn der Hoden schon eine beträchtliche Größe erreicht hat und die Spermatogenese schon lebhaft in Gang gekommen ist. Bemerkenswert ist, daß die Zwischensubstanz erst von August an wieder nachzuweisen ist, die ebenfalls nach der Brunst schwächer geworden war und nun bis zum nächsten Frühling wieder den Höhepunkt ihrer Entwicklung erreicht. Ähnliche Verhältnisse habe ich auch bei der Kröte gefunden. Wie Nußbaum feststellte, gilt dasselbe, was von der Samenblase gesagt war, auch von den Daumenschwielen und dem Vorderarmmuskel; auch hier fällt die mächtigste Ausbildung des Hodens nicht mit der maximalen Ausbildung der Daumenschwielen und Vorderarmmuskeln im Frühling zusammen.

Die cyclischen Veränderungen, die sich an den Daumenschwielen bemerkbar machen, spielen sich folgendermaßen ab (Abb. 165a—f). Nach der Brunst bemerkt man, daß die Daumenschwielen mit ihren Drüsen mächtig zurückgehen. Während der Brunst sind die drei Partien der Daumenschwiele schwarz gefärbt, und zwar rührt das von einer Pigmentablagerung in den verhornten Zellen her. Die ganze Daumenschwiele ist bedeckt mit spitzkegeligen Höckern, die von drei aufeinander geschichteten, verhornten Zellagen gebildet werden, die verschieden alt sind (Abb. 165f). (Während der Bildungszeit ist nur eine dünne Schicht vorhanden.) Die Spitzen dieser Daumenschwielenhöcker

376 Keimdrüsen in Beziehung zu den somatischen Organen.

sind etwas nach innen gebogen, so daß sie bei der Umklammerung des Weibchens als Widerhäkchen dienen können. Die Epider-

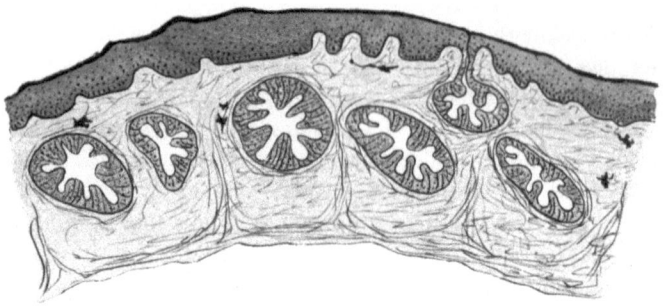

Abb. 165a.

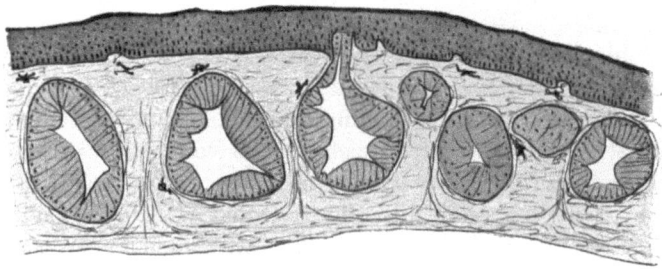

Abb. 165b.

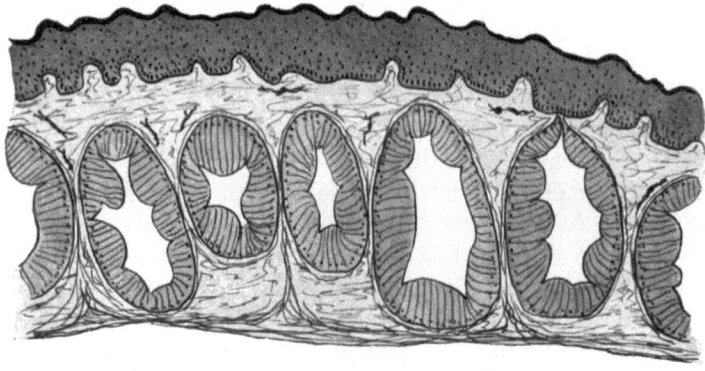

Abb. 165c.

mis ist zu dieser Zeit ziemlich dünn und besteht nur aus wenigen Zellagen, etwa vier bis fünf. In jeden Höcker erstreckt sich eine

Keimdrüsen und Wachstum. 377

Coriumpapille, die reich mit Gefäßen und Nerven versehen ist. Im Corium befinden sich die mächtig entfalteten Daumenschwielen-

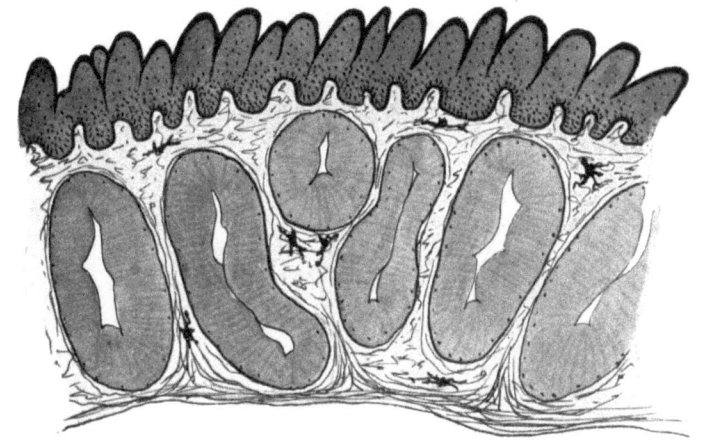

Abb. 165 d.

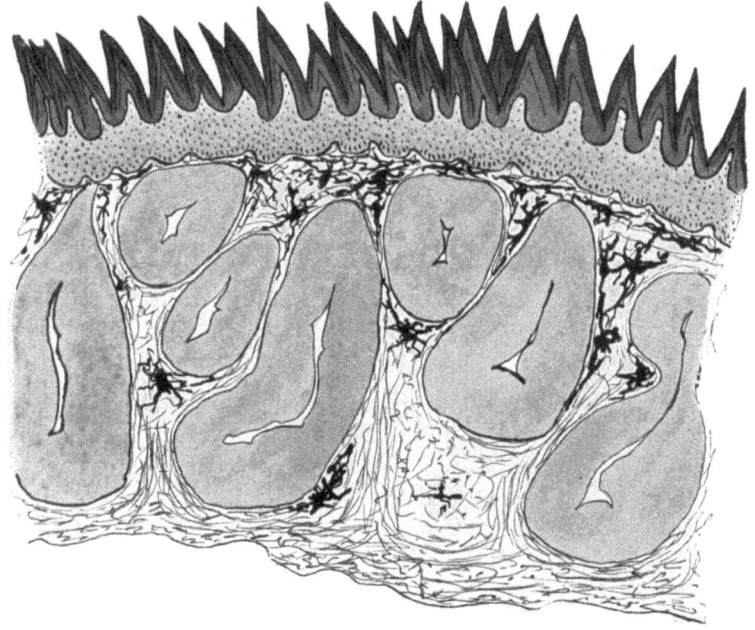

Abb. 165 e.

drüsen, die einen einfachen tubulösen Typus aufweisen. Das Epithel ist von einer dünnen Tunica muscularis umgeben, auf die eine bindegewebige Schicht (Abb. 166b, c), die Tunica fibrosa, folgt. Der Ausführungsgang ist langgestreckt und zeigt ein weites Lumen, das mit einer doppelten Lage von Zellen ausgekleidet ist. Die Mündung des Ausführungsganges, die zwischen den Coriumpapillen und Daumenschwielenhöckern liegt, wird von meh-

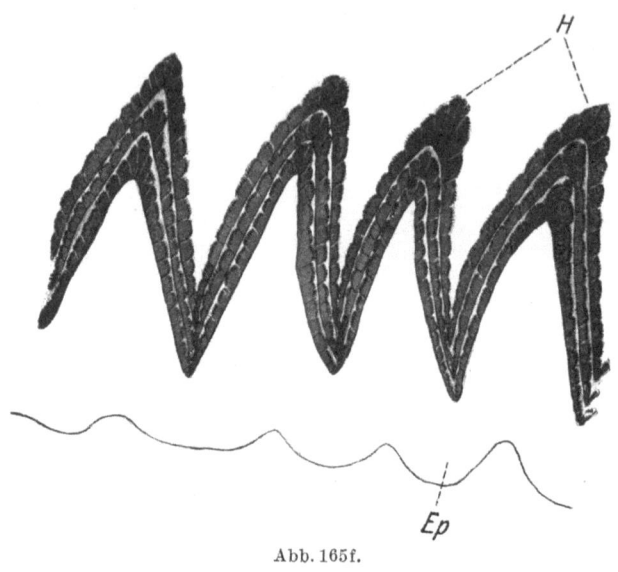

Abb. 165f.

Abb. 165 a—f. a *Rana fusca* Anfang Mai nach der Brunst, Höcker und Drüsen reduziert. — b 26. Juni. Drüsen sind schon wieder etwas gewachsen, Höcker noch nicht. — c 12. September. Drüsen und Höcker in Wucherung. — d Ende November. Drüsen fast maximal entwickelt. Höcker mächtig, aber noch stumpf. — e Während der Brunst im Frühling. Höcker und Drüsen in maximaler Ausprägung. Unter der Epidermis Pigmentanhäufung, wodurch die schwarze Färbung der Schwiele im Frühling bedingt wird. — f *Ep* Epidermis. *H* Höcker. (Originale.)

reren ringförmig angeordneten Zellen gebildet. Die Drüsenepithelzellen sind hoch und cylindrisch und mit Körnchensecretzellen erfüllt (Abb. 166 c). Dieses Körnchensecret wird zur Zeit der Brunst entleert; welche Funktion es hat, ist nicht klargestellt. Der Entleerungsvorgang selbst kann auch durch Nervenreize ausgelöst werden, wie das A. Nußbaum gezeigt hat.

Nach der Brunstzeit finden nun mehrfach aufeinanderfolgende Häutungen statt, bei denen die Höcker mit abgeworfen werden,

Keimdrüsen und Wachstum. 379

sodaß die Schwielen jetzt ein weißliches Aussehen bekommen; die Höcker sind nur noch als kleine Hervorwölbungen zu erkennen, auf denen eine wesentlich stärkere Verhornung nicht nachzuweisen ist. Die durch die Begattung erschöpften Daumenschwielendrüsen gehen in ihrer Größe beträchtlich zurück, sodaß die drei stark hervorspringenden Schwielen der Daumenpartie kaum wahrzunehmen sind und nur schwer gegeneinander abgegrenzt werden können. Im Gegensatz zu der Samenblase setzt eine Regeneration der Daumenschwielendrüsen schon bald nach der Brunst ein, sodaß die Entwicklung hier mehr mit den Bildungsstadien der Keimzellen Hand in Hand geht. Schon Ende Juni und namentlich Ende Juli lassen sich wieder ziemlich stark entwickelte Drüsenzellen mit Körnchensecret nachweisen, während im August die Secretbildung sowohl als auch die Samenbildung ziemlich vollendet ist. Etwas anders verhalten sich die Daumenschwielenhöcker. Die Abnahme dieser Gebilde, wie das auch Smith und Schuster 1912 feststellen konnten, geht ganz allmählich vor sich. Nach ihnen kann sich die Rückbildung sogar

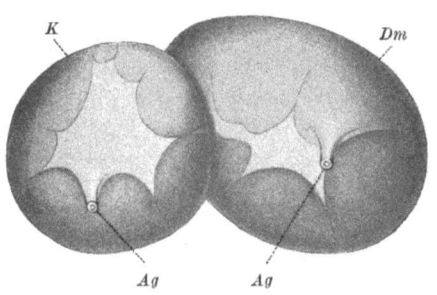

Abb. 166a. Zwei Daumenschwielendrüsen im Totalbild. *Ag* Ausführungsgang, *Dm* Mutterdrüse, *K* Knospe.

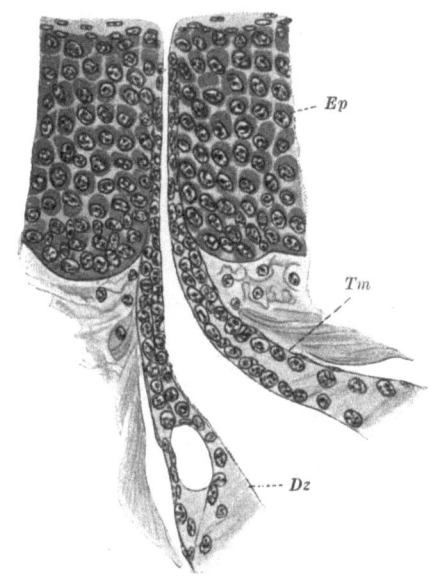

Abb. 166b. Ausführungsgang im Schnitt. *Dz* Drüsenzelle, *Ep* Epidermis, *Tm* Tunica muscularis. (Original.)

bis in den August hinein fortsetzen. Eine eigentliche Wiederentwicklung setzt nach ihnen erst im September ein und nimmt kontinuierlich bis zur Laichzeit zu. Nach meinen Beobachtungen beginnen die Höcker schon wieder Ende Juli zu wachsen und sind im August und September schon ziemlich stark ausgeprägt. Diese zeitliche Verschiedenheit in den Beobachtungen der Daumenschwielenhöcker — Smith und Schuster haben bedauerlicherweise überhaupt nicht auf die Drüsen geachtet — mag auf den verschiedenen klimatischen Verhältnissen beruhen. Die eben genannten Autoren legen großen Wert darauf, daß während des Sommers, wo die Daumen glatt werden und die Hodenzellen mächtig wuchern, die Epidermis des Daumens keiner Reduktion unterliegt, sondern daß die Zellen in Teilung begriffen sind. Diese Beobachtung ist vollständig richtig, besagt aber nur, daß auch die Matrix für die Höcker sich schon konform mit den Hodenzellelementen entwickelt, um zur gegebenen Zeit durch Verhornung die mächtigen Höcker aus sich hervorgehen zu lassen. In der Tat ist ja auch während der Zeit der mächtigsten Höckerbildung die Epidermis selbst reduziert.

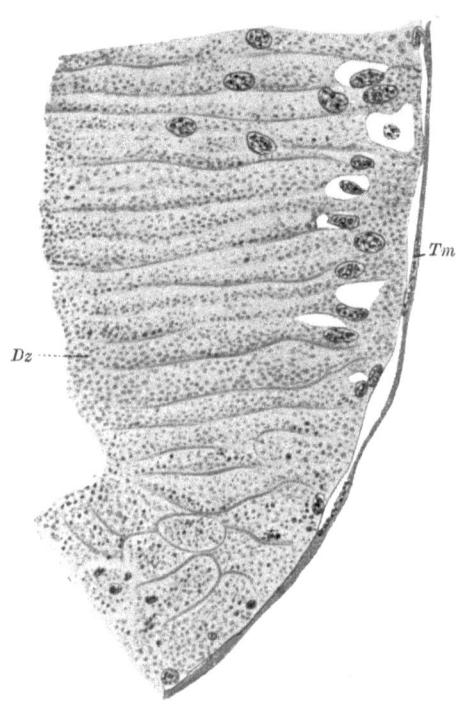

Abb. 166 c. Epithel der Drüse mit Körnchensecret. *Dz* Drüsenzelle, *Tm* Tunica muscularis. (Originale.)

Die Reduktion der Daumenschwielenhöcker erfolgt ebenfalls bei *Rana esculenta* und bei *Bufo vulgaris*. Bei ersterer sind allerdings die cyclischen Vorgänge nicht so deutlich, wenn sie auch ähnlich wie bei *Rana fusca* ablaufen. Bei der gewöhnlichen

Kröte liegen die Verhältnisse schon deshalb etwas anders, weil hier die morphologischen Verhältnisse vollständig verschieden von denen der Frösche sind. Während bei den Fröschen nur der Daumen eine Schwiele trägt, sind bei der Kröte die drei ersten Finger mit einer solchen versehen. Sie liegen hier nicht wie bei den Fröschen volar und etwas seitlich, sondern auf dem Rücken der Finger. Es hat das seinen Grund darin, daß die Begattungsweise eine andere ist als bei den Fröschen. Die Männchen sind bedeutend kleiner als die Weibchen und reichen daher bei der Klammerung mit ihren vorderen Extremitäten nur bis in die Achselhöhle der Weibchen, wo natürlich die Stellung der Hand mit der Rückenfläche der drei ersten Finger gegen die Haut des Weibchens die gegebene ist. Die Höcker stehen infolgedessen auch nicht im Winkel zur

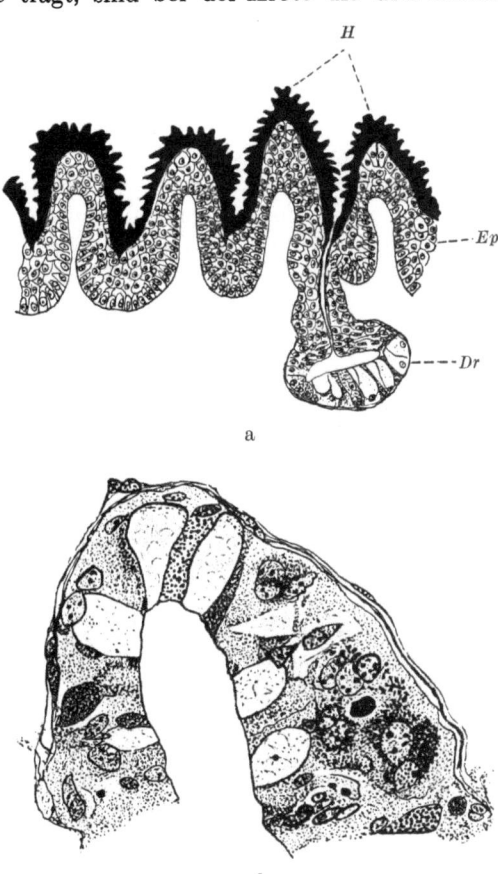

Abb. 167a, b. Schnitt durch die Krötenschwiele im Frühling. *Dr* Drüse, *Ep* Epidermis, *H* Höcker. (Original.) — b Stärker vergrößertes Drüsenepithel. (Original.)

Hautoberfläche, sondern sie stellen kleine plumpe Spitzkegel dar (Abb. 167a), die mit nach innen zu gerichteten Hornstacheln versehen sind. Diese wirken also, wenn die Daumenschwielenhöcker sich in die Haut des Weibchens eindrücken, als Widerhäkchen. Die Höcker sind hier während der Brunst ebenfalls pechschwarz, bestehen aber im Gegensatz zu den Fröschen nur aus einer einzigen, sehr dicken verhornten Zellage. Die Coriumpapillen ragen außerordentlich tief in die Höcker hinein, so daß die Epidermis nur aus wenigen Zellagen besteht und das Aussehen einer stark gewellten Linie hat.

Besonders auffallend ist (und bisher nicht beobachtet), daß eigentliche Daumenschwielendrüsen bei *Bufo vulgaris* nicht vorkommen. Die Drüsen, die wir hier vorfinden, sind zwar etwas größer als die sonst in der Haut vorkommenden (Abb. 167a, b), sind aber noch durchgehends schleimproduzierende Drüsen. Bemerkenswert ist jedoch, daß zwischen diesen Schleimepithelzellen des Drüsenlumens immer einige Zellen eingestreut sind, die ein Körnchensecret enthalten und die mit den ausschließlich Körnchen bildenden Drüsen der Daumenschwielen zu vergleichen sind. Die alte Ansicht Leydigs, dem ersten und trefflichsten Untersucher der Daumenschwielen und ihrer Drüsen, daß die Daumenschwielendrüsen aus Schleimdrüsen hervorgegangen wären, wird also aufs Beste bestätigt, da wir hier einen Übergang vor uns haben.

Der Ausführungsgang ist noch insofern abweichend von dem der Frösche gebaut, als er innen von einer verhornten Zellschicht ausgekleidet ist, sodaß Schlußzellen, wie wir sie an der Mündung der Drüsen der Frösche finden, sich erübrigen.

Nach der Brunst werden auch bei der Kröte mit der Häutung die Höcker abgestoßen, sodaß die Schwiele kurz nach der Häutung schlaff und hellweiß erscheint. Schon nach einigen Tagen bemerkt man, daß sich kleine schwarzbräunliche Pünktchen auf den Schwielen befinden, die immer größer und dunkler werden und neue Höcker darstellen, die allerdings etwas kleiner als die Brunsthöcker sind. Dieser Vorgang wiederholt sich bei jeder Häutung, bei der die Höcker immer kleiner werden, obwohl sie ihre Schwarzfärbung stets beibehalten. So ist also auch hier der Cyclus der sekundären externen Merkmale, die allerdings fast ausschließlich in den Epidermishöckern bestehen, klar nachzuweisen.

Da die Anuren sehr viel zu Experimenten verwandt worden sind, so mögen auch noch einige Worte über sonstige beobachtete Geschlechtsmerkmale folgen.

Zepp untersuchte die sekundären Geschlechtsmerkmale der Männchen von *Rana fusca*, *R. arvalis* und *R. esculenta*. Bei

R. arvalis-Männchen entwickelt sich vor der Brunst ein blaues Hochzeitskleid, bei R. fusca ist nur die Kehlgegend blau. Bei R. esculenta ist die Zahl der roten Blutkörperchen gegenüber dem Weibchen um etwa 4 vH. erhöht. Auch der Hämoglobingehalt der Männchen ist größer. Bei R. fusca besitzt das Männchen längere Hintergliedmaßen als das Weibchen. Bei R. fusca ist das Gewicht sämtlicher Knochen beim männlichen Geschlecht

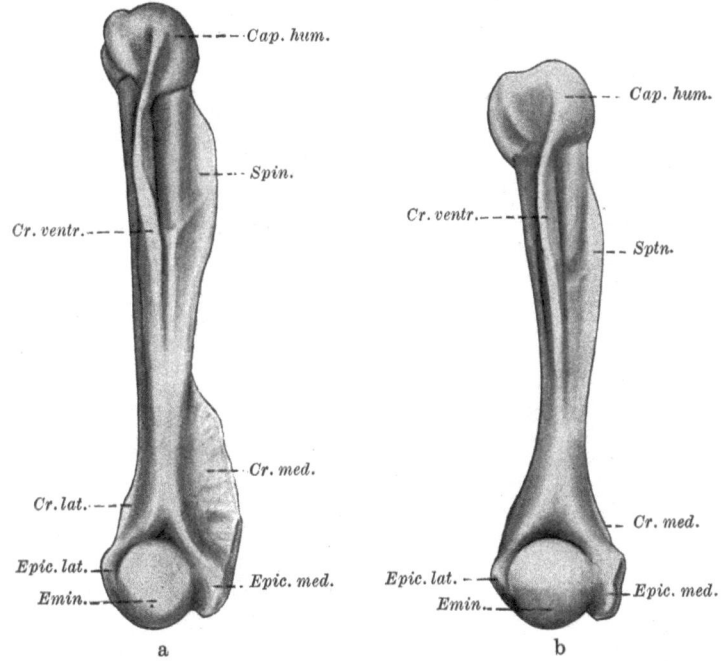

Abb. 168 a, b. *Bufo vulgaris*. Humerus, Ventralansicht. Vergr. 3 ½ mal. a Männchen; b Weibchen. *Cap. hum.* Caput humeri; *Cr. lat.* Crista lateralis; *Cr. med.* Crista medialis; *Cr. ventr.* Crista ventralis; *Emin.* Eminentia capitata; *Epic. lat.* Epicontylus lateralis; *Spin.* Spina tuberculi medialis. (Nach Kändler.)

größer als beim weiblichen. Bei R. esculenta gilt dies nur bis zu einer Rumpflänge von 7,5 cm; darüber hinaus findet sich das umgekehrte Verhältnis. Das Muskelgewicht ist beim R. fusca-Männchen um etwa 13 vH. höher; bei R. esculenta um etwa 5 vH. Typisch für die Männchen beider Arten sind die kleineren Quotienten aus den Gewichten der Hinter- und Vordergliedmaßen; die Männchen besitzen wesentlich schwerere Vorderbeine. Das

Hautgewicht ist bei den Männchen von *R. fusca* um etwa 30 vH. höher, ähnlich bei *R. esculenta*. Bei *R. fusca*-Männchen ergab sich eine jahreszeitliche Gewichtsschwankung der Haut mit dem Maximum im Monat März. In den Augengewichten ist bei Jungtieren kein Geschlechtsunterschied vorhanden. Bei mittleren und großen Männchen von *R. fusca* und *R. esculenta* konnte ein Übergewicht von 25 bzw. 20 vH. ermittelt werden. Bei *R. fusca*

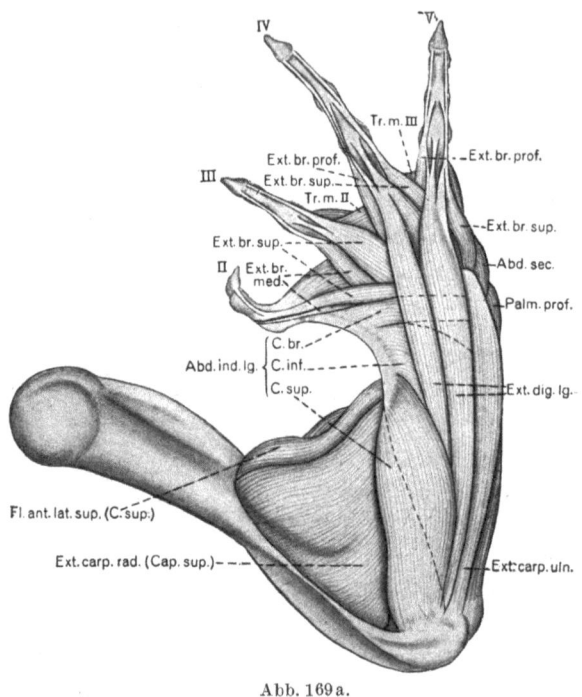

Abb. 169a.

und *R. arvalis* ist das männliche Tier durch ein nicht unerheblich schwereres Gewicht ausgezeichnet. Bei *R. esculenta* wird noch ein Brunstausschlag in der Epidermis beschrieben, der im Dezember aufzutreten beginnt und im Mai und Juni seinen Höhepunkt erreicht.

Kändler beschreibt an *Rana temporaria*, *R. esculenta*, *Bufo vulgaris*, *B. viridis*, *Bombinator igneus*, *B. pachypus*, *Hyla arborea* und *Alytes obstetricans* die sexuelle Ausgestaltung der vorderen Extremität. Nach ausführlicher Darstellung der Unterschiede in der Ausbildung des Skeletts und der Muskulatur folgen vergleichende Untersuchungen über die Brunstschwielen. Dabei konnte u. a. festgestellt werden, daß die Daumenschwielendrüsen auch beim Männchen des Laubfrosches vorhanden sind, infolge des Fehlens jeglicher Hautrauhigkeit aber bisher übersehen wurden. Unter den untersuchten Arten fehlen die Drüsen bei *Alytes obstetricans*, nur selten findet man bei einem Männchen dieser Art noch schwache Andeutungen davon. Bei *B. vulgaris* sind die Hautschwielen kräftig, die Brunstdrüsen dagegen schlecht entwickelt. Das Daumenschwielensecret wirkt als Klebemittel. Die verschiedenen Anurenarten unterscheiden sich hinsichtlich des Grades der sexuellen Differenzierung von Skelett, Muskulatur und Brunstschwielen sehr beträchtlich. Die Unterschiede stehen im engsten Zusammen-

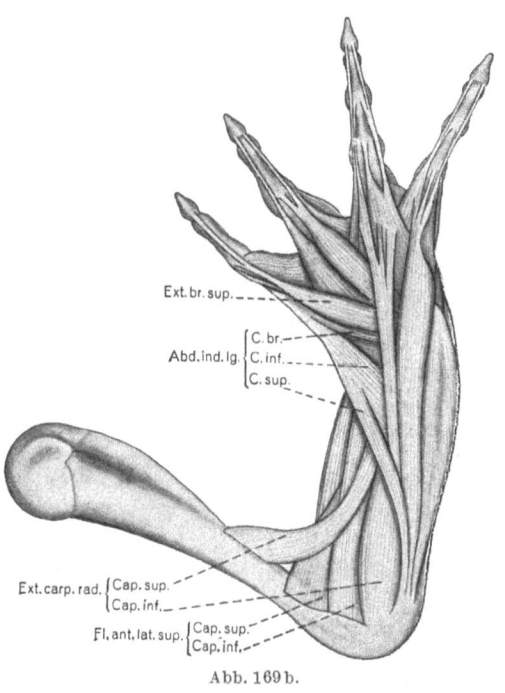

Abb. 169 a, b. *Bufo vulgaris*. Vergr. 2½ mal. (Abgehoben sind sämtliche Brust-, Schulter- und Oberarmmuskeln.) a Männchen; b Weibchen. Abd. ing. lg. Abductor indicis longus; Abd. sec. Abductor secundus digiti; V. Cap. inf. (C. inf.) Caput inferius; Cap. sup. (C. sup.) Caput superius; Ext. carp. rad. Extensor carpi radialis; Ext. carp. uln. Extensor carpi ulnaris; Ext. br. med. Extensor brevis medius; Digiti II (indicis)—V; Ext. br. prof. Extensor brevis profundus digiti II (indicis)—V; Ext. dig. com. leg. Extensor digitorum communis longus; Fl. ant. lat. sup. Flexor antibrachii lateralis superficialis; Palm. prof. Palmaris profundus; Tr. m. I—III Transversus metacarpi I—III. (Nach Kändler.)

hange mit den Eigenheiten des Fortpflanzungsgeschäftes der betreffenden Arten (Abb. 168 a, b und 169 a, b).

Das Gewicht des Skelettes der vorderen Extremität unterliegt, wie auch Dauwart (1924) in Übereinstimmung mit Kändler feststellt, bei den Männchen von *Rana temporaria* und *Rana esculenta* jahreszeitlichen Schwankungen. Im Frühjahr nimmt es zu, während es gegen den Herbst hin wieder zurückgeht. Der Unterschied ist bei *Rana temporaria* ausgesprochener als bei *Rana esculenta*. Die Gewichtsabnahme erstreckt sich bei beiden Arten im Herbst auf das Skelett der vorderen Extremität, doch ist das Autopodium daran doppelt so stark beteiligt als Radius, Ulna und Humerus. Auch beim Weibchen bestehen jahreszeitliche Unterschiede, die jedoch geringer sind als bei dem Männchen.

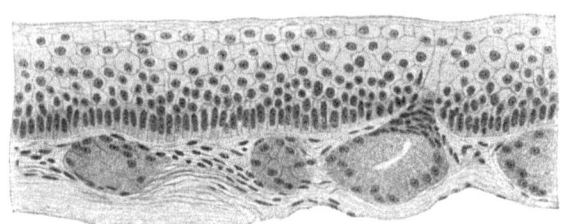

Abb. 170a

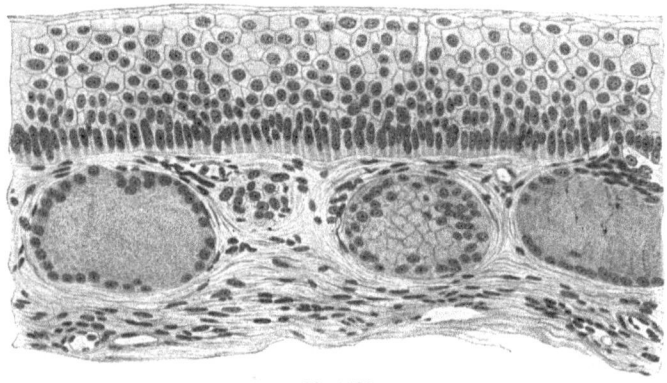

Abb. 170b.

Das hervorstechendste Geschlechtsmerkmal der Froschmännchen sind, wie wir gesehen haben, die Daumenschwielen, die als Hilfsorgane der Copulation dienen. Merkwürdigerweise hat nun die Geburtshelferkröte die Daumenschwielen nicht mehr; sie können aber wieder zur Entfaltung gebracht werden, wie das Kammerer gezeigt hat (Abb. 170a—d).

Das Gelingen der Aufzucht aus Wassereiern bildet nach Kammerer die Voraussetzung dazu, daß Brunstmännchen späterer

Generationen in den Besitz der Daumenschwielen gelangen. Und da Boulenger jene Aufzucht mißlungen war, bezweifelt er auch gleich die Existenz der Brunstschwiele. Im Naturzustand besitzt zwar das Männchen von *Alytes* auch während der Paarungszeit keine Copulationsschwielen mehr, nichtsdestoweniger ist in der

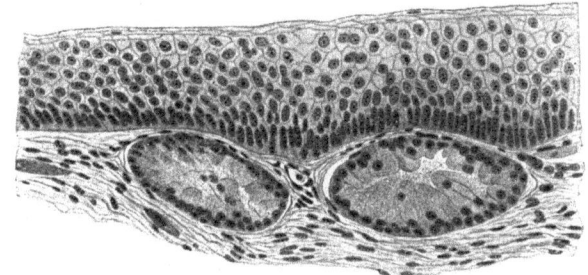

Abb. 170c.

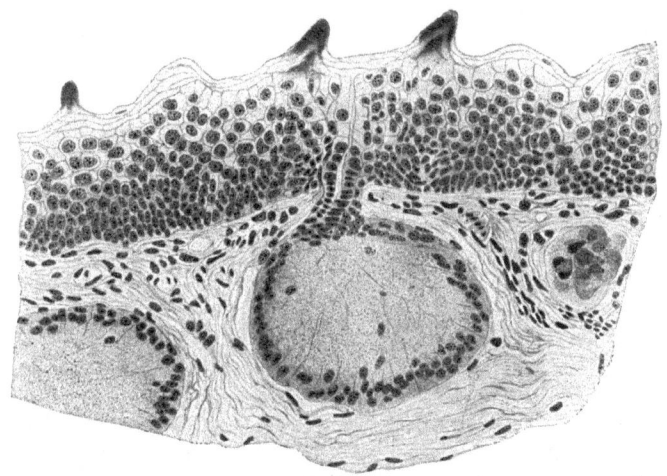

Abb. 170d.

Abb. 170a—d. Normales unbeeinflußtes Männchen von *Alytes* außerhalb der Brunst. Ende Juni 1913. — b Normales unbeeinflußtes Männchen innerhalb der Brunst. April 1913. — c Normales unbeeinflußtes Weibchen innerhalb der Brunst. April 1913. — d Männchen der F_3-Generation „aus Wassereiern", in Brunst. April 1913. (Nach Kammerer.)

Daumenhaut des normalen *Alytes*-Männchen ein gewisses, periodisches An- und Abschwellen unverkennbar; ersteres ist zur Paarungszeit fällig und besteht in einer Dickenzunahme der dabei glatt bleibenden Epidermis (Abb. 170a, b).

Merkwürdig ist nun, daß nach Kammerer die Schwielenentwicklung und -rückentwicklung, sowie ihre jedesmalige neuerliche Regeneration bei *Alytes* unabhängig vom Hormon der Geschlechtsdrüse ist, was in Gegensatz zu den übrigen Anuren steht. Kammerer führte folgenden Kastrationsversuch aus: Zwei mit Brunstschwielen versehene F_4-Männchen wurden im Mai 1909 beiderseitig kastriert. Trotzdem trat bei der Herbstbrunst 1909 die Schwiele wiederum auf und so fort in Halbjahrsintervallen; also viermal bis zum Sommer 1911, zu welcher Zeit Kammerer sich durch Relaparotomie überzeugte, daß die Entfernung der Hoden eine totale und definitive gewesen war. Die hodenlosen Männchen zeigten genau dieselbe Evolution und Involution der Schwiele wie die hodentragenden; wenigstens soweit der makroskopische Befund und einfacher Lupenbefund in Frage kommt — mikroskopische Untersuchung unterblieb — ist in Ausdehnung und Stärke der Schwielenbildung keinerlei Unterschied zwischen Kastraten und solchen Männchen zu erkennen, die sich im Besitz ihrer Testikel befinden.

Es muß allerdings betont werden, daß diese Versuche an *Alytes* dringend der Nachuntersuchung bedürfen.

Zur weiteren Klarlegung des Auftretens der sekundären Merkmale werden diejenigen Tiere nun, die während ihrer Geschlechtssaison nur eine Oestrumperiode haben, als Monooestrale im Gegensatz zu den Polyoestralen bezeichnet, die mehrere Oestra in einer Geschlechtssaison durchmachen. Die aufeinander folgenden Oestra einer Geschlechtssaison werden durch sogenannte dioestrale Geschlechtsruhepausen getrennt.

Im allgemeinen läßt sich sagen, daß die herannahende Brutsaison bei vielen Tieren auch eine größere Lebhaftigkeit in allen ihren Bewegungen und Handlungen erzeugt. Sie sind im Zustande einer geschlechtlichen Erregung, die besonders deutlich z. B. bei balzenden Auerhähnen zur Entfaltung kommt. Die männlichen Hirsche und Rehe haben zu dieser Zeit gut ausgeprägte Geweihe entwickelt, mit denen sie um die weiblichen Tiere kämpfen, auch hier zeigt sich die Beziehung der sekundären Merkmale zu der Brunstperiode. Bei *Cervus elaphus* ist zur Zeit der Brunst im September oder Oktober das Geweih vollständig entwickelt. Die Tiere sind in dieser Zeit in einem Zustande der ständigen geschlechtlichen Erregung, auch soll der

Larynx dann besonders entwickelt sein. Am Ende des Jahres hört die Erregung allmählich auf, und die Geweihe werden abgeworfen, worauf die männlichen Tiere getrennt von den weiblichen wieder friedlich zueinander halten. Die Geweihe können auch bis zum Mai noch getragen werden. Nach dem Abwerfen beginnen neue zu wachsen, deren Hauptwachstumsperiode im Juli und August liegt. Nach Marshall, dessen Ausführungen ich hauptsächlich folge, fällt bei *Antilocapra americana* das Abwerfen der Hörner mit der Beendigung der Brunst noch näher zusammen. Das ist um so bemerkenswerter, als sie die einzige Art unter den gehörnten Ruminantiern ist, die die Hörner wechselt. Die Brunstperiode bei dieser Art beginnt im September und dauert etwa sechs Wochen, worauf schon im Oktober die Hörner abgeworfen werden. Das Wachstum der neuen wird erst im Juli oder August des folgenden Jahres beendet.

Auch beim männlichen Lachs, um ein Beispiel bei niederen Vertebraten zu nennen, kommt ein in seinem Auftreten ähnliches sekundäres Merkmal vor. Hier ist die äußere Spitze des Unterkiefers während der Brunstperiode nach aufwärts gerichtet und vergrößert, um als Angriffswaffe gegen andere Männchen zu dienen.

Bei *Polypterus* wird während der Brunstsaison die ovale Flosse des Männchens bedeutend vergrößert und verdickt, die Oberfläche legt sich zwischen den Flossenstrahlen in Falten. Die Ursache dieser Bildung ist nicht bekannt. Bei *Lepidosiren*-Männchen kommen während der Brunstperiode an den hinteren Extremitäten Papillen vor, die zu schmalen Fäden auswachsen und durch ihre reiche Vaskularisierung blutrot erscheinen. Nach der Brunstperiode bilden sie sich fast vollständig zurück.

Besonders auffallend sind die Prachtfarben der Männchen unter den Fischen, so z. B. bei *Cyclopterus lumpus*. Bei vielen Fischen werden die Farben in der höchsten geschlechtlichen Erregung besonders intensiv und leuchtend, auch sonst können viele männliche Fische bei Erregungszuständen, z. B. Kämpfen, stark intensive Farben zeigen, so daß wir hier einen Anhaltspunkt haben, wie vielleicht die dauernden Prachtfarben der männlichen lebendgebärenden Zahnkarpfen zustande gekommen sind.

Als zeitlich auftretende Brunstmerkmale des Männchens sind außerdem noch zu erwähnen der Schwanz des Schleiervogels, der am Ende der Brutperiode abgeworfen und erst im folgenden Sommer in derselben Form erneuert wird. Ähnliches sehen wir ja auch in der Verfärbung vieler anderer Vögel während der Begattungsperiode. Interessant ist, daß nach Beebee Tanagers und Bobolenks die Schleiervögel während des Winters ihr Hochzeitskleid behielten, wenn sie an der Begattung behindert waren und in einem dunklen Raum mit reichlichem Futter versehen verharrten.

Zu diesen Merkmalen ist weiter die Hornplatte auf dem Oberkiefer des Pelikans zu rechnen, die ebenfalls nach der Brutperiode abgeworfen wird.

Besonders charakteristisch sind bezüglich der periodischen Geschlechtsmerkmale bei Vögeln zwei exotische Vogelarten, *Pyromela franciscana* und *Hypochera chalybeata*, deren Männchen im Winter in ihrem Äußeren kaum von den Weibchen zu unterscheiden sind, im Frühling dagegen sehr farbenprächtige Federkleider bekommen (Benoit 1922). Die cytologische Untersuchung des Hodens zu verschiedenen Ausbildungsstadien des Hochzeitskleides und zur Ruhezeit führte Benoit zu der Schlußfolgerung, daß zwischen dem Ausbildungszustand der interstitiellen Drüse und dem des Hochzeitskleides ursächliche Beziehungen bestehen. Wenn der Geschlechtscharakter zurückgeht oder fehlt, zeigen die interstitiellen Drüsen alle morphologischen Merkmale der Ruhe (sehr wenig Protoplasma, beinahe völliges Fehlen von Secret). Wenn das Hochzeitskleid sich zu entwickeln beginnt, nimmt das Protoplasma der interstitiellen Zellen zu und beginnt mit der Ausbildung von Secretstoffen. Ist das Hochzeitskleid völlig entwickelt, so sind die interstitiellen Zellen groß und in voller Secretion begriffen. Dagegen bestehen nach Benoit keine Beziehungen zwischen dem Hochzeitskleid und dem spermatogenetischen Teile des Hodens, da dieser sich noch in vollkommener Ruhe befindet, wenn das Hochzeitskleid schon aufzutreten beginnt. Die Spermatogenese beginnt vielmehr erst, wenn das Hochzeitskleid bereits vollkommen entwickelt ist.

Bei männlichen Enten der Rouenrasse, die sich im Herbst, Winter und Frühjahr durch die Färbung ihres Gefieders (grüner Kopf, weißer Halsring, rotbraune Brust) deutlich von den Weibchen unterscheiden, stellte Parhou (1922) Untersuchungen an. Am Ende des Frühjahrs und Beginn des Sommers bis Anfang August verliert das Gefieder der Enten größtenteils seine differente Färbung, um eine zwischen männlichem und weiblichem Typus gelegene Zwischenstufe einzunehmen. Gleichzeitig vermindert sich die Größe der Hoden, deren Farbe gelblich wird. Die Spermatogenese geht stark zurück, die Samenzellen verfetten, die mit Lipoidtröpfchen angefüllten Zwischenzellen sind reichlicher entwickelt als im Frühjahr. Nach Parhou könnte man daran denken, daß zu dieser Zeit in den Hoden Substanzen entstehen, die den Luteinen der Ovarien gleichen und die Veränderungen des Gefieders verursachen.

Das ist indessen noch kein Beweis für die Ausschaltung der männlichen Keimzellen, der erst durch das Experiment erbracht werden könnte.

Der Gesang der Vögel wird auch ganz allgemein als sekundäres Merkmal angeführt. Böker (1923) tritt dieser zur Zeit herrschenden Anschauung entgegen, daß der Gesang der Vögel mit dem Geschlechtstrieb im ursächlichen Zusammenhang stehe, und beweist unter Beschreibung und Darstellung der Hoden zu verschiedenen Zeiten, daß der Gesang sich nicht mit der Höhe der Brunst steigert. Der Gesang ist nur eine Begleiterscheinung der geschlechtlichen Erregung. Psychische Reize sind es, die den Vogel zum Singen veranlassen. Dem widerspricht der Kastrationsversuch am jungen Haushahn, der als Kapaun nicht zu krähen vermag.

Bei Säugetieren und beim Menschen hängt die Höhe der Stimme anatomisch von der Länge und Spannung der Stimmbänder ab, die wieder durch den Bau des Kehlkopfes ihre Form erhalten. Der normale männliche Kehlkopf hat eine vordere Höhe von 7 cm, eine größte Breite von 4 cm und am unteren Rande des Schildknorpels eine Tiefe von 3 cm; beim Weibe sind die entsprechenden Zahlen 4,8 — 3,5 — 2,4 cm. Die männliche Stimmritze ist im Mittel 2,5, die weibliche 1,5 cm lang. Diese Geschlechtsunterschiede sind vor der Pubertät noch nicht ausgeprägt, da der kindliche männliche und weibliche Kehlkopf gleich schnell wachsen. Während der Geschlechtsreife beginnt aber die Stimmritze des Knaben sich schnell innerhalb eines Jahres um das Doppelte ihrer ursprünglichen Länge zu vergrößern, während die weibliche nur um das Anderthalbfache langsamer zunimmt; hiermit ist die bekannte Mutation der Stimme während der Pubertät des Knaben verbunden. Mit zunehmendem Alter beginnt der knorplige Kehlkopf zu verknöchern und die Muskulatur zu verschwinden, so daß um das 50.—60. Lebensjahr bei Männern ein zweiter Stimmwechsel, die Altersmutation eintritt.

Bei einigen Tieren kommen auch drüsige Organe, die mit den Reproduktionsprozessen direkt nichts zu tun haben, während der Brutperiode zur besonderen Entwicklung. Z. B. wird bei *Collocalia* die Speicheldrüse besonders mächtig während der Brutperiode entwickelt und dient dazu, eine mucinartige Substanz auszuscheiden, die zur Herstellung der eßbaren Nester dient. Eine ähnliche drüsige Tätigkeit erwähnten wir schon bei dem Seestichling, der während des Nestbaues aus seinen Nieren einen weißen klebrigen Faden heraustreten läßt, der zum Nestbau dient. Nach Möbius haben wir es hier mit einem pathologischen Zustand zu tun, indem die stark vergrößerten Hoden auf die Nieren drücken und sie so zur Bildung des Fadens anregen. Viele stark duftenden Drüsen finden wir besonders bei Reptilien und vielen Säugern während der Brunstperiode ausgeprägt, wo sie zur Anlockung der Geschlechter dienen, während die zuerst genannten Drüsen in den Dienst der Brutpflege treten.

Schiefferdecker ist der Frage der Drüsen als sekundäre Merkmale bei Säugern weiter nachgegangen (1922). Unter den Hautdrüsen trennt er die apokrinen und die ekkrinen, von denen die letzteren keine Beziehungen zu den Haaren besitzen. Beim Menschen finden sich apokrine nur noch an wenigen Stellen der Haut. Diese Verbreitung wechselt nach der Rasse und nach dem Geschlecht.

Der zwischen dem deutschen Manne und Weibe bestehende Unterschied in der Drüsenausbildung ist Schiefferdecker ein Zeichen für die Verschiedenheit des männlichen und weiblichen Körpers im allgemeinen. Es erscheint nicht ausgeschlossen, daß der größere Reichtum an apokrinen Drüsen beim Weibe ebenfalls als ein Zeichen für eine tiefere Entwicklungsstufe anzusehen wäre. Schiefferdecker schreibt ihnen einen Zusammenhang mit der Geschlechtsfunktion zu. Sie bilden nach ihrer Verbreitung eine Regio sexualis, in der er auch eine besondere Ausstattung mit glatter Muskulatur, eine Muscularis sexualis, annimmt. Die apokrinen wie die ekkrinen Drüsen scheinen sexuale Duftstoffe erzeugen zu können. Zu diesen gehört der Duft des weiblichen Haares, zu jenen der der Milch. Schiefferdecker bezeichnet die Säuger im allgemeinen als apokrine Drüsentiere, die Affen als gemischtdrüsige Tiere und den Menschen als ein ekkrines Drüsentier.

Über ein interessantes Ergebnis, die apokrinen Drüsen des Menschen betreffend, berichtet Loeschke 1925. Er fand, daß die apokrinen Drüsen des Achselorgans beim Weibe, die schon mit freiem Auge als eine subkutane Lage gelbbrauner Knötchen zu sehen sind, erst mit Eintritt der vollen Geschlechtsreife zur vollen Entwicklung kommen, und daß sie in ihrer Entwicklung abhängig sind von der Funktion der Geschlechtsorgane; beim Erlöschen der Geschlechtsfunktionen, sei es durch Kachexie, durch Kastration oder im Klimakterium erleiden sie eine starke Rückbildung und werden funktionell fast vollständig ausgeschaltet. Das Achselorgan macht also einen Zyklus durch, der dem der Geschlechtsorgane vollkommen entsprechend verläuft. Schwangerschaft bedingt eine relative Hemmung im Wachstum, eine vollständige Hemmung in der sekretorischen Reifung des Achselorgans. Die Untersuchungen bringen auch eine vollständige Bestätigung der Rosenburgschen Angaben über die gleichen zyklischen Vorgänge in der Mamma, und bestätigen die Angaben Schiefferdeckers, daß die apokrinen Drüsen beim Manne viel geringer entwickelt sind und sprechen zugunsten der Auffassung dieses Autors vom Geschlechtsduftdrüsencharakter der apokrinen Schweißdrüsen.

Die geschlechtliche Periodizität ist nach Semper durch den extremen Wechsel von Sommer- und Wintertemperatur zustande gekommen. In vielen Fällen scheint das wirklich richtig zu sein. Es spielen aber jedenfalls auch die Einflüsse der Umgebung und andere Stimuli eine Rolle. Namentlich würde die Temperaturtheorie auf die Säugetiere nicht zutreffen, deren Brunstperioden bei den einzelnen Species außerordentlich variieren; hier kommen sicher Einflüsse der Umgebung neben den jahreszeitlichen hinzu.

Die sekundären Merkmale mit Ausschluß der internen subsidiären Geschlechtsmerkmale bei den Tieren haben Marshall und Cunningham übersichtlich zusammengestellt. Einige charakteristische allgemeine Betrachtungen darüber seien hier angeführt in Anlehnung an diese Autoren. Zunächst sei vorausgeschickt, daß es durchaus verfehlt ist, bei einer Tierklasse sekundäre Sexuszeichen durchgehend als männlich oder weiblich zu bezeichnen. Solange nicht mit Sicherheit geprüft ist, welche hervorstechenden Eigenschaften männlicher oder weiblicher Natur bei Angehörigen ein und derselben Species auch wirklich von den Keimdrüsen abhängen, kann eine allgemeine Zusammenfassung der sekundären Merkmale gar nicht gegeben werden. Ebenso ist anzunehmen, wie weiter unten gezeigt wird, daß ursprünglich reine Sexuscharaktere zu festen unabhängigen Merkmalen werden können, die rein somatische Funktionen übernehmen.

Auch die häufig vorkommende verschiedene Lebensweise von Männchen und Weibchen derselben Art kann zur Ausbildung charakteristischer Körpermerkmale und psychischer Eigenschaften führen. So ist in den meisten Tiergruppen in bezug auf Größe, Kraft und Körperschmuck das Männchen bevorzugt, in anderen das Weibchen. Bei den Odinshühnern (*Phalaropus*) z. B. und bei den schwarzkehligen Laufhühnern (*Turnix nigricollis*) ist es das Weibchen, welches im Äußeren und Benehmen die sonstige Rolle des Männchens angenommen hat. Selbst die Brutpflege ist nicht einheitlich auf ein Geschlecht verteilt. Meist übernimmt allerdings das Weibchen dieselbe; es gibt aber auch eine Reihe von Fällen, wo ausschließlich das Männchen sich um das Bebrüten, die Aufzucht und die Pflege der Jungen bekümmert. Selbst die Stärke der Intelligenz kann auf die Geschlechter ungleich verteilt sein. In der Regel ist allerdings hier das Männchen bevorzugt. Das Beispiel, das für die überwiegende Intelligenz des Weibchens gewöhnlich angeführt wird, nämlich die Arbeiterbiene im Vergleich zu den Drohnen, ist nicht ganz zutreffend. Erstens ist die Arbeiterbiene kein eigentliches Weibchen, und zweitens ist die Drohne als Geschlechtstier nur mit der Königin zu vergleichen; wo bei diesen beiden Formen die Intelligenz überwiegt ist fraglich, jedenfalls ist sie bei beiden reduziert zugunsten der geschlechtlichen Funktion. Es ist bei diesen sozial hochstehenden Tieren eine sehr weitgehende individuelle Trennung der somatischen Anteile (Arbeiterbienen) und der Propagationszellkomplexe mit Anhangsgebilden (Königin und Drohnen) eingetreten.

Eine Rückbildung der somatischen Anteile zugunsten der Propagationszellen kann auch sonst in noch sehr viel weitgehenderer Weise beim männlichen und weiblichen Geschlecht eintreten. Bei der weiblichen parasitisch lebenden *Sphaerularia bombi* sind eigentlich nur noch die Keimdrüsen und der Uterus erhalten, während der Wurm selbst auf ein Minimum rückgebildet ist. Andererseits ist bei *Bonellia viridis* der weibliche Wurm von beträchtlicher Größe, während das Männchen außerordentlich klein ist. Es hat einen ganz rudimentären Darm und besitzt weder

Mund noch After. Es hält sich Zeit seines Lebens parasitisch in den Oviducten des Weibchens auf, wo es seine einzige Aufgabe, die Befruchtung, auf bequeme Weise ausführen kann. Auch sonst gibt es Beispiele von Zwergmännchen, wie das bei Cirripedien zu konstatieren ist.

Nach Cunningham ist kein Teil des Somas in spezieller Weise als Sexuszeichen bevorzugt. Daß die sexuellen Differenzen das Gemeinsame haben, äußerliche Merkmale zu sein, trifft auch nicht ganz zu, obwohl das auf den ersten Blick so scheinen mag. Nach Dewitz und Steche ist sogar das Blut bei manchen Lepidopteren sexuell differenziert, indem bei Männchen und Weibchen verschiedene Färbungen zu erkennen sind.

Auch bei Wirbeltieren ist das Blut geschlechtlich differenziert, wie wir das bei Amphibien schon gesehen hatten, und wie das auch die Abderhaldenschen Reaktionen zeigen, die neuerdings von Sellheim und seinen Schülern zur Geschlechtsdiagnose des menschlichen Foetus benutzt worden sind.

Im Ruhezustand sind die Schwankungsdifferenzen des Blutdruckes bei Frauen 2—3mal so groß wie bei Männern (Marston 1913). Nach ihm sind auch die Perioden der Blutdruckschwankungen bei Frauen häufiger als beim Manne, gehen aber schneller vorüber. Sie sollen ihrem Verlauf nach den durch Zorn bedingten gleichen, während die Männer im allgemeinen weniger, aber länger dauernde Reaktionen zeigen, wie sie durch Furcht hervorgebracht werden. Geschlechtliche Erregung, bei Männern hervorgerufen durch die Gegenwart einer „anziehenden" Frau, bei Frauen leichter durch Gespräche über die die Sexualsphäre berührenden Dinge, lösen kräftige Senkungen des Blutdruckes aus.

Ein physiologischer Unterschied besteht auch bei den beiden Geschlechtern in bezug auf die Zahl der Blutkörperchen; nach Nägeli sind es 4,5 Millionen im Kubikmillimeter beim Weibe, 5 Millionen beim Manne. Daß dieser Unterschied durch die innere Secretion der Keimdrüsen bedingt ist, geht auch daraus hervor, daß nach der Kastration bei Hunden die Zahl der roten Blutkörperchen und damit der Hämoglobingehalt abnimmt. Auch bei menschlichen Kastraten und bei Eunuchoiden (Entwicklungsstörungen mit Atrophie der Keimdrüse) ist sehr oft der Hämoglobingehalt bis auf 75 vH. und weniger vermindert. — Ungeklärt ist noch die Abnahme des Hämoglobingehaltes bei der Chlorose.

In der Senkungsgeschwindigkeit der roten Blutkörperchen haben sich auch wieder geschlechtsspecifische Unterschiede ergeben, da im männlichen Blute die Erythrocyten sich langsamer senken als im weiblichen (Fahraeus). In der Schwangerschaft ist wiederum eine größere Senkungsgeschwindigkeit beobachtet worden als bei normalen Frauen. Weiteren Untersuchungen muß es vorbehalten bleiben, durch Exstirpation der Keimdrüsen den Beweis zu erbringen, daß es sich hierbei wirklich um inkretorische Einflüsse handelt, welche die Zusammensetzung des Blutplasmas in bestimmter Weise regeln.

Daß solche Einflüsse bestehen, beweist auch der verschiedene Viscositätskoeffizient, der für Männer 3,798 (für Wasser von $38° = 1$), für Frauen 4,516 beträgt (Determann), und ferner die wechselnde Gesamtblutmenge: beim männlichen Geschlechte $1/11{,}5$, beim weiblichen $1/13$ des Körpergewichtes (Kottmann).

Ein Gerinnungsvermögen des Blutes tritt physiologisch auf, während der Menstruation; auch Extrakte aus jungen Eierstöcken haben diese Eigenschaft; dagegen nicht mehr nach der Menopause. Ob hierbei die gerinnungshemmende Substanz von den Graafschen Follikeln erzeugt wird oder die Beeinflussung des thromboplastischen Systems über die Schilddrüse zustande kommt, deren Entfernung nach Yamada (oder veränderte Funktion beim Basedow in 43 vH. der Fälle nach Blank) antagonistisch zur Milz die Blutgerinnung verzögern soll, muß durch weitere Untersuchungen geklärt werden.

Der Einfluß der Keimdrüsen auf die **Wärmeregulierung** zeigt sich in den verschiedenen Körpertemperaturen der beiden Geschlechter. Doch ist diese Frage noch umstritten. Bei neugeborenen Knaben ist schon die Rectumtemperatur bis um $0{,}33°$ höher als die der Mädchen; die Calorienbildung pro Quadratmeter, Oberfläche und Tag ist im 7.—10. Lebensjahre bei Knaben 1440, bei Mädchen 1390 Calorien; nach der Pubertät um das 18. Lebensjahr bei Knaben 1200, bei Mädchen 930 Calorien (nach Vierordt). Bei 89 erwachsenen Männern wurden im Durchschnitt 1,07, bei Frauen 1,05 Calorien pro Kilogramm und Stunde gefunden (Benedict). Die entgegengesetzten Unterschiede finden wir bei manchen anderen Tieren wieder; so ist die Körpertemperatur beim Enterich $41{,}9°$, bei der Ente $42{,}2°$. Auch bei weiblichen Ratten ist sie um $0{,}5°$ höher als beim Männchen; beim

Meerschweinchen beträgt diese Differenz 0,6—0,9°. Bei weiblichen Meerschweinchenkastraten fällt die Temperatur im Mittel um 0,4° ab, dagegen war bei männlichen Kastraten kein Unterschied gegen die Kontrollen festzustellen; nach Feminierung durch Überpflanzung von Ovarien stieg ihre Temperatur auf die normale der Weibchen, während diejenige der maskulinierten Weibchen nicht verändert war (Lipschütz).

Bierens de Haan (1921) fand bei Ratten von 38—54 Tagen, die in einer konstanten Temperatur von 25° C lebten, die durchschnittliche Körpertemperatur von 36—36,4° C. Hierbei war ein deutlicher Unterschied zwischen den Geschlechtern zu beobachten, durchschnittlich war die Körpertemperatur bei den Weibchen 36,87°, bei den Männchen 36,13°. Der Sexualunterschied betrug also 0,74° C zugunsten des Weibchens. Die Unterschiede zwischen Morgen- und Abendtemperatur waren nur gering, durchschnittlich 0,16° C. Es waren weiter Tage mit höheren und Tage mit niedrigeren Temperaturen zu unterscheiden.

Die Körpertemperatur von jungen Ratten (3½ Wochen alt) variierte mit der Temperatur der Außenwelt, sodaß eine Steigerung der Außentemperatur um 5° C eine Erhöhung der Körpertemperatur von durchschnittlich je 0,70° verursachte. Die Geschlechtsunterschiede in der Körperwärme werden größer, wenn man in niedrigere Temperaturen kommt, betragen bei diesen jungen Tieren bei 10° C aber nur durchschnittlich 0,20°.

Neuerdings hat nun Lipschütz seine eigenen Resultate und die seiner Schüler Borman, Brunnow und v. Savary widerrufen. Die Temperaturmessungen wurden an Kaninchen im Alter von 4, 6, 7 und 10 Monaten und an erwachsenen Tieren ausgeführt. Methodisch ergab sich als wichtig, daß das Thermometer genügend tief in das Rectum der Tiere eingeführt wurde, die sich dabei in normaler Hockstellung auf dem Schoß des Untersuchers befinden. Verglichen werden normale Männchen, normale Weibchen, kastrierte Männchen und kastrierte Weibchen. In fast 200 Messungen wurde eine durchschnittliche Körpertemperatur von 39,6° gefunden. Es ergab sich kein Unterschied in der Temperatur zwischen normalen Männchen und normalen Weibchen, weder im jugendlichen Alter noch nach Eintritt der Geschlechtsreife. Die Temperatur der Kastraten war derjenigen der normalen Tiere gleich. Die Messungen ergaben auch keine

Hinweise auf Temperaturdifferenzen zwischen Tieren verschiedenen Alters. Borman, Brunnow und v. Savary nehmen als wahrscheinlich an, „daß die von den früheren Autoren beobachtete Differenz in der Körpertemperatur der beiden Geschlechter durch methodische Fehler bedingt war". Die Rectaltemperatur ist auch bei männlichen und weiblichen Meerschweinchen wie bei Kastraten beiderlei Geschlechts gleich hoch. Die früheren Schlußfolgerungen von Steinach und Lipschütz über die Beeinflussung der Temperatur durch Kastration und Geschlechtsdrüsenaustausch sind falsch.

Romeis kann diese neuen Resultate Lipschützs auf Grund seiner seit mehreren Jahren ausgeführten Messungen bestätigen.

Ich selbst habe bei einem Wurf Katzen keinerlei klar hervortretenden Temperaturunterschiede beider Geschlechter nachweisen können. Bei Teckeln scheinen sie indes vor der Pubertät vorhanden zu sein. Es müssen da noch weitere Messungen durchgeführt werden.

Bezüglich des Skelettes bestehen bei den meisten Wirbeltieren die weitgehendsten Geschlechtsunterschiede. Wir sahen sie schon sehr schön bei den Anuren ausgeprägt (Abb. 168 a b). Noch weitergehend ist die sexuelle Differenzierung bei vielen Vögeln und Säugern, wo das Skelett als formgebendes Element des Gesamtkörpers oft sehr starke sexuelle Differenzierungen aufweist. Meist ist es eine specifische Inanspruchnahme bestimmter Skeletteile, die diese zu Geschlechtsmerkmalen macht.

Die sexuell-differenzierende Ausbildung, z. B. der Kau- und Nackenmuskulatur, ist nach St. Oppenheim (1923) maßgebend für sexuelle Differenzen am Schädel. So zeigt der Gorilla, dessen Gebiß beim Männchen viel mächtiger entwickelt ist als beim Weibchen, ausgesprochene Geschlechtsunterschiede im Schädelbau, indem Knochenauflagen entsprechend den Muskelansätzen beim Weibchen fehlen, während der Sexualcharakter am Schimpansenschädel viel weniger ausgebildet ist, da beide Geschlechter ein gleichförmiges Gebiß aufweisen. Messungen an zahlreichen Lebenden verschiedenen Alters sowie an Musealschädeln betrafen als Ausdruck der sexuell-differenzierten Nacken- und Kaumuskulatur beim Menschen die Distanz der beiden Lineae temporales inferiores, die Jochbogen- und Unterkieferwinkelbreite, ferner die größte und die kleinste Entfernung der Warzenfortsätze voneinander. Es ergab sich aus den Messungen, daß ein Wachstum des Schädels bei Knaben mit 19 Jahren noch nachweisbar ist, während es bei Mädchen mit 15 Jahren schon abgeschlossen erscheint. Trotzdem ist der Sexualcharakter am jugendlichen Kopf noch nicht voll ausgebildet. Nur die Warzenfortsätze sind schon in der Jugend bei den Geschlechtern different. Die Bedeutung des Ausbildungsgrades der Nackenmuskulatur als Geschlechtsmerkmal ist also größer als die der Kaumuskulatur.

Auffallend ist auch z. B. bei Stieren die mächtige Entwicklung des Hinterkopfes mit seiner breiten Nackenmuskulatur, die beim Ochsen und bei der Kuh stark reduziert ist. Doch fehlen auch hier einwandfreie Zahlen, um als Grundlagen für solche Theorien dienen zu können.

Für die Skeletunterschiede beim Menschen orientieren wir uns am besten an Hand der Tabellen aus Weil (1924):

Tabelle (nach Vierordt).

Standlänge	Mann	Frau	Neugeborene	
			Knaben	Mädchen
Standlänge .. in cm	167,8	156,5	55	50
Stammlänge.. „ „	98,5	93,7	34	31,5
Beinlänge... „ „	103	98,4		—
Schulterbreite „ „	39,1	35,2	12,76	12,43
Hüftbreite... „ „	30,5	31,4	10,62	10,3
Körpergewicht in kg	65	55	3,33	3,20

Tabelle: Beckenmaße in cm nach Vierordt, Tandler und Groß vgl. Abb. 171.

	Mann	Weib	Eunuchoid 28 Jahre, Länge 181 cm
Entfernung zwischen den Spinae iliac. ant. sup.	24,4	26	22
Diameter transvers.	12,8	13,5	12
Conjuga vera	10,8	11,6	10,7
Diameter obliq.	12,2	12,6	r. 12,5 l. 12,2
Entfernung des Spin. ischiad. ..	8,1	9,9	9,3

Ähnliche Unterschiede der Geschlechter finden wir auch in der Ausbildung des Brustkorbes wieder, der beim Manne im

400   Keimdrüsen in Beziehung zu den somatischen Organen.

Durchschnitt kräftiger entwickelt und breiter ist, als beim Weibe. Dementsprechend verhält sich auch die am lebenden Körper gemessene Schulter- zur Beckenbreite.

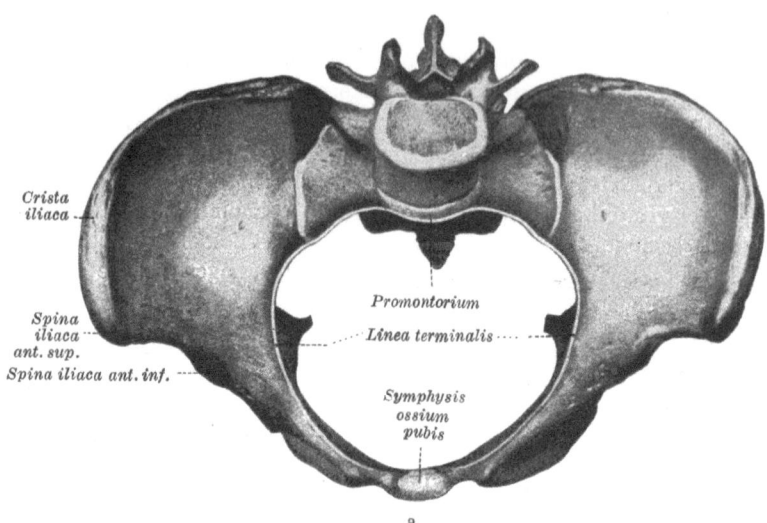

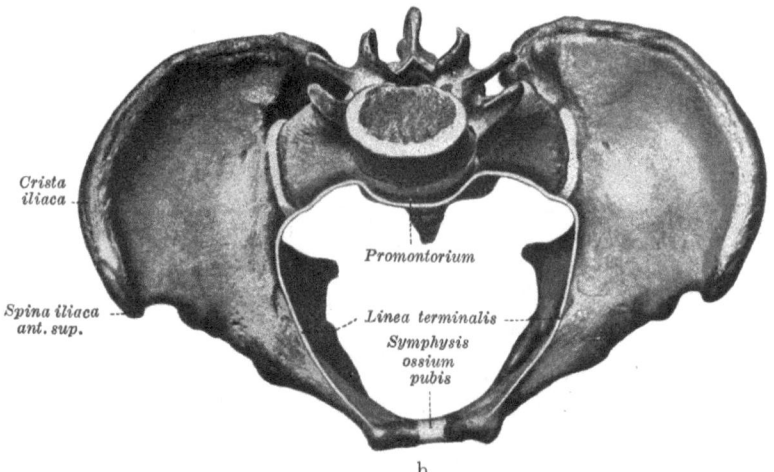

Abb. 171 a, b. a männliches, b weibliches Becken. (Nach Rauber-Kopsch.)

Tabelle (nach Tandler und Grosz):
Verhältnis der Schulterbreite zur Becken- und Hüftbreite.
(Beckenbreite = Querdurchmesser zwischen den äußeren Rändern der Cristae iliacae. Hüftbreite = Entfernung zwischen den beiden Trochanter. major. der Oberschenkel.)

	Schulterbreite cm	Beckenbreite cm	Hüftbreite cm	Schulter	
				Becken = 100	Hüfte = 100
Männer	39,3	29	31,8	74	81
Frauen	35	30	34	86	97
Männliche Eunuchoide	36,8	27	31,5	73	86
Weibliche Eunuchoide	37	26,5	34	71	92

Zum Schluß noch einige Worte über die sogenannte asexuelle Embryonalform und die Übertragung specifischer sekundärer Geschlechtsmerkmale auf das andere Geschlecht.

Lipschütz geht von der Annahme aus, daß die asexuelle Embryonalform, also embryonales Soma, das erst durch die Pubertätsdrüse maskuliniert oder feminiert wird, zur Voraussetzung hat, daß sich die zwei verschiedenen Gruppen von Geschlechtsmerkmalen nachweisen lassen: solche, die sich aus der asexuellen Form geschlechtsspecifisch neu herausdifferenzieren und solche, die ebenso sich aus vorhandenen Merkmalen der asexuellen Formen weiterentwickeln.

Eine asexuelle Embryonalform wird nach Lipschütz erst durch die fördernde und hemmende Wirkung der Pubertätsdrüse der sexuellen Differenzierung zugeführt. Er versucht weiterhin, namentlich in Anlehnung an Pézard und Goodale, näher zu begründen, daß außer denjenigen Geschlechtsmerkmalen, die durch eine fördernde oder hemmende Wirkung von seiten der „Pubertätsdrüsen" auf die Merkmale der asexuellen Embryonalform zustande kommen, auch solche vorhanden sein können, die nichts anderes sind, als Merkmale der asexuellen Embryonalform, die ohne jede Beeinflussung von seiten der Pubertätsdrüse zur Entwicklung gelangt sind, die aber zu Geschlechtsmerkmalen werden, weil sie beim andern Geschlecht der fördernden oder hemmenden Einwirkung der „Pubertätsdrüse" unterlegen waren.

Dabei vergißt Lipschütz, daß es Tiere gibt, die durch den Geschlechtschromosomenmechanismus schon in der Eizelle männlich oder weiblich sind und weiterhin, daß die „Pubertätsdrüse" doch wohl ein Begriff ist, der heute nicht mehr aufrecht erhalten werden kann. Der Organisator oder das Harmenzym, späterhin das Harmozon und Hormone liegen primär in den Keimzellen, ohne sie gibt es bei regulativen Hormontieren keinen geschlechtlich differenzierten Organismus.

Wir können mit Recht sagen:

„Jegliches Geschlechtsmerkmal hat bestimmte Beziehungen zu der geschlechtlichen Eigenart seines Trägers, ist in seinem Auftreten gebunden an die Gegenwart einer bestimmten Geschlechtsdrüse, leitet seine besonderen Aufgaben ab aus den Anforderungen, welche, im weitesten Umfange gedacht, sich für ein Geschlechtsindividuum aus seiner Erzeugertätigkeit zur sinngemäßen Verwendung seiner Geschlechtsprodukte, der Ei- und Samenzellen, ergeben. Das trifft auch noch zu, wenn zwitterige Organismen Träger typischer somatischer Geschlechtsmerkmale sind, auch da dient das betreffende Merkmal jeweils nur den Interessen der einen der beiden Sexualphasen des Zwitters, der männlichen oder der weiblichen."

Diese Definition Meisenheimers ist so treffend, daß dem nichts hinzugefügt zu werden braucht. Nun nimmt Meisenheimer weiterhin an, daß es eine Übertragung eines Sexualcharakters von Geschlecht zu Geschlecht gibt, derart, daß ein Merkmal, das zunächst durchaus Eigentum des einen Geschlechtstieres war, zugleich Eigentum des anderen entgegengesetzten Geschlechts zu werden beginnt und schließlich in dessen Vollbesitz übergeht. Die Möglichkeit dafür liegt in der Tatsache der Vererbung. Wir haben gesehen, jedes tierische Individuum, das aus einer Eizelle hervorgeht, enthält die Anlagen des nicht realisierten Geschlechts latent. Dafür gibt Meisenheimer das Beispiel einer Kreuzung von verschiedenen Arten, die wesentlich verschieden sind in dem Charakter des einen Geschlechts. Die Spannerarten *Biston pomonarius* und *hirtarius* ist im weiblichen Geschlecht sehr verschieden. Das Weibchen von *hirtarius* hat vollausgebildete Flügel, das Weibchen von *pomonarius* dagegen nur noch ganz kurze stummelförmige Anhänge. Beide Männchen sind durchaus normal.

P. *Biston hirtarius* ♂ × *Biston pomonarius* ♀, ungeflügelt

F_1 ♀ mit schmalen lanzettförmigen Flügeln

Reziproktypus P. *Biston pom.* ♂ × *Biston hirt.* ♀, geflügelt

F_1 ♀ mit schmalen lanzettförmigen Flügeln

Dieses Resultat ist sehr bemerkenswert, weil wir wie in manchen anderen Fällen mit der Verknüpfung der Faktoren für Geschlechtsmerkmale mit dem X-Chromosom nicht zurechtkommen. Nehmen wir an, daß *Biston*, wie alle untersuchten Schmetterlinge, im weiblichen Geschlecht heterozygot ist, so müßte bei der ersten Kreuzung in dem Weibchen der F_1 das X-Chromosom aus dem Männchen stammen. Bei *Hirtarius* sind aber Männchen und Weibchen geflügelt. Der Faktor ungeflügelt kann also nur mit einem der n-Chromosomen in das F_1-Weibchen hineingekommen sein. Dann müßten aber auch die Männchen der F_1 stummelflügelig sein, was aber nicht der Fall ist; sie sind normal langgeflügelt. Wir müssen daher annehmen, daß der Faktor ungeflügelt beide Male im F_1-Männchen latent vorhanden ist und durch $2\,x$ unterdrückt wird, während er bei F_1-Weibchen jedesmal bei $1\,x$ zur intermediären Ausprägung stummelförmiger Flügel in Erscheinung tritt. Restlos zu klären ist dieser Fall zunächst nicht. Ob die Flügellosigkeit des *Pomonarius*-Weibchens wirklich ein echtes sekundäres Merkmal ist, erscheint fraglich, jedenfalls kann es nicht an das X-Chromosom geknüpft sein.

Ein anderer Fall:

P Swinhoes Fasan (*Gennaeus swinhoei*) ♂ ⨯ Silberfasan (*Gennaeus nycthemerus*) ♀

F_1 ♂ Größe, Gefieder, Stimme, Charakter von Silberfasan ♂

ist klarer, denn hier könnte das X-Chromosom Träger des sekundären Merkmals sein. Im F_1-Hahn stammt, da der Vogel, wie die Schmetterlinge im weiblichen Geschlecht, heterozygot ist, ein X-Chromosom vom Silberfasanweibchen, direkt aber vom Vater dieses Weibchen; es kann also sehr wohl, wenn es dominant ist, über den männlich bestimmenden Faktor von Swinhoes Fasanenmännchen die sekundären Merkmale vom Silberfasanmännchen hervorrufen.

In einem anderen Züchtungsversuch ergab sich aus

P *Phasianus versicolor* ♂ ⨯ *Phasianus formosanus* ♀

F_1 ♀ typisch *versicolor* ⨯ *Phasianus versicolor* ♂   Rückkreuzung

♂ typisch *Formosanus*.

Auch dieser Fall ist in F_1 ohne weiteres klar, denn das F_1-Weibchen hat das X-Chromosom von *Versicolor*, dagegen sind bei der Rückkreuzung in den männlichen Nachkommen überhaupt keine X-Chromosomen von *Formosanus*. Trotzdem haben die Männchen dann die sekundären Merkmale dieser Art. Man muß also wohl, wie die experimentelle Vererbungslehre heute allgemein tut, eine doppeltgeschlechtliche Konstitution der Erbsubstanz annehmen, damit wird aber die Bedeutung der Geschlechtschromosomen sehr eingeschränkt. In allen Fällen der metagamen Geschlechtsbestimmung (*Bonellia*, spät differenzierende Frösche) ist diese doppeltgeschlechtliche Annahme ja ohne weiteres klar, weil es möglich ist, beide Anlagenkomplexe hervorzurufen. Daß dabei oft nur äußere Zustände der Ernährung und des Raumes nötig sind, zeigt der Fall von *Monstrilla danae* (nach Untersuchungen von Malaquin).

Die Larven dieser marinen Copepoden dringen in das Innere des Ringelwurms *Salmacina*, einem Serpuliden, und vollenden in dessen Blutgefäßsystem ihre Entwicklung. Sie werden ausschließlich zu Männchen, wenn sie in der Mehrzahl gleichzeitig sich im Wirtstier entwickeln, zu Männchen oder Weibchen aber, wenn eine Larve einziger Bewohner einer *Salmacina* bleibt. Wir ersehen aus diesen Erwägungen und Beispielen, daß die Möglichkeit der Herausbildung eines konträren Sexualcharakters für ein Geschlechtsindividuum aus der Konstitution seiner überkommenen Erbabstammung stets gegeben ist.

Bei der Herausdifferenzierung der sexuellen Merkmale kann man nun von einer männlichen Präponderanz sprechen, die auch Meisenheimer annimmt. Das bedeutet, daß der männliche Organismus empfänglicher für neue Merkmale ist, und daß er leichter auf Umwelteinwirkungen mit somatischen Veränderungen reagiert als der zugehörige weibliche. Aus der männlichen Präponderanz der Hähne erklären sich die große Beweglichkeit, die leistungsfähigen Sinnesorgane, wirksamen Anpassungs- und Anziehungsmittel, starken Waffen sexueller und nicht sexueller Art und damit auch die oft sehr divergierende Habitusform beider Geschlechter bei vielen Tieren (Abb. 172). In seltenen Fällen gibt es auch eine weibliche Präponderanz, z. B. ist das Weibchen der Sperber, Habichte, Kornweihen und Steinadler größer als das Männchen. Bei Laufhühnern (*Turnix*-Arten) haben die Weibchen das lebhaftere, farbenfreudigere Gefieder, sie nehmen sogar männliche Charaktereigenschaften an, sie balzen, fordern zum Kampfe heraus und kämpfen miteinander. Das Brüten dagegen wird bei den Laufhühnern, wie übrigens auch bei den Wasserläufern und Sumpfrallen, den schwächeren und unscheinbaren Männchen überlassen. Bei den Schnepfenrallen hat auch das Weibchen allein die merkwürdige, mit der Stimmbildung zusammenhängende Schlingform der Trachea. Es gibt damit die Initiative zu dem Zusammenfinden der beiden Geschlechter.

Ähnliches finden wir auch bei den Fischen (Schlangennadel *Nerophis*, Cichliden, *Pelmatochromis* u. a.). Bei diesen Arten hat das Weibchen ein buntes Hochzeitskleid und die unscheinbaren

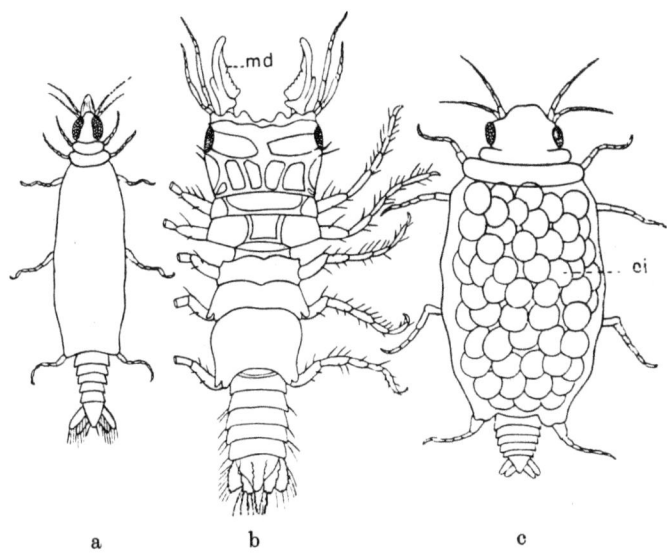

Abb. 172 a—c. Die Geschlechter von *Gnathia maxillaris*. a *Praniza*-Larve, b erwachsenes Männchen, c erwachsenes Weibchen (nach Smith), *ei* Eier, *md* Mandibeln.

Männchen übernehmen das Brutgeschäft. Häufig wird eine weibliche Präponderanz auch durch bessere mimetische Anpassung erreicht, besonders häufig bei Schmetterlingen, Heuschrecken und Spinnen.

Präponderanz prägt sich immer zuerst in einem Geschlecht aus, indem dieses bezüglich seiner Merkmale einen differenzierteren Typus darstellt als das entgegengesetzte. Immer ist die Anlage für alle Merkmale latent im andern Geschlecht enthalten und kann gelegentlich auch hier manifest werden.

So können die Sporen der Hähne auch auf die Hühner übergehen, ohne daß diese sonstwie in ihren weiblichen Merkmalen etwas einbüßen. Gehörne sind ursprünglich sexuelle Waffen (Hirsche), auch diese kommen gelegentlich beim Weibchen vor, wie z. B. bei gehörnten Ricken. Bei den Renntieren *(Rangifer tarandus)* ist das Geweih auch ein konstantes weibliches Merkmal geworden.

Bei den Antilopen hat sich das Merkmal viel stärker durchgesetzt, es gibt hier wohl noch Arten, wo die Weibchen gehörnlos sind, z. B. *Tetraceros, Neotragus, Cobus, Saiga* usw., oder wo sie schwächer sind als beim Männchen, z. B. *Bubalis, Hippotragus, Aidax,* aber meist sind die Gehörne der Weibchen ebenso stark wie die der Männchen, z. B. *Damaliscus, Cephalophus, Oryx* usw. Die ganze Entwicklungsreihe haben wir bei einer einzigen Gattung, *Gazella.* Bei den Endtypen der Wiederkäuer Rindern, Schafen, Ziegen haben, wie auch bei den Wildformen, die Weibchen wohlausgebildete Hörner. Durch Domestikation sind die Weibchen oft wieder hornlos geworden, wie die Schafe, oder auch die Männchen haben ihre Hörner eingebüßt, wie bei den hornlosen Schaf- und Rinderrassen.

Sexuelle Organe, die auch anderen Funktionen des Körpers dienen, wie Nahrungserwerb (Hauer der Schweine), oder besondere Sinnesorgane und Schutzfarben können leicht auch vom andern Geschlecht übernommen werden. Zuweilen können auch spezielle Geschlechtsmerkmale im andern Geschlecht auftreten, ohne hier irgendeine Funktion zu haben. Die Männchen des Salamanders *Diemyctylus viridescens* haben auf der Unterseite der Oberschenkel einen schwielenartigen Haftapparat, der zum Festhalten der Weibchen während der Liebesspiele dient. Er entwickelt sich auch beim Weibchen in abgeschwächter Form. Auch den Femoralorganen der Eidechsenmännchen begegnen wir bei den Weibchen vieler Lacertiden, ohne daß sie irgendeinen Sinn haben. Sie verstärken sich auch nicht während der Brunst.

Der Mammarapparat der Säuger ist bei beiden Geschlechtern angelegt; er kommt gelegentlich auch beim Männchen zur vollen Entwicklung und kann experimentell bei allen Männchen zur vollen Funktion gebracht werden. Die Verhältnisse des Mammarapparates beim Menschen sind von Brack 1924 im Lebensablauf untersucht worden.

Im kindlichen Alter ist der Drüsenanteil der Brustdrüse sehr wenig entwickelt, die Ausführungsgänge haben ein sehr feines

Lumen, ein Sinus lactiferus ist nicht vorhanden. Das Zwischendrüsengewebe oder Interstitium ist wenig differenziert in Form feinster Fasern, vom 3. bis 5. Lebensjahre sieht man glatte Muskulatur und Bindegewebe deutlich abgegrenzt. Während nun beim Manne die Milchdrüse rudimentär bleibt, ist sie beim Weibe im schwangerschaftsfähigen Alter voll entwickelt. Das Drüsengewebe steht jetzt im Vordergrund, da es das Zwischendrüsengewebe fast völlig verdrängt. Um die Mamillen herum nimmt das Interstitium dagegen stark an Menge zu; besonders dick wird die Muskulatur. Das Bindegewebe sklerosiert, das sehr reichliche Elastin ist grobfaserig und legt sich besonders an die Ausführungsgänge an. Im Alter gewinnt das Interstitium wieder bezüglich der Masse die Oberhand. Die Muskelbündel werden kürzer und dünner, und die Muskelkerne nehmen eine korkzieherartige Form an. Im Interstitium treten reichliche Mastzellen auf. Die Ausführungsgänge sind hochgradig geschlängelt, das Epithel erhebt sich in Längsleisten in das Lumen hinein. Die Ausführungsgänge können sogar obliterieren, es lagert sich dann zwischen Epithel und elastischer Hülle eine fast homogene Zwischenschicht ein.

Bei manchen Völkergruppen haben die Männer immer ungewöhnlich stark entwickelte Brüste (Papuas, Neu-Guinea). Bei einigen tropischen Fledermäusen, z. B. *Cynonycterus grandidieri* von Sansibar haben die Männchen den Weibchen gleichwertige Milchdrüsen. Da die Männchen auch die Anpassung zum Tragen der Jungen besitzen, ist es wahrscheinlich, daß eins von den Jungen vom Männchen getragen und gesäugt wird. Mit Meisenheimer muß man wohl, namentlich wenn man die experimentellen Befunde mit heranzieht, annehmen, daß die Milchdrüse der Säuger urprünglich überhaupt kein speziell weibliches Merkmal ist, zumal bei Echidna beide Geschlechter die primitive Milchdrüse in gleicher Ausprägung besitzen, wenn auch das Männchen am Sauggeschäft keinen Anteil nimmt.

Auch die Penis der Sauropsiden und Mammalier kehrt als Clitoris immer beim Weibchen wieder, was aus der homologen Anlage der Begattungsorgane beider Geschlechter erklärlich ist. Häufig kann die Clitoris ganz penisartig auch in Größe und Form werden. Als extremer Fall möge der der *Hyaena* erwähnt werden *(Hyaena crocuta)*. Bei diesen Tieren ist es unmöglich, die beiden Geschlechter am Genitale voneinander zu unterscheiden (Grimpe, Meisenheimer, Schmotzer und Zimmermann, Abb. 173. Von der hinteren Bauchgegend hängt ein länglicher Körper herab, der umschlossen von einer Hautfalte voll erektionsfähig ist und in allem einem Penis gleicht. Er stellt die Clitoris mit Präputialfalte und Eichel dar und ist nur gestützt durch zwei umfangreiche Schwellkörper. Eine typische Vulva fehlt, dafür ist die Spitze der Clitoris von einer Öffnung durchbohrt, die der Vulva entspricht, insofern sie die Mündung des Urogenitalsinus darstellt. Wie beim Männchen Harnblasengang und Samenleiter, so schließen sich hier Harnblasengang und Eileiter zu einem den Penis bzw. die Clitoris durchziehenden Urogenitalkanal zusammen. Die Annäherung an das männliche Geschlecht, die an Übergängen bei Nagern und Halbaffen beobachtet wurde, ist also bei der *Hyaena* vollkommen geworden. Die Begattung sowohl wie die Geburt muß durch die kleine Öffnung aus der Clitoris erfolgen. Die sehr weitgehende bisexuelle Anlage der Wirbeltiere und speziell auch

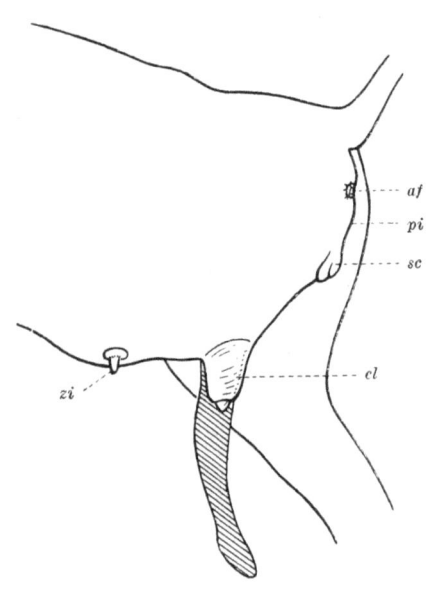

Abb. 173. Topographie der äußeren Sexualorgane einer weiblichen *Hyaena crocuta*. (Nach Grimpe.) *af* After, *cl* Clitoris mit Präputialfalte, *pi* Perineum, *sc* scrotumartige Erhebungen, *zi* Zitzen.

der Säugetiere zeigt sich nun weiter auch in der Anlage eines dem Scrotum ähnlichen Gebildes beim Weibchen in den großen Schamlippen. Bei *Hyaena crocuta* ist das Scrotum genau so ausgeprägt wie beim Männchen, nur daß in den Hautwülsten Fettgewebe statt der Hoden eingelagert ist. Ob wir es nun bei diesen sinnlosen Gebilden mit einer eigenartigen vom anderen Geschlechte ausstrahlenden Übertragungskraft, wie Meisenheimer sagt, zu tun haben oder mit beim Weibchen sich erhaltenden Teilen eines ursprünglich männlichen Keimdrüsenanteils, der später noch neben dem funktionierenden Ovar bestehen bleibt und sexuell bedeutungslos wird, müßte noch näher untersucht werden. Wir kennen ja z. B. beim Maulwurf solchen Ovotestis, das als normales Gebilde stets anzutreffen ist. Dort fanden wir auch eine Durchbohrung der Clitoris durch die Urethra, neben einem wohlausgebildeten Testis im Ovar. Ich möchte daher annehmen, daß wir es in diesem Falle bei der Ausbildung specifischer männlicher Begattungsorgane beim Weibchen mit eindeutig rudimentären zwitterigen Keimdrüsen zu tun haben, deren heterologe Inkretion die Ausprägung der entgegengesetzten Sexusmerkmale bedingt.

Bezüglich der inneren Leitungswege der Geschlechtsorgane der Wirbeltiere wissen wir, daß sie im Embryo in allen Einzelheiten homolog angelegt werden und daß sie erst unter der Wirkung der Harmozone der Hoden oder der Ovarien männlich oder weiblich werden, wobei immer Reste des schon angelegten entgegengesetzten Geschlechts übrig bleiben (s. Abb. 175a, b).

Besonders deutlich tritt das am Uterus hervor, der als „Uterus masculinus" bei allen Amphibien und vielen Säugern, in mehr oder weniger starker Ausprägung auch beim normalen Männchen, vorhanden ist (s. Abb. 174). Das Auftreten des Uterus masculinus im Gegensatz zur Clitoris ist sehr schwankend, was vielleicht darauf beruht, daß die Clitoris eine ausgesprochene Funktion als Wollustorgan besitzt, während der Uterus masculinus funktionslos ist. Selbst bei nahe verwandten Formen ist er manchmal vorhanden, manchmal nicht. Beim altweltlichen Biber, *Castor fiber*, ist er ein voluminöses Organ, bei *Castor canadiense* fehlt jede Spur von ihm. Beim Ziegenbock fehlt ein Uterus masculinus der Hälfte aller Individuen, bei anderen ist er ein kleines längliches Bläschen, und bei wieder anderen ist er ein typisch zweihörniger Uterus. Nun wissen wir, daß bei jungen Ziegenböcken hier oft neben den Hoden auch mehr oder weniger starke Anlagen eines Ovariums vorhanden sind, darauf allein kann die schwankende Ausprägung des Uterus masculinus zurückzuführen sein. Beim Menschen sind ebenfalls die verschiedensten Ausbildungsgrade dieses Organs beobachtet worden.

410   Keimdrüsen in Beziehung mit dem somatischen Organe.

Ist der Uterus hier sehr stark ausgebildet, so beobachtet man meist Kryptorchismus, wie das auch bei Ziegenböcken der Fall ist. Die Hoden sind also sicher in ihrem Verhalten nicht normal gewesen. Meisenheimer will auch für den extremen Fall nur die Übertragungskraft des Weibchens für die Milchdrüsen,

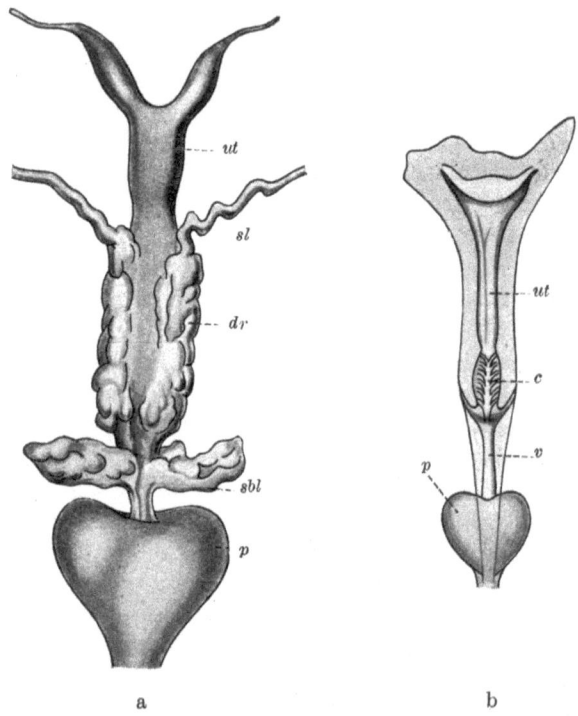

Abb. 174 a, b. Uterus masculinus beim Menschen: a eines jungen Mannes in Totalansicht, b eines 32jährigen Mannes im Längsschnitt. (a nach Langer 1881, b nach Primrose.) c Cervix uteri, dr drüsig erweiterter Endabschnitt der Samenleiter, p Prostatadrüse, sbl Samenblasen, sl Samenleiter, ut Uterus masculinus, v Vagina masculina.

wie umgekehrt für die Clitoris gelten lassen. Er geht in seinen Beweisen phylogenetisch vor. Bei den Knochenfischen haben wir Ei- und Samenleiter, die durch den früheren Peritonealtrichter die Geschlechtsprodukte durch die Pori abdominales direkt unter Umgehung der Leibeshöhle nach außen ableiten. Aus diesen Gängen sollen direkt die Müllerschen Gänge der

Weibchen der meisten Wirbeltiere hervorgehen, also beim Männchen auch der Uterus masculinus. Diese männlichen Uteri sollen Reste der ursprünglichen Genitalwege sein, die wir bei Knochenfischen als Peritonealtrichter bei beiden Geschlechtern antreffen. Es haben sich neben dem aus der Urniere hervorgehenden neuen Leitungssystem der Hoden auch die alten noch erhalten. Diese Annahme erfordert die Ableitung der Selachier, Amphibien, Sauropsiden und Säuger von den Knochenfischen, was gänzlich unmöglich erscheint, da sie ein uralter selbständiger Vertebratenkreis sind. Die Genitalzone der Cyclostomen läßt sich auch nicht mit den Ausführorganen der Knochenfische direkt vergleichen, denn jene sind noch gar nicht als Vertebraten zu bezeichnen.

Auch im weiblichen Geschlecht der Vertebraten finden wir Reste der männlichen Geschlechtstractus-Kanälchen, Gartnersche Gänge, Epithelschläuche und -stränge, Parovarium, Epoophoron, die sich nach Meisenheimer nicht als Reste des Nebenhodens oder Wolffschen Ganges erklären lassen, sondern als Reste des Excretionssystems der Urniere, die also beim Weibchen nie einen Geschlechtsabschnitt bekommt. Wenn wir nun aber die Entwicklung verfolgen, so sehen wir, daß an die zum Ovar sich differenzierende Keimleiste trotz des Müllerschen Ganges, sich ein Abschnitt der Urniere als Geschlechtsabschnitt herausdifferenziert und als solcher in das Mesovarium eindringt, genau wie in das Mesorchium, und als Gärtnersche Gänge erhalten bleibt. Ebenso sind Paroophoron und Epoophoron zu erklären.

Wir haben es also bei der Bildung der Clitoris, der Milchdrüsen und des Uterus masculinus nicht mit einer Übertragungskraft zu tun, sondern die Vertebraten haben eine bisexuelle und zunächst gleichwertige Anlage aller sekundären Geschlechtsmerkmale. Erst die metagame Geschlechtsbestimmung bei diesen Tieren läßt die zu der entsprechenden Keimdrüse zugehörigen Merkmale zur Entfaltung kommen, während die anderen rudimentär bleiben oder sich auch rückbilden. Wie wir bei Kröten sehen, läßt sich selbst beim erwachsenen Männchen der Uterus masculinus zu einem normalen weiblichen umwandeln, wenn wir statt der Hoden sich Ovarien bilden lassen.

Selbst wenn wir die Homologie der gleichwertigen männlichen und weiblichen Ausführwege der Knochenfische mit den Müllerschen Gängen der übrigen Wirbeltiere annehmen, kann von einer Übertragungskraft nicht die Rede sein, denn auch dann ist dieses Organ ja gleicherweise im männlichen oder im weiblichen Geschlecht vorhanden und war einmal bei beiden Geschlechtern voll funktionsfähig als Ei- und Samenleiter.

Auch die Annahme Meisenheimers, daß zwitterige Gonaden bei Wirbeltieren außerordentlich spärlich anzutreffen sind, ist nicht stichhaltig. Gerade bei Amphibien und Säugetieren, wo wir den bestausgeprägten Uterus masculinus haben, sind zwitterige Gonaden relativ häufig (Frösche, Kröten, Ziegen, Schweine, Mensch usw.), abgesehen von den sich immer in jungen Hoden findenden Eizellen, die dann mehr oder weniger frühzeitig verschwinden. Funktionelles Zwittertum gehört allerdings zu den Ausnahmefällen. Auf die schwächere oder stärkere Inkretion der Eizellen im Hoden ist ohne weiteres die entsprechende Ausprägung des Uterus masculinus zurückzuführen. Für die Frösche und Kröten muß Meisenheimer selbst zugeben, daß die Entscheidung über Gonochorismus oder Hermaphroditismus noch eine schwankende ist. Hier können wir sogar sagen, daß die Entwicklungsrichtung erst in der weiblichen Richtung geht, und daß erst sekundär sich die Hoden aus einem schon vorhandenen Ovar herausdifferenzieren. Je länger das Tier Ovarien hat, je stärker bleibt später auch beim Männchen der Uterus masculinus ausgeprägt. Bei höheren Wirbeltiertypen soll nach Meisenheimer die Entscheidung von vornherein für die Getrenntgeschlechtlichkeit getroffen sein. Das läßt sich nicht aufrecht erhalten, wenn auch die Tendenz bei den Tieren nach Herausbildung einer epigamen Geschlechtsbestimmung auf den Geschlechtschromosomenmechanismus zugeht. Wenn wir das annehmen, besteht der Meisenheimersche Satz: „Es steht also der Körper der Wirbeltiere, insbesondere der ihrer höheren Typen, unter der ständigen Spannung der nach äußerem Ausdruck strebenden latenten Merkmale des konträren Geschlechts, und die auffallenden Ergebnisse der aus neuerer Zeit stammenden Versuche über Kastration und Gonadentransplantation bei Säugetieren mögen darin wohl ihre nächstliegende Erklärung finden", mit der Übertragungskraft des entgegengesetzten Geschlechts nicht ohne weiteres in Einklang. Die Beispiele von Übertragungskraft, die Meisenheimer noch bei wirbellosen Tieren ausführt, betreffen labile Formen, deren Merkmale auf dem Wege der Incretion zustande kommen, wie das manche Krebse zeigen. Hier ist dieselbe Erklärung zu geben, wie bei Wirbeltieren. Bei stabilen Tieren indessen, deren sekundäre Merkmale mehr oder weniger unabhängig von den Keimdrüsen geworden sind, ist natürlich eine Übertragungskraft möglich; sie ist aber auf dem Wege der experimentellen Vererbungslehre noch weiterer Erklärungen bedürftig.

c) Hermaphroditismus. Gynandromorphismus und Homosexualität.

Der Begriff Hermaphroditismus ist immer wieder von den verschiedensten Autoren zu definieren versucht worden. Immer wieder sind Schemata, hauptsächlich von Pathologen, aufgestellt worden, die nie ganz befriedigen, zumal sie meist nur Säugetiere berücksichtigen.

Ganz allgemein kann man sagen, daß Störungen in der Entwicklung der Geschlechtsdifferenzierungen, besonders der Keimdrüsenanlagen, zu Hermaphroditismus führen können. Im allgemeinen fallen normalerweise bei den Wirbeltieren die heterosexuellen Anlagen der Rückbildung anheim. Man kann wohl mit Recht sagen, daß in jedem Wirbeltierembryo auch die somatischen Anlagen des entgegengesetzten Geschlechtes vorhanden sind, (Abb. 175a, b) nur die Geschlechtszellen sind von Anfang an meist durch den Geschlechtschromosomenmechanismus unisexuell differenziert. Auf Grund der von den Keimzellen produzierten Increte kommen nur die zugehörigen sekundären Geschlechtsmerkmale zur Entwicklung, während die entgegengesetzt-geschlechtlichen eine Hemmung erleiden. Sauerbeck spricht von einer zwitterigen Stammform. Während nun phylogenetische, von den Urahnen vererbte Entwicklungstendenzen diese zu erhalten suchen, sind die ontogenetischen Tendenzen darauf gerichtet, den eindeutigen Geschlechtscharakter zur Vorherrschaft zu bringen (Kohn 1920). Man kann sich vorstellen, daß Störungen in der unisexuellen Gestaltungskraft, also der eingeschlechtlichen Incretion, die Geschlechtscharaktere nicht eindeutig zur Entwicklung kommen lassen. Die heterosexuellen Komponenten der atavistischen Zwitter-

414   Keimdrüsen in Beziehung zu den somatischen Organen.

anlage kommen dann ebenfalls zur Entwicklung, wir haben jetzt einen Zustand, den wir als einen hermaphroditischen bezeichnen. Man unterscheidet gewöhnlich den **Hermaphroditismus glandularis oder verus** von dem **Pseudohermaphro-**

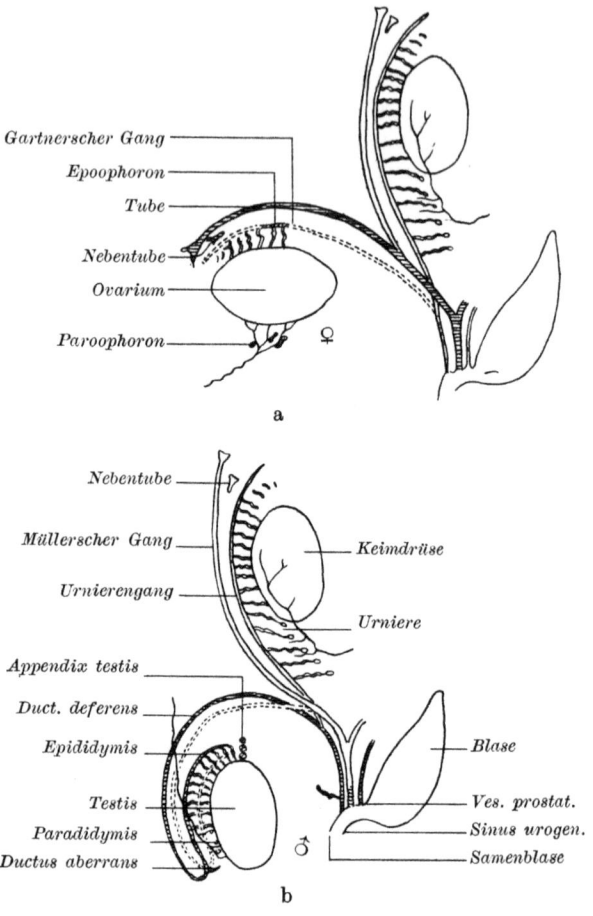

Abb. 175a, b. Schema der Umwandlung der Urniere und der Müllerschen Gänge bei beiden Geschlechtern. (Modifiziert nach O. Hertwig 1890 und Rieländer 1904.)

ditismus oder **Hermaphroditismus spurius**. Bei ersterem ist ein wirklicher Ovotestis, eine zwitterige Keimdrüse mit männlichen und weiblichen Keimzellen, zu fordern; bei letzterem ist die Keimdrüse selbst eindeutig, aber im übrigen Genitalsystem

(Leitungssystem und äußeres Genitale) oder in sonstigen somatischen oder psychischen Verhältnissen ist Zwitterigkeit vorhanden. Stieve schlägt dafür den Namen Hermaphroditismus completus und incompletus vor, während Steinach beide Arten in Anlehnung an seine künstliche Zwitterbildung durch beiderseitiges Zusammenwirken der männlichen und weiblichen interstitiellen Drüsen erklären will, und zwar als Diagonale der Kräfte aus den antagonistischen Wirkungen der männlichen und weiblichen Keimdrüsen, die morphologisch in einem Organ vereint sind.

Kohn hält eine scharfe Scheidung von Hermaphroditismus verus und spurius für unbegründet. Es handelt sich bei ihm in dem einen und dem anderen Falle um wesentlich gleichartige Mißbildungen. Die Drüsenzwitterigkeit ist nicht echter als das sonstige Scheinzwittertum. Ein wahrer Hermaphroditismus würde die Erzeugung geschlechtsverschiedener Gameten oder doch die grundsätzliche Möglichkeit zweifacher Keimbildung zur Voraussetzung haben. Kohn hält das echte Zwittertum nur für Schein, und es wird auch hier, „wenn überhaupt, nur eine Art von Keimzellen geben, wo immer auch sie noch in der Zwitterdrüse angetroffen werden". Dem widersprechen jedoch manche Befunde von echten Hoden und Ovarien in demselben Tier (Ancel 1920) und die Versuche von W. Schultz, Steinach und Sand über experimentelle Zwitterbildung.

Andererseits muß man aber voraussetzen, daß sich aus der Incretion der Keimdrüsen allein die Zwitterigkeit nicht erklären läßt. Wir müssen außerdem eine ganz außergewöhnliche Zusammensetzung der ganzen Anlage des betreffenden Lebewesens annehmen. Nur auf diesem Wege sind die Halbseitzwitter, die wir bei Insecten und Vögeln finden, zu erklären. Gerade diese Fälle beweisen nach Stieve, „daß Zwitterbildung auf einer angeborenen Anomalie des ganzen Lebewesens, nicht nur auf einer zwitterigen Anlage der Keimdrüsen beruht." Sogar bei Individuen mit gänzlich eindeutigen, aber unterentwickelten minderwertigen Keimdrüsen kann mitunter die Zwitterigkeit des Organismus in einem solchen Grade ausgesprochen sein, daß die Geschlechtszugehörigkeit fast ebenso unbestimmbar werden kann, wie bei Fällen mit Zwitterdrüsen. Das atavistische Doppelwesen kommt, wie das auch Kohn annimmt, infolge der Insuffizienz der unisexuellen Determinanten mehr oder minder kräftig zum Durchbruch. Das Endergebnis ist ein Durcheinander der Geschlechtsmerkmale, eine Vermischung gegensätzlicher Eigenschaften und eine weitgehende Verschwommenheit und Verwischung der eigentlichen Geschlechtscharaktere.

Die Ursachen des Hermaphroditismus scheinen also zweierlei Art zu sein. Erstens: Störungen in der Zusammensetzung der männlich oder weiblich bestimmten Gene, wodurch namentlich bisexuelle Anlagen nicht unisexuell zur Entwicklung kommen können, und zweitens: Vermischung männlicher und weiblicher Keimdrüsen in einem Organismus, sodaß männliche und weibliche Increte gebildet werden und damit, wenn auch in unvollkommener Weise, männliche und weibliche sekundäre Geschlechtsmerkmale zur Entwicklung kommen können.

Bei genauerer Analyse der Vorgänge bei der normalen sowohl wie experimentellen Geschlechtsbestimmung und -umstimmung kann man nun sehr wohl zu einer begrifflichen Gliederung des Hermaphroditismus kommen. Voraussetzung dafür ist, daß jedes Tier im Grunde bisexuell oder besser relativ sexuell veranlagt ist und ein indifferentes Stadium durchmacht. Diese bisexuelle Anlage tritt nun besonders schön bei den Wirbeltieren in Erscheinung, wo alle Teile der Geschlechtsmerkmale des einen Geschlechtes im anderen ihr Homologon haben (Abb. 175).

Es ist nun zunächst nötig, die normale Zwitterigkeit von der pathologischen zu trennen. Das tat Hoepke (1924), indem er für jedes physiologische Vorkommen männlicher und weiblicher Geschlechtsmerkmale in einem geschlechtsreifen Individuum den Begriff „Ambogenie" vorschlägt. Unter „Hermaphroditismus" ist dagegen eine Anomalie, eine kongenitale Störung des ganzen Lebewesens zu verstehen, wobei männliche und weibliche Merkmale in ein und demselben geschlechtsreifen Individuum auftreten. Das Schema lautet:

Ambogenia
I. germinalis
 1. vera, uni(bi)lateralis
    a) simultanea unitubularis
    b) cyclica unitubularis
 2. partialis uni(bi)lateralis

    a) masculina
    b) feminina
 3. juvenilis

Hermaphroditismus
I. germinalis
 1. verus
    a) unilateralis
    b) bilateralis
 2. partialis, uni(bi)lateralis mit getrennten oder vereinigten Keimdrüsen
    a) masculinus
    b) femininus
 3. juvenilis uni(bi)lateralis

Ambogenia	Hermaphroditismus

II. tubularis uni(bi)lateralis
a) masculina
b) feminina
	II. tubularis uni(bi)lateralis
	a) masculinus
	b) femininus
	c) juvenilis
	    masculinus
	    femininus
	III. genitalis
	IV. psychicus
	V. somaticus

Die Vorzüge dieses Schemas beruhen darauf, daß es physiologischen und pathologischen Hermaphroditismus scharf trennt, zwischen reifen und nicht reifen Keimzellen unterscheidet und schließlich alle Tierklassen umfaßt.

Hier ist nun der Ort, etwas über die primären und sekundären Zwitter, die in das Schema der Ambogenie Hoepkes hineinpassen, bei Tieren zu sagen. Meisenheimer, der diese Frage 1921 ausführlich erörtert, hat ganz recht, wenn er betont, daß die Amphigonie ebensowohl durch die Getrenntgeschlechtlichkeit, als durch Zwittergkeit erreicht werden kann. Bei den höheren Pflanzen haben wir allerdings relativ selten die erste Art der Geschlechtsdifferenzierung, bei den Tieren dagegen die letztere. Läßt sich bei Tieren nachweisen, daß Zwittergkeit in allen ihren Formen sekundär bei getrenntgeschlechtlichen Tieren auftreten kann, so ist wiederum ein Beweis dafür gegeben, daß in jedem Tier beide Geschlechtsanlagen vorhanden sein müssen.

Wir haben eingangs schon geschildert, daß sich bei mehrzelligen Tieren sehr früh die ungeschlechtlichen Zellkomplexe von den geschlechtlichen trennen. Schon bei *Volvox* sahen wir einen ungeschlechtlichen Zellkomplex, den Gametocytenträger, neben den Gameten und Gametocyten sich herausdifferenzieren. Dasselbe haben wir auch bei höheren Algenpflanzen. Die Frage nach der Geschlechtlichkeit der Gametocytenträger tritt erst auf, wenn nicht mehr eine Zellkolonie sowohl Macro- wie Microgametocyten bildet (Zwittergkeit, *Volvox globator* z. B.), sondern eine nur Macrogametoyten (*Oogonia*), eine andere nur Microgametocyten (Antheridien) bildet (*Volvox aureus*). Solche Beispiele lassen sich leicht noch aus allen Algengruppen erbringen.

Schon bei Algen und Moosen wie bei allen höheren Pflanzen, in Ableitung von den Farnen, haben wir nun zwei Generationsfolgen (Generationswechsel): Sporophylle und Gametocyten. Die vegetativen Teile aller Pflanzen entsprechen einer ungeschlechtlichen Generation, die geschlechtliche Generation ist dagegen eine neue Generation, bestehend aus Gametocytenträger mit einem Gametocyten und Gameten (Gametocytenträger zweiter Ordnung) (Abb. 176a, b). Dieselben Verhältnisse haben wir auch bei Hydrozoen, namentlich bei solchen, die die freie

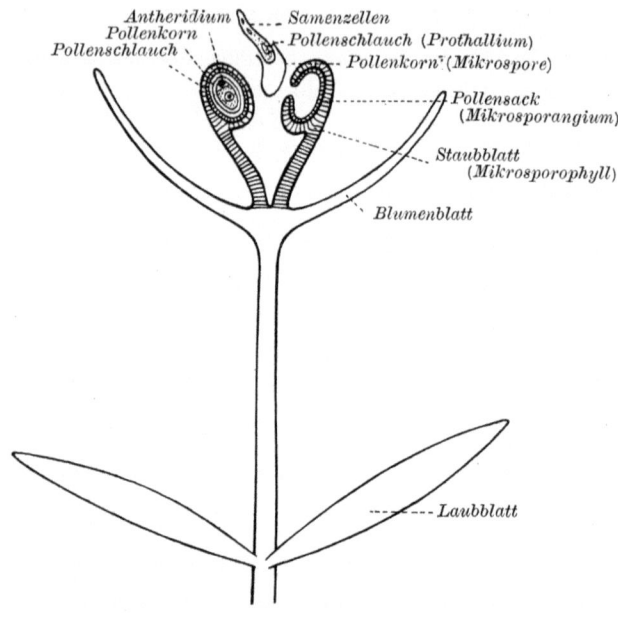

Abb. 176a. Schematische Darstellung der Beziehungen zwischen Gamet 2. und 1. Ordnung bei der männlichen höheren Pflanze. (Aus Meisenheimer.)

Medusengeneration eingebüßt haben. Die ursprünglichen Medusengeschlechtstiere sind jetzt keine selbständigen Personen mehr, sondern bleiben als Knospen am ungeschlechtlich sich vermehrenden Stock, der jetzt Träger einer Art von Geschlechtsorgan wird, wie die Pflanzen. Dort verlor das Prothallium als Gametocytenträger seine Selbständigkeit, hier die Meduse. Der Polypenstock und damit auch alle Tiere mit Generationswechsel (Metagenesis) sind also auch Gametocytenträger zweiter Ordnung. Nur fehlt ihnen der Phasenwechsel bzw. das Chromosomenverhältnis, Sporocyten mit diploider, Gametocyten mit

Hermaphroditismus. Gynandromorphismus und Homosexualität. 419

haploider Chromosomenzahl. An dem Polypenstocke wird nun die Produktion von Medusen auf bestimmte Polypen beschränkt, die sich dazu spezialisieren und zu Blastostylen werden. Sie erweisen sich meist noch indifferent bezüglich des Geschlechts. Werden die Blastostyle bei thecalen Hydrozoen zu Gonangien, so werden diese nun auch geschlechtlich different, je nachdem sie männliche oder weibliche Geschlechtsindividuen her-

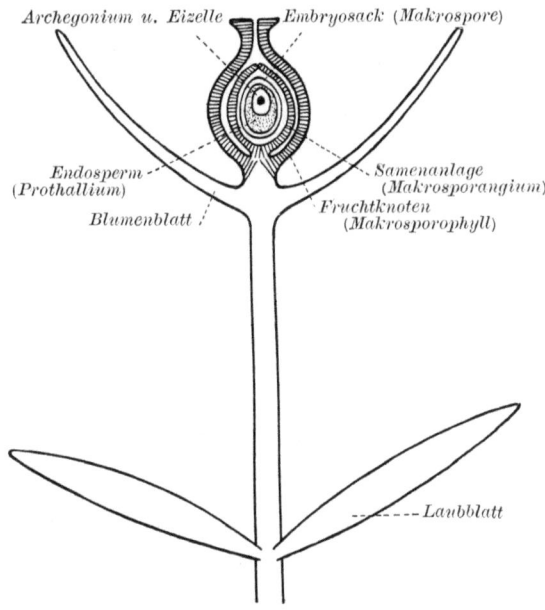

Abb. 176 b. Die gleichen Beziehungen (wie in Abb. 176 a) bei der weiblichen höheren Pflanze. (Aus Meisenheimer.)

vorbringen (*Laomedea angulata* [Abb. 177 a, b] Meisenheimer). Schließlich können sich in seltenen Fällen auch an diöcischen Polypenstöcken die Nährpolypen sexuell differenzieren, wenn z. B. bei *Hydractinia polyclina* die Nährpolypen der männlichen Kolonie sich durch einen längeren Rüssel unterscheiden. Auch bei der Pflanze kann die geschlechtliche Differenzierung auf die vegetative Knospe übergreifen, wie z. B. bei Hanf (*Cannabis sativa*), wo die männlichen Pflanzen kleiner und schwächer sind und weniger reich gefiederte Blätter haben als die weiblichen.

27*

Gonochorismus und Ambogenie sind also zunächst noch schwankende Erscheinungen bei wenig differenzierten Tiertypen und Algen. Die Schwämme zeigen z. B. ausgesprochene Zwitter (*Sycandra*), wie auch streng getrenntgeschlechtliche Formen, wie *Ephydatia fluviaitlis*, ebenso finden sich unter den Cölenteraten *Hydra viridis* und *grisea*, die meist zwitterig sind. Es kommen aber auch reine Weibchen und Männchen vor, wie z. B. bei *Hydra fusca*. Auch bei den Korallentieren macht sich ein allmählicher Fortschritt vom Hermaphroditismus oder besser von der Ambogenie zum Gonochorismus bemerkbar. So finden wir in allen Tierkreisen neben ausgesprochenem Gonochorismus noch labile, schon fast feste und starre Hermaphroditen, selbst noch bei den Wirbeltieren. Sporadischer Hermaphroditismus kann sich in allen Gattungen und Arten gelegentlich zeigen. Bei *Nereis dumerili* und *Salmacina dysteri* herrschen zunächst im Cyclus reine Männchen und Weibchen vor, bei vollreifen und vollerwachsenen Würmern findet man dagegen den Hermaphroditismus (Hempelmann und Malaquin). Die Überzahl der Arten der Polygordien ist getrenntgeschlechtlich, ein einziger, *Triestinus*, ist zwitterig, das gleiche finden wir überall in dem Tierreich, bei den Mollusken, Echinoiden, Arthropoden und Chordaten. Hier seien nur noch einige charakteristische Fälle herausgegriffen, die den geschlechtlichen Phasenwechsel im Cyclus klar zeigen.

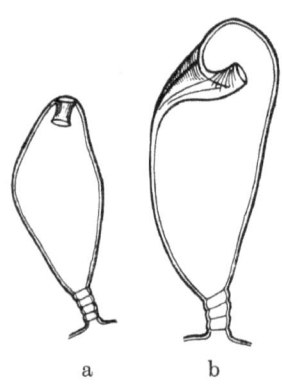

Abb. 177 a, b. a männliches, b weibliches Gonangium von *Laomedea angulata*. (Nach Babić.)

Da sind zunächst die Muscheln. Unsere *Anodonta cygnea* ist im allgemeinen getrenntgeschlechtlich. In lange Zeit abgeschlossenen stehenden Gewässern mit guten Ernährungsbedingungen findet man jedoch nur zwitterige Individuen, die sekundär diesen Zustand erst erworben haben können.

Der kleine Seestern *Asterina gibbosa* ist in seiner Neapeler Varietät sehr bunt zusammengesezt. Man findet neben reinen Männchen und Weibchen zwitterige Individuen aller Abstufungen, während die Lokalrassen von Roskoff und Banyule protran-

Hermaphroditismus. Gynandromorphismus und Homosexualität.

drisches Zwittertum aufweisen — das Stadium des Geschlechtswechsels ist nur kurz —, was ich auch für die Formen von den Balearen und Lanzarote nachweisen konnte. Alle Individuen bis zu 0,5 Radius sind reine Männchen, die etwas größere Form im Herbst Zwitter und die allergrößten Individuen sind reine Weibchen. Hier ist also eine physiologische Geschlechtsumstimmung unter natürlichen Bedingungen zustande gekommen. (s. Abb. 120, S. 287.)

Unter den Arthropoden ist normales Zwittertum selten (*Lysmata seticaudata*), es kommen jedoch gelegentlich jugendliche Formen mit Eiern in den Hodenbläschen vor, wie das Abb. 178 a, b zeigt. Auch sind häufig Rudimente der Keimdrüsen des anderen Geschlechts bei Arthropoden anzutreffen. Einen Fall, *Perla marginata* (Abb. 179), haben wir schon kennen gelernt. Bei *Termitoxenia assmuthi*, einer flügellosen Fliege, die als Termitengast lebt, ist reine Zwitterigkeit vorhanden. Die männliche Reife geht, wie auch bei *Lysmata* und *Asterina*, der weiblichen voraus. Der Hoden gibt in diesem Falle seine Funktion bis zu der weiblichen Vollreife nicht auf.

Bei der Seltenheit physiologischer Zwittrigkeit ist eine genauere Untersuchung besonders wünschenswert. Daher seien die Beobachtungen von Hughes-Schrader 1925 hier noch mitgeteilt. Er fand bei der kalifornischen Rasse von *Icerya purchasi* nur protandrische Hermaphroditen und Männchen. Es gab keine reinen Weibchen.

Die Eier werden gewöhnlich durch Spermatozoen aus dem eigenen Hoden des Hermaphroditen befruchtet; d. h. der Hermaphrodit ist selbstbefruchtend. Parthenogenesis kommt nicht vor. Die selbstbefruchtenden Hermaphroditen erzeugen wieder nur Hermaphroditen. Kreuzweisbefruchtende Hermaphroditen, d. h. solche, die mit Männchen kopuliert haben, erzeugen nur Nachkommenschaft von ausschließlich Hermaphroditen oder gemischte Nachkommenschaft, die zum kleinen Teil Männchen enthält.

Die somatischen und Oogonien-Chromosomenzahl beim Hermaphroditen beträgt vier. Die Eier unterliegen einer normalen Entwicklung. Zwei Tetraden werden gebildet und zwei Polkörper werden abgegeben, dabei wird die Chromosomenzahl auf zwei reduziert.

Die Spermatogenese vollzieht sich in gleicher Weise in dem Hoden eines reinen Männchens wie in dem eines Hermaphroditen. Die somatische und die Zahl der Chromosomen in den Spermatogonien ist auch immer vier. Zwei Tetraden werden entwickelt und die normale Reduktion tritt ein. Die cytoplasmatische Teilung wird nun aber während der zweiten Reifeteilung unterdrückt und kann auch in anderen Cyten in der ersten Teilung fehlen. So werden zwei Arten von Spermatiden erzeugt, aus den uninucleaten der Spermatocyten 2. Ordnung die binucleaten und aus den binucleaten die quadrinucleaten, deren Komponenten sich erst bei Erreichung der Reife teilen.

Als große Seltenheiten treten normale Zwitter auch noch bei Cyclostomen und bei Fischen auf. *Myxine* ist rein zwitterig

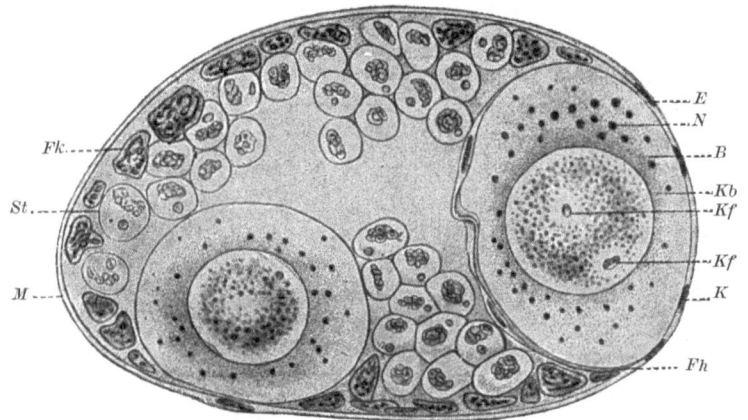

Abb. 178 a. Hodenbläschen eines ♂ von *Potamobius astacus* mit Eiern. *B* Eiplasma, *E* Ei, *Fh* Follikelhaut, *Fk* Follikelkern, *K* Kern der Membran, *Kb* Keimbläschen, *Kf* Keimfleck, *M* Membran des Hodenbläschens, *N* Dotter, *St* Spermatogonien.
(Nach v. La Valette St. George.)

und unter den Fischen die Zackenbarsche der Gattung *Serranus*. Auch bei den Meerbrassen, Spariden sind Zwitter häufig.

Es ist klar, daß auch der rudimentäre Hermaphroditismus bei den Fischen eine häufige Erscheinung ist. Gleichzeitig ein Beweis dafür, daß die Geschlechtsbestimmung nicht durch den Geschlechtschromosomenmechanismus erfolgt.

Jugendliche Knochenfischmännchen (*Salmo salar*) bringen im Vorderabschnitt der Genitaldrüse Eizellen zur Ausbildung, was sich als konstanter Zustand erhalten kann (*Sanaris alcedo, Ophridium barbatum*). Anormale Zwitterbildung ist dann auch sonst bei den Knochenfischen eine relativ häufige Erscheinung.

Hermaphroditismus. Gynandromorphismus und Homosexualität. 423

In ähnlicher Weise haben wir rudimentäres Zwittertum auch bei den Anuren und daneben auch viele anormale Fälle von Zwitterigkeit. Ich erinnere nur an die intermediäre Geschlechtsdrüse spätdifferenzierender Jungfrösche und an das eigenartige Biddersche Organ der Kröten, worauf wir an anderer Stelle schon zu sprechen kamen.

Wie wir schon bei *Asterina* und *Crepidula* gesehen hatten, kann das Zwittertum ein gesetzmäßiges Zwischenstadium zwischen der Um-

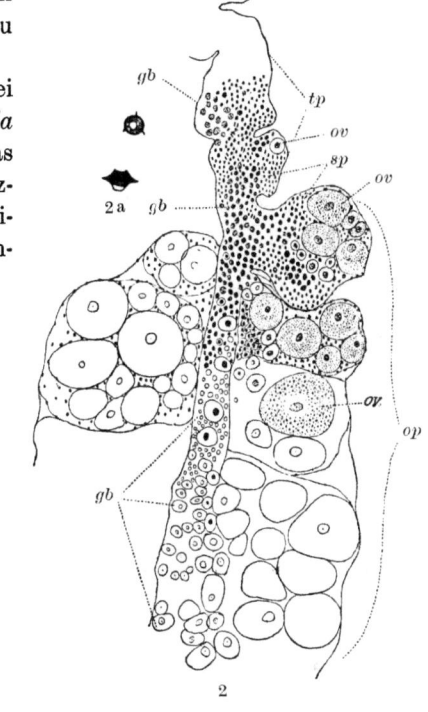

Abb. 178 b. Männliche Geschlechtsorgane der Krabbe *Gebia major*. 1. Hoden von oben. 2. Längsschnitt beim Übergang des Hodenteils in den Ovarialteil. 2a. Reife Samenzellen. *gb* Keimbahn, *op* Ovarialteil, *ov* Eier, *sp* Sperma, *tp* Hodenteil, *vd* Vas deferens.
(Nach Ischikawa.)

wandlung des einen Geschlechts in das andere sein. Es können nun aber auch Fälle entstehen, wo das Zwittertum neben der Geschlechtlichkeit eine dem Lebenscyclus des Tieres fest eingefügte Phase darstellt, wie z. B. bei *Angiostomum*-Arten, wo diese Gesetzmäßigkeit durch den Chromosomenmechanismus erklärt werden kann (s. Abb. 103, S. 230—232). Wir bezeichnen diesen Generationswechsel als Heterogonie. Bei einigen wenigen Formenkreisen der Tiere ist die Zwitterigkeit zur Regel geworden, wie bei Ctenophoren, Plattwürmern, Oligochaeten, Hirudineen, Chaetognathen, ectoprocten Bryozoen, allen Opisthobranchiern, Pulmonaten und den Tunicaten. Der Gametocytenträger oder das Soma kann also aus der indifferenten Gametenform entweder beide Formen der Keimzellen in einem Individuum erzeugen, oder nur eine, die männliche oder weibliche, zur Entwicklung bringen. Mit Meisenheimer stimme ich vollständig überein, daß Getrenntgeschlechtlichkeit und Zwitterigkeit zwei gleichwertige Zustände sind, die nicht auseinander im Verhältnis von Primär zu Sekundär abzuleiten sind. Fixierte Zwitterigkeit kann gelegentlich zur Getrenntgeschlechtlichkeit werden (Strudelwürmer, parasitäre Trematoden), wie auch Getrenntgeschlechtlichkeit wieder zur Zwitterigkeit werden kann (Nematoden, *Anodonta*) (Abb. 180). Bei den Cirrepedien sind als letzte Reste des Gonochorismus die Zwergmännchen übriggeblieben, die bei völlig zu Zwitter gewordenen Arten noch vorhanden sind.

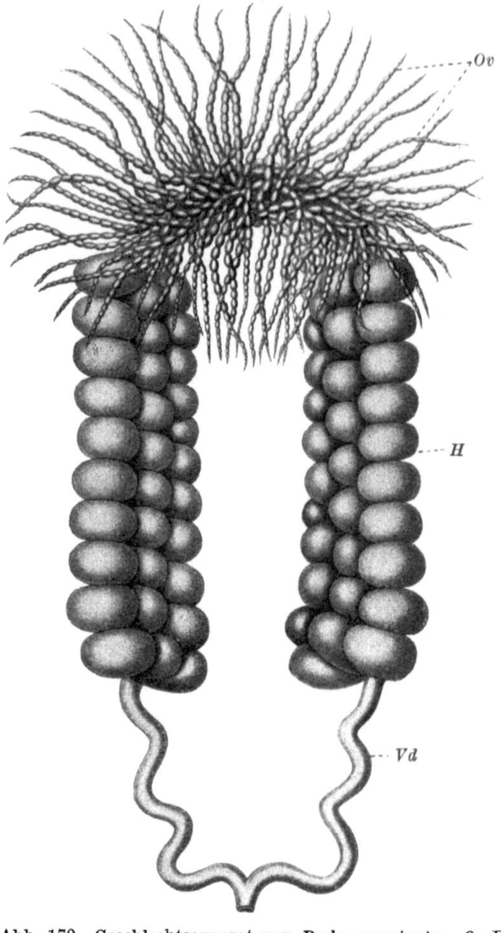

Abb. 179. Geschlechtsapparat von *Perla marginata*. *Ov* Eiröhren, *H* Hoden, *Vd* Vas deferens. (Nach Schönemund.)

Hermaphroditismus. Gynandromorphismus und Homosexualität. 425

Zwitterige Tiere enthalten nun beiderlei Keimzellen, die männlichen und weiblichen, im Körper, oft zu getrennten Keimdrüsen, Hoden und Ovarien differenziert, oft in einer Zwitterdrüse vereinigt. Die Ausführungsgänge sind stets getrennt, wenn sie vorhanden sind, ebenso können für die Männchenapparate Begattungsorgane ausgebildet sein. Bei streng getrennt geschlechtlichen Tieren sind nun stets Reste der sekundären Merkmale des anderen Geschlechts vorhanden, da sie während der Entwicklung angelegt werden und dann die nicht zur Keimdrüse gehörigen eine Hemmung erfahren.

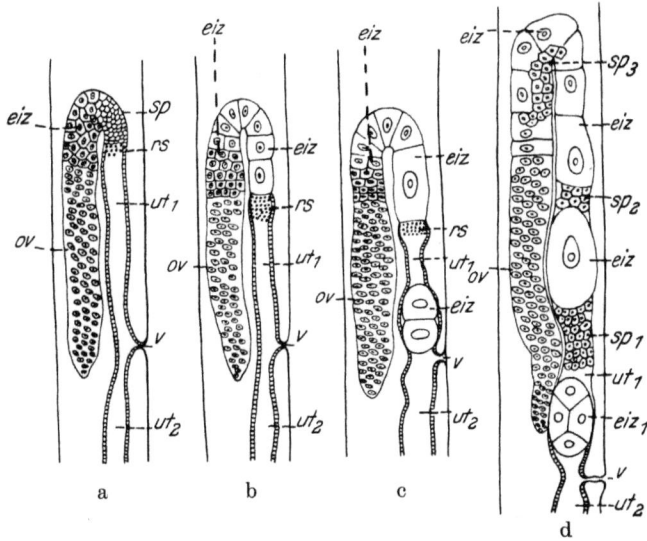

Abb. 180 a—d. Die verschiedenen Entwicklungsphasen zwittriger Gonaden bei *Rhabditis*. a—c drei aufeinanderfolgende Entwicklungsstadien von *Rhabditis sechellensis*, d *Rhabditis gurneyi*. (Nach Potts.) *eiz* jugendliche, eiz_1 in Entwicklung begriffene Eizellen, *ov* Ovarium, *rs* Receptaculum seminis, *sp* Spermarium, ut_1, ut_2 die beiden Uterusschläuche, *v* Vagina.

Bei den sekundären Geschlechtsmerkmalen wird darüber noch mehr zu sagen sein.

Der echte Hermaphroditismus ist scharf zu trennen von der Ambogenie oder der normalen physiologischen Zwitterigkeit, ebenso von der Intersexualität, einer vorübergehenden Form der Zwitterigkeit bei einer Geschlechtsumstimmung. Der Hermaphroditismus ist stets eine pathologische Erscheinung, er wirft aber, wie alle teratologischen Prozesse, Licht auf normale Vorgänge.

Die Einteilung des Hermaphroditismus erfolgt meines Erachtens am besten nach dem Hoepkeschen Schema. Nur müßte hier als besondere Form noch der Gynandromorphismus abgetrennt werden.

1. Gynandromorphismus.

Gynandromorphe, Mosaik- oder Halbseitenzwitter sind Individuen mit scharf abgegrenzten geschlechtlich differenten Körperbezirken, die das Tier zu einem geschlechtlichen Mosaik machen. Meist haben wir Formen, wo die eine Körperhälfte weiblich, die andere männlich ist, seltener sind es antero-posteriore Zwitter. Man kann wohl sagen, daß der Gynandromorphismus nur bei hochdeterminierten Tieren vorkommt, so besonders bei den Insecten und Vögeln. Die Erklärung für den Gynandromorphismus ergibt der Geschlechtschromosomenmechanismus. Bekommen durch irgendeinen pathologischen Vorgang männlich heterozygote Eier im Stadium von zwei Blastomeren auf einen Kern $1x$, auf dem anderen $2x$ Chromosomen, so werden die Descendenten der Zelle mit $2x$ alle weiblich, die mit $1x$ alle männlich beim erwachsenen Tier sein. Da die Insecten normalerweise in ihren sekundären Merkmalen unabhängig von den Keimdrüsen sind, so ist diese Erklärung als die wahrscheinlichste anzunehmen (Abb. 181 a—f).

Den bekanntesten Fall von Gynandromorphismus stellen die Eugsterschen Zwitterbienen dar, die in den sechziger Jahren des vorigen Jahrhunderts in großen Mengen in einem Bienenstock mit Bastarden zwischen einer italienischen Königin und deutschen Drohnen jahrelang vorkamen. Die nach dem Tode der italienischen Königin vorhandene Bastardkönigin produzierte ebenfalls Gynandromorphe. Boveri und Mehling haben nun 1915 dieses Material von neuem untersucht und dabei festgestellt, daß die Mosaikbildung sich über sämtliche sexuelle Organe des Körpers erstrecken kann. Neben rein lateralen Zwittern kann auch antero-posteriore und jede andere Kombination vorkommen (Abb. 182 und 183).

Gynandromorphe Insecten sind auch sonst nicht ganz selten beobachtet worden; eine Anschauung über die verschiedenen Formen gibt Abb. 181. Leider sind diese Raritäten von Liebhabern schleunigst den Sammlungen einverleibt worden, und so mußte mangels einer Konservierung die cytologische Untersuchung unterbleiben. Erst neuerdings sind einige Fälle genauer analysiert worden.

Hering untersuchte 1924 einen Zwitter von *Argynnis paphia*, der äußerlich links ein normales Männchen war, aber rechts die weibliche Form von *Argyunis paphia* var. *valesina* darstellte. Die Sektion ergab, daß normale männliche Geschlechtsorgane vorhanden waren, auch fanden sich reife Spermien im Hoden. Von weiblichen Or-

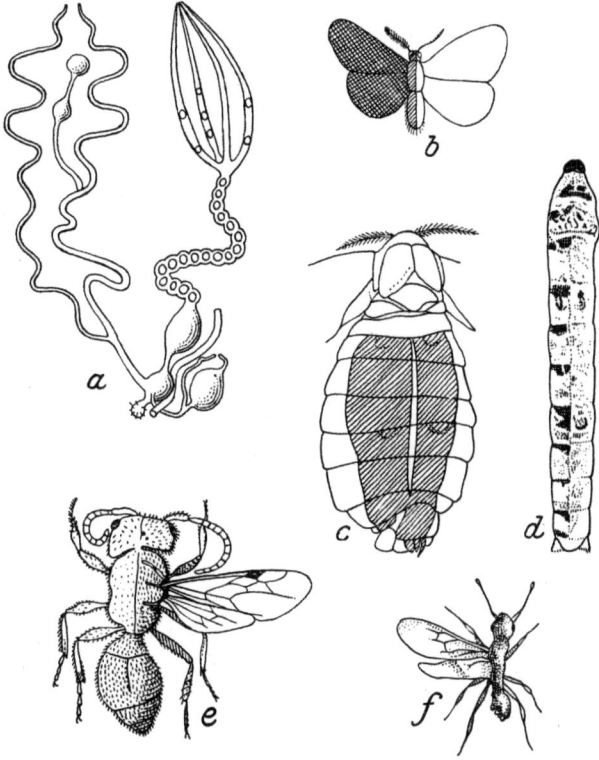

Abb. 181 a—f. Typen gynandromorpher Insekten. a Geschlechtsapparat eines bilateralen Gynandromorphen von *Gastropacha quercifolia*, links männlich, rechts weiblich, b der zugehörige Falter (nach Wenke). c Leib eines ebensolchen Gynandromorphen des Seidenspinners, der aus der Bastardraupe d schlüpfte; letztere zeigt die Elterncharaktere im Bastard getrennt. (Nach Toyama.) e Gynandromorph der Wespe *Pseudometheca canadensis* (nach Morgan). f Gynandromorph der Ameise *Myrmica scabrinois* (nach Doncaster).

ganen war nur eine rudimentäre Bursa copulatrix vorhanden, die keine normale Öffnung besaß. Nach Auffassung Herings kam sie für Paarungszwecke nicht in Betracht.

Ein Fall von Zwitterbildung von *Aëdes meigenanni*, einer Mücke, wurde von der Brelje genauer untersucht. Betrachten

428 Keimdrüsen in Beziehung zu den somatischen Organen.

wir die Ergebnisse der Untersuchung dieses Zwitters, so fällt ein Überwiegen der weiblichen Merkmale auf der rechten Seite und der männlichen auf der linken Seite auf (Abb. 184).

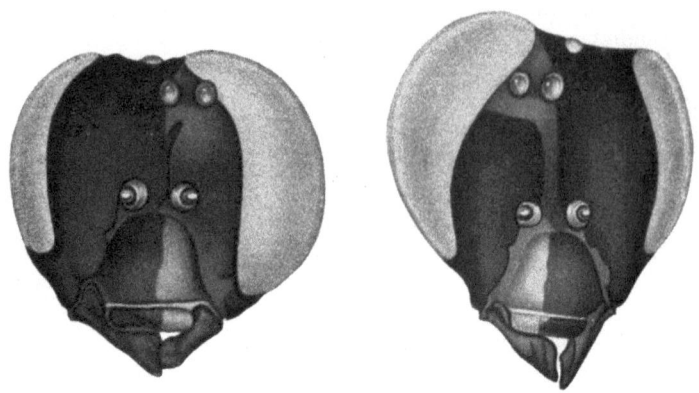

Abb. 182. Köpfe von gynandromorphen Bienen, nach den Sieboldschen Spiritusexemplaren. (Nach Boveri.)

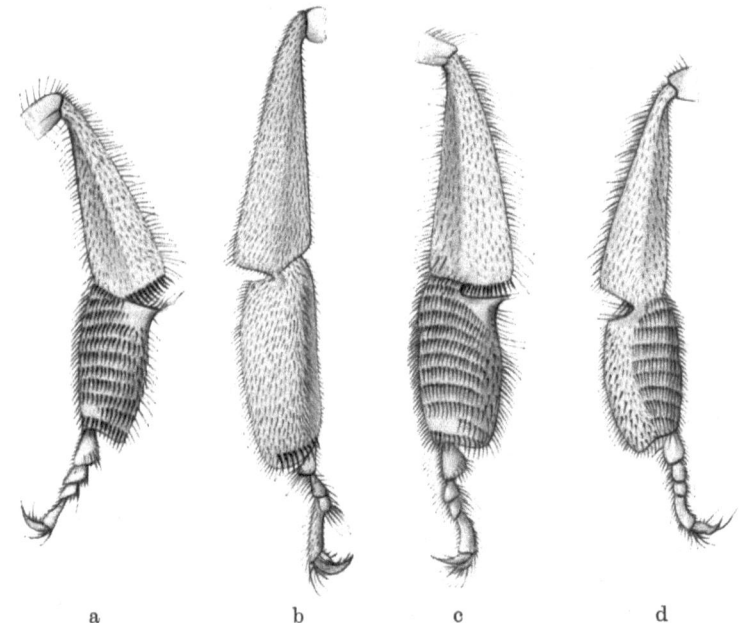

a b c d

Abb. 183 a—d. a Rechtes Hinterbein einer Arbeiterin, Innenseite. b Desgl. von einer Drohne. c Desgl. Bein eines Eugsterschen Gynandromorphen. d (Zwitter II.) (Nach Mehling.)

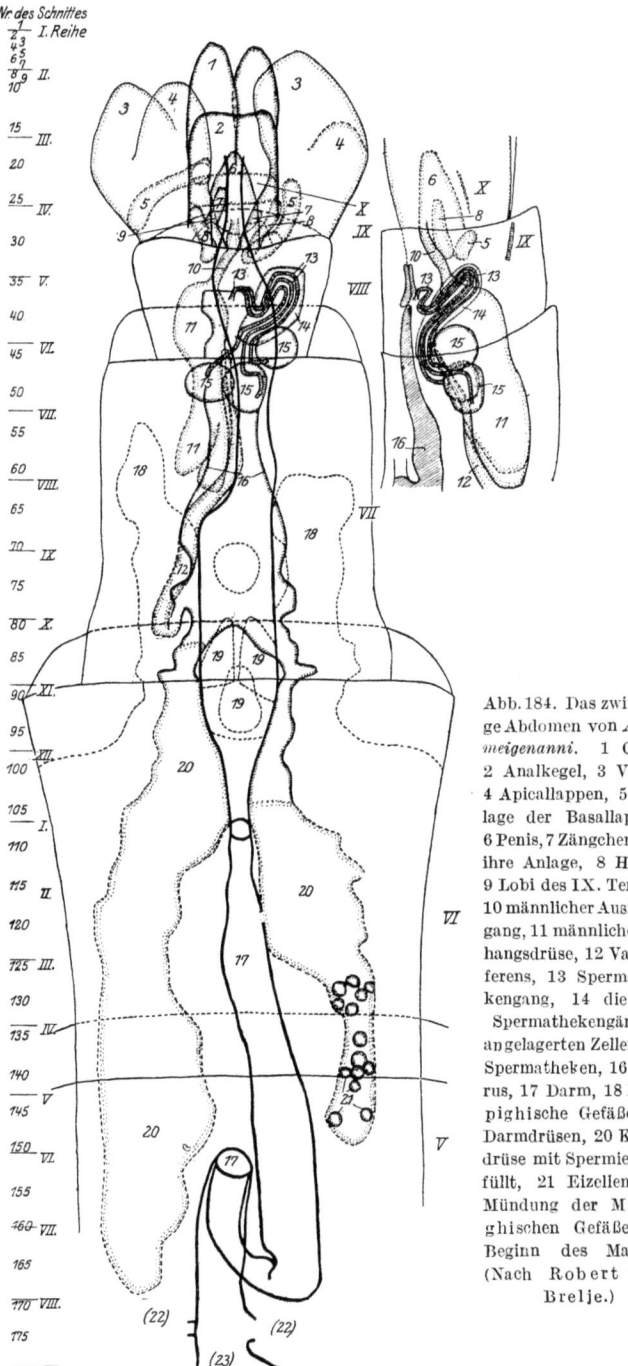

Abb. 184. Das zwitterige Abdomen von *Aëdes meigenanni*. 1 Cerci, 2 Analkegel, 3 Valve, 4 Apicallappen, 5 Anlage der Basallappen, 6 Penis, 7 Zängchen und ihre Anlage, 8 Hebel, 9 Lobi des IX. Tergits, 10 männlicher Ausführgang, 11 männliche Anhangsdrüse, 12 Vas deferens, 13 Spermathekengang, 14 die den Spermathekengängen angelagerten Zellen, 15 Spermatheken, 16 Uterus, 17 Darm, 18 Malpighische Gefäße, 19 Darmdrüsen, 20 Keimdrüse mit Spermien gefüllt, 21 Eizellen, 22 Mündung der Malpighischen Gefäße, 23 Beginn des Magens. (Nach Robert v. d. Brelje.)

Folgende Übersicht stellt die hierher gehörigen Tatsachen zusammen:

Links (mehr männlich):	Rechts (mehr weiblich):
Der linke Spermoduct größtenteils vorhanden.	Eizellen in der Keimdrüse.
Die männlichen Anhangsdrüsen vorhanden.	
Apicallappen ungefähr normal entwickelt.	Apicallappen nur wenig entwickelt.
Harpago verkümmert vorhanden.	Harpago nur in der Anlage vorhanden.
Stärkere Behaarung (in Anzahl und Länge der Haare) des linken Fühlers.	

Wir dürfen also sagen, daß die linke Seite mehr männliche Charaktere aufweist als die rechte (bei den sekundären Merkmalen allerdings kaum bemerkbar).

Neben dieser Tatsache besteht die andere, daß der Zwitter überall dort, wo überhaupt eine intermediäre Stellung möglich ist (also im wesentlichen bei den sekundären Geschlechtsmerkmalen), diese einnimmt.

Das Wesen des Gynandromorphismus kann heute nach Goldschmidt als aufgeklärt betrachtet werden. Gynandromorphe sind sexuelle Mosaiks aus Zellgruppen mit teils männlicher, teils weiblicher Chromosomenkonstitution. Zur Erklärung der Entstehung dieser Zellgruppen mit verschiedenem Chromosomenbestand sind mehrere Hypothesen aufgestellt worden, Boveri nahm speziell zur Erklärung der gynandromorphen Bienen verspätete Befruchtung an, d. h. Vereinigung eines Spermakerns mit einem der Abkömmlinge eines in parthenogenetischer Entwicklung eingetretenen Eikerns; die von dem befruchteten Furchungskern abzuleitenden Teile müßten diploid weiblichen, die übrigen Teile haploid männlichen Charakter tragen.

Goldschmidt erhielt nun in seinen *Lymantria*-Zuchten neuerdings (1923) ein haarscharf bilateral geteiltes gynandromorphes Individuum, bei dem ein Faktorenpaar $A-a$ (helle Zeichnung japanischer Rassen — dunkle Zeichnung europäischer Rassen) im Spiele war. Die gynandromorphe Raupe war auf der linken Seite weiblich und dunkel (aa), auf der rechten Seite männlich und hell (Aa). Eine Prüfung der Gynandromorphen gegenüber den aufgestellten Hypothesen ergab, daß die Eliminationshypothese

Hermaphroditismus. Gynandromorphismus und Homosexualität. 431

versagt, daß jedoch die Boverische Hypothese den Fall zu erklären vermag.

Außer bei Insecten sind nun auch bei Vögeln Gynandromorphe beobachtet worden. Da hier die Geschlechtsmerkmale unter dem Einfluß der incretorischen Drüsen stehen, ist eine Klärung dieser Fälle sehr viel schwieriger, weil ja die Increte auf die Blutwege wirken und daher nicht auf einen Körperteil beschränkt sein können. Nun ist es ja denkbar, daß die extremdifferenzierten Vögel allmählich immer mehr eine determinierte Entwicklung einschlagen, und daß der Geschlechtschromosomenmechanismus starrer wird, die Incretion also mehr zurücktritt. Damit stimmen aber die geschilderten Geschlechtsumstimmungsversuche bei Vögeln nicht überein, die rein hormonal erfolgen. Wir müssen also auf eine Erklärung zunächst verzichten.

Vor allen sind drei Vogelzwitter zu erwähnen, bei denen die Korrelation der äußeren und inneren Geschlechtscharaktere streng seitenrichtig ist.

Den ersten beschrieb W. Weber (1899). Es handelte sich um einen Buchfinkenzwitter, der seitenrichtig links einen Eierstock und rechts einen Hoden besaß. Dementsprechend war das Gefieder links weiblich, rechts männlich.

Einen anderen Fall (Gimpelzwitter) beschrieb Tichomirow (1894), der dem von Poll (1909) beschriebenen sehr ähnelt. Dieser Vogel hat auch Eier zu legen versucht, denn im linken Eileiter fand sich von der letzten Brutperiode ein retentiertes Ei. Der Gimpelzwitter, den Poll beschreibt (Abb. 185), hat das charakteristische männliche Rot auf der rechten Körperseite, das für Weibchen charakteristische Graubraun auf der linken.

Die Untersuchung der Bauchhöhle ergibt rechts einen sagokorngroßen Hoden (1,5 mm breit, 1,1 mm dick, 1,4 mm lang), links liegt das etwa dreimal größere Ovarium (7 mm breit, 0,5 mm dick, 3,6 mm lang). Von Ausführwegen ist mit Lupenvergrößerungen nichts deutlich wahrzunehmen. Im Ovarium finden sich normale Eier aller Größen mit Follikelepithel vor (Abb. 186).

Der Hoden zeigt reichliches Zwischengewebe, die Tubuli weisen Spermatogonien und teilweise auch Spermatocyten auf, jedoch macht das Keimepithel einen degenerierten Eindruck, was vielleicht auf den schlechten Gesundheitszustand des Tieres zurückzuführen ist.

Die weiblichen Ausführwege sind verkümmert, die männlichen jedoch normal ausgebildet. Vom Eileiter ist nur die trichterförmige Öffnung mit ganz kurzer, am Ende obliterierter Tube vorhanden.

Abb. 185. Halbseitenzwitter vom Gimpel. (Nach H. Poll.)

Der Hoden besitzt einen gut entwickelten Nebenhoden, der regelrecht in den Samenleiter übergeht. Er findet wahrscheinlich sein normales Ende in der Kloake, was nicht exakt festgestellt werden konnte.

Hermaphroditismus. Gynandromorphismus und Homosexualität. 433

Das Chromatin beider Körperhälften wies wesentliche Unterschiede nicht auf. Auf Grund des Geschlechtschromosoms, das etwa nur einer Blastomere in zweizelligem Stadium zukäme, ist also der Halbseitenzwitter nach Poll nicht zu erklären.

Ein von Bond untersuchter Fasan war rechts weiblich, links männlich, die Geschlechtsdrüse aber enthielt männliche und weibliche Anteile in einem Organ.

Ganz kürzlich (1923) beschreibt Macklin ein Huhn, das ein typischer Halbseitenzwitter war, und zwar rechts ein Hahn und links eine Henne. Leider erhielt Macklin nur Kopf, Skelett und Geschlechtsorgane zur Untersuchung, und so ist die Beschreibung des Äußeren des Tieres sehr dürftig und beschränkt sich auf die An-

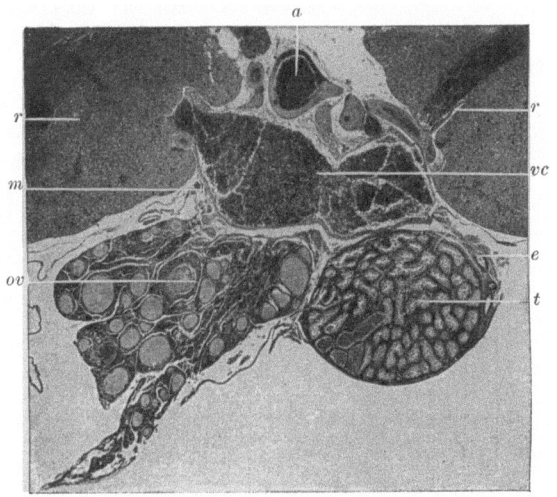

Abb. 186. Schnitt durch die Gegend des oberen Nierenpols des Halbseitenzwitters von *Pyrrhula pyrrhula europaea* (Vieill). Vergr. 46,5 : 1. *t* Hoden, *e* Nebenhoden, *ov* Eierstock, *r* Niere, *a* Aorta, *vc* Hohlvene; *m* Aufhängeband des Eileiters. (Nach Poll.)

gaben des Züchters. Hiernach handelt es sich um ein Tier, das den Eindruck einer Henne machte, jedoch männliche Nackenfedern hatte, und auch die Schwanzfedern waren länger als bei einer normalen Henne. Kamm und rechter Kehllappen waren typisch männlich, auch das geschlechtliche Verhalten war das eines Männchens. Das Tier versuchte Hennen zu treten, anscheinend mit Erfolg, war aber weniger aggressiv als ein normaler Hahn. Krähen hörte man es nicht, es hatte auch nicht den Gang des Hahnes und kämpfte nicht mit anderen Hähnen. Kleine, im übrigen aber normale Eier, die der Besitzer ab und zu im Nest fand, stammten wahrscheinlich von dem Zwitter; jedenfalls wurden nach dem Tode des Tieres keine solchen Eier mehr gefunden. Die Ausbildung der Geschlechtsorgane läßt es sehr wohl als möglich erscheinen, daß das Tier gleichzeitig als Männchen und als Weibchen funktionierte. Rechts war ein auch histologisch völlig normaler Hoden vorhanden, links dagegen neben Ovarialresten ein mehr oder weniger abnormes Hodengewebe. Eine besonders genaue Beschreibung gibt Macklin vom Skelett. Die Knochen der rechten Seite waren nämlich sämtlich größer als die der linken Seite. Aus rechten und linken Hälften bestehende Knochen waren ebenfalls in der vorbeschriebenen Weise asymmetrisch. Das hatte eine merkwürdige Verdrehung der ganzen Wirbelsäule und des Beckens zur Folge. Die ungleiche Länge des rechten und linken Beines muß einen anormalen Gang verursacht haben. Eine genaue Untersuchung des Gehirns erwies sich infolge schlechter Fixierung als unmöglich, doch war feststellbar, daß die rechte Hemisphäre größer war als die linke, ebenso war die rechte Seite der Medulla größer als die linke.

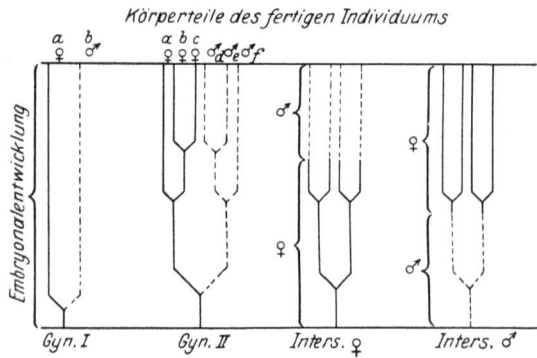

Abb. 187. Schema zur Erläuterung des Unterschiedes zwischen Gynandromorphismus und Intersexualität. Punktiert: männliche Entwicklung, schwarz: weibliche. (Nach Goldschmidt.)

Für die Entstehung eines solchen Halbseitenzwitters liegen mehrere Erklärungsmöglichkeiten vor. Beim Huhn hat das Männchen die Konstitution XX. Wenn bei der ersten Furchungsteilung eines männlich determinierten Eies ein X eliminiert wird, sodaß die eine der beiden ersten Blastomeren die Konstitution X erhält, so wäre die Grundlage zur Entstehung eines Gynandromorphen gegeben. Das Ei könnte aber auch zwei Kerne besessen haben, von denen einer das X-, der andere das Y-Chromosom bei der Reifung abgab. Bei Befruchtung beider Kerne könnte ebenfalls ein Gynandromorph resultieren. Von dem Hoden der rechten und dem Ovar der linken Seite müssen gegensätzliche Geschlechtshormone gebildet worden sein. Daß das Tier trotzdem ein Halbseitenzwitter blieb und nicht zu einem intersexuellen Individuum wurde, zeigt, daß bei den Vögeln die zygotische Konstitution des Individuums für die Geschlechtsbestimmung ausschlaggebend ist. Vielleicht ist aber doch einiges, wie das Hodengewebe im Ovar, das Hennengefieder auch auf der männlichen Seite, doch auf die von den Keimdrüsen gebildeten gegensätzlichen Geschlechtshormone zurückzuführen.

Da Gynandromorphismus leicht mit Intersexualität verwechselt werden kann (s. Schema Abb. 187), gebe ich hier für beide die Goldschmidtsche Definition wieder: „Genotypisch ist ein Gynandromorph das Produkt einer Störung des Mechanismus der Geschlechtsverteilung, ein Intersex das Produkt einer Störung der Physiologie der geschlechtlichen Determination." Bei dieser Definition müssen wir uns allerdings auf die Determinationstiere beschränken. Auf Hormontiere ist sie zunächst nicht ohne weiteres anwendbar.

2. Pathologischer Hermaphroditismus.

Hierher gehören alle die Fälle, in denen beim erwachsenen, normal getrenntgeschlechtlichen Tier primäre oder sekundäre Merkmale durcheinander gemischt vorkommen.

Meist sind es Fälle, wo das indifferente Stadium der Geschlechtsdifferenzierung anormal lange andauerte und dann die Hemmungen bei dem zu spät erscheinenden Geschlecht für die heterologen Merkmale nicht ausreichten. Oder es handelt sich um eine nur nicht zu Ende gekommene Umstimmung, sodaß wir es eigentlich mit Intersexen zu tun haben. Vom Gynandromorphismus unterscheidet sich der pathologische Hermaphroditismus dadurch, daß nicht ab ovo, vor der Geschlechtsdifferenzierung, schon zwei geschlechtlich voneinander getrennte Anteile entstehen, sondern meist erst nach der Festlegung eines Geschlechtes, worauf auch das entgegengesetzte Merkmal mehr oder weniger stark sich ausprägt.

Der teratologische Hermaphroditismus ist scharf abzugrenzen vom akzessorischen Hermaphroditismus, der, wie der teratologische, durch Funktionslosigkeit eines Geschlechts charakterisiert ist, bei dem aber immer neben einer rudimentären differenzierten oder indifferenten Keimdrüse (z. B. Biddersches Organ der Kröten, funktionsloses Ovar bei *Perla marginata* [s. Abb. 179], Hodeneier bei Krebsen und Wirbeltieren [s. Abb. 178a, b]) eine funktionierende vorhanden ist.

Der wirklich funktionelle Hermaphroditismus wird am besten mit Goldschmidt als Monoecie bezeichnet. Die Fälle, die hier in Betracht kommen, sind:
 1. Unisexuelle Monoecie: Ein Weibchen oder Männchen bildet zu gewissen Zeiten Sperma im Ovar oder Eier im Hoden, wodurch biologisch das andere Geschlecht überflüssig wird.
 2. Konsekutive Monoecie. Jedes Individuum ist erst männlich, dann weiblich, oder umgekehrt (z. B. *Asterina gibbosa*).
 3. Räumliche Monoecie. Das ist der echte funktionelle Hermaphroditismus, wo in einem Individuum der männliche und weibliche Geschlechtsapparat getrennt vorhanden ist.

Der pathologische Hermaphroditismus kann auch mit Giard als akzidenteller bezeichnet werden. Charakteristisch für ihn ist, daß zu irgendeiner Zeit im Hoden oder im Ovar Eier bzw. Sperma gebildet werden, oder zweierlei Keimdrüsen vorhanden sind, von denen die eine rudimentär ist. Die sekundären Merkmale sind jedenfalls nicht eingeschlechtlich. Oft sind nur sie noch als Zeichen der Zwitterigkeit vorhanden, dann ist die sie verursachende heterologe Keimdrüse wieder rückgebildet worden. Echter pathologischer Hermaphroditismus ist vor allem bei Krebsen und Wirbeltieren beobachtet worden. Die Fälle sind so zahlreich, daß ich nur einen kurzen Überblick geben kann, zumal ich die Fälle ausscheiden kann, die als Geschlechtsumwandlungsphasen erkennbar sind (viele Fälle bei Amphibien und Vögeln).

Echter Hermaphroditismus ist bei manchen Tierarten nicht so selten (auf den Hermaphroditismus spurius oder incompletus gehe ich hier nicht ein, weil er zur Entscheidung unserer Fragestellung nur unwesentlich beigetragen hat). Nach Steinach (1920) ist der Hermaphroditismus der Ziegen meist durch die Anwesenheit einer Zwitterdrüse bedingt. Er beschreibt eine Ziege, die äußerlich sowohl hinsichtlich der Geschlechtsorgane als auch der Gestalt nach weiblich war. Als das Tier in das Alter eintrat, wo es Brunsterscheinungen zeigen sollte, war der Geschlechtstrieb des Tieres ausgeprägt männlich. Die Untersuchung im Alter von 10 Monaten zeigte, daß Uterus und Tuben jungfräuliche Größe besaßen, die Ovarien befanden sich an der gewöhnlichen Stelle. Das eine Ovar war ein typischer Ovotestis mit eingesprengten kryptorchen Hodenstückchen; reife Follikel fehlten in beiden Ovarien, sodaß daraus sich schon allein das Ausbleiben der

Hermaphroditismus. Gynandromorphismus und Homosexualität. 437

Brunst erklärt. Die Perversion in der Äußerung des Geschlechtstriebes läßt sich zwanglos durch die Anwesenheit von Hodengewebe erklären, nicht aber, wie Steinach will, durch die Incretion der Zwischenzellen.

Prange untersuchte vier etwa 9 Monate alte Ziegenzwitter. Die anatomischen Verhältnisse waren bei allen im Prinzip die gleichen; weibliche äußere Genitalien mit hypertrophischer Clitoris, männlicher Geschlechtstrieb, gedrungener Knochenbau, unter-

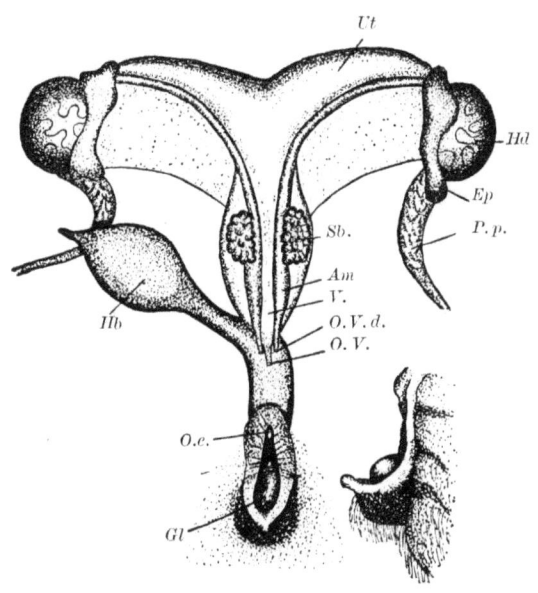

Abb. 188. Genitaltractus eines Falles von zygotischer Intersexualität bei der Hausziege. *Am* Ampulle; *Ep* Epididymis; *Gl* Glans; *Hd* Hoden; *O. e.* Orificium externum; *O.V.* Orificium vaginae; *O.V.d.* Orificium vasis deferentis; *P. p.* Plexus pampiniformis; *Sb.* Samenblase; *Ut* Uterus; *V* Vagina. Der Dezensus ist unterblieben. (Nach Prange.)

entwickelte Milchdrüsen, männliche Behaarung, weiblicher Genitaltractus mit männlichen und weiblichen Merkmalen, Hoden von geringer Größe (weniger als die Hälfte der normalen Größe) und ohne bzw. mit vollständigem Descensus (Abb. 188). Das histologische Bild der Keimdrüsen war das des kryptorchen oder transplantierten Hodens: keine Spermatozoen, rudimentäre Samenkanälchen, etwas vermehrte Zwischensubstanz. Für einen teilweise weiblichen Charakter der Zwischensubstanz ergab sich kein Anhaltspunkt. Prange ist überzeugt, daß die Intersexualität der Ziegen nicht auf das Vorhandensein und die Funktion der „zwitterigen Pubertätsdrüse" im Sinne Steinachs zurückzuführen ist, sondern er nimmt zygotische Intersexualität an. Das stärkere Hervortreten der männlichen Geschlechtsmerkmale mit zunehmendem Alter der Zwitterziegen spricht für eine normale männliche Incretion der Hoden, wobei es Prange unentschieden läßt, ob der reduzierte generative Teil des Hodens oder die Zwischensubstanz als Quelle der Incretion zu betrachten ist. Durch secretorische Geschlechtsumstimmung infolge vereinigten Placentakreislaufes mit einem männlichen Zwillingsbruder, d. h. in Analogie zur Zwicke beim Rind, können die untersuchten Ziegenzwitter nicht erklärt werden, denn Zwitter 1 wurde zwar neben einem normalen Bock geworfen, Zwitter 2 dagegen von der gleichen Mutter neben einer normalen Zibbe, Zwitter 3 und 4 waren völlig identische Zwillinge von einer anderen Mutter. Für eine zygotische Intersexualität spricht die Tatsache, daß der Vater von 3 und 4 auch mit anderen Müttern Zwitter erzeugte, und daß die Mutter von 1 und 2 mit verschiedenen Böcken Zwitter warf. Prange versucht die Fälle mit Hilfe von Goldschmidts Intersexualitätstheorie zu erklären.

Fast gleichzeitig mit der hier besprochenen Arbeit veröffentlichte Crew eine Arbeit über intersexuelle Haustiere. Die tatsächlichen Befunde Crews und seine theoretischen Ergebnisse stehen mit denen Pranges in weitgehender Übereinstimmung.

Meines Erachtens handelt es sich bei den Prangeschen Fällen um Tiere, die zunächst abnorm lange undifferenzierte Keimdrüsen besaßen, dann ein rudimentäres Ovarium entwickelten, obwohl sie männlich präformiert waren, und dann erst differenzierte sich der Hoden heraus. Zygotische Intersexualität ist hier nicht erforderlich.

Daß das Zwittertum erblich erscheint, möge ein weiterer Fall beim Menschen dartun.

Jordan beschreibt (1922) den Bau eines Tumors, der einer 45jährigen verheirateten Frau exstirpiert wurde und sich als ein wohlentwickelter Testikel erwies. Der Fall ist darum von besonderem Interesse, weil die Frau einer Familie mit mindestens drei ähnlichen hermaphroditischen Zuständen in zwei Generationen entstammte. Der eine Fall von diesen ist ein wahrer anatomischer Hermaphrodit. Es handelt sich also einwandfrei um einen erblichen Charakterzug. Anatomisch schließt sich der Fall an das von Prince, Sheppard und Polano beschriebene Verhalten an, bei dem ebenfalls Ovarien wie Hoden in demselben Individuum gefunden worden waren.

Nicht sehr selten scheint der Ovotestis auch beim Schwein zu sein. Untersuchungen darüber liegen von Ancel (1920) und Bujard (1921) vor. Leider wird über die Geschlechtsfunktion nichts gesagt. Ancel beschreibt vier Fälle von Hermaphroditismus glandularis beim Schwein. Es fanden sich neben Hoden immer auch Ovarien. Der Uterus ist bei allen Fällen gut entwickelt, daneben ist meist auch ein Nebenhoden und Vas deferens vorhanden. Das Ovarium hatte in jedem Fall die normale Struktur. Der Hoden dagegen entspricht in seinem Bau demjenigen, den man beim Kryptorchismus findet. Die vier Fälle sind so zu charakterisieren: 1. zwei hermaphrodite Keimdrüsen, 2. ein linkes Ovarium und eine rechte hermaphrodite Drüse, 3. ein linkes Ovarium, ein rechter Hoden und 4. eine linke hermaphrodite Drüse und ein rechtes Ovarium. Der Hoden nimmt immer bei der zwitterigen Drüse die obere Partie ein, das Ovarium die untere, der Wolffsche Gang ist nur an der Seite erhalten, an welcher sich Hodengewebe befindet. Die Tuben sind an der Seite, wo sich die hermaphroditische Drüse befindet, obliteriert, sodaß der ovariale Teil nicht zu funktionieren vermag. Ein Tier mit zwei Zwitterdrüsen muß also unfruchtbar sein. Einen ganz ähnlichen Fall beschreibt auch Bujard.

Beim Menschen beschreiben Polano und Meixner echte Drüsenzwitter. Polano findet bei einem 22jährigen Mann, mit im wesentlichen weiblichen sekundären Geschlechtscharakteren, linksseitig eine kleincystisch degenerierte weibliche Keimdrüse mit einer mitten im Ovarialgewebe gelagerten Hodenanlage. Primordialeier und Primordialfollikel sowie Corpora albicantia lassen sich in großen Mengen nachweisen. Eine ausgesprochene Corpus luteum-Bildung fehlt; dagegen ist eine deutliche Theca interna-Wucherung an einem Follikel mit centralem Hämatom nachzuweisen. Im Hodenanteil sind die Vorstadien der Spermatogenese vorhanden. Die Peripherie der Kanälchen ist hyalin degeneriert. Das mit Sertolischen Zellen durchmischte Hodenepithel weist ebenfalls Entartungserscheinungen auf. Eine gut ausgesprochene innere Secretion schließt der Verfasser aus der starken Theca interna-Wucherung und vorkommenden interstitiellen Zellen an der Peripherie alter Corpora fibrosa; sodann aber auch aus interstitiellen Hodenzellen. Es findet sich in dieser Keimdrüse eine umschriebene Metastase von dem Tumor der anderen Seite. Tube und Parovarien sind normal. Die rechte Keimdrüse ist zu einer mannskopfgroßen malignen Geschwulst (Epithelioma chorio-ectodermale) ohne specifische Keimdrüsenelemente umgewandelt worden. Die Tube dieser Seite ist atretisch. Die Urnierenanlage zwischen den Blättern der Mesosalpinx ist abnorm stark ausgebildet und gleicht den Bildern des Nebenhodens. Beide Tuben münden in einen kleinen, aber gut ausgebildeten Uterus, der auch Menstruationserscheinungen zeigt. Die Scheide mündet in die Urethra, unmittelbar vor den mißbildeten äußeren Genitalien. Äußerlich ist eine hypertrophierte penisähnliche Clitoris vorhanden. Es handelt sich also um einen sehr seltenen Hermaphroditismus verus, von dem es bei Menschen, außer dem beschriebenen, nur drei sichere Fälle gibt. Aus den Befunden seines genau untersuchten Falles schließt Polano, daß als Keimdrüse nur der ovariale Bestandteil funktioniert hat, der Hodenanteil jedoch nicht ausgereift ist. Der incretorische Apparat dagegen funktioniert bei beiden Drüsen gleichmäßig gut. Das wechselnde Verhalten der männlichen und weiblichen Keimdrüsen hinsichtlich der Lage der Keimdrüsenbestandteile zueinander läßt es als nicht unwahrscheinlich erscheinen, daß falsches und wahres Zwittertum letzten Endes auf die Anwesenheit größerer und kleinerer andersgeschlechtlicher Keimdrüsenabschnitte, vielleicht auch sonstiger incretorischer Elemente, zurückzuführen sind. Eine ätiologische Klärung erscheint unangängig, solange wir über die letzten Ursachen der Geschlechtsbestimmung nichts wissen.

In Ausnahmefällen erfolgt auch beim Menschen die geschlechtliche Differenzierung des Körpers nicht vollkommen oder nicht einheitlich, und es kommt zu Hypoplasien oder zur Entwicklung heterologer Geschlechtsmerkmale in wechselnder Ausdehnung und Vollkommenheit bis zu Individuen mit zweierlei Keimdrüsen, von denen aber mindestens der Hoden (nach Patzelt) unterentwickelt ist. Nur bei Fröschen und Vögeln wurden bisher doppeltgeschlechtliche Tiere festgestellt, deren Keimdrüsen reife Samenfäden und Eier ausgebildet haben, wie dies bei einzelnen Gruppen der Teleostier physiologischerweise der Fall ist.

Für die erwähnten Fälle beim Menschen sind die seltenen Befunde von totalem Mangel der Geschlechtsdrüsen von Wert. Beneke hat ein 20jähriges Mädchen untersucht, welches äußerlich durchaus normal weiblich entwickelt war (Mammae, Vulva). Die Vagina erwies sich bei der Sektion als annähernd normal, als Uterus zeigte sich nur ein dünnes Blatt; Tuben und Ovarien fehlten total. In diesem Falle war also der Körper äußerlich typisch geschlechtlich differenziert, während die eigentliche Keimdrüse völlig fehlte. Wahrscheinlich war sie aber erst kurz vor dem Tode zugrunde gegangen.

Nach Bujard (1921) kommt der Ovotestis so zustande, daß das Ovarium der Säugetiere eine Keimdrüse mit mehr oder weniger latentem protandrischem Hermaphroditismus ist, in welchem die männlichen Elemente (Medullarstränge) bald vollständig atrophiert sind (Katze), bald rudimentär bleiben, bald sich zu fötalen Samenkanälchen entwickeln und so einen Ovotestis bilden. Diese Anschauung stimmt mit der Kohnschen überein. Er faßt ebenfalls die Marksubstanz des embryonalen Ovars als Kennzeichen einer Hodenanlage auf. Die Samenkanälchen entsprechen den Marksträngen, dem Rete testis das Rete ovarii, und auch die Verbindung mit dem Urnierengang findet sich hier wie dort. Die weibliche Keimdrüse ist also vorübergehend in der Entwicklung wie eine männliche gebaut. Er will daher der weiblichen Keimdrüse eine bisexuelle hermaproditische Anlage zuerkennen, wie auch frühere Autoren, z. B. Waldeyer, Meixner, Sauerbeck u. a., es taten. Da die Geschlechtsbestimmung, soweit wir wissen, mit der Befruchtung aber endgültig vollzogen ist, so nimmt Kohn keine funktionelle, sondern nur eine bisexuelle Polarität an, also eine phylogenetisch weit zurückliegende Ahnenzwitterigkeit, deren Spuren noch in der Ontogenese zum Vorschein kommen. Markstränge und Rete des embryonalen Ovars werden deshalb als Testoid bezeichnet: ein hodenähnliches Organrudiment, das aber nicht mehr die Fähigkeit hat, Keimzellen hervorzubringen. Den Marksträngen der Ovarien ist, obwohl sie Eizellen bilden können, keine lange Lebensdauer beschieden, meist schwinden außer ihren Geschlechtszellen auch die Markstränge selbst schon frühzeitig und spurlos; nur bei manchen

Säugetieren bleiben neben Rete und Urogenitalverbindung auch Reste der Markstränge in ziemlicher Ausdehnung lange Zeit (Abb. 189) oder selbst dauernd erhalten.

Das Ovarium des Maulwurfs z. B. bewahrt dauernd den embryonalen Typus, wie schon S.174–176 ausgeführt wurde. Schon äußerlich läßt es eine gewisse Zweiteilung erkennen, die schon Leydig (1857) beschreibt (Abb. 80). Nur die oberflächliche lappenförmige Ringzone wird von Ovarialgewebe eingenommen. Die meist größere Markschicht besteht aus wenig differenzierten, kurzen, cylindrischen Epithelsträngen und reichlichen Zwischenzellen. Am Rande erscheinen Retekanälchen, die mit dem Epoophoron zusammenhängen. Entwicklung, Lage, Bau und Anordnung, sowie die Anwesenheit zahlreicher Zwischenzellen erwekken den Eindruck eines hodenähnlichen Gebildes (Abb. 80 u. 81), welches Kohn mit Testoid bezeichnet.

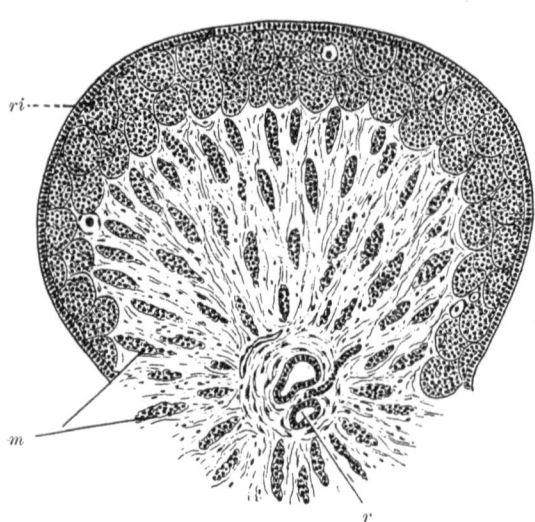

Abb. 189. Ovarium eines jungen Fuchses (etwa 4 Monate). (Nach Bühler.) *m* Markstränge, *ri* Rinde, *r* Rete.

„Die hermaphroditische Ahnenform der Keimdrüse bleibt bestehen, ohne den unisexuellen Geschlechtscharakter irgendwie zu beeinträchtigen, denn die Persistenz der heterosexuellen Elemente wird hier zur Norm"(Kohn). Alle bei Hermaphroditismus verus gefundenen Ovotestes will nun Kohn mit diesen Testoiden vergleichen. Das mag zweifellos für manche Fälle zutreffen; zuweilen aber findet man doch in den Ovotestes typische Eizellen und Samenzellen, wenn auch ein Teil gewöhnlich nicht zur Entwicklung kommt. Hier müssen also durch Störungen des Geschlechtschromosomenmechanismus zweierlei Keimzellen im Organismus vorhanden sein. Derartige

Fälle sind auch bei niederen Wirbeltieren beobachtet worden, namentlich bei Fischen und Amphibien. Besonders instruktiv sind die Fälle von Hermaphroditismus bei Krötenmännchen. Zwischen dem Hoden und dem Bidderschen Organ findet man bei 10 vH. aller Kröten in der Umgegend von Marburg mehr oder weniger weit entwickelte typische kleine Ovarien, deren Eier sich zuweilen sogar über die Norm hinaus entwickeln. Trotzdem sind diese Tiere in allen ihren Merkmalen typische Männchen, die auch eine fruchtbare Begattung auszuführen vermögen. Auch dieser Fall zeigt, daß heterosexuelle Keimdrüsen allein noch keine Zwitterigkeit der sexuellen Geschlechtsmerkmale hervorzurufen brauchen. Andererseits aber gibt es Zwittertum bei Anwesenheit von unisexuellen Keimdrüsen.

Das zeigt ein Fall von Hermaphroditismus, den Mitasch (1920) beschreibt. Es handelt sich um einen 54 Jahre alten Tischlergesellen, der 3 Jahre vor seinem Tode geheiratet hatte. Nach Aussage seiner Frau ist er sexuell indifferent gewesen. Nach dem Sektionsbericht war das Aussehen durchaus männlich. Ein Schnurrbart ist vorhanden, der Kehlkopf vorspringend. Die Behaarung am Mons veneris ist mäßig reichlich und erreicht den Nabel nicht. Die äußeren Genitalien sind durchaus männlich gebildet. Der Penis hat eine Länge von 8 cm. Hoden dagegen lassen sich im Scrotum nicht palpieren. Bei der Eröffnung der Bauchhöhle bemerkt man an der Rückseite der Blase, etwas rechts von der Mittellinie, ein Gebilde, das einem Uterus bicornis stark ähnelt. Neben dem unteren Abschnitt des Uterus liegen zwei wurstförmige Gebilde, die als Samenblasen gedeutet werden. Der Uterus hat eine Länge von 12,5 cm. Jedes Uterushorn geht in einen tubenähnlichen, durch eine Peritonealfalte an die hintere Blasenwand festgehefteten Strang über. Nach einem Verlauf von 6 cm rechts, 8 cm links trägt jeder der beiden Stränge ein flaches, 3 cm langes, 2,5 cm breites und 1 cm dickes eierstockähnliches Gebilde. Die vorgefundenen Organe wurden makroskopisch und mikroskopisch genauer untersucht. Besonders interessant sind die oben erwähnten Keimdrüsen, die sich als Hoden erweisen. Sie sind umhüllt von einer derben bindegewebigen Kapsel. Nach der Seite des Ansatzes der Drüse an das Aufhängeband befindet sich ein deutlich ausgeprägtes Mediastinum testis, von dem Septen in das Drüsenparenchym ausstrahlen. Von der Tunica albuginea entspringen keine deutlichen Septen. An zelligen Elementen trifft man Bindegewebszellen in ziemlich großer Anzahl und eine außerordentlich starke Wucherung der Zwischenzellen. In der rechten Drüse sind noch wohlerhaltene Hodenkanälchen anzutreffen, besonders dicht unter der Kapsel. Überall ist das Epithel mehrschichtig und enthält Spermatogonien und Spermatocyten. Spermatozoen sind nicht vorgefunden worden. Das Lumen ist von einer schaumartigen Masse ausgefüllt. Im übrigen sind alle Stadien der Atrophie vom erhaltenen Kanälchen bis zu einer nur noch von Elasticafasern begrenzten hyalin-homogenen Masse vorzufinden. In der linken Drüse fällt ein kleinerbsengroßer Knoten von gelblicher Farbe auf, der bei mikroskopischer Untersuchung sich als ein Adenom erweist. Der Bau der Samenbläschen entspricht im allgemeinen der Norm. Spermatozoen sind darin nicht vorhanden. Der Ductus deferens verläuft als Strang neben der Tube. Ductuli efferentes und wohlerhaltenes Nebenhodengewebe wurden ebenfalls aufgefunden. Die Prostata ist völlig normal. Die Tuben zeigen auf dem Schnitt den typischen histologischen Aufbau des Organs, jedoch sind sie bedeutend kleiner als eine normale Tube. Das Lumen ist von Blutgerinnsel erfüllt. Das Corpus uteri zeigt eine kräftige muskulöse Wandung und eine Mucosa mit flachem bis kubischem Epithel, das stellenweise zugrunde gegangen ist. In der Tunica propria sind kurze mit Blut gefüllte Drüsenschläuche mit wohlerhaltenem Cylinderepithel ohne Flimmerung zu erkennen. Im Cervicalkanal ist die Muskelschicht bedeutend dünner, dagegen die Mucosa mächtiger als im Corpus uteri. Die Wand des Vaginaabschnittes ist pergamentdünn und besteht aus Bindegewebe mit wenigen Gefäßen.

Es handelt sich also im vorliegenden Falle um ein Individuum mit Keimdrüsen von Hodenstruktur und Vorstufen männlicher Keimzellen. Ein Descensus testiculorum hat nicht stattgefunden. An männlichen Organen finden sich außerdem Nebenhoden, Ductus deferens (der aber einen vom Hoden unabhängigen Verlauf hat), Samenblasen und Prostata voll ausgebildet. Daneben bestehen an weiblichen Organen Tuben, allerdings ohne Ostien, ein Uterus mit deutlichem Corpus und Portio und eine Vagina, die an der Stelle des Utriculus prostaticus auf der Crista urethralis in die männliche Harnröhre mündet.

Tuben, Uterus und Vagina sind mit Blutgerinnsel gleichsam ausgegossen, ebenso ein Teil der Samenblasen. Die äußeren Genitalien und die sekundären Merkmale sind rein männlich. Nach der Klebsschen Einteilung ist der Fall als Pseudohermaphroditismus masculinus internus zu bezeichnen.

Wie die Mehrzahl der Autoren kommt auch Mitasch zu dem Schluß, daß man betreffs der formalen Genese der Sexualcharaktere annehmen kann, daß erstens die Anlage der Keimdrüsen, der tubulären und Kopulationsorgane und auch der sekundären Charaktere eine indifferente ist, und daß also alle die Möglichkeiten einer Entwicklung in männlicher oder weiblicher Richtung latent besitzen; daß zweitens die Keimdrüse auf dem Wege der inneren Secretion eine protektive Wirkung auf die Entwicklung der homologen, eine hemmende auf die der heterologen sekundären Merkmale ausübt; daß drittens die germinalen Elemente sich wahrscheinlich letzten Endes von den sogenannten Genitalzellen und damit den Furchungszellen herleiten. Über die causale Genese macht sich Mitasch die Vorstellung, daß das Individuum bei seiner geschlechtlichen Determination bei der Befruchtung einen Impuls nach männlicher oder weiblicher Richtung erhält. Eine Störung dieses Impulses durch Schwächung oder Beeinflussung durch einen erstarkenden gegengeschlechtlichen Impuls führt zu Zwitterbildungen, die sich in reinster Form im Vorhandensein zweierlei Gameten und sonst in allen Schattierungen der Mischung gegengeschlechtlicher Charaktere ausprägen können.

Derselben Ansicht sind auch Schmincke und Romeis (1920), die einen Fall von Pseudohermaphroditismus masculinus externus beschreiben mit weiblichen äußeren Genitalien, Brustdrüsen und Behaarung. Die Hoden waren beiderseits Leistenhoden mit sarkomatöser Entartung des linken. Das Kanälchenepithel des rechten Hodens zeigte Verfettung. Die Zwischenzellen waren gut entwickelt, mit reichlich Pigment und Fett. Es war kein Anhalt für eine weibliche „Pubertätsdrüse" (Steinach) vorhanden.

Ähnlich wie Mitasch schließt auch Keußler aus Befunden bei Hermaphroditismus, daß nicht die Zwischenzellen, sondern die Keimzellen die Geschlechtsmerkmale durch Incretion hervorbringen. Er prüfte die Steinachsche Theorie der Pubertätsdrüse an drei menschlichen Zwittern nach und gibt an Hand seines Schemas der Geschlechtsmerkmale auch ein solches für den Hermaphroditismus. Der erste Fall betrifft ein $2^{1}/_{2}$ Monate altes Wesen mit normal weiblichen äußeren Genitalien, Scheide und Uterus. An Stelle der Ovarien fanden sich Hoden. Der Pseudohermaphroditismus anatomicus ist aus der Keimdrüse heraus nicht zu erklären, jedenfalls spielen die Zwischenzellen dabei keine Rolle, da sie wie beim normalen Neugeborenen angelegt sind. Der zweite Fall betrifft ein 20jähriges Mädchen, das mit 17 Jahren Stimmbruch, mit 18 Jahren Bartwuchs und keine Menses hatte. Der Habitus war im allgemeinen männlich, der Penis hypospadisch. Bei der Operation ergab sich, daß ein vollständig erhaltener Uterus, links Hoden, Nebenhoden, Tuben mit Fimbrien, rechts „Ovar" und Tube vorhanden waren. Es wurde eine Excision aus Hoden und Nebenhoden, sowie Resektion des Ovars vorgenommen. Die mikroskopische Untersuchung ergab Bilder eines hypoplastischen Hodens mit auffallend reichlich entwickeltem Zwischenzellgewebe. Die rechte Keimdrüse läßt keine Eier erkennen, jedoch entspricht das spindelzellreiche Zwischengewebe ganz dem Stroma des Eierstockes. Keußler hält diesen Fall mit Recht für nicht genügend beweisend gegen die Steinachsche Theorie. Das Vorhandensein einer zweifellos männlichen Zwischendrüse bei einem äußerlich zum Teil weiblichen Zwitter ist bemerkenswert. Beweisend gegen die Theorie Steinachs ist der dritte Fall. Die zur Beobachtung gekommene Frau (Alter?) hat anatomisch und psychisch weibliche Merkmale. Die äußeren Sexusmerkmale sind jedoch schwach entwickelt. Die Vagina ist normal, Uterus und Adnexe und besonders Ovarien sind nicht zu fühlen. Die einzigen Keimdrüsen waren die aus dem Leistenkanal beiderseits entfernten, mikroskopisch als Hoden erkannten Gebilde. Die Tubuli entsprechen ganz unreifen Hodenkanälchen. Die Zwischenzellen sind ziemlich reichlich entwickelt; daneben sind erbsengroße multiple Adenome vorhanden. Weibliche Pubertätszellen sind nicht eingesprengt, infolgedessen kann dieser Fall für die Theorie der Pubertätsdrüsen als Gegenbeweis gelten.

Nach Steinach und seinen Anhängern gibt es, wie gesagt, nur eine Art von Hermaphroditismus, den interstitiellen. Nach ihrer Meinung sind die Zwischenzellen allein für den Geschlechtscharakter verantwortlich. Das Männchen soll männliche, das

Weibchen weibliche und der Hermaphrodit beide Arten von Zwischenzellen nebeneinander haben. Der generative Anteil kann dabei eindeutig sein, wie z. B. beim Pseudohermaphroditismus. Es scheint mir das wieder eine Überschätzung der Zwischenzellen zu sein, die im Grunde auf die Anschauung von Bouin und Ancel, Tandler und Grosz und Biedl zurückgeht. Den Beweis für seine Anschauungen will Steinach durch die

3. künstliche Zwitterbildung

erbringen.

Bei normalen Tieren ist ein Antagonismus der Sexualhormone vorhanden. Dieser äußert sich zunächst darin, daß eine Umwandlung des Geschlechtscharakters durch Einpflanzen einer heterologen Keimdrüse nur nach vorausgegangener vollständiger Kastration gelingt. Durch diese Geschlechtsspecifität der Hormone kommt die Trennung der Geschlechter zustande, und sie ist auch entscheidend für die Entstehung der Geschlechtscharaktere.

Diesen Antagonismus der Pubertätsdrüsen kann man bis zu einem gewissen Grade abschwächen, wenn Keimdrüsen beiderlei Geschlechts gleichzeitig in einen zuvor durch Kastration neutralisierten Organismus verpflanzt und hier unter gleiche Lebens- und Wachstumsbedingungen gesetzt werden. Sie senden von hier fördernde Impulse für die ihnen homologen Charaktere aus, während die hemmenden Impulse für die ihnen heterologen Charaktere unterbleiben. Infolge Einschränkung des Antagonismus entstehen Individuen mit männlichen und weiblichen Geschlechtsmerkmalen, also Zwitter. Diese Steinachsche Erklärung des Hermaphroditismus hat so weit Berechtigung, als die Störung der Inkretion der Keimdrüsen für die Entstehung der Zwitterigkeit verantwortlich zu machen ist; nicht aber ist so der Hermaphroditismus durch Störung des Genmechanismus zu erklären.

Sand, der seine Versuche über künstliche Zwitterbildung 1914 begann und 1918 und 1922 ausführlich veröffentlichte, gelang es auch intratesticuläre Ovarialtransplantationen bei Meerschweinchen vorzunehmen. Er erzielte also künstliche Ovotestes, bei denen die Hodenanteile reife Samenfäden, die Ovarien reife Follikel eventuell mit Corpus luteum-Bildung hervorbrachten.

Bei den ursprünglich männlichen, jetzt echt hermaphroditischen Tieren ist vor allem das Wachsen der Milchdrüsen bemerkenswert, die die puberale Form erreichten und kräftige Milchabsonderung zeigten (Abb. 190). Auch Steinach gelang es, durch Zusammentransplantieren von Hoden- und Ovarialgewebe auf ein kastriertes jugendliches Tier eine Art Ovotestes zu erzeugen, in denen die einzelnen Gewebsarten, besonders die männlichen und weiblichen Zwischenzellen, deren Existenz aber

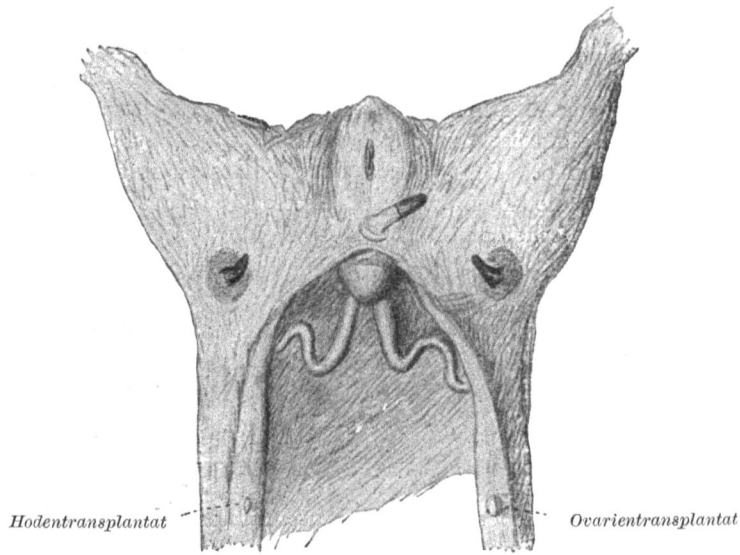

Hodentransplantat   *Ovarientransplantat*

Abb. 190. Transplantat von Hoden und Ovarien auf ein 3 Wochen altes kastriertes Meerschweinchenmännchen. Aufnahme 3 Monate später. Penis und Samenblase entwickelt; pralle Mammae mit breitem pigmentiertem Warzenhof und Milchsecretion.
(Nach Sand aus Weil 1921.)

fraglich ist, innig miteinander verwuchsen (Abb. 191). Sand hat bei seinen Zwittern dauernde bisexuelle Erotisierung beobachtet, zum Unterschied von Steinach, welcher einen mit der jeweiligen Wucherung der weiblichen Keimdrüsen einhergehenden periodischen Wechsel der Erotisierung feststellte. Die künstlichen Zwitter zeigten so weibliche und männliche physische und psychische Geschlechtscharaktere; allerdings scheinen mir die Leitungswege der Geschlechtsorgane nicht genügend untersucht zu sein.

Hermaphroditismus. Gynandromorphismus und Homosexualität. 449

Besonders bemerkenswert ist die Variabilität der Erscheinungen bei der experimentellen Zwitterbildung. Beim Überwiegen des weiblichen Implantats z. B. hört das Peniswachstum auf, während Zitzen und Mammae zur Vollreife gedeihen. Erst

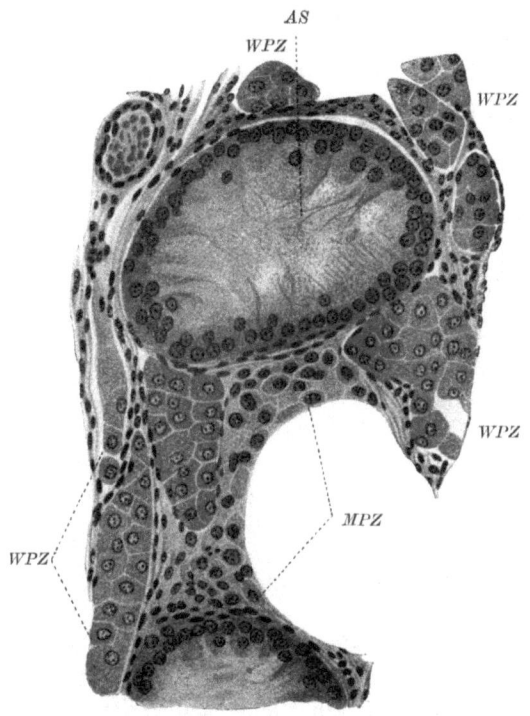

Abb. 191. Zwitterige Pubertätsdrüse (Meerschweinchen). Entstanden durch Verwachsung der gleichzeitig und auf derselben Stelle am infantilen kastrierten Tierchen vorgenommenen Einpflanzungen beider Gonaden. In Anhäufungen männlicher Pubertätsdrüsenzellen, die sich zwischen zwei atrophierten Samenkanälchen ausbreiten, liegen eingebettet in dichten Lagern und Inseln luteinzellenartige weibliche Pubertätsdrüsenzellen, welche von im Stroma aufgelösten obliterierten Follikeln stammen. Ok. 3, Obj. 5. Vergr. 278mal. AS atrophische Samenkanälchen, MPZ männliche Pubertätsdrüsenzellen, WPZ weibliche Pubertätsdrüsenzellen. (Nach Steinach 1906.)

nach Verstärkung der männlichen Drüsenfunktion mittels nochmaliger Hodeneinpflanzung wird diese Hemmung überwunden, und es entfalten sich auch die Corpora cavernosa penis.

Merkwürdig ist, daß man positive Resultate auch bei schlecht erhaltenem Ovarium erzielen kann, also einen kombinierten Hormoneffekt. Andererseits kann bei gut angeheilten Ovarien der kombinierte Effekt ausbleiben. Sand glaubt durch seine Experimente einen Antagonismus zwischen den beiden Gonaden und ihren Hormonen ablehnen zu müssen. Die Versuche von Sand werden von Lipschütz und seinen Schülern bestätigt (1924). Sie nehmen wohl mit Recht einen Antagonismus in der Hormonwirkung an, derart z. B., daß ein Hoden die Ovarialhormonwirkung zu hemmen vermag. Die hemmende Wirkung des Hodens auf das interrenale Ovarialtransplantat beim Meerschweinchen kann aber durch Verkleinerung der Hodenmasse oder auch durch Resektion des Nebenhodens beseitigt werden (Lipschütz 1924).

Weitere Versuche dieser Art stellte Moore (1922) an, der halbierte Ovarien oder kleine Hodenstückchen in jugendliche Ratten und Meerschweinchen vom anderen Geschlecht transplantierte unter Belassung der einen eigenen Keimdrüse. Bei weißen Ratten (Meerschweinchen gaben keine Erfolge) wachsen die Implantate subcutan, intramuskulär oder intraperitoneal an und bleiben $8^1/_2$ Monate unter Erhaltung ihrer histologischen Merkmale bestehen. Die implantierten Ovarien behalten ihre Funktion, bilden Graafsche Follikel mit Eiern bis zu Reifestadien; Polkörper werden gebildet, Ovulation erfolgt nicht, wohl aber Abstoßung des Eies im Follikel selbst und anschließende Atresie; zur Ovulation fehlen wahrscheinlich dem Männchen gewisse physiologische Faktoren. Hodenstückchen wachsen gleichfalls an, bleiben 8 Monate erhalten, allerdings unter Verlust der Samenepithelien. In scharfem Gegensatz zu Steinach und Sand findet Moore bei seinen künstlichen Zwittern weder somatische noch psychische Störungen der Geschlechtsmerkmale, auch kein Anzeichen von Antagonismus weiblicher und männlicher Hormone bezüglich Ausbildung des Geschlechtsapparates. Pseudohermaphroditismus entsteht also nicht durch gegenseitige Störung von Hormonen, sondern als Ausdruck von zwei nebeneinander positiv verschieden gerichteten Einflüssen. Die Möglichkeit eines funktionellen Hermaphroditismus bei Säugern hält Moore damit für gegeben. An somatischen Wirkungen wurden beobachtet: als Ovariumwirkung an Männchen sezernierende Mammae, während Gewichtsverminderung zweifelhaft war. An psychischen Wirkungen wurde nur männliche Angriffslust an behandelten Weibchen gefunden; behandelte Männchen weisen trotz Ausbildung sezernierender Mammae sauglustige Junge ab. Moore führt gegen einen Antagonismus der Geschlechtshormone ins Feld: das Nebeneinandergedeihen von Ovar und Hoden bei Meerschweinchen (Sand), sowie das Bestehenbleiben der psychischen Charaktere an somatisch umgestimmten Männchen (Abweisen der Jungen trotz Ausbildung tätiger Mammae).

Experimentelle Zwitterbildung hat auch Pézard bei Hühnern beobachtet, und zwar durch ein Zufallsexperiment. Er überpflanzte Hoden bei nur partiell kastrierten weiblichen Tieren. Es entwickelte sich dann der Kamm wie beim normalen Hahn, während das Gefieder weiblich blieb, und die Sporen nicht wuchsen. Auch Foges (1902) hat schon solche Zufallszwitter vor sich gehabt. Pézard hat mit Caridroit und Sand (1923) seine Versuche an Vögeln fortgesetzt und erweitert. Auch Zawadowsky wäre hier zu erwähnen.

Bei zwei im Hochzeitskleid befindlichen Männchen von *Erythromelana franciscana* wurde auf der einen Körperhälfte das Federkleid ausgerupft (Pézard); sodann wurden die Tiere mit einem dritten unberührten Kontrollmännchen bei 25° C gehalten. Nach sechs Wochen waren auf der gerupften Seite wieder Federn nachgewachsen, die in ihrer Färbung dem weiblichen Gefieder glichen, während die unberührte Seite noch immer das Hochzeitskleid besaß, da die Mauser infolge der hohen Temperatur noch nicht eingetreten war. Es handelt sich aber in diesen Fällen nicht um echtes Halbseitenzwittertum, da das weibchenähnliche Gefieder beim Männchen nach Abwurf des Hochzeitskleides so wie so erscheint.

Bei einem zweiten Experiment bei Hähnen der Leghornrasse wurde dagegen echtes Halbseitenzwittertum erzielt. Vorausgeschickt sei, daß der heranwachsende Hahn im ersten Lebensjahr in der Herbstmauser ein männliches Gefieder erhält, das bis zur nächsten Mauser erhalten bleibt. Wird dem Hahn dagegen ein Ovarium eingepflanzt, so erscheint bei der nächsten Mauser das Gefieder einer Henne. Beim vorliegenden Versuch wurden nun einem Hahn im Dezember auf der einen Körperhälfte die charakteristischen Rücken- und Schwanzfedern ausgerupft; hierauf wurde in einen Hoden des Tieres ein Ovarium implantiert. Das Ergebnis war, daß die entfiederte Stelle nach 6 Wochen unter dem Einfluß des implantierten Ovariums Federn zeigte, die bis auf eine etwas dunklere Färbung der Spitzen vollkommen weiblichen Federn glichen. Das Halbseitenzwittertum läßt sich also durch den Einfluß von Geschlechtshormonen erklären. Nach der nächsten Mauser wird dann aber das gesamte Federkleid weiblich.

Steinach und auch Sand glauben nun nach wie vor, aus diesen Versuchen ableiten zu können, daß es die Zwischenzellen sind, welche das Hormon produzieren. Sand spricht von einer fast absoluten Isolierung der Leydigschen Zellen des Hodens, und daß die Stärke der Hormonbildung von der Menge dieser Zellen abhängig ist. Dasselbe sagte er vom Ovarium. Nun gibt er aber von seinen künstlichen Ovotestes an, daß in ihnen Spermatogenese und reife Follikel vorhanden seien. So kann von einer „Isolierung der Pubertätsdrüse" keine Rede sein. Auch in den Samenkanälchen der Steinachschen Abbildungen (Abb. 191 u. 192) läßt sich eine einfache bis doppelte Auskleidung mit Spermatogonien erkennen.

4. Homosexualität.

Nach der Hoepkeschen Nomenklatur würde die Homosexualität unter Hermaphroditismus psychicus fallen.

Steinach will nun die Homosexualität auf zweierlei Zwischenzellen zurückführen, nämlich typische Leydigsche Zellen und Zellen, deren Protoplasmaleib den der gewöhnlichen Leydigschen Zellen um das 2—3fache übertrifft. Er bezeichnet diese Gebilde durch ihre Ähnlichkeit mit den Luteinzellen der Ovarien als „F-Zellen" und folgert, daß sie die Increte bilden für die Ausbildung der weiblichen Geschlechtsmerkmale. Solche Zellen sind aber auch im normalen Hoden vorhanden. Der einzige Unterschied, den der Hoden des Homosexuellen gegenüber dem des normal empfindenden Mannes bietet, ist der, daß die Samenzellen in Rückbildung begriffen sind. Der Hoden gleicht dem eines Kryptorchen (Abb.192). Benda hat 1921 bei vier homosexuellen Hoden keine auffälligen Befunde gemacht. Er stellt sogar eine hervorragend lebhafte Spermatogenese fest. Benda führt die Steinachschen Befunde hauptsächlich auf schlechte Konservierung zurück.

Vorläufig dürfte nach Steinachs Meinung folgende Deutung den tatsächlichen Verhältnissen am nächsten kommen: Beim homosexuellen Mann hat sich durch unvollkommene Differenzierung des Keimstocks eine zwitterige Pubertätsdrüse entwickelt. Im embryonalen und präpuberalen Leben bleiben die kleineren, die männlichen Pubertätsdrüsen, an Zahl und Kraft vorherrschend

Hermaphroditismus. Gynandromorphismus und Homosexualität. 453

und hemmen die Tätigkeit der großen weiblichen Pubertätsdrüsenzellen (Abb. 193). Es entsteht der männliche Habitus mit den männlichen körperlichen Geschlechtsmerkmalen. Vor der Reife oder später geschieht nun die Umschaltung. Die großen

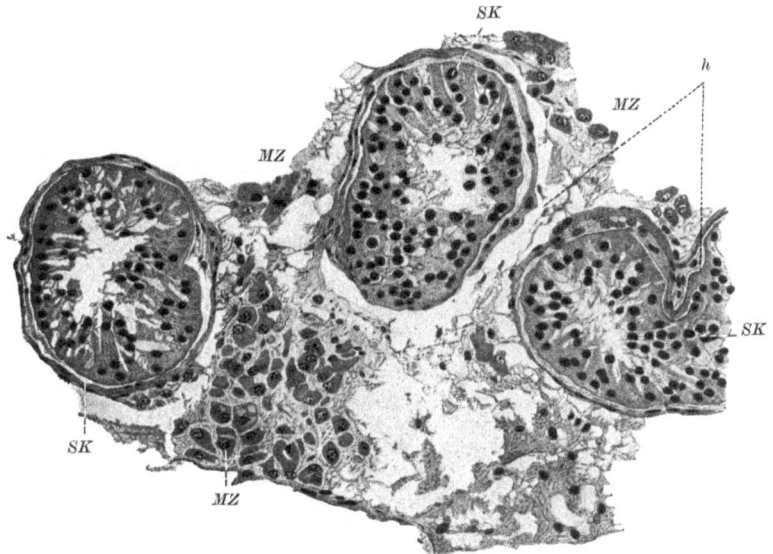

Abb. 192. Schnitt durch einen kryptorchen Hoden, Vergleichspräparat. Hämatoxylin-Eosinfärbung. Zeiss-Komp.-Ok. 6, Apochrom. 8 mm, Tub. 145 mm. *SK* Querschnitt durch Samenkanälchen, welche im Vergleich zum normalen Hoden wesentlich kleiner sind. Die einzelnen Kanälchen weit voneinander abstehend. Wandungen geschrumpft. Inhalt — Spermatogonien, zum Teil auch Sertolische Zellen — vollständig atrophisch. *h* Höckeriger Verlauf der geschrumpften Samenkanalwandung. *M Z*: Große Wucherungen oder kleinere Gruppen von männlichen (d. verf.) Pubertätsdrüsenzellen. Dieselben sind in Form und Größe sowie bezüglich Färbung und Granulierung durchwegs übereinstimmend mit den typischen Elementen der Pubertätsdrüse beim normalen Hoden. — Das Bild soll die Tatsache veranschaulichen, daß die Entwicklungshemmung oder der Rückbildungsprozeß, welcher beim Kryptorchen zu Atrophie der Samendrüsen führt, nicht etwa mit einer unvollständigen Differenzierung der Keimanlage einhergeht, daß also auch die Pubertätsdrüse des kryptorchischen Hodens durchgängig aus typischen männlichen Zellen zusammengesetzt ist.
(Nach Steinach.)

F-Zellen werden aktiviert, d. h. vermehren sich und nehmen ihre secretorische Funktion auf. Diese hat zwei fundamentale Folgen. Erstens betätigen diese Elemente ihre hemmende antagonistische Wirkung, welche zur Rückbildung der männlichen produktiven Gewebe, der Samendrüsen, führt, sowie zum Teil wenigstens zur Degeneration der männlichen Pubertätsdrüse. Zweitens machen diese weiblichen Zellen ihre fördernde feminierende Wirkung geltend auf bisher unbeeinflußte Apparate. Beschränkt sich dieser Einfluß auf das für innersecretorische Schwankungen besonders empfindliche Genitalorgan, so entsteht bloß die weibliche, auf

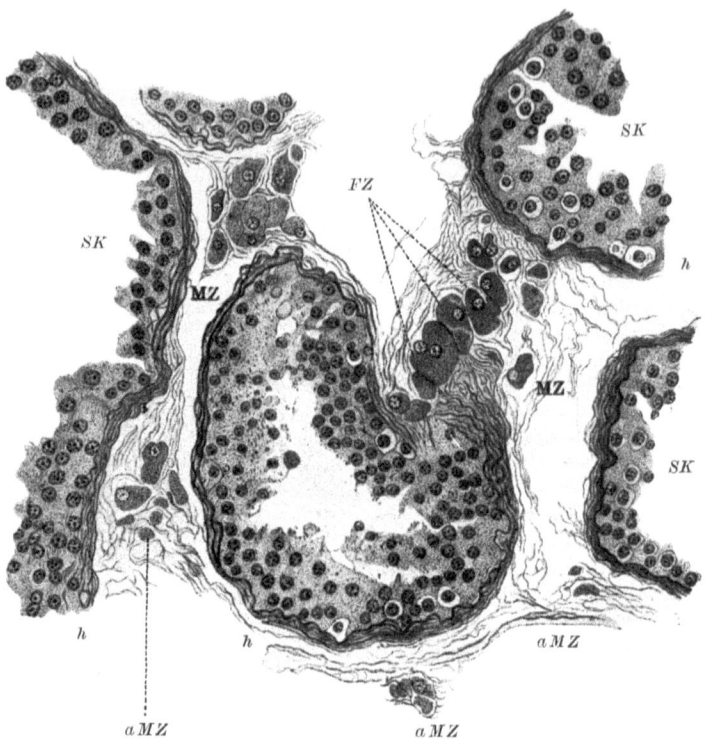

Abb. 193. Schnitt durch den Hoden eines Homosexuellen (36jährig), gewonnen durch Probeextirpation eines kleinen Stückchens. Mallorysche Färbung. Zeiss-Komp.-Ok. 6, Apochrom. 8 mm, Tub. 145mm. *SK* Samenkanälchen weit voneinander abstehend, geschrumpft. Samenzellen in weitgehender Degeneration begriffen. Spermatiden und Spermien fehlen gänzlich. *h* Die höckerige zickzackartige Kontur der geschrumpften Samendrüsenwand tritt durch die Blaufärbung des Bindegewebes besonders scharf hervor. *aMZ* Atrophische männliche Pubertätsdrüsenzellen. *MZ* Normale männliche Pubertätsdrüsenzelle. *FZ* Gruppe von F-Zellen (große sehr stark granulierte Elemente) mit hellen Kernen; die größte zweikernig; das Protoplasma der nächstliegenden etwas zerklüftet. (Nach Steinach.)

den Mann gerichtete Erotisierung — also die reine Homosexualität. Erstreckt sich der feminierende Einfluß weiter, so entstehen auch somatische weibliche Sexusmerkmale, als Busen, Hüftausladung, weibliche Form des Kehlkopfes, der Körperbehaarung usw.

Was schon die experimentelle Zwitterbildung mit ihren erschwerenden und beengenden Bedingungen dargetan hat, ist durch die vorliegenden Befunde am Menschen nach Steinach bestätigt worden. Die Möglichkeiten der Natur, durch Ausstattung der Pubertätsdrüse mit geschlechtsverschiedenen Zellen und durch Abtötung der Aktivität derselben sexuelle Übergänge oder Zwischenstufen zu erzeugen, sind unbegrenzt.

Steinach stellt die großen F-Zellen (Abb. 193, *FZ*) als ein besonderes Merkmal für den Hoden des Homosexuellen hin. Dieses bezieht sich aber nur auf ihr auffällig verbreitetes Vorkommen. Aus dem Umstand, daß sie in den wenigen zur Verfügung stehenden Präparaten von normalen menschlichen Hoden nicht gefunden worden sind, soll nicht geschlossen werden, daß sie im normalen Hoden überhaupt oder immer fehlen. Steinach hält es sogar für wahrscheinlich, daß solche F-Zellen jetzt, da die Aufmerksamkeit auf sie gelenkt ist, bei Durchsuchung eines größeren Materials, wenngleich als sporadische Wesen, auch im normalen Hoden angetroffen werden. Vielleicht ist die Differenzierung des Keimstockes nicht absolut vollständig und durchgreifend, sondern bloß vorwiegend männlich oder vorwiegend weiblich; vielleicht hat also jede Pubertätsdrüse einen Einschlag zur Bisexualität. In dem Falle hinge die normale heterosexuelle Erotisierung und der vollendete Ausdruck der Männlichkeit lediglich davon ab, daß die stets überwiegenden männlichen Pubertätsdrüsenzellen dauernd aktiv bleiben, und daß dadurch die eingesprengten weiblichen Zellen dauernd in Hemmung erhalten und zur Untätigkeit gezwungen werden.

Die lesbische Frau müßte dann vorwiegend M-Zellen haben. Darüber wird aber nichts berichtet.

Die eben geschilderten Befunde Steinachs über die histologische Beschaffenheit der Keimdrüsen bei homosexuellen Männern sind von Benda, v. Hansemann, Stieve u. a. nicht bestätigt worden, so daß bis jetzt der einwandfreie Beweis für die endogen bedingte, auf innersecretorischen Ursachen beruhende Abweichung von dem normalen Triebleben noch nicht erbracht ist. Andererseits haben sich im Gegensatz zu Kraepelin, der rein psychogene Ursachen äußerer Beeinflussung annimmt, andere Forscher, wie Krafft-Ebing, Hirschfeld und in neuerer Zeit Bleuler auf den Standpunkt gestellt, daß die Homosexualität konstitutionell bedingt sein müßte.

Bei oberflächlicher Untersuchung bieten die meisten Homosexuellen keine körperlichen Abweichungen von dem männlichen Durchschnittstyp dar. Romeis hat die Behauptung aufgestellt, daß Homosexuelle sich in ihren Körpermaßen nicht von andersgeschlechtlich Fühlenden unterschieden.

Bei einer Zusammenfassung der durch Messungen gewonnenen Zahlen ergibt sich aber nach Weil, daß 95 vH. aller Homosexuellen von dem Durchschnitt der Heterosexuellen in bezug auf das Verhältnis Oberlänge zur Unterlänge abweichen und einen allmählichen Übergang zu dem eunuchoiden Typus bilden. Bei den Homosexuellen fand Weil erstens die Verschiebung des Verhältnisses Oberlänge zu Unterlänge nach dem eunuchoiden Typus hin, und zwar von 100 : 95 des heterosexuellen Mannes und 100 : 91 der heterosexuellen Frau nach 100 : 107 des homosexuellen Mannes und 100 : 106 der homosexuellen Frau; zweitens eine Verschiebung des Verhältnisses Schulterbreite zu Becken- und Hüftbreite nach dem andersgeschlechtlichen Typus hin, und zwar von 100 : 74 und 100 : 81 des heterosexuellen Mannes nach 100 : 76 und 100 : 85 des homosexuellen Mannes und von 100 : 86 und 100 : 97 der heterosexuellen Frau nach 100 : 82 und 100 : 94 der homosexuellen Frau.

Das Verhältnis Standlänge zu Armlänge ist unabhängig von der Incretion der Keimdrüsen; es ist asexuell und ist für heterosexuelle Männer und Frauen, männliche und weibliche Homosexuelle und Eunuchoide dasselbe, 100 : 44.

Die Homosexualität ist in 95 vH. aller untersuchten Fälle eine endogen incretorisch bedingte Änderung der Triebrichtung.

Sie scheint aber zum Teil auf einer Störung der Funktion des Hodens oder Ovariums zu beruhen, denn sie kann durch Implantation eines normalen Hodens geheilt, bzw. gebessert werden, wie das Operationen am Menschen von Mühsam und Lichtenstern erwiesen haben. Kreuter (1922) hat allerdings negative Resultate gehabt. Es ist bei diesen Versuchen nicht die Entfernung der eigenen Hoden des betreffenden Homosexuellen nötig, so daß wahrscheinlich durch den normalen Hoden die Störungen in dem homosexuellen Hoden behoben werden. Allerdings ist zu bedenken, daß auch eine psychische Beeinflussung durch die Operation stattgefunden haben kann.

Erwähnt sei hier noch, daß es eine ganze Reihe von Psychiatern gibt, ich erwähne nur Kraepelin (1918), die der Anschauung sind, daß Perversionen des Geschlechtstriebes beim Menschen einzig und allein die Folge falscher Erziehung und nicht die Manifestation einer krankhaften Tätigkeit der Keimdrüsen sind. Man muß also sehr vorsichtig im Urteil sein.

Da Homosexualität auch bei Haustieren vorkommt, z. B. bei Hengsten, Hunden und Rindern, so scheint sie zunächst auf einem durch die Domestikation bedingten, abnorm gesteigerten Geschlechtstrieb zu beruhen, der auf alle nur mögliche Weise, z. B. auch durch Onanieren (Hengste, Hunde), befriedigt wird. Sie braucht also keineswegs auf anormaler Konstitution zu beruhen.

VI. Wesen und Wirkungsweise der Inkretion.
a) Phylogenetische Betrachtung über die Inkretion.

Immer mehr erkennt man bei der Erforschung der Lebensvorgänge bei den höheren Tieren und vielleicht auch bei den Pflanzen (Haberlandt), wie wichtig die Hormone, die Produkte der Drüsen mit Inkretion, als realisierende Faktoren bei der Entwicklung der Anlagen — man könnte fast versucht sein, das Inkret das materialisierte Gen zu nennen — und für die Aufrechterhaltung der Lebensfunktionen der Erwachsenen sind. Ebenso spielen sie bei höheren Tieren eine Rolle bei der Altersinvolution. Auf diesem Gebiet ist noch ein weites Neuland zu bebauen.

Die große Bedeutung der Inkretion führt nun viele moderne Forscher (u. a. auch Steinach) dazu, sie weit zu überschätzen und als etwas für höhere Tiere Specifisches hinzustellen. Davor wird man behütet, wenn man sich etwa die phylogenetische Entstehung der Inkretion vorstellt. Überall, wo auch nur zwei Zellen in Verband miteinander stehen, muß es einen osmotischen Stoffaustausch, namentlich derjenigen Stoffe, die chemisch-physikalisch verschieden sind, geben. Damit wird auch die eine Zelle die andere chemisch beeinflussen, und wir haben den ursprünglichsten Vorgang der Inkretion. Die ganze determinierte Furchung könnte als durch solche für bestimmte Zellen fördernde, für andere hemmende Stoffe erklärt werden; wobei man weiterhin noch annehmen kann, daß die wahrscheinlich an Gene geknüpften verschiedenen Chromosomengarnituren diesen Vorgang beherrschen. Diese Annahme wird durch den Geschlechtschromosomenmechanismus und die von mir und andern immer wieder nachgewiesene nucleogene Entstehung der Inkrete gestützt.

Bei Tieren mit nicht so streng determinierter Entwicklung scheint es bei der Ausbildung der Konstitutionsmerkmale und des sexuellen Dimorphismus zunächst zu einer Arbeitsteilung der Anlagekomplexe zu kommen derart, daß bestimmte, zu Organen sich formende Zellgruppen in specifischer Weise den Entwicklungsvorgang regeln, zeitlich sowohl wie formgebend. Diese specifische Wirksamkeit der als inkretorisch benannten Organe kann sich aber erst entfalten, wenn ein geschlossener Blutkreislauf vorhanden ist, an den nun nicht nur während der späteren Embryonalentwicklung, sondern auch während des ganzen Lebens die Wirksamkeit dieser Drüsen geknüpft ist. Ein typisches geschlossenes Blutgefäßsystem haben unter den Tieren nur die Anneliden und die Chordaten. Bei ersteren finden wir die ersten Ansätze zur Bildung inkretorischer Organe, bei letzteren werden sie bis zu den Vögeln und Säugern hinauf immer schärfer von den übrigen Organen abgetrennt und in ihrer Wirkung damit auch engumgrenzter und specifischer. Bei den Anneliden kennen wir als inkretorische Zellen bisher nur chromaffine Zellen im Bauchmark und bei Sipunculiden Internephridialorgane, die in ihrem Bau und in ihrer Funktion dem Interrenalorgan gleichzusetzen sind.

Bei den Vertebraten stellen nun die inkretorischen Drüsen ein Korrelationssystem in Dürckens Sinne dar. Sie beeinflussen sich gegenseitig und wirken einzeln oder kombiniert auf bestimmte andere Organe oder Organsysteme. Dabei ist die Verknüpfung in den verschiedenen Lebensaltern des Tieres eine ganz verschiedene. Man kann hier vier Phasen unterscheiden:

1. Das inkretorische System während der Entwicklung (bei Amphibien bis zum Schluß der Metamorphose, bei Amnioten anschließend an die Metamorphose bis zur Geburt).

2. Von der Metamorphose bzw. Geburt bis zur Geschlechtsreife.

3. Während der geschlechtlichen Reifeperiode der Tiere.

4. Während des Seniums bis zum physiologischen Tode.

Dringen wir weiter in die Vorgänge der tierischen Differenzierung ein, so haben wir von der ersten Entwicklung an schon in der befruchteten Eizelle entwicklungsregulierende Stoffe, die wir als Harmenzyme bezeichnen können, deren Wirkung bei determinierten Tieren sicher wohl mit den Chromosomen zusammenhängt, wie das namentlich klar aus der Geschlechtsbestimmung hervorgeht. Der Grundgedanke, den Goldschmidt bezüglich der Chromosomen als Vererbungsträger vertritt, ist etwa der: „Erbfaktoren sind Substanzen, denen sowohl eine bestimmte Qualität zukommt, als auch eine genau dosierte Quantität. Sie wirken nach der Art der Enzyme, indem sie Reaktionen katalysieren, deren Geschwindigkeit ceteris paribus proportional der Masse des Erbfaktors verläuft. Als die von den Faktoren katalysierte Reaktion kann man sich die Produktion der Hormone der Differenzierung vorstellen, oder auch irgendeine andere Reaktion, also etwa eine, die dafür sorgt, daß in einem bestimmten Moment ein bestimmtes Enzym vorhanden ist oder irgendeine andere chemische Situation sich vorfindet. Die ganzen als Entwicklung bezeichneten Differenzierungsvorgänge von ihrem Beginn, also von dem Beginn der Tätigkeit der Erbfaktoren bis zu ihrem Ende, also der Vollendung der definitiven Charaktere, lösen sich damit auf in eine Serie nebeneinander laufender Reaktionen von genau dosierter Geschwindigkeit, und die richtige Abstimmung dieser Geschwindigkeit ermöglicht es, daß zu bestimmter Zeit, am bestimmten Ort eine Situation eintritt, die einen bestimmten Differenzierungsvorgang zur Folge hat. Es gehört nicht viel Phantasie dazu, um sich nach einem solchen System den Vorgang der Differenzierung in seiner Bedingheit durch die Erbfaktoren vorzustellen."

Goldschmidt hat konsequent die Enzymtheorie der Wirkungsweise der Chromosomen in seinen Arbeiten von 1920 bis 1925 vertreten, nur will er die Chromosomenenzyme gleichsetzen mit den Hormonen inkretorischer Drüsen, was natürlich zu einer Begriffsverwirrung führt, da ein einmal festgelegter Name nicht für ganz andere, wenn auch ähnlich verlaufende Prozesse angewandt werden darf. Es ist daher besser, wie schon im ersten Abschnitt erwähnt wurde, den von Driesch vorgeschlagenen Namen „aktivierende Stoffe" oder noch besser, wie ich vorschlagen möchte, „Harmenzyme" anzuwenden, da wir dann eine dem Begriff „Harmozone" der inkretorischen Drüsen entsprechende Bezeichnung hätten.

Als Hormone wären dann diejenigen inkretorischen Stoffe zu bezeichnen, die während der Reifeperiode funktionsregelnd wirken.

Die **Hormozone** wirken morphogenetisch in der Periode der Formbildung und endlich die **Harmenzyme** als Organisatoren, von der Furchung bis zur Keimblätterbildung und Organanlage.

An und für sich ist ja nun die Wirkungsweise der Harmenzyme und der Harmozone nichts Überraschendes, da sie es ja sind, die die ganze Entwicklung bei Tieren mit inkretorischem System lenken und so einschneidend zu wirken vermögen, daß, wie wir gesehen haben, selbst erwachsene geschlechtsdifferenzierte Wirbeltiere in solche des entgegengesetzten Geschlechts umgewandelt werden können.

Wenn man die Harmenzyme den Harmozonen (Gley) gegenüberstellt, so kann man sagen, daß durch letztere eine Differenzierungsrichtung zwangsläufig bewirkt wird, vor allen Dingen auch eine cyclische Einstellung der Entwicklungsphasen bedingt ist, wie sie in ähnlicher Weise nur bei manchen Tieren mit Harmenzymen durch abgesonderte formative Plasmamassen erzielt werden kann. Im Prinzip haben wir also dieselben Vorgänge.

Zu den Tieren mit Harmozonen gehören, soweit unsere Kenntnisse bisher reichen, nur die Hemicranioten (Cyclostomen) und Cranioten unter den Chordatieren. Wir müssen, wenn wir von Harmozonen reden, diese Stoffe scharf sondern von den Hormonen und Parhormonen im Körper dieser Tiere, die zum Teil wohl von denselben Gewebselementen geliefert werden, doch aber ganz andere Funktionen ausüben. Während Harmozone formative Stoffe ganz allgemein sind, die während der Entwicklung und Formdifferenzierung wirksam werden und höchstens noch eine Rolle bei den cyclisch sich ändernden Phasen der Tiere im erwachsenen Zustand spielen, dienen die Hormone und Parhormone zur Aufrechterhaltung des Gleichgewichtszustandes in der stationären Periode dieser Tiere.

Harmozonorgane sind bei wirbellosen Tieren noch nicht gefunden worden, dagegen kennen wir drüsige Elemente bei hoch differenzierten Anneliden, die in gewisser Weise den Hormonorganen homolog zu setzen sind, wie die Internephridialorgane bei Physcosomen, die funktionell den Interrenalorganen der Vertebraten gleichen (Harms 1920). Auch eine Reihe von andern Hormonorganen konnte Harms neuerdings bei den verschiedensten Anneliden nachweisen, für die aber die funktionelle Inanspruchnahme bisher noch nicht klargelegt werden konnte.

Wir haben es hier in erster Linie mit den Harmozonen zu tun, die etwa in der Entwicklung der Vertebraten in ähnlicher Weise ihre Wirksamkeit entfalten wie die Organisatoren Spemanns, die wir bei der Entwicklung der Tritonen kennengelernt haben. Es ist nicht ausgeschlossen, daß die als Organisatoren bezeichneten Keimbezirke einfach schon der Mutterboden sind für die aus ihnen entstehenden Harmozondrüsen.

Die Harmozonorgane gehören zu den Drüsen mit Inkretion, d. h. sie sind abgegrenzte zelluläre Organkomplexe, die in den Blutkreislauf eingeschaltet werden und ihre echte inkretorische Wirkung natürlich erst dann entfalten können, wenn der Blutkreislauf beim Embryo geschlossen ist. Sie haben aber auch zweifellos vorher schon eine Wirksamkeit, so daß wir also hier den kontinuierlichen Übergang von Harmenzymbezirken in Harmozonorgane vor uns haben.

Die Wirksamkeit der Harmozonorgane in der Formbildungsperiode, denn nur in dieser sind sie hauptsächlich wirksam, werden wir besser erst behandeln, wenn wir die Individualcyclen charakteristischer Tiertypen herausgreifen. Wir werden da besonders klar bei den Wirbeltieren erkennen, wie tief eingreifend das gesamte inkretorische System den Lebenscyclus beherrscht.

Die innigen Beziehungen zwischen Keimdrüsen und den übrigen Organen des Körpers sind, wie wir sehen werden, außerordentlich mannigfach, jedoch oft schwer isoliert nachweisbar, wie das schon aus den vielseitigen Einflüssen, die die Hypophyse, Thymus usw. auf die Keimdrüse ausüben, hervorging. Bei diesen letzteren Drüsen können wir wohl mit Sicherheit eine innere Secretion annehmen, wenn auch hier die Chemie der secernierten Stoffe bis auf wenige Ausnahmen noch völlig ungeklärt ist. Wie bei den übrigen Drüsen, so sind wir auch bei den Keimdrüsen auf die experimentellmorphologische Forschung angewiesen. Das Hauptproblem würde auch hier die Entstehung des Geschlechts sein, eine Frage, die schon einleitend gestreift wurde und die ebenfalls erst durch die experimentelle Methode uns wenigstens Richtlinien für weitere Forschungen gegeben hat.

Im weiteren sollen nun die männlichen und weiblichen Keimdrüsen in ihren Beziehungen zu den männlichen und weiblichen Somazellen im weitesten Sinne dargestellt werden. Die Methoden, die uns hier zur Verfügung stehen, sind dieselben, die auch sonst bei der Erforschung der innersekretorischen Organe angewandt worden sind. Trotz mancher Kompliziertheiten lassen sie sich hier exakter gestalten, da wir auch die zu beeinflussenden Organe also z. B. sekundäre Merkmale mit in den Bereich der experimentellen Isolation ziehen können.

Die korrelative Bedeutung der Keimdrüse kann dargetan werden durch die Kastration, nach der, in verschiedenen Lebensaltern ausgeführt, auch verschiedenartige Ausfallserscheinungen auftreten. Zweitens durch einseitige Kastration, um bei der danach eintretenden Hypertrophie des verbleibenden Organs die für die Korrelation wichtigen Gewebselemente kennen zu lernen. Drittens durch Kastration und nachfolgende Transplantation von Keimdrüsen, viertens durch Isolation sekundärer Merkmale, die wir in der ersten Zeit nach einer Transplantation dieser Gebilde erreichen. Fünftens durch Injektion von Hoden und Ovarialextrakten und endlich sechstens durch Implantation der nicht zur Verwachsung gelangenden Keimdrüsen.

Die meisten Autoren, die sich mit den Beziehungen der Keimdrüsen zum somatischen Organismus beschäftigt haben, stehen auf dem Boden der inneren Secretion. Sie sehen also in den Keimdrüsen Gebilde, die neben ihrer geschlechtszellbildenden Tätigkeit eine solche für den Gesamtorganismus vermittels eines in das Blut übertretenden Secretes haben. Da der Begriff der inneren Secretion noch wenig scharf umrissen ist, so will ich zunächst kurz an Hand der neuesten Darstellungen von Biedl (1923) darauf eingehen, um weiter daran anknüpfen zu können.

Schon längst wurde von Naturforschern und Ärzten ein Consensus partium im Körper der Tiere angenommen, d. h. eine Wechselwirkung der einander angepaßten und zu gemeinsamer Tätigkeit verknüpften Organe im Tierkörper. Diese Beziehungen wurden nach der Ansicht der älteren Autoren ausschließlich auf dem Wege der Nerven vermittelt. Als Harvey (1628) den Kreislauf entdeckte, konnte für den Consensus partium auch der Blutweg herangezogen werden, so daß neben der neuralen auch eine humorale Organkorrelation angenommen wurde. Alte Autoren, wie de la Boë Sylvius, machten schon die Beobachtung, daß durch Milz, Leber und Nebenniere eine Blutänderung eintreten könne. Besonders erwähnt werden muß hier Theophile de Bordeu, der Begründer des Vitalismus; er sprach 1775 den Satz aus, daß jedes Organ als Bereitungsstelle einer specifischen Substanz dient, die in das Blut gelangt, und daß diese Stoffe für den Organismus nützlich und für seine Integrität notwendig sind. Diese von den einzelnen Organen stammenden specifischen Ausscheidungen gelangen vielleicht auf dem Wege der Lymphbahnen in das Blut. Seine praktischen Beobachtungen stammen hauptsächlich aus der Sexualsphäre. Er glaubt, daß von den Keimdrüsen incitierende Substanzen an das Blut abgegeben werden. Die Ausfallserscheinungen bei männlichen und weiblichen Kastraten, die Manifestationen der Pubertät usw. erklären sich aus dem fehlenden oder vermehrten Eindringen des Keimdrüsensecrets in die Säftemischung.

Der erste, der auf experimentellem Wege demonstrierte, daß eine innere Secretion der Keimdrüsen existieren müsse, war A. Berthold (1849). Er kastrierte Hähne und verpflanzte die Hoden an eine andere Körperstelle. Er fand dann, daß die so behandelten Hähne mit transplantierten Hoden „in Ansehung der Stimme, des Fortpflanzungstriebes, der Kampflust, des Wachstums der Kämme ‚Männchen' bleiben, während sie ohne Transplantation Kapauncharakter annehmen". Er schloß aus seinen Versuchen, daß „der fragliche Consensus durch das produktive Verhältnis der Hoden, d. h. durch deren Einwirkung auf das Blut und dann durch entsprechende Einwirkung des Blutes auf den allgemeinen Organismus bedingt wird". Es ist also das unbestreitbare Verdienst Bertholds, eine innere Secretion bewiesen und ihre Bedeutung erkannt zu haben. Wie so manche Entdeckung, so fand auch die seine keine Anerkennung. Erst 40 Jahre später wurde die Lehre von der inneren Secretion durch die Versuche Brown-Séquards wieder ans Licht gebracht. Allerdings hatte dieser Forscher schon 1869 die Ansicht vertreten, daß alle Drüsen, einerlei ob sie Ausführungsgänge besitzen oder nicht, an das Blut notwendige oder nützliche Substanzen abgeben, deren Fehlen krankhafte Ausfallserscheinungen bedingen können. Am bekanntesten sind seine Versuche geworden, die er im 72. Lebensjahre an sich selbst ausführte, um die Richtigkeit seiner Hypothese zu erweisen. Er injizierte sich subcutan Hodensaft und fand, daß bei ihm eine überraschende Zunahme seiner physischen Kraft und eine Belebung der cerebralen Funktionen eintrat. Er gab in seinen Veröffentlichungen zugleich eine Grundlage der inneren Secretion und hat auch durch seine Versuche die Organtherapie angebahnt.

Von nun an macht sich ein Wandel in der Auffassung der Organkorrelation bemerkbar. Die bis dahin alleinherrschende neurale Beeinflussung wird allmählich aufgegeben, und an ihre Stelle tritt die Beeinflussung durch chemische Stoffe, die durch den Blutstrom vermittelt werden. So nimmt allmählich die Lehre von der inneren Secretion einen immer wichtigeren Platz in der heutigen Naturwissenschaft ein. Die chemischen Korrelationen werden weiter ausgebaut, ja Schiefferdecker hat sogar die Hypothese aufgestellt, daß auch in den Funktionen des Nervensystems eine specifische innere Abscheidung vorhanden sei, der zufolge „die Einwirkung, welche die von der Nervenzelle ausgeschiedenen Stoffwechselprodukte während der einfachen Ernährungstätigkeit auf die andere Nervenzelle oder auf die Zelle des Endorgans ausüben, als ‚trophische‘, die Einwirkung, welche die während der specifischen Tätigkeit ausgeschiedenen Stoffwechselprodukte ausüben, als ‚Erregung‘ oder ‚Reiz‘ zu betrachten wären." Der Gegensatz zwischen Einst und Jetzt kommt besonders scharf zum Ausdruck, wenn wir uns den Satz Cuviers vor Augen führen: „Le système nerveux est, au fond, tout l'animal; les autres systèmes ne sont là que pour le servir."

Das Vorkommen einer chemischen Korrelation bei den Tieren und Pflanzen ist nun an und für sich nichts Neues. Wenn wir an niedere Tiere denken, die noch kein Blutgefäßsystem besitzen, so müssen hier die Stoffwechselprodukte, die ja chemischer Art sind, von Zelle zu Zelle befördert werden auf dem Wege der Osmose. Kommen dann mit der höheren Differenzierung Organe zur Ausbildung, so sehen wir, daß zuerst immer solche Differenzierungen eintreten, die zu der Lokalisierung der Stoffwechselprodukte beitragen. Bei den Coelenteraten z. B. sehen wir, daß zwei Keimblätter, Ektoderm und Entoderm, vorhanden sind. Das Entoderm dient der Nahrungsaufnahme und der Verdauung, die Zellen können durch den Reiz aufgenommener Nahrungskörper chemische Stoffe absondern, die die Nahrung lösen oder sonst zur Verdauung vorbereiten, weiter aber müssen in der Entodermzelle noch Verdauungssäfte entstehen, die die eigentliche intrazelluläre Verdauung veranlassen. Die verdauten Stoffe kommen dann aber allen Zellen gleichmäßig zugute und können nur auf dem Wege der Osmose von Zelle zu Zelle weitergegeben werden. Mit der höheren Differenzierung macht sich dann das Bestreben bemerkbar, die für den Körper wichtigen Nahrungsflüssigkeiten in Form von zunächst noch unvollkommenen Flüssigkeitsbahnen den einzelnen Zellkomplexen zuzuführen. Es ist nun klar, daß die nach verschiedenen Richtungen differenzierten Organe auch ihrerseits wieder Stoffe ins Blut abgeben, die wieder in anderer Richtung anreizend auf die übrigen Organsysteme einwirken können. So kann man sich z. B. denken, daß die verbrauchten Substanzen der einzelnen Organe mit Hilfe des Blutstromes zum Excretionsorgane hingeführt werden und hier nun die Zellen zur Abscheidung anregen. Bei höheren Tierformen, speziell Wirbeltieren, können dann auch manche Organe scheinbar ausschließlich in den Dienst der inneren Secretion treten und vollziehen dabei wichtige korrelative Beeinflussungen sowohl im werdenden wie im fertigen Organismus.

Trotz dieser scheinbar einfachen Ableitung einer specifischen chemischen Beziehung der Organe oder Zellen untereinander ist der Begriff der inneren Secretion noch immer nicht vollständig geklärt. Alle Substanzen, die auf dem Blutwege ohne Vermittlung des Nervensystems einen Einfluß auf bestimmte andere Organsysteme auslösen können, bezeichnen wir nach Bayliss und Starling als „Hormone", was etwa gleichbedeutend ist mit Reizstoff oder Beeinflussungsstoff. Sehr bezeichnend werden diese Stoffe auch als „chemische Boten" charakterisiert. Sie können auf verschiedene Weise ihre Wirksamkeit ausüben. So kann in einfacher Weise zuweilen durch sie ein nervöser Reflex ausgelöst werden. Als Beispiel wäre der an der Oberfläche des Magens abgesonderte saure Saft zu erwähnen, der die in regelmäßigen Intervallen einsetzenden Öffnungen des Sphincter pylori veranlaßt. In den meisten Fällen gelangen die chemischen Boten aber in den Blutstrom, wie wir das z. B. von einer Substanz kennen, die in den Epithelzellen der Darmschleimhaut erzeugt wird. Diese Substanz, das sogenannte Secretin, veranlaßt vermittels des Blutstromes ohne Nerveneinfluß die Absonderung von Pankreassaft, eine vermehrte Gallenbereitung in der Leber und die Produktion des Succus entericus in den Darmwanddrüsen.

Die Abgrenzung der Organe, die für eine innere Secretion in Betracht kommen, ist für niedere Tiere überhaupt nicht möglich. Bei den höher differenzierten Tieren wie Anneliden und Chordatieren gibt es allerdings auch typische secretorische Organe, die auch als endokrine bezeichnet werden; es sind das Drüsen, welche schon während ihrer Entwicklung und Differenzierung ihren Ausführungsgang verlieren, ihre Secretionstätigkeit aber nicht einbüßen. Diese Organe (Thymus, Thyreoidea usw.) sind reich mit Capillaren versehen, so daß ihr Secret sofort in den Blutstrom übertreten kann, wie das bei der Nebenniere direkt beobachtet wurde. Eine innere Secretion haben aber auch alle übrigen Organe des Körpers, sie können so den Drüsen mit Ausführungsgang gleichwertig werden. Ihre innere Secretion wird aber erst von Bedeutung, wenn ihr Incret ein specifisches ist.

Neben den Substanzen nun, die in specifischer Weise in einzelnen Organen gebildet werden, dann in die Blutbahn gelangen und in entfernteren Organen besondere Funktionen erfüllen, gibt es noch Organe, deren Endglieder der in ihnen ablaufenden Zersetzungsvorgänge ebenfalls ins Blut gelangen und nun auch noch eine specifische Funktion in einem Organ erfüllen. Nach Gley werden diese Stoffe als Parhormone bezeichnet. Biedl allerdings will eine derartige Trennung der chemischen Stoffe in Hormone und Parhormone vermeiden, weil er mit Recht annimmt, daß Stoffwechselendprodukte, falls sie als Hormone wirken, auch als solche zu bezeichnen sind. Stoffwechselendprodukte können sogar sehr häufig bei der Korrelation eine wichtige Rolle spielen, so dient z. B. die im arbeitenden Muskel erzeugte Milchsäure dazu, in der Leber eine vermehrte Glykogenabsonderung hervorzurufen, die dazu dient, dem arbeitenden Muskel neue Nahrung zuzuführen. Das Wesentliche an diesen Vorgängen sind die von Meyerhoff entdeckten Gärungsvorgänge, die ja auch nach Warburg eine große Rolle im Organismus spielen.

Biedl charakterisiert die Hormone vorsichtigerweise folgendermaßen: „Das einzige allgemein gültige Merkmal der Hormone ist heute nur ein negatives. Sie gehören sicher nicht in die Reihe jener Substanzen, welche man als Antigene bezeichnet, und welche nach Ehrlichs Auffassung eine zur Verankerung mit dem Protoplasma dienende Haptophore, und eine oder mehrere die specifischen Wirkungen bedingenden Seitenketten besitzen. Die

Hormone haben mit den Antigenen die Wirkungen in minimalen Mengen gemein, doch unterscheiden sie sich wesentlich durch das Fehlen der Inkubationszeit und vor allem dadurch, daß sie niemals zur Bildung von Antikörpern Veranlassung geben." Wir werden weiter unten sehen, daß diese negative Definition für die Hormone, z. B. die der Keimdrüse, nicht ohne weiteres zutrifft. Eine nähere chemische Definition der Hormone ist noch die Aufgabe der weiteren Forschung.

Die Wirkung der Hormone ist nach Zondek und Reiter keine absolut konstante. Je nach Veränderung des Milieus kann auch ihr Wirkungseffekt ein verschiedener sein. Zu den Faktoren, die das Milieu beeinflussen, gehören die Elektrolyte. Durch Veränderung der Elektrolytzusammensetzung gelingt es, die Hormonwirkung umzustimmen. Geprüft wurde dies im Kaulquappenversuch. Die durch Thyroxin verursachte Wachstumshemmung wird durch Kalium verstärkt, durch Calcium abgeschwächt bzw. in das Gegenteil umgekehrt. In ähnlicher Weise wird auch die wachstumsbeschleunigende Wirkung des Thymus durch Kalium bestärkt und durch Calcium herabgesetzt.

Wenn man endokrine Drüsen in feine Scheiben schneidet und sie in Gegenwart von Sauerstoff bei einer Temperatur von 38 bis 40° in Blut derselben Tierart suspendiert, so bilden sie weiter Hormone (Battelli 1923). Der Sauerstoff ist unbedingt nötig, das Blut kann durch die Aufschwemmung von Blutkörperchen in Tyrodelösung ersetzt werden. Das Lienin der Milz wird durch seine den Tonus steigernde Wirkung auf glatte Muskelfasern nachgewiesen, Hodenhormone durch Wirkung auf die Samenkanälchen des Meerschweinchens. Auch das Pankreas gab positive, die Hypophyse negative Resultate.

Wichtig ist auch, daß in der Funktion der Zwischenzellen und der Zellen der Samenkanälchen ein Unterschied besteht, der z. B. in der Peroxydasereaktion sich zeigt (Färbung frischer Gewebsstücke mit wässriger Benzidinlösung und Perhydrol), durch welche die Zwischenzellen intensiv gefärbt werden, während die Samenkanälchen farblos bleiben (Marinesco 1922). Die Reaktion auf Oxydasen mit Dimethylparaphenylendiamin und Alphanaphthol bleibt dagegen auf die Sertolizellen und einzelne Spermatogonien beschränkt. Nach Röntgensterilisierung mit Abtötung der Spermatozoen war die Peroxydasereaktion der Zwischenzellen nicht verändert, ebensowenig wie 50 Tage nach der Vasoligatur eines alten Katers, bei dem nach dieser Zeit die Masse der Zwischenzellen, die sogenannte „interstitielle Drüse", hypertrophiert war. Interessante Ergebnisse lassen sich auch aus der gegenseitigen Beeinflussung von Secretstoffen verschiedener Organe, besonders hinsichtlich der Schwellenwerte ableiten (Abderhalden und Gellhorn 1923).

Es wird zunächst von diesen Autoren durch Versuche am Herzstreifen nach Löwe eingehend untersucht, ob die von Cori entdeckte Erregbarkeitssteigerung der Endapparate des N. sympathicus am Herzen durch Schilddrüsenextrakte eine specifische Wirkung der letzteren darstellt oder durch andere Organe ersetzt werden kann. Die eigentlichen Versuche wurden dann so vorgenommen, daß der Einfluß an sich unwirksamer (unterschwelliger) Optonlösungen auf die Adrenalinschwelle, die nach früheren Untersuchungen der Autoren für l-Adrenalin bei 1:15 Millionen gelegen ist, geprüft wird. Hierbei zeigt sich, daß durch die aus Hypophyse, Placenta, Testis, Corpus luteum, Ovar und Schilddrüse dargestellten Optone die Schwellenkonzentration für l-Adrenalin auf 1:250 Millionen, für d-Adrenalin auf 1:20 Millionen erniedrigt wird. In gleichem Sinne, wenn auch in geringerem Maße, wirken auch die proteïnogenen Amine, Tyramin und Histamin sowie Dijodtyrosin und l-Tyrosin. Die sensibilisierende Wirkung der Schilddrüsenextrakte auf die sympathischen Endapparate des Herzens ist also nicht specifischer Natur. Die Versuche weisen auf die Möglichkeit hin, daß an sich unwirksame Mengen von Increten, die im Blut kreisen, durch das Hinzutreten anderer Increte den Schwellenwert erreichen oder überschreiten. Wird der Stoff, der die Schwelle verschiebt, z. B. durch Abspaltung der NH_2-Gruppe oder tieferen Abbau weggenommen, so wird das Inkret wieder unterschwellig. Am Beispiel der Adrenalinwirkung wird gezeigt, daß diese nicht allein von der Menge des Inkrets, sondern auch von der Anwesenheit anderer fördernder oder lähmender Inkrete abhängt. Hierdurch hat der Organismus die Möglichkeit, Inkretwirkungen aufs feinste abzustufen.

Wahrscheinlich haben wir es in der Inkretion mit fermentähnlichen Körpern zu tun, worauf schon die Harmenzyme in ihrer Entstehung in der Zelle hindeuten.

Schon seit langem ist über die Frage, ob auch den Keimdrüsen eine innere Secretion zuzuschreiben sei, gestritten worden. Diese Frage kann wohl jetzt als gelöst gelten, da gerade die Keimdrüsen den klarsten Beweis für die Inkretwirkung zulassen. In gewisser Weise muß aber die Frage, ob nicht auch ein Nerveneinfluß hier maßgebend sein könnte, mit in Betracht gezogen werden.

Das Für und Wider dieser beiden Ansichten ist in der vortrefflichen Übersicht von M. Nußbaum „Innere Secretion und Nerveneinfluß" (1906) dargestellt worden. Auf die eigenen Untersuchungen dieses Autors zur Entscheidung dieser Frage wird noch weiter unten im speziellen Teil genauer eingegangen.

Eine kritische Sichtung des vorhandenen Materials über die Beeinflussung der sekundären Sexualcharaktere durch die Keimdrüsen finden wir auch bei Herbst 1901 in seinem Buche „Formative Reize in der tierischen Ontogenese", ebenso bei Kammerer (1912) und Biedl (1913). Weitere Arbeiten zusammenfassender und kritischer Natur haben auch Hegar, Foges, Möbius, Korschelt und Sellheim gegeben, auf deren Arbeiten noch genauer einzugehen sein wird.

b) Die Korrelationen des inkretorischen Systems zu den Keimdrüsen.

Daß die Keimzellen im Organismus ein Teil eines Ganzen sind, prägt sich bei den Vertebraten besonders darin aus, daß wichtige Beziehungen zwischen ihnen und anderen endokrinen Systemen vorhanden sind (s. Abb. 194 a—c). Diese Korrelationen zeigen sich schon in der Embryonalentwicklung und sind auch noch im erwachsenen Körper vorhanden. Besonders sind zwischen Schilddrüse, Thymus, Hypophyse und Nebenniere derartig innige Beziehungen zu den Keimdrüsen bekannt geworden.

Hier ist jedoch noch viel mühsame Arbeit zu leisten. Wehefritz hat 1923 für das Ovarium Messungen durchgeführt um die Gewichtsbeziehungen festzustellen. Er hat zu seinen Untersuchungen nur solche Organe verwandt, die keinerlei Veränderungen zeigten; es standen ihm 730 Fälle von menschlichen Ovarien zur Verfügung, denen 655 Uteri, 529 Schilddrüsen, 301 Thymus und 701 Nebennieren entsprachen. Die Organe wurden sofort nach der Sektion freipräpariert und frisch gewogen. Die Ergebnisse sind in folgender Tabelle zusammengefaßt:

Lebensalter	Ovarien g	Uterus g	Schilddrüse g	Nebennieren g
1 Stunde bis 1 Monat	0,296	1,88	2,08	3,91
2. bis 12. Monat . . .	0,53	1,36	2,09	2,85
1. „ 5. Lebensjahr	1,01	1,86	4,30	3,99
6. „ 10. „	1,91	2,35	7,68	5,92
11. „ 20. „	6,63	16,17	18,62	9,77
21. „ 30. „	10,97	46,43	27,0	12,15
31. „ 40. „	9,30	50,7	28,11	12,51
41. „ 50. „	6,63	57,01	29,06	11,92
51. „ 60. „	4,96	49,18	30,28	12,14
61. „ 70. „	3,97	39,51	31,64	12,31
71. „ 90. „	4,23	37,55	27,22	11,62

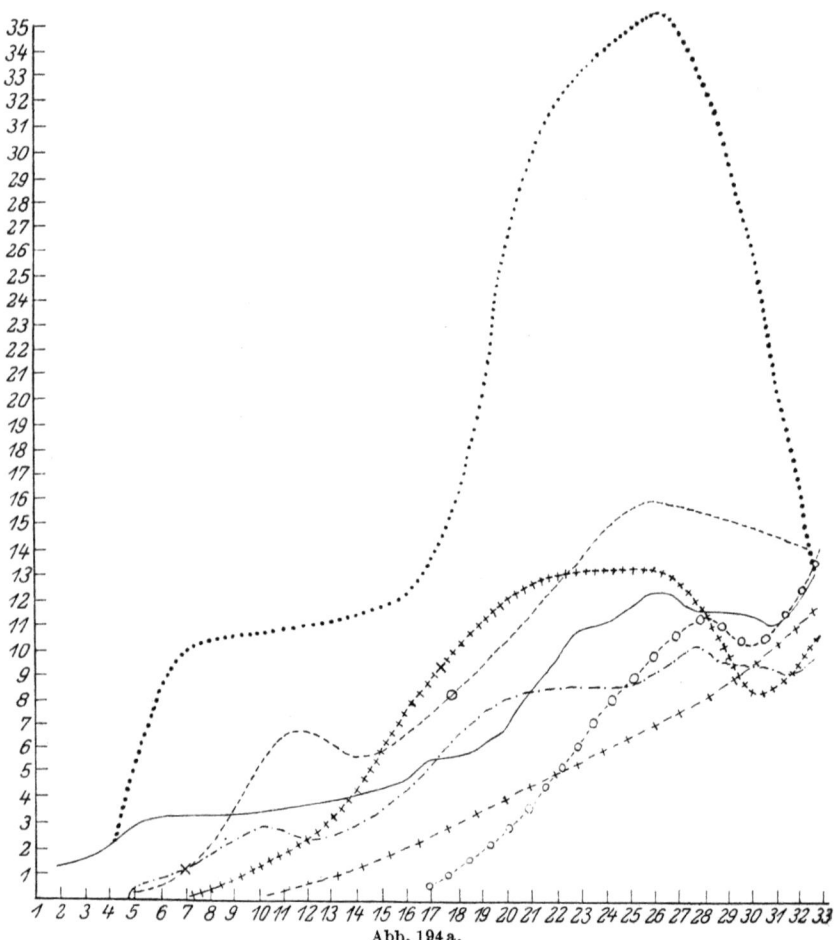

Abb. 194a.

Die Korrelationen des inkretorischen Systems zu den Keimdrüsen. 471

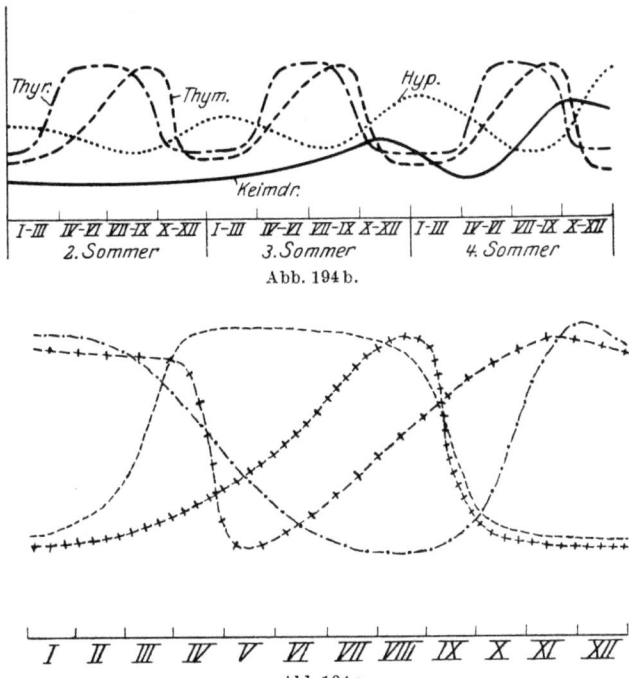

Abb. 194 a—c. a Verhalten der incretorischen Drüsen in der Entwicklung von *Rana temporaria*. Die Zahlen auf der Abszisse bedeuten: 1 Ei, 2 Blastula, 3 Gastrula, 4 Neurula, 5—15 I. Larve und Prometamorphose, 16—23 II. Larve, 24—32 Metamorphose, 33 neutraler Jungfrosch. ——— Kopf-Afterlänge der Larven, ········· Körper-Schwanzlänge der Larven, o———o———o Länge der Hinterbeine, ————— Thyreoidea, —·—·—·— Hypo. physe, ++++++ Thymus, —+—+—+ Keimdrüsen, × bedeutet Funktionsbeginn, ○ bedeutet das erstmalige Auftreten von kolloidgefüllten Follikeln. b Die Funktionen der incretorischen Organe bei zwei-, drei- und viersömmerigen Fröschen. —·——·——·— Thyreoidea, ··········· Hypophyse, ————— Thymus, ——— Keimdrüsen. Eine der Schilddrüsenkurve entgegengesetzte würde den jeweiligen Füllungszustand der Schilddrüsenfollikel angeben. c Verhalten der incretorischen Drüsen in einer jahrescyclischen Reifephase. ————— Thyreoidea, —·—·—·— Hypophyse, ++++++ Thymus, —+—+—+ Keimdrüsen. (Nach Sklower.)

Eine besondere Beachtung erfuhren die Gewichtsverhältnisse der innersekretorischen Drüsen während der Schwangerschaft; es ergaben sich als Durchschnittsgewichte weiblicher Drüsen für das 19. bis 46. Lebensjahr:

	bei Schwangeren	bei Nichtschwangeren
Ovarien	13,60 g	8,8 g
Schilddrüse	40,69 „	25,68 „
Nebennieren	13,57 „	11,57 „

Die Gesamtkorrelationen der inkretorischen Drüsen bei *Rana temporaria* sind neuerdings im zool. Institut in Königsberg von Sklower (1925) auf meine Veranlassung untersucht worden. Die hormonale Wirkung der Drüsen ist von ihrem ersten Entstehen bis zu den Jahrescyclen des Reifestadiums genau beobachtet worden, wobei bis zur Metamorphose ihre Beziehung zum Wachstum mit verfolgt wurde. Zur weiteren Erklärung mögen die Kurven 194a, b, c dienen. Die Kurven des Nebennierensystems sind noch nicht berücksichtigt worden, weil die Untersuchung noch nicht abgeschlossen ist.

1. Schilddrüse, Nebenschilddrüse und Keimdrüse.

Unter den inkretorischen Organen spielt nun die Schilddrüse eine sehr bedeutende Rolle. Das, was man gewöhnlich unter diesem Begriff versteht, muß man heute in zwei getrennte Systeme sondern, in die eigentliche Schilddrüse oder Thyreoidea und die Epithelkörperchen oder Glandula parathyreoidea, die morphologisch und physiologisch vollständig voneinander verschieden sind. Ob Korrelationen auch zwischen diesen beiden Drüsen bestehen, ist noch nicht einwandfrei entschieden. Während nun die Epithelkörperchen keine Beziehungen zu den Keimdrüsen aufzuweisen scheinen — ihre Entfernung bedingt Tetanie und unmittelbaren Tod der erwachsenen Tiere, während bei jüngeren Tieren konstante Veränderungen an den Zähnen und Störungen in der Knochenentwicklung auftreten — finden wir, daß zwar die Thyreoidektomie von den Versuchstieren ertragen wird, dennoch aber schwerwiegende Veränderungen an den verschiedensten Organen, namentlich auch den Keimdrüsen, eintreten.

Die Ausfallserscheinungen sind einigermaßen verschieden bei jungen, noch wachsenden Tieren und erwachsenen Individuen. Bei jugendlichen Tieren machte sich nach Exstirpation der Schilddrüse mit Erhaltung der Epithelkörperchen besonders ein Zurückbleiben des Wachstums und ein chronisch kachektischer Zustand (Kachexia thyreopriva) bemerkbar (Abb. 195). Die Wachstumshemmung wird bedingt durch die Verzögerung der Ossifikation, besonders an den langen Röhrenknochen, dem Becken und der Wirbelsäule. Die Röhrenknochen sind oft nur ein Drittel so lang wie bei normalen Tieren, nebenbei tritt meistens auch eine Vergrößerung der Hypophyse auf. Auch eine akzidentelle In-

Die Korrelationen des inkretorischen Systems zu den Keimdrüsen. 473

volution des Thymus macht sich häufig bemerkbar. Außerdem treten bei den thyreoidektomierten Tieren meist Erscheinungen auf, die an die apathische Idiotritis der Idioten erinnern. Doch kommen diese Erscheinungen namentlich bei herbivoren Säugern vor, während sie bei Hunden, also carnivoren Tieren, nicht zu konstatieren waren.

Simpson hat 1924 bei 16 Paar Zwillingslämmern des gleichen Geschlechts jeweils bei einem Paarling die Schilddrüse exstirpiert, während der zweite als Kontrolle diente. Wenn die Operation 3—4 Wochen nach der Geburt erfolgte, kam es zu starker Wachstumshemmung. In einigen Fällen wog der Kretin nur ein Drittel des Kontrolltieres. Wurde die Thyreoidektomie dagegen erst im 3. oder 4. Monat ausgeführt, so war die Wachstumshemmung nur gering. In einem Fall blieb sie sogar völlig aus, obwohl andere Anzeichen des Myxödems vorhanden waren. Bei 20 Tage alten weiblichen Ziegendrillingen wurde die Schilddrüse bei zweien entfernt, das 3. Tier diente als Kontrolle. Vom 19. Tage nach der Operation an blieb das Wachstum der thyreoidektomierten Tiere zurück. Durch die Muttermilch konnten die Ausfallerscheinungen in keiner erkennbaren Weise unterdrückt werden.

Abb. 195. Einfluß der Schilddrüse auf das Wachstum. Rechts 4 Monate alte Ziege, welcher am 21. Lebenstage die Schilddrüse entfernt wurde. Links: Kontrolltier aus demselben Wurf. (Nach v. Eiselsberg.)

Sehr gut vergleichbare Daten fand Hammett 1923/24 bei Albinoratten, die im Alter von 100 Tagen thyreoparathyreoidektomiert wurden.

Gemessen wurde der prozentuale Anteil des Gewichts der einzelnen Organe am gesamten Körpergewicht und die relative Länge von Schwanz, Femur und Humerus. Bei Männchen und Weibchen ist die Stellung jedes gemeinsamen Organs in der Reihe die gleiche. Außer der Leber haben bei den Männchen alle Organe einen geringeren Anteil am Gesamtgewicht als beim Weibchen. Muskeln, Haut, Skelett und Magendarmtrakt zusammen besitzen beim Männchen größeres Gewicht als beim Weibchen. Das Längenverhältnis der großen Knochen zum Gesamtkörper ist dasselbe für beide Geschlechter und wird durch die experimentellen Eingriffe nicht wesentlich verändert. Die Entwicklung der normalen, weiblichen, geschlechtsreifen Ratte ist ähnlich, aber nicht ganz gleich, wie die der männlichen. Entfernung des Schilddrüsenapparates bringt bei beiden Geschlechtern Veränderungen hervor, die ebenfalls ähnlich, aber nicht ganz gleich sind. Die Störung ist bei den Weibchen beträchtlicher und äußert sich in einer allgemeinen Minderung der Wachstumsfähigkeit. Am schwersten werden bei beiden Geschlechtern die vegetativen Organe betroffen. Lunge, Herz, Niere, Milz, Leber, Nebenniere, Pankreas und Thymus hören nicht nur auf zu wachsen, sondern verlieren sogar an Gewicht. Das deutet sowohl auf ein Absinken des Zellstoffwechsels, wie auch auf eine inadäquate Vorbereitung der Zellnahrung.

Bei den Männchen sind Schilddrüse, Thymus, Milz, Epididymis, bei den Weibchen Ovarien, Thymus, Milz und Nebennieren stark veränderlich, bei beiden Geschlechtern Gehirn, Auge, Körper-, Schwanz- und Knochenlänge am wenigsten variabel.

Im allgemeinen läßt sich sagen, daß Thyreoidektomie Wachstumshemmung und Organrückbildung, besonders stark beim Weibchen, hervorruft. Parathyreoidektomie verursacht Störungen toxämischer Natur, wie überhaupt die Funktion der Parathyreoidea in einer Neutralisation toxischer Produkte der proteolytischen Darmflora besteht (Dragstedt und Silber 1923); weniger werden die männlichen Geschlechtsorgane beeinflußt, deren Verhalten an das Zentralnervensystem erinnert, dagegen sehr deutlich die weiblichen.

Besonders auffallend sind nun die Veränderungen an den Genitalorganen, die sowohl die Ovarien wie die Hoden betreffen. Zunächst läßt sich eine deutlich bemerkbare Entwicklungshemmung dieser Drüsen nachweisen. Die Ovarien degenerieren zum Teil,

Die Korrelationen des inkretorischen Systems zu den Keimdrüsen. 475

trotzdem läßt sich aber eine verfrühte Reife zahlreicher Follikel feststellen (Hofmeister). Bei Hühnern fand Lanz z. B., daß sie nach Entfernung der Thyreoidea nur sehr wenige, abnorm kleine Eier legten, die mit papierdünner Schale versehen waren. Auch am Hoden war Hypoplasie bemerkbar.

Bei erwachsenen Tieren tritt nach Schilddrüsenexstirpation eine ständige Abmagerung ein, außerdem sind nach Bayon Frakturenheilungen stark beeinträchtigt. Die Keimdrüsen weisen ebenfalls bei dem erwachsenen Tier Veränderungen auf (Alquier und Theuveny), die Hoden zeigen verminderte Spermatogenese und fettige Degeneration. Auch die Ovarialtätigkeit wird herabgesetzt, denn die Befruchtung tritt viel schwieriger ein. Diese Versuche wurden an Hunden ausgeführt.

Bei Amphibien hat Swingle (1917) die Beziehungen von Schilddrüse zur Keimdrüse bestritten, weil bei der Erzwingung der Metamorphose bei *Rana catesbyana* durch Thyreoidealextrakt die Gonaden und Keimzellen unbeeinflußt bleiben. Das besagt jedoch nicht, daß in späteren Perioden ein Einfluß vorhanden ist. Das macht auch ein Versuch von Coulant (1923) wahrscheinlich, der im Anschluß an Bestrahlung der Schilddrüse mit folgenden Veränderungen dieses Organs beim Ziegenbock eine ausgesprochene Verminderung der Geschlechtslust beobachtete. Doch tritt bei Bespringen gesunder Weibchen noch Befruchtung ein. Erst bei Dosen über 150 H ist Sterilität zu beobachten. Bei Weibchen läßt die Befruchtungsfähigkeit schon nach 70—100 H nach. Die Jungen von derartigen Eltern sind geringer an Zahl und Gewicht; die letztere Differenz gleicht sich aber nach 6 bis 8 Monaten wieder aus. Unter den Nachkommen überwiegen die Männchen (unter 40 Tieren 34 Männchen); während der ersten Lebensmonate sind an Nebennieren und Schilddrüse Unterschiede festzustellen. Die ersteren sind kleiner, zeigen aber sonst normale histologische Struktur; die letztere ist auffallend kolloidarm und adenomartig gebaut. Coulant bringt diese Veränderungen mit dem Einfluß der Milch des durch Bestrahlung hyperthyreotisch gemachten Muttertieres in Verbindung. Nach einigen Monaten haben die Drüsen der Jungtiere wieder normale Beschaffenheit.

Zu der Geschlechtsbestimmung nach der männlichen Seite hin möge noch ein Versuch erwähnt werden, den Parhou und Marza (1924) anstellten. Sie beobachteten, daß das Geschlechtsverhältnis der Nachkommen von Kaninchen und Meerschweinchen, die der Schilddrüsen beraubt waren, stark zugunsten der Männchen zunimmt (2 ♂ : 1 ♀); beim Kaninchen allein noch stärker (3 ♂ : 1 ♀). Die Mortalität der Jungen ist sehr hoch, 78,9 vH.; bei den Kontrolltieren 12^1/$_2$ vH. Das Versuchsmaterial ist zu klein, um daraus bindende Schlüsse ziehen zu können.

Beim Frosch hat nach Adler die Schilddrüse einen Einfluß auf die Geschlechtsbestimmung. Er fand, daß eine stark funktionierende Schilddrüse männchenbestimmend bei Kaulquappen wirkt, denn bei einer Froschrasse aus dem Ursprungstal, die frühdifferenzierend ist, überwogen die Männchen, dabei war die Schilddrüse im Alter von ^{1}/$_2$ Jahr basedowähnlich vergrößert. Die stark überwiegenden Männchen einer Überreifekultur (R. Hertwig) hatten ebenfalls eine hypertrophierte Schilddrüse, die im histologischen Bild neben Vergrößerung des Follikelepithels eine Verflüssigung des Kolloids zeigt.

Das hauptsächlichste Symptom nach alleiniger Parathyreoidektomie ist die Tetanie. Luckhardt und Blumenstock (1923) machten die merkwürdige Beobachtung, daß bei nebenschilddrüsenlosen Hunden während der Brunst alle Symptome der parathyreopriven Tetanie wiederkehren. In der ersten der Operation folgenden Brunstperiode können die Symptome sogar heftiger sein als unmittelbar nach Entfernung der Drüsen. In späteren Läufigkeitsperioden sind Tetaniesymptome geringer. Eine bei einem Tier im Beginn der Brunstperiode ausgeführte Ovariotomie schwächte die Symptome der parathyreopriven Tetanie nicht ab. Hunde, welche die vollständige Entfernung der Nebenschilddrüsen 8 Monate und länger überlebten, zeigten mehr oder minder ausgesprochene Linsentrübungen (Katarakte). Hündinnen, denen Schilddrüse und Nebenschilddrüse vollständig entfernt sind, scheinen nicht mehr fruchtbar zu sein. Alle während des letzten Jahres unternommenen Versuche, sie mit kräftigen Männchen zu kopulieren, haben bisher zu keinem Ergebnis geführt.

Die Schilddrüse ist wohl das wichtigste stoffwechselregulatorische Organ. Daher sind auch verschiedene Mengen von anorganischen Stoffen bei Männchen und Weibchen zu erwarten.

Hammett stellte diese Unterschiede 1923 bei im Alter von 100 Tagen thyreoparathyreoidektomierten Albinoratten fest, wie weiter oben ausgeführt wurde.

Geschlechtsunterschiede in der Knochenasche bestehen normalerweise bezüglich *P* und *Mg* nicht.

Nach Entfernung des ganzen Schilddrüsenapparates dehnen sich aber die Geschlechtsunterschiede auf die Beschaffenheit der ganzen Asche aus. Bei den Weibchen findet man weniger Asche, *Ca*, *P* und *Mg* als bei den Männchen. *Ca* wird jetzt in Umkehrung der normalen Verhältnisse höher bei den Männchen, da der weibliche Organismus empfindlicher gegen die Schädigungen des Schilddrüsenausfalles ist. Bei beiden Geschlechtern ist die Ossifikation stark behindert.

Daß die Abnahme des Kalkgehaltes der Knochenasche sich nur bei Weibchen, nicht aber bei Männchen findet, dürfte dadurch zu erklären sein, daß nach Exstirpation des Schilddrüsenapparates das Wachstum der Ovarien gestört ist, nicht aber in demselben Maße das der Hoden.

2. Thymus und Keimdrüse.

Noch innigere Beziehungen zu den Keimdrüsen scheint die *Glandula thymus* zu haben, wenn sie auch noch keineswegs vollständig erforscht sind. Bei der Thymus finden wir die eigentümliche Erscheinung, daß er besonders bei Säugetieren schon frühzeitig einer Altersinvolution unterliegt.

Auffallend ist, daß das Gewicht der Thymus bis zum Pubertätsalter ständig zunimmt und daß es dann mit dem Alter wieder allmählich zurückgeht. Diese Altersinvolution ist sowohl bei den niederen Wirbeltieren, Fischen und Amphibien bis zu den Säugern hinauf von Hammar festgestellt worden. Dabei verhalten sich Rinde und Mark etwas verschieden in bezug auf die Involution (siehe Tabelle des Menschen bei Hammar, danach beträgt das Thymusgewicht bei Neugeborenen 13,26 g, bei 6—10jährigen 26,1 g, bei 11—15jährigen 37,52 g, bei 26—35jährigen 19,87 und bei 66—75jährigen nur noch 6,00 g).

Untersuchung von Thymusdrüsen bei Pferden (Ejima 1921) verschiedenen Alters ergaben folgende Befunde: Die Thymusdrüse persistiert bei erwachsenen Pferden, oft noch bei alten. Im 5. bis 9. Lebensjahre ist sie größer als im Endstadium der Embryonalzeit ($^1/_{3000} - ^1/_{4000}$ des Körpergewichts, 0,25—0,30 g pro Kilogramm Körpergewicht.) Vom 10. Jahr ab bildet sie sich rasch zurück. Die Involution geht mit Verkleinerung der Rinde und

Zunahme des Interstitiums einher. Erst mit Vermehrung und Vergrößerung der Hassalschen Körperchen und Wucherungen des Fettgewebes bildet sich das Mark zurück. Degenerative Vorgänge werden dabei weder in Mark noch Rinde beobachtet. Aus den konfluierenden vergrößerten Hassalschen Körperchen entstehen allmählich drüsige Gebilde. Die eosinophilen Zellen finden sich im Endstadium des Embryo nur in der Mitte des Marks. Im Evolutionsstadium der Thymus verbreiten sie sich über das ganze Organ, später treten sie im persistierenden Parenchym und im Fettgewebe als lokale eosinophile Zellgruppen auf. Ejima hat drei verschiedene Formen eosinophiler Zellen gefunden.

Die Größen- und Zahlenverhältnisse der Hassalschen Körper wurden an einem Material von 101 gesunden Kaninchen bekannten Alters von Blom und Aderman (1922) von neugeborenen bis zu durchschnittlich 42 Monate alten Tieren festgestellt. Dabei kam eine Modifikation der Hammarschen Maßmethode zur Verwendung.

Die absolute Anzahl der Hassalschen Körper (gewöhnlich niedriger als 100000) erreicht ihr Maximum zur Zeit um die Pubertät. In allen Altersgruppen sind es die kleinsten Formen (6—15 μ) die der Anzahl nach vorherrschenden; die größeren Formen (über 25 μ) zeigen ein sehr variierendes Verhalten und fehlen bei vielen Individuen ganz. Größere Durchmesser als 46 bis 60 μ kommen nicht vor. Ausnahmsweise beobachtet man Degenerationen; verkalkte und cystöse Formen fehlen. Daneben kann in der Thymusdrüse noch eine akzidentelle Involution auftreten, die sich z. B. nach chronischer Unterernährung vorfindet.

Nachdem Hederson und Klose gezeigt haben, daß die normale Altersinvolution der Thymus durch lebhaften geschlechtlichen Verkehr beschleunigt wird, untersuchten Knipping und Rieder (1924) an Meerschweinchen die Frage, wie sich die Thymusdrüse verhält, wenn man den Geschlechtsverkehr über den Zeitpunkt der normalen vollen Geschlechtsreife hinaus verhindert. Dabei ergab sich, daß der Gewichtsdurchschnitt bei den geschlechtlich getrennt gehaltenen Tieren um 27 vH. höher war als bei den unter normalen Bedingungen lebenden Tieren. Unterdrückung des Geschlechtsverkehrs bei voll ausgebildeten und funktionsfähigen Generationsorganen bewirkt also Thymuspersistenz. Jedoch ist weder bei Unterdrückung des Geschlechtsverkehrs noch

Die Korrelationen des inkretorischen Systems zu den Keimdrüsen. 479

bei Kastration eine Thymus- oder Markhyperplasie nachweisbar. Da bei normalem Geschlechtsverkehr die obengenannte Wirkung der Generationsorgane auf den Thymus eine innersekretorische ist, so muß man annehmen, daß bei verhindertem Geschlechtsverkehr diese innere Secretion der Generationsorgane nicht oder nur gering vorhanden ist. In Fällen von Thymuspersistenz im geschlechtsreifen Alter hat man ätiologisch außer einer genitalen Unterentwicklung oder Mißbildung auch Verhinderung des Geschlechtsverkehrs in Betracht zu ziehen.

Eine weitere Beziehung des Thymus zur Produktion reifer Keimzellen hat Riddle (1923) festgestellt.

Manche Tauben legen Eier mit Dotter normaler Größe und mit abnorm geringem Gehalt an Eiweiß und mit dünner Schale. Diese Tauben haben eine sehr kleine atrophische Thymusdrüse. Die orale Verabreichung von getrocknetem Thymus stellte die Menge des normalen Eiweißes und die Schalensecretion in einer Reihe von Fällen wieder her; andere getrocknete Gewebe hatten keine Wirkung. Die Entfernung der Thymusdrüse normaler Tauben ergab weniger sichere Resultate. Auf Grund dieser Befunde schließt Riddle, daß der Thymus der Vögel ein notwendiger Bestandteil des Mechanismus ist, der den Eiweiß und Salzbedarf des Eies regelt. Es ist wahrscheinlich, daß dies die primäre Funktion des Thymus ist und daß der Säugerthymus diese Funktion verloren hat.

Bei Tieren mit einem typischen Brunstcyclus, wie wir ihn z. B. bei *Rana fusca* haben, findet nach der Brunstperiode eine bedeutende Zunahme des Thymus statt, die bis zum September etwa andauert, zu welchem Zeitpunkt die Spermatogenese ihr Ende erreicht hat. Alsdann bildet sich die Thymusdrüse an Größe stark zurück, um im Frühling ihr Minimum an Größe zu erreichen. Bei Exstirpation des Thymus im Frühling macht sich bei *Rana fusca* eine bedeutende Lymphentwicklung bemerkbar, so daß die Tiere vollständig unförmig werden (Abb. 196 a, b).

Während nun die Thymektomie bei erwachsenen Säugetieren überhaupt keine Folgen zu haben scheint, ist die Entfernung der Drüse bei jungen Tieren, wo sie noch wächst, mit Ausfallerscheinungen verbunden, die sich besonders in der gestörten Entwicklung und im Wachstum der Tiere äußern, etwa in ähnlicher Weise wie bei der Schilddrüse. Besonders machen sich wieder Veränderungen in der Ossifikation bemerkbar. Der wesentlichste

Einfluß trifft die Keimdrüse, wenn die Thymektomie vor der Geschlechtsreife ausgeführt wird (Noël, Paton und Goodale). Sie führt bei Meerschweinchen merkwürdigerweise zu einem rapiden Wachstum der Hoden, während die weiblichen Tiere frühzeitige Geschlechtsreife aufweisen. Im Gegensatz dazu konnte U. Soli an thymuslosen Hähnchen, Kaninchen und Meerschweinchen eine Entwicklungshemmung nachweisen. Die Hoden blieben an Gewicht zurück und zeigten das völlige Fehlen der normalerweise beginnenden Spermatogenese, die Zwischenzellen dagegen waren stark entwickelt. Bei weiblichen Tieren ist eine außerordentlich geringe Menge von Follikelzellen im Ovarium bemerkenswert. Diese Versuche sind von Lucien und Parisot bei Hunden bestätigt worden, während Klose und Vogt mit Paton eine Hyperplasie der Keimdrüse gefunden haben.

Über viele Jahre sich erstreckende Untersuchungen an Hühnern und Hunden, die den Einfluß der Thymektomie auf fast sämtliche Organe prüften, führten Pighini (1922) zu folgenden Ergebnissen:

Bei starken individuellen Schwankungen und Unterschieden zwischen den verschiedenen Tierarten werden die Organe der Stärke nach in folgender Reihenfolge betroffen: Knochen, chromaffines System, Gehirn, Nerven und Muskeln, Blut und lymphatischer Apparat, männliche Geschlechtsorgane, Nebennieren, weibliche Geschlechtsorgane, Pankreas, Leber, Schilddrüse, Hypophyse. Speziell vom Thymus reguliert wird die Entwicklung der Knochen, des lymphatischen Systems, der Geschlechtsdrüsen und des Nervensystems.

a

b

Abb. 196a, b. Thymektomierter männlicher Frosch (*Rana fusca*), 2 Monate nach der Operation. (Original.)

Die Korrelationen des inkretorischen Systems zu den Keimdrüsen.

Diese sich noch vielfach widersprechenden Befunde beweisen aber trotzdem, daß wichtige funktionelle Beziehungen zwischen der Keimdrüse und der Thymus vorhanden sind. Auf die interessanten Veränderungen der Thymus nach Keimdrüsenexstirpation soll weiter unten noch eingegangen werden.

3. Hypophyse und Keimdrüsen.

Etwas eingehender müssen wir das Problem der Hypophyse (*Glandula pituitaria*) in ihrer Beziehung zu der Keimdrüse erörtern. Sie hängt mit dem Hirn durch das Infundibulum zusammen und liegt in der Sella turcica. Es lassen sich an der Hypophyse drei Hauptteile unterscheiden (Abb. 197 b), die auch histologisch voneinander verschieden sind: ein vorderer nierenförmiger epithelialer oder drüsiger Abschnitt, die Glandula pituitaria, und ein kleinerer hinterer Lappen, die Pars nervosa infundibularis: dazwischen liegt der Mittellappen, die Pars intermedia, der Rest der embryonalen Hypophysenhöhle. Die Homologien erkennt man am besten aus der Gegenüberstellung einer Hypophyse von Petromyzon, wo die Anteile noch getrennt liegen und einer solchen eines Säugetieres; die Abb. 197 a, b klären darüber auf. Bemerkenswert ist, daß beim Manne z. B., nach Erdheim und Stumme, das Gewicht der Hypophyse bis zu einem gewissen Lebensalter zunimmt und dann sich allmählich wieder vermindert. Im zweiten Lebensdezennium beträgt es 56,3 cg, im dritten 59,3 cg, im vierten 64,3 cg, im fünften 61,4 cg, im sechsten 60 cg, im siebenten 61,2. Diese Durchschnittszahlen stimmen mit denen eines Weibes, das nie geboren hat, in den einzelnen Dezennien fast genau überein. Dagegen haben Frauen, die eine Reihe von Geburten durchgemacht haben, ein höheres Durchschnittsgewicht der Hypophyse. Es beträgt bei ihnen 71,6 cg gegen 60,1 cg bei der Nullipara und 61,0 cg beim Manne.

Besonders auffallend ist, daß in der Schwangerschaft die Hypophyse eine bedeutende Gewichtszunahme erfährt. Die Vergrößerung erfolgt ausschließlich in der Breiten- und Höhenrichtung. Beim normalen Schwangerschaftsende einer normalen Multipara beträgt das Durchschnittsgewicht 106 cg, das Maximalgewicht ist 165 cg. Gegen Ende der Schwangerschaft erfolgt wieder eine Gewichtsabnahme, die aber bei einer erneuten Gravidität zu einer erneuten, noch erheblicheren Gewichtszunahme als das erste Mal führt.

482   Wesen und Wirkungsweise der Inkretion.

Um die histologischen Verhältnisse, die diese Vergrößerung bedingen, verstehen zu können, müssen wir kurz einige Worte über die zelluläre Zusammensetzung des Vorderlappens sagen, an dem sich hauptsächlich die Volumzunahme feststellen läßt (Abb. 198 a—c). In der Hauptsache besteht derselbe aus einem bindegewebigen Gerüst, das viele Blutgefäße und Nerven aufweist. Entsprechend der Genese dieses Lappens als einer Ausstülpung der embryonalen Mundbucht liegen nun auch späterhin im Bindegewebe solide verzweigte Epithelstränge, die miteinander

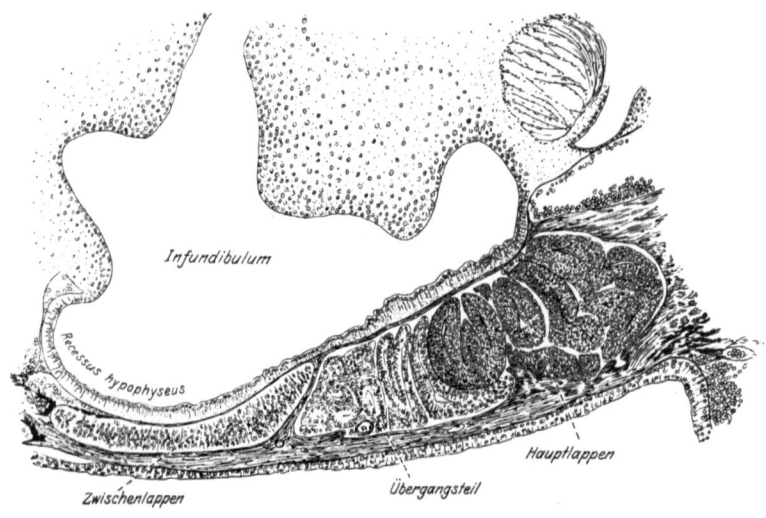

Abb. 197a. Sagittalschnitt durch das Infundibulum und die Hypophyse von *Petromyzon fluviatilis*. Nasalende rechts. (Original.)

anastomisieren und von ungleichmäßigem Kaliber sind. Nach der Grenze gegen den hinteren Lappen zu sind auch wenige hohle Schläuche vorhanden, die eine Kolloidsubstanz enthalten, die der der Schilddrüse sehr ähnlich ist. Die Drüsenzellen nun, die sich im Vorderlappen befinden, werden nach ihrer Größe und ihrem färberischem Verhalten seit Flesch in Chromophile und Chromophobe oder Hauptzellen eingeteilt. Die ersteren sind zum Teil mit Eosin, zum Teil mit Hämatoxylin sehr schön färbbar und werden entsprechend als eosinophile bzw. cyanophile oder basophile Zellen bezeichnet. Während der Schwangerschaft tritt nun

Die Korrelationen des inkretorischen Systems zu den Keimdrüsen. 483

zu diesen drei Zellarten noch eine neue hinzu, die Schwangerschaftszellen, die jetzt bei weitem an Zahl überwiegen, während die Hauptzellen fast vollkommen fehlen. Es erklärt sich das so, daß dieselben sich in Schwangerschaftszellen umgewandelt haben. Letztere haben ein deutlich granuliertes, stark ausgebildetes Protoplasma, das sich mit Eosin rot färbt. Die Kerne sind groß und unregelmäßig. Nach der Geburt tritt wieder eine Involution der Schwangerschaftszellen ein, indem sie sich zum größten Teil in Hauptzellen zurückverwandeln, die dann in vermehrter Zahl bis zur nächsten Schwangerschaft persistieren (Abb. 199 a, b).

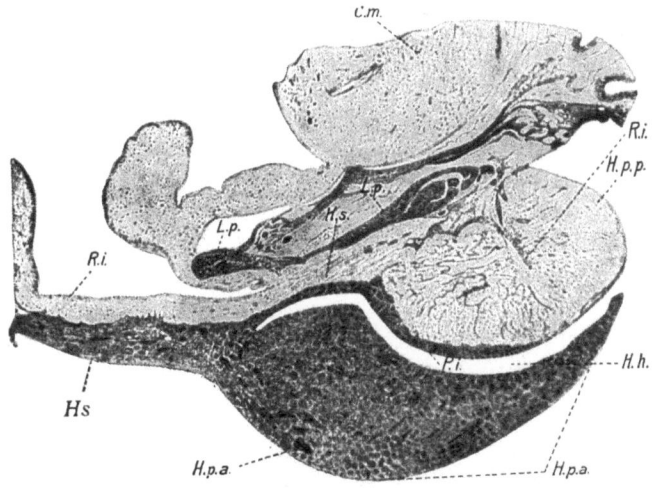

Abb. 197 b. Übersichtsbild eines Sagittalschnittes durch die Hypophyse der Katze. (Nach Pende.) *C.m* Corpus mammillare, *H.h* Hypophysenhöhle, *H.p.a* Hypophysenvorderlappen, *H.p.p* Hypophysenhinterlappen, *Hs* Hypophysenstiel, *R.i* Recessus infundibularis, *P.i* Pars intermedia, *L.p* Lobulus praemamillaris. (Aus Harms.)

Watrin (1922) bestätigt die Gewichtszunahme der Hypophyse während der Schwangerschaft bei Schafen (0,75—0,80 g normal), sie betrifft vor allem den Vorderlappen. Im histologischen Bilde kann man auch hier zwei Stadien der vermehrten Zelltätigkeit erkennen: das erste, das einer nur mäßig gesteigerten Incretion entspricht, ist charakterisiert durch das Auftreten von Vacuolen innerhalb der basophilen Zellinseln, die mit einer eosinophilen kolloiden Flüssigkeit erfüllt sind, in der noch einige Kernfragmente, die Überreste hyalin degenerierter Zellen, zu erkennen sind. Das zweite Stadium ist durch eine starke Erweiterung der Blutcapillaren ausgezeichnet, welche die Zellstränge beiseite drängen. Sie sind angefüllt mit Bruchstücken degenerierter Zellmassen, welche von den anliegenden Hypophysenzellen stammen, ein Bild, das man am häufigsten gegen Ende der Schwangerschaft zu sehen bekommt. Die Zahl der Föten scheint ohne Einfluß auf die Vergrößerung der Drüse zu sein.

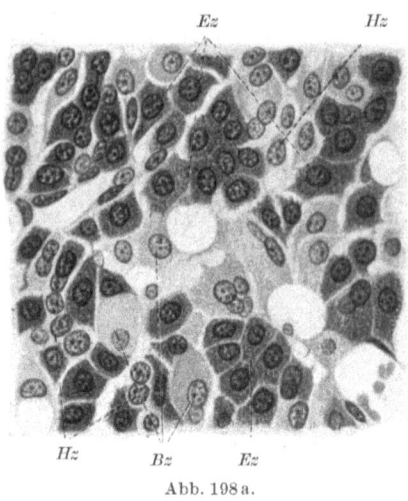
Abb. 198a.

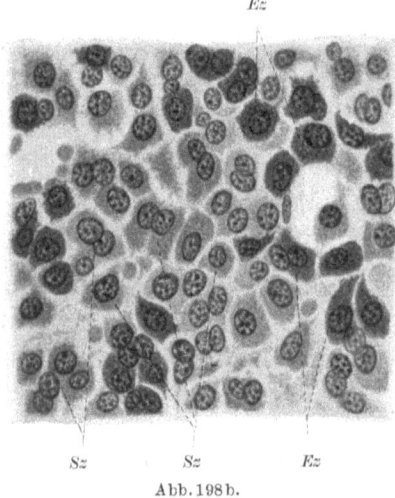
Abb. 198b.

Die Untersuchungen der Hypophysen trächtiger Kühe in den verschiedenen Stadien, die Gentili 1924 ausführte, bestätigen ebenfalls die bekannte Tatsache einer Gewichtszunahme bis auf etwa das Doppelte. Der Vorderlappen wölbt sich hier stärker in den Hinterlappen hinein. Die histologischen Untersuchungen nach der Methode von Ciaccio ließen die bekannten, lipoidreichen Schwangerschaftszellen besonders im Zentrum des Vorderlappens stark hervortreten, in der Peripherie dagegen überwogen stärker granulierte, weniger lipoidreiche kleinere Zellen. Extrahierte man die Hypophysen schwangerer Tiere nach Anrühren mit Gips mit kochendem Alkohol und erschöpfte den alkoholischen Extrakt mit Aceton, so ließ sich nach

Die Korrelationen des inkretorischen Systems zu den Keimdrüsen. 485

Verjagen des Acetons ein phosphorhaltiger Rückstand gewinnen, den Gentili zu den Lipoiden rechnet. Mit fortschreitender Schwangerschaft vermehren sich die Zeichen einer gesteigerten Aktivität, es tritt eine progressive Zunahme der kolloiden Substanz und der Lipoide auf.

Nach Koyano (1922) erzeugt Injektion von Foetuspreßsaft an der Hypophyse von (nicht jungen) Kaninchen ähnliche Veränderungen wie die Schwangerschaft. Placenta- oder Uteruspreßsaft schwangerer Kaninchen dagegen wirkt nicht, oder nur minimal. Die Gewichtszunahme der Hypophyse ist meist von Geschlechtsorganatrophie begleitet. Auch an der Schilddrüse ruft Foetuspreßsaft Hyperämie und Vergrößerung hervor; weniger deutlich tut dies Embryotransplantation. Die maternen Gewebe sind auch hier unwirksam.

Ähnlich wie Collin und Baudot bei den Embryonen findet Watrin in der Hypophyse trächtiger Meerschweinchen Bezirke, wo rote Blutzellen gebildet werden. Sie liegen aber nicht im Drüsenteile, sondern im Lobulus paranervosus.

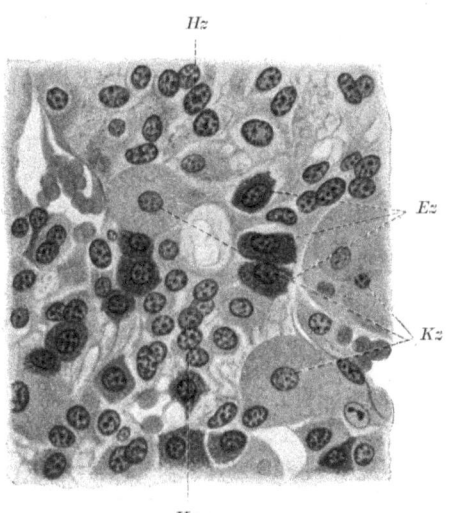

Abb. 198 c.

Abb. 198 a—c. a Partie aus dem Vorderlappen der Hypophyse einer normalen männlichen Ratte. Vergr. 780 mal. *Hz* Hauptzellen, *Bz* basophile Zellen, *Ez* eosinophile Zellen. (Nach Biedl.) — b Partie aus dem Vorderlappen der Hypophyse unmittelbar nach der Gravidität. Vergr. 780 mal. *Sz* Schwangerschaftszellen, *Ez* eosinophile Zellen. (Nach Biedl.) — c Partie aus dem Vorderlappen der Hypophyse einer männlichen Ratte, 2 Monate nach der Kastration. Vergr. 780 mal. *Hz* Hauptzellen, *Ez* eosinophile Zellen, *Kz* große blasig aufgetriebene eigenartige Zellen nach der Kastration. (Nach Biedl.)

Zugleich scheinen dort neue Gefäße an Ort und Stelle aus den Zellsträngen zu entstehen. Ein Beweis, in wie enger Korrelation die Hypophyse zu den Brutpflegevorgängen im Körper steht.

Der hintere kleinere Lappen der Hypophyse gehört genetisch als eine Fortsetzung des Infundibulums dem Gehirn an und ent-

486   Wesen und Wirkungsweise der Inkretion.

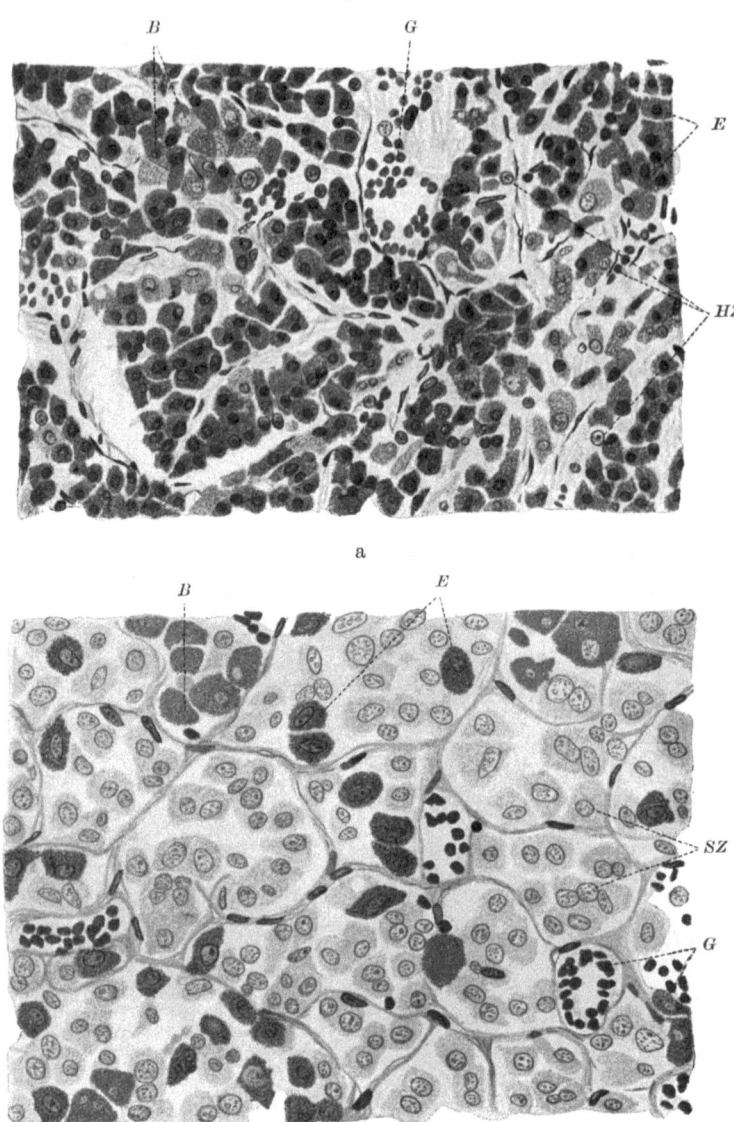

Abb. 199 a, b. a Hypophyse einer 18jährigen Nullipara. *B* basophile, *E* eosinophile, *HZ* Hauptzellen, *S Z* Schwangerschaftszellen, *G* Gefäße. Vergr. etwa 300fach. (Nach Seitz.) — b Hypophyse einer Erstgebärenden, 4 Tage nach der Geburt. Bezeichnung und Vergrößerung wie bei a. (Nach Seitz.)

hält feine, vielfach verzweigte Nervenfasern, die ein sehr dichtes Geflecht bilden. Reichliches Bindegewebe mit vielen Blutgefäßen ist vorhanden, daneben aber kommen noch Zellen vor, die bipolaren und multipolaren Ganglienzellen sehr ähnlich sehen, deren Natur aber noch fraglich ist.

Über die Beziehungen der Hypophyse zu anderen Organen können wir durch die Exstirpationsversuche Aufschluß gewinnen, die in exakter Weise namentlich von A. Biedl angestellt worden sind. Besonders bemerkenswert ist, daß eine totale Exstirpation von erwachsenen Tieren anscheinend nicht vertragen wird. Die Tiere gehen in einigen Tagen an den Erscheinungen der Cachexia hypophyseopriva zugrunde. Nachfolgende Transplantation unter die Haut sowie Injektion von Extrakt können dagegen die Lebensdauer beträchtlich verlängern. Die Entfernung des hinteren nervösen Lappens allein kann ohne Folgeerscheinungen ertragen werden. Auch die partielle Entfernung des Vorderlappens können die Tiere überstehen, jedoch machen sich dann sehr tiefgehende Korrelationsstörungen bemerkbar.

Die mannigfachen Widersprüche in den bisherigen Befunden und Deutungen der Funktion der Hypophyse lassen sich durch den Befund erklären, daß auch die alleinigen Verletzungen des Tuber cinereum dieselben Symptome bedingen, die dem Ausfall der Hypophyse zugeschrieben werden, auch bei Intaktbleiben der Hypophyse (Bremer 1923). Es ist zu bezweifeln, daß die Hinterlappen-Substanz, trotz ihrer interessanten physiologischen Wirkungen, die Funktionen eines Hormons besitzt. Auch eine Reihe klinischer Fälle zeigt bei intakter Hypophyse den adiposo-genitalen Symptomenkomplex, jedoch bei verletztem oder erkranktem Tuber cinereum.

Auch ist nach Camus und Roussy (1922), die ausgedehnte Versuchsreihen (149 Hunde und Katzen) angestellt haben, die Hypophyse entgegen Biedl kein lebenswichtiges Organ. Die Todesfälle nach der Operation sind auf Gehirnverletzungen, Blutungen und Gehirnhautentzündungen zurückzuführen. Versuche an Hunden, die Brown (1923) anstellte, ergaben, daß ein Tier, das 259 Tage lebte, und eins, das noch lebt, träge und somnolent wurden und stark an Gewicht zunahmen. Diese Tiere, die bei der Operation erwachsen waren, zeigten kein Geschlechtsinteresse mehr, doch keine Verkleinerung der Hoden. Vorübergehend trat nach der Operation Polyurie auf. Ein weibliches Tier, das jung operiert wurde, blieb im Wachstum zurück, war infantil und hatte unentwickelte Milchdrüsen. Es ließ sich nicht belegen, war aber weder träge noch somnolent.

Uns interessiert hier besonders eine als Folgeerscheinung auftretende gesteigerte Fettablagerung, die, wie wir später sehen werden, auch nach Kastration eintritt, und eine ganz unzweifelhafte Verminderung der sexuellen Tätigkeit, die darin begründet ist, daß Hoden und Ovarien atrophisch werden. Manchmal tritt auch nebenher eine akute Hypertrophie der Schilddrüse ein. Biedl konnte z. B. feststellen, daß bei einer 3 Jahre alten Hündin nach Hypophysektomie die Ovarien und der Uterus bis zu der Größe eines wenige Wochen alten Tieres zurückgebildet wurden.

Etwas anders sehen die Ausfallserscheinungen bei jungen Tieren aus. Sie bleiben gegenüber nicht operierten Kontrolltieren bedeutend an Wachstum und Körpergewicht zurück. Auch hier tritt eine Hypoplasie des Genitales ein. Der Fettansatz wird manchmal so reichlich, daß er zu einer Verfettung der inneren Organe führt, auch das Temperament erleidet eine Veränderung. Hunde z. B. bellen nicht, sind träger in ihren Bewegungen und scheinen weniger intelligent. Bei männlichen Tieren kann man außerdem das Aufhören der Spermatogenese, bei weiblichen eine Rückbildung der Ovarialfollikel beobachten. Neuerdings soll nach Biedl nur die Hemmung des Wachstums auf das Fehlen des Vorderlappens bezogen werden, während für die Hypoplasie des Genitales die Pars intermedia (= epithelialer Anteil der Hypophyse) verantwortlich gemacht werden muß.

Bei Ratten können die Hypophysen durch Chromsäureinjektion zerstört werden. Smith (1924) hat solche Versuche an 2 Monate alten Tieren durchgeführt und sie mehrere Monate beobachtet. Die Männchen zeigten typische adiposo-genitale Veränderungen, die Weibchen Sistierung der Ovarialfunktionen und Rückbildung der Ovarien, ferner Atrophie der Schilddrüse und der Nebennierenrinde. Bei allen Tieren, die solche Veränderungen zeigten, waren bei der Autopsie beträchtliche Zerstörungen der Hypophyse, insbesondere des Vorderlappens nachzuweisen, dagegen keine Veränderungen des Hypothalamus. Durch Injektion von Vorderlappensubstanz wird die Funktion der Ovarien wieder hergestellt.

Die Korrelationen des inkretorischen Systems zu den Keimdrüsen. 489

Eigenartig ist nun, daß, obwohl der vordere Lappen ein lebenswichtiges, oder zum mindesten ein sehr wichtiges inkretorisches Organ ist, dennoch Extrakte aus ihm vollständig wirkungslos bleiben, während der Hinterlappen, dessen Entfernung anscheinend belanglos ist, einen Extrakt liefert, der wohlumschriebene Wirkungen im Tierkörper entfaltet. Der Extrakt dieses Organs, als Pituitrin oder Hypophysin in den Handel gebracht, wirkt vasoconstrictorisch und übt eine anregende Wirkung auf einige Muskelpartien, besonders den Uterus aus, so daß es für die Geburtshilfe ein wichtiges Präparat geworden ist. Diese Wirkung des Pituitrins ist um so bemerkenswerter, als eine innersecretorische Tätigkeit der Neurohypophyse bisher nicht festgestellt worden ist, während aus den Beziehungen des Vorderlappens zu den innersecretorischen Organen mit unzweifelhafter Sicherheit eine innere Secretion gefolgert werden muß. Biedl macht darauf aufmerksam, daß die wirksame Substanz des Hinterlappens auf die teilweise Mitverwendung der Pars intermedia zurückzuführen ist. Auch auf die Milchdrüse ist eine Wirkung des Extraktes festzustellen (Plimmer und Husband 1922).

Das Hypophysin bewirkt in der frühen Lactationsperiode eine Beschleunigung der Secretion, aber keine Vermehrung der 24 stündigen Gesamtmenge; in späteren Lactationsperioden hat es keine deutliche Wirkung. Adrenalin und Ergamin haben keine Wirkung auf die Milchsecretion; ein Einfluß von Vagus oder Sympathicus auf die Drüse ist mithin so nicht nachweisbar.

Die Wirkung des Hypophysins kann weder auf eine glatte Muskulatur noch auf ein Drüsenepithel direkt gerichtet sein, sonst dürfte kein Unterschied der Lactationsperioden bestehen. Es wird vielmehr eine indirekte Wirkung über „reproduktive" Organe (Uterus, Ovarium, Placenta) angenommen, die nach der Rückbildung dieser Organe ausbleibt.

Vorzeitiges Ablegen von Eiern aller Entwicklungsstadien erzielte Riddle (1921) bei Tauben durch subcutane oder besser intramuskuläre Injektionen von Pituitrin 0,133 cmm pro Kilogramm Körpergewicht. Die Methode versagt nur bei ganz jungen Eiern, die eben den Eierstock verlassen haben.

Ratten, denen die fein zerriebene Substanz des Hypophysenlappens intraperitoneal einverleibt wird (Evans und Long

1922), werden viel schwerer als die normalen Kontrollgeschwister. Der größte Gewichtsunterschied betrug bei einem 333 Tage alten Tier 348 g (596 g) gegen 248 g.

Am überraschendsten ist der Einfluß auf die Geschlechtsorgane. Die normalerweise an den Veränderungen des Vaginalsecrets erkennbare Brunstperiode tritt überhaupt nicht ein oder findet nur in langen Zwischenräumen statt. Auffallenderweise wogen die Ovarien (trotz ihrer Unterentwicklung) doppelt soviel als die der Kontrolltiere. Der Uterus wog dagegen nur halb soviel. Die histologische Untersuchung zeigte die Anwesenheit vieler und großer Corpora lutea, die also auch ohne Follikelsprung aus normalen wie aus atretischen Follikeln entstehen können; reife normale Graafsche Follikel fehlten. Evans und Long glauben, daß die starke Ausbildung der Luteinzellen durch die Reizwirkung des Hypophysishormons veranlaßt wurde. Hinterlappensubstanz, die nur in kleinen Mengen vertragen wurde, hatte auf Wachstum, Brunst und Ovulation keinen Einfluß.

Für die Förderung unserer Kenntnisse über die Hypophysenfunktion sind noch die pathologischen Veränderungen von Interesse, die an der Hypophyse zur Beobachtung gelangt sind. Die Krankheitsbilder, die bei Hypophysenerkrankung zutage treten, sind die Acromegalie (Abb. 200) und der Riesenwuchs oder Gigantismus. Die erstere Krankheit tritt an Individuen auf, die ihr Körperwachstum schon abgeschlossen haben. Für unser Problem ist besonders interessant, daß bei dieser Krankheit schon sehr frühzeitig Störungen in der Geschlechtstätigkeit auftreten. Bei Frauen hört die Menstruation auf, und bei Männern versagt die Potenz. Äußerlich sichtbare Zeichen machen sich in einem unregelmäßigen Wachstum der Gesichtsknochen und besonders der Extremitäten bemerkbar.

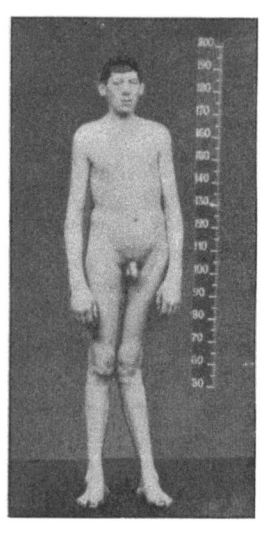

Abb. 200. Kindlicher Riese, der nicht wie ein Acromegaliker aussieht, und bei dem Launois und Roy auf dem Röntgenbild eine bedeutende Vergrößerung des Türkensattels beobachtet haben. (Aus Leri, Acromegalie.)

Für alle diese krankhaften Erscheinungen ist nun die Hypophyse verantwortlich. Besonders auffallend ist eine Volumvergrößerung dieser Drüse. Nach Benda sind besonders die Drüsenepithelien des Vorderlappens vermehrt und in ihnen wieder in erster Linie die chromophilen bzw. die eosinophilen Zellen. Die Frage nun, ob es sich bei diesem Hypophysentumor um eine erhöhte Funktion der Drüse oder um ein Versagen der Funktion handele, ist nicht einheitlich zu klären. Jedoch kann man nach den Bendaschen Befunden wohl annehmen, daß mit der Hypertrophie des Organs auch eine Hyperaktivität, die sich in einer gesteigerten Tätigkeit der Hypophyse äußert, verbunden ist, und daß darin auch die Ursache der Acromegalie liegt. Besonders beweisend für diese Annahme sind die Erfolge der Chirurgie; durch eine teilweise Entfernung des vergrößerten Vorderlappens ist es möglich, die Acromegalie zu heilen.

Besonders interessant wird die Frage noch, wenn wir nach dem primum movens der Acromegalie suchen. Wir haben ja verschiedentlich gesehen, daß die übrigen innersecretorischen Organe, Schilddrüse, Thymus, Nebenniere und vor allem die Keimdrüsen in inniger Beziehung zueinander stehen. So tritt z. B. regelmäßig nach Thyreoidektomie eine Hypertrophie der Hypophyse auf, und umgekehrt bemerkt man nach Entfernung der Hypophyse eine Zunahme der Schilddrüse. Bei den Keimdrüsen sind die Beziehungen zu diesen Drüsen besonders ausgeprägt. Bei Frauen tritt infolge der nach der Acromegalie aufhörenden Menstruation zunächst ein Erlöschen der Libido sexualis auf, und die Keimdrüsen atrophieren vollständig. Dieser Vorgang ist von Tandler und Grosz genauer beschrieben worden. Im Zusammenhang mit der Degeneration der Keimdrüsen wird häufig auch eine Vermischung der sekundären Geschlechtsmerkmale, ja sogar ein Umschlagen in den heterosexuellen Typus beobachtet, Da ja auch die Keimdrüsen, um das gleich vorwegzunehmen, Einfluß auf das Körperwachstum haben, so ist es möglich, daß auch sie in ursächlichem Zusammenhange mit dem Zustande der Acromegalie stehen. Zudem konnte nachgewiesen werden, daß die Hypophyse sich auch durch Kastration vergrößert, und zwar bei weiblichen und männlichen Versuchstieren; ein Vorgang, der der Schwangerschaftshypertrophie homolog ist insofern, als auch hier die Ovarialtätigkeit während dieser Zeit aufhört.

Im Gegensatz zu der Acromegalie haben wir es beim Riesenwuchs oder Gigantismus mit krankhaften Wachtumsvorgängen zu tun, die zu Körperlängen führen, die die mittleren Dimensionen der Rasse übersteigen. Der Riesenwuchs tritt gewöhnlich in der Zeit des Pubertätswachstums beim Menschen auf, so daß mit 18—20 Jahren eine Körperlänge von 190—200 cm erreicht werden kann. Auch im Alter von 25—30 Jahren, wo sonst das Längenwachstum aufhört, kann bei den betreffenden Individuen das Längenwachstum noch weiter gehen. Bei dem Riesenwuchs läßt sich immer eine Vergrößerung der Hypophyse nachweisen. Die auffallendsten Veränderungen aber treten wieder an den Keimdrüsen auf. Die sexuelle Betätigung ist herabgesetzt, beim Manne fehlt die Zeugungsfähigkeit, bei Frauen die Menstruation und Conceptionsfähigkeit. Die Keimdrüsen sind gewöhnlich atrophisch, wie denn auch die Copulationsorgane und Ausführungsgänge mangelhaft entwickelt sind. Nach den fast gleichartigen Erscheinungen beim Riesenwuchs und bei der Acromegalie läßt sich nach Brissaud wohl annehmen, „daß der Gigantismus die Acromegalie der Wachstumsperiode, die Acromegalie der Riesenwuchs nach beendetem Wachstum und der acromegale Gigantismus das Ergebnis eines pathologischen Prozesses ist, welcher in der Wachstumsperiode beginnt und in die Zeit der vollendeten Wachstumsperiode hinüberreicht".

Acromegalie und Gigantismus sind durch Hypertrophie der Hypophyse bedingt; die infantile Form (eunuchoider Gigantismus) dagegen auch durch primären Hypogenitalismus, während durch Hypoplasie der Hypophyse ein anderes Krankheitsbild, das wir als hypophysäre Fettsucht oder Dystrophia adiposogenitalis bezeichnen, hervorgerufen wird. Das wichtigste Symptom dieser Krankheit ist eine bedeutende Zunahme des Fettes besonders in der Brust- und Bauchgegend. Wichtig ist ferner die Hypoplasie des Genitales, womit gewöhnlich die mangelhafte Entwicklung der sekundären Geschlechtscharaktere und ein infantiler Habitus verknüpft ist. Da nun auch nach der Keimdrüsenexstirpation eine Neigung zum Fettansatz beobachtet wird, so haben wir hier wieder ähnliche Zustände wie bei Ausfallserscheinungen der Hypophyse. Nach den geschilderten Experimenten von Cushing, Ashner und Biedl ist es wohl sicher, daß die Dystrophia adiposo-genitalis primär durch Hypopituitarismus bedingt ist, denn nach teilweiser Hypophysenentfernung konnten sie übereinstimmend eine auffällige Zunahme des Fettes und eine konstant eintretende Hypoplasie der Keimdrüse und des ganzen Genitaltraktus wahrnehmen, bei jungen Tieren bleibt sogar ein infantiler Habitus erhalten.

Aus dem Vorhergehenden ersieht man besonders, daß die Hypophyse sehr innige Beziehungen zur Keimdrüse hat, und daß durch Heranziehung der Wechselbeziehung der beiden Organe die innere Secretion der Keimdrüsen weiter geklärt werden kann. Auf diese Punkte soll weiter unten genauer eingegangen werden.

Der Symptomenkomplex des Totalausfalles stellt nach Veit (1924) unter einer Reihe von Hypophysenerkrankungen den höchsten Grad dar: 1. Ausschaltung des ganzen Organs: multiple Blutdrüsensclerose; 2. Schädigung des nervösen Teils: Adipositas hypogenitalis (Dystrophia adiposito-genitalis); 3. Zerstörung des Vorderlappens: hypophysäre Kachexie.

Die Hypophyse und das Zwischenhirn müssen nach Hofbauer (1924) mit Recht als die trophischen vegetativen Zentralorgane für das Genitale im allgemeinen, für das Ovarium im besonderen bezeichnet werden. Die Bedeutung der vegetativen Kerne an der Zwischenhirnbasis ist offenbar in dem Sinne zu definieren, daß sie ebenso wie Wasser-, Salz-, Kohlenhydrat- und Wärmehaushalt und die Gefäßinnervation auch die ovarielle Funktionsleistung regulieren. Untersuchungen von Berblinger zeigten, daß die parenterale Zufuhr von plasmafreien Stoffen (Placentarextrakten, Peptone) eine Massenzunahme der hypophysären Formationen hervorzurufen imstande ist. Hofbauer schließt daraus mit Vorbehalt, daß durch den Eintritt der Follikelflüssigkeit in den Bauchraum ein Stimulus für die Hypophyse gegeben erscheint, und daß als Folge dessen ein Impuls sich nachträglich von der Hypophyse wieder rückwirkend auf das Ovar geltend macht. Hyperämie und Ödemisierung sind Folgen der Hypophysenwirkung. Zondek hat ferner nachgewiesen, daß ein integrierender Bestandteil des Hypophysensecretes, das Histamin, wachstumserregend auf den Uterus wirkt. Die Auflösung des Eies usw. vor der Menstruation sieht Hofbauer als Resorption von Eiweiß an und faßt den Menstruationsvorgang als anaphylaktisches Phänomen auf. Im Corpus luteum haben wir einen

Hemmungskörper vegetativer Leistungen zu erblicken, zugleich eine Schutzvorrichtung für das sich entwickelnde Ei. Es ist eine „Atropindrüse", Hemmungsfaktor uteriner Kontraktionen und gleichzeitig ein Regulator der Blutung.

4. Epiphyse und Keimdrüse.

Kurz anschließen möchte ich hier noch die Zirbeldrüse oder Epiphysis. Nach Biedl haben wir es mit einem Organ zu tun, das durch seine innere Secretion auf die somatische und psychische Entwicklung des Individuums und auf den Ernährungszustand des Körpers und einzelner Gewebe einen nachweisbaren Einfluß ausübt. Die Zirbeldrüse zeigt schon vor der Pubertät Involutionserscheinungen, deren erste Zeichen sich schon im 7. Lebensjahre nachweisen lassen. Mit dem höheren Alter beginnt eine bindegewebige Entartung, jedoch bleiben stets intakte, anscheinend funktionstüchtige Drüsen erhalten. Das Gewichtsverhältnis von Zirbel zu Hypophyse nach der Pubertät ist beim Manne 1:3,74, beim Weibe 1:4,65.

Um die noch immer rätselhafte Funktion der Zirbeldrüse zu ergründen, sind Exstirpationsversuche angestellt worden.

Foà (1913) hat bei Hähnen, denen im Alter von 20—30 Tagen die Epiphyse entfernt wurde, festgestellt, daß der Sexualinstinkt, Kamm und Stimme früher als normal zur Entwicklung kamen, auch die Hoden waren vergrößert.

Neuere Untersuchungen über dasselbe Tier hat 1923 Izawa angestellt.

Einige junge Hühner und Hähne überlebten die vom Schädeldach aus vorgenommene Totalexstirpation der Zirbeldrüse dauernd. Die Wirkung auf den sich entwickelnden Organismus bestand zunächst in einem Zurückbleiben im Wachstum gegenüber den Kontrolltieren. Doch schon wenige Wochen nach der Operation setzte ein rasches Wachstum ein, und die Kontrolltiere wurden überholt. Gleichzeitig erfolgte ein frühes Ausreifen der sekundären Geschlechtsmerkmale, und der Sexualtrieb machte sich bei den operierten Tieren um 30—50 Tage früher bemerkbar als bei den gesunden. Die Keimdrüsen der operierten Tiere beiderlei Geschlechts zeigten sich bei der Sektion um das Mehrfache gegenüber der Norm vergrößert. Histologisch sah man in diesen vergrößerten Keimdrüsen die Bilder besonders starker Generationstätigkeit; insbesondere wurden in den vergrößerten Ovarien Follikel von der Größe bis zu 390 μ gefunden, während die Ovarien der Kontrolltiere nur solche bis zu 100 μ aufwiesen. Die anderen Drüsen mit innerer Secretion ließen auffallenderweise keine morphologischen Veränderungen erkennen. Aus diesen Versuchsergebnissen zieht Izawa den Schluß: Die Hauptfunktion der Zirbeldrüse ist die Unterdrückung der vorzeitigen Entwicklung der Geschlechtsorgane sowohl beim weiblichen als auch beim männlichen Tier.

Clemente konnte 1923 zeigen, daß durch die Entfernung der Zirbel bei befruchteten Tieren der Foetus rascheres Wachstum zeigt. Ferner in Übereinstimmung mit Foà und Izawa, daß bei Hühnern, wenn man sie im jugendlichen Alter der Zirbel beraubt, eine Verfrühung des Auftretens der sekundären Geschlechtscharaktere zustande kommt und ein rascheres Wachstum der Hoden. Diese Verfrühung der sekundären Geschlechtscharaktere zeigt sich auch auf einige Zeit für die Nachkommenschaft von Eltern ohne Zirbel, oder wenn der Hahn allein die Zirbelexstirpation durchgemacht hat, umgekehrt aber nicht, wenn ein zirbelloses Weibchen von einem normalen Männchen befruchtet wird. In der operativen Technik hat sich Clemente der von Foà befolgten angeschlossen. Clemente hebt die Formähnlichkeit der Elemente der Vogelepiphyse mit den Zellen des Ependyms des Zentralkanals und ihrer Anordnungen mit denen der „Wintersteinschen Rosetten" im Retinalgliom hervor.

Wie widersprechend die Angaben über die Zirbel sind, zeigt eine Untersuchung von Badertscher (1924), der bei einer größeren Anzahl junger Kücken wenige Tage nach dem Ausschlüpfen die Zirbeldrüse extirpierte. Die die Operation überlebenden Tiere wurden nach etwa $^1/_2$—$^3/_4$ jähriger Beobachtung getötet und untersucht. Dabei ergab sich, daß sich die operierten Hennen in keiner Weise von den Kontrolltieren unterschieden. Bei den männlichen Tieren war die Entwicklung und Ausbildung der primären und sekundären Geschlechtsmerkmale im Gegensatz zu den bekannten Versuchen Foàs weder beschleunigt noch verstärkt. Andererseits konnte aber auch die von Christea beschriebene Atrophie der Hoden und Hemmung der Entwicklung der Geschlechtsmerkmale nicht beobachtet werden. Die vollständige Entfernung der Zirbeldrüse, die auch durch histologische Nachprüfung festgestellt wurde, übte auf das Wohlbefinden der Hühnchen keinen schädigenden Einfluß aus. Das bisher in der Literatur über die Epiphysis vorliegende Material gestattet uns daher nicht, irgendwelche endgültigen Schlußfolgerungen bezüglich der Funktion der Drüse zu ziehen.

Noch viel weniger ist die Zirbel der Säuger in ihrer Funktion geklärt.

Kolmer und Läwy gelang es 1922 mit Hilfe eines kleinen Thermokauters an der Stelle, wo nach Freilegung des Schädels die Vereinigung des Sagittalsinus mit dem Seitensinus bei der jungen Ratte durch den Schädel hindurchscheint, den Knochen lokal durchzubrennen und unter gleichzeitiger Stillung der Sinusblutung die Epiphyse vollständig zu verschorfen. Diese Operation wird auch von kleinen Tieren mit wenigen Ausnahmen gut vertragen und hat eine sehr geringe Mortalität. Die vollständige Entfernung der Epiphyse wurde an Frontalserien der Hirne nachkontrolliert. 23 junge Tiere verschiedener Würfe wurden 12, 16 und 19 Wochen nach der Operation getötet, ohne daß dabei jedoch an dem fortlaufend kontrollierten Gewicht der Tiere oder an der Größe und dem geweblichen Entwicklungszustand der Geschlechtsorgane Unterschiede gegenüber den normalen Kontrolltieren zu konstatieren waren. Die Tiere wiesen bei gelungener Operation keinerlei nachweisbare Schädigungen auf. Frühreife konnte nicht beobachtet werden. Auch die Thymusdrüse zeigte keine Veränderungen. Es zeigte sich, daß das Pinealorgan nicht lebenswichtig ist, sein Verlust weder nachweisbare Veränderungen bei der Fettentwicklung der Ratte bedingt, noch eine einwandfrei konstatierbare sexuelle Frühreife. Auch die anderen Drüsen mit innerer Secretion schienen in keiner Weise beeinflußt zu sein. Tiere ohne Zirbel zeigen normale Zeugungs- und Aufzuchtsfähigkeiten. Dasselbe gibt 1923 Clemente für Kaninchen und Meerschweinchen an. Auch bei Kaulquappen und Fröschen konnte Riech (1924), bei Kröten Harms, keinerlei Einfluß feststellen.

Die Kontrolle durch Serienschnitte des Gehirns nach Epiphysektomie erscheint deshalb besonders wichtig, weil Kolmer beim Hund und beim Affen den bisher unbekannten Befund des Vorkommens von Nebenzirbeln erheben konnte, die, meist stark pigmenthaltig, in der Nähe der Hauptzirbel zu finden sind.

Die Korrelationen des inkretorischen Systems zu den Keimdrüsen. 497

Einen Einfluß der Kastration auf die Zirbel konnten Kolmer und Läwy nicht nachweisen.

Unsere Kenntnis über die Funktion der Zirbeldrüse ist noch sehr lückenhaft. Sicher ist, daß das Organ beim Menschen und den meisten Säugetieren wenigstens teilweise innersecretorisch tätig ist, ohne jedoch lebensnotwendig zu sein. Die Hypothese, daß diese innersecretorische Tätigkeit in der Entwicklung der Mannbarkeit eine wichtige Rolle spiele, ist jedoch noch völlig unbewiesen.

Die Frage, ob sexuelle Frühreife bei pathologischen Veränderungen der Zirbeldrüse, wie Berblinger es vermutet, auf einen „Hypopinealismus" zurückzuführen ist, oder mit Askanazy auf die Wirkung von Zirbelneoplasmen, Teratomen, die ähnlich wie Placenta und Foetus wachstumsanregende Stoffe abgeben im Sinne einer Pseudoschwangerschaft, ist noch ungelöst. Berblinger hält eine einfache und eindeutige Lösung dieser Frage noch nicht für spruchreif und warnt mit Recht vor übereilten Hypothesen.

Nach den geschilderten Befunden ist es wahrscheinlich, daß die Epiphyse besonders wichtig für jugendliche Individuen ist. Bei Knaben vor dem 7. Lebensjahre hat man auch tatsächlich bei Zirbeldrüsengeschwülsten ein abnormes Längenwachstum, ungewöhnlichen Haarwuchs, prämature Genital- und Sexualentwicklung und geistige Frühreife beobachtet. Im allgemeinen ist, wie gesagt, noch nicht sehr viel über die Zirbeldrüse bekannt, wahrscheinlich übt sie beim Menschen bis zum siebenten Lebensjahre einen hemmenden Einfluß auf die unbehinderte Entfaltung der Keimdrüse aus und bedingt vielleicht erst auf diesem Wege eine konforme Entwicklung der sekundären Geschlechtsmerkmale und der geistigen Fähigkeit (nach Biedl). Die Zerstörung der Zirbeldrüse in dieser Lebensphase bedingt körperliche und geistige Frühreife, während die Einschränkung der Hypophysenfunktion einen Hypogenitalismus erzeugt.

5. Nebenniere und Keimdrüse.

Die Nebenniere ist eine Bezeichnung für zwei incretorische Organe, die nur bei den Amnioten durch ihre örtliche Zusammenlagerung eine gemeinsame Bezeichnung bekommen konnten. Bei den Säugetieren setzt sie sich aus Rinde und Mark oder Inter- und Adrenalsystem zusammen. Das Interrenalsystem zeichnet sich vor allem durch lipoide Einschlüsse aus, die sich mit Osmiumsäure schwärzen lassen, während das Mark durch die Chromaffinität seiner Zellen charakterisiert ist. Bei den Anamniern sind Rinde und Mark noch voneinander getrennte Gebilde. Bei den Fröschen und Urodelen z. B. tritt die Nebenniere als gelber Streifen in der medioventralen Partie der Nieren auf. Sie besteht aus getrennten Zelläppchen des Inter- und Adrenalsystems (s. Abb. 201b). Bei den Selachiern sind die beiden Systeme noch vollständig voneinander getrennt.

Ein Homologon des Interrenalsystems kommt schon bei einer Gephyree, *Physcosoma*, vor.

Da wir noch nichts über die Entwicklung dieses Internephridialorgans wissen können, und da auch die Entwicklungsgeschichte der Sipunculiden allgemein noch lückenhaft ist, so läßt sich leider kein entwicklungsgeschichtlicher Vergleich mit dem Nebennierensystem der Wirbeltiere ziehen. Um so mehr muß ein morphologischer und histologischer Vergleich Interesse erwecken.

Leider wissen wir noch nicht, ob bei den Acraniern dem Nebennierensystem homologe Systeme vorhanden sind, so daß hier noch eine große Lücke klafft.

Mit dem Adrenalsystem hat das Internephridialorgan von *Physcosoma* wenig Übereinstimmendes. Wir nehmen als Hauptcharakteristikum für das Adrenalsystem die Chromaffinität der Zellen an. Diese ist für Zellen des Internephridialorgans nicht vorhanden. Auch sonst zeigt es keine Übereinstimmungen bezüglich der Granula und der Farbreaktion mit dem Adrenalorgan der Wirbeltiere. Um so auffallender ist die Übereinstimmung mit dem Interrenalorgan. Auch entwicklungsgeschichtlich könnte man wohl vermuten, daß das Internephridialorgan seiner Lage nach mesodermaler Abkunft ist, ebenso wie das Interrenalorgan der Wirbeltiere.

Das Internephridialorgan liegt kuppenartig den primitiven Nephridialtubuli auf, und zwar in mehreren aufeinandergelegenen Zellreihen (Abb. 201a). Auffallenderweise sind nun bei den Amphibien, namentlich bei den Tritonen, aber auch bei *Bombinator*, die topographischen Beziehungen zur Urniere ganz ähnliche. Bei den Tritonen liegen die Interrenalkörper am medialen Rande beider Nierenkörper einander gegenüber. Zwischen den beiden Nieren verläuft die Vena renalis, die Äste zur Niere

Die Korrelationen des inkretorischen Systems zu den Keimdrüsen. 499

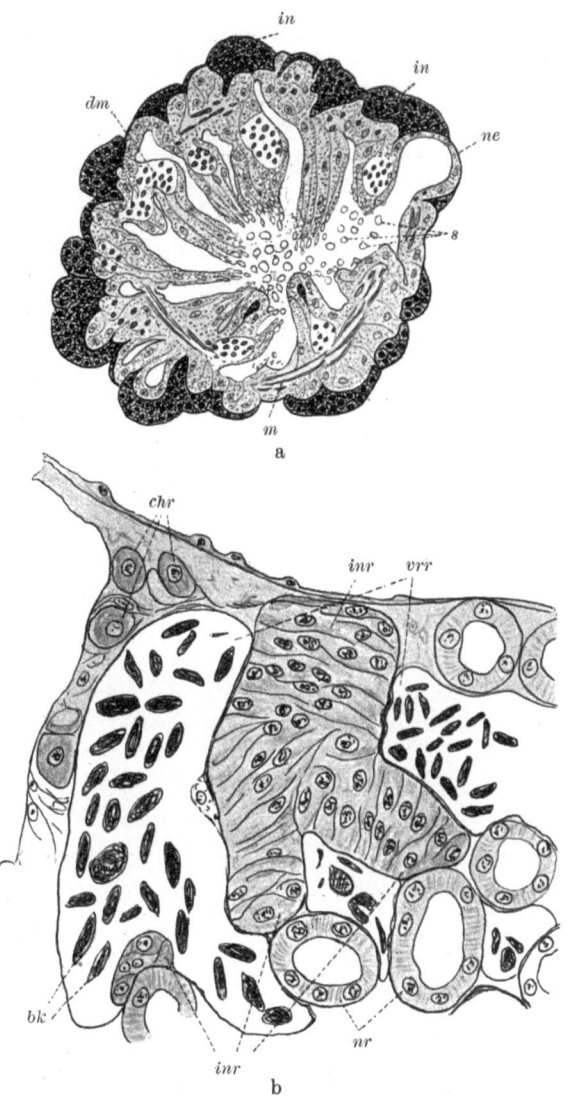

Abb. 201 a, b. a Querschnitt durch den Nephridienendschlauch mit dem Internephridialorgan von Physcosoma, *ne* cxeretorisches Epithel des Nephridiums, *m* Ringmuskulatur, *dm* Diagonalmuskulatur, *s* Secrettröpfchen des excretorischen Epithels im Nierenlumen, *in* Internephridialorgan. Vergr. Ok. 2, Obj. C (Original). — b Schnitt durch das Interrenalorgan von *Triton cristatus*. *bk* Blutkörperchen, *chr* chromaffine Zellen des Adrenalsystems, *inr* Interrenalorgan, *nr* Urnierenkanälchen, *vrr* Venae renales revehentes. Vergr. Ok. 4, Obj. C. (Original.)

abgibt: die Venae renales revehentes. Die kolbenförmigen Interrenalkörper sind nun so angeordnet, daß sie mit einem Ende einem oder zwei Urnierenkanälchen eng anliegen (Abb. 201b), so daß die Zellen des Interrenalorgans von dem Epithel des Kanälchens nur durch eine zarte Bindegewebshaut getrennt sind. Die abgerundeten Enden der Interrenalkölbchen ragen bis an den medianen Rand der Niere vor und sind von den Ästen der Venae renales revehentes dicht umsponnen. Die capillaren Wände dieser Venen sind so dünn, daß scheinbar die Zellmembranen der Interrenalzelle direkt in die Venencapillaren hineinragen. Tatsächlich sind sie noch von einem außerordentlich feinen capillaren Epithel überzogen.

Die Zellen des Interrenalorgans liegen plattenhaft übereinander. Die jüngsten Zellen liegen den Nierenkanälchen dicht an. Nach der abgerundeten Spitze zu werden die Zellen größer und enthalten hier nun lipoide und safranophile Granula. In der Nähe der Nephridialkölbchen, und zwar des freistehenden Endes, münden die Nephrostome der Urnierenkanälchen aus, so daß die Interrenalkörper etwas distal vom Nephrostomhals den Urnierenkanälchen aufsitzen.

Sowohl beim Internephridial- wie beim Interrenalorgan liegen die jüngsten Zellelemente in einer Zellage dem excretorischen Epithel der Nephridientubuli oder den Urnierenkanälchen dicht auf. Sie sind in beiden Fällen von dem excretorischen Epithel lediglich durch eine zarte Bindegewebshaut getrennt. Überzogen wird das Internephridialorgan vom Peritonealepithel, das Interrenalorgan dagegen vom capillaren Endothel. In beiden Fällen werden die Organe unmittelbar vom Blut umspült.

Auch bei *Bombinator* hat das Interrenalorgan ähnliche Beziehungen zur Urniere wie bei *Triton*. Es liegt hier statt an dem medianen Rand der Niere ventral der Niere in Form einer Längsreihe von gelben Körperchen auf. Es sind hier wahrscheinlich mehrere Interrenalkölbchen an ihrem freien Ende miteinander verschmolzen, denn die ziemlich umfangreichen Interrenalläppchen haben zwei bis drei Wurzeln, mit denen sie ebenso vielen Urnierenkanälchen aufsitzen. Die histologischen Verhältnisse, sowohl die Verbindung mit den Urnierenkanälchen als auch die Gefäßverbindung, sind genau wie bei *Triton*. Die Nephrostome münden hier ebenfalls in der Nähe der Interrenalkörper nach außen.

Die Zellen des Adrenalorgans, die bei *Triton* noch einzeln in der Nähe der Interrenalorgane liegen, jedoch von diesem durch Gefäße getrennt sind, haben sich bei *Bombinator* zu einzelnen Körperchen zusammengefügt, die aus drei bis sechs Zellen bestehen.

In den Zellen des Interrenalorgans der Wirbeltiere überwiegen meistens die lipoiden Granula, die, wie das Ciaccio nachgewiesen hat, in die Capillaren entleert werden. Ich habe das namentlich bei *Bombinator pachypus* bestätigt gefunden. Die fuchsinophilen Granula treten meist etwas zurück, jedoch habe ich bei *Bombinator* nachweisen können, daß die fuchsinophilen Granula die lipoiden an Zahl oft bei weitem übertreffen können. Auch bei *Triton* und einer drei Monate alten Katze waren sie in ganz beträchtlicher Anzahl vorhanden.

Bei den Amphibien sind also wie gesagt an Stelle der Nebennieren zwei örtlich getrennte Systeme von Körperchen vorhanden, das eine umfaßt, wenn wir die noch primitiveren Verhältnisse der Selachier zum Vergleich heranziehen, das Interrenalsystem, das der Nebennierenrinde ähnlich gebaut ist. Das zweite ist das Suprarenalsystem, welches aus chromaffinem Gewebe besteht, also dem Mark der Nebenniere der Amnioten homolog ist und auch als Adrenalorgan benannt wird.

Auch entwicklungsgeschichtlich sind Interrenal- und Adrenalsystem verschieden; das erstere entstammt dem Mesoderm, das letztere dagegen dem Ectoderm und kommt gemeinsam mit dem Sympathicus zur Entwicklung.

Exstirpationsversuche dieses Organsystems haben einwandfrei die Lebenswichtigkeit erwiesen. Einseitige Entfernung wird vertragen, weil die übriggebliebene Nebenniere entsprechend hypertrophiert. An Haien hat man auch die Wertigkeit der beiden Anteile der Nebenniere ergründen können, nur das Interrenalsystem ist lebenswichtig.

Die Keimdrüsen, die uns hier besonders in ihren Beziehungen zur Nebenniere interessieren, zeigen nach Epinephrectomie (Cesa Bianchi) eine Zunahme und auffällige Fettanfüllung der interstitiellen Zellen bei unverändertem Follikelgewebe (im Ovar).

Die Leydigsche Zwischensubstanz des Hodens erleidet dagegen keine Veränderung. Entfernung einer Nebenniere soll nach Silvestri und Tosatti bei graviden Kaninchen und Meerschweinchen stets einen Abortus hervorrufen.

Wichtig ist auch, daß organotherapeutische Versuche keine brauchbaren Resultate hinsichtlich der Lebenserhaltung der epinephrectomierten Tiere zeigen. Frösche, denen nach einer derartigen Operation Nebennierenextrakte injiziert wurden, starben trotzdem.

Dagegen haben die Transplantationsversuche von v. Haberer und O. Stoerk erwiesen, daß durch gestielte Transplantation eines Teiles der Nebenniere desselben Tieres das Leben erhalten werden kann.

Die Nebenniere ist das einzige innersecretorische Organ, aus dem man wenigstens einen wichtigen Anteil chemisch darstellen kann, und zwar das Adrenalin, welches eine blutdrucksteigernde und gefäßverengernde Wirkung hat. Auf den Uterus appliziert, bewirkt es eine hochgradige Anämie und Kontraktion. Wie nun aber neuere Versuche an Selachiern erwiesen haben, ist das Adrenalin nur ein Produkt des Adrenalsystems, während aus dem lebenswichtigen Abschnitt, dem Interrenalsystem, noch kein specifisches Secret erhalten werden konnte.

Lohmann konnte allerdings feststellen, daß das Cholin ausschließlich in der Nebennierenrinde gebildet wird. Ebenso konnte er später Neurin, Leucin und Tyrosin nachweisen.

Die Hauptwirkung des Interrenalsystems soll infolge seines Lipoidgehaltes in einer Entgiftung und Absorption von toxischen Stoffwechselprodukten liegen, doch ist das vorläufig bloße Theorie.

Festgestellt ist aber, daß das Interrenalsystem Einfluß hat auf die Hirnentwicklung, die Entwicklung der Keimdrüsen und die Pubertätsentfaltung. Darauf wird im Zusammenhang mit den Keimdrüsen noch genauer eingegangen werden.

Die Vermutung liegt nahe, daß zwischen Nebenniere und Keimdrüsen funktionelle Beziehungen bestehen, da sie genetisch eng zusammenhängen. Allerdings sind wir hier auf Beobachtungen am Menschen angewiesen, die stets einer gewissen Exaktheit entbehren. Bei Keimdrüsen mit vorzeitiger Entwicklung der sekundären Geschlechtscharaktere hat man meist ein Hypernephros beobachtet. Da die Keimdrüsen selbst, außer den sekundären Merkmalen, dabei meist nicht verändert waren, muß die Ursache wohl in der Nebenniere liegen. Neurath hat bis 1909 10 Fälle von Nierentumoren bei Kindern festgestellt, die

Die Korrelationen des inkretorischen Systems zu den Keimdrüsen. 503

alle mit ausgesprochenen sekundären Merkmalen Erwachsener ausgestattet waren, und zwar bei Mädchen häufiger als bei Knaben (Abb. 202a, b). Männliche Frühreife äußert sich darin, daß

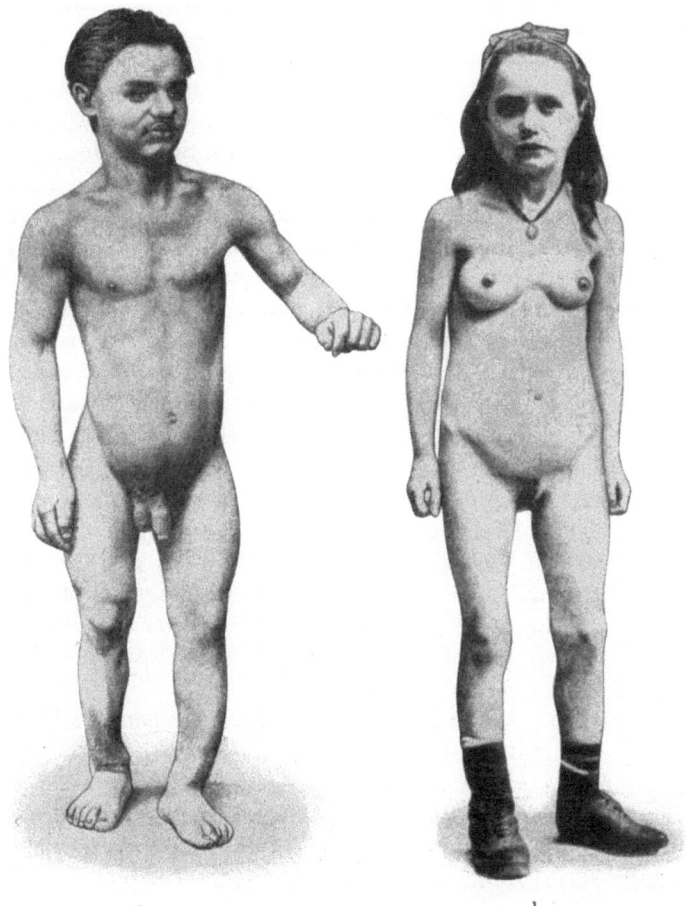

Abb. 202. a, b. a Frühreifer 6½ jähriger Knabe. (Nach Leudesdorf.) — b Frühreifes 6¼ jähriges Mädchen. (Nach Lenz.)

bei Knaben von 3—6 Jahren eine beträchtliche Volumenvergrößerung des Genitales, Penis wie Hoden, einsetzt. Es tritt Erection und Spermaejakulation auf, so daß damit die physiologische Reife erwiesen ist. Die Bart-, Scham- und Achselhaare sprossen, der Kehlkopf wächst und die Stimme mutiert, damit ist oft stärkeres Körperwachstum und Muskulaturentwicklung verbunden. Die psychische und intellektuelle Entwicklung hält sich dagegen meist auf der dem Alter entsprechenden Stufe.

Weibliche Frühreife (Abb. 202b) kommt zunächst in dem Auftreten der Menstruation und dem Schwellen der Brüste, sowie in einer Vergrößerung der Vagina und Vulva und der Ausprägung fettreicher Schamlippen, in dem Auftreten der Scham- und Schulterhaare, in der Erweiterung des Beckens, im Fettansatz an Schenkel und Gesäß zum Ausdruck. Die Erscheinungen können abnorm früh auftreten. In dem Fall Abb. 202b begannen die Brüste schon im Alter von 3 Monaten anzuschwellen. Im Alter von 4 Monaten trat Menstruation ein und vom 6. Monat an zeigte sich diese schon in ihrem regelmäßigen 28 tägigen Turnus. Mit 1½ Jahren wuchsen die Scham- und Achselhaare, und es zeigten sich die abgerundeten Körperformen der weiblichen Geschlechtsreife. Die psychischen Charaktere bleiben auch beim Mädchen auf kindlicher Stufe.

Bis jetzt sind 50 Fälle von männlicher und mehr als 100 von weiblicher Frühreife geschildert worden. Es muß betont werden, daß die Ursache dieser Frühreife nicht geklärt ist; daß sie mit Störungen der Incretion zusammenhängt, ist wohl klar. Nebennierentumoren sind durchaus nicht immer die Ursache gewesen, man hat manchmal Erkrankungen der Epiphyse und der Keimdrüsen selbst nachweisen können.

Oft ließen sich überhaupt keine ätiologischen Momente erkennen. Das Mißverhältnis zwischen Geschlechtsentwicklung und Altersstufe hat sich auch meist im späteren Alter wieder ausgeglichen. Es ist wohl klar, daß die vorzeitige Entwicklung der sekundären Merkmale auf die frühzeitige Reifung der Geschlechtsprodukte zurückzuführen ist; worauf diese aber beruht, bleibt vorläufig dunkel.

Bezüglich der funktionellen Verknüpfung von Nebenniere und Keimdrüse ist es außerordentlich bemerkenswert, daß bei Hyperplasie oder Atrophie der Nebenniere Verzögerungen der Entwicklung der Sexualcharaktere beobachtet worden sind.

Nach Kastration sehen wir meist eine Hypertrophie der Nebennierenrinde eintreten, ebenso wie in der Schwangerschaft.

Nach Kastration tritt nach Altenburger (1924) bei weißen Mäusen eine Verbreiterung der Nebennierenrinde und Verschmälerung des Marks ein. Gleichzeitig zeigen sich qualitative Veränderungen an der Grenze zwischen Mark- und Rindensubstanz insofern als unregelmäßige Zellstränge der Rinde pseudopodienartig gegen die Marksubstanz vordringen.

Es liegt also nahe, einen inneren Konnex zwischen Keimdrüsen und Nebennierenrinde zu suchen, zumal ihre Genese topographisch enge Beziehungen hat. Leupold hat 1920 versucht, die Gewichtsrelationen zwischen den beiden Organen, Nebennierenrinde und Hoden, beim Menschen und einigen Säugetieren festzustellen.

Beim Menschen ist bis zum 12. Lebensjahre eine allmählich ansteigende Entwicklung der Nebenniere und des Hodens vorhanden. Die Größenzunahme beider Organe findet gleichmäßig statt, was aus dem konstanten Gewichtsverhältnis beider Organe hervorgeht. Mit dem 14. Jahre findet eine beträchtliche Zunahme beider Organe statt. Das Gewicht der Nebenniere ist ungefähr doppelt so groß als im 12. Jahre. Mit der Pubertät geht also die Gewichtskurve sprunghaft in die Höhe. Im 15. und 16. Lebensjahre finden wir Gewichte, die zum Teil denen der Erwachsenen entsprechen, oder nur wenig niedriger sind. Die Hoden nehmen nun fast den gleichen Gang der Entwicklung, nur benötigen diese scheinbar etwas längere Zeit, um die Größe der vollreifen Organe zu erlangen. Noch im 12. Jahre sind beide Hoden ungefähr nur $1/2$ mal so schwer wie die Nebenniere und erheben sich nicht viel über das Gewicht der vorhergehenden Jahre (s. Tabelle Leupold S. 509). In der Zeit vom 12.—14. Jahre, in derselben Zeit, in der die Nebenniere das Gewicht fast verdoppelt, steigt das Gewicht der Hoden auf das 5—6fache des Wertes vom 12. Jahre an. Das gegenseitige Gewichtsverhältnis beider Organe kehrt sich um. Die Hoden erreichen aber noch nicht das absolute Gewicht der Erwachsenen. Im 15.—16. Jahre beschreibt Leupold zweimal abnorm schwere Testikel, die bereits das Gewicht erwachsener Hoden haben, während sonst das frühere Gewichtsverhältnis noch beibehalten wird.

In der Pubertätsentwicklung der Keimdrüsen und der Nebenniere ist also ein Parallelismus festzustellen. Aus dem Umstand, daß die Nebenniere früher ihr definitives absolutes Gewicht erreicht als der Hoden, nimmt Leupold an, daß ein gewisses Abhängigkeitsverhältnis der Testikel von der Nebenniere besteht. Bei Erwachsenen ist bei der Mehrzahl der Fälle, 52 vH., der Hoden $2^1/_2$ mal so schwer als die Nebennieren. In sieben Fällen ließ sich konstatieren, daß zu schweren Nebennieren auch hohe Hodengewichte gehören und umgekehrt. Diese Individuen waren aber an akuten Krankheiten gestorben. Die übrigen Drüsen mit Incretion, Epiphyse, Hypophyse, Schilddrüse, die auch gewogen wurden, zeigten kein irgendwie konstantes Gewichtsverhältnis zu Nebennieren und Hoden. Das ist im negativen Sinne ein wirklicher Beweis für das konstante Verhältnis Nebennieren—Hoden.

Auch bei den Säugern scheint diese Relation zu bestehen. Meerschweinchen haben z. B. große Hoden und auch große Nebennieren, Kater dagegen sehr kleine Hoden und entsprechende Nebennieren. Bei Elephanten und Walen konnte ich ebenfalls neben großen Keimdrüsen riesige Nebennieren feststellen.

Neuere Untersuchungen klären uns nun noch weiter über die Beziehungen von Keimdrüse und Nebennierenrinde auf. Beim Menschen stehen nach Walter (1922) Ovarien und Nebennieren in einer direkten Relation zur Körpergröße, nicht zum Körpergewicht. Während die Nebennieren schon bei der Geburt bedeutend schwerer als die Ovarien sind und schon zu Beginn der Pubertät fast ihre endgültige Größe erreicht haben (bei einer Körperlänge von 150—170 cm Mittelwert des Gewichts beider Nebennieren etwa 10—12 g), wiegen beide Ovarien beim Neugeborenen etwa 0,3 g und erreichen erst mit dem Ende des Längenwachstums das Maximalgewicht von etwa 7—12 g bei einer Körperlänge von 150—170 cm. Die Menopause bedingt eine Abnahme des Ovariengewichts bis auf die Hälfte des Maximalgewichts, ohne daß aber die Nebennieren sich verändern. Chronische Erkrankungen, besonders tuberkulöse und chronisch eitrige Prozesse, führen zu frühzeitigem Ovarienschwund und Klimakterium, ohne daß die Nebennieren atrophieren. Thymushypertrophie bedingt in vielen Fällen auch eine Hypertrophie der Keimdrüsen, so daß hier ein Parallelismus mit den von Leupold bei Hoden festgestellten Beziehungen besteht. Histologisch wurde festgestellt, daß Fette und Lipoide nie im Stroma, sondern nur im Corpus luteum (auch im atretischen) oder in den Wandungen cystisch degenerierter Follikel zu finden waren. Beim Corpus luteum graviditatis gehen aber Fette jedoch in das umgebende Bindegewebe über, und auch in den Wandungen cystisch degenerierter und atretischer Follikel, in den Zellen des Epithelsaumes waren sie nachzuweisen, nicht aber in frisch geplatzten, durchbluteten oder mit Serum gefüllten Cysten.

Um diese wechselseitigen Beziehungen näher zu ergründen, wurde bei 30 weiblichen Kaninchen doppelseitige Nebennierenexstirpation vorgenommen durch Jaffe und David (1923), bei 13 teilweise. Die teilweise Entfernung hatte keinen merklichen Einfluß auf die Zwischenzellen. Von den 17 überlebenden boten 4 keine Vergrößerung (24 vH.); 8 eine mäßige (47 vH.) und 5 eine starke Vergrößerung durch Hypertrophie der Zwischenzellen (29 vH.). Eine deutliche Vergrößerung zeigten also insgesamt 76 vH. dieser Gruppe. Von 7 Tieren, welche den 60. Tag überlebten, hatten 6 hypertrophische Erscheinungen an den Ovarien, von 10 Tieren, welche zwischen dem 30.—60. Tag starben, 7 und von 13, welche vor dem 30. Tag zugrunde gingen, nur 3. Es zeigt sich somit ein wenn auch nicht mathematisch auszudrückender Parallelismus zwischen Lebensdauer und Hypertrophie der Zwischenzellen. Letztere ist also kompensatorisch aufzufassen.

Bei den Hoden verhalten sich die Zwischenzellen völlig verschieden von denen der Ovarien. Die Nebennierenschädigung hat keine specifische Veränderungen an den Hoden hervorgerufen. Es dürfte demnach wohl keine funktionelle Gleichwertigkeit anzunehmen sein.

Umgekehrt ergab nach Sserdjukoff (1922) die Entfernung beider Ovarien eine Hyperfunktion, die in einer Vermehrung und Vergrößerung der Zellen der Zonula glomerulosa und fasciculata zum Ausdruck kam. Dagegen lieferte einseitige oder beiderseitige Zerstörung der Nebennierenrinde in den Ovarien das Bild einer Hyperämie mit einer Vergrößerung der interstitiellen Zellen. Weiterhin müssen hier noch Versuche angeschlossen werden, die den Einfluß der Nebennieren auf die Funktion der Keimdrüsen dartun.

Lewis exstirpierte zu diesem Zweck bei über 400 Ratten vom Rücken her beiderseits die Nebennieren. Wichtig ist, daß die Versuchstiere gesund sind, warm gehalten werden und reichlich Fleisch bekommen. Die Mortalität betrug 20—40 vH. In den ersten Tagen nach der Operation wurde Schläfrigkeit und besondere Empfindlichkeit gegen Kälte beobachtet. Das Wachstum war auch bei den Tieren, die in einem Alter von 30—40 Tagen operiert wurden, nicht beeinflußt. Befruchtung, Schwangerschaft und Geburt verliefen normal. Nach einer schwachen Herabsetzung während der ersten Tage zeigten Leberglykogen und Glykogenstoffwechsel wieder normale Verhältnisse.

Sehr interessante Beobachtungen machte Riddle (1922/23) bei Tauben.

Die Nebennieren von Tauben (*Columba*) unterliegen periodischen, 7—11 Tage anhaltenden Vergrößerungen, die mit den Ovulationsperioden koinzidieren. Die Hypertrophie ist begleitet von einer Tätigkeitszunahme dieser Organe, wie Messungen des Blutzuckergehaltes beweisen; er steigt dann bis zu 20 vH. über das Normalmaß.

Bei vier Arten von Tauben wurde während des Ovulationscyclus eine Gewichtszunahme der Nebennieren von 40 vH. gefunden. Der Höhepunkt der Nebennierenhypertrophie fiel mit dem Akt der Ovulation zusammen.

Bei gesunden Tauben geht der Eiabstoßung eine Vergrößerung der Nebennieren sowie der Eileiter parallel, die das Dreifache des gewöhnlichen Gewichts betragen kann (6—9 mg).

Das Gewicht, das die Nebennieren nach Abschluß des Wachstums erreicht haben, erleidet nun bei akuten und chronischen Krankheiten keine wesentlichen Änderungen mehr, dagegen können die Hoden bei chronischen konsumierenden Krankheiten einer oft sehr starken Atrophie anheimfallen, worüber die unten stehende Tabelle Aufschluß gibt. Daraus schließt Leupold, daß ein gegenseitiges Abhängigkeitsverhältnis nur in der Wachstumsperiode bestehe, daß dieses aber schon nach der Pubertät nicht mehr vorhanden ist. Die Nebennieren Erwachsener können eine Atrophie der Hoden nicht aufhalten, ob sie das aber in der Wachstumsperiode können, muß noch bewiesen werden.

Nr.	Alter	Krankheit	Neben-nieren	Hoden	Ver-hältnis	Thymus
13	Neugeboren	Hirnblutung......	5,6	0,67	0,02	8,4
147	2	Rachitis, Bronchitis ..	2,77	1,55	0,56	8,6
55	9	—	3,03	1,48	0,49	—
105	9	Beckenfraktur......	3,7	1,57	0,42	14,4
102	9¹/₄	Appendicitis......	3,98	1,35	0,34	6,5
116	10	Tuberkulose......	6,52	1,40	0,21	—
44	12	„	4,94	2,05	0,41	6,5
118	12	Appendicitis......	4,85	15,5	3,19	6,35
119	13	Typhus.........	6,55	4,30	0,66	5,0
2	14	Appendicitis......	8,40	11,0	1,31	—
59	14	Meningitis........	11,48	12,48	1,09	—
23	15¹/₂	Tetanus	5,15	26,49	5,14	24,5
112	15¹/₂	Verbrennung	8,3	11,55	1,40	14,4
34	16	Myokarditis......	7,8	24,85	3,19	—
74	16	Osteomyelitis......	12,88	13,78	1,07	—

Beide Organe, Hoden und Nebennieren, sind nun aber noch anderen Einflüssen ausgesetzt. Die Thymusdrüse hat einen unverkennbaren Einfluß auf die Gewichte der Nebennieren, zum Teil auch auf die Hoden.

Die Annahme, daß die Größe der Testikel durch die Nebennieren bestimmt wird, beweist Leupold nun weiterhin aus mikroskopischen Untersuchungen sich entwickelnder Hoden. Nach den Untersuchungen von Weichselbaum und Kyrle wissen wir, daß im kindlichen Alter relativ häufig unterentwickelte Hoden vorkommen. Kyrle versteht darunter solche Hoden, in denen das Zwischengewebe die Maße der Kanälchen übertrifft.

Aus den Untersuchungen von Kyrle, Schultze und Mita geht hervor, daß es im kindlichen Alter zwei Typen von Hoden gibt, von denen der eine durch gute Ausbildung von Parenchym, der andere mehr durch Zwischengewebe ausgezeichnet wird. Bei Erwachsenen brauchen nur die Schädigungen, die durch Krankheiten verursacht sind, oder Bildungsanomalien berücksichtigt zu werden.

Aus den mikroskopischen Untersuchungen der Hoden Erwachsener ließ sich feststellen, daß normale Hoden mit spärlichem, nur in den Knotenpunkten vorhandenem Zwischengewebe und normalem zartem Parenchym meist hohe absolute und in bezug auf die Nebennieren auch hohe relative Gewichtswerte aufwiesen, und daß in diesen Fällen eine gut entwickelte Thymus vorhanden war. Die meisten Hoden wiesen reichliches Zwischengewebe auf und waren zwei- bis dreimal so schwer als die Nebenniere. Bei atrophischen, vielleicht auch unterentwickelten, Hoden liegt die Verhältniszahl unter zwei. In Fällen mit persistierendem Thymus findet Leupold sehr gut entwickelte Hoden, während Neurath und Kyrle die Ansicht vertreten, daß bei Status thymico-lymphaticus hypoplasticus unterentwickelte Hoden vorkommen.

Hoden und Nebennierenrinde zeigen nun beide bezüglich ihres Lipoidgehaltes große Ähnlichkeit. Ob hier eine Beziehung besteht, hat Leupold an 48 Fällen Erwachsener festgestellt. Im allgemeinen entspricht der Grad der Verteilung des Lipoids des Hodens dem der Nebennierenrinde. Vielleicht ist eine Abhängigkeit der Hoden von der Nebenniere vorhanden, und die Nebennieren waren dann im Fettstoffwechsel den Hoden übergeordnete Organe. Bei Kindern (13 Fälle, neugeboren bis 16 Jahre) lagen die Verhältnisse allerdings anders. Hier konnte kein Parallelismus in der Fettmenge beider Organe beobachtet werden. Die Nebenniere konnte noch soviel Fett enthalten, in den Hoden war es immer nur in Spuren vorhanden. Mit dem Eintritt der Pubertät wird dies anders, indem jetzt auch die Hodenzwischenzellen fettreicher werden.

Das Cholesterin der Nebennierenrinde scheint nach Leupold für die Ovarien insofern Bedeutung zu haben, als es entgiftende Fähigkeiten hat.

Den Parallelismus Hoden-Nebennierenrinde bezüglich des Fettgehalts sucht nun Leupold auch experimentell zu beweisen. Man kann nach den Untersuchungen von Hueck, Albrecht und Willmann durch intravenöse Injektion von Saponin in gehöriger Dosierung ebenso wie auch durch Anreicherung von Bakterien und ihres Toxins eine Lipoidverarmung der Rinde herbeiführen. Unterliegen nun die Hoden denselben Bedingungen, so muß auch der Lipoidgehalt der Hoden vom Blut abhängig sein. Leupold injizierte Katern Saponin Merk und konnte feststellen, daß in dem Gehalt an doppeltbrechender Substanz zwischen Rinde und Zwischenzellen eine innige Korrelation besteht. An den Samenepithelien läßt sich zum Teil eine recht schwere Schädigung feststellen.

Nach in Intervallen exstirpierten Nebennieren bei Katern in der Weise, daß die eine zunächst entfernt wurde, die andere unter der Haut des Rückens an einen Gefäßteil transplantiert und schließlich durch eine dritte Operation die transplantierte Nebenniere entfernt wurde, kommt es immer zur Degeneration des Samenepithels. Die Erscheinungen äußern sich im Auftreten von fädigen oder auch scholligen Gerinnungsmassen in den Hodenkanälchen oder Veränderungen in den Zellen selbst. Sertolische Zellen und Zwischenzellen werden von der Schädigung nicht betroffen. Die Bilder sind dieselben wie nach Schädigungen des Hodens mit Röntgenstrahlen oder nach traumatischen Verletzungen. Die schwersten Veränderungen lassen sich bei jungen Tieren feststellen, während bei älteren Tieren die Samenepithelien widerstandsfähiger sind. Novak hatte schon 1914 an Ratten ähnliche Resultate erzielt, aber sie nur makroskopisch ausgewertet.

Enge Beziehungen zwischen der Nebenniere, namentlich der Rinde, und der Keimdrüse sind bei Säugetieren und Vögeln sicher vorhanden. Auch muß auf die entwicklungsgeschichtliche und histologisch nahe Verknüpfung der Rindenzellen und der Zwischenzellen hingewiesen werden. Ein abschließendes Urteil wird sich wohl erst aus Untersuchungen an Anamniern gewinnen lassen.

6. Prostata und Keimdrüsen.

Die Prostata, die nur innerhalb der Säugetierreihe vorkommt, ist ein vergleichend-anatomisch stark vernachlässigtes Organ, obwohl es für die normale Funktion der Geschlechtsorgane sehr wichtig ist und mit dem Hoden in engster Beziehung steht. Die Glandulae prostaticae stellen eine mehr oder weniger kompakte Anhäufung jederseits der Basis des Penis dar. Sie entstehen, im Gegensatz zu den Glandulae urethrales, außerhalb der Muskelschicht der Wand des Urogenitalkanals. Bei den Primaten und Caniden bilden die Prostatadrüsen eine unpaare kompakte Masse, die Prostata. Durch Wachstum der Prostatadrüsen wird die glatte Muskulatur der Urethra emporgehoben und bildet an der Oberfläche der Drüsen die Muskelschicht derselben. Bei den Monotremen und Marsupialiern fehlen die prostatischen Drüsen noch.

Die Prostata gehört zu denjenigen Drüsen, deren Funktion mit der Geschlechtstätigkeit eng verbunden ist. Zunächst ist festzustellen, daß das Prostatasecret die Bewegung der Spermatozoen beeinflußt.

Wie Calmus und Gley es früher bei den europäischen Nagern beschrieben haben, enthält auch nach Gley (1923) bei den brasilianischen Riesennagern die Prostata ein Secret, welches den Inhalt der Samenblasen zur Gerinnung bringt.

Die innersecretorische Korrelation zu den Hoden ist noch nicht genügend erforscht. Merkwürdig ist, daß fast stets nach Prostatitis ein Nachlassen der Potenz und Verkümmerung der Hoden eintritt.

Prostatektomie (E. Steinach 1894, Strauß 1924) verbunden mit Exstirpation der Samenblase zerstört die Zeugungskraft vollständig. Prostatektomie führt bei weißen Ratten nach einiger Zeit eine Atrophie der Samenblase herbei.

Andererseits verursacht Kastration im jugendlichen Zustand nach Lisser (1923) Hypoplasie oder Entwicklungsstillstand der Prostata. Bei Erwachsenen verursacht die Kastration Atrophie der Prostata (Griffith, White, Guyon). Bei einem erwachsenen Hund war ein Jahr nach der Kastration die Prostata soweit degeneriert, als ob der Hund in der Jugend kastriert worden wäre. Auch bei Hypogonadismus und Eunuchoidismus atrophiert die Prostata. Dagegen hat die Kastration keinerlei Einfluß auf eine krankhaft hypertrophierte Prostata.

Auch zur Hypophyse scheint die Prostata in Beziehung zu stehen, denn wie Goetsch nachwies, beobachtet man bei jungen Ratten nach Fütterung von Hypophysenvorderlappen eine beschleunigte Entwicklung der Prostata. Damit stimmt überein, daß experimenteller Hypopituitarismus Infantilismus und verzögerte Entwicklung der Prostata zur Folge hat.

Die Prostatektomie wirkt ähnlich wie die Unterbindung des Samenleiters auf die alternden Hoden (Serrallach 1922). Nach seinen Erfahrungen stellte sich nach der Prostatektomie selbst bei Männern von 72 Jahren eine gewisse Potenz ein.

Für eine incretorische Funktion der Prostata scheint zu sprechen, daß das Prostatin, ein Präparat dieser Drüse, eine unmittelbare Einwirkung auf den Hoden zeigt. Innerhalb 24 Stunden nach der Injektion von 5 ccm Prostatin findet man neben den Bildern an Spermatiden Zunahme des interstitiellen Bindegewebes. Nach der Aktivitätsphase tritt eine funktionelle Paralysierung ein, gekennzeichnet durch Abnahme der Spermatiden mit Abschälung des Epithels. Bei Benutzung großer Dosen von

Prostatin sieht man einen Verfall des Testikels, der genau dem nach Abbinden der Samenleiter entspricht (Hyperplasie des Zwischengewebes, Drüse, Atrophie der Samenkanäle, Hodenschrumpfung). Der Hoden kann sich aber anatomisch und physiologisch völlig regenerieren. Diese Verjüngungswirkungen haben nicht ihren Ursprung in der Pubertätsdrüse, sondern in der Resorption des inneren Secrets der Hoden.

Nach Bogoslowski und Korentschewski (1921) besteht zwischen den männlichen Geschlechtsdrüsen und der Prostata eine Beziehung im Sinne eines Synergismus in bezug auf den Eiweißstoffwechsel. Bei gleichzeitiger Wirkung beider Drüsen erzielt man eine maximale Steigerung des Stickstoff-Wechsels.

Bei der großen Bedeutung der Funktion der Prostata wäre eine gründliche morphologisch-experimentelle Untersuchung sehr erwünscht, damit die noch schwebenden Fragen geklärt würden.

VII. Vitamine und Keimdrüsen.

Vitamine oder Nutramine sind lebenswichtige Verbindungen, die der Körper nicht selbst aufbauen kann, da seine Synthese eine beschränkte ist. Werden Tiere vitaminlos ernährt, so bekommen sie verschiedene Krankheiten, die oft mit Erkrankungen incretorischer Drüsen, z. B. die Pellagra mit der Addisonschen Krankheit, große Ähnlichkeit haben. Einzelne Forscher haben daher in neuerer Zeit den Gedanken ausgesprochen, daß die Vitamine Vorstufen einzelner Increte seien oder gar diese selbst, die nur von den Drüsen gespeichert werden.

Nach Funk (1924) teilt man die Vitamine ein:

1. Vitamin A in Butter und Milch; es wird auch als antixerophthalmisches Vitamin bezeichnet. Seine Eigenschaften sind wenig bekannt. Bei jungen Tieren scheint es wichtiger zu sein als bei alten. Es ist neben dem B-Vitamin zum Wachstum nötig und meist mit ihm vergesellschaftet. Das B-Vitamin ist indessen viel wichtiger.

2. Anti-Beriberi-Vitamin oder Vitamin B in Reiskleie und Hefe. Bei Beriberi beobachtet man Verlangsamung des Lebensprozesses wie bei Hunger. Das Vitamin B ist höchstwahrscheinlich eine wachstumstimulierende Substanz.

3. Antiskorbutische Vitamine oder C-Vitamine in Himbeer-, oder Zitronensaft und frischem Gemüse. Sie verursachen, wenn sie

fehlen den Skorbut, bei Kalkmangel auch Karies. Sie sind mit Vitamin B oft vergesellschaftet. Das Vitamin C ist am empfindlichsten gegen äußere Faktoren.

4. Vitamin D ist ein ständiger Begleiter von B. Es wird auch als Hefewachstums-Vitamin bezeichnet. Daneben scheint es auch noch Lipo-Vitamine zu geben, die mit Fetten vergesellschaftet und nicht verseifbar sind. Die sogenannten Lipoiddrüsen sollen nach Cramer enge Beziehungen zur Schilddrüse und Nebenniere haben. Sie enthalten Cholesterin und Lipoide.

5. Vitamin E oder antirhachitisches Vitamin in Lebertran.

Ob es noch ein antidiabetisches Vitamin gibt, das etwa dem Insulin gleichzusetzen wäre, ist noch fraglich.

Evans und Bishop nehmen noch besondere Fortpflanzungsvitamine an, denn eine künstliche Nahrung, die bisher vollständig ausreichend erschien bei Ratten, verhinderte die Fortpflanzung, obwohl die Tiere normal wuchsen. In Milch scheinen alle Vitamine, mit Ausnahme des Fortpflanzungsvitamins, vorhanden zu sein.

Die Avitaminosen sind als schwere Stoffwechselstörungen anzusehen, dabei werden auch die incretorischen Drüsen in Mitleidenschaft gezogen, ob primär oder sekundär, läßt sich vorläufig noch nicht entscheiden. Auch die Keimdrüsen lassen sich durch vitaminfreie Nahrung beeinflussen. So beobachteten Mattil und Carman (1923), daß bei Ratten nach ausschließlicher Milchnahrung Hodendegeneration eintrat, sogar noch bei Zulage von getrockneter Niere und Milz, Thymus (Parkes, Davis), Hefennucleinsäuren usw. Die makroskopischen und mikroskopischen Befunde (Degeneration des Samenepithels, Vermehrung des interstitiellen Gewebes usw.) gleichen den von Allen bei Vitamin B-Mangel beschriebenen Veränderungen. Da in diesen Versuchen von Mangel an Vitamin B nicht die Rede sein kann, so ist wohl das Fehlen einer anderen noch unbekannten Substanz für die Veränderungen verantwortlich.

Dieses Vitamin wird vorläufig X genannt; Evans und Burr (1925) versuchten es weiter in seiner Zusammensetzug zu klären. Wenn Ratten mit einem synthetischen Nahrungsgemisch, bestehend aus reinem Fett (Schmalz), Kohlehydrat und Eiweiß unter Zugabe eines entsprechenden Salzgemisches und von Vitamin A und B, aufgezogen werden, so gedeihen sie gut und sind anscheinend vollkommen gesund. Indessen zeigt sich — in Abhängigkeit vom Nahrungsgemisch —, daß sich früher oder später vollkommene Sterilität bei diesen Tieren einstellt. Diese Sterilität ist eine „Mangel" Krankheit, denn sie wird sofort behoben, wenn eine geringe Menge natürlicher Nahrungsstoffe, die einen Faktor, X genannt, enthalten, oder ein Extrakt solcher Stoffe in noch geringerer Menge verabreicht wird.

Männchen und Weibchen werden verschieden bei Mangel von Vitamin X befallen. Bei Männchen kommt es direkt zur Zerstörung der Keimzellen. Beim Weibchen dagegen besteht die Folge des Mangels an Vitamin X in einer ganz bestimmten Erscheinung, nämlich in einer Unterbrechung der Schwangerschaft, nachdem die Implantation des Eies bereits erfolgt ist, mit nachfolgender Resorption desselben. Andere Arten einseitiger Ernährung bedingen ebenfalls Sterilität, aber diese ist dann hervorgerufen durch Aufhebung der Brunst, der Ovulation, der Implantation usw., aber niemals wie bei Mangel an Vitamin X durch Störung, nachdem Implantation bereits erfolgt ist.

Es wurden nun noch Versuche darüber angestellt, in welchen Nahrungsstoffen das Vitamin X enthalten ist. In geringer Menge findet es sich in tierischen Geweben, im Muskel und Fett reichlicher als in den Eingeweiden. Im Milchfett ist es nur in geringer Menge vorhanden. Lebertran enthält, obwohl er so reich an Vitamin A und D ist, kein Vitamin X. Vitamin X ist hingegen reichlich vorhanden in bestimmten Pflanzenorganen, besonders in Samen und grünen Blättern. Auch nach Trocknung solcher Blätter ist dieses Vitamin noch wirksam; so reicht $1/4$ g von einem Pulver aus getrockneten Lattichblättern noch aus, um die Fruchtbarkeit zu erhalten. Auch in den Cerealien ist Vitamin X reichlich vorhanden, so im Hafer, Korn, besonders im Weizen, weniger im Endosperm, als im Embryo. 0,25 g Weizenpulver täglich war vollkommen wirksam. Ätherextrakte aus solchen Pulvern liefern Öle, die außerordentlich wirksam sind, so genügte ein Tropfen (25 mg) eines solchen Öles täglich, um das Tier vor Sterilität zu schützen, oder auch eine einmalige Gabe von 55 mg per os oder parenteral.

Das Gewebe von Neugeborenen enthält Vitamin X; es geht also von der Mutter in den Embryo über. — Werden Tiere von einer Nahrung mit viel Vitamin X auf eine Vitamin-X-freie

Nahrung gesetzt, so geht meistens die Fruchtbarkeit erst nach einer Zwischenzeit verloren (3—4 Monate). Anderseits tritt bei sterilen Tieren (Vitamin X frei ernährt) die Fruchtbarkeit auf kürzere oder längere Zeit wieder ein, bei Zufuhr von Vitamin X je nach der Menge von Vitamin X, die zugeführt wird. Ein Überschuß an Vitamin X kann die Fruchtbarkeit bis über die normale Grenze hinaus nicht erhöhen. Das Vitamin X ist fast unlöslich in Wasser, löslich in Alkohol, Äther, Aceton, Essigäther, Schwefelkohlenstoff. Es ist sehr beständig gegen Hitze, Licht und Luft. Veraschung der Weizenkeimlinge zerstört Vitamin X; aber Erhitzen bis zu 170° zerstört es nicht. Destillation im Vacuum bei bis zu 233° haben die Wirkung desselben kaum herabgemindert; Tageslicht zerstört Vitamin X in keiner Weise, aber Bestrahlung mit der Quecksilberdampflampe vermindert seine Wirkung. Gegen Oxydation ist es nicht empfindlich. Auch gegen Säure und Alkali ist es bei normaler Temperatur beständig. Von dem reinsten Präparat des Vitamin X genügen 5 mg subcutan gegeben oder per os, bei Beginn der Schwangerschaft verabreicht, um normale Junge zur Welt zu bringen. Dieses Präparat, ein viscöses gelbes Öl, enthält nur noch eine Spur Asche, keinen Stickstoff, keinen Schwefel und Phosphor.

Glanzmann (1923) stellt ebenfalls Beziehungen zwischen Vitaminen und endokrinen Drüsen fest. Seine eigenen Versuche an Ratten bestätigten die Veränderungen histologischer Art an endokrinen Drüsen bei Vitaminmangel.

Ausgehend von der Annahme, daß die Vitamine vielleicht Bausteine der Hormone darstellen, wurden von Glanzmann Schilddrüse und Thymus im Rattenversuch auf ihre Vitaminwirkung geprüft. Schilddrüse (0,1 g [Trockensubstanz?] täglich) erzeugt nicht nur keine Gewichtszunahme, sondern sogar Gewichtssturz; Thymus dagegen (pro Tag und Tier 1 g getrockneter Kalbsthymus) ermöglicht Wachstum, das sofort nach Absetzen der Thymuszulage aufhört. Die Thymus wird als das Zentralorgan des Vitaminstoffwechsels betrachtet; bei Vitaminmangel wird seine Funktion ausgeschaltet, und dann tritt Wachstumsstillstand ein. Ähnliche Erwägungen lassen sich auch für die Keimdrüsen anstellen.

Verlag von Julius Springer in Berlin W 9

Monographien aus dem Gesamtgebiet der Physiologie der Pflanzen und der Tiere

Herausgegeben von **M. Gildemeister**, Leipzig; **R. Goldschmidt**, Berlin; **C. Neuberg**, Berlin; **J. Parnas**, Lemberg; **W. Ruhland**, Leipzig

Erster Band: **Die Wasserstoffionen-Konzentration**, ihre Bedeutung für die Biologie und die Methoden ihrer Messung. Von Dr. **Leonor Michaelis**, a. o. Professor an der Universität Berlin. Zweite, völlig umgearbeitete Auflage. In drei Teilen.
Teil I: **Die theoretischen Grundlagen.** Mit 32 Textabbildungen. (273 S.) 1922. Unveränderter Neudruck. 1923. Gebunden RM 11.—
Teil II: **Methodik.** In Vorbereitung
Teil III: **Physiologie.** In Vorbereitung

Zweiter Band: **Die Narkose** in ihrer Bedeutung für die allgemeine Physiologie. Von **Hans Wintersteln**, Professor der Physiologie und Direktor des Physiologischen Instituts der Universität Rostock i. M. Zweite Auflage. Mit 8 Textabbildungen.
Erscheint im Juni 1926

Dritter Band: **Die biogenen Amine** und ihre Bedeutung für die Physiologie und Pathologie des pflanzlichen und tierischen Stoffwechsels. Von **M. Guggenheim**. Zweite, umgearbeitete und vermehrte Auflage. (482 S.) 1924.
RM 20.—; gebunden RM 21.—

Vierter Band: **Elektrophysiologie der Pflanzen.** Von Dr. **Kurt Stern** in Frankfurt a. M. Mit 32 Abbildungen. (226 S.) 1924.
RM 11.—; gebunden RM 12.—

Fünfter Band: **Anatomie und Physiologie der Capillaren.** Von **August Krogh**, Professor der Zoophysiologie an der Universität Kopenhagen. In deutscher Übersetzung von Prof. Dr. **U. Ebbecke** in Göttingen. Mit 51 Abbildungen. (244 S.) 1924. RM 12.—

Sechster Band: **Körperstellung.** Experimentell-physiologische Untersuchungen über die einzelnen bei der Körperstellung in Tätigkeit tretenden Reflexe, über ihr Zusammenwirken und ihre Störungen. Von **R. Magnus**, Professor an der Reichsuniversität Utrecht. Mit 263 Abbildungen. (753 S.) 1924. RM 27.—; gebunden RM 28.50

Siebenter Band: **Kolloidchemie des Protoplasmas.** Von Dr. **W. Lepeschkin**, früher Professor der Pflanzenphysiologie an der Universität Kasan, jetzt Professor in Prag. Mit 22 Abbildungen. (239 S.) 1924. RM 9.—

Achter Band: **Pflanzenatmung.** Von Dr. **S. Kostytschew**, ord. Mitglied der Russischen Akademie der Wissenschaften, Professor der Universität St. Petersburg. Mit 10 Abbildungen. (158 S.) 1924.
RM 6.60; gebunden RM 7.50

Zehnter Band: **Die Regulationen der Pflanzen.** Ein System der ganzheitbezogenen Vorgänge in der Botanik. Von Dr. med. **Emil Ungerer**, Privatdozent an der Badischen Technischen Hochschule Karlsruhe. Zweite Auflage. Erscheint im Juni 1926

Elfter Band: **Das Problem der Zellteilung, physiologisch betrachtet.** Von Dr. **A. Gurwitsch**, Universitäts-Professor in Moskau. Mit 74 Textabbildungen. (230 S.) RM 16.50; gebunden RM 18.—

Verlag von Julius Springer in Berlin W 9

Synthese der Zellbausteine in Pflanze und Tier. Zugleich ein Beitrag zur Kenntnis der Wechselbeziehungen der gesamten Organismenwelt. Von **Emil Abderhalden,** o. ö Professor und Direktor des Physiologischen Instituts der Universität Halle a. S. Zweite, vollständig neu verfaßte Auflage. (66 S.) 1924. RM 2.40

Drüsen mit innerer Sekretion. Bearbeitet von **W. Berblinger, A. Dietrich, G. Herxheimer, E. J. Kraus, A. Schmincke, H. Siegmund, C. Wegelin.** (Henke-Lubarsch, Handbuch der speziellen pathologischen Anatomie und Histologie, Band VIII.) Mit 378 zum Teil farbigen Abbildungen. (Etwa 1100 S.) Erscheint im Mai 1926

Die innere Sekretion. Eine Einführung für Studierende und Ärzte. Von Dr. **Arthur Weil,** ehem. Privatdozent der Physiologie an der Universität Halle, Arzt am Institut für Sexualwissenschaft, Berlin. Dritte, verbesserte Auflage. Mit 45 Textabbildungen. (156 S.) 1923. RM 5.—; gebunden RM 6.—

Morbus Basedowi und die Hyperthyreosen. Von Dr. **F. Chvostek,** Professor der internen Medizin an der Universität Wien. (Aus: Enzyklopädie der klinischen Medizin. Spezieller Teil.) (463 S.) 1917. RM 16.—

Einführung in die allgemeine und spezielle Vererbungspathologie des Menschen. Ein Lehrbuch für Studierende und Ärzte. Von Dr. **Hermann Werner Siemens,** Privatdozent für Dermatologie an der Universität München. Zweite, umgearbeitete und stark vermehrte Auflage. Mit 94 Abbildungen und Stammbäumen im Text. (295 S.) 1923. RM 12.—; gebunden RM 13.50

Gesammelte Abhandlungen zur Vererbungswissenschaft aus periodischen Schriften 1899—1924. Von Carl Correns. Zum 60. Geburtstag von Geheimrat Professor Dr. phil. et med. C. E. Correns herausgegeben von der Deutschen Gesellschaft für Vererbungswissenschaft. Mit 128 Textfiguren, 4 Tafeln und einem Bildnis nach einer Radierung von Hans Meid. (1308 S.) 1924. RM 96.—

Gregor Johann Mendel. Leben, Werk und Wirkung. Von Dr. **Hugo Iltis** in Brünn. Herausgegeben mit Unterstützung des Ministeriums für Schulwesen und Volkskultur in Prag. Mit 59 Abbildungen im Text und 12 Tafeln. (433 S.) 1924. RM 15.—; gebunden RM 16.80

Tierisches Leuchten und Symbiose. Vortrag, gehalten in der Zoologisk-Geologiska Föreningen zu Lund am 5. Oktober 1925 von Professor **Paul Buchner,** Direktor am Zoologischen Institut der Universität Greifswald. Mit 18 Abbildungen. (58 S) 1926. RM 2.70

[W] **Arbeiten der Lehrkanzel für Tierzucht an der Hochschule für Bodenkultur in Wien.** Herausgegeben von Hofrat Professor Dr. **L. Adametz.** Dritter Band. Mit 39 Abbildungen und 14 Tabellen. (214 S.) 1925. RM 12.35

Die mit [W] *bezeichneten Werke sind im Verlag von Julius Springer in Wien erschienen.*

MIX
Papier aus verantwortungsvollen Quellen
Paper from responsible sources
FSC® C105338

If you have any concerns about our products,
you can contact us on
ProductSafety@springernature.com

In case Publisher is established outside the EU,
the EU authorized representative is:
**Springer Nature Customer Service Center GmbH
Europaplatz 3, 69115 Heidelberg, Germany**

Printed by Libri Plureos GmbH
in Hamburg, Germany